河南省“十四五”普通高等教育规划教材

动物解剖与组织胚胎学

李　奎　余　燕　闫峰宾　主编

中国农业大学出版社
·北京·

内 容 简 介

“动物解剖与组织胚胎学”是畜牧兽医学科的一门专业基础课，是研究动物有机体各器官的正常形态结构、位置关系及其发生发展规律的科学。只有掌握了动物的正常形态结构、位置关系、发生发展的规律，才能进一步研究它们的生理机能和病理变化，从而对动物进行合理的饲养管理，有效地控制动物的繁殖、生长和发育，及时地做好卫生检疫和各种疾病的防治工作，促进畜牧业的发展。

图书在版编目(CIP)数据

动物解剖与组织胚胎学/李奎，余燕，闫峰宾主编. --北京：中国农业大学出版社，2023.6
ISBN 978-7-5655-3003-6

Ⅰ.①动… Ⅱ.①李…②余…③闫… Ⅲ.①动物解剖学②动物胚胎学-组织(动物学) Ⅳ.①Q954

中国国家版本馆 CIP 数据核字(2023)第 110015 号

书　　名 动物解剖与组织胚胎学
作　　者 李　奎　余　燕　闫峰宾　主编

策划编辑	张　玉	**责任编辑**	田树君
封面设计	李尘工作室		
出版发行	中国农业大学出版社		
社　　址	北京市海淀区圆明园西路 2 号	**邮政编码**	100193
电　　话	发行部 010-62733489，1190	读者服务部	010-62732336
	编辑部 010-62732617，2618	出　版　部	010-62733440
网　　址	http://www.caupress.cn	**E-mail**	cbsszs@cau.edu.cn
经　　销	新华书店		
印　　刷	涿州市星河印刷有限公司		
版　　次	2023 年 12 月第 1 版　　2023 年 12 月第 1 次印刷		
规　　格	185 mm×260 mm　16 开本　25.75 印张　643 千字		
定　　价	55.00 元		

图书如有质量问题本社发行部负责调换

编 委 会

主　编　李　奎　余　燕　闫峰宾

副主编　商艳红　徐之勇　王　军　李建柱

编　委　（以姓氏笔画为序）

王　军　河南牧业经济学院
司丽芳　河南科技大学
朱雪敏　河南科技大学
朱惠丽　河南科技学院
闫峰宾　河南农业大学
孙　娟　河南农业大学
李　奎　河南农业大学
李建柱　信阳农林学院
李梦云　河南科技大学
余　燕　河南科技学院
张　曼　河南牧业经济学院
张自强　河南科技大学
张利卫　河南牧业经济学院
张秀林　河南科技学院
陈　敏　信阳农林学院
金　鑫　河南农业大学
柳东阳　河南科技学院
徐之勇　河南科技学院
商艳红　河南农业大学
彭永帅　河南牧业经济学院

前 言

河南省“十四五”普通高等教育规划教材《动物解剖与组织胚胎学》是在汇集河南省五所农口院校动医、动科专业教学经验的基础上编写的。党的二十大报告首次提出要“加强教材建设和管理”，将教材建设作为深化教育领域综合改革的重要环节。本教材认真贯彻落实党的二十大对教材建设与管理提出的新要求，进一步深化河南省“十四五”普通高等教育本科教材建设的理念，紧密围绕“切实提高人才培养质量和水平”的主题，实现“编写满足新农科人才培养需要的教材”的目标，以提高教材质量为核心，坚持立德树人与知识传授、能力培养协调发展，全面推动习近平新时代中国特色社会主义思想进教材、进课堂、进头脑，努力培养德、智、体、美、劳全面发展的社会主义建设者和接班人，培养能够担当民族复兴大任的时代新人。

本教材的主要特色：读者定位准确，学术层次清晰，思政目标明确。在教授动物解剖与组织胚胎学基本结构的同时，加强知识传授与价值引领相结合，基础与临床双向渗透，既有深度又有广度，深入浅出地使学生循序渐进地学习并认识这门课程的本质，打开视窗，开阔视野。

1. 读者对象定位。本教材的特定读者对象是已受过普通高中或职业高中阶段教育、继续接受本科阶段教育的动医、动科及相关专业学生。编写内容从学生的实际水平出发，紧紧围绕培养对象就业和继续深造的实际需要，力求做到系统性、科学性及先进性的统一，强化突出基本知识、基本理论和基本技能操作的培养。强调密切结合临床实际，特色鲜明，满足本科动物医学、动物科学及相关专业的教学需要。

2. 学术层次定位。本教材每章将器官解剖结构和组织学结构融合编写，先客观科学地描述动物体各个器官系统的组成，并详述器官的位置、形态、解剖结构，紧接着学习该器官的组织学结构及该器官的功能，使学生从大体解剖到微细结构再到功能有较深刻的认识。

3. 思政目标定位。本教材在每一章的教学目标中均清晰地写出本章的思政目标，融入社会主义核心价值观，将培养新农科动医、动科人才的目标深深扎根于学生的教育和学习中。思政目标是基于该章知识点分析提出的，不生拉硬扯、不死搬硬套，达到"过渡自然、润物无声"的培养目标。

4. 经典与创新定位。动物解剖与组织胚胎学是一门传统科学，教材既注重经典性和权威性的内容，还根据河南省的特色插入特色动物的解剖与组织学结构，同时还将部分教师的最新研究成果编入教材，做到"产学结合""科教融合"。

全书共分16章，包括细胞、基本组织、运动系统、内脏学总论、消化系统、呼吸系统、泌尿系统、生殖系统、心血管系统、免疫系统、神经系统、内分泌系统、感觉器官、被皮系统、家禽的解剖与组织学特征、畜禽早期胚胎发育。本书系统阐述了动物体各系统器官的位置、解剖学结构、组织学结构以及功能。结构严谨，概念清晰，图文一致。本书承蒙河南农业大学肖传斌教授审稿。

由于编者水平有限，编写时间紧、任务重，教材中如出现疏漏或不严谨、不恰当之处，恳请专家、同行和广大读者批评指正，以便再版时修订完善，使其成为河南省精品教材，更好地服务于广大学生和读者。

编　者

2023年5月

目　　录

绪　论

【学习目标】

1. 掌握动物解剖学、组织学与胚胎学的概念及学科范围。
2. 掌握细胞、组织、器官、系统和有机体的概念。
3. 理解研究动物解剖学、组织学与胚胎学常用方法与技术。
4. 掌握用于动物体的常用术语。
5. 了解生物体的结构层次，更深刻理解唯物论。

一、动物解剖学与组织胚胎学定义与研究内容

动物解剖学与组织胚胎学是研究正常动物体各系统、器官和组织的形态、结构、位置、基本功能和发生发育规律的科学。属于生命科学的形态学范畴，是动物科学、动物医学等专业的基础课之一，包括动物解剖学、组织学和胚胎学三部分。

(一) 动物解剖学(domestic animals anatomy)

解剖学又称大体解剖学，是研究正常动物体宏观形态、结构、位置和相关功能的科学。其研究对象的尺度常大于 1 mm(图绪-1)。通过解剖学的学习，可以为学习专业基础课和临床课程奠定坚实的形态学基础。只有掌握动物体的正常形态结构，才能正确理解动物体的生理、病理发展过程，准确判断动物体的正常与异常，鉴别生理与病理状态，从而对疾病进行正确的诊断和治疗。此外，兽医学中大量的名词、术语均来自解剖学，因此，解剖学是学习兽医学和畜牧学各学科不可动摇的基石。

根据研究对象侧重点不同，动物解剖学有如下分支。系统解剖学是按动物体的器官功能系统阐述正常动物体器官形态、结构、相关功能及规律的科学，本教材的编写即是以系统解剖学为主，辅以比较解剖学。比较解剖学是对多种动物的同一器官形态结构进行比较研究的学科。以动物体的某一部位或器官为对象，研究其形态、结构、位置和相互关系的学科，称为局部解剖学或手术解剖学。研究在 X 光、超声波和磁场条件下各个器官形态、位置和结构的学科称为影像解剖学。从解剖学的角度来阐明疾病本质、发生及发展规律和动物死亡原因的学科称为病理解剖学。

(二) 组织学(histology)

组织学也称显微解剖学，是采用切片和染色技术，借助于光学显微镜和电子显微镜研究正常动物体组织、器官的微细结构、化学组成和功能的科学。其研究对象尺度常小于 1 mm，常用度量单位是微米(μm)(图绪-1)。组织学根据研究对象和侧重点不同而分为基础组织学、比较组织学和病理组织学等。与解剖学相比，组织学从更小的尺度来研究器官的细胞类型、细胞

形态与分布和细胞间质，可以发现在肉眼条件下不能观察到的形态学特征，对于揭示组织特性、鉴定器官种类和揭示病理过程具有重要意义。

（三）胚胎学（embryology）

胚胎学是研究家畜整个胚胎发育过程中形态、功能变化规律及其与环境条件关系的科学。研究内容包括生殖细胞的发生和发展、受精和卵裂、囊胚、胚层形成和分化、组织发生和器官原基的形成、器官系统的发育、胎膜和胎盘结构与功能等。分支学科有描述胚胎学、比较胚胎学、实验胚胎学和畸形学等。胚胎学与细胞分子生物学、分子遗传学相结合，发展为发育生物学。学习胚胎学有助于理解出生前动物个体发生发育规律，为后期学习动物繁殖学和产科学打下坚实的基础。

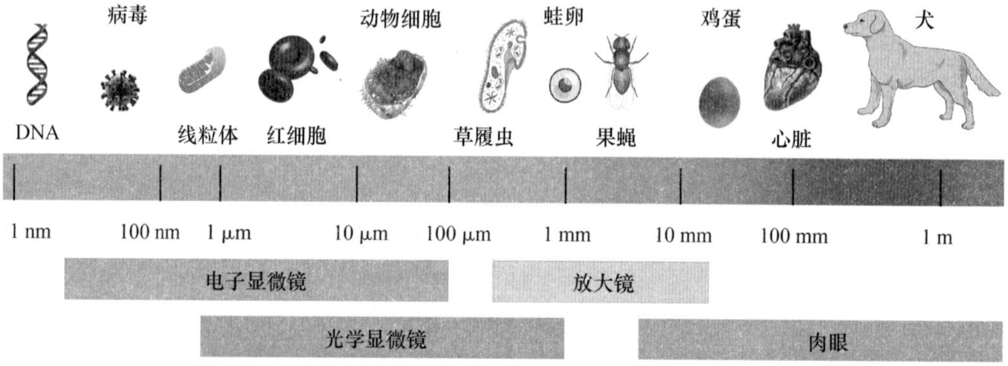

图绪-1　生物的尺度及研究手段

（杜若冰，柳东阳　绘）

二、动物体的结构层次

动物体结构是一个复杂系统，不同层级的结构名称、形态大小和研究手段不同。从最小的物质单位原子开始，先由原子形成简单分子和生物大分子，大分子组装形成细胞器，细胞器和生物膜装配成为单个细胞（cell），实现了从非生命到生命的跨越。细胞是生物体结构和功能的基本单位，其自身可以进行新陈代谢、生长、繁殖等基本生命活动。单细胞生物演化为多细胞生物后，其细胞产生了分化，出现了形态和功能不同的细胞，来满足机体应对内外环境的变化。起源相同、形态相似和功能相关的细胞借助于细胞间质结合起来形成的结构称组织（tissue）。目前，已发现高等动物体有 4 种基本组织：上皮组织、结缔组织、肌组织和神经组织。当几种组织结合起来，共同执行某一特定功能，且具有一定的形态特点，即构成了器官（organ），如心、肺、胃、肾、脾等。若干个功能相关的器官联系起来，共同完成某一特定的连续的生理功能，称之为系统（system）（图绪-2），如口腔、咽、食管、胃、小肠、大肠、肛门和消化腺等构成了消化系统。家畜体由运动系统、消化系统、呼吸系统、泌尿系统、生殖系统、心血管系统、淋巴系统、神经感觉系统、内分泌系统和被皮系统十大系统构成，各个系统有机联系起来，相互协调就构成了个体（organism）。

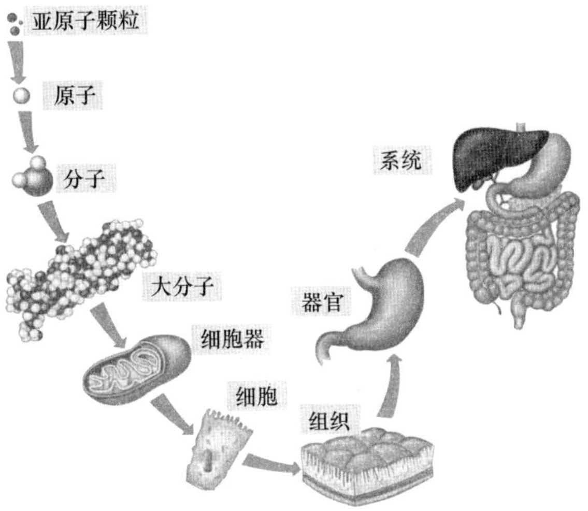

图绪-2　动物体的组织层级

三、动物解剖学与组织胚胎学的研究技术

(一)解剖学研究技术

常规解剖学研究技术是采用4%～10%的甲醛溶液作为防腐剂和固定剂经颈动脉灌注固定动物,用刀、剪和镊等工具切割标本,通过肉眼观察,对所见器官进行描述、总结并获得图像(图绪-3)。采用甲醛溶液固定动物体,优点是可以保持器官的固有形态和位置,便于标本的保存、分离和观察;缺点是甲醛改变了器官固有色泽,同时对接触人员身体具有刺激性和危害性,虽是如此,该方法仍不能被完全替代。近年来,随着技术的进步,体内管道铸型技术、生物标本塑化技术和数字虚拟解剖技术也逐步得到应用和推广,为解剖学教学和研究提供了新的方法手段。

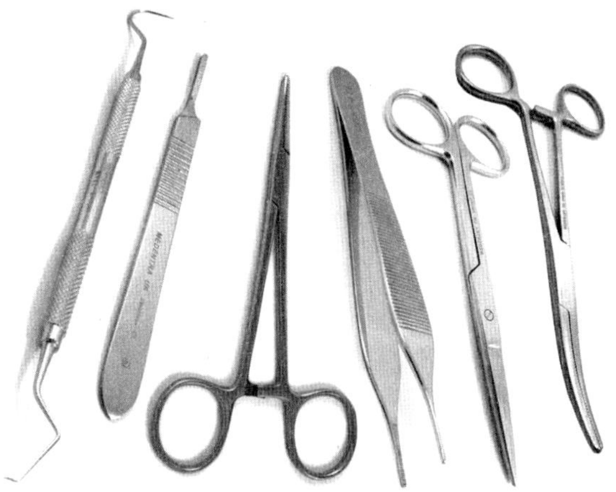

图绪-3　常用的解剖器械

（二）组织胚胎学研究技术

进行组织胚胎学研究的主要技术是在显微镜下对切片等标本进行观察，对所见的现象进行描述、计量、绘图或拍摄图片。主要工具是光学显微镜和电子显微镜。光学显微镜采用可见光为光源，分辨率约为 0.2 μm，最大放大倍数约 1 500 倍；电子显微镜以电子束作为光源，分辨率可达 0.2 nm，可以放大几千倍到几十万倍。

1. 光学显微镜　普通光学显微镜是进行组织胚胎学研究的常用工具，由机械、光学和图像采集系统构成。与传统显微镜相比，配置有图像采集系统的显微镜可以快速获得切片图像信息，并对图像进行后期的测量、处理、贮存和传递，成为生物医学教学科研的有力助手（图绪-4）。

此外，根据观察对象、光源波长和图像采集方式不同，目前还有荧光显微镜、相差显微镜、暗视野显微镜和激光共聚焦显微镜等特殊光学显微镜应用于组织胚胎学研究。

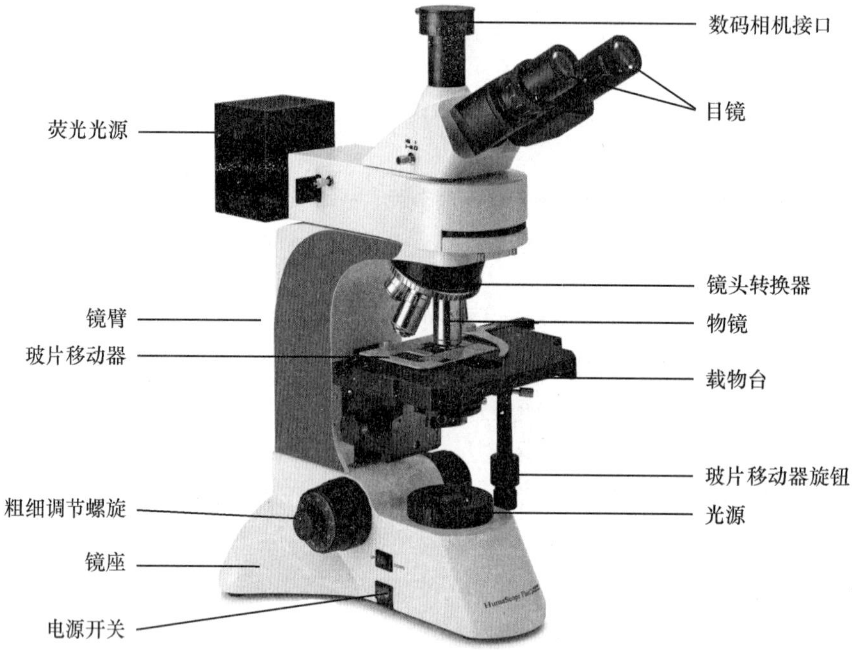

图绪-4　正置多功能荧光显微镜

2. 电子显微镜　电镜不同于光镜之处在于其用电子束替代可见光、用磁场代替玻璃透镜，使分辨率较光镜提高若干数量级。电镜分为透射电镜和扫描电镜。

透射电镜（transmission electron microscopy，TEM）用电子束穿透标本，经过电磁透镜的汇聚、放大后，在荧光屏上成像，直接观察或贮存数字照片。透射电镜的分辨率可达 0.1～0.2 nm，使物体放大几千倍到几十万倍。由于电子束穿透力弱，电镜标本需制成 50～80 nm 的超薄切片，用柠檬酸铅和醋酸铀等重金属盐染色。电镜下观察到密度大、被重金属染色的结构，其电子束散射多，射落到荧光屏上电子少，图像暗，称为电子密度高；反之，称电子密度低。

扫描电镜（scanning electron microscopy，SEM ）用于观察细胞、组织和器官表面的立体微细结构。标本要经过 CO_2 临界点干燥、喷涂碳膜和金膜，然后在真空条件下通过电子束对样品逐点移动扫描，样品表面金属膜激发的二次电子被探测器接收，经过放大，形成景深长、表面清晰并富有立体感的图像。

3. 固定组织的研究方法　生物组织和器官不能直接在显微镜下观察，需要把实验材料制作成能够穿透光线、微细结构清晰可辨的组织切片后再染色，才能在显微镜下观察。大致有取材、固定、包埋和切片等环节（图绪-5）。有时也采用冰冻切片、血液涂片、骨磨片、肠系膜铺装等技术对一些特殊组织进行处理。组织固定剂多为甲醛、戊二醛、乙醇和丙酮等物质，石蜡切片厚度为 5～7 μm，苏木素（hematoxylin）和伊红（eosin）是常用染料，因此常规染色法也称为 HE 染色法。苏木素呈碱性，可使细胞核等含有酸性物质的结构染成蓝色，而酸性染料伊红可使细胞质等含有碱性物质的结构呈现粉红色。不同结构呈现不同颜色及着色程度不同，便于在光镜下观察区别。

除了常规 HE 染色，还采用组织细胞化学技术、免疫组织化学技术、原位杂交技术和放射自显影技术对组织内特定的结构、化学成分和病变进行定性和定量研究。

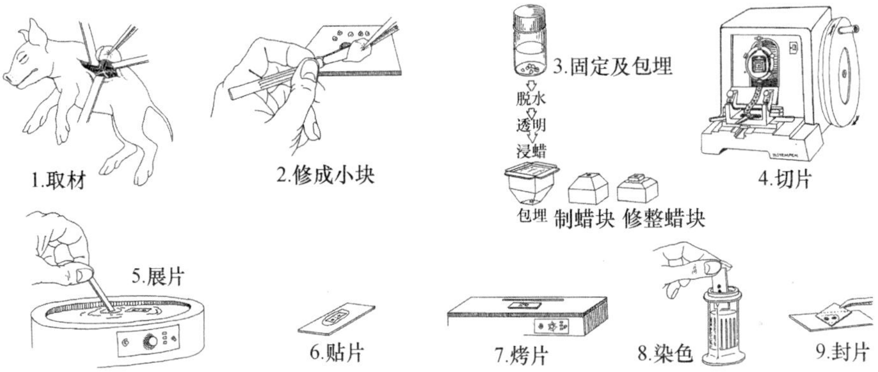

图绪-5　石蜡切片制作流程

（引自：Bacha，William J.）

4. 活组织的研究方法　活组织研究的主要方法是细胞培养，将动物离体的活细胞在体外人工条件下进行培养，观察其生长、代谢和分化等生理过程。从动物体内分离出来的细胞首次进行的培养称为原代培养（图绪-6），也可以购买经过多次传代、性状稳定的商品细胞系进行培养。细胞培养主要用来研究正常条件下细胞的生物学特性，也可以研究各种理化因子对细胞的影响，同时也是疫苗制造、转基因操作、胚胎工程和组织工程的基础环节。

此外，还有细胞融合、细胞电泳、活细胞染色和细胞分离术等方法用于活组织的研究。

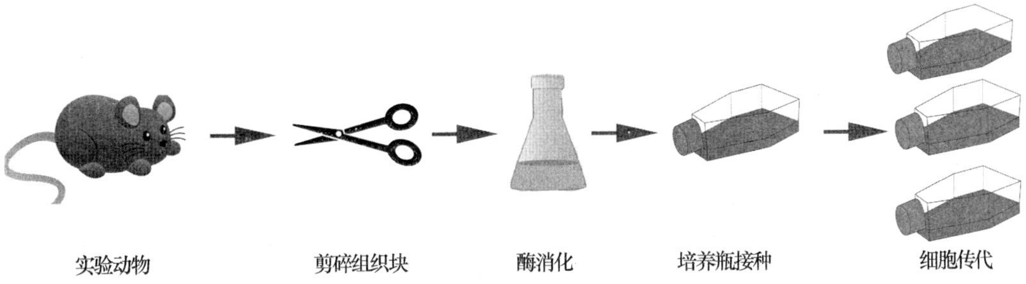

图绪-6　细胞原代培养示意图

（柳东阳　绘）

四、常用术语

人类采用虚拟的经度和纬度对地球某一地点进行定位，而经常移动的四足动物与地球之间没有固定的参照线。因此，在描述动物体各器官方向、位置时，需要选择动物本身作为参照系。以家畜正常站立的姿势为标准，规定了轴、面和方位术语，这些术语有助于形态学知识的学习、使用和交流传播。

(一)轴(axis)

家畜四肢站立时，穿过躯干与地面平行的一条虚拟线称为躯干长轴或纵轴，四肢长轴与地面垂直；横轴与长轴垂直(图绪-7)。

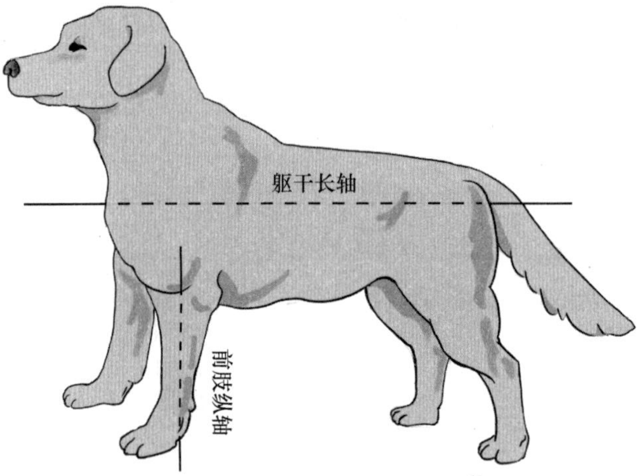

图绪-7 家畜体轴示意图

(杜若冰，柳东阳 绘)

(二)面(plane)

1. 矢状面(sagittal plane) 与躯干长轴平行且与地面垂直并将畜体分为左、右两半的切面。经躯干正中线将畜体分为左、右对称两半的切面称正中矢状面(median plane)，与正中矢状面平行的切面为侧矢状面。家畜体靠近矢状面为内侧，远离矢状面为外侧。

2. 横切面(transverse plane) 与躯干长轴垂直，把畜体分为前、后两部分的所有切面称为横切面。与四肢和器官长轴垂直的切面也称为横切面。

3. 水平面(horizontal plane)或额面 (frontal plane) 与地面平行，与矢状面、横切面互相垂直，把畜体分为上、下两半的切面称为水平面或额面(图绪-8)。

(三)方位术语

1. 用于躯干的术语

(1)内侧(medial)与外侧(lateral) 畜体靠近正中矢状面的为内侧，反之为外侧。肺与肋互为内、外侧关系。

(2)头(前)侧(cranial)与尾(后)侧(caudal) 以横切面为参照，近头端为头(前)侧，近尾端为尾(后)侧。在头部近鼻端称口侧(rostral)，朝向尾端侧称尾侧。肺与肠互为前、后侧。

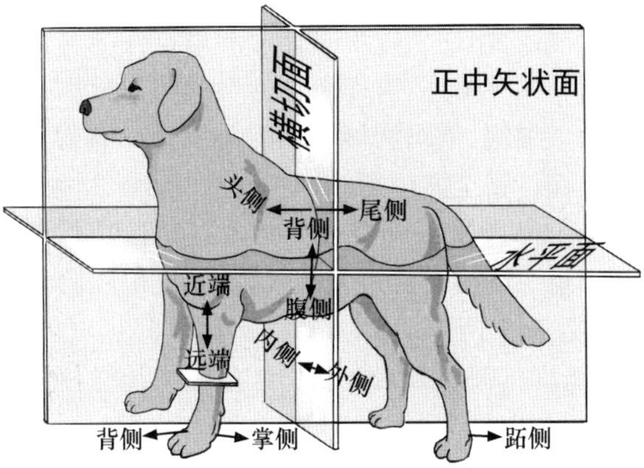

图绪-8 动物体切面与方位术语示意图

（杜若冰，柳东阳 绘）

(3)背侧(dorsal)与腹侧(ventral) 水平面上方为背侧，下方为腹侧。肾和肠互为背、腹关系。

2. 用于四肢的术语

(1)近端(proximal)与远端(distal) 近躯干一端为近端，反之为远端。前臂的肱骨和蹄骨互为近、远端。

(2)背侧(dorsal)与掌侧(palmar)和跖侧(plantar) 四肢腕、跗部以下的前方称背侧，前、后肢的后方分别称掌侧、跖侧(图绪-8)。

(3)轴侧(axial)与远轴侧(abaxial) 偶蹄动物的3、4指/趾接近四肢正中纵轴一侧为轴侧，反之，称远轴侧。

五、学习本课程的基本观点与方法

1. 演化与比较观点 经过了人类的长期驯化，家畜和家禽仍保持着哺乳动物、鸟类的基本结构。同时，各种物种因适应不同的环境，在演化过程中，又形成了各自的结构特点。因此，在学习本门课程时，适当涉猎脊椎动物比较解剖学和古生物学知识，可以从更广阔的视野来认识、理解和掌握畜禽有机体的结构特征。

2. 结构与功能相联系 结构决定功能，功能推进着结构的演化，二者相辅相成。结构决定了功能，没有结构基础去讨论功能无异于缘木求鱼；只追求结构，不论及功能，就陷入了形而上学的泥潭。以运动系统为例，四肢长骨支撑体重，作为杠杆改变运动方向；骨骼肌具有收缩和舒张功能，带动骨骼发生位移，改变动物姿势。

3. 重视教材、标本和图谱 教材文字部分是对标本、现象和规律的总结与归纳，相当于机器的说明书。解剖学与组织胚胎学的特点是术语繁多、用词生僻、词义单一且内容枯燥，易造成学习者的畏难情绪。因此，在当下人人电子阅读、追求大脑短暂愉悦的时代，更需要读者静下心来认真咀嚼教材文字、熟悉专业术语并把握文字的内在逻辑，逐步建立起通过阅读文字掌握基本概念和知识的能力。

标本和图谱是教材文字内容的直观对象和图像再现，二者是学习形态学的左膀右臂。骨骼标本、浸制标本、组织切片、模型教具和教学图谱提供了直观、形象的材料，使学习者从视觉、触觉和嗅觉等多方面感知学习内容，在学习中要充分利用这些学习材料。此外，也可以尝试对照标本和图谱进行插图绘制和文字描述，有助于读者形成图像记忆和提高描述能力。

4. 区分三维与平面结构　细胞、组织和器官以三维立体结构存在于自然界。学习大体解剖学时，通过眼、手和鼻等器官可以全方位感知标本形状、大小、质地、色泽和气味，多渠道的感官刺激有利于解剖学的学习。显微镜下观察组织切片获得的图像仅仅展示了组织的一个断面，因切面位置不同，看到的组织断面会有很大差别，所以组织胚胎学的学习难度大于解剖学。因此，在学习组织胚胎学时要通过不同断面的观察，运用空间想象能力，在头脑中建立一个立体的结构概念，只有这样才能真正理解和掌握动物体的微细结构(图绪-9)。

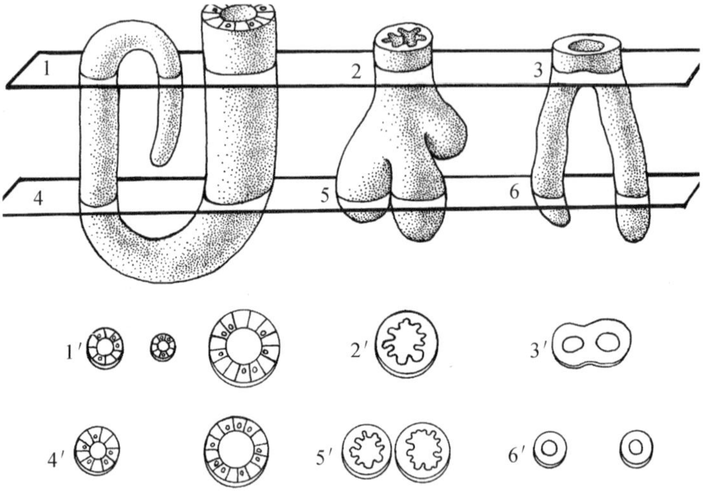

图绪-9　组织切面不同而图像不同

(引自：Bacha，William J.)

5. 树立长远目标　作为动物科学、动物医学专业的基础课，动物解剖学与组织胚胎学的重要性会在后期的课程学习、科研和临床实践中凸显出来。仅仅一学期课程学习不足以使初学者掌握所有的知识，要伴随职业生涯终生学习，读者可以利用各种实践机会来认识、回忆和巩固形态学内容，才能达到熟而化之的境界。

思考题

1. 简述动物解剖学、组织学、胚胎学的概念。
2. 解剖学有哪些分支学科？
3. 简述石蜡组织切片的制作流程。
4. 动物解剖学常用的方位术语有哪些？

第一章

细　　胞

【学习目标】

1. 掌握细胞膜、细胞器及细胞核的结构与功能。
2. 理解细胞周期、细胞分裂及细胞分化。
3. 认识细胞学说对近现代生物学发展的指导作用。

细胞(cell)是生物有机体结构和功能的基本单位，分为原核细胞与真核细胞两种。原核细胞没有真正的细胞核，只有拟核区；真核细胞有细胞核和复杂的细胞器。家畜和家禽是由真核细胞和细胞间质构成的多细胞生物(图 1-1)。

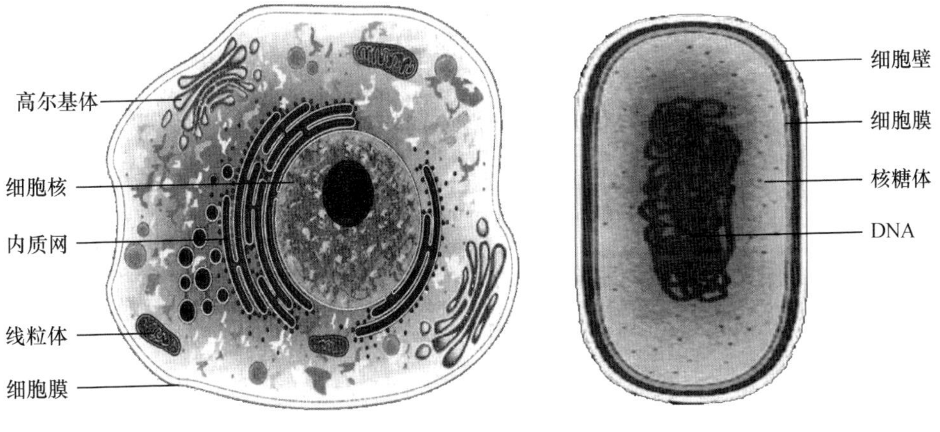

图 1-1　真核细胞与原核细胞区别

多细胞生物在演化过程中，细胞产生了分化，不同类型的细胞承担不同的功能，如神经细胞传导电信号、腺体细胞分泌酶类和黏液、肠上皮细胞消化和吸收营养物质等。为了适应细胞功能的多样性，细胞形态和大小也丰富多彩。细胞形态有圆球形、扁平形、多突形、长柱形、梭形和不规则形等(图 1-2)。细胞的大小与细胞的活动水平、分子跨越细胞膜的速度直接有关。为了保持生活状态，细胞必须保证营养物质、氧和其他分子的持续供应，也需要排除 CO_2 和其他对细胞本身有害的分子。细胞越大，越难以满足这些要求，演化的结果是很多细胞都很小。

畜禽细胞的直径多为 10～20 μm，小的只有几微米，如小脑颗粒细胞 4～8 μm；大的细胞可有数十微米，如大脑锥体细胞；更大者，如鸟类卵细胞可有数厘米。细胞大小与细胞机能相适应，与生物体大小没有必然联系。不同物种的同类型细胞的体积一般相近，如人、牛、鼠的肾细胞或肝细胞大小基本相同。器官大小主要取决于细胞数量的多少，多细胞生物个体的长大在于细胞数量的增多。

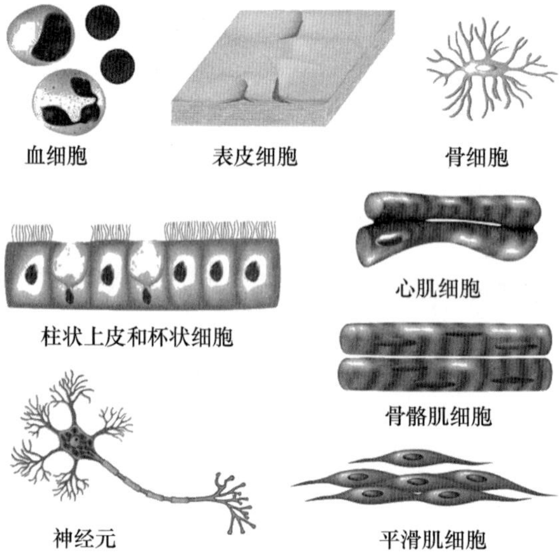

图 1-2　细胞的形态

细胞的形态和大小尽管有很大差别，其共同的基本结构都包括细胞膜、细胞质和细胞核三部分，每一部分还包含更小的超微结构(图 1-3)。根据有无生物膜包裹，超微结构一般分为膜性和非膜性结构两种。

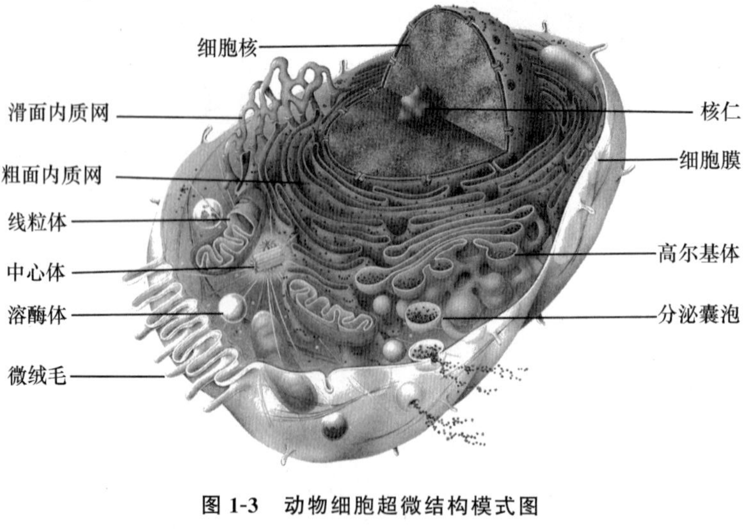

图 1-3　动物细胞超微结构模式图

第一节 细胞的基本结构与功能

一、细胞膜

(一)细胞膜的结构

细胞膜又称质膜，是包裹在细胞表面一层连续界膜，厚度为 7.5～10 nm。在高倍电镜下观察，细胞膜呈“两暗夹一明”的三层结构：横切面上表现为内外两层是电子密度高的暗线，中间夹一条电子密度低的明线；内外两层暗线各厚约 2 nm，中间明线厚约 3.5 nm，这种“两明一暗”的结构称为“单位膜”。

1. 化学组成　在不同类型的细胞中，细胞膜的化学成分基本相同，主要由脂类、蛋白质和糖类组成，另有少量水、无机盐和金属离子。

脂类是细胞膜的基本组分，约占 50%，主要有磷脂、胆固醇和糖脂三种类型。磷脂含量最多，其分子具有一个极性的头部和两个非极性的尾部；胆固醇分子散布在磷脂分子中间，稳定和调节膜的流动性(图 1-4)。膜蛋白约占质膜重的 40%，多以非共价键与膜脂结合，分为内在膜蛋白、外在膜蛋白和脂锚定蛋白。内在膜蛋白多有跨膜构象，与物质转运、信号转导和维持细胞形态稳定性有关。糖类占质膜重的 2%～10%，以糖脂和糖蛋白的方式存在，均位于细胞膜外侧，作为大分子受体与膜蛋白一起参与细胞识别及信号转导。

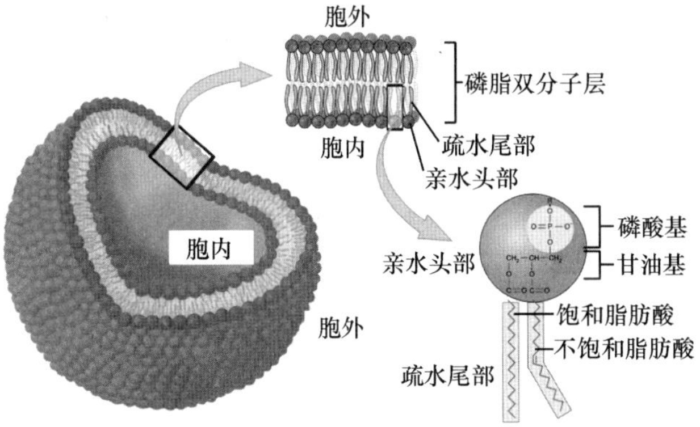

图 1-4　细胞膜磷脂模式图

2. 分子结构　目前，公认 Singer 和 Nicolson 于 1972 年提出的“流动镶嵌模型”较为合理地解释了细胞膜的分子结构。该模型认为：细胞膜是一种动态结构，由流动的磷脂双分子层和镶嵌在其中或结合在表面的蛋白质分子构成。磷脂分子以疏水尾部相对、极性头部朝向水相构成细胞膜基本框架，膜蛋白分子以不同方式镶嵌在磷脂双分子层中或结合在其表面，表现为不对称分布(图 1-5)。

(二)细胞膜的功能

1. 形成细胞与外界微环境的动态屏障　这层屏障可以避免细胞内物质渗漏和胞外物质的

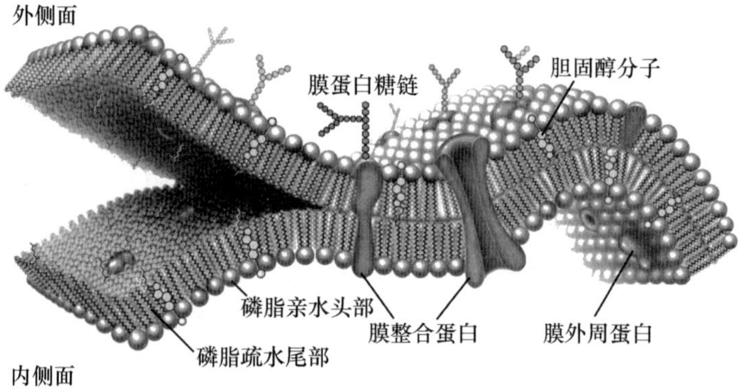

图 1-5 细胞膜分子结构模式图

渗入，为细胞生命活动提供相对稳定的内环境。

2. 选择性物质跨膜运输 活细胞进行新陈代谢需要从外界获得物质并向外排出代谢产物。物质的流动要经过细胞膜，跨膜运输的方式有被动运输、主动运输、胞吞和胞吐等(图 1-6)。

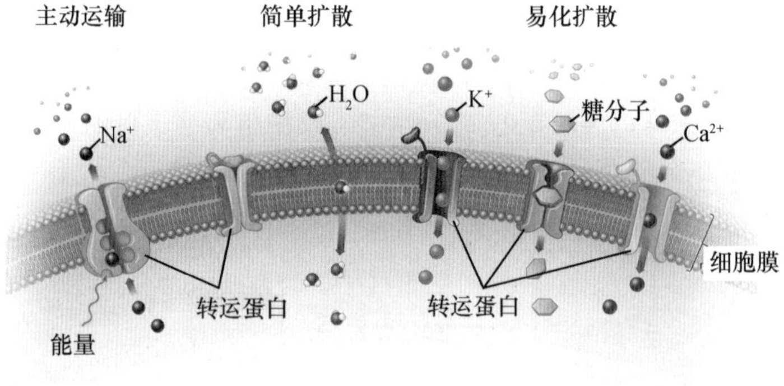

图 1-6 物质跨膜运输模式图

3. 参与细胞内外信息跨膜传递 细胞膜上有激素、药物和神经递质的受体，这些物质大多不进入细胞内，而是与细胞膜上的受体结合以后，通过信号级联反应将信息传递到细胞内，进而影响细胞的生理活动。细胞信号转导已经成为细胞生物学研究的热点。

4. 参与细胞识别 包括同、异种细胞、免疫反应和细胞与胞外基质的识别。

5. 形成具有不同功能的细胞表面特化结构 如鞭毛、微绒毛、纤毛、内褶和皱褶，帮助细胞完成消化、吸收、排泄和运动等生理活动。

二、细胞质

也称胞浆(cytoplasm)，是存在于细胞内的液体，由基质、细胞器和包含物组成，为细胞代谢的重要场所。

(一)基质 (cellular matrix)

真核细胞的细胞质中，除去可分辨的细胞器外的胶状物质，称为细胞质基质(cytosol)，作为细胞质的重要组分，体积约占细胞质的一半。基质的化学组成有水和无机盐等小分子物质，脂类、糖类、氨基酸和核苷酸等中等分子，可溶性酶类、蛋白质、脂蛋白、多糖、RNA 等大分子物质。基质主要功能：提供维持各种细胞器正常结构的离子环境，完成各种中间代谢，参与蛋白质的修饰、降解过程。

(二)细胞器(organelle)

细胞器指细胞质中具有特定结构，并执行一定生理功能的有形成分。包括膜性细胞器(细胞核、内质网、高尔基体、溶酶体、过氧化物酶体和线粒体)和非膜性细胞器(核糖体、中心体、微丝、中间丝和微管等)。

1. 核糖体(ribosome)　又称核蛋白体，是由 RNA 和蛋白质装配的大、小两个亚基所构成的没有膜包被的颗粒状细胞器，为原核细胞和真核细胞共有的细胞器。电镜下核糖体呈颗粒状，直径为 15～25 nm，分为附着于内质网外表面的附着核糖体和游离在细胞质中的游离核糖体。核糖体的功能是按照 mRNA 的指令利用氨基酸合成多肽和蛋白质(图 1-7)。

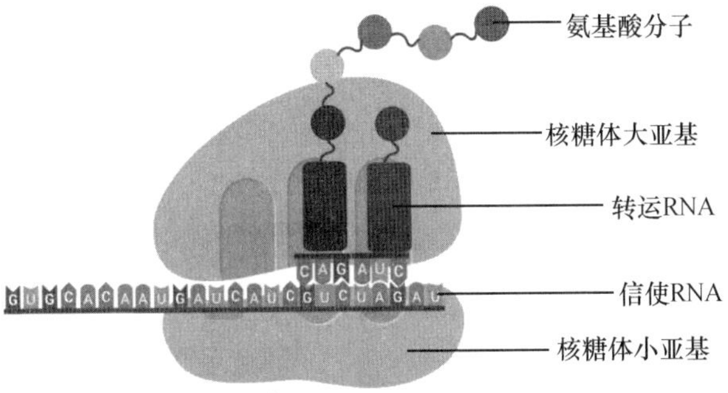

图 1-7　核糖体模式图

2. 内质网(endoplasmic reticulum)　是细胞质内参与细胞蛋白合成和类固醇激素、脂类、糖原代谢及具有其他多种功能的膜性管道细胞器。内质网是由一层单位膜所围成的封闭管状或扁平囊状系统及其内腔所形成的三维连续网状结构，可与核膜、高尔基体和细胞膜相连通。依据其表面是否附着有核糖体，分为粗面内质网(rough endoplasmic reticulum)和滑面内质网(smooth endoplasmic reticulum)。

粗面内质网多呈扁囊状，排列较为整齐，其膜表面附着有大量核糖体，主要功能是合成分泌蛋白和多种膜蛋白。分泌功能旺盛细胞(胰腺泡细胞和浆细胞)的粗面内质网非常发达，而在一些未分化的细胞和肿瘤细胞中则较为稀少。

滑面内质网膜上没有核糖体附着，多呈分支管状，在细胞中几乎不含有纯的滑面内质网，它们只是作为内质网连续结构的一部分。滑面内质网是脂质合成的重要场所，广泛存在于合成固醇类激素的细胞和肝细胞中。骨骼肌和心肌细胞内含有的大量滑面内质网称肌浆网，能摄取和释放 Ca^{2+}，参与肌纤维的收缩活动(图 1-8)。

3. 高尔基复合体(Golgi complex)　是由重叠排列的扁平囊和散在其周围的小泡和大泡组成的细胞器，常位于细胞核附近。高尔基复合体呈弓形或半球形，具有极性，凸起一面朝向内质网称为形成面或顺面，凹陷的一面朝向细胞膜称为成熟面或反面。来自内质网的蛋白质和脂类从顺面逐步向反面转运，对粗面内质网合成的蛋白质进行分类、包装和输出。此外，高尔基复合体也参与多糖、脂蛋白合成和溶酶体形成(图 1-9)。

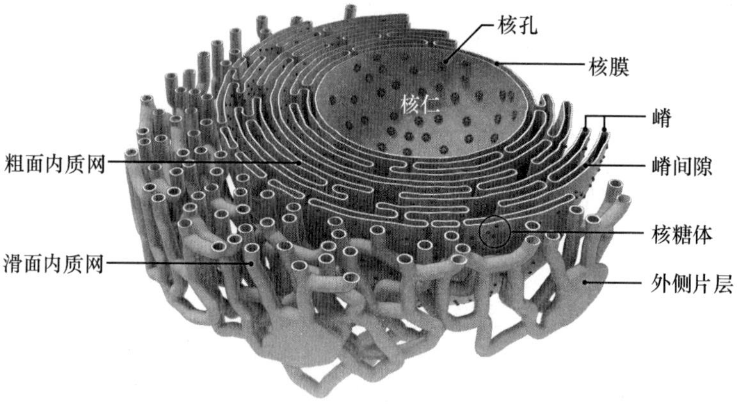

图 1-8 内质网模式图

4. 溶酶体(lysosome) 是由一层单位膜包裹形成的圆形或卵圆形细胞器,其大小差异显著,一般直径 0.2～0.8 μm,含有 60 多种能够分解机体中几乎所有生物活性物质的酸性水解酶。巨噬细胞等具有吞噬功能的细胞,溶酶体体积大而数量多。根据溶酶体内是否含有作用底物,将其分初级溶酶体、次级溶酶体和残余体。溶酶体功能是分解胞内的外来物质,清除衰老、残损的细胞器,执行胞内消化为细胞提供营养等(图 1-10)。

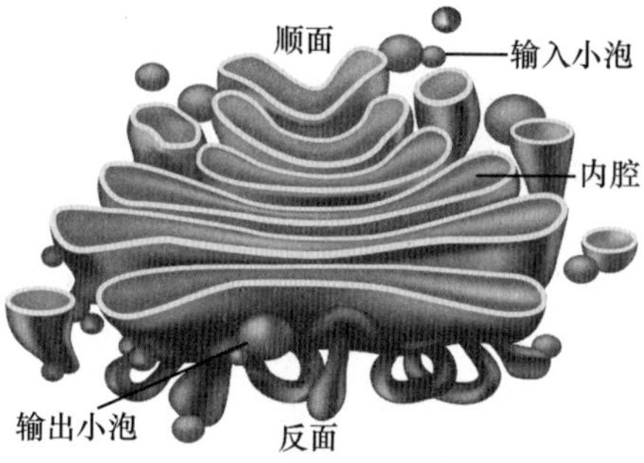

图 1-9 高尔基复合体模式图

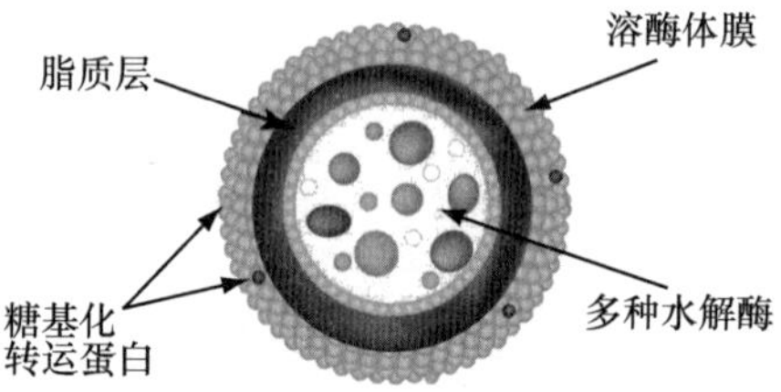

图 1-10 溶酶体模式图

5. 过氧化物酶体(peroxisome) 又称微体(microbody),是由一层单位膜包裹的圆形或卵圆形小泡,直径 0.2～0.4 μm,多见于肝细胞和肾小管上皮细胞。内含有 40 多种酶,包括过氧化氢酶和氧化酶。氧化酶可以氧化多种底物,并使 O_2 还原为 H_2O_2;过氧化氢酶则可以还原 H_2O_2 为 H_2O,以防止因细胞内 H_2O_2 浓度过高而中毒。此外,过氧化物酶还参与脂肪代谢和糖原异生等过程。

6. 线粒体(mitochondria) 线粒体是由内、外两层生物膜封闭而成,外形呈粒状或杆状的细胞器,直径 0.5～1.0 μm,长 1.5～3.0 μm。线粒体的数量因细胞种类和代谢状态不同而有很大差别,少者仅有一个,多者可达上万个,但在同类型的细胞中其数目稳定。线粒体通常结合在微管上,可以沿微管向功能旺盛区移动。作为一种半自主性细胞器,线粒体通过已有的线粒体分裂来进行增殖。

线粒体通过两层生物膜把其内部空间和细胞质隔离,且自身内部空间又分隔为两个膜性空间，由外膜、内膜、膜间隙和基质四部分构成。电镜下线粒体外膜表面光滑，厚 5～7 nm，膜上有跨越内外膜的水相通道蛋白。内膜比外膜稍薄，均厚 4.5 nm，通透性很低，向线粒体基质折叠形成嵴以扩大内膜面积。内膜直接包裹而形成含有基质的内腔，内外膜之间形成膜间隙，嵴与嵴之间为嵴间腔（图 1-11）。内膜和嵴上分布着带柄的球形颗粒，称为基粒，是合成 ATP 的部位。内腔基质中有催化三羧酸循环、脂肪酸和丙酮酸氧化的酶类。线粒体功能是氧化糖、脂肪和蛋白质等营养物质，彻底分解为 H_2O 和 CO_2，释放出能量以 ATP 的形式贮存，供细胞代谢利用，是细胞的"能量工厂"（图 1-12）。

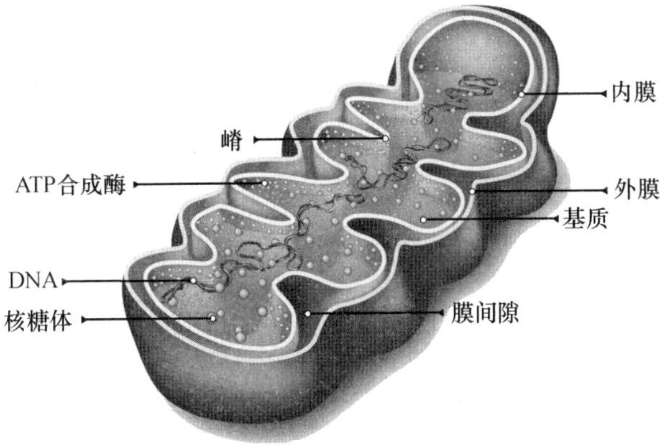

图 1-11　线粒体示意图

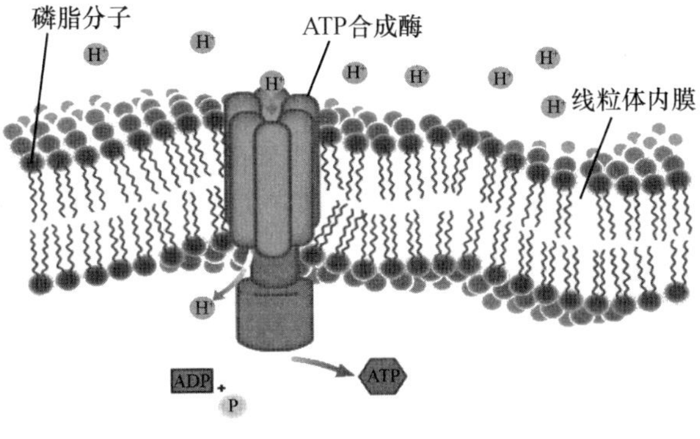

图 1-12　线粒体 ATP 合成酶示意图

7. 中心体（centrosome）　位于细胞核附近，由一对互相垂直的中心粒和周围基质所围成的细胞器。中心体是微管组织中心，参与纺锤体的形成。电镜下的中心粒为中空的短圆筒状，每个中心粒直径约 0.2 μm，长约 0.4 μm；横切面可见 9 组等间距排列呈环状的三联微管围成筒壁（图 1-13）。细胞分裂之前，中心粒进行复制；细胞分裂时，两组新旧中心粒分开，各自迁移到细胞的两极，成为纺锤体微管的结构中心；细胞分裂结束时，每个子细胞获得一个中心体。

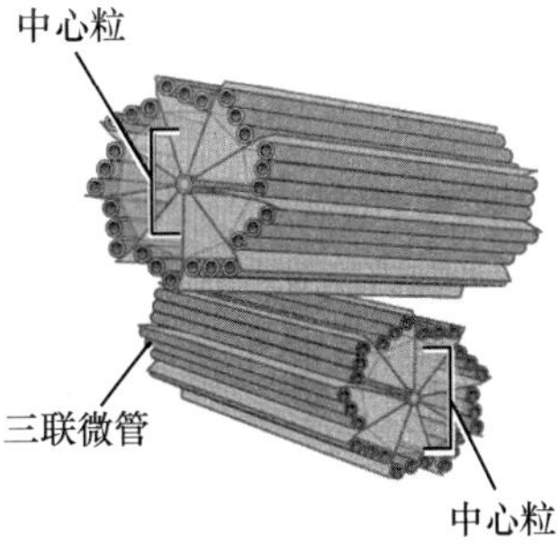

图 1-13　中心体示意图

(三)细胞骨架(cytoskeleton)

在细胞内由蛋白质分子构成一个复杂的三维网络状立体结构称为细胞骨架,包括微管、中间丝和微丝。细胞骨架参与了细胞形态维持、胞内物质运输、信号转导、细胞分裂和运动等生理过程。

1. 微管(microtubule) 由微管蛋白和微管结合蛋白装配成的具有一定刚性的中空长管状结构,存在于所有真核细胞中,以脊椎动物脑组织中最多。微管直径 24～26 nm,内径约 15 nm,壁厚约 5 nm。微管蛋白以 α、β 异二聚体为基本构件,头尾相接形成原纤维,原纤维的两端和侧面再经过增加二聚体扩展呈片层,当片层达到 13 根原纤维时即合拢为一段微管,之后新的二聚体再不断从微管两端集聚使之持续延长。秋水仙碱和紫杉醇分别影响微管的组装、解聚。微管以单管、二联管和三联管的形式存在。微管参与构成中心体、纺锤体、鞭毛和纤毛等细胞器,功能是支持细胞形态、维持细胞器定位与分布、参与细胞运动和分裂及胞内信号转导过程。

2. 微丝(microfilament) 又称肌动蛋白丝,是由肌动蛋白排列而成的直径 5～8 nm 的链状细丝,在肌细胞中含量最多。微丝单体为 375 个氨基酸组成的肌动蛋白分子,以首尾相接的方式进行装配。细胞松弛素和鬼笔环肽可以影响微丝组装。微丝在细胞内呈横向连接或聚合成束,参与细胞运动、分裂、肌肉收缩、物质运输和信号传递。

3. 中间丝(intermediate filaments) 中间丝是一类形态上与微丝非常相似,而化学组成有明显差异的蛋白质纤维,直径 8～10 nm,介于微管和微丝之间。其组装和解聚不受秋水仙碱和细胞松弛素的影响。依据氨基酸序列相似性,中间丝分为酸性角蛋白、中性/碱性角蛋白、波形蛋白、神经丝蛋白、核纤层蛋白和巢蛋白六种。中间丝有如下功能:形成细胞的应力网络,参与细胞核的定位和固定,与微丝、微管一同参与物质定向运输,与细胞癌变有关,影响 DNA 的复制与转录等(图 1-14)。

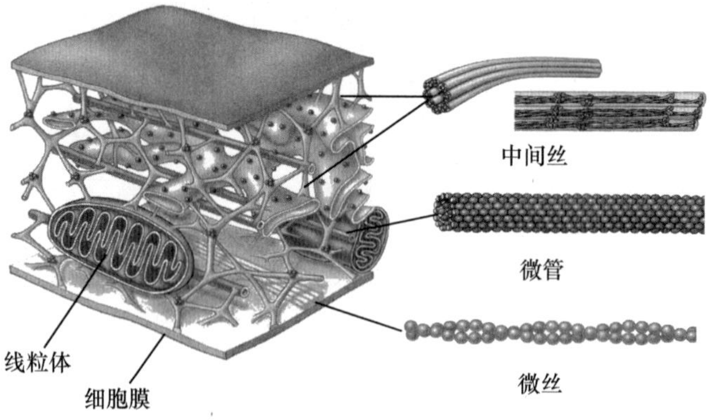

图 1-14 细胞骨架示意图

(引自:Eldon D. Enger)

三、细胞核(nucleus)

细胞核是细胞内最大和最重要的细胞器,是细胞遗传与代谢调控中心,也是真核细胞与原核细胞最显著的区别之一。除哺乳动物的红细胞等极少数细胞外,所有真核细胞都有细胞核。细胞核大多呈球形,体积约占细胞总体积的 10%,幼稚细胞的核较大,成熟细胞的核较小。细胞核多位于细胞中央，但骨骼肌细胞的核常位于细胞膜下。细胞核由核膜、核仁、核基质、染色质和核骨架构成(图 1-15)。

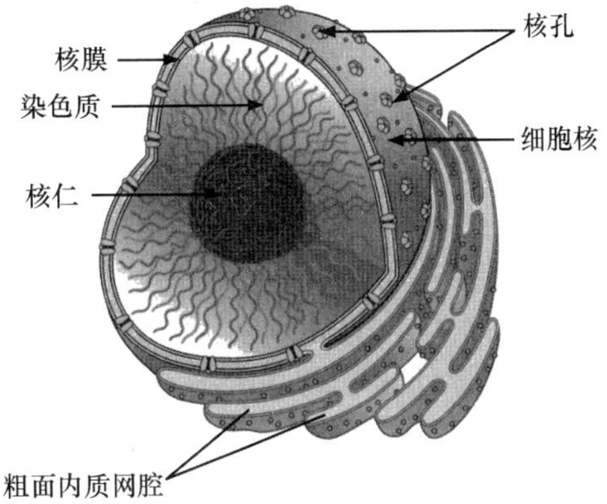

图 1-15　细胞核模式图

(一)核膜

核膜位于细胞核的最外层，由内外两层平行但不连续的单位膜构成。两层膜厚度相同，约为 7.5 nm，两层膜之间有 20～40 nm 的透明空隙，称为核周隙，与外侧内质网腔相通。外侧核膜上有核糖体，参与蛋白质合成；内侧核膜表面光滑，没有核糖体附着，其紧贴着核纤层。内外核膜常在某些部位相互融合形成环状开口，称为核孔，在核孔镶嵌着由多种蛋白构成的核孔复合体(图 1-16)。核膜功能是将核内物质与胞质分隔，形成核内特殊微环境，保护 DNA 分子免受损伤，将 DNA 的复制、转录和 mRNA 的翻译表达进行时空分隔。

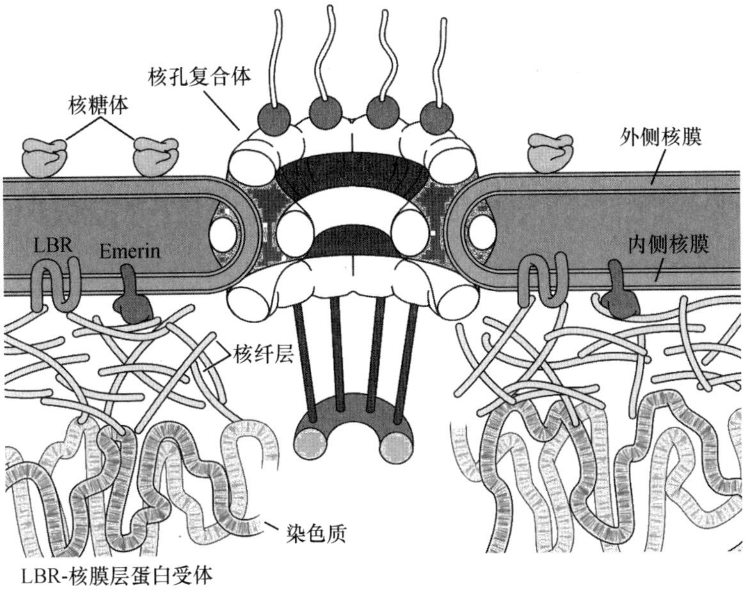

图 1-16　核孔复合体示意图

(引自:Cooper)

(二)染色质(chromatin)与染色体(chromosome)

染色质指间期细胞核内能被碱性染料染色的物质，是由 DNA、组蛋白、非组蛋白和少量 RNA 组成的线性复合结构，是间期细胞遗传物质的存在方式。染色体是指细胞在有丝分裂过程中，由染色质高度螺旋化而包装成的棒状结构。当有丝分裂结束时，染色体螺旋松开恢复到染色质状态，二者具有基本相同的化学组成，但包装程度和构象不同。在 HE 染色的切片上，着色浅的染色质称为常染色质，是进行活跃转录的部位；着色深的染色质称为异染色质，是处于功能静止状态的染色质。

染色质的基本结构单位称为核小体。核小体(nucleosome)直径 10～11 nm,每个核小体包括 200 bp 左右的 DNA 链、一个组蛋白八聚体和一个组蛋白 H1 分子。140～160 bp 长的 DNA 链盘绕组蛋白 1.75 圈,组蛋白 H1 分子在八聚体外锁住核小体 DNA 的进出端,起稳定作用。相邻核小体之间以 DNA 相连,长度约 60 bp,不同物种变化值为 0～80 bp。每 6 个核小体绕成一圈形成螺线管,逐步延长而形成直径 30 nm 的染色质丝(图 1-17)。

目前,染色质 30 nm 螺线管如何压缩装配成染色体尚有争论。以人基因组为例,DNA 约有 6×10^9 bp 分布在 46 条染色体中,总长达 2 m,平均每条染色体 DNA 分子长约 5 cm,而细胞核直径只有 5～8 μm,这意味着从染色质 DNA 组装成染色体要压缩近万倍,相当于一个网球内包含有 2 km 长的细线,可见这个装配过程非常复杂(图 1-18)。

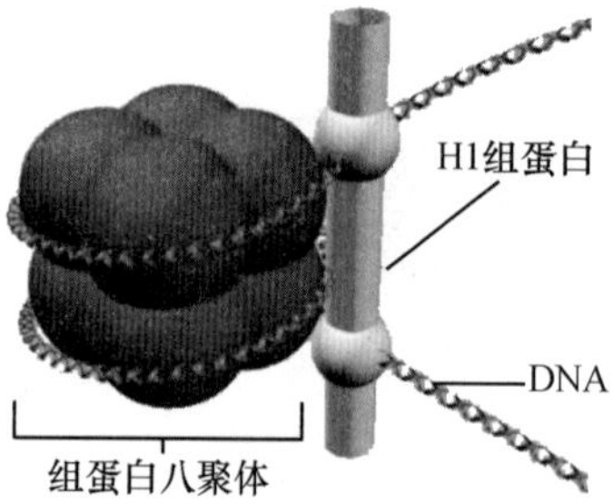

图 1-17　核小体模式图

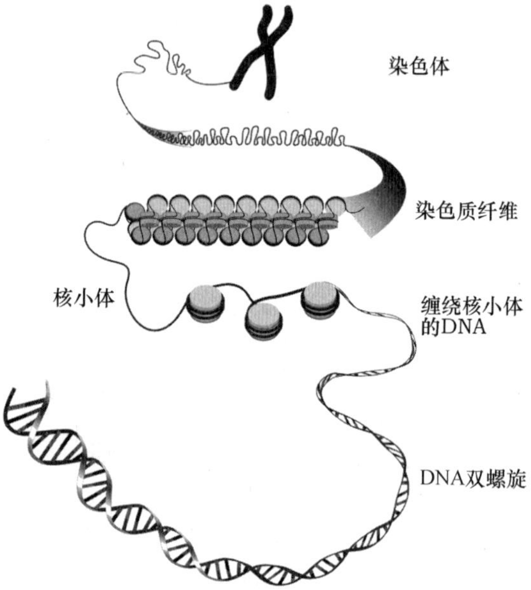

图 1-18　染色体与染色质模式图

细胞分裂中期的染色体较为典型,多作为教学和科研实验的分析对象。中期染色体含有两条染色单体,通过一个着丝粒相连接,染色体在着丝粒处内凹,称主缢痕,该区域染色质螺旋化程度较低,DNA 含量较少,染色浅或不着色。着丝粒将染色体分成两条短臂和两条长臂的四臂结构。每条染色体的两条染色单体由一个 DNA 分子复制而来,称姐妹染色单体,分别由一条 DNA 双链经螺旋和折叠而形成。染色体的构造包括:着丝粒和动粒、主缢痕、次缢痕、随体和端粒。

(三)核仁(nucleolus)

核仁为真核细胞间期细胞核中由蛋白质和 RNA 聚集而成的无被膜球形结构。核仁的大小、形状和数目随着生物种类、细胞类型和代谢状态而变化。蛋白质合成旺盛、活跃生长,细胞的核仁大;反之,核仁无或不明显。核仁是细胞核中 rRNA 合成中心和核糖体大、小亚基的装配工厂。

(四)核骨架(nuclear scaffold)

核骨架又称核基质(nuclear matrix),指真核细胞间期核中除核膜、染色质和核仁以外的部分，是以非组蛋白组成的一个纤维网架结构。核骨架主要化学成分是蛋白质及少量 DNA 与 RNA。其功能是 DNA 复制和 RNA 合成的支架，也参与染色体与核膜的构建。

第二节　细胞增殖与分化

细胞生命活动的重要特征之一是细胞增殖。动物体通过细胞增殖来实现个体发育、创伤愈合、组织再生和病理修复。细胞增殖的基础是细胞分裂，即由一个亲代细胞变为两个子代细胞，使细胞数量得以增加并且将遗传物质和细胞组分相对均等地分配到两个子细胞。细胞分裂是遗传物质再次分配、细胞数量增加的过程，涉及子代细胞遗传稳定性和物种延续，因此，细胞分裂过程具有周期性且受到严格的调控。

一、细胞周期(cell cycle)

亲代细胞分裂完成到子代细胞分裂结束所经历的规律性变化称为细胞周期，包括分裂间期和分裂期（M 期）。间期包含第一间隙期（G_1 期，）、DNA 合成期（S 期）、第二间隙期（G_2 期）。G_1 期指从有丝分裂完成到 DNA 复制之前的时期，此期主要合成 rRNA、蛋白质、脂类和糖类等，为合成 DNA 做准备。在 S 期进行 DNA、组蛋白和 DNA 复制所需酶类的合成。G_2 期指从 DNA 复制完成到有丝分裂开始之前的一段时间，该期大量合成 ATP、RNA 和细胞分裂相关蛋白。M 期则指从细胞分裂开始到结束，染色质平均分配给子细胞，细胞一分为二，实现了细胞增殖（图 1-19）。就高等动物而言，细胞周期的长短主要取决于 G_1 期，而 S、G_2 和 M 期的总时间相对恒定；尤其 M 期持续时间更为恒定，常常仅持续半小时左右。

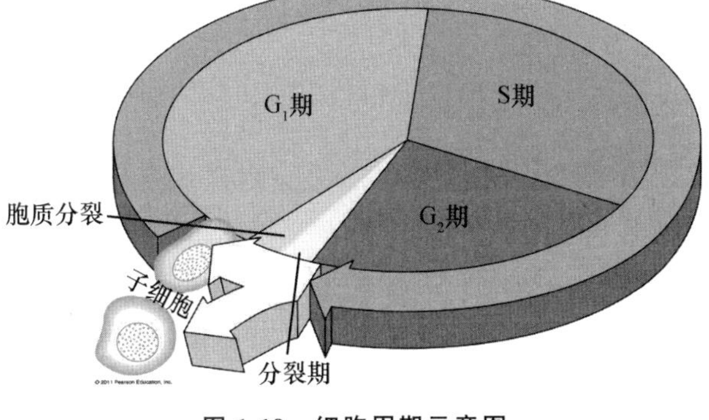

图 1-19　细胞周期示意图

二、细胞分裂(cell division)

按照细胞分裂过程中是否有染色体、纺锤体形成和染色体数目变化，细胞分裂分为无丝分裂、有丝分裂和减数分裂 3 种方式。

(一)无丝分裂(amitosis)

无丝分裂也称为直接分裂，由亲代细胞直接断裂形成子代细胞的细胞分裂方式，是最早被发现的一种细胞分裂方式（图 1-20）。在无丝分裂开始前也出现细胞和细胞核体积增大、核内 DNA 复制，但进入分裂期后，核膜不消失，也无纺锤丝形成及染色体组装，由亲代细胞直接断裂形成子细胞。首先，核拉长，高尔基体位移至中心体附近；然后，胞核进一步拉长并从中间断裂，胞质继而一分为二；至此，两个子代细胞形成。在无丝分裂中，两个子代细胞所获得的遗传物质和其他胞质成分不一定均等，无丝分裂的细胞如何维持其遗传稳定性的机制目前仍不清楚。

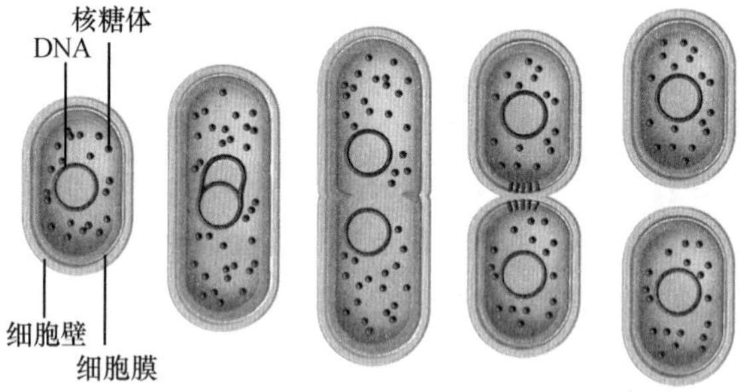

图 1-20 无丝分裂示意图

无丝分裂在低等生物较为常见，对于低等生物适应外界环境变化有特殊意义。除了在高等生物的创伤、癌变和衰老细胞中可以观察到无丝分裂外，此分裂方式也存在于动物的上皮组织、疏松结缔组织、肌组织及肝脏等细胞。研究还表明，无丝分裂与有丝分裂间能够互相转化。

(二)有丝分裂(mitosis)

细胞出现染色体和纺锤体、核发生一系列可见的形态学变化且遗传物质均等分配到两个子细胞中的分裂方式称为有丝分裂，该方式普遍见于高等动植物。根据分裂过程中细胞核与其他细胞器形态学变化，将有丝分裂分为前期、前中期、中期、后期、末期 5 个时期和胞质分裂期。

1. 前期(prophase) 染色质凝聚形成染色体，中心体移向两极确立分裂极，核仁消失且核膜解体，纺锤体开始装配。

2. 前中期 (premetaphase) 染色体进一步凝缩变短变粗，纺锤体形成，纺锤丝捕获染色体并拉向纺锤体赤道面。

3. 中期 (metaphase) 染色体达到最大凝集，染色体排列在赤道板，呈现出典型的纺锤样。

4. 后期(anaphase) 染色体着丝粒分开，两条染色单体向两极移动，细胞膜在细胞中部出现缢缩。

5. 末期(telophase) 染色单体到达两极，开始解聚变回染色质，核仁重新出现，核膜装配形成子代细胞核。

6. 胞质分裂期(cytokinesis) 胞质分裂通常开始于后期或末期初，结束于末期。胞质开始分裂时，肌动蛋白和肌球蛋白在细胞中央两个子代细胞核之间对应的细胞膜下形成收缩环，通过肌球蛋白收缩使环直径逐步变小，亲代细胞的胞质和细胞器分配到两个子细胞，从而完成分裂(图 1-21)。

(三)减数分裂(meiosis)

减数分裂仅出现在生殖细胞成熟过程中。减数分裂的特点是 DNA 复制一次，细胞连续

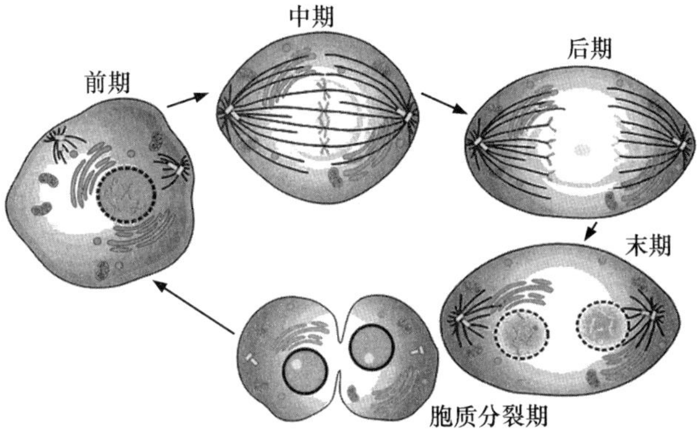

图 1-21 有丝分裂示意图

分裂两次，使子代细胞染色体数目减半而形成配子。通过减数分裂，生殖细胞染色体数目减少一半，由 $2n$ 变为 n，受精后，又由 n 恢复为 $2n$。减数分裂分为减数分裂Ⅰ、减数分裂间期和减数分裂Ⅱ三个阶段(图 1-22)。与有丝分裂相比，在减数分裂Ⅰ的前期，发生同源染色体的联会与交换，产生遗传变异。动物通过减数分裂，获得四个子细胞；受精后，后代染色体数目保持恒定，同时也发生一定程度的变异，确保生物的多样性。

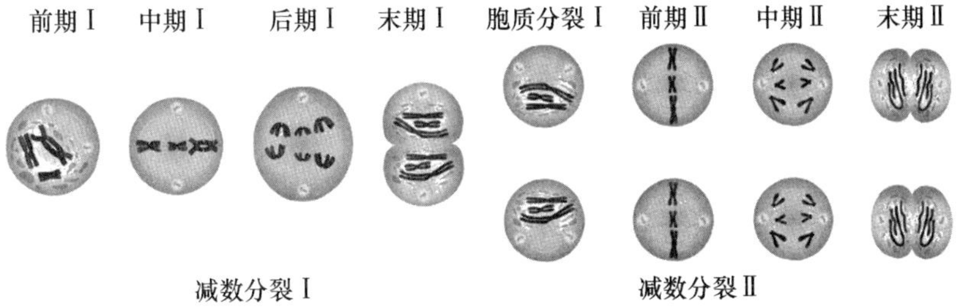

图 1-22 减数分裂示意图

三、细胞分化(cell differentiation)与干细胞(stem cell)

在个体发育过程中，由一种相同的细胞类型经细胞分裂后逐渐在形态、结构和功能上形成稳定性差异，产生不同的细胞类群的过程称为细胞分化。细胞分化的关键在于不同类型特异性蛋白的合成，而特异性蛋白的合成实质是基因在特定时间和空间中的选择性表达。

细胞分化不单是多细胞有机体发育的基础，也是目前干细胞研究中面临的核心问题。多细胞动物是由一个受精卵发育而来，在发育过程中细胞逐步增殖并分化成不同类型的细胞以承担不同功能。细胞一旦分化之后，就不能恢复到原始状态再分化为其他类型的细胞，而干细胞却是一群具有自我更新能力和多向分化潜能的细胞(图 1-23)。依据分化潜能不同，干细胞分为全能干细胞、多潜能干细胞、多能干细胞和单能干细胞；依据来源不同，干细胞又分为胚胎干细胞和成体干细胞。研究干细胞可以揭示细胞分化的基本原理，用于治疗人类和动物疾病，具有广泛的应用前景。

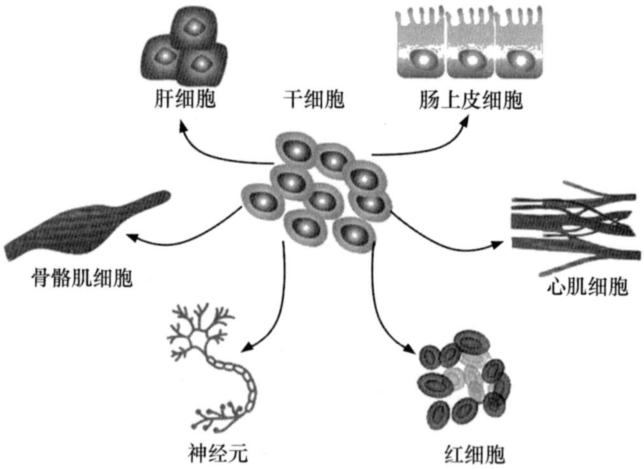

图 1-23 干细胞分化示意图

第三节 细胞衰老与死亡

一、细胞衰老(cell senescence)

细胞衰老的一般含义指的是复制衰老，即体外培养的正常细胞经过有限次数的分裂后，停止生长，细胞形态和生理代谢活动发生显著改变的过程。迄今为止，除了干细胞和大多数肿瘤细胞，来自不同生物、不同年龄供体的原代培养细胞均存在复制衰老现象。正常细胞分裂次数存在着 Hayflick 界限，其寿命的长短取决于培养细胞平均代数和群体的增殖次数。细胞衰老首先表现为生长停滞、细胞停止分裂，且不可逆，即使添加生长因子也无济于事；其次是衰老相关的β-半乳糖苷酶的活化。关于衰老的原因，目前提出的有损伤积累学说(代谢废物、自由基积累和线粒体 DNA 突变)和端粒学说(染色体端粒 DNA 在每次复制中不能完全复制，随着复制次数增加，端粒长度逐步缩短，导致细胞停止分裂，逐渐衰老死亡)等。

二、细胞死亡(cell death)

但凡生命，最终都会死亡，细胞作为生命的基本单位也不例外。对于多细胞生物，细胞的死亡是维持整个生物体正常生长发育及生命活动的必要条件，其重要性不亚于细胞的增殖。死亡方式有凋亡、坏死和自噬性死亡 3 种。

(一)细胞凋亡(apoptosis)

细胞受到胞内、外凋亡信号的刺激后，主动结束生命的过程称为细胞凋亡，是受基因调控的主动生理性自杀行为。细胞在凋亡过程中质膜和溶酶体保持完整，内容物不释放到细胞外，形成凋亡小体，不引发组织炎症(图 1-24)。细胞凋亡减少细胞数量，细胞分裂增加细胞数量，二者同为控制细胞族群大小的两大原动力。对于多细胞动物个体，细胞凋亡在正常发育、自身稳态维持、免疫耐受形成、肿瘤监控等过程中均发挥重要作用。

(二)细胞坏死(necrosis)

当细胞受到意外损伤、极端的物理、化学和严重的病理刺激情况下发生细胞坏死。此时胞内 ATP 浓度减低,不足以维持细胞生命活动,溶酶体内酶泄漏,细胞器受损,细胞膜破裂,细胞发生被动死亡。坏死过程中细胞膜受损、内容物泄露而引发周围组织炎症反应,属于病理性损伤。

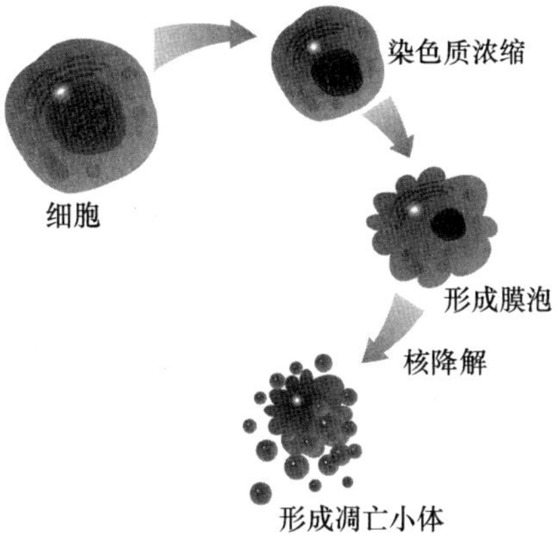

图 1-24　细胞凋亡示意图

(三)细胞自噬性死亡(autophagy)

细胞通过溶酶体与双层膜包裹的细胞自身物质融合,从而降解细胞自身物质的过程称为细胞自噬性死亡。通过自噬,当细胞面临代谢压力或处于低氧环境时,细胞降解自身蛋白大分子或细胞器为细胞生存提供原料或 ATP,也可以清除折叠错误的蛋白质、降解功能失常的线粒体、过氧化物酶体和高尔基体等细胞器。因此,细胞自噬很可能是动物演化过程中形成的一种重要的保护机制。

思考题

问答题

1. 简述细胞的基本结构。
2. 简述细胞膜的化学组成、分子结构和基本功能。
3. 何为流动镶嵌模型?
4. 简述细胞核的结构与功能。
5. 简述细胞有丝分裂过程。
6. 简述细胞凋亡的概念和意义。

第二章

基本组织

【学习目标】

1. 了解上皮组织、结缔组织、肌组织、血细胞的分类。

2. 理解上皮细胞侧面的特殊结构，骨骼肌和心肌的显微和超微结构，骨骼肌的运动原理。

3. 掌握不同类型血细胞、神经纤维、突触、神经元的结构特点。

4. 熟练掌握上皮组织共同特征、被覆上皮的分类、形态结构、分布，不同白细胞形态结构和功能，疏松结缔组织中各种细胞的形态、结构和功能。

组织是由形态和功能相同或相似的细胞群及细胞间质构成，根据细胞的主要结构、功能及发生，动物的组织可分为上皮组织、结缔组织、肌肉组织和神经组织四大类。

第一节　上皮组织

上皮组织(epithelial tissue)是由大量形态规则、排列紧密的细胞和少量细胞间质共同组成。依据所在部位和功能主要分为被覆上皮和腺上皮，另外还有特化的感觉上皮、生殖上皮和肌上皮等。被覆上皮和腺上皮在体表和体内分布广泛；感觉上皮是由一些能感受特殊刺激的细胞所组成，主要分布在一些特殊的感觉器官内，如味蕾、听觉感受器及视网膜等；生殖上皮特指分布于睾丸和卵巢的上皮；肌上皮则是由某些腺泡基部具有收缩功能的细胞所组成。本章主要介绍被覆上皮和腺上皮。

一、被覆上皮

被覆上皮(covering epithelium)分布广泛，主要覆盖在动物体的外表面或衬贴在体内的腔、管、囊、窦等的内表面。被覆上皮具有以下特点：①细胞成分多，间质较少；②细胞具有明显的极性，朝向身体的表面或有腔器官的腔面，称游离面；与游离面相对的朝向深部结缔组织的一面，称基底面；上皮细胞之间的连接面为侧面；③上皮内一般无血管，所需营养依靠结缔组织内的血管透过基膜提供；④上皮组织内富含神经末梢，对内外环境的刺激比较敏感。

组织学常根据细胞排列层次、细胞形态和分布将被覆上皮分为以下几种(表 2-1)。

表 2-1　被覆上皮的类型和主要分布

类型	名称	主要分布
单层上皮	单层扁平上皮	内皮：心脏、血管、淋巴管等管腔面
		间皮：胸膜、腹膜、心包膜等腔面
		其他：肺泡、肾小囊壁层、肾小管细段等
	单层立方上皮	肾小管、集合管、肝小叶间胆管等管腔面
	单层柱状上皮	胃、肠、子宫、胆囊等腔面
假复层上皮	假复层纤毛柱状上皮	上呼吸道、附睾管等腔面
	变移上皮	肾盂、输尿管、膀胱的腔面
复层上皮	复层扁平上皮	角化型：皮肤的表皮；猪、牛、羊、马等动物的口腔、食管等腔面
		非角化型：犬、猫的口腔、咽、食管等腔面
	复层立方上皮	汗腺导管的腔面
	复层柱状上皮	眼睑结膜、雄性动物尿道的腔面

(一)单层扁平上皮(simple squamous epithelium)

仅由一层扁平细胞组成。从正面观察，细胞为多边形，边缘有锯齿状波纹，相邻细胞彼此嵌合，细胞核扁圆形，位于细胞的中央(图 2-1)。从侧面观察，细胞扁平，有核处略厚，边缘很薄(图 2-2)。衬于心脏、血管和淋巴管腔内面的单层扁平上皮称内皮(endothelium)，内皮薄而表面光滑，有利于血液和淋巴的流动以及细胞内外物质的交换。覆盖于胸膜、腹膜和心包膜的单层扁平上皮称间皮(mesothelium)，间皮也很薄，表面湿润光滑，便于内脏活动，可减少器官之间的摩擦。单层扁平上皮还分布在肺泡、肾小囊壁层和髓袢等处。

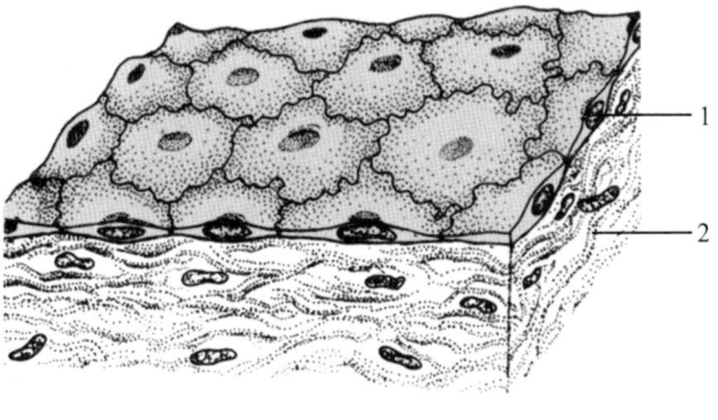

1. 扁平上皮　2. 结缔组织

图 2-1　单层扁平上皮模式图

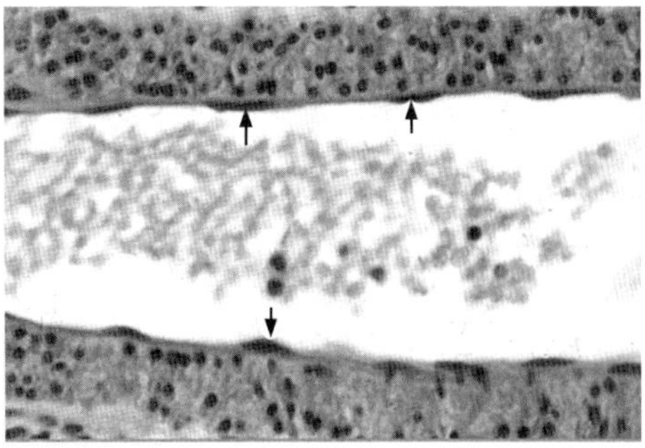

图 2-2　血管内皮侧面观(HE，400×)

(二)单层立方上皮(simple cuboidal epithelium)

由一层近似立方形的细胞组成，正面观呈六边形或多边形，侧面观呈立方形。细胞核圆形，位于细胞的中央(图 2-3、图 2-4)。有的细胞游离面还有微绒毛，如肾近曲小管。单层立方上皮除分布于肾小管外，还分布于肾集合管、外分泌腺的导管等处，具有吸收和分泌功能。

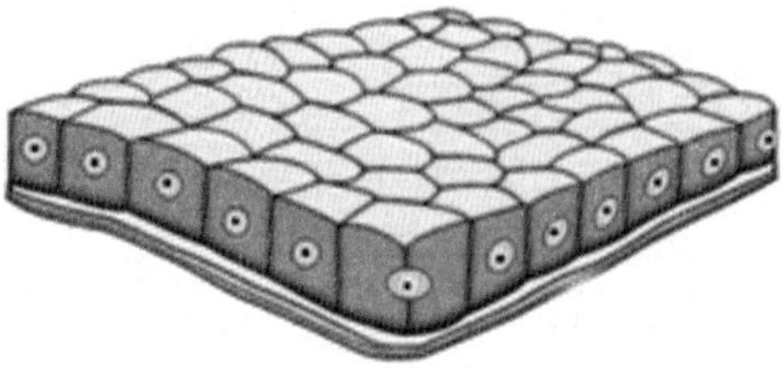

图 2-3 单层立方上皮模式图

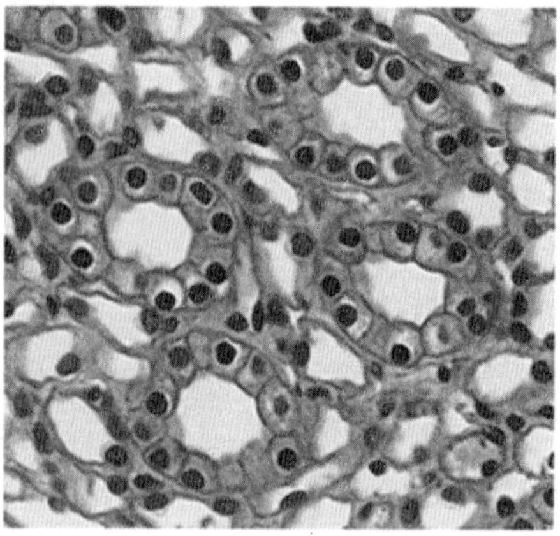

图 2-4 兔肾集合管(HE,400×)
(余燕 供图)

(三)单层柱状上皮(simple columnar epithelium)

单层柱状上皮由一层棱柱形细胞组成。正面观细胞呈六角形或多边形(图 2-5),侧面观细胞呈高柱状,核长椭圆形,与细胞长轴平行,位于细胞的中央。单层柱状上皮分布于胃、肠、子宫和输卵管的内腔面,其功能主要是吸收和分泌。在肠道的单层柱状上皮间常散有单个的杯状细胞,上皮内还有上皮内淋巴细胞(图 2-6)。在某些器官的柱状细胞表面常附有特殊结构,例如,小肠黏膜的上皮细胞有纹状缘;输卵管和子宫等处的柱状细胞表面都附有纤毛,因此称单层柱状纤毛上皮。

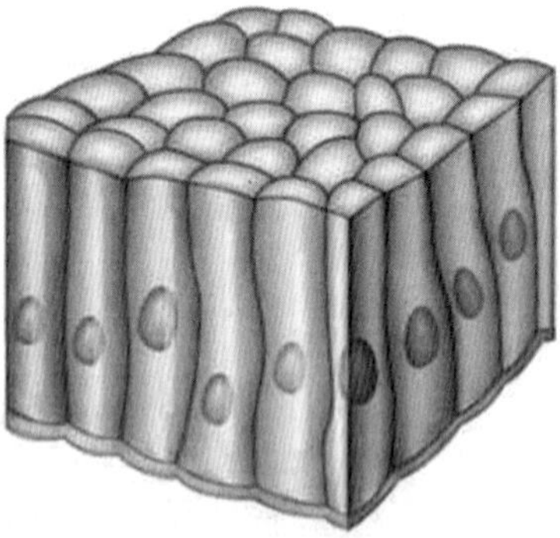

图 2-5 单层柱状上皮模式图

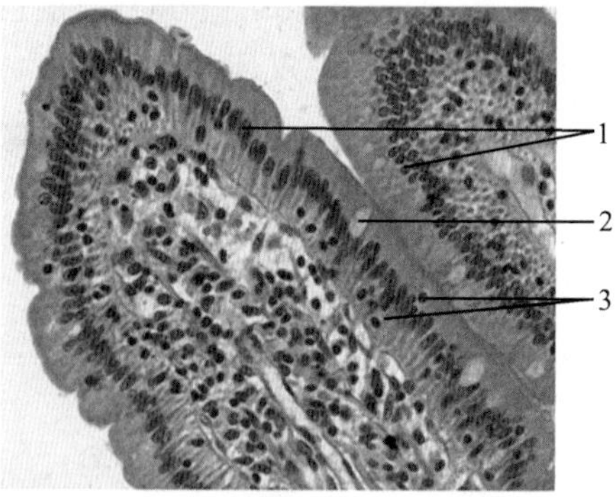

1. 柱状细胞 2. 杯状细胞 3. 上皮内淋巴细胞

图 2-6 小肠单层柱状上皮(HE,400×)
(余燕 供图)

(四)假复层纤毛柱状上皮(pseudostratified ciliated columnar epithelium)

由柱状细胞、杯状细胞、梭形细胞、锥形细胞组成。细胞高矮不等,细胞核的位置参差不齐,好似有多层,但每个细胞的基底部都附于基膜上,所以称假复层(图 2-7)。柱状细胞可达游离面,细胞核的位置较高,细胞向基底部伸入时,胞体逐渐变细;锥体形细胞紧靠基膜,细胞核位置较低;梭形细胞位于柱状和锥体形细胞之间,细胞核位于中部,基底部附着于基膜。在柱状细胞的游离面附有能摆动的纤毛，故这种上皮称假复层纤毛柱状上皮，主要分布在呼吸道内表面，具有屏障和分泌功能。

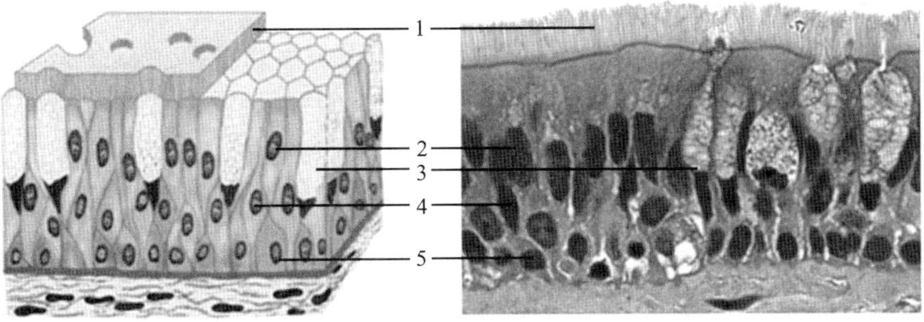

1. 纤毛　2. 柱状细胞　3. 杯状细胞　4. 梭形细胞　5. 锥形细胞

图 2-7　假复层纤毛柱状上皮

(五)变移上皮(transitional epithelium)

分布于排尿管道，可分为表层细胞、中间层细胞和基底细胞。此种上皮的特点是细胞形态和层数可随器官的收缩与舒张状态而改变，如空虚时，上皮变厚，层数达 5～6 层。上皮最表层的细胞大，呈圆盖状突向管腔，称盖细胞；中间层细胞为多边形，有些呈倒置的梨形；基底细胞为矮柱状或立方形。膀胱充盈时，上皮变薄，细胞层数减少到 2～3 层，细胞形状也变扁。游离面的细胞质呈嗜酸性，形成较厚的壳层，有防止尿酸侵蚀和渗入的作用(图 2-8)。

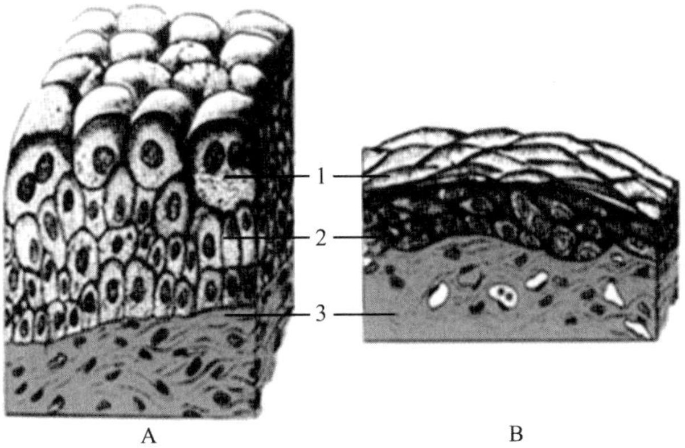

A. 膀胱排空时　B. 膀胱充盈时

1. 表层细胞　2. 深层细胞　3. 结缔组织

图 2-8　变移上皮模式图

(引自：陈耀星，崔燕，2019)

(六)复层扁平上皮(stratified squamous epithelium)

由多层细胞组成，因表层细胞是扁平鳞片状，又称为复层鳞状上皮。侧面观细胞形态不一，近表面的几层细胞为扁平细胞，中间为多边形细胞，紧靠基膜的基底层细胞为一层立方形或矮柱状细胞，具有旺盛的分裂能力，以补充表皮脱落的细胞。基底层细胞与深部结缔组织的连接处凹凸不平，可增加接触面积，保证上皮组织的营养供应(图 2-9)。位于皮肤表皮的复层扁平上皮的浅层细胞富含角蛋白，无细胞器和细胞核，形成角质层而不断脱落，称为角化的复层扁平上皮（图 2-10）；衬于口腔、咽、食管和阴道等腔面的复层扁平上皮，浅层细胞有核，胞质内角质蛋白较少，称为非角化复层扁平上皮。复层扁平上皮具有很强的耐摩擦性和阻止异物入侵的作用，且损伤后有很强的再生修复能力，形成天然的防护屏障，有极强的机械保护功能。

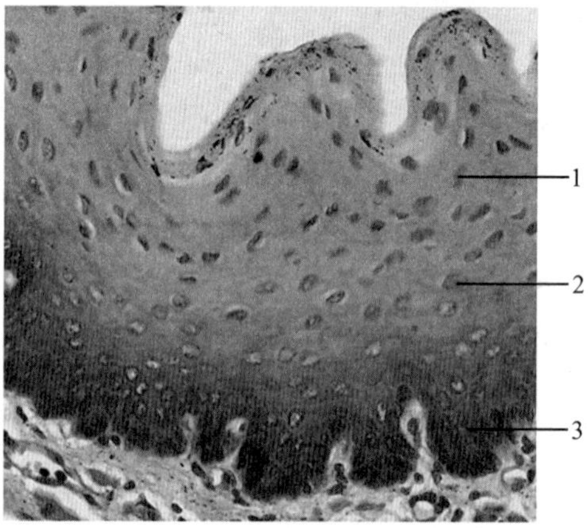

1. 扁平细胞 2. 多边形细胞 3. 基底层细胞

图 2-9 未角化的复层扁平上皮
（食管，HE，400×）
（余燕 供图）

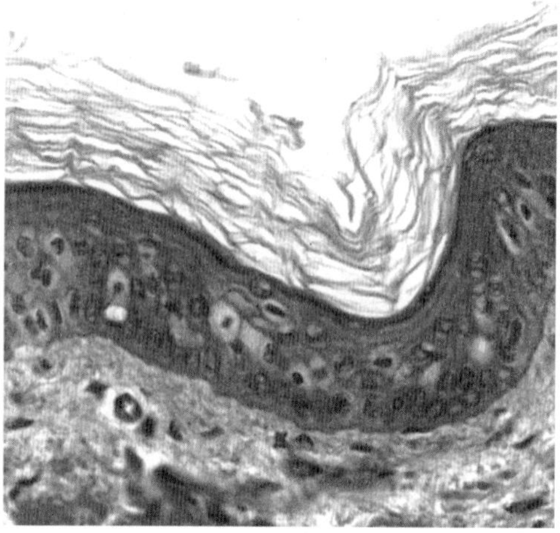

图 2-10 角化的复层扁平上皮
（HE，400×）

（七）复层立方上皮（stratified cuboidal epithelium）

此种上皮很少见，仅由两层立方形细胞组成，主要分布于汗腺导管。

（八）复层柱状上皮（stratified columnar epithelium）

由两层以上细胞组成。表层是柱状细胞，基底细胞呈立方形或矮柱状，中间为数层多边形细胞。这种上皮只分布在很少的部位，如眼睑结膜，另外还可见于一些腺体的大排泄管，具有保护功能。

二、腺上皮和腺

以分泌为主要功能的上皮称为腺上皮（glandular epithelium），以腺上皮为主要成分构成的器官称为腺（gland），腺细胞的分泌物有酶类、黏液和激素等。

腺上皮起源于胚胎期原始上皮，上皮细胞分裂增殖形成细胞索，迁入深层的结缔组织内，分化为有分泌功能的腺。腺细胞的分泌物经导管排至体表或器官的腔内，称为外分泌腺（exocrine gland），如汗腺和唾液腺等。有的腺体没有导管，其分泌物（主要是激素）释入血液称为内分泌腺（endocrine gland），如甲状腺、肾上腺等。本章只介绍外分泌腺的类型和腺细胞的分泌方式。

（一）外分泌腺的类型

按腺细胞数目，可分为单细胞腺（杯状细胞）和多细胞腺；按腺体分布部位，可分为壁内腺

（胃腺、肠腺）和壁外腺（肝、胰）；按腺的形态，根据分泌部腺泡的形状可分为管状腺、泡状腺和管泡状腺；按导管的分支与否，可分为单管腺和复管腺；通常把分泌部的形状和导管分支两个因素结合在一起，将腺分为单管状腺、单泡状腺、分支管状腺、分支泡状腺、分支管泡状腺、复管状腺、复泡状腺及复管泡状腺等（图 2-11）；按腺细胞分泌物的性质，分为浆液腺、黏液腺及混合腺。

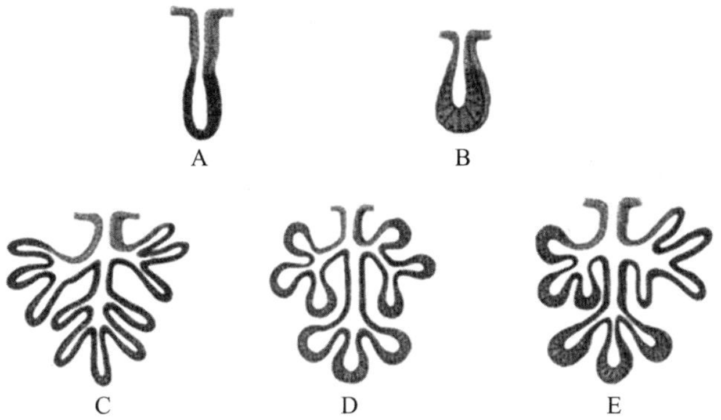

A. 单管状腺　B. 单泡状腺　C. 复管状腺　D. 复泡状腺　E. 复管泡状腺

图 2-11　外分泌腺类型

（引自：陈耀星，崔燕，2019）

（二）腺细胞的分泌方式

1. *局浆分泌*（merocrine）　腺细胞以胞吐方式排出分泌物。分泌物先在腺细胞内形成有单位膜包裹的分泌颗粒，逐渐移向细胞表面，然后分泌颗粒的包膜与细胞膜融合，将分泌物排出。这种以胞吐方式分泌的腺细胞不受损伤，如唾液腺和胰腺外分泌部的分泌（图 2-12A）。

2. *顶浆分泌*（apocrine）　腺细胞内形成的分泌颗粒移到细胞游离面，并向细胞表面突出，随之连同部分胞质由部分细胞膜包裹后与细胞断离。这种分泌会使细胞遭受部分损伤，但损伤部分的细胞膜很快被修复，如胆汁、乳腺和大汗腺的分泌（图 2-12B）。

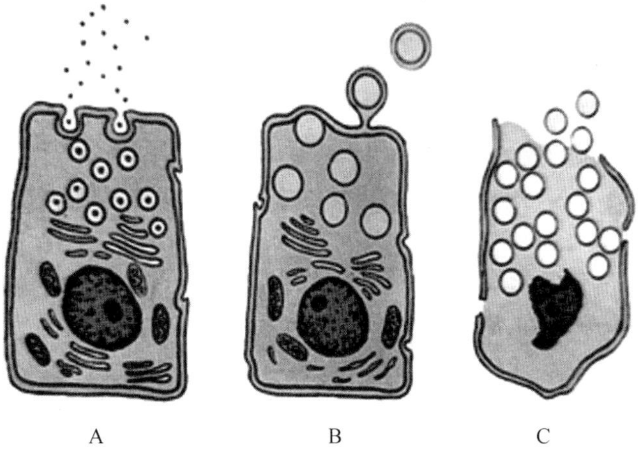

A. 局浆分泌　B. 顶浆分泌　C. 全浆分泌

图 2-12　细胞分泌方式模式图

（引自：陈耀星，崔燕，2019）

3. 全浆分泌(holocrine) 多见于脂类分泌物的分泌。当分泌物不断形成并充满整个细胞时,细胞核萎缩,细胞退化死亡,整个细胞崩解,连同分泌物一起排出,损失的细胞再由腺内部未分化的细胞分裂增殖的新细胞补充。如皮脂腺和禽类尾脂腺的分泌(图 2-12C)。

三、上皮组织的特化结构

上皮组织的细胞为了适应其机能的需要,在游离面、基底面和侧面均分化出一些特殊结构。

(一)上皮细胞游离面

1. 微绒毛(microvillus) 是从游离面伸出的细小指状突起,小肠上皮的纹状缘、肾近曲小管的刷状缘属这类结构。电镜下微绒毛中纵行排列的微丝下端与终末网的微丝相连,构成微丝的肌动蛋白收缩可使微绒毛收缩,微绒毛外常附有一层较厚的细胞衣(图 2-13)。

2. 纤毛(cilia) 是从游离面伸出的比微绒毛稍粗而长的细小突起(图 2-14)。纤毛中纵行排列的微管下端与致密结构的基粒相连。纤毛可有节律地向一定方向摆动,称动纤毛,如大部分呼吸道上皮。有的纤毛不能运动,称静纤毛,如附睾管复层柱状纤毛上皮的纤毛,静纤毛排列不整齐。

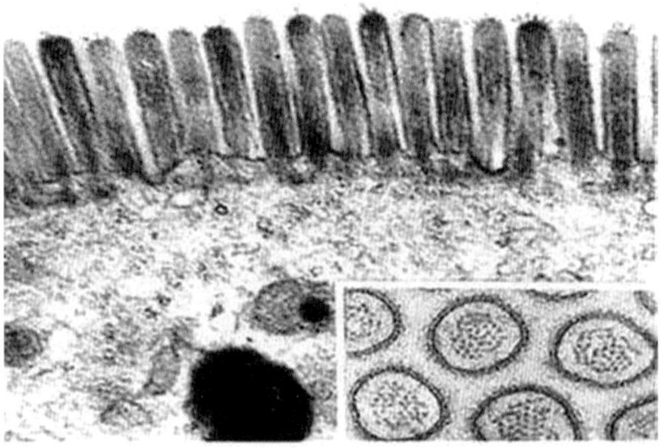

图 2-13 微绒毛

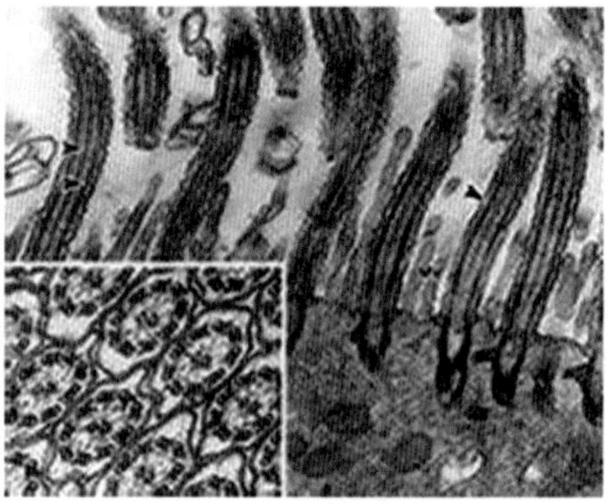

图 2-14 纤毛横切和纵切

(二)上皮细胞的侧面

在相邻上皮细胞的侧面形成的特殊结构,称为细胞连接(cell junction),以加强细胞间的相互合作,保证上皮组织的完整性。根据其结构和功能的不同可分为紧密连接、中间连接、桥粒、缝隙连接和镶嵌连接 5 种(图 2-15)。这些结构不仅存在于上皮细胞之间,在其他细胞如肌细胞和神经细胞之间也可见到。

1. 紧密连接(tight junction) 又称闭锁小带(zonula occludens),位于柱状上皮细胞侧面近游离面。电镜下观察,相邻细胞的细胞膜外层呈网格状融合,融合处无细胞间隙,未融合处有一定间隙,外观呈带状环绕细胞的顶端。紧密连接除有机械性连接作用外,还构成了相邻细胞侧面的细胞间隙与管腔之间的封闭系统,阻止大分子物质通过,也防止组织液的流失。

2. 中间连接(intermediate junction) 又称黏着小带(zonula adherens),常位于紧密连接的下方,呈带状环绕于细胞四周,相邻细胞膜间有宽 15～20 nm 的间隙,其中充以中等电子密度的无定型物质。在中间连接侧面的胞质可见电子致密层,有很多来自终末网的细丝附着于

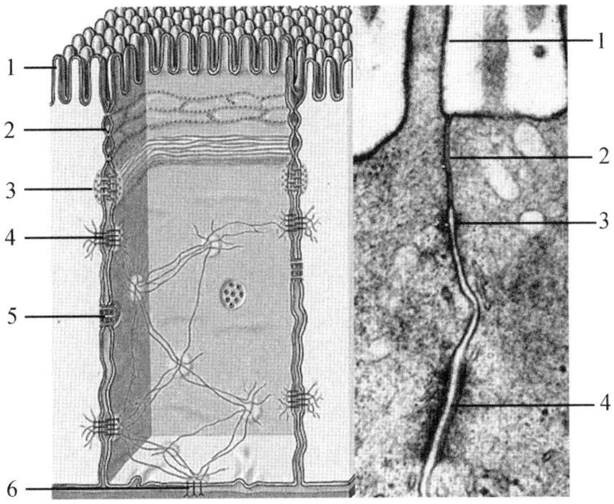

1.微绒毛 2.紧密连接 3.中间连接 4.桥粒连接 5.缝隙连接 6.半桥粒

图 2-15 上皮组织特化结构模式图

此，微绒毛中的微丝也伸入终末网并与其相连接。中间连接除有黏着作用外，还能使终末网绷紧、保持细胞形状和调节微绒毛的活动。中间连接也可见于心肌细胞间的闰盘内。

3.桥粒(desmosome) 又称黏着斑(macula adherens)，是一种圆形或椭圆形的纽扣状连接，电镜下呈圆盘状，直径为 0.2～0.5 μm，位于中间连接的下方。相邻的两个连接区间有 20～30 nm 宽的间隙，其中充满丝状物，并在中间密集交叉组成致密的中央层。间隙两侧的胞质面有电子致密物质形成的附着板，板上有一些带钩的细丝，许多含角质蛋白的张力微丝呈袢状与细丝相钩，胞质内的张力细丝伸入附着板，复而折回细胞质。桥粒是上皮细胞间一种很牢固的连接，多见于易受机械刺激或摩擦的部位如皮肤、食管、子宫颈等处的复层扁平上皮内。

4.缝隙连接(gap junction) 又称缝管连接，电镜下呈很小的圆斑状，连接处的相邻细胞膜紧密相贴，仅留有 2～3 nm 的间隙。冷冻蚀刻复型等方法的研究证实，相邻两细胞的胞膜中有许多分布规律的直径 7～9 nm 的柱状颗粒，称为连接小体(connexon)，每个连接小体由 6 个亚单位合并组成，中央有一直径约 2 nm 的亲水管(hydrophilic channel)。相邻两细胞膜中的连接小体彼此对接，管腔也通连，成为细胞间直接交通的管道。在钙离子和其他因素作用下，管道可开放或闭合。缝隙连接的功能：①强化连接，连接小体的连接融合，加强了细胞间连接的牢固性；②物质交换，水、离子及小分子物质可自由通过亲水管；③直接通信，细胞的化学递质或电信息通过亲水管可互相传递。缝隙连接除广泛分布于吸收性或分泌性上皮组织外，在平滑肌细胞、心肌细胞、神经细胞、骨细胞及胚胎细胞之间也有较多的分布。

5.镶嵌连接(interdigitation) 位于上皮细胞的深处，电镜下，常见于上皮的相邻细胞侧面，或上皮细胞与其他细胞之间，相邻细胞膜凹凸不平，互相形成锯齿状连接，细胞之间没有固定的特殊连接结构，仅有少量间质存在。镶嵌连接可加强细胞间结合，并可扩大细胞间接触面积。其分布也很广泛，在肾小管上皮细胞的基部侧面就存在较多的镶嵌连接。

(三)上皮细胞基底面

1.基膜(basement membrane) 是上皮细胞基底面与深部结缔组织之间共同形成的薄

膜。由于很薄，在 HE 染色切片一般不能分辨；但假复层纤毛柱状上皮和复层扁平上皮的基膜较厚，呈粉红色。用镀银染色，基膜呈黑色。在电镜下，基膜分为两部分，靠近上皮的部分为基板(basal lamina)，与结缔组织相接的部分为网板(reticular lamina)。在毛细血管内皮下、肌细胞和某些神经胶质细胞的周围，基膜仅由基板构成。

基板由上皮细胞分泌产生，厚 50～100 nm，可分为两层，电子密度低的、紧贴上皮细胞基底面的一薄层为透明层(lamina lucida)，其下面电子密度高的一均质层为致密层(lamina densa)。构成基板的主要成分有层粘连蛋白、N 型胶原蛋白和硫酸肝素蛋白多糖等。基膜除有支持、连接和固定上皮细胞的作用外，还具有选择性的通透作用，上皮细胞通过基膜的渗透从组织液中获得营养。另外，基膜对上皮细胞的移动、分化与再生也有重要影响。

2. 质膜内褶(plasma membrane infolding)　某些上皮细胞基底面的细胞膜向胞质内深陷，形成许多长短不一的质膜内褶。质膜内褶的主要作用是扩大细胞基底部的表面积，有利于水和电解质的转运。转运过程中需要消耗能量，故在质膜内褶附近的胞质内，含有许多纵行排列的线粒体，形成光镜下可见的基底纹，如肾近曲小管的基底纹、唾液腺的纹管等。

3. 半桥粒(hemidesmosome)　位于上皮细胞基底面朝向细胞质的一侧，其结构相当于细胞侧面桥粒结构的一半，主要作用是将上皮细胞固着在基膜上。

第二节　结缔组织

结缔组织(connective tissue)是动物体内分布最广、形态结构最多样化的一大类组织，由少量的细胞和大量的细胞间质组成。细胞间质包括纤维和基质两部分，基质有凝胶状、液态和固态 3 种形态。细胞分散于细胞间质中，细胞无极性。结缔组织起源于中胚层，功能多样，主要有连接、支持、防卫、营养和运输等作用。

根据基质的不同，结缔组织可分为固有结缔组织、软骨和骨组织、血液和淋巴。固有结缔组织又包括疏松结缔组织、致密结缔组织、脂肪组织、网状组织。

一、固有结缔组织

(一)疏松结缔组织(loose connective tissue)

疏松结缔组织又称蜂窝组织，是一种白色带黏性的疏松柔软组织，形态不固定，具有一定的弹性和韧性。广泛分布在皮下和各种器官内，基质含量较多，细胞和纤维含量较少，分散存在于基质中(图 2-16)。

1. 细胞成分

(1)成纤维细胞(fibroblast)　数量最多，分布最广。常与纤维靠近。细胞呈扁平不规则形，具有突起；核大，呈卵圆形，染色质少，有 1～2 个核仁；胞质呈弱嗜碱性；细胞轮廓不清。成纤维细胞有形成纤维和基质的功能，在生长发育期和创伤修复中特别活跃。功能休止期的成纤维细胞称为纤维细胞(fibrocyte)，胞体较小；核染色较深，核仁不明显；胞质很少，呈弱嗜酸性(图 2-17)。在一定条件下，如创伤修复中结缔组织再生时，休止的纤维细胞可能转化为活跃的成纤维细胞。

(2)巨噬细胞(macrophage)　是有机体内吞噬作用最强的细胞，疏松结缔组织内的巨噬

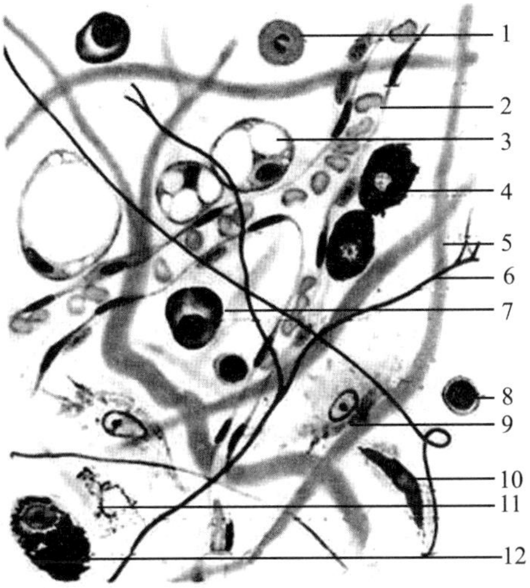

1. 嗜酸性粒细胞 2. 毛细血管 3. 脂肪细胞 4. 肥大细胞 5. 胶原纤维 6. 弹性纤维 7. 浆细胞 8. 淋巴细胞 9. 成纤维细胞 10. 纤维细胞 11. 网状纤维 12. 巨噬细胞

图 2-16 疏松结缔组织模式图

细胞又称组织细胞(histocyte)。巨噬细胞形态多样,随功能状态而改变,通常有短而钝的突起;核较小,卵圆形,着色深,核仁不明显;胞质丰富,嗜酸性,但是当受到刺激时巨噬细胞变大呈卵圆形,具有泡沫状物质(图 2-18)。巨噬细胞是由血液内的单核细胞穿出血管后分化而成。巨噬细胞具有趋化性、吞噬作用和分泌作用,参与免疫反应等功能。

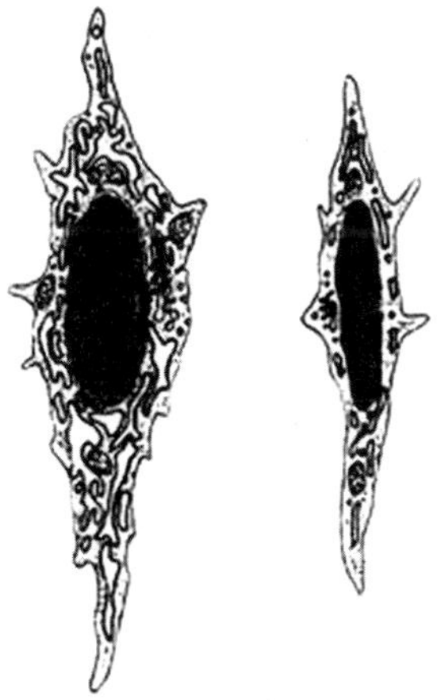

图 2-17 成纤维细胞和纤维细胞模式图

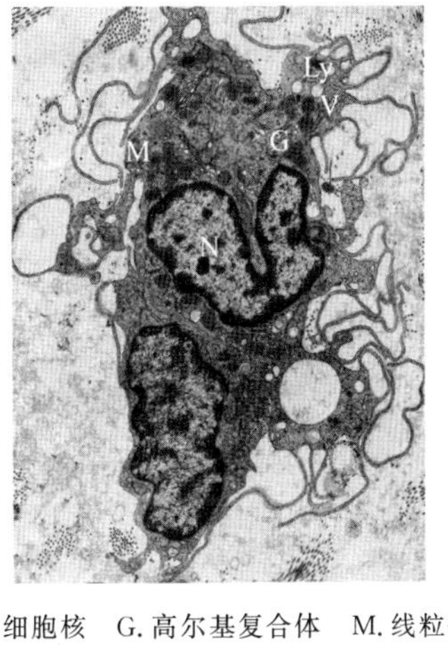

N. 细胞核 G. 高尔基复合体 M. 线粒体 Ly. 溶酶体 V. 空泡

图 2-18 巨噬细胞(负鼠,睾丸间质,透射电镜)(透射电镜,8 300 ×)

(引自:DON W. FAWCETT. ,1966)

(3)肥大细胞(mast cell) 普遍存在于疏松结缔组织中,血管的周围特别多。它们体积较大,为椭圆形或卵圆形细胞,胞核小而圆,多位于中央。电镜下,肥大细胞表面有绒毛状突起,颗粒大小不一致，圆形或卵圆形，表面有单位膜包裹，内部结构随动物种类不同而异（图 2-19）。肥大细胞的颗粒内含有五羟色胺、组胺、白三烯以及肝素等活性物质。有参与抗凝血、增加毛细血管通透性和促使血管扩张等作用，并参与变态反应。

（4）浆细胞（plasma cell） 多见于淋巴组织、胃肠道、呼吸道和输卵管等固有膜内。细胞呈球形、卵圆形或梨形，大小不一。核圆形，偏居于细胞一侧，核内染色质成块状，沿核膜作辐射状排列，状如车轮（图 2-20）。“车轮状核”是浆细胞结构上的重要特征。细胞质嗜碱性，靠近胞核处有一浅色区。浆细胞是产生抗体的细胞，在体液免疫反应中具有重要的作用。

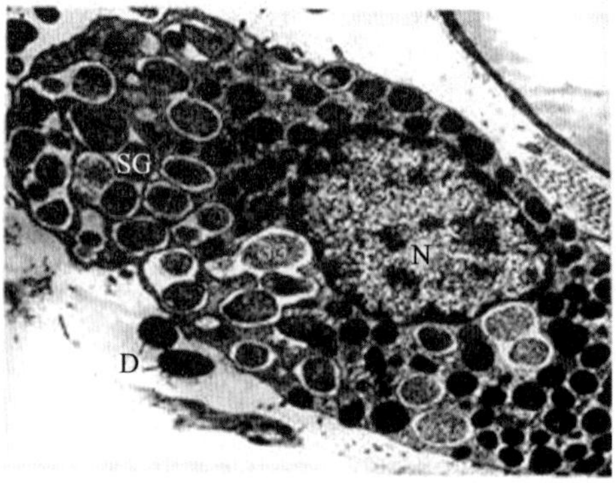

N. 细胞核　SG. 分泌颗粒　D. 脱出的颗粒

图 2-19　肥大细胞（透射电镜，8 300 ×）

（引自：陈耀星，崔燕，2019）

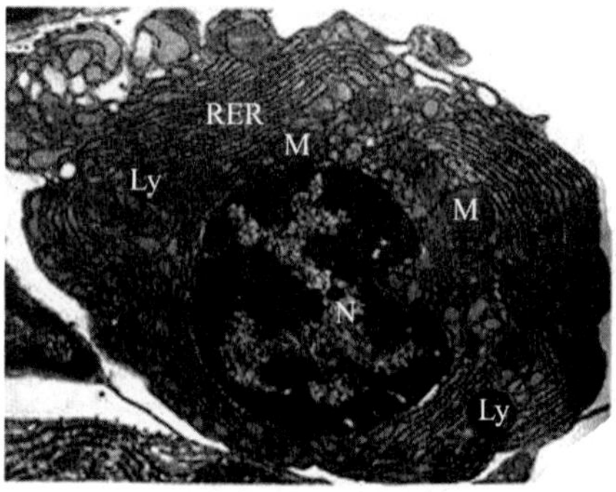

N. 细胞核　RER. 粗面内质网　M. 线粒体　Ly. 溶酶体

图 2-20　浆细胞（兔，疏松结缔组织）（透射电镜，15 200×）

（引自：陈耀星，崔燕，2019）

（5）脂肪细胞（adipocyte cell） 呈圆形或多面形，直径可达 120 μm，细胞的大部分被一个大的脂滴占领，使得细胞质在外周形成一薄层，包绕脂滴，核被挤压成扁圆形，位于细胞的一侧。在 HE 染色标本中，脂滴被溶解，细胞呈空泡状（图 2-21）。在电镜下，薄层胞质内仍可见到游离的核糖体、少量粗面内质网和线粒体，脂滴无包膜，但由一层微丝包围，每个脂肪细胞的表面包裹着基板和微细的网状纤维网。脂肪细胞有合成和储存脂肪、参与脂质代谢的功能。

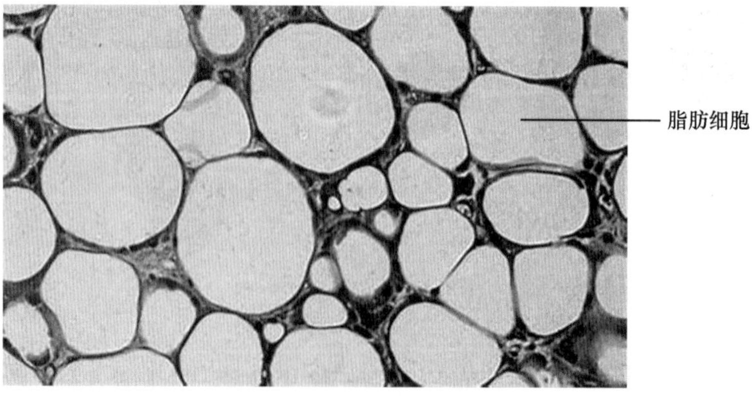

图 2-21　脂肪组织

（6）未分化的间充质细胞（undifferentiated mesen chymal cell） 在成体的结缔组织内仍保留一些未分化的间充质细胞，它们保留着间充质细胞的分化潜能，在炎症与创伤时可增殖分化为间充质细胞或脂肪细胞。血管周围的间充质细胞还能分化为血管壁的平滑肌和内皮细胞。未分化的间充质细胞常分布在小血管周围，形态与成纤维细胞相似，故在普通切片内不易鉴别。

(7)白细胞(leukocyte)　疏松结缔组织内常见的白细胞有嗜酸性粒细胞、淋巴细胞、单核细胞和中性粒细胞。这些白细胞受趋化因子的吸引，从毛细血管和微循环的内皮之间穿过管壁，游走到结缔组织内，行使其功能。单核细胞迁入结缔组织内将分化为巨噬细胞。

2. 纤维(fiber)　疏松结缔组织的纤维可分为 3 种类型：胶原纤维、弹性纤维和网状纤维。

(1)胶原纤维(collagenous fiber)　数量最多，分布最广。纤维呈波浪形，粗细不同(直径 1～12 μm)，长短不一，有分支，交织分布。每条纤维又由许多极细的胶原纤维(直径 0.2～0.5 μm)合并而成。在电镜下胶原纤维具有明暗相间的周期性横纹(图 2-22)。新鲜时，这种纤维呈白色，故又称白纤维。其化学成分为胶原蛋白，有强的韧性，抗拉力强。

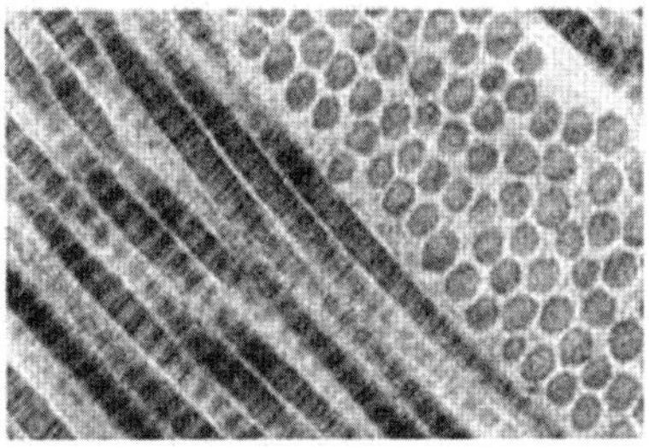

图 2-22　胶原纤维

(2)弹性纤维(elastic fiber)　数量比胶原纤维少，是单一的纤维，粗细不同(多数直径为 15 μm)，且有分支(图 2-23)。折断时，断端常呈卷曲状。新鲜时呈黄色，故又称黄纤维。电镜下，弹性纤维由弹性蛋白(一种低电子密度的无定形蛋白)组成，没有原纤维结构。弹性纤维富有弹性，被拉长 50%～100%后除去外力，仍能恢复原状。这种弹性对某些器官(如肺)的特定功能是非常有利的。

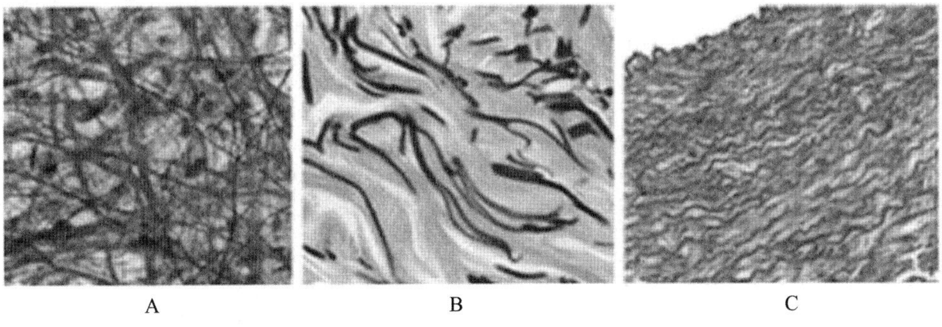

A. 肠系膜的弹性纤维(苏木精地衣红染色)　B. 皮肤的弹性纤维(醛复红弹性染色)
C. 动脉的弹性纤维(HE)

图 2-23　弹性纤维

(3)网状纤维(reticular fiber)　此种纤维较细，直径 0.2～1.6 μm，分支多，交织成网。在常规 HE 染色的组织标本中，网状纤维不易被鉴别。银染法时网状纤维呈黑色，相互交织成网，故又称嗜银纤维(argyrophil fiber)。电镜下，网状纤维具有与胶原纤维相似的 64 μm 的周期性横纹。网状纤维在结缔组织中较少见，主要存在于淋巴结等免疫器官及免疫组织、脂肪细胞周围和基膜的网板上，另外还存在于实质性器官内，如肝、肾、内分泌腺等器官及毛细血管周围(图 2-24)。在这里网状纤维形成细微的柔软网架。

3. 基质(ground substance)　是一种无定型黏稠状的胶体物质，无色透明。主要成分为透明质酸(一种黏多糖蛋白)，基质中还含有大量的组织液。

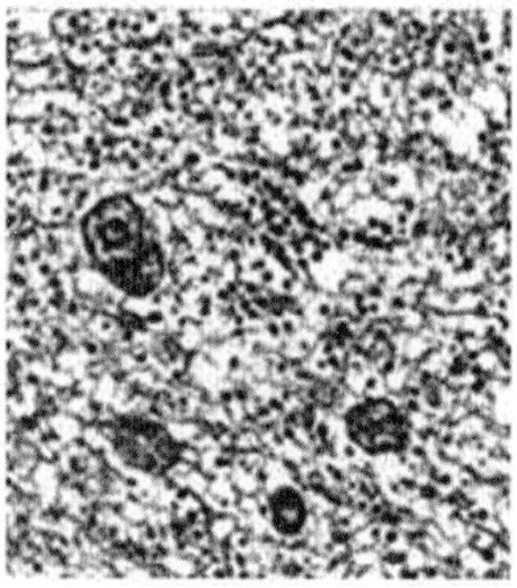

A

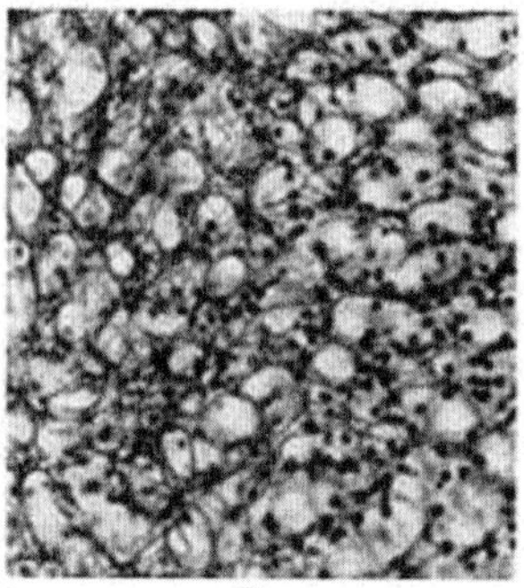

B

A. 肾上腺皮质的网状纤维　B. 淋巴结网状纤维

图 2-24　网状纤维(银染)

(二)致密结缔组织

致密结缔组织(dense connective tissue)由大量紧密排列的纤维成分和少量细胞成分(主要为成纤维细胞)构成,基质含量少,形态固定。致密结缔组织包括以下两种:

1. 不规则致密结缔组织　以胶原纤维为主,纤维排列方向不规则,互相交织,构成坚固的纤维膜(图 2-25)。如真皮、骨膜、软骨膜和巩膜等。

2. 规则致密结缔组织　有的以胶原纤维为主,如肌腱;有的以弹性纤维为主,如项韧带(图 2-26)。纤维排列十分规则而致密,具有弹性和抗牵引力作用。

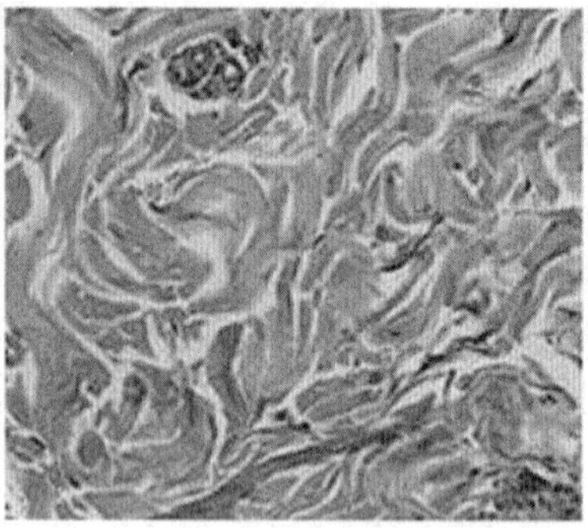

图 2-25　不规则致密结缔组织
(HE)

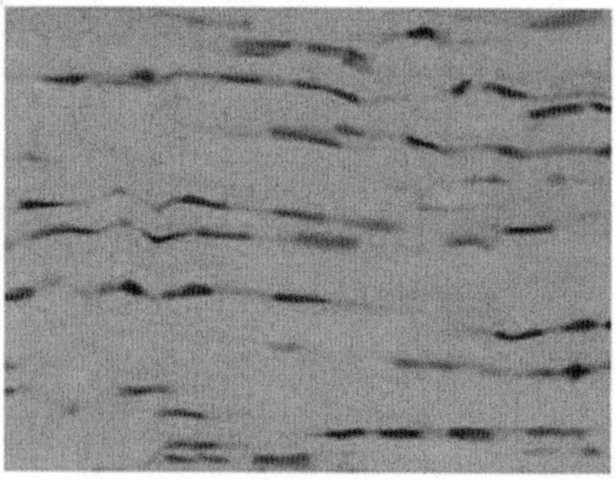

图 2-26　规则致密结缔组织肌腱
(鼠尾腱,HE,400×)
(余燕　供图)

(三)脂肪组织

脂肪组织(adipose tissue)主要由大量脂肪细胞聚集而成,大多数哺乳动物,根据脂肪的颜色、血管分布和脂肪细胞结构,将其划分为白色脂肪组织与棕色脂肪组织两种。

1. 白色脂肪组织　呈白色或黄色。脂肪细胞大小随含脂类的多少而定,一般在 25～150 μm,为单泡脂肪细胞,其结构特点是胞质内有一大脂滴,胞核呈扁圆形,被脂滴推挤到细胞的一侧。在 HE 切片上,脂滴被溶解而形成一空泡,整个细胞呈指环状。白色脂肪几乎遍布全身,尤以皮下、网膜、肾脂囊、足垫及指枕最多,具有产生热量、维持体温、缓冲保护等作用。

2. 棕色脂肪组织　新鲜时呈棕色，棕色脂肪细胞比白色脂肪细胞少得多，细胞的显著特征是胞质内散有许多小脂滴，又称多泡脂肪细胞，核圆形，位于细胞中央。棕色脂肪细胞主要分布在啮齿动物及冬眠哺乳动物腋部及颈部，主动脉周围及肾周围也有分布。冬眠动物觉醒时，棕色脂肪细胞内蓄积的脂肪酸氧化产生大量热，以维持体温。大多数动物幼年时也有棕色脂肪，猪没有棕色脂肪。

（四）网状组织

网状组织（reticular tissue）是造血器官和淋巴器官的基本组织成分，没有单独存在的网状组织。网状组织由网状细胞、网状纤维和基质构成。网状细胞是多突起的星形细胞，细胞突起彼此连接成网。胞核大，染色质细而疏，有 1～2 个核仁，网状细胞产生网状纤维。网状纤维分支连接成网，构成网状细胞的支架（图 2-27）。

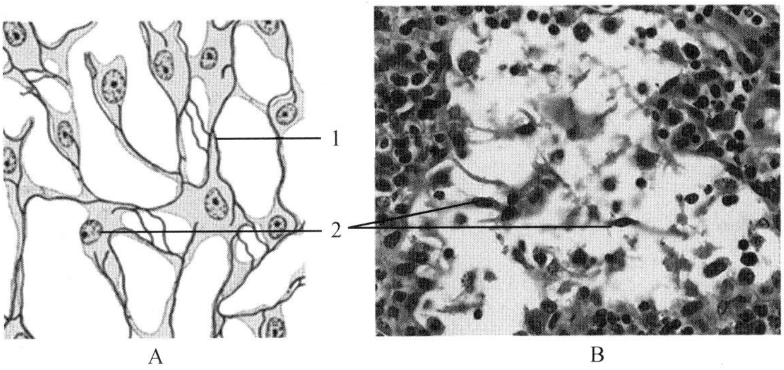

A. 网状组织模式图　B. 牛淋巴结（HE，400×）
1. 网状纤维　2. 网状细胞

图 2-27　网状组织

（余燕　供图）

二、软骨与骨

（一）软骨组织

软骨组织（cartilage tissue）简称软骨，由少量的软骨细胞和大量的细胞间质构成。软骨细胞深陷在软骨间质陷窝中，大小、形状不一，有小扁平状的，有大圆球形的；有的分散，有的则聚集成群。细胞间质呈固体凝胶状，由基质和纤维构成。细胞群周围的基质浓稠，染色较深，形成一深色环，称软骨囊（cartilage capsule）。纤维分布在基质中。软骨可分为 3 种，即透明软骨、弹性软骨和纤维软骨。

1. 透明软骨（hyaline cartilage）　呈半透明玻璃状固体，其分布最广，主要分布在成年动物骨的关节面、肋软骨、鼻中隔软骨、喉、气管和支气管等处。透明软骨的基质中含有较细的胶原纤维，排列散乱，在普通染色标本中不显示。胚胎时期构成大部分四肢骨和中轴骨（图 2-28）。

2. 弹性软骨（elastic cartilage）　基质中含有弹性纤维，交织成密网，普通标本中易见到。弹性软骨分布在耳壳、会厌和咽鼓管等处。新鲜时略显黄色，不透明，具有弹性。

3. 纤维软骨（fibrocartilage）　含有大量粗大的胶原纤维束，呈平行或不规则排列；软骨细胞位于纤维束间，单独、成对或成行排列，基质极少。纤维软骨分布在椎间盘、半月板和耻骨联合等处。新鲜时，呈不透明的乳白色，具有很大的抗压能力。

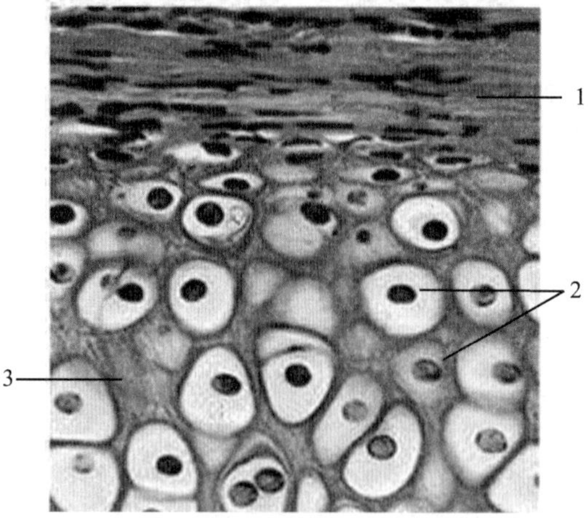

1. 软骨膜 2. 软骨细胞 3. 基质

图 2-28 透明软骨

(二)骨

骨是由骨组织、骨膜及骨髓构成。骨组织的特点是基质呈固态,内有大量钙盐。因此,骨既是构成机体的坚硬支架,又是机体内的钙库;同时,骨也是一种动力学组织,在所有哺乳动物的整个生命活动中都进行着更新与重建。

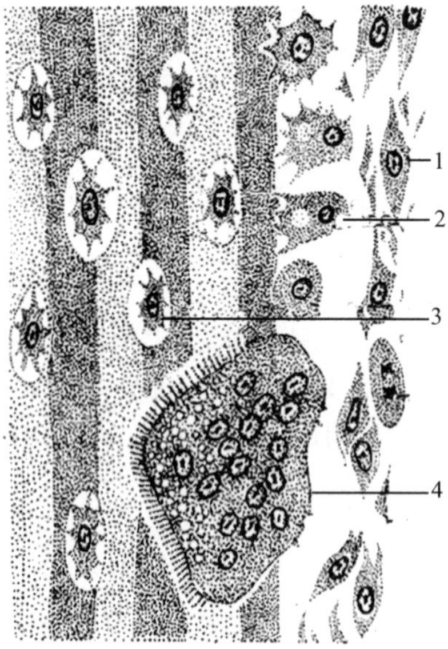

1. 骨原细胞 2. 成骨细胞 3. 骨细胞 4. 破骨细胞

图 2-29 骨组织各种细胞形态图

骨组织(osseous tissue)由细胞和细胞间质构成。细胞间质中有大量钙盐,称骨基质。细胞有 4 种,为骨原细胞、成骨细胞、骨细胞和破骨细胞(图 2-29)。其中骨细胞最多,位于骨基质内,其余 3 种细胞位于骨组织的边缘。

1. 骨组织的细胞成分

(1)骨原细胞(osteoprogenitor cell) 位于骨膜与骨组织表面交界处,细胞体积较小,呈梭形,细胞核椭圆形,胞质少,呈弱嗜碱性,含有少量的核糖体和线粒体。骨原细胞是骨组织的干细胞,能分裂分化为成骨细胞。

(2)成骨细胞(osteoblast) 多单层排列在骨组织的表面,细胞体积较大,为多突起矮柱状,细胞核较大,呈圆形,核仁明显,胞质嗜碱性。电镜下,胞质内含有丰富的粗面内质网和发达的高尔基复合体。成骨细胞能合成和分泌骨基质的有机成分胶原纤维,形成类骨质,当钙盐沉积后成为骨基质,成骨细胞包埋其中成为骨细胞。

(3)骨细胞(osteocyte) 骨细胞数量最多,单个分散分布于骨板内或骨板间。胞体较小,呈扁椭圆形,胞体向四周伸出许多细长的突起,胞核圆形或椭圆形。胞体所占据的腔隙称为骨陷窝；突起所在的腔隙称为骨小管，骨小管彼此相通，相邻骨细胞的突起形成缝隙连接。骨陷窝和骨小管内含有组织液，能够营养骨细胞和运输代谢产物。骨细胞对骨基质的更新和维持具有重要作用，在甲状旁腺素的调节下，骨细胞可溶解骨陷窝周围钙化程度低的薄层骨基质，使钙释放，参与调节血钙浓度。如果甲状旁腺功能亢进，溶骨作用加强，则易发生病理性骨折。

(4)破骨细胞(osteoclast)　破骨细胞数量较少，位于需要改建的骨组织表面的凹陷内。破骨细胞由多个单核细胞融合而成，是一种多核大细胞，无分裂能力。胞体大，细胞核多达2～50个，胞质嗜酸性。破骨细胞的主要功能是溶解和吸收骨质，参与骨组织的重建和维持血钙浓度。

2. 骨基质　固体状，其有机成分占35%，包括大量骨胶纤维及少量凝胶状无定形基质(骨黏蛋白)。无机成分占65%，又称骨盐，主要为羟基磷灰石[$Ca_3(PO_4)_2 \cdot Ca(OH)_2$]。电镜下骨盐呈针状沿骨胶纤维平行排列，结合紧密。骨基质呈板层状，称为骨板。同一骨板内的骨胶纤维相互平行，相邻骨板的骨胶纤维则相互垂直或形成夹角，以适应机械力的要求。以骨板排列的松密程度不同，可分为两种：

骨松质(substantia spongiosa)分布在长骨骨端及短骨内部。数层骨板构成粗细不同的骨小梁，骨小梁纵横交错成网，网孔中充满红骨髓。

骨密质(substantia compacta)分布在骨的表面，结构复杂。以长骨为例，横断面上可见(图2-30)。

(1)外环骨板和内环骨板　是环绕骨干外表和骨髓腔的骨板。

(2)骨单位　夹于外环骨板与内环骨板之间，由多层同心圆排列的纵长骨板构成，同心圆中央形成的纵长管称中央管，中央管与横行排列的穿通管相通，与内、外骨板相连，还与骨小管(骨板之间的缝隙)相通，使每一骨单位中的骨细胞通过骨小管获取营养，进行物质交换。

(3)间骨板　填充于骨单位之间，为形状不规则的骨板，是旧的骨单位被吸收后的残留部分，它与骨单位之间有一条黏合腺。黏合腺由含较多骨盐的骨基质形成。

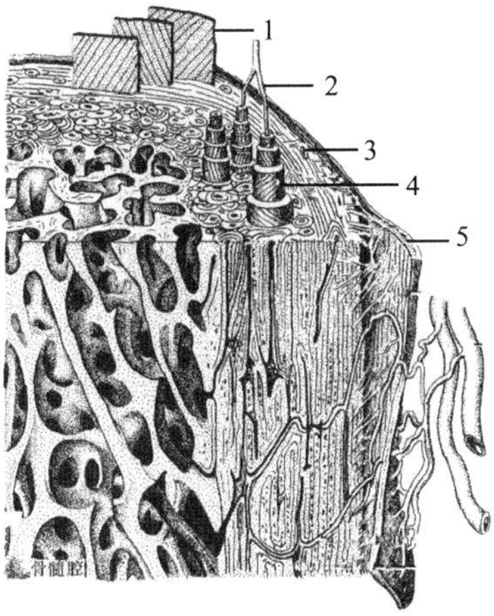

1. 骨板　2. 中央管　3. 外环骨板
4. 哈氏骨板　5. 骨膜

图2-30　骨单位模式图

3. 骨膜(periost)　由致密结缔组织组成。除关节面以外，覆盖在骨外表面的致密结缔组织称骨外膜，衬于骨髓腔内表面的结缔组织称骨内膜。骨外膜(periosteum)分为两层，外层较厚，胶原纤维束密集而粗大，有的纤维可横向穿入外环骨板，称为穿通纤维(perforating fiber)，有固定骨外膜的作用。内层较薄，组织疏松，含骨原细胞和成骨细胞及小血管和神经。骨外膜不仅营养、保护骨组织，在骨的生长、改建和修复中起着重要作用。骨内膜(endosteum)主要由一层类似单层扁平上皮的细胞组成，是具有造骨潜能的骨原细胞。

4. 骨髓(bone marrow)　由多孔的松质骨作为支架，其内充满骨髓。骨髓是主要的造血组织，在幼年期，造血机能旺盛，为红骨髓；随着年龄的增长，脂肪组织逐渐增多而变成黄骨髓，造血机能衰退，但在扁骨、长骨的骨髓及不规则骨则终生保留红骨髓。

三、血液与淋巴

血液与淋巴是液态的结缔组织，由细胞成分（各种血细胞或淋巴细胞）和液态的细胞间质（血浆或淋巴浆）组成。

（一）血液

血液在新鲜状态时，呈红色，不透明，具有一定的黏稠性。其生理功能有运输氧和营养物质，供各组织细胞利用，并把组织细胞所产生的代谢产物运走；运输各种激素到有关组织或器官，实现体液调节；血液中的白细胞能吞噬细菌和异物，产生抗体，具有免疫作用；此外，还能维持组织细胞生理活动所需要的适宜环境。因此，血液是动物体内一种十分重要的结缔组织。大多数哺乳动物的全身血量占体重的7％～8％，其中血浆占血液成分的45％～65％，血细胞则占35％～55％。血液的成分见表2-2。

表2-2 血液的成分

- 血液
  - 血浆
    - 纤维蛋白质
    - 凝血酶原
    - 血清
  - 血细胞
    - 红细胞
    - 白细胞
      - 有粒白细胞
        - 中性粒细胞
        - 嗜酸性粒细胞
        - 嗜碱性粒细胞
      - 无粒白细胞
        - 单核细胞
        - 淋巴细胞
    - 血小板

1. 血浆　呈淡黄色的略黏稠液体。血浆的主要成分是水，占91％，其余9％是血浆蛋白、脂质、酶、葡萄糖、氨基酸、激素、纤维素、无机盐及各种代谢产物。血液流出血管后，溶解状态的纤维蛋白原转变为丝状的纤维蛋白，血液凝固成血块，并析出淡黄色清亮的液体，称血清(serum)。全血包括血浆及全部血细胞，血浆指在全血中加入抗凝剂后经离心而获取的上清液，无血细胞；血清中除不含各种血细胞外，也不含凝血因子和纤维蛋白。

2. 血细胞　是血液的有形成分，来源于多能造血干细胞，它终身保持分化潜能，最终分化为各种不同的血细胞类型。血细胞包括红细胞、白细胞和血小板。

(1)红细胞(erythrocyte)　各种动物的红细胞的形态结构、数量、大小有差异。大多数哺乳动物的成熟红细胞没有细胞核和细胞器，呈双面凹陷的圆盘状，周边厚，中央薄，故在血涂片上呈现中央淡染周边深染的结果(图2-31A)。骆驼和鹿的红细胞呈椭圆形；鱼类、两栖类、爬行类等冷血动物红细胞都有细胞核；禽类红细胞呈椭圆形且有细胞核(图2-31B)。红细胞的数量与动物的种类、性别、年龄、营养状况及生活环境有关，但均保持在一个正常范围。

(2)白细胞(leukocyte)　是有细胞核和细胞器的球形细胞。白细胞的总数比红细胞少，但体积比红细胞大，种类也较多，它们具有一定的运动能力。红细胞在血液内完成其主要功能，而白细胞必须转移至血管外的组织中实现其生理功能。白细胞在组织中存留的时间比在血液中长得多，血液只是白细胞的运输线。

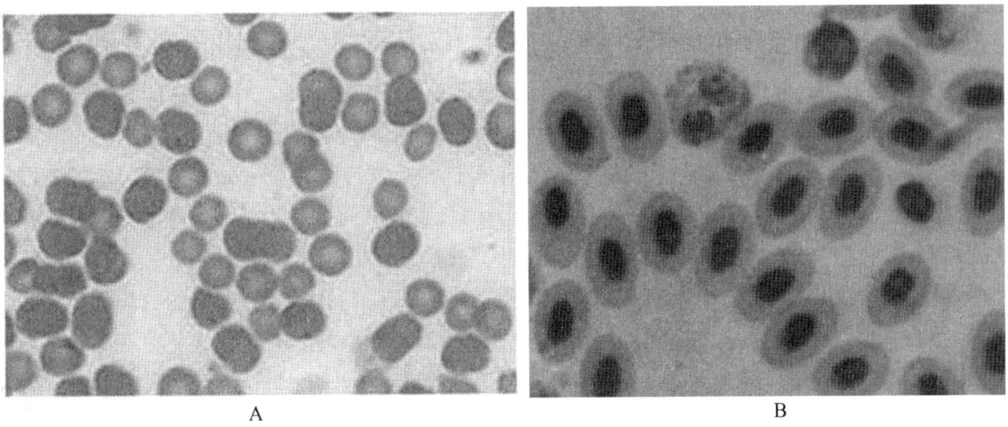

A. 马的红细胞（余燕　供图）　B. 鸡的红细胞

图 2-31　红细胞光镜图（HE 染色，400×）

光镜下，根据白细胞有无特殊颗粒，将白细胞分为两大类群：有粒白细胞和无粒白细胞。有粒白细胞又根据颗粒的嗜色性，分为中性粒细胞、嗜酸性粒细胞和嗜碱性粒细胞。无粒白细胞包括单核细胞和淋巴细胞（图 2-32）。

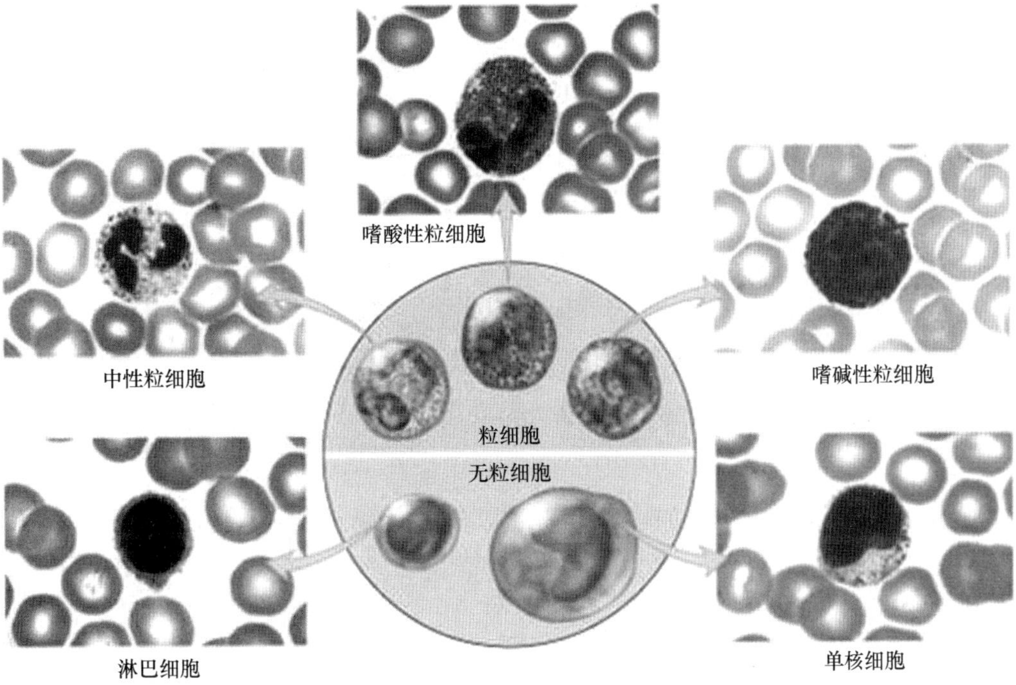

图 2-32　白细胞（瑞氏染色）

①中性粒细胞（neutrophilic granulocyte，neutrophil）　中性粒细胞所占白细胞总数的比例较高，平均约占 45%，因动物不同有所区别。细胞呈球形，直径 7～15 μm。胞核呈杆状或分叶状，叶间有核丝相连，一般 2～5 叶，以 3 叶核的细胞多见，核染色较深。核分叶数目与细

胞年龄有关，幼稚的细胞核呈杆状，衰老的细胞核分叶数目较多(图 2-33A)。在某些疾病情况下，临床血涂片检查可见杆状核粒细胞增多，称为核左移，常出现在机体严重的细菌感染时；4～5 叶核的细胞较多，称为核右移，常出现在骨髓造血功能低下时。中性粒细胞胞质内，含有很多细小而分布均匀的颗粒，染成淡紫色或淡红色。电镜下，颗粒有膜包被，分为特殊颗粒和嗜天青颗粒两种(图 2-33B)。特殊颗粒数量多，体积小，约占颗粒总数的 80%，内含碱性磷酸酶、吞噬素、溶菌酶等，吞噬素具有杀菌作用，溶菌酶能溶解细胞表面的糖蛋白；嗜天青颗粒数量较少，体积大，约占颗粒总数的 20%，它是一种溶酶体，含有酸性磷酸酶和过氧化物酶，能消化分解吞噬的异物。中性粒细胞有很强的变形运动和吞噬能力。在外周血中停留时间很短，一般 6～7 h，能做变形运动穿过毛细血管壁进入结缔组织中，在组织中存活 1～3 d。当机体某些部位受病菌侵犯时，细菌产物、受损坏死组织可释放些化学物质(趋化因子)吸引中性粒细胞穿出血管，聚集于病变部位，吞噬病菌和异物并进行消化、分解。因此，机体受某些细菌感染时，白细胞总数增加，中性粒细胞的比例显著增高，对机体的保护防御具有重要作用。中性粒细胞在执行防御活动中，先吞噬细菌形成吞噬体，再与特殊颗粒和溶酶体融合，颗粒中的氧化酶能将细菌迅速杀死，各种水解酶再将细菌分解消化，中性粒细胞本身也会变性坏死成为脓细胞。

动物种类不同，中性粒细胞的大小、形态和结构也不一致。反刍动物中性粒细胞的核分叶清楚，核叶之间细丝清楚，猪、马、猫的核缢缩不完全，犬的细胞核不分叶，甚至有些动物的颗粒并不是嗜中性而是嗜酸性，如鸡的嗜中性粒细胞颗粒为粗大杆状，呈红色，因此又称假嗜酸性粒细胞。

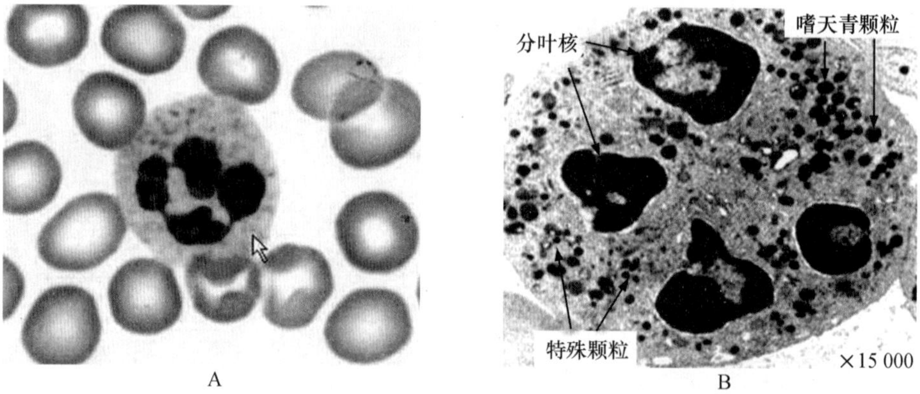

A. 中性粒细胞光镜结构　B. 中性粒细胞电镜结构

图 2-33　中性粒细胞(瑞氏染色)

②嗜酸性粒细胞(eosinophilic granulocyte)　数量少，占白细胞总数的 3%～8%。嗜酸性粒细胞直径 10～15 μm，胞质内颗粒粗大，呈橘红色，颗粒有折光性，胞核常为 2 叶。不同动物嗜酸性粒细胞的形态差别较大。猪嗜酸性粒细胞的核不分叶，颗粒球形，呈暗橘红色；马属动物的嗜酸性粒细胞非常大，排列密，紧贴胞膜，呈桑葚状外观；反刍动物的嗜酸性颗粒小，呈橘红色(图 2-34A)；犬的嗜酸性颗粒很少，有时仅有 2～3 个，颜色特殊，与红细胞颜色近似，不呈橘红色；猫的嗜酸性颗粒多，呈棒状。电镜下，颗粒有膜包被，颗粒内有电子密度较高的方形或长方形结晶体(图 2-34B)，含酸性磷酸酶、组胺酶、芳基硫酸酯酶和过氧化物酶等。

嗜酸性粒细胞也有趋化作用和吞噬作用，杀菌作用很弱，但可杀灭寄生虫，因此，在寄生虫感染的动物，嗜酸性粒细胞数量多。嗜酸性粒细胞在骨髓、血液与结缔组织中的分布数量比是300∶1∶(100～300)；在骨髓成熟后储备3～4 d，在血液中停留数小时，离开血管在结缔组织中生存8～12 d。

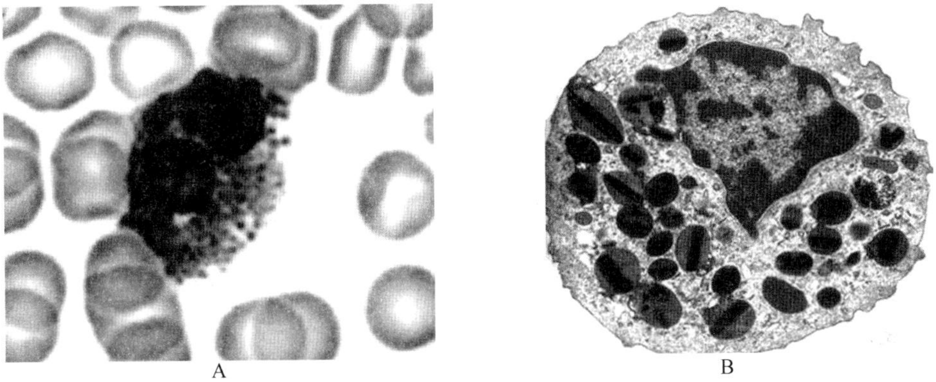

A. 嗜酸性粒细胞光镜结构　B. 嗜酸性粒细胞电镜结构

图 2-34　嗜酸性粒细胞(瑞氏染色)

③嗜碱性粒细胞(basophilic granulocyte)　嗜碱性粒细胞在白细胞中数量最少，仅占0.5%～1%。细胞球形，直径10～12 μm，胞质内有粗大的蓝色颗粒，颗粒内含有肝素、组胺和白三烯等。细胞核分成2核或形状不规则，染色淡，常被胞质颗粒掩盖(图2-35A、B)。嗜碱性粒细胞在结缔组织内存活10 d，它的作用主要是参与变态反应和防止凝血，与肥大细胞的作用相似，但两者的关系有待进一步研究。

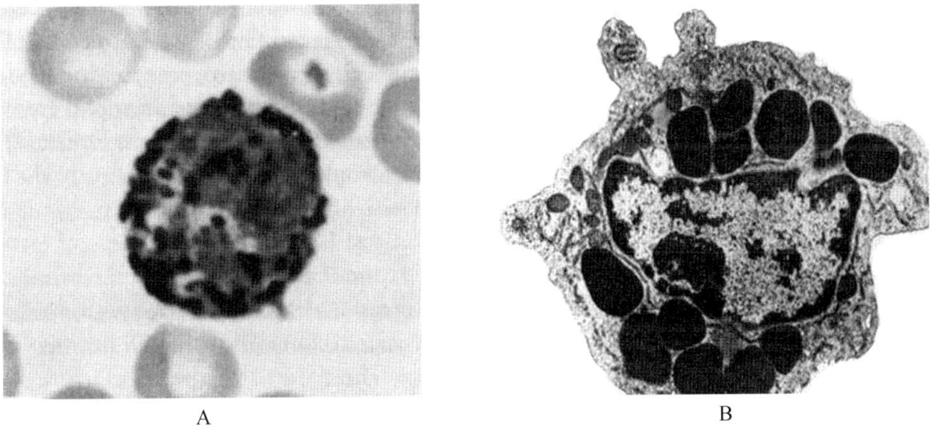

A. 嗜碱性粒细胞光镜结构(瑞氏染色)　B. 嗜碱性粒细胞电镜结构

图 2-35　嗜碱性粒细胞

④淋巴细胞(lymphocyte)　淋巴细胞约占白细胞总数的50%，呈球形，大小不等。按其体积大小分为大、中、小三类。大淋巴细胞直径为13～20 μm，中淋巴细胞的直径为9～12 μm。大淋巴细胞和中淋巴细胞胞核椭圆形，染色质较疏松，染色浅；胞质较多，可见少量的

嗜天青颗粒。大淋巴细胞分布在骨髓、脾和淋巴结等部位。小淋巴细胞的直径为5～8 μm，血液中小淋巴细胞的数量最多，细胞核呈圆形，一侧常有凹陷，染色质致密呈块状，染色深，细胞质很少，在核周呈一窄带，染成蔚蓝色，含有少量嗜天青颗粒（图2-36）。具有免疫和防御功能，详见免疫系统。

⑤单核细胞（monocyte）　数量较少，占白细胞总数的3%～8%。细胞呈球形，直径20～30 μm，是白细胞中体积最大的细胞。细胞核呈卵圆形、豆形或马蹄形，染色淡。细胞质丰富，蓝灰色，胞质中有微细的粉红色嗜天青颗粒（图2-37）。马属动物的单核细胞结构典型，而牛、羊的单核细胞中嗜天青颗粒不常见。嗜天青颗粒内有过氧化物酶、非特异酯酶和溶菌酶。单核细胞有明显的趋化性和一定的吞噬能力，并能分泌多种单核因子。它离开血管进入结缔组织，成为巨噬细胞。

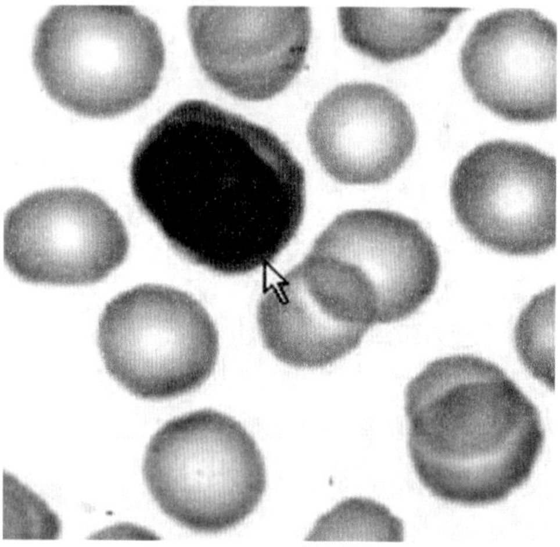

图2-36　淋巴细胞光镜结构（瑞氏染色）

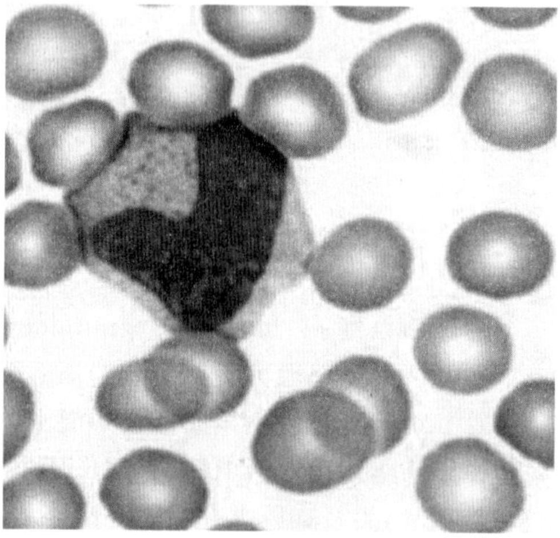

图2-37　单核细胞光镜结构（瑞氏染色）

（3）血小板（blood platelet）　哺乳动物的血小板是一些形状不规则的小体，直径2～4 μm，是骨髓内大型的巨核细胞脱离的细胞质碎片，所以血小板无细胞核，但有细胞器。光镜下，血小板中央是颗粒区，有紫色颗粒；周围是透明区，呈淡蓝色。电镜下，血小板的膜表面有糖衣和含有凝血因子的薄层血浆，细胞内无核，有小管系统、线粒体、微丝和微管等，细胞突起形成伪足。血小板在止血和凝血过程中起重要的作用。

禽类没有血小板而有凝血细胞，凝血细胞呈椭圆形，有一深染的核，与禽类红细胞形态相似，比红细胞略小，胞质嗜碱性，其中含少量颗粒。血液中凝血细胞的数量为2万～10万个/mm^3。

（二）淋巴

淋巴（lymph）是流动在淋巴管内的液体，一般由淋巴浆和淋巴细胞组成。小部分组织液渗入毛细淋巴管内形成淋巴浆，无色透明，与血浆成分相似，在流经淋巴结后，其中的细菌等异物被清除掉，并加入了淋巴细胞和抗体，偶见单核细胞。在机体不同部位、不同生理状况下，淋巴的组成成分和数量经常变动，如小肠淋管中的淋巴含有许多脂滴，呈乳白色，又称乳糜；毛细淋巴管中的淋巴只有淋巴浆而无淋巴细胞，流经淋巴结后加入淋巴细胞。淋巴在淋巴管内向心流动，最终注入静脉，以协助体液回流，是血液循环的辅助部分，在维持全身各部分组织液动态平衡和防御中起重要作用。

第三节　肌　组　织

肌组织具有收缩功能，由大量的肌细胞和少量的结缔组织构成。结缔组织是肌组织的间质成分，内含有血管、淋巴管和神经。肌细胞细长呈纤维形，又称肌纤维(muscle fiber)。肌纤维膜又称肌膜(sarcolemma)，细胞质称为肌浆(sarcoplasm)，肌浆中含有大量与肌纤维长轴平行排列的肌丝(myofilament)，它们是肌肉舒缩功能的主要物质基础。

肌组织根据结构、生理特性和分布不同，可分为骨骼肌、心肌、平滑肌，骨骼肌和心肌的肌纤维上有横纹，又称横纹肌，骨骼肌受躯体神经支配，属随意肌，主要分布于躯体和四肢。心肌和平滑肌受自主神经支配，属不随意肌，平滑肌主要分布于内脏器官(图 2-38)。

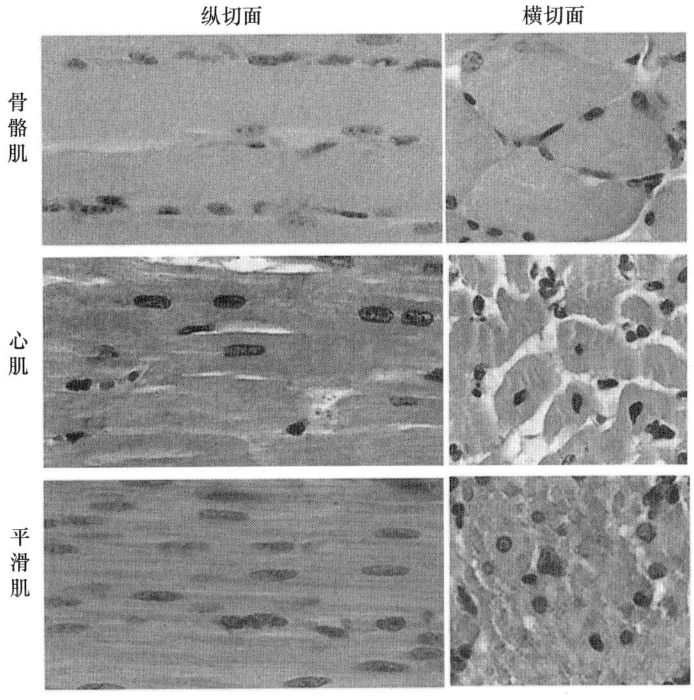

图 2-38　三种骨骼肌的形态(HE,400×)

(余燕　供图)

一、骨骼肌

大多数骨骼肌(skeletal muscle)借肌腱附着在骨骼上，食管壁的横纹肌、皮肌除外。每一块肌肉表面均有一层致密的结缔组织构成的肌外膜(epimysium)，肌外膜内伸分隔、包围大小不等的肌束，为肌束膜(perimysium)，肌束膜内伸分隔，最后包绕在每一根肌纤维表面的结缔组织称肌内膜(endomysium)。结缔组织内伸的同时，将血管、神经、淋巴管导入，具有支持、营养、连接和保护肌肉组织的功能。

(一)骨骼肌纤维的光镜结构

骨骼肌纤维一般呈细长圆柱状,长度为1～40 mm,直径10～100 μm。骨骼肌纤维有多个细胞核,一条肌纤维内有数十至数百个扁椭圆形核,均位于肌膜下方。肌浆中有丰富的肌原纤维,肌原纤维呈细丝状,直径1～2 μm,与肌纤维长轴平行排列。每条肌原纤维上可见排列在同一个平面上折光性不同明带和暗带相间的条带,故使纵切的肌纤维呈现出明暗相间的横纹(图2-39)。明带(light band)又称I带,暗带(dark band)又称A带,暗带中有一浅色的窄带称H带,H带中央有一条电镜下可见的深色线称M线,明带内有一条深色的Z线。两条相邻Z线之间的一段肌原纤维称肌节(sarcomere),每个肌节都由1/2 I带＋A带＋1/2 I带所组成,明带的长度因肌纤维的收缩或扩张状态而不同,肌节是骨骼肌纤维结构和功能的基本单位(图2-40)。目前认为,骨骼肌的收缩机制是"肌丝滑动"原理。肌纤维收缩时,A带宽度保持不变,细丝滑入A带内,使H带和I带变窄,甚至消失,肌节缩短,肌纤维收缩。舒张时反向运动,肌节变长。

骨骼肌纤维的肌浆丰富,除含有肌原纤维外,还含有肌红蛋白、大量线粒体、糖原颗粒和少量脂滴,这些共同构成肌纤维收缩的供能系统。

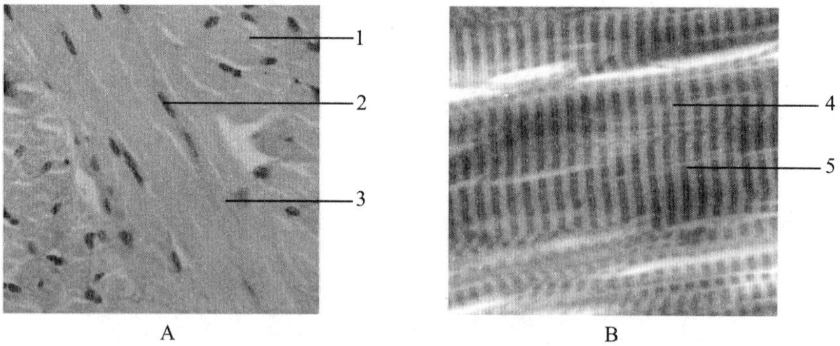

A. HE　B. 铁苏木精染色(400×)

1. 骨骼肌横切　2. 骨骼肌纤维胞核　3. 骨骼肌纵切　4. 明带　5. 暗带

图2-39　骨骼肌切片

(余燕　供图)

(二)骨骼肌纤维的超微结构

1. 肌原纤维　电镜下可见肌原纤维由粗肌丝(直径15 nm)和细肌丝(直径8 nm)构成。粗肌丝由肌球蛋白分子集合而成,位于肌节中部,中央由M线固定,M线是把许多粗丝横向连接的一层薄膜。粗丝两端有许多小突起,是肌球蛋白分子的头部,称横桥(cross bridge)。细肌丝由3种蛋白分子组成,即肌动蛋白、原肌球蛋白和肌钙蛋白。细肌丝位于肌节两侧,一端附着于Z线,另一端游离在粗丝之间,止于H带外侧。因此肌节的A带(暗带)含粗细两种肌丝,I带(明带)仅有细丝,H带仅有粗丝,Z线则是两侧明带细丝的附着盘,故又称I盘(图2-40)。

2. 横小管　是肌膜向肌浆内凹陷形成的小管网,它的行走方向与肌纤维长轴垂直,故称横小管(transverse tubule)或T小管。哺乳动物的横小管位于A带与I带交界处,同一水平的横小管在细胞内分支吻合环绕在每条肌原纤维周围,横小管可将肌膜的兴奋迅速传到每个肌节(图2-41)。

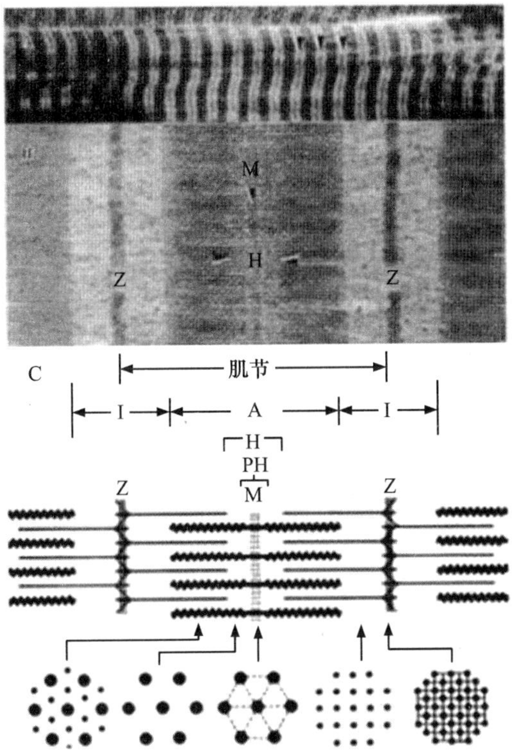

图 2-40　骨骼肌 HE 染色及骨骼肌纤维超微结构模式图

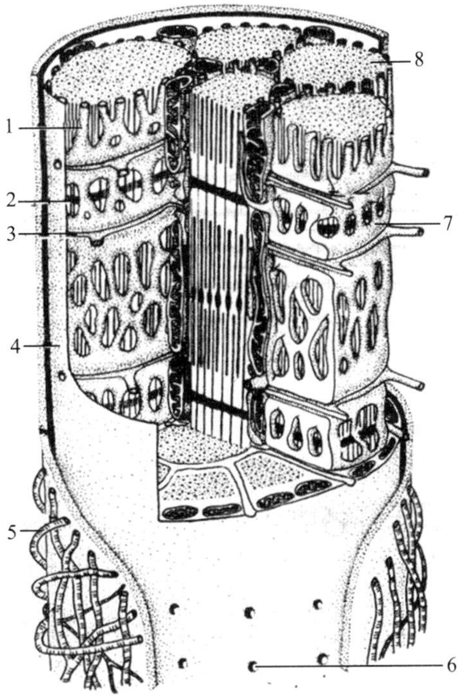

1. 肌浆网(纵小管)　2. Z 线　3. 横小管
4. 肌膜　5. 网状纤维　6. 横小管的开口
7. 终池　8. 肌原纤维

图 2-41　骨骼肌超微立体结构模式图

3. 肌浆网(sarcoplasmic reticulum)　是肌纤维内特化的滑面内质网,位于横小管之间,纵行包绕在每条肌原纤维周围,故又称纵小管(longitudinal tubule,L 管)。位于横小管两侧的肌浆网呈环行的扁囊,称终池(terminal cisterna),终池之间是相互吻合的纵行小管网。每条横小管与其两侧的终池共同组成骨骼肌三联体。在横小管的肌膜和终池的肌浆网膜之间形成三联体连接,可将兴奋从肌膜传到肌浆网膜。肌浆网膜上有丰富的钙泵(一种 ATP 酶),有调节肌浆中 Ca^{2+} 浓度的作用(图 2-41)。

(三)骨骼肌纤维的分型

由于运动的耐力及速度要求不同,骨骼肌纤维一般分为 3 种类型。

1. 红肌纤维　红肌纤维又称慢肌纤维,收缩力较小,但持续时间长,不易疲劳。

2. 白肌纤维　白肌纤维又称快肌纤维,收缩力较大,持续时间短,有爆发力和速度,易疲劳。

3. 中间纤维　骨骼肌多数由这两种肌纤维混合组成,在不同部位两种纤维的构成比例不同。一块肌肉中的肌纤维数目是相对恒定的,但后天良好的锻炼(运动)、营养、环境等因素可使其中的肌原纤维数目增加,从而使肌肉变粗大和强壮。

二、心肌

心肌(cardiac muscle)分布于心壁及邻近心脏的大血管壁上,由心肌纤维构成,受植物性神经支配，能进行有节律而持久的收缩，属不随意肌，心肌周围的结缔组织内含有丰富的血管和淋巴管等。

（一）心肌纤维的光镜结构

心肌纤维呈短圆柱状，有分支并互相吻合成网，长 80～150 μm，直径 10～30 μm；心肌纤维的核呈卵圆形，位居中央，一般只有一个核，偶见双核；肌浆内含有丰富的线粒体、高尔基体、糖原、脂滴及脂褐素颗粒等，但肌原纤维较骨骼肌少，故横纹不如骨骼肌明显。在心肌纤维之间有特化的连接结构称闰盘(intercalated disk)，与横纹的方向基本一致，但在 HE 染色的标本上呈红色的横形或不规则阶梯状粗线(图 2-42)。

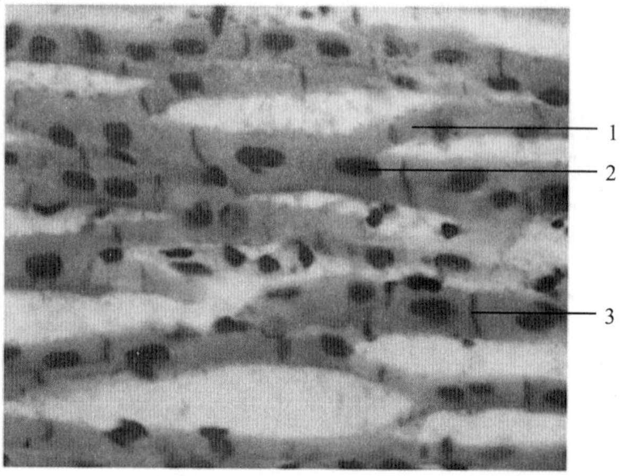

1. 心肌纤维　2. 细胞核　3. 闰盘

图 2-42　心肌切片(HE，400×)

(余燕　供图)

（二）心肌纤维的超微结构

心肌纤维的超微结构与骨骼肌相似，但心肌纤维的超微结构还有下列特点(图 2-43)。

肌原纤维不如骨骼肌那样规则、明显，肌丝被少量肌浆和大量纵行排列的线粒体分隔成粗、细不等的肌丝束，以致横纹也不如骨骼肌的明显。

横小管较粗，位于 Z 线水平。

肌浆网比较稀疏，纵小管不发达，终池较小也较少，横小管两侧的终池往往不同时存在，多见横小管与一侧的终池紧贴形成二联体，三联体极少见。

闰盘位于 Z 线水平，由相邻两个肌纤维的分支处伸出许多短突相互嵌合而成，常呈阶梯状。在连接的横位部分，有中间连接和桥粒，起牢固的连接作用(图 2-44)。在连接的纵位部分，有缝隙连接，便于细胞间化学信息的交流和电冲动的传导，这对心肌纤维整体活动的同步化是十分重要的。

心房肌纤维除有收缩功能外，还可分泌心钠素、抗心律失常肽、血管紧张素等多种心肌激素，具有利尿、利钠、降压等功能，而且对整个机体均能产生显著的调节和影响作用。

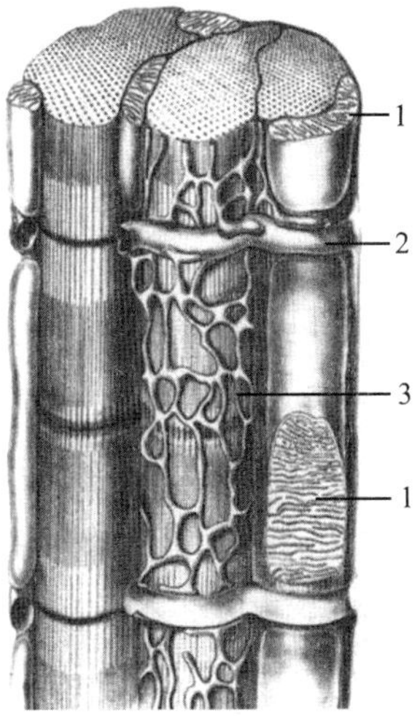

1.线粒体　2.横小管　3.肌浆网

图 2-43　心肌电镜超微结构

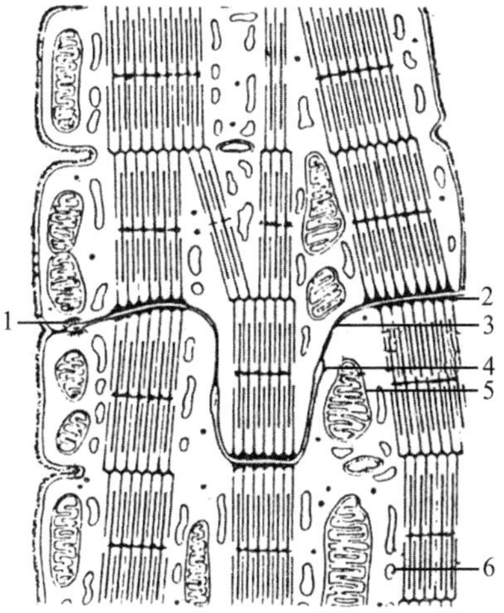

1.桥粒　2.中间连接　3.缝隙连接　4.细胞间隙　5.线粒体　6.肌浆网

图 2-44　心肌纤维闰盘超微结构模式图

三、平滑肌

平滑肌(smooth muscle)由平滑肌细胞构成。主要分布在呼吸道、胃肠道、泌尿生殖道等内脏各器官的管壁以及血管、淋巴管肌层，收缩缓慢而持久，属不随意肌。

(一)平滑肌纤维的光镜结构

平滑肌细胞一般呈长梭形，胞质嗜酸，无横纹，细胞中央有一个核，呈杆状或椭圆形，着色较深，有 1～2 个核仁，肌纤维收缩时，核可扭曲呈螺旋状。长度不一，一般长 200 μm，直径 5～20 μm。小血管壁上平滑肌短至 20 μm，而妊娠子宫壁平滑肌可长达 500 μm。平滑肌纤维可单独存在，但大部分成束或成层分布(图 2-45)。

(二)平滑肌纤维超微结构

平滑肌纤维超微结构与横纹肌有较大的不同。首先，平滑肌细胞内不形成肌原纤维也无肌节和横纹，但具有粗丝和细丝，细丝主要由肌动蛋白构成，粗丝主要由肌球蛋白构成，但只有当肌浆中的 ATP、Ca^{2+}、Mg^{2+} 达一定浓度时，肌球蛋白才聚合成粗丝。其次是肌浆内有发达的细胞骨架系统，该系统由密斑、密体和中间丝组成，密斑位于肌膜内侧，密体则分布于肌浆，两者都是电子密度较高的小体，中间丝连接密斑和密体，呈螺旋形的网状排布构成细胞内骨架系统。另外，细胞内无 Z 线，而密斑和密体相当于 Z 线，上有细丝附着，细丝另一端游离，包围着粗丝。收缩也是细丝向粗丝滑动引起的，但粗细丝排列方向与细胞长轴并不一致，而是顺着骨架方向，故收缩是螺旋式的扭曲。在相邻平滑肌之间还有缝隙连接。同时，肌膜和密斑之间有肌膜内陷形成的小凹，相当于骨骼肌的横小管，这些结构均可传递信息和神经活动，有利于平滑肌的整体同步收缩(图 2-46)。

(三)平滑肌的分布及收缩特点

平滑肌细胞在不同的器官分布情况不同，如在小肠绒毛、淋巴结被膜和小梁等处，为单个分散存在；皮肤的竖毛肌则形成小束；在消化道和子宫壁等则成层分布。在肌束或肌层中，肌细胞平行排列,通常相邻细胞的排列是以一个细胞的尖端与另一个细胞的中部镶嵌。肌束或肌层之间由疏松结缔组织间隔。结缔组织伸入肌束或肌层内与纤维膜紧密相连,收缩时可使其成为一整体。平滑肌收缩有节律,缓慢而持久。其收缩时从细胞的两端开始,仅细胞末端旋转成螺旋状,继而螺旋变紧,发生扭转成S样收缩,细胞增粗并缩短。

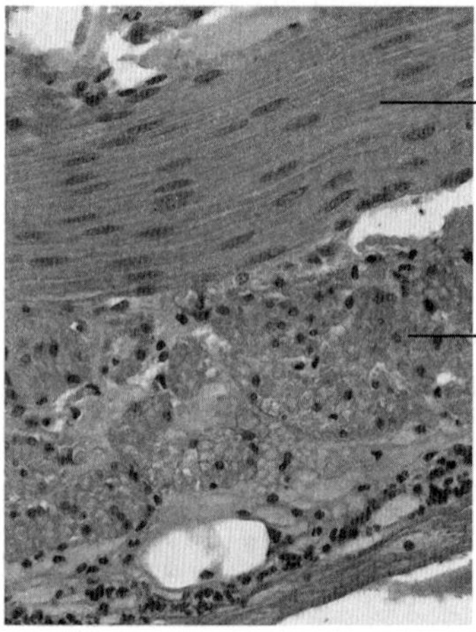

1.平滑肌纵切 2.平滑肌横切

图 2-45 平滑肌纤维的光镜结构(回肠,HE)

(余燕 供图)

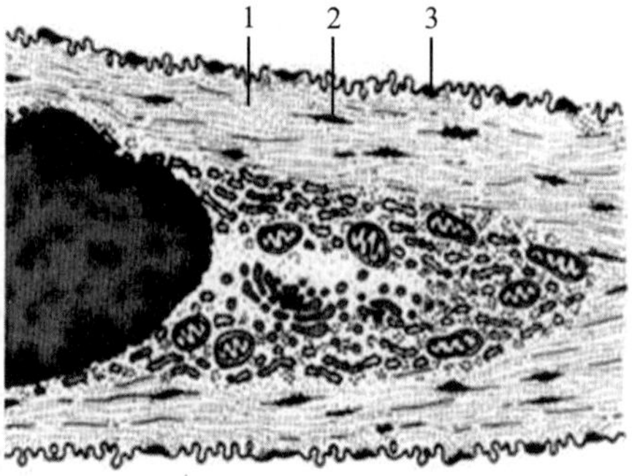

1.肌丝 2.密体 3.密斑

图 2-46 平滑肌纤维超微结构模式图

第四节 神 经 组 织

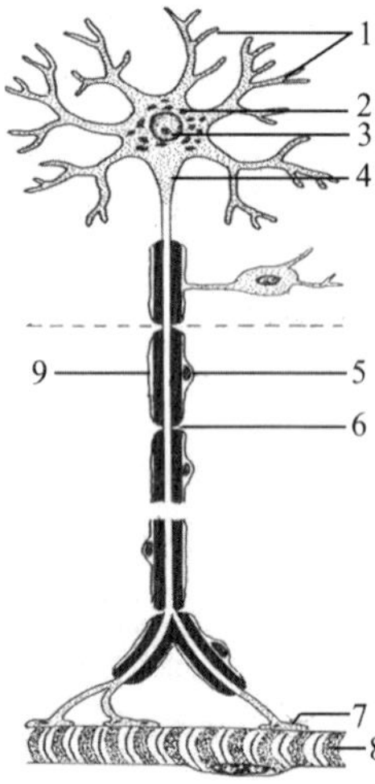

1.树突 2.尼氏体 3.细胞核 4.轴突 5.施万细胞细胞核 6.郎飞结 7.运动终板 8.骨骼肌 9.髓鞘

图 2-47 神经元结构模式图

神经组织(nerve tissue)主要由神经细胞(nerve cell)和神经胶质细胞(neuroglial cell)组成。这些细胞高度分化且有突起,是构成神经系统的主要成分。神经细胞是神经组织的结构和功能单位,也称神经元,具有感受刺激、整合信息和传导冲动的能力,有些神经元还具有内分泌功能。神经元之间通过突触彼此连接,形成复杂的神经通路和网络,支配和调节各器官的功能活动。神经胶质细胞是神经系统的辅助成分,无传递信息的功能,对神经元起支持、营养、保护、绝缘和修复等作用。

一、神经元

(一)神经元的结构

神经元(neuron)是神经组织的主要成分,由胞体和突起两部分构成(图 2-47)。

1.胞体(soma) 胞体形态多样,有球形、梭形和星形等,其大小不一,是神经元的营养代谢中心,包括细胞膜、细胞核及周围的细胞质(核周质),位于脑和脊髓的灰质以及神经节内。

(1)细胞膜　是可兴奋膜,能够接受刺激、处理信息、产生和传导神经冲动。

(2)细胞核　只有一个,多位于胞体中央,大而圆,染色浅,核仁大而明显。

(3)细胞质　又称核周质,除具有细胞质中的一般细胞器外,还有神经元特有的尼氏体(nissl body)和神经原纤维(neurofibril)两种特殊结构。

尼氏体(nissl body)　为嗜碱性物质,主要分布于胞体和树突内,光镜下呈斑块状分布,又称虎斑。电镜下,尼氏体由许多平行排列的粗面内质网及其间的游离核糖体组成。尼氏体能合成蛋白质,包括更新细胞器所需的结构蛋白、合成神经递质所需的酶和肽类的神经调质等。尼氏体的形态和数量与神经元的功能状态有关,神经元疲劳或受损时,尼氏体减少或消失。若损伤恢复或除去有害因素后,尼氏体又可恢复。因此尼氏体可作为神经元功能状态的一种判定标志(图 2-48)。

神经原纤维　光镜下,银染标本上呈棕黑色细丝状结构,胞体内交织成网,伸入突起内平行排列;电镜下,神经原纤维由排列成束的神经丝(直径约 10 nm)和微管(直径约 25 nm)组成。神经原纤维的功能是构成神经元的细胞骨架,还与细胞内蛋白质、化学递质及离子运输有关(图 2-49)。

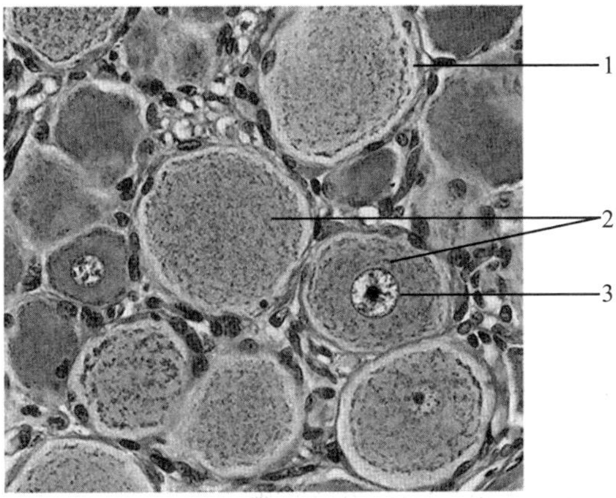

1. 神经元　2. 尼氏体　3. 细胞核

图 2-48　神经元光镜图(脊神经节,HE,400×)

(余燕　供图)

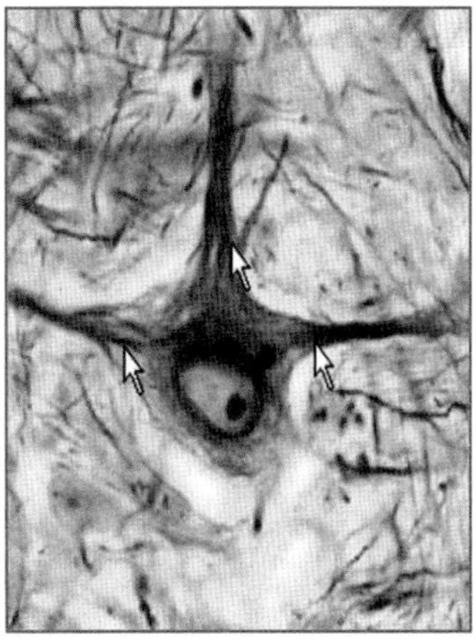

图 2-49　神经原纤维光镜图(银染)

2. 突起(neurite)　是神经元胞体的延伸部分,根据其结构和功能,分为树突和轴突。

(1)树突(dendrite)　有一个或多个,从胞体发出后呈树枝状分支,能接受刺激并将其转变为神经冲动传入胞体。其结构与胞体相似,也含尼氏体、神经原纤维和线粒体等,但无高尔基体。树突表面有许多棘状小突起,称为树突棘(dendritic spine),是形成突触和传递信息的主要部位。树突的分支和树突棘扩大了神经元接受刺激的表面积。

(2)轴突(axon)　只有一个,长短不一,短的仅数微米,长的可达 1 m 及以上。轴突较树突细,且粗细均匀,自胞体或主树突基部发出,能将神经冲动从胞体向终末传出,有侧支常呈直角分出。轴突的起始部位常呈圆锥形隆起,称为轴丘(axon hillock),此处不含尼氏体,着色浅。但轴突末端分支较多,形成特殊的轴突终末,与其他神经元或效应细胞接触。

轴突表面的细胞膜称为轴膜(axolemma),内含的细胞质称为轴质(axoplasm)。轴质内含有神经原纤维、滑面内质网、线粒体和多泡体等,不含尼氏体和高尔基体,因此不能合成蛋白质。轴突的功能是将神经冲动从胞体传向终末。轴突起始段的轴膜较厚,膜下有电子密度高的致密层,此段轴膜易引起电兴奋,常是产生神经冲动的部位,神经冲动形成后沿轴膜向终末传递。

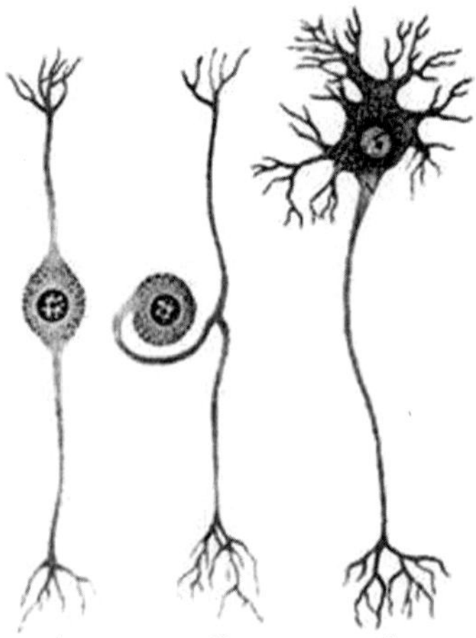

A. 双极神经元　B. 假单极神经元
C. 多极神经元

图 2-50　神经元的类型

(二)神经元的分类

1. 根据神经元突起的数目分(图 2-50)

(1)多极神经元(multipolar neuron)　从胞体发出一个轴突和多个树突,体内分布最广,如脑和脊髓内的运动神经元。

(2)双极神经元(bipolar neuron)　从胞体两端分别发出一个轴突和一个树突,如嗅觉器官、内耳和视网膜内的感觉神经元等。

(3)假单极神经元(pseudounipolar neuron)　从胞体发出一个突起,在离胞体不远处呈"T"形分支,其中一支走向周围器官,称为周围突;另一支进入中枢神经系统,称为中枢突,如脊神经节内的感觉神经元。

2. 根据神经元的功能分

(1)感觉神经元(sensory neuron)　也称传入神经元,胞体位于脑、脊神经节内,能感受内外环境的刺激并转变为神经冲动传至中枢神经系统。多为假单极神经元。

(2)运动神经元(motor neuron)　也称传出神经元,胞体位于中枢神经系统的灰质和植物性神经节内,能将神经冲动传给肌肉和腺体。多为多极神经元。

(3)联合神经元(association neuron)　也称中间神经元,位于感觉神经元与运动神经元之间,起联络作用。中间神经元数量最多,而且动物进化程度越高,体内中间神经元越多。多为多极神经元。

3. 根据神经元释放的神经递质和神经调质的化学性质分

胆碱能神经元(cholinergic neuron,释放乙酰胆碱),胺能神经元(aminergic neuron,释放单胺类神经递质),氨基酸能神经元(amino acidergic neuron,释放谷氨酸、甘氨酸等),肽能神经元(peptidergic neuron,释放神经肽,如脑啡肽等)。

二、突触

突触(synapse)是神经元与神经元或神经元与非神经元(肌细胞、腺细胞等)之间的一种特化的细胞连接,是神经元传递信息的功能部位。神经元彼此之间的接触点均能形成突触。一个神经元的轴突可与另一个神经元的树突或胞体形成突触,分别称为轴-树突触和轴-体突触。一个神经元的冲动可传给多个神经元并可接受多个神经元传来的冲动。根据突触的性质,可分为化学性突触和电突触两种。

(一)化学性突触(chemical synapse)

就是通常我们所说的突触。它利用化学物质(神经递质)作为传递信息的介质,这种突触由突触前成分、突触间隙和突触后成分组成(图2-51)。

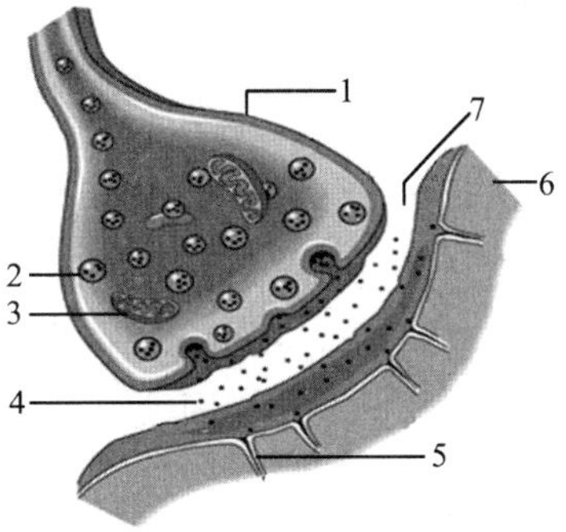

1.轴突　2.突触小泡　3.线粒体　4.神经递质
5.受体　6.树突　7.突触间隙

图2-51　突触结构模式图

1.突触前成分(presynaptic element)　通常为神经元轴突终末球状膨大部分,主要由突触前膜(presynaptic membrane)和突触小泡(synaptic vesicle)组成。轴突终末与另一个神经元相接触处的细胞膜特化增厚的部分称为突触前膜。突触前膜胞质面有些电子密度高的锥形致密突起,突起间容纳有突触小泡。突触小泡,大小不一,形态多样,一般呈圆形或扁圆形,内含有乙酰胆碱、去甲肾上腺素和5-羟色胺等神经递质或神经调质。

2.突触间隙(synaptic cleft)　突触前膜与突触后膜间的狭小间隙,宽20~30 nm,含有糖蛋白和一些细丝状物质,能与神经递质结合,促进神经递质传递。

3.突触后成分(postsynaptic element)　突触后成分包括突触后膜、突触后致密物和致密物下方排列的致密小体等结构。突触后膜上含有与相应神经递质特异性结合的受体。

(二)电突触(electrical synapse)

电突触是神经元之间传递信息的最简单方式,即通过神经元之间的缝隙连接,以电流作为信息进行传递,它是低电阻通道,可经此传递神经冲动。

三、神经胶质细胞

神经胶质细胞是神经系统中不具有兴奋传导功能的一种辅助性成分,胞体较小,胞质内无尼氏体和神经原纤维,突起多而不规则,无树突、轴突之分。神经胶质细胞的数量比神经元多10~20倍,广泛分布于神经元之间,其功能相当于神经细胞的间质成分,具有支持、营养、保护、绝缘和修复等作用。

(一)中枢神经系统的神经胶质细胞

1.星形胶质细胞(astrocyte)　是数量最多、体积最大的一类胶质细胞,胞体呈星形,胞核大,呈圆形或椭圆形,染色浅。从胞体发出的突起,部分末端膨大形成脚板附着于毛细血管壁上或伸到脑和脊髓的表面形成胶质界膜,参与血脑屏障的形成。有筛选某些药物、染料以及其他化学物质进入脑组织,以及营养和促进神经元生长的作用。中枢神经系统受损时,常由该细胞增生修复。星形胶质细胞又可分为纤维性星形胶质细胞(fibrous astrocyte)和原浆性星形胶质细胞(protoplasmic astrocyte)两种类型。纤维性星形胶质细胞多分布于白质,突起细长直行成纤维状,分支较少,表面光滑,胞质内神经胶质丝丰富(图2-52A);原浆性星形胶质细胞多分布于灰质,突起粗短而弯曲,分支繁多,表面粗糙,胞质内神经胶质丝较少(图2-52B)。

2.小胶质细胞(microglial cell)　数量最少,胞体最小,呈梭形或椭圆形。从胞体两端发出数个突起,细长而有较多分支,表面有许多小棘突。小胶质细胞属于单核吞噬细胞系统,可能来源于血液中单核细胞，其在中枢神经系统损伤时可转变为巨噬细胞、吞噬细胞碎片及退化变性的髓鞘。此外，小胶质细胞还是中枢神经系统的抗原呈递细胞和免疫效应细胞(图 2-52C)。

3. 少突胶质细胞(oligodendrocyte)　是一种体积较小、突起较短而分枝少的胶质细胞。胞核小而染色深，数量较多，突起末端可扩展成扁平状，包绕神经元的轴突构成髓鞘，是中枢神经系统的髓鞘形成细胞(图 2-52D)。

4. 室管膜细胞(ependymal cell)　呈立方形或柱状，游离面有许多微绒毛，衬于脑室和脊髓中央管壁上的一种上皮细胞。对发育中的中枢神经系统起支持和保护的作用，参与构成血-脑脊液屏障。

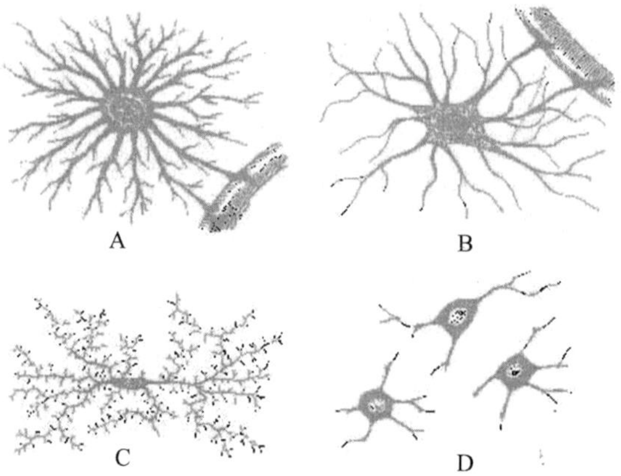

A. 纤维性星形胶质细胞　B. 原浆性星形胶质细胞　C. 小胶质细胞　D. 少突胶质细胞

图 2-52　胶质细胞模式图

(二)周围神经系统的神经胶质细胞

1. 施万细胞(Schwann cell)　又称神经膜细胞(neurolemmal cell)，是周围神经系统的髓鞘形成细胞，呈扁平梯形，胞核长椭圆形，胞核和绝大部分胞质分布于梯形底部。施万细胞包绕在周围神经纤维的表面，形成髓鞘和神经膜。

2. 被囊细胞(capsular cell)　又称卫星细胞(satellite cell)，是神经节内包裹神经元胞体一层扁平或立方形细胞。胞核圆形或卵圆形，染色较深。具有营养和保护神经节细胞的作用(图 2-53)。

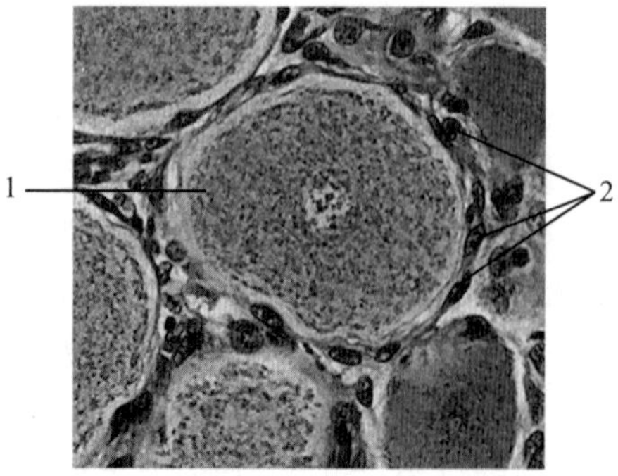

1. 神经元　2. 卫星细胞

图 2-53　卫星细胞(脊神经节切片，HE，400×)

(余燕　供图)

四、神经纤维

神经纤维(nerve fiber)由神经元的轴突及长树突外包绕的神经胶质细胞构成。根据神经胶质细胞是否形成髓鞘，将其分为有髓神经纤维(myelinated nerve fiber)和无髓神经纤维(unmyelinated nerve fiber)两种。

(一)有髓神经纤维

1. 周围神经系统的有髓神经纤维　髓鞘由施万细胞(神经膜细胞)构成。有髓神经纤维的轴突,除起始段和终末部分外,其余段落均有施万细胞包裹。一个施万细胞包裹一段轴索,相邻两个细胞之间形成间断,形似藕节,此间断处称为神经纤维节(neuro fiber node)或郎飞结(Ranvier node)。相邻两神经纤维结间的一段神经纤维称结间体(internode)。每一结间体的髓鞘由一个神经膜细胞形成,其双层胞膜呈同心圆样包裹轴索,电镜下其呈明暗相间的板层结构。有髓神经纤维的神经冲动传导,是从一个郎飞结跳到相邻的另一个郎飞结。长的神经纤维,轴突粗、髓鞘厚、结间体长,故神经冲动传导速度快;反之,传导速度就慢。大部分脑脊神经属于有髓神经纤维(图 2-54,图 2-55)。

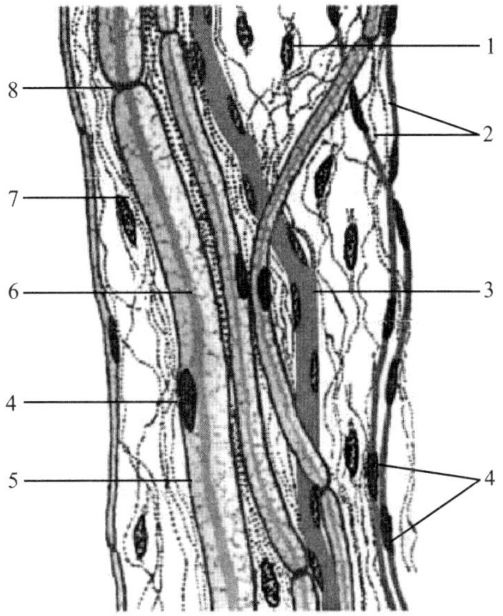

1. 成纤维细胞　2. 无髓神经纤维
3. 毛细血管　4. 施万细胞细胞核
5. 髓鞘　6. 轴索　7. 有髓神经纤维　8. 郎飞结

图 2-54　有髓神经纤维、无髓神经纤维比较模式图

2. 中枢神经系统的有髓神经纤维　髓鞘由少突胶质细胞形成。一个少突胶质细胞有数个突起,可以缠绕数条轴突形成几节髓鞘,其胞体位于神经纤维之间。其神经纤维的外表面没有基膜包裹。

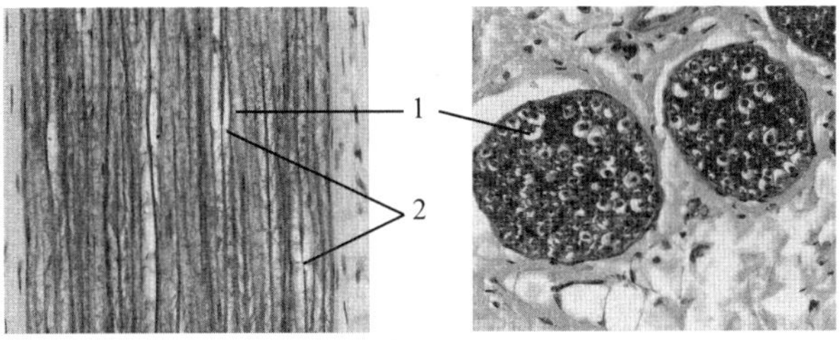

1. 有髓神经纤维　2. 郎飞结

图 2-55　有髓神经纤维纵横切(HE,400×)

(余燕　供图)

(二)无髓神经纤维

周围神经系统的无髓神经纤维是由较细的轴突及其外包的神经膜细胞构成。一个神经膜细胞可以包裹多条轴突。电镜观察,轴突陷于神经膜细胞凹槽内,神经膜细胞沿轴突连续排列,不形成髓鞘和郎飞结。植物性神经的节后纤维和部分感觉神经纤维属于无髓神经纤维。中枢神经系统的无髓神经纤维是由神经元的突起及其外包的少突胶质细胞构成。一个少突胶质细胞可以包裹多个神经元的突起,不形成髓鞘。因此无髓神经纤维为裸露的轴突。

思考题

一、名词解释

内皮、间皮、微绒毛、基膜、腺上皮、腺、连接复合体、血浆、血清、肌原纤维、肌节、闰盘、横小管、纵小管、三联体、尼氏体、突触、郎飞结

二、问答题

1. 上皮组织的共同特点是什么？
2. 简述被覆上皮的类型、结构及分布。
3. 疏松结缔组织中主要有哪些细胞和纤维？其形态结构和功能如何？
4. 简述各类血细胞在光镜和电镜下的形态结构特点及主要功能。
5. 简述肌组织的分类、结构及分布。
6. 试述骨骼肌、心肌和平滑肌的光镜结构。
7. 简述神经元的结构。
8. 比较有髓神经纤维和无髓神经纤维的结构及功能。
9. 简述神经胶质细胞的类型及特点。

第三章

运动系统

【学习目标】

1. 了解骨和骨骼的含义。
2. 了解肌肉的作用和命名以及肌肉的辅助器官。
3. 掌握骨的类型、骨的构造、骨的化学成分和物理特性、动物全身骨骼的划分。
4. 掌握畜体全身骨的名称,比较牛(羊)、猪、马和犬骨的特点。
5. 掌握骨连结的概念和类型、关节的构造。
6. 掌握四肢关节的名称、运动方向和各关节的构造特点。
7. 掌握胸廓肌、腹壁肌、肩带肌、臂部肌、臀部肌和股部肌群肌肉的位置和结构特点。
8. 掌握颈静脉沟、腹股沟管和髂肋肌沟的位置和结构特点。

运动系统由骨、骨连结和肌肉三部分组成。全身骨借骨连结连接成骨骼,构成动物体的坚固支架,在维持体型、保护脏器和支持体重方面起着重要的作用。骨骼肌附着于骨上,收缩时以骨连结为支点,牵引骨骼发生位移,产生各种运动。因此在运动中,骨是运动的杠杆,骨连结是运动的枢纽,骨骼肌则是运动的动力。所以说,骨和骨连结是运动系统的被动部分,在神经系统支配下的骨骼肌则是运动系统的主动部分。

运动系统构成了动物的基本体型。其重量占动物体重相当大的比例,为体重的75%～80%,具体比例因动物种类、品种、年龄以及营养健康状况等而不同。因此,运动系统的状况不仅直接关系到役畜的使役能力,而且也影响到肉用畜禽的屠宰率及品质。同时体表的一些骨突起和肌肉,可以在体表摸到,在畜牧兽医实践中常用来作为确定内部器官位置和体尺测量及针灸穴位的标志。

第一节 骨和骨连结

一、骨

骨(bone)主要由骨组织构成,坚硬而富有弹性,有丰富的血管、淋巴管及神经,能不断进行新陈代谢及生长发育，并具有改建、修复和再生的能力。骨基质内沉积有大量的钙盐和磷酸盐，是动物体的钙磷库，参与钙磷的代谢与平衡。骨髓有造血和防卫功能。

(一)骨的类型

动物体各骨因位置和机能不同，形态也不一样，一般可分为长骨、扁骨、短骨和不规则骨4种类型。

1. 长骨(long bone) 多分布于四肢的游离部，呈圆柱状，两端膨大称骨骺或骨端，其光滑面称关节面，覆以关节软骨，中部较细，称骨干或骨体，骨干中空为骨髓腔，容纳骨髓。长骨的作用是支持体重和形成运动杠杆。

2. 扁骨(flat bone) 如颅骨、肋骨和肩胛骨等。一般为宽扁板状，主要位于颅腔、胸腔的周围以及四肢带部，可保护脑和重要器官，或供大量肌肉附着。

3. 短骨(short bone) 约呈立方形，多成群的分布于四肢的长骨之间，如腕骨和跗骨，除起支持作用外，还有分散压力和缓冲震动的作用。

4. 不规则骨(irregular bone) 为形状不规则的骨，一般构成动物体中轴，如椎骨等，具有支持、保护和供肌肉附着等作用。

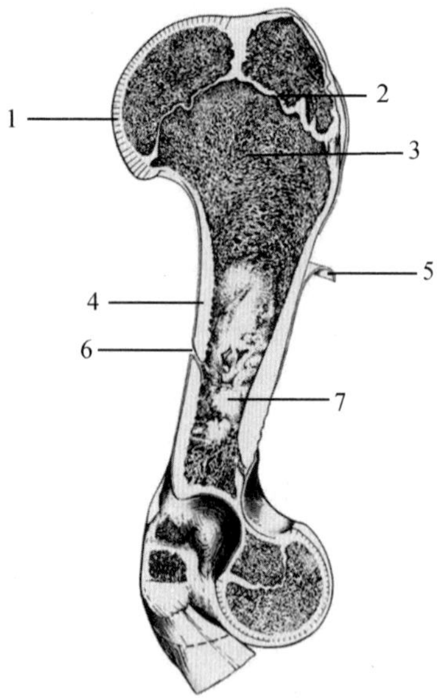

1. 关节软骨 2. 骺软骨 3. 骨松质
4. 骨密质 5. 骨膜 6. 营养孔 7. 骨髓腔

图 3-1 骨的构造(示纵向切开的牛肱骨)

(引自:Dyce 等,2010)

(二)骨的构造

骨由骨膜、骨质、骨髓和血管、神经等构成(图 3-1)。

1. 骨膜 是被覆在骨内、外面的由致密结缔组织构成的膜。包裹在除关节面以外整个骨表面的称骨外膜(periosteum)；衬在骨髓腔内面的称骨内膜(endosteum)。骨膜呈淡粉红色，富有血管和神经。在腱和韧带附着的地方，骨膜显著增厚，腱和韧带的纤维束穿入骨膜，有的深入骨质中。骨的关节面上没有骨膜，由关节软骨覆盖着。

骨膜分浅深两层。浅层为纤维层，富有血管和神经，具有营养保护作用。深层为成骨层，富有细胞。幼龄时期，正在生长的骨，成骨层很发达，直接参与骨的生成，到成年期成骨层逐渐萎缩，细胞转为静止状态，但它终生保持分化能力。在骨受损伤时，成骨层有修补和再生骨质的作用。故在骨的手术中应尽量保留骨膜，以免发生骨的坏死和延迟骨的愈合。

2. 骨质 是构成骨的主要成分，分骨密质和骨松质两种。骨密质(compact bone)位于骨的表面，构成长骨的骨干、骺和其他类型骨的外层，致密而坚硬。骨松质(spongy bone)位于骨的内部，呈海绵状，由许多骨板和骨针交织而成，这些骨板和骨针的排列方式与该骨所承受的压力和张力方向是一致的。骨密质和骨松质的这种配合，使骨既坚固又轻便。

3. 骨髓(marrow)　位于长骨的骨髓腔和骨松质的间隙内。胎儿及幼龄动物全是红骨髓。红骨髓内含有不同发育阶段的各种血细胞，是重要的造血器官。随动物年龄的增长，骨髓腔中的红骨髓逐渐被黄骨髓所代替，黄骨髓主要是脂肪组织，具有贮存营养的作用。当机体大量失血或贫血时，黄骨髓又能转化为红骨髓而恢复造血功能，骨松质中的红骨髓终生存在。

4. 血管神经　骨具有丰富的血液供应，分布在骨膜上的小血管经骨面的小孔进入并分布于骨密质。较大的血管称滋养动脉，穿过骨的滋养孔分布于骨髓。

骨膜、骨质和骨髓均有丰富的神经分布。

(三)骨的化学成分和物理特性

骨是体内最坚硬的组织，并且具有显著的弹性，因而能承受很大的压力和张力。骨的这种物理特性不仅决定于骨的形态和内部结构，而且与骨的化学成分有密切的关系。

骨是由有机质和无机质两种化学成分组成。有机质主要为骨胶原和黏多糖蛋白，成年动物约占 1/3，决定骨的弹性和韧性。如用酸脱去骨内钙盐，只剩有机质，骨虽保留原来形状，但失去了支持作用，柔软易弯曲。无机质主要是磷酸钙、碳酸钙、氟化钙等，约占 2/3。无机质决定骨的坚固性。将骨燃烧后，除去有机质，其形态不变，但脆而易破碎。骨中有机质和无机质的比例，随年龄和营养状况不同有很大的变化。幼龄动物有机质多，骨柔韧富弹性；老龄动物无机质多，骨质硬而脆，易发生骨折。妊娠母畜骨内钙质被胎儿吸收，使母畜骨质疏松而发生骨软症。乳牛在泌乳期，如饲料成分比例失调，也可发生上述情况。为了预防骨软症，应注意饲料成分的调配。

(四)动物全身骨骼的划分

动物的骨骼分为中轴骨和四肢骨两大部分，中轴骨包括躯干骨和头骨，四肢骨包括前肢骨和后肢骨，个别动物还有内脏骨(表 3-1，图 3-2 至图 3-5)。

表 3-1　动物全身骨骼的划分

- 全身骨骼
  - 中轴骨
    - 躯干骨
      - 颈椎
      - 胸椎、肋、胸骨
      - 腰椎
      - 荐椎
      - 尾椎
    - 头骨
      - 颅骨：枕骨、额骨、顶骨、顶间骨、筛骨、颞骨、蝶骨
      - 面骨：上颌骨、切齿骨、鼻骨、泪骨、腭骨、翼骨、犁骨、鼻甲骨、下颌骨、舌骨
  - 四肢骨
    - 前肢骨：肩胛骨、肱骨、前臂骨、前脚骨(腕骨、掌骨、指骨、籽骨)
    - 后肢骨：髋骨、股骨、髌骨、小腿骨、后脚骨(跗骨、跖骨、趾骨、籽骨)
  - 内脏骨：心骨、阴茎骨

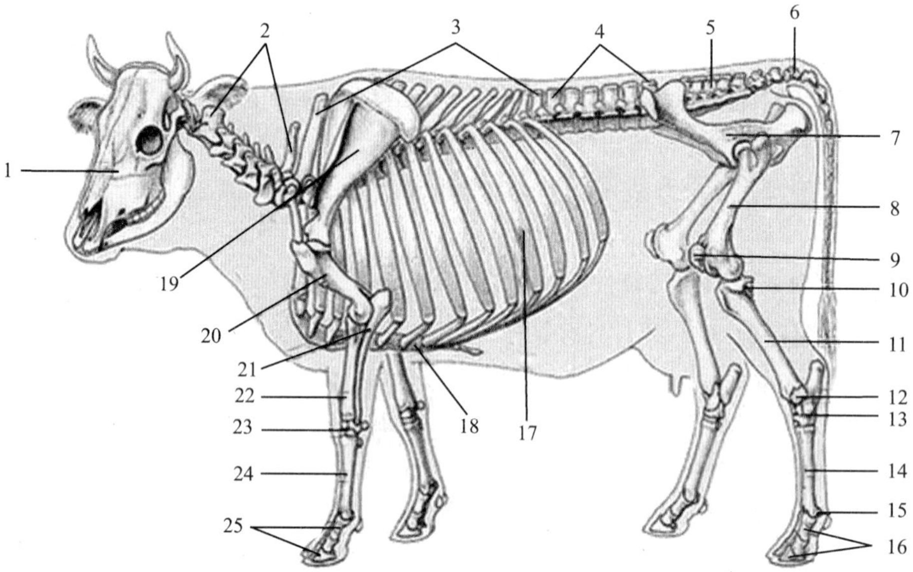

1. 头骨　2. 颈椎　3. 胸椎　4. 腰椎　5. 荐椎　6. 尾椎　7. 髋骨　8. 股骨　9. 髌骨　10. 腓骨
11. 胫骨　12. 踝骨　13. 跗骨　14. 跖骨　15. 近籽骨　16. 趾骨　17. 肋骨　18. 胸骨
19. 肩胛骨　20. 肱骨　21. 尺骨　22. 桡骨　23. 腕骨　24. 掌骨　25. 指节骨

图 3-2　牛的全身骨骼

（引自：陈耀星等，2009）

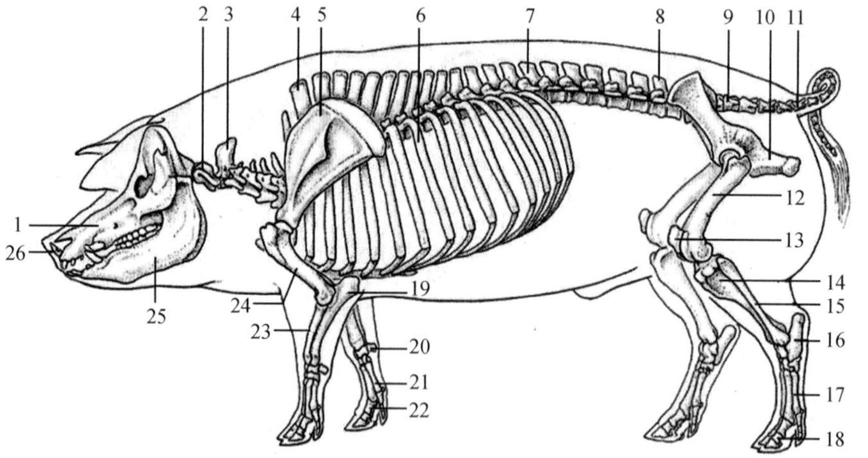

1. 上颌骨　2. 寰椎　3. 枢椎　4. 第 1 胸椎　5. 肩胛骨　6. 肋　7. 第 1 腰椎　8. 第 7 腰椎　9. 荐椎
10. 髋骨　11. 尾椎　12. 股骨　13. 髌骨　14. 胫骨　15. 腓骨　16. 跗骨　17. 跖骨　18. 趾骨
19. 尺骨　20. 腕骨　21. 掌骨　22. 指骨　23. 桡骨　24. 肱骨　25. 下颌骨　26. 吻骨

图 3-3　猪的全身骨骼

（引自：陈耀星等，2009）

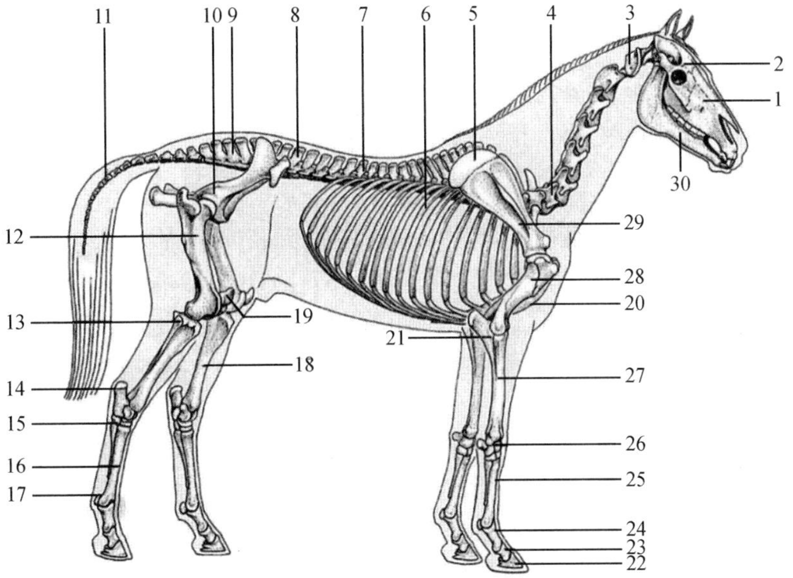

1.上颌骨　2.额骨　3.寰椎　4.第7颈椎　5.肩胛软骨　6.第8肋　7.胸椎　8.腰椎　9.荐椎　10.髋骨　11.尾椎　12.股骨　13.腓骨　14.跟结节　15.跗骨　16.跖骨　17.近籽骨　18.胫骨　19.髌骨　20.胸骨　21.尺骨　22.蹄骨　23.冠骨　24.系骨　25.掌骨　26.腕骨　27.桡骨　28.肱骨　29.肩胛骨　30.下颌骨

图 3-4　马的全身骨骼

（引自：陈耀星等，2009）

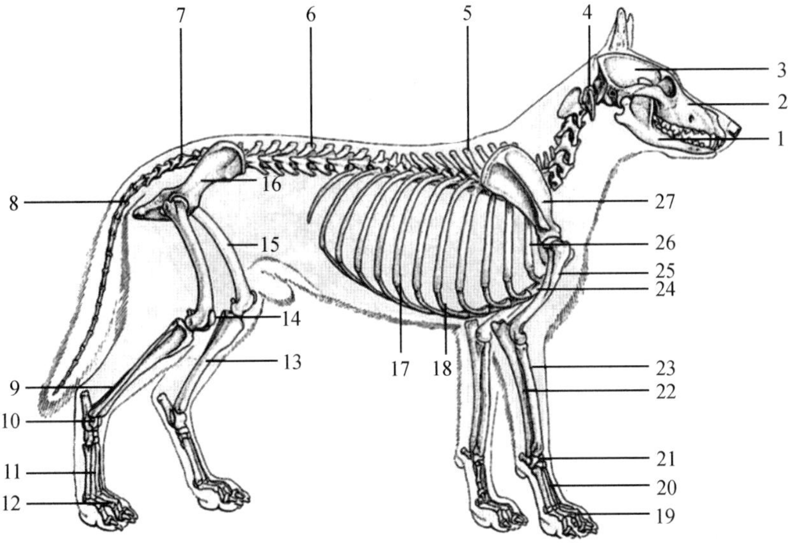

1.下颌骨　2.上颌骨　3.顶骨　4.寰椎　5.胸椎　6.腰椎　7.荐椎　8.尾椎　9.腓骨　10.跗骨　11.跖骨　12.趾骨　13.胫骨　14.髌骨　15.股骨　16.髂骨　17.第8肋　18.肋软骨　19.指骨　20.掌骨　21.腕骨　22.尺骨　23.骨　24.胸骨　25.肱骨　26.第2肋　27.肩胛骨

图 3-5　犬的全身骨骼

（引自：陈耀星等，2009）

二、骨连结

骨与骨之间借纤维结缔组织、软骨或骨组织相连，形成骨连结。由于骨间的连结方式及其运动情况不同，可分为两大类，即直接连结和间接连结。

(一)直接连结

两骨的相对面或相对缘借结缔组织直接相连，其间无腔隙，不活动或仅有小范围活动。直接连结分为两种类型。

1. 纤维连结(fibrous joint) 两骨之间以纤维结缔组织连结，比较牢固，一般无活动性，如头部各骨之间的缝，桡骨和尺骨的韧带联合。这种连结大部分是暂时性的，当老龄时常骨化，变成骨性结合。

2. 软骨连结(cartilaginous joint) 两骨相对面之间借软骨相连，基本不能运动，由透明软骨结合的，如蝶骨与枕骨的结合；长骨的干与骺之间的骺软骨等。到老龄时，常骨化为骨性结合；由纤维软骨结合的，如椎体之间的椎间盘。这种连结，在正常情况下终生不骨化。

(二)间接连结

间接连结是骨连结中较普遍的一种形式。骨与骨之间具有关节腔及滑液，可进行灵活的运动，又称关节(joint)或滑膜连结(synovial joint)。

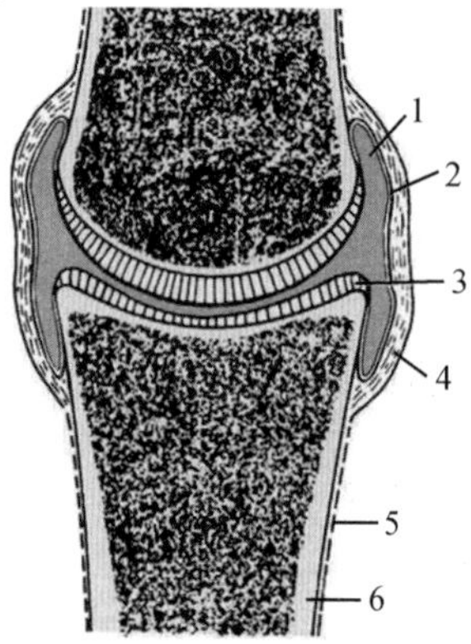

1. 关节腔 2. 关节囊的滑膜层 3. 关节软骨
4. 关节囊的纤维层 5. 骨膜 6. 骨密质

图 3-6 关节构造模式图

(引自：Dyce 等，2010)

1. 关节的构造 关节的基本构造包括关节面、关节软骨、关节囊、关节腔及血管、神经和淋巴管等部分(图 3-6)。有的关节尚有韧带、关节盘、关节唇等辅助结构。

(1)关节面(articular surface) 是骨与骨相接触的光滑面，骨质致密，一般为一凹一凸，表面覆盖一层透明软骨，称关节软骨(articular cartilage)。关节软骨表面光滑，富有弹性，有减轻冲击和吸收震动的作用。关节软骨无血管、神经分布，其营养从滑液和关节囊滑膜层的血管渗透获得。

(2)关节囊(articular capsule) 是围绕在关节周围的结缔组织囊，它附着于关节面的周缘及其附近的骨面上，密闭关节腔。囊壁分内、外两层，外层是纤维层，由致密结缔组织构成，有保护作用，其厚度与关节的功能相一致，负重大而活动性较小的关节，纤维层厚而紧张，运动范围大的关节纤维层薄而松弛；内层是滑膜层，薄而柔润，由疏松结缔组织构成，能分泌滑液，有营养软骨和润滑关节的作用。滑膜常形成绒毛和皱襞，突入关节腔内，以扩大分泌和吸收的面积。

(3)关节腔(articular cavity) 为滑膜和关节软骨共同围成的密闭腔隙，内有少量滑液。关节腔内为负压，不仅有利于关节的运动，并可以维持关节的稳定性。

(4)血管、淋巴管和神经 关节的血管主要来自附近的血管分支，在关节周围形成血管网，再分支到骨骺和关节囊。关节囊各层都有淋巴管网，关节软骨无淋巴管。神经也来自附近神经的分支，分布于关节囊和韧带。

(5)关节的辅助结构　是适应关节的功能而形成的一些结构。

①韧带(ligament)　见于多数关节,由致密结缔组织构成。位于关节囊外的韧带为囊外韧带,在关节两侧者,称内、外侧副韧带;位于关节囊内的为囊内韧带,囊内韧带均有滑膜包围,故不在关节腔内,而是位于关节囊的纤维层和滑膜层之间,如髋关节的圆韧带等。位于骨间的称骨间韧带。韧带可增强关节的稳固性,并且对关节的运动有限制作用。

②关节盘(articular disc)　是位于两关节面之间的纤维软骨板。如股胫关节的半月板,其周缘附着于关节囊,把关节腔分为上下两半,有使关节面吻合一致、扩大运动范围和缓冲震动的作用。

③关节唇(articular labrum)　为附着于关节窝周围的纤维软骨环,可加深关节窝、扩大关节面,并有防止边缘破裂的作用。如髋臼周围的唇软骨。

2.关节的运动　关节的运动与关节面的形态有密切关系,其运动的形式基本上可依照关节的三种轴分为三组拮抗性的动作。

(1)屈、伸运动　关节沿横轴运动,运动时两骨的骨干相互接近,关节角变小称屈;反之,使关节角变大的为伸。

(2)内收、外展运动　关节沿纵轴运动,运动时骨向正中矢面接近的为内收;相反,使骨远离正中矢面的为外展。

(3)旋转运动　骨环绕垂直轴运动时称旋转运动。向前内侧转动的称为旋内,向后外侧转动的称旋外。

3.关节的类型

(1)按构成关节骨的数目,可分为单关节和复关节两种。仅由两骨参与构成的关节,称为单关节,如肩关节等。由两块以上的骨参与构成的关节,称为复关节,如腕关节等。

(2)根据关节运动轴的数目,可将关节分为三种。

①单轴关节　一般为中间有沟或嵴的滑车关节面构成的关节。这种关节由于沟和嵴的限制,只能沿横轴做屈、伸运动。

②双轴关节　是由凸并呈椭圆形的关节面和相应的窝相结合形成的关节。这种关节除了可沿横轴做屈、伸运动外,还可沿纵轴左右摆动。动物的寰枕关节属于双轴关节。

③多轴关节　是由半球形的关节头和相应的关节窝构成的关节,如髋关节。这种类型的关节除能做屈、伸、内收和外展运动外,还能做旋转运动。

三、躯干骨及其连结

(一)躯干骨

躯干骨包括脊柱、肋和胸骨。躯干骨除具有支持头部和传递推动力外,还可作为胸腔、腹腔和骨盆腔的支架,容纳并保护内部器官。

脊柱(vertebral column)由一系列椎骨颈椎(C)、胸椎(T)、腰椎(L)、荐椎(S)和尾椎(Cy),借软骨、关节与韧带连结而成。脊柱内有椎管,容纳并保护脊髓。

1.椎骨的一般构造　组成脊柱的各段椎骨(vertebra)由于机能不同,形态和构造虽有差异,但基本相似,均由椎体、椎弓和突起组成(图 3-7)。

(1)椎体(vertebral body)　位于椎骨的腹侧,呈短圆柱形,前端略凸称椎头,后端稍凹称椎窝。相邻的椎体由椎间盘相连结。

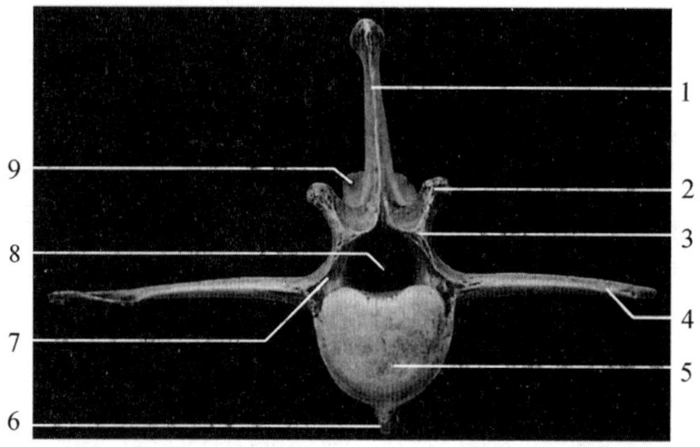

1. 棘突　2. 前关节突　3. 椎弓　4. 横突　5. 椎头
6. 腹侧嵴　7. 前切迹　8. 椎孔　9. 后关节突

图 3-7　椎骨的基本构造(前面)

(引自:陈耀星等,2013)

(2)椎弓(vertebral arch)　位于椎体的背侧,与椎体之间形成椎孔(vertebral foramen),所有的椎孔依次相连,形成椎管(vertebral canal)容纳脊髓。椎弓基部的前后缘各有一对切迹。相邻椎弓的切迹合成椎间孔(intervertebral foramen),供血管和神经通过。

(3)突起(process)　有三种,从椎弓背侧向上方伸出的一个垂直突起,称棘突(spinous process)。从椎弓基部向两侧伸出的一对水平突起,称横突(transverse process)。横突和棘突是肌肉和韧带的附着处,从椎弓背侧的前后缘各伸出一对关节突(articular process),前关节突的关节面向前向上,后关节突的关节面向后向下,与相邻椎弓的关节突构成关节。

2. 脊柱各部椎骨的主要特征

(1)颈椎(cervical vertebra)　动物颈部长短不一,但都是由 7 枚颈椎组成。第 3～6 颈椎的形态基本相似,第 1、第 2 和第 7 颈椎比较特殊。

①第 1 颈椎　又称寰椎(atlas),呈环形,由背侧弓和腹侧弓构成。前端有成对的关节窝,与枕髁成关节。后面有鞍状关节面,与第 2 颈椎成关节。横突呈翼状,称寰椎翼,其外侧缘可以在体表摸到(图 3-8)。牛、猪的寰椎无横突孔。

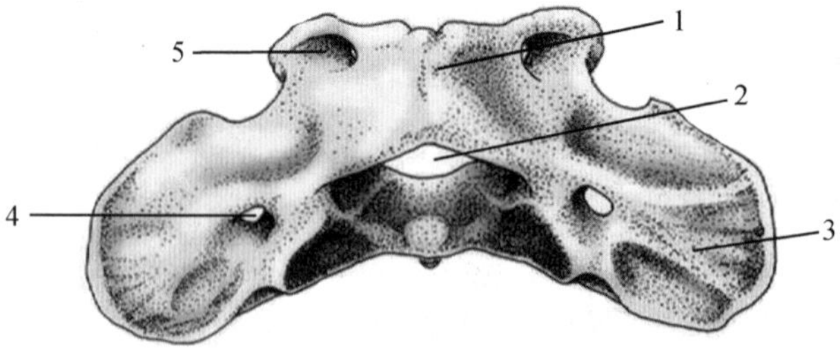

1. 背侧弓　2. 椎孔　3. 寰椎翼　4. 横突孔　5. 椎外侧孔

图 3-8　犬的寰椎

(引自:Dyce 等,2010)

②第 2 颈椎　又称枢椎(axis),椎体前端形成齿突,与寰椎的鞍状关节面构成关节。棘突纵长,呈嵴状。无前关节突,后关节突位于棘突后缘(图 3-9)。牛的横突粗大,马的很小,仅有一支伸向外后方。

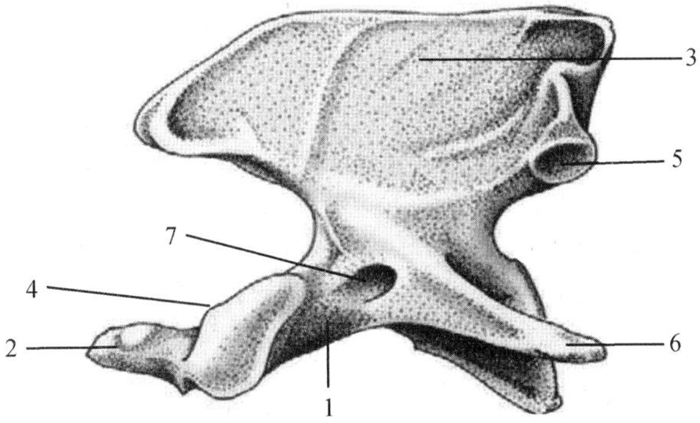

1. 椎体　2. 齿突　3. 棘突　4. 鞍状关节面　5. 后关节突　6. 横突　7. 横突孔

图 3-9　犬的枢椎

(引自:Dyce 等,2010)

③第 3～6 颈椎　椎体发达,其长度与颈部长度相适应。牛的较短,马的最长,猪的最短。椎头和椎窝均很明显。前、后关节突很发达。牛的棘突从第 3～6 颈椎逐渐增高。马的棘突不发达(图 3-10),横突分背侧支和腹侧支,基部有横突孔(transverse foramen)。各颈椎横突孔连成横突管(transverse canal)供血管神经通过。

④第 7 颈椎　短而宽,椎窝两侧有一对后肋凹,与第 1 肋的肋头成关节。横突不分支,无横突孔。棘突较显著。

(2)胸椎(thoracic vertebra)　位于背部,牛、羊 13 个,马 18 个,猪 14～16 个。牛胸椎椎体长,棘突发达,较宽,第 2～6 胸椎棘突最高(图 3-11)。马的椎体较牛短,第 3～5 胸椎棘突最高,较高的一些棘突(第 3～10)构成鬐甲的骨质基础。关节突小。椎头与椎窝的两侧均有与肋头成关节的前、后肋凹。横突短,游离端有关节小面,称横突肋凹,与肋结节成关节。

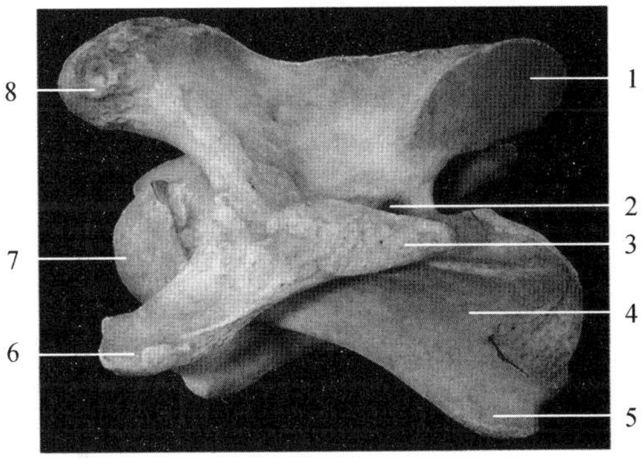

1. 后关节突　2. 横突孔　3. 横突后支　4. 椎体　5. 腹侧结节

6. 横突前支　7. 椎头　8. 前关节突

图 3-10　马第 4 颈椎外侧面

(引自:陈耀星等,2013)

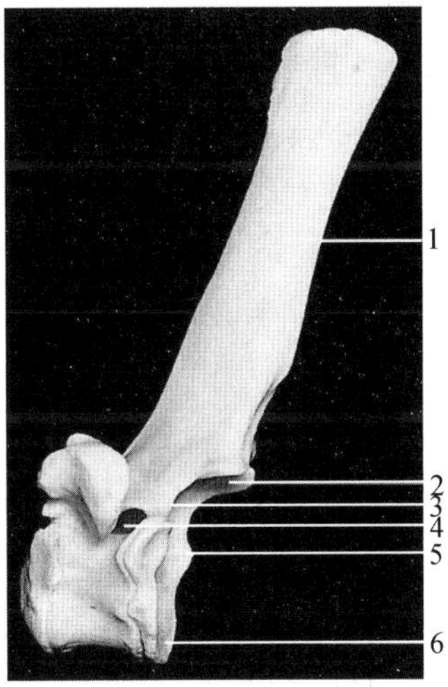

1. 棘突　2. 后关节突　3. 横突及肋窝

4. 椎外侧孔　5. 后关节窝　6. 后骺

图 3-11　牛胸椎

(引自:陈耀星等,2013)

(3)腰椎(lumbar vertebra) 构成腰部的基础,并形成腹腔的支架。牛和马有 6 个,驴、骡常有 5 个,猪和羊有 6～7 个。椎体的长度与胸椎相似;棘突较发达,高度与后位胸椎相等;横突长,呈上下扁的板状,伸向外侧,牛第 3～6 横突最长(图 3-12),马第 3～5 横突最长,这些长横突以扩大腹腔顶壁的横径,并都可以在体表触摸到。关节突连结坚固,以增加腰部的牢固性。

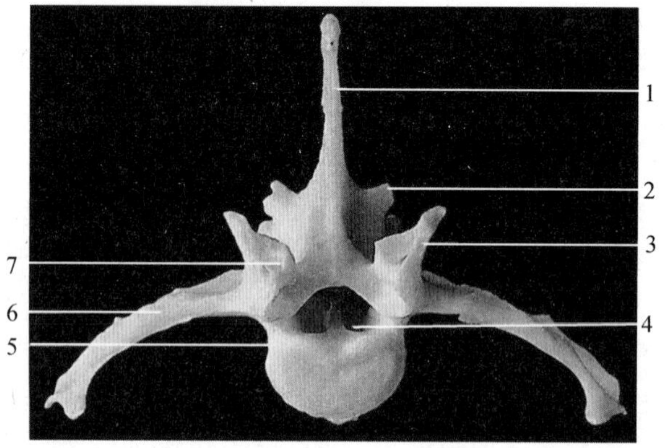

1. 棘突 2. 后关节突 3. 关节乳突 4. 椎孔 5. 椎前切迹 6. 肋突 7. 前关节突

图 3-12 牛腰椎(前面观)

(引自:陈耀星等,2013)

(4)荐椎(sacral vertebra) 构成骨盆腔顶壁的骨质基础并连接后肢骨。牛、马均有 5 个荐椎,驴常有 6 个,猪、羊有 4 个。成年时相互愈合成一整体,称荐骨。荐骨横突相互愈合,前部宽并向两侧突出,称荐骨翼。翼的背外侧有粗糙的耳状关节面,与髂骨成关节。第 1 荐椎椎头腹侧缘较突出,称荐骨岬。荐骨的背面和盆面每侧各有 4 个孔,叫荐背侧孔和荐盆侧孔,是血管神经的通路。牛的荐骨比马大,愈合较完全。棘突顶端愈合形成粗厚的荐正中嵴。荐骨翼后部横突愈合成薄锐的荐外侧嵴。马的荐骨呈三角形,棘突未愈合(图 3-13)。猪的荐骨愈合较晚且不完全。棘突不发达,常部分缺少,荐骨翼与牛的相似。牛荐骨的盆面正中有一明显

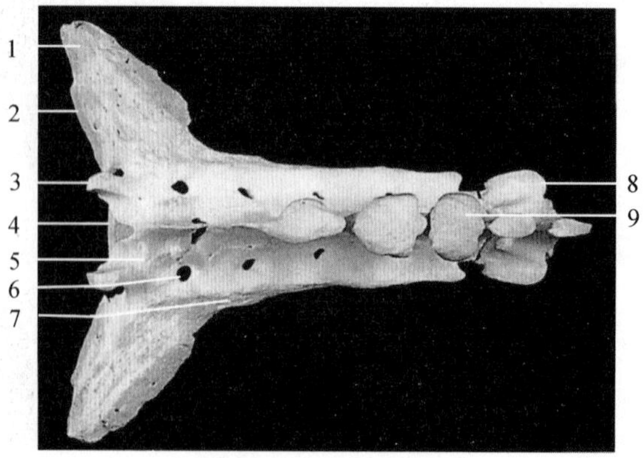

1. 荐骨翼及耳状面 2. 与第 6 腰椎形成关节的横突关节面 3. 前关节突
4. 前端 5. 椎弓 6. 荐背侧孔 7. 荐外侧嵴 8. 第 1 尾椎 9. 棘突

图 3-13 马荐骨背侧面

(引自:陈耀星等,2013)

的脉管沟，供荐中动脉通过。

(5)尾椎(caudal vertebra)　数目变化较大，牛有18～20个，马有14～21个，羊有3～24个，猪有20～23个。前几个尾椎仍具有椎弓、棘突和横突，向后则逐渐退化，仅保留棒状椎体并逐渐变细。牛前几个尾椎椎体腹侧有成对腹棘，中间形成一脉管沟，供尾中动脉通过。

脊柱的弯曲　在完整的脊柱上，从侧面观察有4个生理性弯曲。颈弯曲在颈的前端，由前几个颈椎形成向背侧凸出的弯曲，马的颈弯曲较明显，猪几乎没有颈弯曲；颈背弯曲在后部颈椎到第1胸椎处，形成向腹面凸出的弯曲；背腰弯曲由整个胸椎和腰椎构成，呈稍突向背侧的弓形；荐骨部的曲度不十分明显，盆面稍凹陷。脊柱的每个弯曲，都有它的机能意义，对于支持头的抬起，维持身体的前后平衡，支持体重，加强稳固性起重要的作用。

3. 肋、胸骨和胸廓

(1)肋(rib)　肋左右成对，构成胸廓的侧壁。哺乳动物的肋很发达，构成呼吸运动的杠杆。肋由肋骨和肋软骨两部分构成。

肋骨(costal bone)　位于背侧，椎骨端有肋头，与相邻两胸椎的肋凹成关节；肋头的后方有肋结节，与胸椎横突肋凹成关节。肋骨的远端与肋软骨相连。在肋骨的后缘内侧有血管、神经通过的肋沟(图3-14)。

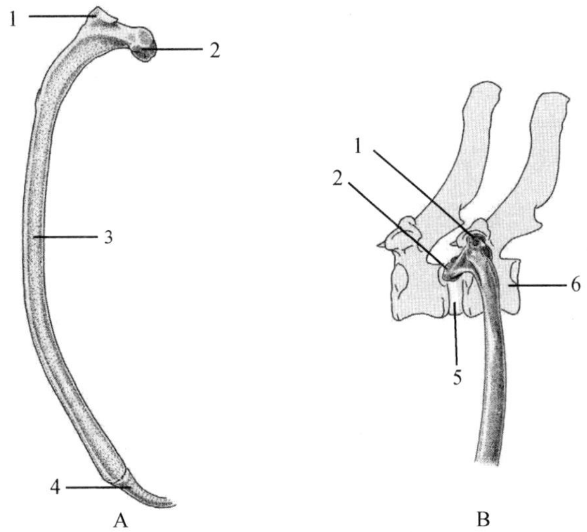

A. 尾部视图　B. 侧视图

1. 肋结节　2. 肋头　3. 肋骨　4. 肋软骨　5. 椎间盘　6. 椎骨

图3-14　犬的左肋骨

(引自：Dyce等，2010)

肋软骨(costal cartilage)　位于肋骨的腹侧，由透明软骨构成，前几对肋的肋软骨，直接与胸骨相连称真肋或胸肋；其余肋的肋软骨则由结缔组织连接于前一肋软骨上，称为假肋或弓肋。最后肋骨与各假肋的肋软骨顺次相连，形成肋弓，作为胸廓的后界。有些肋的肋软骨末端游离，称为浮肋。

肋的对数与胸椎的数目一致。牛、羊有13对，真肋8对，假肋5对，肋骨较宽；马有18对，真肋8对，假肋10对，肋骨较细；猪有14～16对，7对真肋，其余为假肋，最后一对有时为浮肋。相邻两肋之间的间隙,称肋间隙。

(2)胸骨(sternum) 位于腹侧,构成胸廓的底壁,由 6～8 个胸骨片和软骨构成。胸骨的前部为胸骨柄,中部为胸骨体,在胸骨片间有与胸骨肋成关节的肋凹。胸骨的后端有上下扁圆形的剑状软骨(图 3-15,表 3-2)。

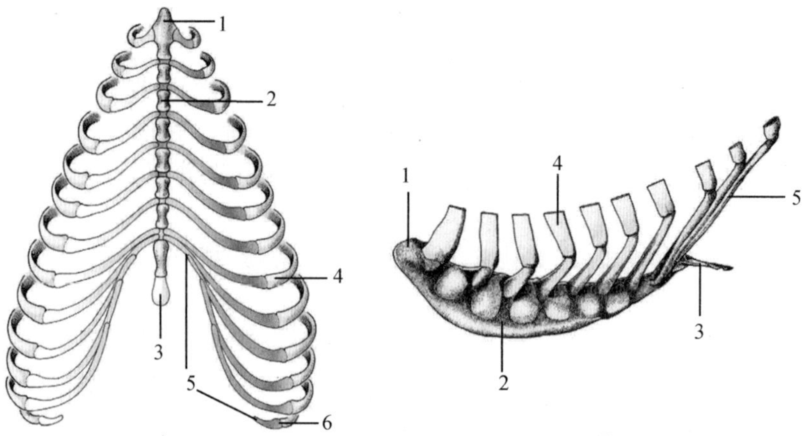

A. 犬腹侧视图　B. 马左侧视图

1. 胸骨柄　2. 胸骨体　3. 剑状软骨　4. 肋软骨　5. 肋弓　6. 浮肋

图 3-15　胸骨

(引自:Dyce 等,2010)

表 3-2　各种家畜躯干骨各部数目比较表

种名	颈椎	胸椎	肋	胸骨	腰椎	荐椎	尾椎
牛	7	13	13 对(真肋 8 对,假肋 5 对)	7 枚胸骨片组成	6	5	18～20
马	7	18	18 对(真肋 8 对,假肋 10 对)	6～8 枚胸骨片组成	6	5	14～21
羊	7	13	13 对(真肋 8 对,假肋 5 对)	6 枚胸骨片组成	6～7	4	3～24
猪	7	14～16	14～16 对(真肋 7 对,假肋 7 对,浮肋 1 对)	6 枚胸骨片组成	6～7	4	20～23

(3)胸廓(thorax) 胸廓由胸椎、肋和胸骨组成。胸廓前部的肋较短,并与胸骨连接,坚固性强但活动范围小,适应于保护胸腔内器官和连接前肢。胸廓后部的肋长且弯曲,活动范围大,形成呼吸运动的杠杆。胸廓前口较窄,由第 1 胸椎、第 1 对肋和胸骨柄围成。胸廓后口较宽大,由最后胸椎、肋弓和剑状软骨构成。

动物胸廓的容积和形态虽各有不同,但形状基本相似,均为平卧的前口小、后口大的截圆锥状。

牛的胸廓较短,胸前口较高,胸廓底部较宽而长,后部显著增宽。

马的胸廓较长,前部两侧扁,向后逐渐扩大。胸前口为椭圆形,下方狭窄;胸后口相当宽大,呈倾斜状。

猪的肋骨长度差异较小,且弯曲度大,因此,胸廓呈圆筒形。

(二)躯干骨的连结

躯干骨的连结分为脊柱连结和胸廓连结。

1. 脊柱的连结　可分为椎体间连结、椎弓间连结、脊柱总韧带、寰枕及寰枢关节(图3-16)。

(1)椎体间连结　是相邻两椎骨的椎头与椎窝,借纤维软骨构成的椎间盘(intervertebral disc)相连结。椎间盘的外围是纤维环,中央为柔软的髓核(是胚胎时期脊索的遗迹),因此椎体间的连结既牢固又允许有小范围的运动。椎间盘愈厚的部位,运动的范围愈大。动物颈部、腰部和尾部的椎间盘较厚,因此这些部位的运动较灵活。

(2)椎弓间连结　是相邻椎骨的关节突构成的关节,有关节囊。颈部的关节突发达,关节囊宽松,活动较大。

(3)脊柱总韧带　是贯穿脊柱、连结大部分椎骨的韧带,包括棘上韧带、背侧纵韧带和腹侧纵韧带。

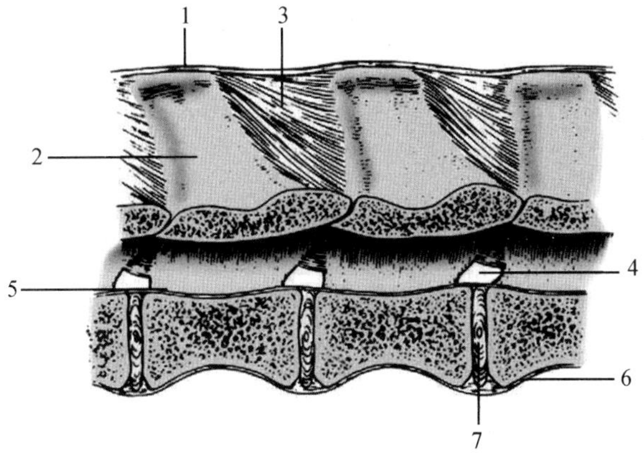

1. 棘上韧带　2. 棘突　3. 棘间韧带　4. 椎间孔

5. 背侧纵韧带　6. 腹侧纵韧带　7. 椎间盘

图 3-16　犬的腰椎间连结(左视图)

(引自:Dyce 等,2010)

①棘上韧带(supraspinous ligament)　位于棘突顶端,由枕骨伸至荐骨。在颈部特别发达,形成强大的项韧带。项韧带(nuchal ligament)由弹性组织构成,呈黄色,可分为索状部和板状部。索状部呈圆索状,起于枕外隆凸,自枢椎向后,附着于第3、4胸椎的棘突,向后延续为棘上韧带。板状部起于第2、第3胸椎棘突和索状部,向前下方止于颈椎的棘突。板状部由左、右两叶构成,中间由疏松结缔组织连接。索状部也是左右两条,沿中线相接。项韧带的作用是辅助颈部肌肉支持头部。牛、马的项韧带很发达(图3-17),牛项韧带板状部后部不分为两叶,猪的项韧带不发达。

②背侧纵韧带(dorsal longitudinal ligament)　位于椎管底部,由枢椎至荐骨,在椎间盘处变宽并附着于椎间盘上。

③腹侧纵韧带(ventral longitudinal ligament)　位于椎体和椎间盘腹面,并紧密附着于椎间盘上,由胸椎中部开始,终止于荐骨的骨盆面。

脊柱的运动是许多椎间运动的总和,虽然每一个椎间的活动范围有限,但整个脊柱仍能做

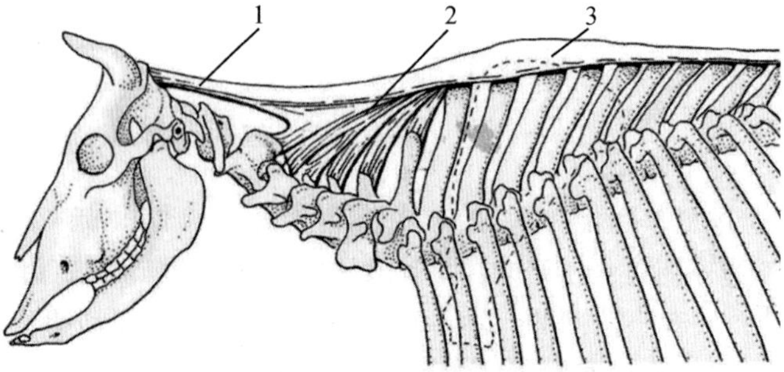

1.项韧带索状部　2.项韧带板状部　3.棘上韧带

图 3-17　牛项韧带和棘上韧带

(引自:陈耀星等,2009)

范围较大的屈伸和侧运动。

(4)寰枕关节(atlantooccipital joint)　由寰椎的前关节窝与枕髁形成,为双轴关节,可做屈、伸运动和小范围的侧运动。

(5)寰枢关节(atlantoaxial joint)　由寰椎鞍状关节面与枢椎齿突构成,可沿枢椎的纵轴做旋转运动。

2.胸廓的连结　包括肋椎关节和肋胸关节。

(1)肋椎关节(costovertebral joint)　是肋与胸椎所形成的关节。包括肋头与相邻两胸椎椎体的肋凹形成的肋头关节和肋结节关节面与胸椎横突肋凹形成的肋横突关节。

(2)肋胸关节(costosternal joint)　是真肋的肋软骨与胸骨两侧的肋凹形成的关节,具有关节囊和韧带。牛第 2～11 肋的肋骨与肋软骨间还形成关节,有关节囊和肋间韧带。

四、头骨及其连结

头骨位于脊柱的前方,通过寰枕关节与脊柱连结。头骨主要由扁骨和不规则骨构成,大部分借结缔组织和软骨组织连结。头骨分颅骨和面骨。颅骨位于后上方,构成颅腔和感觉器官——眼、耳和嗅觉器官的保护壁。面骨位于前下方,形成口腔、鼻腔、咽、喉和舌的支架。在有些头骨的内、外骨板之间形成空腔,称窦。窦可增大头部的体积,以附着牙齿,但不增加重量。在头骨上还有许多孔、沟和管,是血管神经的通路,同时还有许多突起、结节、嵴、线和窝,供肌肉附着(图 3-18)。

1.头骨的一般特征

(1)颅骨(skull)　颅骨包括不成对的枕骨、顶间骨、蝶骨和筛骨及成对的顶骨、额骨和颞骨。

①枕骨(occipital bone)　单骨,位于颅后部,构成颅腔的后壁和底壁。枕骨后端有枕骨大孔,前通颅腔,后接椎管,孔的两侧有枕髁,与寰椎成关节。枕髁的外侧有颈静脉突。枕骨基部向前伸延,与蝶骨体连接。枕骨的项面粗糙,有明显的枕外隆凸,供韧带、肌肉附着。

②顶间骨(interparietal bone)　为一小单骨,位于枕骨和顶骨之间,脑面有枕内隆凸,隔开大脑和小脑。

③蝶骨(sphenoid bone)　单骨,位于颅腔的底壁,形似蝴蝶,由蝶骨体、两对翼(眶翼

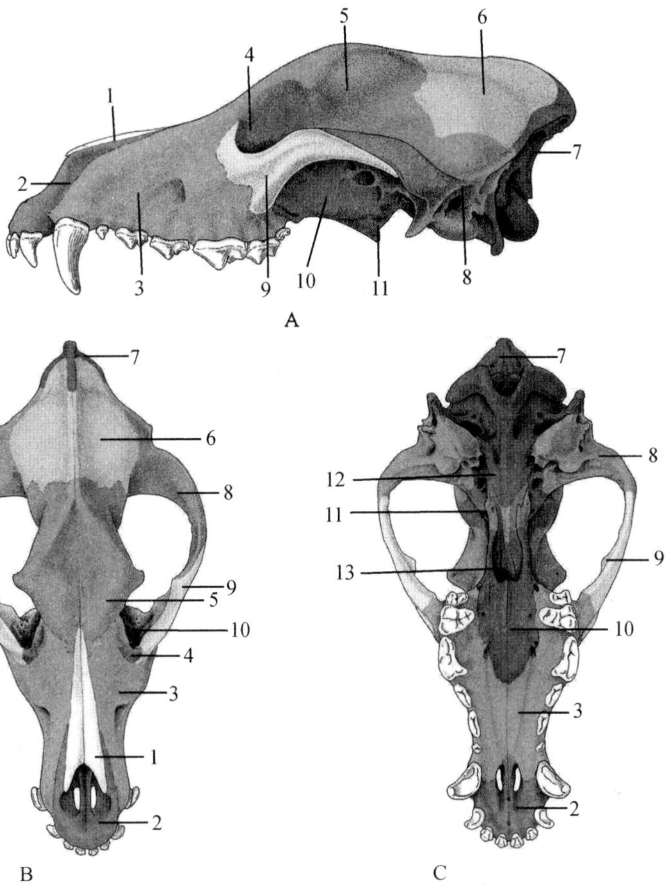

1. 鼻骨　2. 切骨　3. 上颌骨　4. 泪骨　5. 额骨　6. 顶骨　7. 枕骨
8. 颞骨　9. 颧骨　10. 腭骨　11. 翼骨　12. 蝶骨　13. 犁骨

图 3-18　犬头骨的侧面(A)、背侧(B)和腹侧(C)视图

(引自:Dyce 等,2010)

和颞翼)和一对翼突组成。前方与筛骨、腭骨、翼骨和犁骨相连,侧面与颞骨相接,后接枕骨基部。

④筛骨(ethmoid bone)　单骨,位于颅腔的前壁,由筛板、垂直板和一对筛骨迷路组成。筛板在颅腔和鼻腔之间,上有很多小孔,脑面形成左右两个筛骨窝,容纳嗅球。嗅神经就是通过筛板上的小孔至嗅球的。垂直板位于正中,形成鼻中隔的后部。筛骨迷路位于垂直板两侧,由许多薄骨板卷曲形成,支持嗅黏膜。

⑤顶骨(parietal bone)　对骨,位于枕骨之前,额骨之后,除牛外,构成颅腔顶壁,内面有与脑的沟、回相适应的压迹。

⑥额骨(frontal bone)　对骨,位于鼻骨后方,构成颅腔的前上壁和鼻腔的后上壁,外面平整,向外侧伸出眶上突,构成眼眶的上界。眶上突基部有眶上孔。

⑦颞骨(temporal bone)　对骨,位于枕骨的前方,顶骨的外下方,构成颅腔的侧壁。分为鳞部、岩部和鼓部。鳞部与额骨、顶骨和蝶骨相接,向外伸出颧突,颧突转向前方,与颧骨颞突

相结合,形成颧弓。颧突腹侧有关节面称颞髁,与下颌骨成关节。岩部位于鳞部和枕骨之间,内耳和内耳道在岩部,岩部腹侧有连接舌骨的茎突。鼓部位于岩部的腹外侧,外侧有骨性外耳道,向内通鼓室,鼓室形成突向腹外侧的鼓泡。

(2)面骨(facial bone) 面骨由成对的鼻骨、上颌骨、泪骨、颧骨、切齿骨、腭骨、翼骨、鼻甲骨及不成对的下颌骨、犁骨和舌骨组成。

①鼻骨(nasal bone) 对骨,构成鼻腔的顶壁。后接额骨,外侧与泪骨、上颌骨和切齿骨相接。鼻骨前部游离。

②上颌骨(maxillary bone) 对骨,构成鼻腔的侧壁、底壁和口腔的顶壁。几乎与所有的面骨相邻接,分骨体和腭突。骨体的外侧面宽大,有面嵴和眶下孔,水平的板状腭突隔开口腔和鼻腔。上颌骨的下缘称齿槽缘,有臼齿槽,前方为齿槽间缘。内外骨板间形成发达的上颌窦。

③泪骨(lacrimal bone) 对骨,位于眼眶前内侧,背侧与鼻骨、额骨相接,腹侧与上颌骨、颧骨相邻,其眶面有一漏斗状的泪囊窝,窝内有通向鼻腔的鼻泪管开口。

④颧骨(zygomatic bone) 对骨,位于泪骨下方,前面与上颌骨相接,构成眼眶的下界,并向后方伸出颞突,与颞骨的颧突结合,形成颧弓。

⑤切齿骨(incisive bone) 对骨,位于上颌骨的前方。除反刍兽外,骨体上均有切齿槽。骨体向后伸出腭突和鼻突。腭突水平伸出,向后接上颌骨腭突,共同构成口腔顶壁。鼻突伸向后上方,与上颌骨和鼻骨相接,并与鼻骨的游离端形成鼻切齿骨切迹,或鼻颌切迹。

⑥腭骨(palatine bone) 对骨,位于上颌骨内侧后方。构成鼻后孔的侧壁与硬腭后部的骨质基础。

⑦翼骨(pterygoid bone) 对骨,为狭窄而薄的小骨板,构成鼻后孔侧壁后部的支架。翼骨前下端游离而薄锐,形成翼骨钩。

⑧鼻甲骨(turbinate bone) 是两对卷曲的薄骨片,附着于鼻腔的两侧壁上。上(背)、下(腹)鼻甲骨,将每侧鼻腔分为上、中、下三个鼻道。

⑨下颌骨(mandible bone) 单骨,是面骨中最大的骨,分为前部的骨体和后部的下颌支。骨体呈水平位,较厚,前部为切齿部有切齿槽,后部为臼齿部有臼齿槽,切齿槽与臼齿槽之间为齿槽间缘。下颌支呈垂直位。下颌支上端的后方有下颌髁与颞骨成关节;前方有较高的冠状突,供肌肉附着。下颌髁与冠状突之间的凹陷为下颌切迹。下颌骨之间形成下颌间隙。

⑩犁骨(vomer bone) 单骨,位于鼻腔底面的正中,背面有鼻中隔沟,容纳筛骨垂直板及鼻中隔软骨。

⑪舌骨(hyoid bone) 单骨,位于下颌间隙后部,由数块小骨组成,支持舌根、咽及喉。包括舌骨体和舌骨支。舌骨体或基舌骨横位于舌骨前下方,在其正中向前方伸出舌突,支持舌根。舌骨支包括甲状舌骨、角舌骨、上舌骨和茎舌骨。由舌骨体向后方伸出一对甲状舌骨,与喉的甲状软骨相连接;向前上方伸出角舌骨和上舌骨。茎舌骨,前方与上舌骨成关节,后方与岩颞骨的茎突成关节(图 3-19)。

(3)鼻旁窦(paranasal sinuses) 为头骨内外骨板之间含气腔体的总称,它们直接或间接与鼻腔相通,故称鼻旁窦或副鼻窦。主要有额窦、上颌窦、腭窦和筛窦等。在动物医学临床上较重要的是额窦和上颌窦。

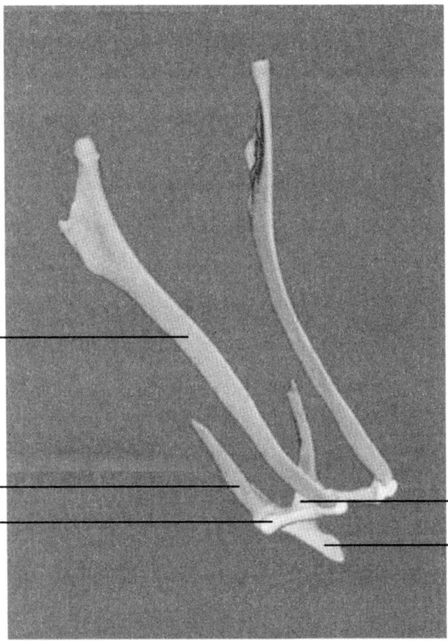

1. 基舌骨 2. 舌突 3. 甲状舌骨 4. 茎舌骨 5. 角舌骨

图 3-19 牛的舌骨

（引自：Mansour 等，2018）

①额窦（frontal sinus） 较大，伸延于整个额部、颅顶壁和部分后壁，并与角突的腔相通。正中有一中隔，将左、右两窦分开。窦的前界达两眼眶前缘的连线，两侧伸入颧突。每侧额窦又可分为大的额后窦和小的额前窦。额后窦位于眶后缘至角突后缘之间，窦内有眶上管通过。额前窦主要位于两眶之间，并深入上鼻甲后部。额前窦又被窦内骨小板分割为前内侧额前窦和前外侧额前窦。各窦有小孔通入筛道，间接与中鼻道相通。角突的腔又叫角窦，与额后窦相通。犊牛额窦小，随年龄增长逐渐增大。

②上颌窦（maxillary sinus） 主要在上颌骨、泪骨和颧骨内，前界伸至面结节处，背侧界约在眶下孔至眼眶背侧缘的连线上；后方伸入泪泡的部分也称泪窦。窦的底壁不规则，最后 3～4 枚臼齿的齿根突入其中；窦的背内侧有一短而窄的口，通入中鼻道（图 3-20）。

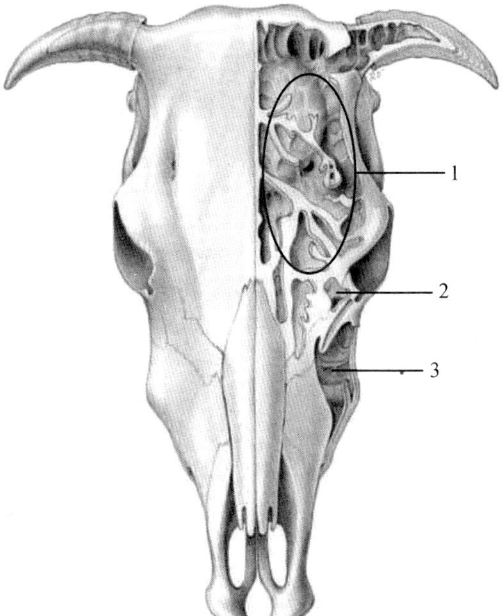

1. 额窦 2. 泪窦 3. 上颌窦

图 3-20 牛的额窦和上颌窦

（引自：Budras 等，2011）

(4)各种动物头骨的特征　各种动物的头骨差别较大,主要表现在:①因各种动物脑的发育不同,颅腔大小、形态有差别,如马的头骨呈长锥状,猪的呈锥状,牛的则比马的短;②动物食性不同,牙齿的发育不同,面部的长短也不一样,如马、兔的面部较长,而犬、猫的则较短;③眶窝发育情况、角的有无等也不一样,如牛的额骨上有角突,猪有吻骨等。

2. 头骨的连结　各头骨之间大部分为不动连结,主要借缝、软骨或骨直接相连,彼此之间结合较牢固,只有颞下颌关节具有活动性。舌骨借韧带与颅底相连。

颞下颌关节(temporomandibular joint)　由颞骨的颞髁与下颌骨的下颌髁构成。两关节面间夹有椭圆形的关节盘,将关节腔分为互不相通的两部分。关节囊的外侧有外侧韧带,牛无后韧带,马有由弹性纤维构成的后韧带。两侧颞下颌关节是联动的,可进行开口、闭口和侧运动。

五、前肢骨及其连结

(一)前肢骨

前肢骨是前肢各个部位的骨质基础,包括肩带骨、肱骨、前臂骨和前脚骨。完整的肩带由三块骨组成,即肩胛骨、乌喙骨和锁骨,有蹄动物因四肢运动单纯化,乌喙骨和锁骨都已退化,仅保留肩胛骨。前臂骨由尺骨和桡骨组成。前脚骨由腕骨、掌骨、指骨和籽骨组成(图 3-21)。

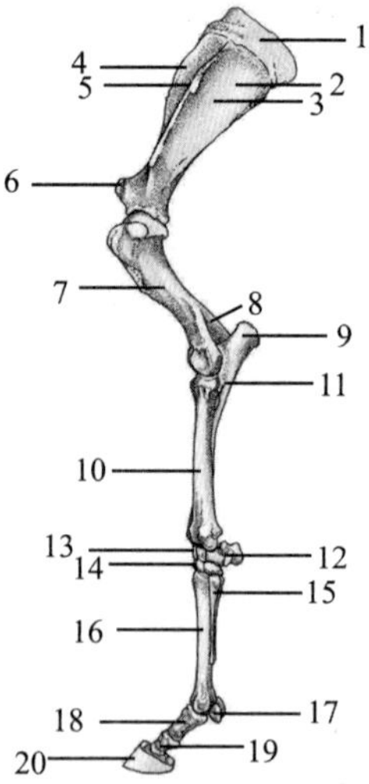

1. 肩胛软骨　2. 肩胛骨　3. 冈下窝　4. 冈上窝　5. 肩胛冈　6. 盂上结节　7. 肱骨　8. 鹰嘴窝　9. 鹰嘴　10. 桡骨　11. 尺骨　12. 副腕骨　13. 近端腕骨　14. 远端腕骨　15. 第 4 掌骨　16. 第 3 掌骨　17. 近籽骨　18. 系骨　19. 冠骨　20. 蹄骨

图 3-21　马的前肢骨(外侧)

(引自:Dyce 等,2010)

1. 肩胛骨(scapula)　是三角形扁骨,斜位于胸廓前部的两侧,由后上方斜向前下方。其背缘附有肩胛软骨。外侧面有一条纵行的隆起,称肩胛冈。冈的前上方为冈上窝,后下方为冈下窝。肩胛骨的远端较粗大,有一浅关节窝,称关节盂(肩臼),与肱骨头成关节。关节盂前方有突出的盂上结节。内侧面的中部有大而浅的肩胛下窝。

牛的肩胛骨较长。上端较宽，下端较窄。肩胛冈显著，较偏前方。冈的下端向下方伸出一突起称肩峰。

马的肩胛骨呈长三角形(图 3-22)。肩胛冈平直，游离缘粗厚，中央稍上方粗大，称冈结节。肩胛软骨呈半圆形。

猪的肩胛骨很宽，前缘凸。肩胛冈为三角形，冈的中部弯向后方，有大的冈结节。

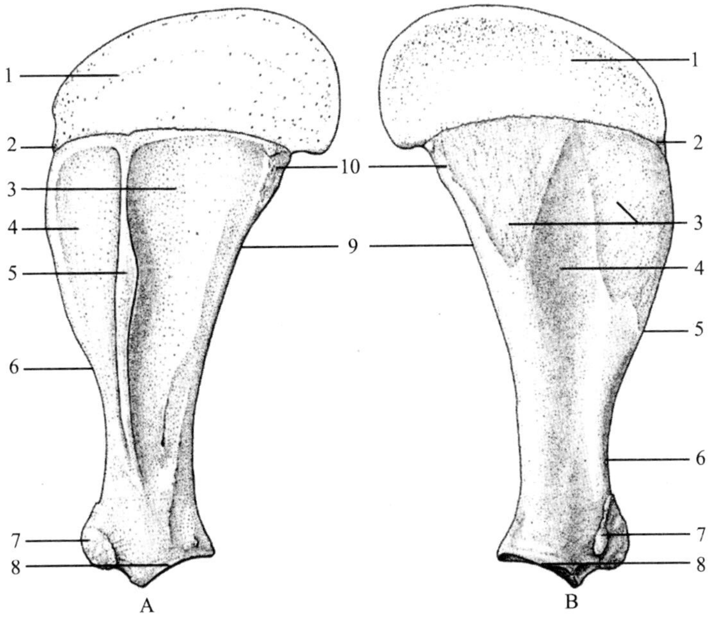

A. 外侧面：1. 肩胛软骨 2. 前角 3. 冈下窝 4. 冈上窝 5. 冈结节 6. 肩胛切迹 7. 盂上结节 8. 关节盂 9. 后缘 10. 后角

B. 内侧面：1. 肩胛软骨 2. 前角 3. 锯肌面 4. 肩胛下窝 5. 前缘 6. 肩胛切迹 7. 盂上结节 8. 关节盂 9. 后缘 10. 后角

图 3-22 马左肩胛骨

(引自：陈耀星等，2009)

2. 肱骨(humerus) 又称臂骨，为长骨。斜位于胸部两侧的前下部，由前上方斜向后下方，分骨体和两个骨端。近端的前方有臂二头肌沟，后方为肱骨头，与肩胛骨的关节盂成关节；两侧有内、外侧结节，内侧结节称为小结节，外侧结节又称大结节。骨干呈扭曲的圆柱状，外侧有三角肌粗隆，内侧有大圆肌粗隆。远端内外侧有两个滑车关节面，分别称内、外侧髁。与前臂骨成关节。两髁的后面有一深鹰嘴窝，尺骨鹰嘴的肘突伸入其中。

牛的肱骨近端粗大，大结节很发达，前部弯向内方，二头肌沟偏于内侧，无中间嵴。三角肌粗隆较小。

马的肱骨二头肌沟宽，由一中间嵴分为两部分。外侧结节较内侧结节稍大。三角肌粗隆较大(图 3-23)。

猪的肱骨与牛的相似。

3. 前臂骨(skeleton of forearm) 由桡骨和尺骨组成，为长骨，位置几乎与地面垂直。桡骨(radius)位于前内侧，发达，主要起支持作用，近端有关节窝与肱骨内、外侧髁成关节，其背

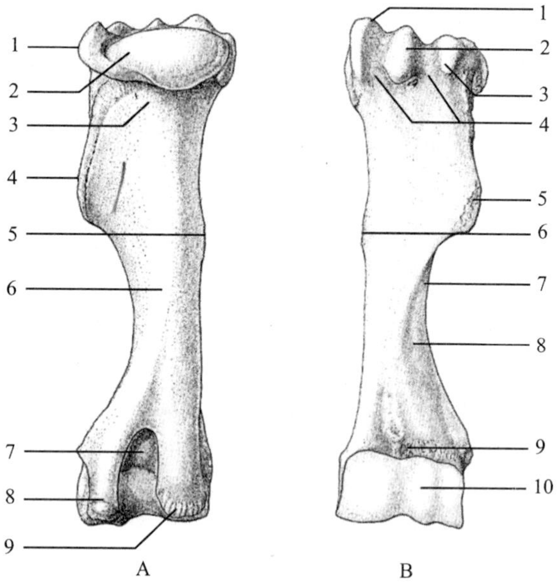

A. 后面：1. 大结节　2. 肱骨头　3. 肱骨颈　4. 三角肌粗隆　5. 大圆肌粗隆
6. 肱骨体　7. 肘窝　8. 外侧上髁　9. 内侧上髁
B. 前面：1. 小结节　2. 中间结节　3. 大结节　4. 二头肌沟　5. 三角肌粗隆
6. 大圆肌粗隆　7. 肱骨嵴　8. 臂肌沟　9. 桡骨窝　10. 肱骨髁

图 3-23　马左肱骨

（引自：陈耀星等，2009）

内侧有较大的突起叫桡骨粗隆。远端有滑车关节面与腕骨成关节。尺骨(ulna)位于掌外侧，近端特别发达，向后上方突出形成鹰嘴(olecranon)，其顶端粗糙称为鹰嘴结节。骨干和远端的发育程度因动物种类而异。桡骨和尺骨之间的间隙称前臂骨间隙。

牛的前臂骨　桡骨较短而宽。尺骨鹰嘴发达，骨干与远端较细，远端较桡骨稍长。成年牛尺骨骨干与桡骨愈合，有两个前臂骨间隙，分别称前臂近、远骨间隙。

马的前臂骨　桡骨发达，骨干中部稍向前弯曲。尺骨仅近端发达，骨干上部与桡骨愈合，下部与桡骨合并，远端退化消失(图 3-24)。

猪的前臂骨　桡骨短，稍呈弓形。尺骨发达，比桡骨长，近端粗大，鹰嘴特别长。桡骨和尺骨以骨间韧带紧密连结。

4. 腕骨(carpal bone)　位于前臂骨和掌骨之间，由两列短骨组成。近列腕骨有 4 块，由内向外依次为桡腕骨、中间腕骨、尺腕骨和副腕骨。远列腕骨一般为 4 块，由内向外依次为第 1、2、3、4 腕骨。近列腕骨的近端关节面与桡骨远端成关节。近、远列腕骨与各腕骨之间均有关节面，彼此成关节。远列腕骨的远端关节面与掌骨成关节。整个腕骨的背侧面较隆突，掌侧面凸凹不平，副腕骨突向后方。

牛的腕骨由 6 块组成，近列 4 块，远列 2 块，内侧一块较大，由第 2 和第 3 腕骨愈合而成，外侧为第 4 腕骨，第 1 腕骨退化。

马的腕骨由 7 块组成，近列 4 块，远列 3 块，由内侧向外侧为第 2、3、4 腕骨。猪的腕骨由 8 块组成，近列和远列均有 4 块，第 1 腕骨很小。

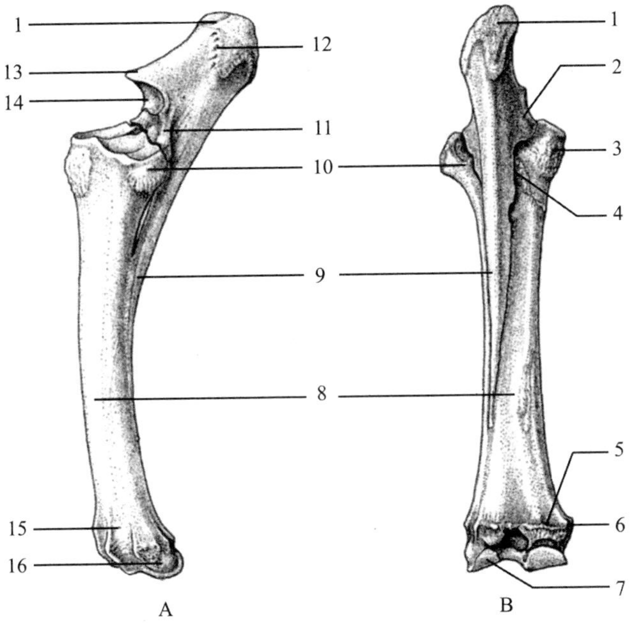

A. 外侧面　B. 内侧面

1. 鹰嘴结节　2. 内侧冠突　3. 韧带附着的内侧隆起　4. 前臂骨间隙　5. 横嵴　6. 内侧茎突　7. 桡骨滑车　8. 桡骨干　9. 尺骨干　10. 韧带附着的外侧隆起　11. 外侧冠突　12. 鹰嘴　13. 肘突　14. 滑车切迹　15. 腱沟　16. 尺骨外侧茎突

图 3-24　马左尺骨和左桡骨

（引自：陈耀星等，2009）

5. 掌骨(metacarpal bone)　为长骨，近端接腕骨，远端接指骨。有蹄动物的掌骨有不同程度的退化。

牛有 3 块掌骨，第 3、第 4 掌骨发达，近端和骨干愈合在一起，称大掌骨。骨干短而宽。近端有关节面，与远列腕骨成关节，在其背内侧有掌骨粗隆。远端较宽，形成两个滑车关节面，分别与第 3、4 指的近指节骨和近籽骨成关节。第 5 掌骨为一圆锥形小骨，附于第 4 掌骨的近端掌外侧。

马的掌骨有 3 块，第 3 掌骨发达，又称为大掌骨，其方向与地面垂直，呈半圆柱状。近端稍粗大，有与远列腕骨成关节的关节面；远端稍宽，形成滑车关节面，与近指节骨和两个近籽骨成关节。第 2 和第 4 掌骨是远端退化的小掌骨，近端较粗大，有关节面与远列腕骨成关节；向下逐渐变细，由韧带连接于第 3 掌骨的掌内、外侧。

猪有 4 块掌骨，由内向外为第 2、3、4、5 掌骨。第 3、第 4 掌骨发达，第 2 和第 5 掌骨较小。近端与远列腕骨相连，远端各连一指骨。

6. 指骨(digital bone)　又分为指节骨和籽骨。

(1)指节骨　各种动物指的数目不同，一般每一指都具有三个指节骨，近指节骨又称系骨，中指节骨又称冠骨，远指节骨又称蹄骨。

牛有 4 个指，即第 2、3、4、5 指。其中第 3 和第 4 指发达，称主指。每指有 3 个指节骨。近指节骨呈圆柱状，两端较粗，骨干较细。近端与掌骨远端成关节；远端与中指节骨相对的关节面成关节。中指节骨与近指节骨的形状相似，但较短。远指节骨近似三棱锥形，位于蹄匣内，外形与蹄相似，蹄尖向前并弯向轴侧面。远轴侧面是隆凸的斜面，轴侧稍凹，称指间面。近端有关节窝，与中指节骨远端成关节。前缘有伸肌突，后方接远籽骨。底面的后缘粗糙，称屈肌面，供屈肌腱附着。第 2 和第 5 指又称悬指，每个悬指仅有 2 块指节骨，即中指节骨和远指节骨，不与掌骨成关节，仅以结缔组织相连于掌指关节的掌侧。

马只有第 3 指。近指节骨是一较短的长骨，前后略扁，两端较粗，骨干较细。近端有关节面，与掌骨远端成关节。远端有与中指节骨相对的关节面。中指节骨短，宽度稍大于长度，两端的关节面与近指节骨相似。远指节骨位于蹄匣内，外形与蹄相似。近端有与中指节骨远端相接的关节面，前方有伸肌突。壁面呈半环状的斜面，与地面呈 45°～50°角。底面前部是一凹面；后部粗糙，称屈肌面。

猪有 4 指，每指都具有 3 个指节骨。第 3 和第 4 指发达，指骨的形态与牛相似。第 2 和第 5 指较短而细。

(2)籽骨(sesamoid bone)　又分近籽骨和远籽骨，分别位于掌指关节和远指间关节的掌侧。牛主指各有 2 块近籽骨和 1 块远籽骨。马近籽骨 2 块，远籽骨 1 块。猪第 3、4 指各有 2 块近籽骨和 1 块远籽骨，第 2、5 指仅各有 2 块近籽骨。

不同动物前脚骨示意图见图 3-25 和图 3-26。

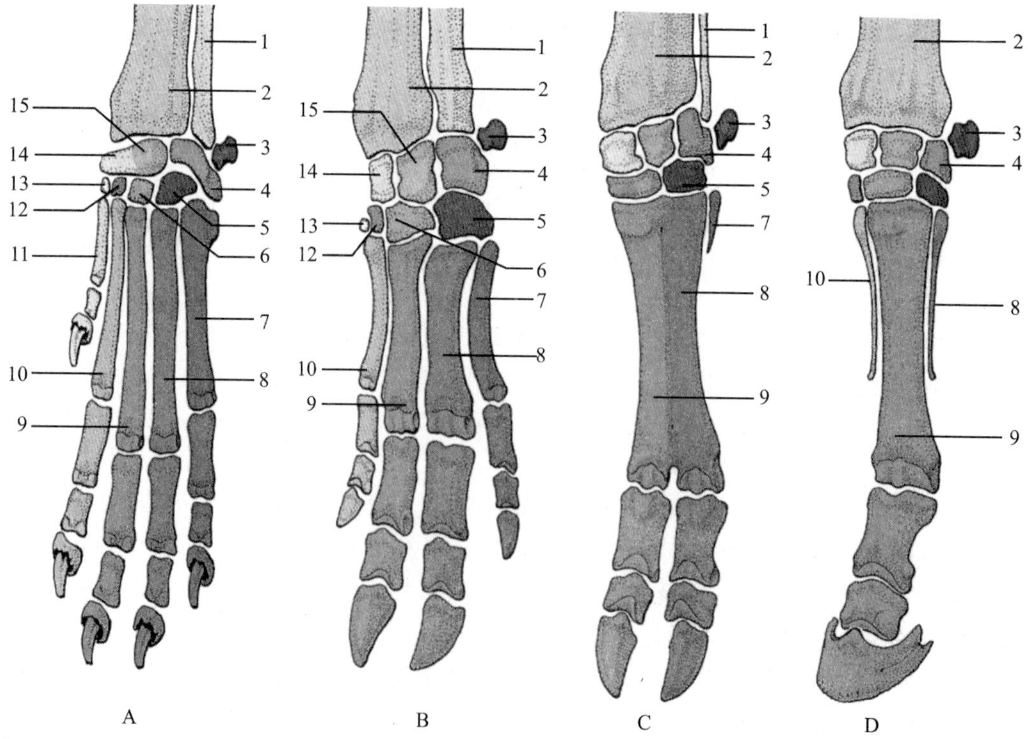

A. 犬　B. 猪　C. 牛　D. 马

1. 尺骨　2. 桡骨　3. 副腕骨　4. 尺腕骨　5. 第 4 腕骨　6. 第 3 腕骨　7. 第 5 掌骨　8. 第 4 掌骨
9. 第 3 掌骨　10. 第 2 掌骨　11. 第 1 掌骨　12. 第 2 腕骨　13. 第 1 腕骨　14. 桡腕骨　15. 中间腕骨

图 3-25　不同动物前脚骨示意图

(引自：陈耀星等，2009)

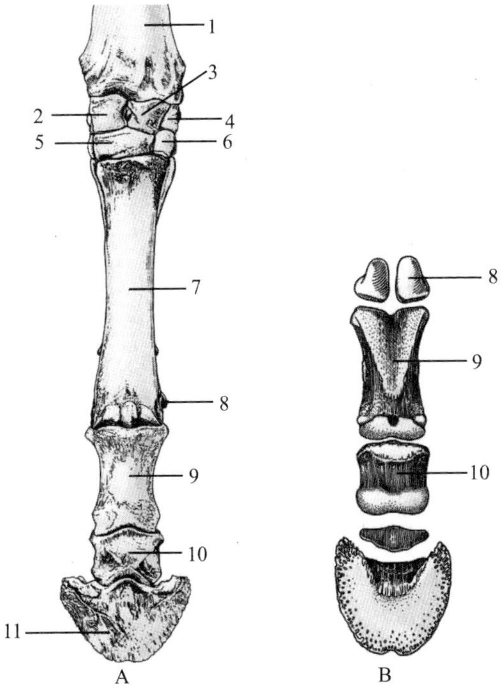

A. 背侧 B. 掌侧

1. 桡骨 2. 桡腕骨 3. 中间腕骨 4. 尺腕骨 5. 第 3 腕骨 6. 第 4 腕骨

7. 大掌骨 8. 近籽骨 9. 近指节骨 10. 中指节骨 11. 远指节骨

图 3-26 马的前脚骨(左)

(引自:Dyce 等,2010)

(二)前肢骨的连结

前肢的肩胛骨与躯干骨间不形成关节,以肩带肌连结。其余各骨间均形成关节,依次为肩关节、肘关节、腕关节和指关节(图 3-27)。指关节又分掌指关节、近指节间关节和远指节间关节。肩关节为多轴关节,其余均为单轴关节,主要进行屈伸运动。

1. 肩关节(shoulder joint) 由肩胛骨远端关节盂和肱骨头构成的多轴关节。关节角顶向前,关节囊宽松,无侧副韧带。肩关节虽为多轴关节,但由于两侧肌肉的限制,主要进行屈、伸运动,内收和外展运动范围小。

2. 肘关节(elbow joint) 由肱骨远端和前臂骨近端的关节面构成的单轴单关节。关节角顶向后,在关节囊的两侧有内、外侧副韧带,只能做屈伸运动。

3. 腕关节(carpal joint) 由前臂骨远端、腕骨和掌骨近端构成的单轴复关节,包括桡腕关节、腕间关节和腕掌关节。关节角顶向前,关节囊的纤维层为各关节所共有,背侧面较薄而宽松,掌侧面特别厚而紧。关节囊的滑膜层形成三个互不相通的囊,桡腕关节囊宽松,关节腔最大,活动性也最大;腕间关节的次之;腕掌关节的关节腔最小,活动性也最小。腕关节有一对长内、外侧副韧带,还有一些短骨间韧带。在牛腕关节的背侧面有两条斜向的背侧韧带,腕骨间的韧带数目较少。由于关节面的形状,骨间韧带和掌侧关节囊的限制,腕关节只能向掌侧屈曲。

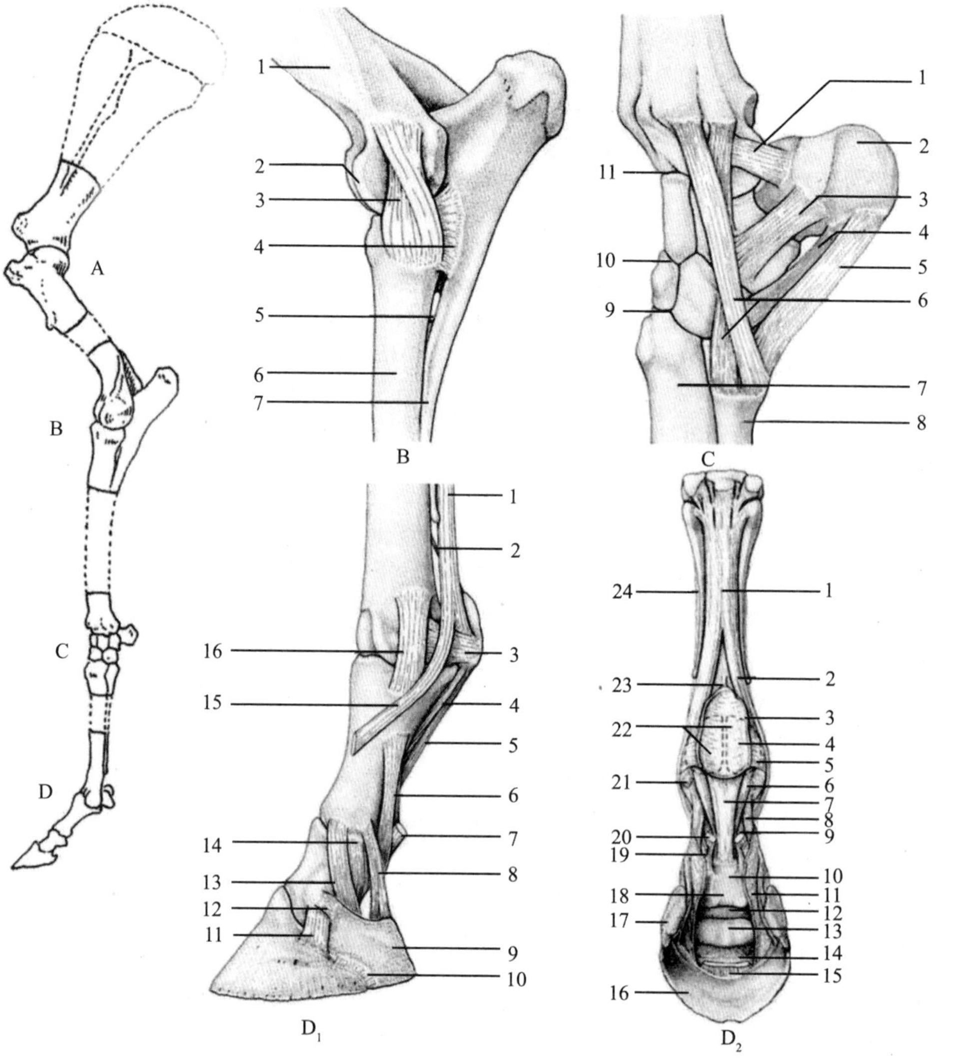

A. 肩关节

B. 肘关节：1. 肱骨 2. 肱骨滑车 3. 外侧侧副韧带 4. 前臂骨间膜 5. 前臂骨间隙 6. 桡骨 7. 尺骨

C. 腕关节：1. 副尺骨韧带 2. 副腕骨 3. 副腕尺韧带 4. 第4腕骨副韧带 5. 副掌骨韧带 6. 腕外侧侧副韧带 7. 大掌骨 8. 小掌骨 9. 腕掌关节 10. 腕中关节 11. 前臂腕关节

D. 指关节

D1. 指关节侧面：1. 悬韧带 2. 掌籽骨间韧带 3. 籽骨侧副韧带 4. 籽骨斜韧带 5. 籽骨直韧带 6. 掌侧韧带 7. 指浅屈肌腱 8. 蹄软骨韧带 9. 蹄软骨 10. 蹄软骨蹄骨外侧侧副韧带 11. 蹄关节外侧侧副韧带 12. 蹄软骨冠骨韧带 13. 籽骨外侧侧副韧带 14. 冠关节外侧侧副韧带 15. 骨间中肌悬韧带支 16. 掌指关节外侧侧副韧带

D2. 指关节掌侧面：1. 悬韧带 2. 悬韧带近籽骨支 3. 球节掌环状韧带 4. 近纤维软骨板 5. 籽骨侧副韧带 6. 籽骨斜韧带 7. 籽骨直韧带 8. 内侧远轴侧掌韧带 9. 内侧近轴侧掌韧带 10. 中纤维软骨板 11. 指纤维鞘环状部 12. 蹄关节关节囊 13. 远纤维软骨板 14. 远籽骨直韧带 15. 指深屈肌腱 16. 远指节骨 17. 远指节骨软骨 18. 中指节骨 19. 近指环状韧带 20. 指浅屈肌腱 21. 指环状韧带 22. 籽骨 23. 掌籽骨间韧带 24. 小掌骨

图 3-27 前肢关节

（引自：陈耀星等，2009）

4. 指关节　包括掌指关节、近指节间关节和远指节间关节。均属单轴关节。

(1)掌指关节(metacarpophalangeal joint)　又称系关节(fetlock joint)或球节，由掌骨远端、近指节骨近端和一对近籽骨构成。关节囊背侧壁强厚，掌侧壁较薄，侧副韧带与关节囊紧密相连。掌指关节掌侧除有强大的屈肌腱外，还有悬韧带和籽骨下韧带等，它们都是前肢的弹力装置，当踏地时可以缓冲由地面来的震动，同时可以固定掌指关节，防止过度背屈。

悬韧带(suspensory ligament)　又称籽骨上韧带，是由骨间肌腱质化而形成的，位于掌骨的掌侧，起于大掌骨的近端，下端分为两支，大部分止于近籽骨，并有分支转向背侧，并入指伸肌腱。

籽骨间韧带(intersesamoidean ligament)　是近指节骨掌侧的强厚韧带，起于近籽骨，止于近指节骨的远端和中指节骨近端。

(2)近指节间关节(proximal interphalangeal joint)　又称冠关节(coronal joint)，由近指节骨的远端和中指节骨近端的关节面组成，关节囊和侧副韧带紧密相连，仅能做小范围的屈伸运动。

(3)远指节间关节(distal interphalangeal joint)　又称蹄关节(coffin joint)，由中指节骨的远端、远指节骨的近端和远籽骨组成。关节囊的背侧和两侧强厚，掌侧较薄，侧副韧带短而强，位于蹄软骨下，只能进行屈伸运动。

马为奇蹄，只有一指(第 3 指)，各关节构造同上述。

牛为偶蹄，有两指，各关节均成对，其构造基本同上述相似。牛主指两个掌指关节的关节囊在掌侧部相互交通。悬韧带含有较多的肌组织，特别是犊牛，含肌质更多。悬韧带在大掌骨 1/3 平面处分成 3 束，内侧束与外侧束的一部分止于相应的近籽骨，其余斜向背侧，加入指伸肌腱；中间束较大，又分为三支，内侧支和外侧支分别止于相应指的轴侧近籽骨，中支细，在通过大掌骨远端分成二支也分别加入指伸肌腱。此外，在两主指的近指节骨、中指节骨和远指节骨之间，有较坚固的近侧和远侧两组指间韧带，防止两指过分开张。

六、后肢骨及其连结

(一)后肢骨

动物的后肢骨包括髋骨、股骨、髌骨(膝盖骨)、小腿骨和后脚骨。髋骨是髂骨、耻骨和坐骨三块骨的合称，又叫盆带，支持后肢。小腿骨有胫骨和腓骨。后脚骨包括跗骨、跖骨、趾骨和籽骨(图 3-28)。

1. 髋骨(hip bone)　为不规则骨。由背侧的髂骨和腹侧的坐骨和耻骨愈合而成。三骨愈合处形成深的杯状关节窝，称髋臼，与股骨头成关节。左右侧髋骨在骨盆中线处以软骨连结形成骨盆联合(图 3-29)。

(1)髂骨(ilium)　位于前上方。后部窄，略成三边棱柱状，称髂骨体。前部宽而扁，呈三角形，称髂骨翼。髂骨翼的外侧角粗大，称髋结节；内侧角小，称荐结节。翼的外侧面称臀肌面，内侧面称骨盆面。在骨盆面上有粗糙的耳状关节面，与荐骨翼构成关节。翼的内侧缘凹，形成坐骨大切迹，向后参与构成坐骨棘。

(2)坐骨(ischium)　位于后下方。构成骨盆底壁的后部。后外侧角粗大，称坐骨结节。两侧坐骨的后缘形成弓状，称坐骨弓。前缘与耻骨围成闭孔，内侧缘与对侧坐骨相接，形成骨盆联合的后部。外侧部参与髋臼的形成，其背缘向内凹，形成坐骨小切迹，参与构成坐骨棘。

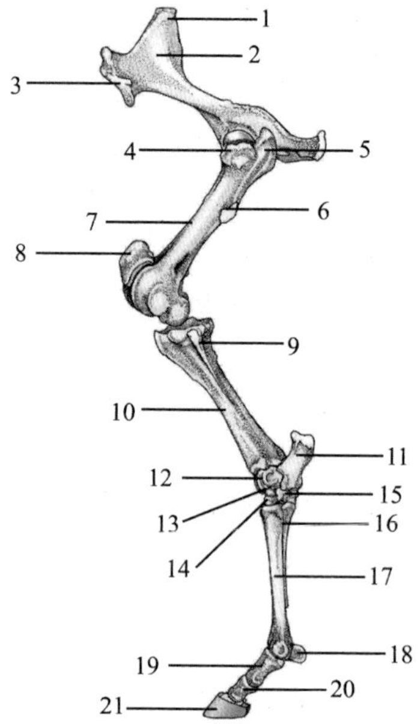

1.荐结节 2.髂骨 3.髋结节 4.股骨头 5.大转子 6.第三转子 7.股骨 8.髌骨 9.腓骨 10.胫骨 11.跟骨 12.距骨 13.中央跗骨 14.第3跗骨 15.第4跗骨 16.第4跖骨 17.第3跖骨 18.近籽骨 19.系骨 20.冠骨 21.蹄骨

图 3-28 马的后肢骨(外侧)

(引自:Dyce 等,2010)

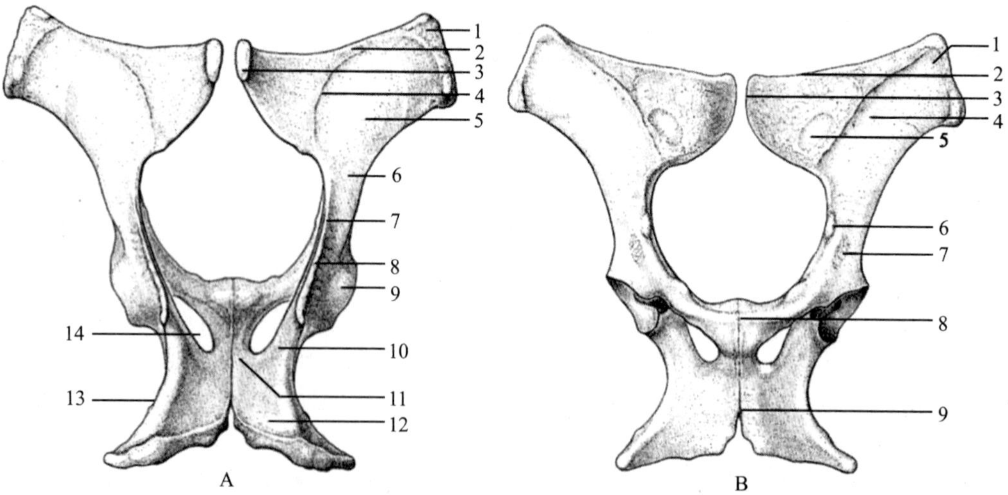

A.背侧面:1.髋结节 2.髂嵴 3.荐结节 4.臀线 5.髂骨翼 6.髂骨体 7.坐骨大切迹 8.坐骨棘 9.髋臼 10.坐骨体 11.坐骨支 12.坐骨板 13.坐骨小切迹 14.闭孔

B.腹侧面:1.髋结节 2.髂嵴 3.荐结节 4.髂肌面 5.耳状关节面 6.腰小肌结节 7.髂骨体 8.耻骨联合 9.坐骨联合

图 3-29 马髋骨

(引自:陈耀星等,2009)

(3)耻骨(pubis) 较小,位于前下方,构成骨盆底壁的前部,并构成闭孔的前缘。内侧部与对侧耻骨相接,形成骨盆联合的前部。外侧部参与形成髋臼。

骨盆 由背侧的荐骨和前 3～4 个尾椎、腹侧的耻骨和坐骨以及侧面的髂骨和荐结节阔韧带构成,为一前宽后窄的圆锥形腔。前口以荐骨岬、髂骨及耻骨为界;后口的背侧为第 3 尾椎,腹侧为坐骨弓,两侧为荐结节阔韧带后缘。骨盆的形状和大小因性别而异。总的来说,母畜的骨盆比公畜的大而宽敞,荐骨与耻骨的距离(骨盆纵径)较公畜大;髋骨两侧对应点的距离(骨盆横径)较公畜远,骨盆底的耻骨部较凹,坐骨部宽而平;骨盆后口也较大。

牛的左、右侧髋骨接近平行。髂骨与水平面的角度比马小,背面稍凹,荐结节位置较低,髋结节大而突出,前缘接近水平。坐骨大,骨盆面深凹,坐骨弓较窄而深;坐骨结节发达,呈三角形。骨盆腹侧中部有嵴,骨盆前口呈椭圆形,斜度较大。

马的髂骨较倾斜。荐结节突向背侧,与第 1 荐椎相对,形成荐部最高点。髋结节粗厚,近似四边形,前缘倾斜。坐骨的骨盆面较平;后缘粗厚,坐骨弓较浅。骨盆前口接近圆形。猪的髋骨长而窄,左、右两侧互相平行。

2. 股骨(femur) 为全身最大的管状长骨,由后上方斜向前下方。近端粗大,内侧有球形的股骨头,与髋臼成关节;外侧有粗大的突起,称大转子。骨干呈圆柱形,外侧缘有第 3 转子。远端粗大,前方为滑车关节面,与髌骨成关节;后方为内、外侧髁,与胫骨成关节。

牛的股骨 近端股骨头较小,关节面有一部分向外伸延,大转子发达并向外侧突出。骨干较细,呈圆柱形。远端前方滑车关节面的内嵴较外嵴宽而突出。

马的股骨 近端大转子发达,由一切迹分为前、后两部。骨干的背侧圆而光滑,跖侧较平坦,外侧有发达的第 3 转子。远端前方的滑车关节面的内嵴高而向前上方突出(图 3-30)。

猪的股骨 基本与牛的相似,但较短。大转子的高度不超过股骨头。

3. 髌骨(patella) 又称膝盖骨,是一大籽骨,位于股骨远端的前方,与滑车关节面成关节。髌骨的前面粗糙,供肌腱、韧带附着,后面为关节面;内侧附着有纤维软骨,其弯曲面与滑车内嵴相适应。牛的髌骨近似圆锥形,马的呈四边形,猪的髌骨窄而厚。

4. 小腿骨(skeleton of leg) 包括胫骨和腓骨。胫骨(tibia)呈三面棱柱状,近端粗大,有内、外侧髁,与股骨的髁成关节;髁的前方为粗厚的胫骨粗隆,向内下方延续为胫骨嵴。骨干为三面体。远端有滑车关节面,与胫跗骨成关节。腓骨(fibula)位于胫骨外侧,与胫骨间形成小腿骨间隙。

牛的小腿骨 胫骨发达,形态同上述。腓骨近端与胫骨愈合为一向下的小突起,骨体消失。远端形成一块小的踝骨(malleolar bone),与胫骨远端外侧成关节。

马的小腿骨 胫骨发达,近端外侧有一小关节面与腓骨头连结。腓骨为一退化的小骨,近端扁圆,称腓骨头,与胫骨近端外侧成关节,骨体逐渐变尖细(图 3-31)。

猪的小腿骨 胫骨骨干稍弯向内侧,在近端外侧髁的后面有与腓骨相连结的关节面。腓骨较发达,与胫骨等长,其近端和远端与胫骨相连结;远端还形成外侧踝。

5. 跗骨(tarsal bone) 由数块短骨构成,位于小腿骨与跖骨之间。各种动物数目不同,一般分为 3 列,近列有 2 块,内侧的为胫跗骨,又称距骨(talus);外侧的为腓跗骨,又称跟骨(calcaneus)。距骨有滑车状关节面,与胫骨远端成关节。跟骨有向后上方突出的跟结节,中列只有一块中央跗骨。远列由内向外为第 1、2、3、4 跗骨。

牛的跗骨有 5 块,近列为距骨和跟骨,中央跗骨与第 4 跗骨愈合为一块,第 1 跗骨很小,位

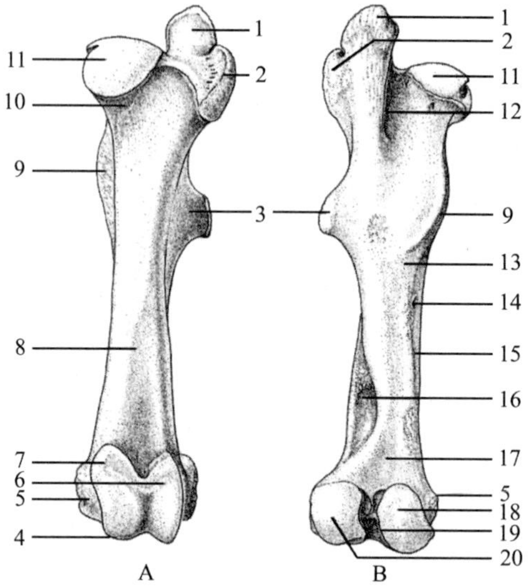

A. 前面观　B. 后面观

1. 大转子后部　2. 大转子前部　3. 第3转子　4. 股骨滑车　5. 内侧上髁　6. 外侧上髁　7. 股骨滑车结节　8. 股骨干　9. 小转子　10. 股骨颈　11. 股骨头　12. 转子窝　13. 粗糙面　14. 滋养孔　15. 内侧缘　16. 髁上窝　17. 腘肌面　18. 内侧髁　19. 髁间窝　20. 外侧髁

图 3-30　马左股骨

(引自:陈耀星等,2009)

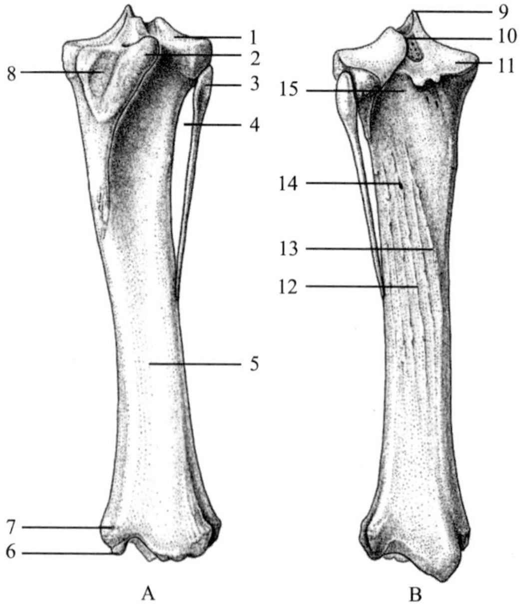

A. 前面观　B. 后面观

1. 外侧髁　2. 胫骨粗隆　3. 腓骨头　4. 骨间隙　5. 胫骨　6. 滑车　7. 内侧髁　8. 胫骨粗隆沟　9. 髁间隆起　10. 中央髁间区　11. 内侧髁　12. 肌线　13. 腘肌线　14. 滋养孔　15. 腘切迹

图 3-31　马左小腿骨

(引自:陈耀星等,2009)

于后侧，第 2 与第 3 跗骨愈合。马的跗骨有 6 块，近列同牛，中列为扁平的中央跗骨，远列内后方为第 1 和第 2 跗骨愈合成的不规则小骨，中间为扁平的第 3 跗骨，外侧为较高的第 4 跗骨。猪有 7 块跗骨，近列同马和牛，中列有中央跗骨，远列有 4 块，为第 1、2、3、4 跗骨。

不同动物跗骨示意图见图 3-32。

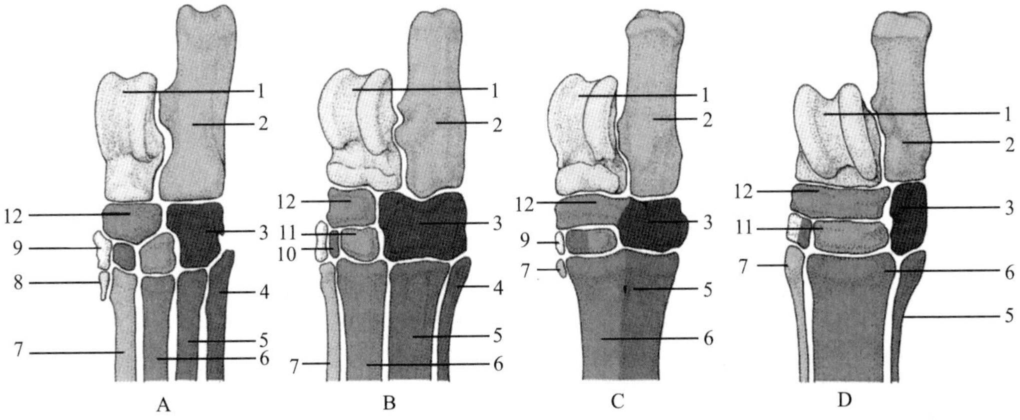

A. 犬　B. 猪　C. 牛　D. 马

1. 距骨　2. 跟骨　3. 第 4 跗骨　4. 第 5 跖骨　5. 第 4 跖骨　6. 第 3 跖骨　7. 第 2 跖骨

8. 第 1 跖骨　9. 第 1 跗骨　10. 第 2 跗骨　11. 第 3 跗骨　12. 中央跗骨

图 3-32　不同动物跗骨示意图

（引自：陈耀星等，2009）

6. *跖骨*（metatarsal bone）　与前肢掌骨相似，但较细长。牛的大跖骨（第 3、4 跖骨）比前肢大掌骨细长；第 2 跖骨为一退化的小跖骨，呈小盘状，附着于大跖骨的后内侧。马的跖骨较前肢掌骨细而长。

7. *趾骨*　与前肢指骨相似，也分趾节骨和籽骨，但后肢的趾节骨较细长。

（二）后肢骨的连结

后肢骨的连结有荐髂关节、髋关节、髌关节、跗关节和趾关节（图 3-33）。荐髂关节属盆带连结，髌关节包括股髌关节和股胫关节，趾关节与前肢的指关节构造相同。后肢各关节与前肢各关节相对应，除趾关节外，各关节角的方向相反，这种结构有利于动物站立时保持姿势的稳定。后肢各关节除髋关节外，均有侧副韧带，故为单轴关节。

1. *荐髂关节*（sacroiliac joint）　由荐骨翼与髂骨的耳状关节面构成，关节面不平整，周围有短而强的关节囊，并有一层短的韧带加固，因此，动物的荐髂关节几乎完全不能活动。主要起着连结后肢和躯干的作用。在荐骨和髂骨之间还有一些强固的韧带——荐髂背侧韧带、荐髂外侧韧带和荐结节阔韧带。其中荐结节阔韧带最大，为一四边形的宽广韧带，构成骨盆的侧壁，背侧附着于荐骨侧缘和第 1、2 尾椎的横突，腹侧附着于坐骨棘和坐骨结节；其前缘与坐骨大切迹形成坐骨大孔，下缘与坐骨小切迹形成坐骨小孔，供血管神经通过（图 3-34）。

2. *髋关节*（hip joint）　由髋臼和股骨头构成的多轴关节，关节角顶向后，关节囊宽松。在股骨头与髋臼之间，有一条短而强的圆韧带连结。马、骡、驴还有一条副韧带，来自腹直肌的耻前腱沿耻骨腹面向两侧连于股骨头。髋关节能进行多方面运动，但主要是屈伸运动，在关节屈

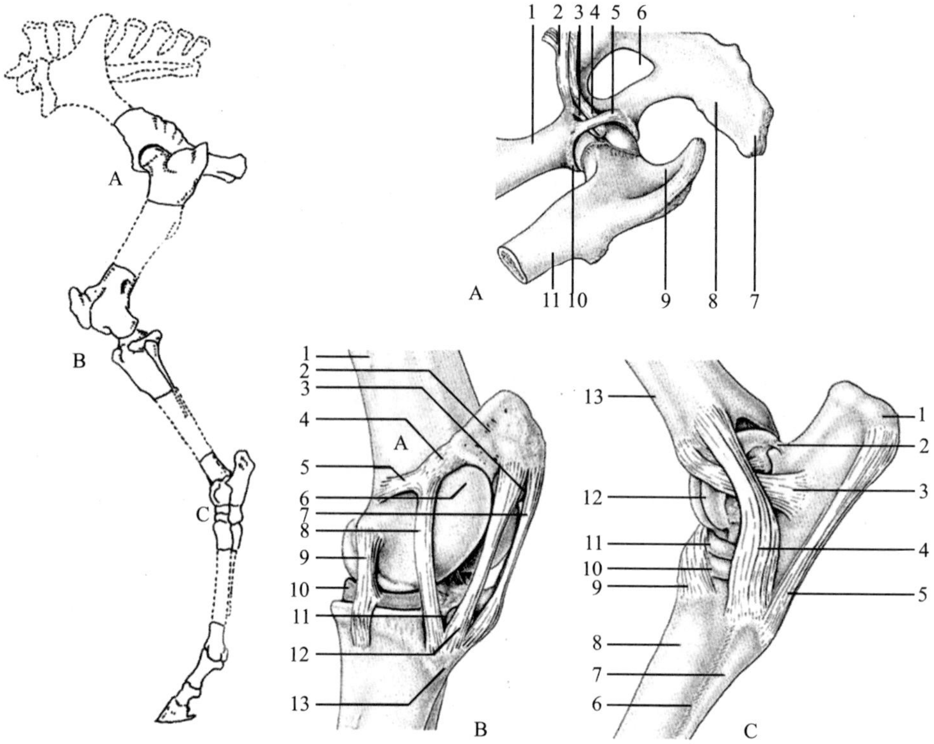

A. 髋关节:1. 髂骨　2. 耻前韧带　3. 股骨头韧带　4. 股骨副韧带　5. 髋臼横韧带　6. 闭孔　7. 坐骨结节　8. 坐骨　9. 大转子　10. 髋臼唇　11. 股骨

B. 髌关节:1. 股骨　2. 髌骨　3. 髌骨下近囊　4. 纤维软骨　5. 股髌内侧韧带　6. 滑车结节　7. 髌外侧韧带　8. 髌内侧韧带　9. 内侧副韧带　10. 内侧半月板　11. 髌骨下远囊　12. 膑中间韧带　13. 胫骨粗隆

C. 跗关节:1. 跟骨　2. 距跟跖侧韧带　3. 外侧副韧带短部　4. 外侧副韧带长部　5. 跖侧长韧带　6. 跖骨韧带　7. 第 4 跖骨　8. 第 3 跖骨　9. 距中央远列跗骨跖骨韧带　10. 第 3 跗骨　11. 中央跗骨　12. 距骨　13. 胫骨

图 3-33　后肢关节

(引自:陈耀星等,2009)

曲时常伴有外展和旋外,在伸展时伴有内收和旋内。

3. 髌关节(patellar joint)　包括股胫关节和股髌关节,为单轴复关节(图 3-35)。

股胫关节(femorotibial joint)　是由股骨远端的内、外侧髁和胫骨近端的内、外侧髁构成。在两骨之间垫有 2 个半月板。关节囊的前壁薄,后壁稍厚。除有一对侧副韧带外,关节中央还有交叉的十字韧带,连结股骨与胫骨。此外,半月板还有一些短韧带,与股骨和胫骨相连。半月板一方面使股骨和胫骨的关节面互相吻合,此外还可减轻震动。股胫关节主要是屈伸运动。

股髌关节(femoropatellar joint)　由髌骨和股骨远端滑车关节面构成。关节囊宽松,髌骨除以股髌内外侧副韧带连于股骨远端外,在其前方还有三条强大的髌直韧带,连于胫骨近端的胫骨粗隆上。髌直韧带与关节囊之间填充着脂肪。股髌关节的运动,主要是髌骨在股骨滑车上滑动,通过改变股四头肌作用力的方向伸展髌关节。

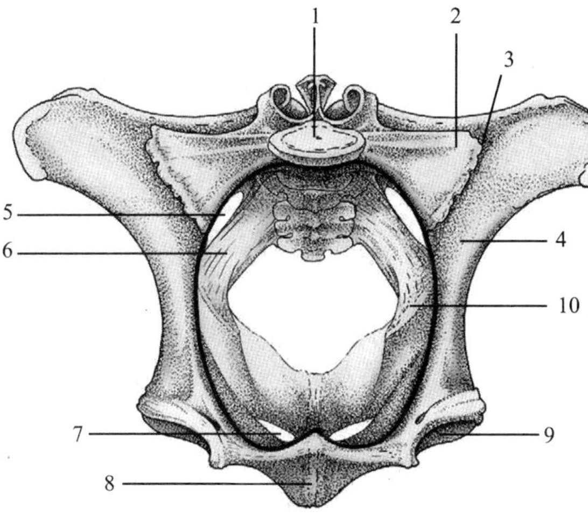

1.第1荐椎　2.荐骨翼　3.荐髂关节　4.髂骨　5.坐骨大孔　6.荐结节阔韧带
7.坐骨小孔　8.耻骨联合　9.髋臼　10.坐骨棘

图 3-34　马的荐髂关节

（引自：Dyce 等，2010）

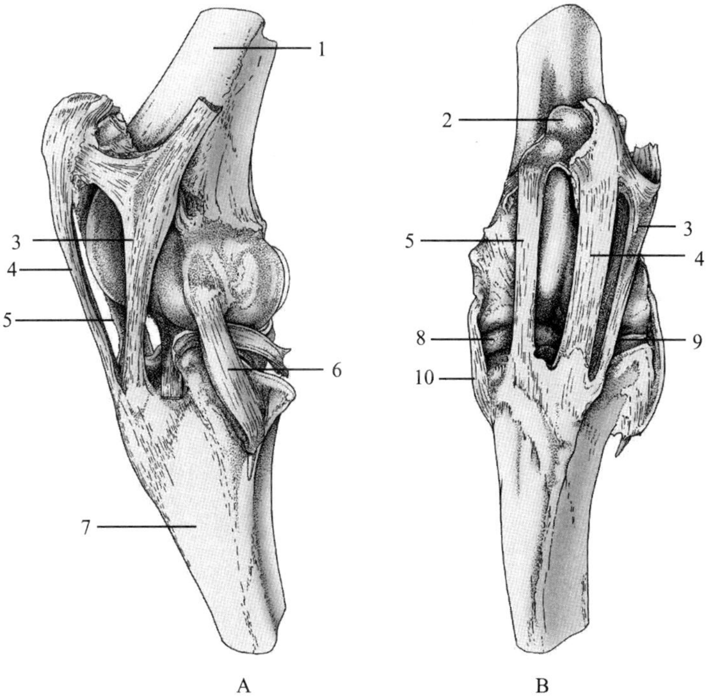

A.外侧面　B.背侧面

1.股骨　2.髌骨　3.髌外侧韧带　4.髌中间韧带　5.髌内侧韧带　6.股胫外侧副韧带
7.胫骨　8.内侧半月板　9.外侧半月板　10.股胫内侧副韧带

图 3-35　牛左膝关节

（引自：Dyce 等，2010）

4. 跗关节(tarsal joint) 又称飞节，是由小腿骨远端、跗骨和跖骨近端构成的单轴复关节。关节角顶向后，仅能做屈伸运动。跗关节包括胫跗关节、跗间关节和跗跖关节。关节囊前壁宽松，后壁紧而强厚，紧密附着于跗骨。滑膜形成4个囊，即胫跗囊、近跗间囊、远跗间囊和跗跖囊，其中以胫跗囊最大，并向内侧突出。跗关节内、外侧有侧副韧带，背侧和跖侧也各有韧带，限制跗关节的活动并加固连结。牛的跗关节除胫跗关节有相当大的运动外，距骨与中央跗骨之间也有一定的活动性。马的跗关节仅胫跗关节能做屈伸运动，其余三个关节连结紧密，活动范围极小，只起缓冲作用。

5. 趾关节 包括跖趾关节(系关节)、近趾节间关节(冠关节)和远趾节间关节(蹄关节)，其构造与前肢指关节相同。

第二节 肌 肉

肌肉(muscle)是运动器官，在神经系统的支配下，能够进行收缩活动，为运动或维持姿势、呼吸、营养、循环和其他功能提供动力。肌肉由肌组织构成，根据其形态结构、生理机能和分布分为三类：骨骼肌、心肌和平滑肌。运动系统所描述的肌肉指骨骼肌，是运动的动力部分。

一、概述

(一)肌肉的形态

每一块肌肉由于位置和功能不同，形状也不一样，按形状肌肉可分为4种形态。

1. 纺锤形肌 在肌肉内部，肌纤维束的排列多与肌的长轴平行，收缩时使肌肉显著缩短，从而引起大幅度的运动。纺锤形的肌肉，两端多为腱质，中部主要由肌质(肌纤维)构成，多分布于四肢。

2. 多裂肌 由许多短肌束组成，收缩的幅度不大，但收缩力较大而持久，主要分布于各椎骨之间，如背腰最长肌、髂肋肌等。

3. 板状肌 多呈薄板状，有的呈扇形，如背阔肌；有的呈锯齿状，如腹侧锯肌等。板状肌的腱质形成腱膜。此种肌肉主要分布于腹壁和肩带部。

4. 环形肌 肌纤维环行，位于自然裂孔的周围，形成括约肌，如口轮匝肌、肛门括约肌等，收缩时可关闭裂孔。

(二)肌肉的构造

每一肌肉就是一个肌器官，构造上可分为能收缩的肌腹(muscle belly)和不能收缩的肌腱(tendon)两部分(图3-36)。

1. 肌腹 是肌器官的主要部分，位于肌器官的中间，由无数骨骼肌纤维借结缔组织结合而成，具有收缩能力。大量的肌纤维先平行集合成大小不一的肌束(bundles)，再由许多肌束聚合成肌腹。肌腹为肌的实质，是肌具有收缩能力的部分。结缔组织为间质，包在一整块肌的表面称肌外膜(epimysium)；伸入肌内，包在肌束外面称肌束膜(perimysium)；伸入肌束内，包在每一肌纤维外面称肌内膜(endomysium)。肌膜是肌肉的支持组织，使肌肉具有一定的形状。血管、淋巴管和神经随着肌膜进入肌肉内，对肌肉的代谢和机能调节有重要意义。当动物营养良好的时候，在肌膜内蓄积有脂肪组织，使肌肉横断面上呈大理石状花纹。

2. 肌腱　位于肌腹的两端或一端，由规则的致密结缔组织构成。在四肢多呈索状，称腱索；在躯干多呈薄板状，又称腱膜。腱纤维借肌内膜直接连接肌纤维的两端或贯穿于肌腹中。肌腱不能收缩，但有很强的韧性和抗张力，不易疲劳。它传导肌腹的收缩力，以提高肌腹的工作效力。其纤维伸入骨膜和骨质中，使肌肉牢固附着于骨上。

(三)肌肉的起止点和作用

肌肉一般是以其两端附着于骨，中间可能越过一个或多个关节。当其收缩时，位置不动的一端叫起点，引起骨移动的一端称止点(图 3-37)。但有时随情况的变化，两点可互换。肌多数是按关节运动轴的多少配布在关节周围，关节的每个运动轴配布有功能相反的两个肌组。单轴关节只配布屈肌组和伸肌组，屈肌组位于关节角内，伸肌组位于关节角顶。多轴关节除屈肌组、伸肌组外，还配布有位于内侧的内收肌组、位于外侧的外展肌组以及旋前肌组和旋后肌组。家畜的任何一个动作都是由一些肌或肌组共同活动来完成的，在该动作中起主要作用的肌称主动肌，起协助作用的称协同肌，起相反作用的称拮抗肌，还有一些肌参与稳定躯干或肢体的近侧部分而起固定作用称固定肌。每块肌的作用并不是固定不变的，而是在不同的工作条件下起不同的作用，如屈曲某一关节的主动肌，在伸展该关节时就转变为拮抗肌。

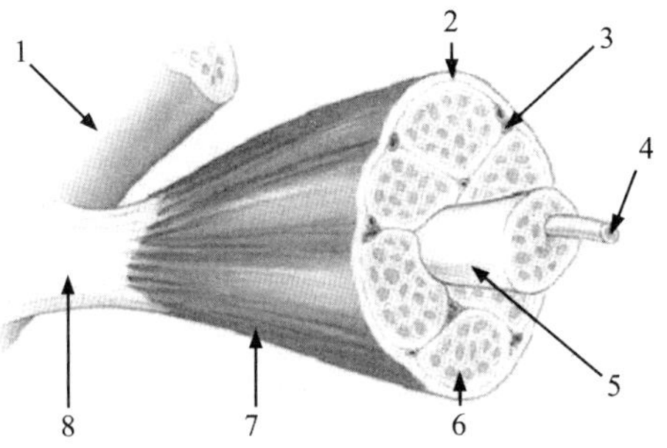

1. 骨　2. 肌束膜　3. 血管　4. 肌纤维
5. 肌束　6. 肌内膜　7. 肌外膜　8. 肌腱

图 3-36　肌肉的构造

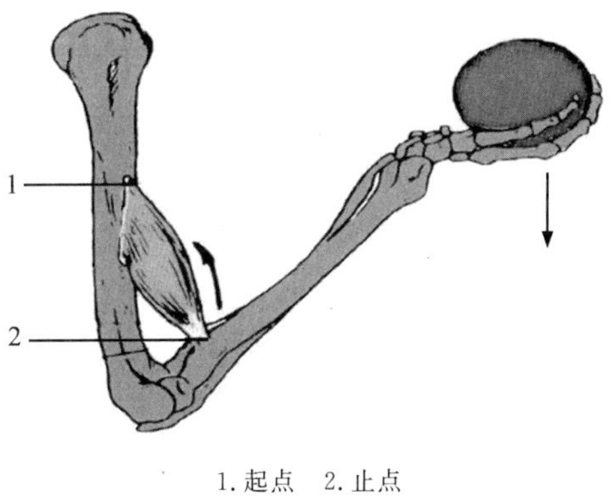

1. 起点　2. 止点

图 3-37　肌肉的起、止点

(四)肌肉的命名

肌通常据其形状、位置、作用、起止点、结构、肌纤维走向等特点而命名。如三角肌、斜方肌、菱形肌是据其形状命名；冈上肌、冈下肌、臂肌据其位置命名；咬肌、内收肌、伸肌按其作用命名；胸头肌、臂头肌、胸骨甲状舌骨肌按其起止点命名；二腹肌、三头肌、四头肌是按其结构命名；斜肌、直肌是按其肌纤维走向命名。大多数肌是综合其数个特征而命名的，如腕桡侧伸肌、腹外斜肌。由此可见，许多肌名本身就是对该肌的注释。了解了肌的命名原则，有助于减轻机械记忆的负担。

(五)肌肉的辅助器官

它们的作用是保护和辅助肌肉的工作，包括筋膜、滑膜囊、腱鞘、滑车和籽骨。

1. 筋膜(fascia)　为被覆于肌或肌群外面的结缔组织膜，形成一些特殊结构，辅助肌的活动。筋膜分浅筋膜和深筋膜两种。

(1)浅筋膜(fascia superficialis) 位于真皮下,又称皮下筋膜,由疏松结缔组织构成,被覆于肌的表面。有些部位的浅筋膜内分布有皮肌,营养良好的家畜还含有脂肪。浅筋膜有联系深部组织、保护储存脂肪等作用。

(2)深筋膜(fascia profunda) 位于浅筋膜的深面,由致密结缔组织构成,致密而坚韧。深筋膜包在肌群的表面,并伸入肌之间,形成肌间隔而附着于骨上;在一些部位,如前臂、小腿等处形成包裹肌群的筋膜鞘;在某些关节部位形成伸肌、屈肌支持带和环状韧带固定肌腱;此外,还可作为肌肉的起、止点。总之,深筋膜可固定肌和肌腱的位置,使肌和肌群能够单独进行活动,为肌提供有利的工作条件。在炎症过程中,深筋膜较致密,可限制炎症的扩散,但一些部位的肌间深筋膜疏松,形成筋膜间隙,则可能成为炎症蔓延的途径。

2. 滑膜囊(bursa synovialis) 也称黏液囊,为密闭的结缔组织囊,壁薄,内面衬有滑膜,囊内有少量滑液,起减少摩擦的作用。滑膜囊多位于肌、腱、皮肤与骨的突起之间,分别称为肌下、腱下和皮下滑膜囊。在关节附近的滑膜囊,有的还与关节腔相通。滑膜囊多数是先天性的,但有些皮下囊则是在生后因长期摩擦而逐渐形成的。

3. 腱鞘(vagina tendinis) 为包围腱的滑膜囊,呈筒状,多位于活动性较大的关节部位,如腕、跗和指、趾部。腱鞘分两层,外层为纤维层,内层为滑膜层。滑膜层又分脏层和壁层,脏层又称腱层,紧贴于腱的表面;壁层紧贴于纤维层的内面,脏层与壁层移行处形成腱系膜,两层之间有少量滑液,可减少摩擦(图 3-38)。

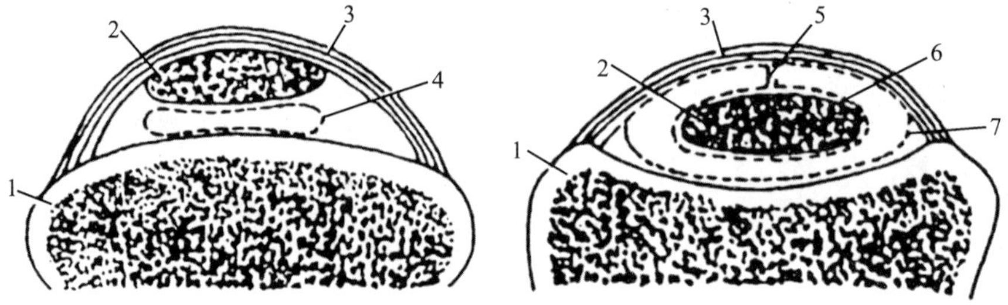

1.骨 2.肌腱 3.纤维膜 4.滑膜 5.腱系膜 6.滑膜腱层 7.滑膜壁层

图 3-38 滑膜囊和腱鞘的构造(左为滑膜囊,右为腱鞘)

(引自:陈耀星等,2015)

4. 滑车(trochlea) 为被有软骨的滑车状骨沟,供腱通过,可减少腱与骨面的摩擦,又可防止腱的移位,腱与滑车之间常有滑膜囊。

5. 籽骨(ossa sesamoidea) 多位于关节部,常被有软骨,可改变肌作用力的方向,减少肌腱与骨面的摩擦。

二、皮肌

皮肌(cutaneous muscle)是分布于浅筋膜内的薄板状肌。只分布于面部、颈部、肩臂部和胸腹部(图 3-39),分别称为面皮肌、颈皮肌、肩臂皮肌和胸腹皮肌(躯干皮肌)。牛、羊没有颈皮肌。家畜中以犬的皮肌最发达。皮肌有颤动皮肤、驱赶蚊蝇、抖落水滴和灰尘等作用。

1. 面皮肌 薄而不完整,位于下颌间隙、腮腺和咬肌表面,向前分出一肌带连于口角,称唇

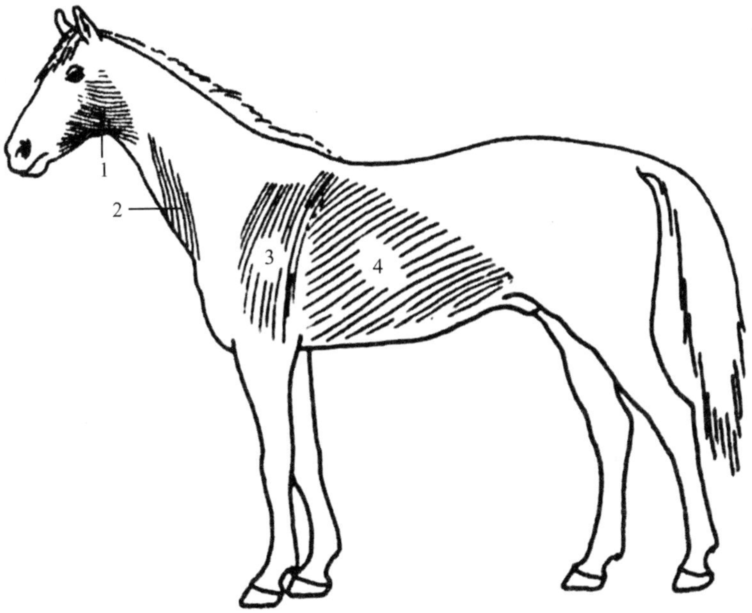

1. 面皮肌　2. 颈皮肌　3. 肩臂皮肌　4. 躯干皮肌

图 3-39　马的皮肌

（引自：雷治海等，2015）

皮肌，可向后牵引和下拉口角。牛额部还有宽大的额皮肌，自角基部向前向外伸至上眼睑，与眼轮匝肌融合，可使额部皮肤起皱和提举上眼睑。

2. 颈皮肌　马的颈皮肌起于胸骨柄，沿颈腹侧部向前延伸，起始部较厚，向前逐渐变薄、消失，有的马颈皮肌发达，可与面皮肌相连。

3. 肩臂皮肌　位于肩臂部外侧面，牛的较窄，肌纤维方向垂直，上端附着于皮肤，下端连于前臂筋膜，后部斜向后上方移行为躯干皮肌。

4. 躯干皮肌　又称胸腹皮肌，位于胸腹壁两侧，下缘伸至脐部附近。肌纤维纵行，前部分为浅、深两层。浅层移行为肩臂皮肌；深层与胸升肌和背阔肌融合，并以薄腱附着于肱骨小结节；后部伸入膝褶，移行为臀股筋膜。

三、躯干肌

躯干肌包括脊柱肌、颈腹侧肌、胸壁肌和腹壁肌（图 3-40 至图 3-44）。

（一）脊柱肌

脊柱肌指支配脊柱活动的肌肉，分为脊柱背侧肌群和脊柱腹侧肌群。脊柱背侧肌群很发达，位于脊柱的背外侧；脊柱腹侧肌群不发达，仅位于颈部和腰部脊柱的腹侧。

1. 脊柱背侧肌

（1）背腰最长肌（longissimus lumbodorsal muscle）　为全身最长的肌肉，呈三棱形，位于胸、腰椎棘突与横突和肋骨椎骨端所形成的夹角内。自髂骨、荐骨向前伸延至颈部。两侧同时收缩时可伸腰背，另外还有伸颈、侧偏脊柱和协助呼吸的作用。

（2）髂肋肌（iliocostal muscle）　由一束束斜向的肌束组成，位于背最长肌的腹外侧。起

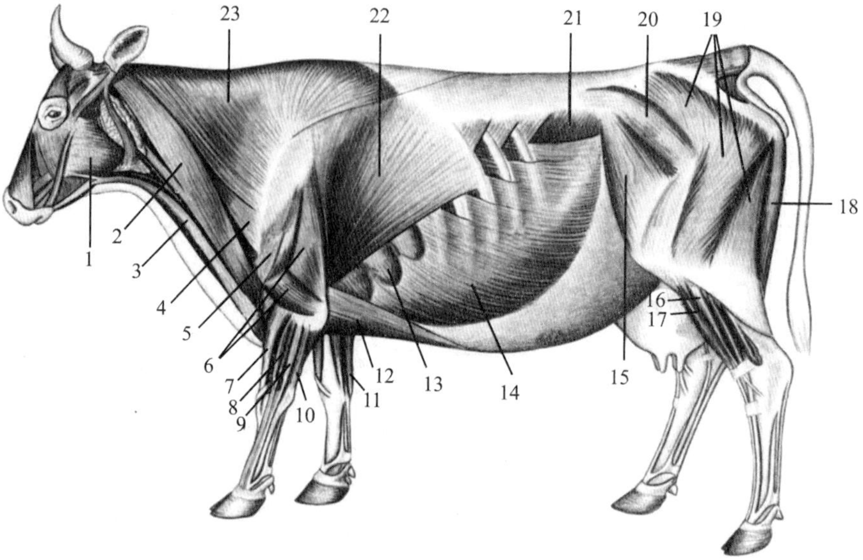

1.咬肌 2.臂头肌 3.胸头肌 4.肩胛横突肌 5.三角肌 6.臂三头肌 7.腕桡侧伸肌 8.指总伸肌 9.指外侧伸肌 10.腕尺侧伸肌 11.腕尺侧屈肌 12.胸升肌 13.腹侧锯肌 14.腹外斜肌 15.阔筋膜张肌 16.腓骨长肌 17.趾长伸肌 18.半腱肌 19.臀股二头肌 20.臀中肌 21.后背侧锯肌 22.背阔肌 23.斜方肌

图 3-40 牛全身浅层肌

(引自:Raymond R et al.,2012)

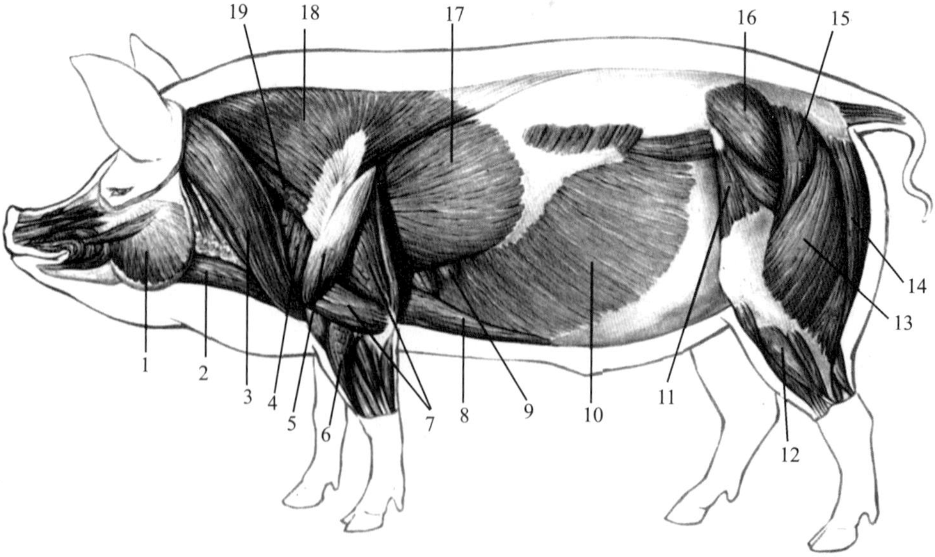

1.咬肌 2.胸头肌 3.臂头肌 4.冈上肌 5.三角肌 6.腕桡侧伸肌 7.臂三头肌 8.胸升肌 9.腹侧锯肌 10.腹外斜肌 11.阔筋膜张肌 12.腓骨长肌 13.股二头肌 14.半腱肌 15.臀浅肌 16.臀中肌 17.背阔肌 18.斜方肌 19.肩胛横突肌

图 3-41 猪全身浅层肌

(引自:Raymond R et al.,2012)

于腰椎横突末端和后8(牛)或15(马)个肋的前缘,向前止于所有肋骨后缘和第7颈椎横突。可向后牵引肋骨,协助呼吸。它与背腰最长肌之间形成髂肋肌沟,沟内有针灸穴位。

(3)夹肌(splenius muscle)　位于颈侧部,呈三角形。起自棘横筋膜和项韧带索状部,止于枕骨及前2枚(牛)或4、5枚(马)颈椎。两侧同时收缩可抬头颈,单侧收缩可偏头颈。

2.脊柱腹侧肌　不发达,仅存在于颈、腰部。颈部有斜角肌、头长肌;腰部主要有腰大肌、腰小肌和腰方肌。它们位于椎体的腹侧。

(1)斜角肌(scalene muscle)　位于颈后部腹外侧深层和前4个肋骨外侧。分三部分,腹侧斜角肌位于臂神经丛腹侧,起于第3～6颈椎横突,止于第1肋骨;中斜角肌位于臂神经丛背侧,起于第4～7颈椎横突,止于第1肋骨。背侧斜角肌扁平,呈三角形,起于第4～6颈椎横突,止于第2～4肋骨。作用为屈或侧偏颈,还能向前牵引肋骨,协助呼气。

(2)头长肌(long muscle of head)　位于前几个颈椎的腹外侧,起于第2～6颈椎横突,止于枕骨肌结节。作用为屈头。

(3)腰小肌(minor psoas muscle)　位于腰椎椎体腹侧面,狭而长,起于最后胸椎及前5个腰椎椎体,止于髂骨体的腰小肌结节。作用为屈腰荐关节和向下牵拉骨盆。

(4)腰大肌(major psoas muscle)　位于腰椎横突腹侧面、腰小肌外侧,宽扁而长,起于最后1～2个肋骨椎骨端、腰椎椎体和横突腹侧面,后部与髂肌合并,称髂腰肌,止于股骨小转子。可屈腰和髋关节。

(5)腰方肌(lumbar quadrate muscle)　贴附于腰椎横突腹外侧,大部分被腰大肌所覆盖。起于后4个胸椎椎体腹外侧面和相应肋骨椎骨端,以及腰椎横突的腹侧面,止于腰椎横突前缘和髂骨翼的荐盆面。作用为两侧同时收缩时可固定腰椎,一侧收缩时可屈腰。

(二)颈腹侧肌

位于颈部腹侧。它包围在颈部食管、大血管、气管的腹侧及两侧,主要有:

1.胸头肌(sternocephalic muscle)　位于颈下部的外侧,起自胸骨柄,止于下颌骨后缘,呈长带状。它与臂头肌之间形成颈静脉沟,沟内有颈静脉。牛的止端分浅、深两部。浅部止于下颌骨下缘,称胸下颌肌;深部止于颞骨,称胸乳突肌。作用为屈头颈。

2.胸骨甲状舌骨肌(sternothyrohyoid muscle)　位于气管的腹侧,扁平带状。起自胸骨柄,向前分为两支。外侧支止于喉的甲状软骨,称为胸骨甲状肌;内侧支止于舌骨,称为胸骨舌骨肌。作用为向后牵引舌和喉,以助吞咽。

3.肩胛舌骨肌(omohyoid muscle)　呈薄带状。起于肩胛下筋膜,止于舌骨体。它位于颈侧,臂头肌的深面,在颈前部,于颈总动脉和颈静脉之间穿过,形成颈静脉沟的沟底。作用同胸骨甲状舌骨肌。

(三)胸壁肌

分布在胸腔的侧壁及后壁,收缩时可改变胸腔的横径和前后径,即改变胸腔的容积,参与呼吸运动,故也叫呼吸肌。胸壁肌主要有肋间外肌、肋间内肌和膈肌三块。

1.肋间外肌(external intercostal muscle)　位于相邻两肋骨间隙内,起自肋骨后缘,斜向后下方止于后一肋骨的前缘。作用是向前外方牵引肋骨,扩大胸腔,引起吸气。

2.肋间内肌(internal intercostal muscle)　位于肋间外肌深面,起于肋骨和肋软骨的前缘,肌纤维方向自后上向前下,止于前一个肋骨的后缘。作用为牵引肋骨向后并拢,协助呼气。

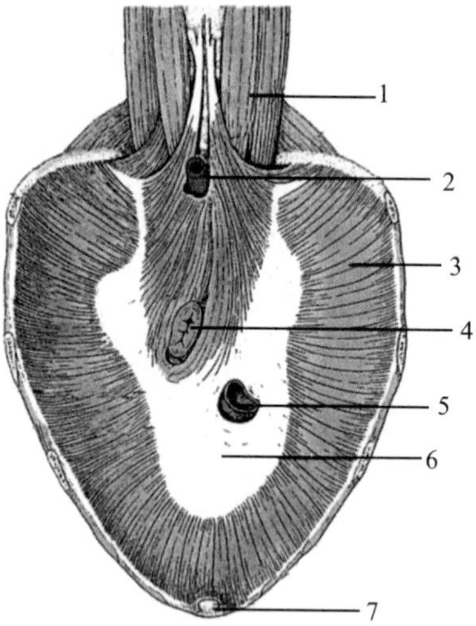

1.腰肌　2.主动脉　3.肉质缘　4.食管
5.后腔静脉　6.中心腱　7.剑状软骨

图 3-42　犬膈

(引自:Horst EK and Liebich HG,2005)

3.膈肌(diaphragm)　是一圆拱形凸向胸腔的板状肌,构成胸腔和腹腔间的分界。其周围由肌纤维构成,称肉质缘;中央是强韧的腱质,称中心腱(图 3-42)。肉质缘分别附着于前 4 枚腰椎腹侧面、肋弓内侧面和剑状软骨的背侧面。在腰椎附着部,膈的肉质缘形成左、右膈脚。两脚间裂孔供主动脉通过,称主动脉裂孔。在膈上还有分别供食管和后腔静脉通过的食管裂孔和后腔静脉裂孔。膈上 3 个裂孔,供脉管、神经和食管通行,自上而下为主动脉裂孔、食管裂孔和后腔静脉裂孔。主动脉裂孔为左、右膈脚间的裂隙,位于最后胸椎腹侧,供主动脉、左奇静脉和胸导管通过;食管裂孔为右膈脚上的裂隙,位于主动脉裂孔右下方,靠近中心腱的背侧缘,供食管和迷走神经食管背、腹侧干通过;腔静脉孔为中心腱上的孔,位于食管裂孔的右下方,供后腔静脉通过膈的收缩和舒张改变了胸腔的大小,从而导致呼吸。因此,膈是重要的呼吸肌。

(四)腹壁肌

分布于腹腔侧壁和底壁(图 3-43 和图 3-44),分 4 层,由外向内依次为腹外斜肌、腹内斜肌、腹直肌和腹横肌,腹直肌位于腹底壁,其余三肌的肌腹位于腹腔侧壁,向下延续为宽阔的腱膜,两侧的腱膜在腹中线相互交织,形成一条白色纤维纵带,称腹白线(linea alba)。腹壁肌各层肌纤维方向交错排列,表面又被覆坚固而富含弹性的腹黄膜,因此,能承受腹腔内脏巨大的重量,收缩时能增大腹压,协助分娩、排粪和排尿。

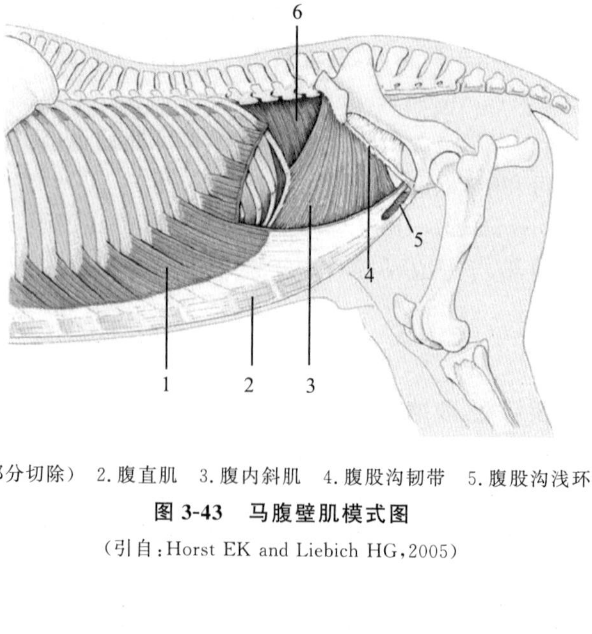

1.腹外斜肌(部分切除)　2.腹直肌　3.腹内斜肌　4.腹股沟韧带　5.腹股沟浅环　6.腹横肌

图 3-43　马腹壁肌模式图

(引自:Horst EK and Liebich HG,2005)

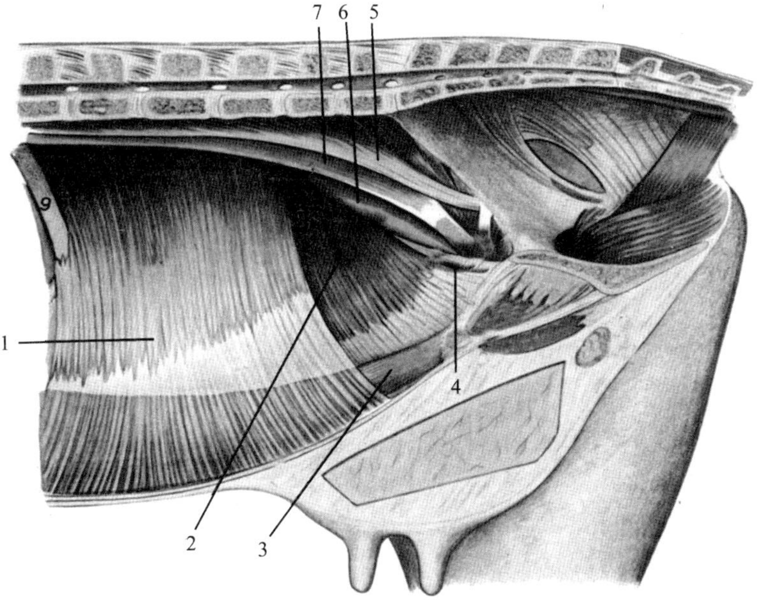

1. 腹横肌　2. 腹内斜肌　3. 腹直肌　4. 腹股沟管深环　5. 髂肌　6. 腰小肌　7. 腰大肌

图 3-44　牛腹壁深层

(引自:Raymond R et al,2012)

1. 腹外斜肌(external oblique abdominal muscle)　位于躯干皮肌深面,分肌质部和腱膜部,起始部为肌质部,以肌齿起于第 4(5)～13 肋骨的外侧面及肋间外肌表面的筋膜,肌纤维斜向后下方,在肋弓后方延续为宽阔的腱膜。腱膜部较发达,深面与腹内斜肌腱膜紧密结合,止于腹白线、耻骨前腱和髋结节。腱膜的后缘从髋结节伸至耻骨前腱的部分特别强厚,称腹股沟韧带(inguinal ligament),其前内侧有一裂隙,为腹股沟管外口,称腹股沟管浅环。

2. 腹内斜肌(internal oblique abdominal muscle)　位于腹外斜肌深面,起于髋结节及第 3～5 腰椎横突,肌纤维斜向前下方,以肌束止于最后肋骨中下部后缘,以腱膜止于腹白线和耻骨前腱。分肌质部和腱膜部,肌质部呈扇形,位于腹胁部,约在腹侧壁中部移行为腱膜部。腱膜分两层,外层与腹外斜肌腱膜结合,构成腹直肌鞘的外层;内层与腹横肌腱膜结合,紧密附着于腹直肌背侧面,构成腹直肌鞘的内层。

3. 腹直肌(straight abdominal muscle)　位于腹底壁腹白线外侧。起于胸骨和后 10 个肋软骨的外侧面,肌腹宽而扁,肌纤维向后纵行,后端变窄,止腱形成强大的耻骨前腱,止于耻骨前缘。肌腹表面有 3～5(6)条腱划,在第 2 腱划附近有一孔称乳井,腹壁前浅静脉由此进入胸腔。

4. 腹横肌(transverse abdominal muscle)　是腹壁的最内层肌,起自腰椎横突及假肋下端的内侧面,肌纤维横行,走向内下方,以腱膜止于腹白线。

5. 腹股沟管(inguinal canal)　位于腹底壁后部,耻前腱两侧,是腹内斜肌(形成管的前内侧壁)与腹股沟韧带(形成管的后外侧壁)之间的斜行裂隙。管的内口通腹腔,称腹环,由腹内斜肌的后缘及腹股沟韧带围成;外口通皮下,称为皮下环,是腹外斜肌腱膜上的一个裂孔。公畜的腹股沟管明显,是胎儿时期睾丸从腹腔下降到阴囊的通道,内有精索、总鞘膜、提睾肌和脉管、神经通过。母畜的腹股沟管仅供脉管、神经通过。

四、前肢肌

前肢肌按部位分为肩带肌、肩部肌、臂部肌、前臂部肌和前脚部肌(图 3-40 至图 3-46)。

(一)肩带肌

肩带肌是连接前肢与躯干的肌肉,它们一般起于躯干骨,止于前肢的肩胛骨和臂骨。根据肌肉所处的位置可分为背侧组和腹侧组(图 3-40、图 3-41)。

1. 背侧组　背侧组的肌肉一般起于头骨和脊柱,从背侧连接前肢,它包括如下几块肌肉:斜方肌、菱形肌、背阔肌、臂头肌。牛、羊、猪、犬还有肩胛横突肌。

(1)斜方肌(trapezius muscle)　为三角形扁肌,位于肩颈上半部浅层。分颈、胸两部,颈斜方肌起于项韧带索状部,肌纤维由前上方斜向后下方;胸斜方肌起于前 10 个胸椎棘突,肌纤维由后上方斜向前下方;两部均止于肩胛冈。作用为提举、摆动和固定肩胛骨。

(2)菱形肌(rhomboideus muscle)　位于斜方肌和肩胛软骨的深面,起于第 2 颈椎至第 7(8)胸椎之间的项韧带索状部、棘上韧带和胸椎棘突,分颈、胸两部。颈菱形肌厚而狭长,肌纤维斜向后下方,水牛的大部分纵行;胸菱形肌薄,略呈长四边形,肌纤维接近垂直;两部均止于肩胛软骨内侧面。主要作用是向上提举肩胛骨,前肢不动时可伸颈。

(3)背阔肌(broadest muscle of back)　呈三角形,位于胸侧壁上部,自腰背筋膜起始,牛起于第 9～12 肋骨、肋间外肌和腹外斜肌的筋膜,止于肱骨的大圆肌粗隆、臂三头肌长头内侧的腱膜和肱骨内侧结节。其作用为向后上方牵引肱骨,屈肩关节,对于牛还可协助吸气。

(4)臂头肌(brachiocephalic muscle)　前宽后窄的长肌,位于颈侧部浅层,构成颈静脉沟的上界。臂头肌被锁键划分为锁头肌和锁臂肌两部分。锁臂肌位于臂部,止于肱骨嵴。锁头肌位于颈部,又分为两部分,背侧部称锁枕肌,起于枕骨和项韧带;腹侧部称锁乳突肌,与夹肌同起于颞骨乳突;两部均止于锁骨腱划。犬的锁头肌分为锁颈肌和锁乳突肌。臂头肌可牵引前肢向前、伸肩关节,在前肢踏地两侧同时作用时可伸展头颈,一侧作用时可偏转头颈。

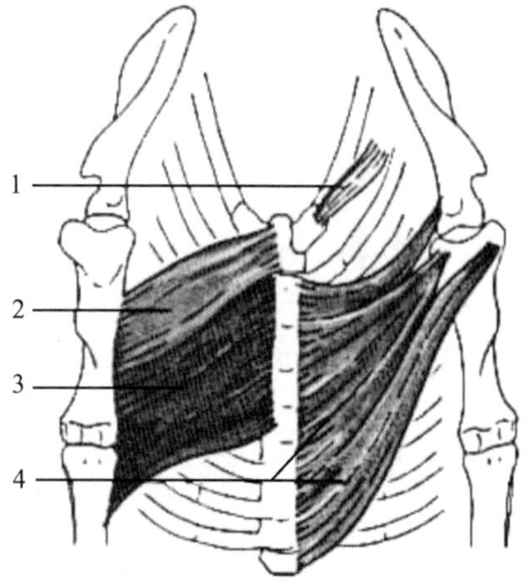

1. 锁骨下肌　2. 胸降肌　3. 胸横肌　4. 胸升肌

图 3-45　牛胸肌

(引自:Horst EK and Liebich HG,2005)

(5)肩胛横突肌(omotransverse muscle)　为薄的长肌,大部分被臂头肌覆盖,仅后部暴露在颈斜方肌与臂头肌之间的三角形区域内。起于寰椎翼和枢椎横突,水牛起于第 3 颈椎横突,止于肩胛冈和肩臂筋膜。马无此肌,有人认为马的锁头肌背侧部为肩胛横突肌。作用为牵引前肢向前或偏转头颈。

2. 腹侧组　包括胸肌和腹侧锯肌两块肌肉,一般起于颈椎、胸骨、肋骨,从腹侧连接前肢。

(1)胸肌(pectoral muscle)　位于胸底壁与前肢之间,分浅、深两层,每层又分前、后两部,共有胸降肌、胸横肌、锁骨下肌和胸升肌 4 块。胸肌的主要作用为内收前肢及牵引躯干向前(图 3-45)。

胸降肌　曾称胸浅前肌,起于胸骨柄,止于肱骨嵴。胸降肌与锁臂肌之间形成胸外侧沟,内有头静脉通过。

胸横肌　曾称胸浅后肌，薄而宽，起于胸骨腹侧面，止于前臂内侧筋膜。

锁骨下肌　曾称胸深前肌，为小的带状肌。起于第 1 肋软骨，止于臂头肌的锁骨腱划。

胸升肌　曾称胸深后肌，呈长三角形，宽而薄。在胸肌中最大，表面被胸降肌、胸横肌和躯干皮肌覆盖。起于胸骨腹侧面和腹黄膜，止于肱骨大结节和小结节。

(2)腹侧锯肌(ventral serrate muscle)　扇形，宽而厚，腹侧缘呈锯齿状，分颈、胸两部。颈腹侧锯肌较厚，全为肉质，起于第 2～7 颈椎横突和前 3 个肋骨，肌纤维斜向后上方；胸腹侧锯肌较薄，表面被有腱膜，肌纤维斜向前上方，起于第 4～9 肋骨，两部均止于肩胛骨锯肌面和肩胛软骨内侧面。左右腹侧锯肌形成一条弹性吊带，将躯干悬挂在两前肢之间。前肢不动时，两侧肌同时收缩可提举躯干，一侧收缩可将身体重心移至对侧，便于提举同侧前肢；颈部收缩可举颈，胸部收缩还可协助吸气。

(二)肩部肌

肩部肌分布于肩胛骨的内侧及外侧面，起自肩胛骨，止于肱骨，跨越肩关节，可分为外侧组和内侧组(图 3-40，图 3-41，图 3-46，图 3-47)。

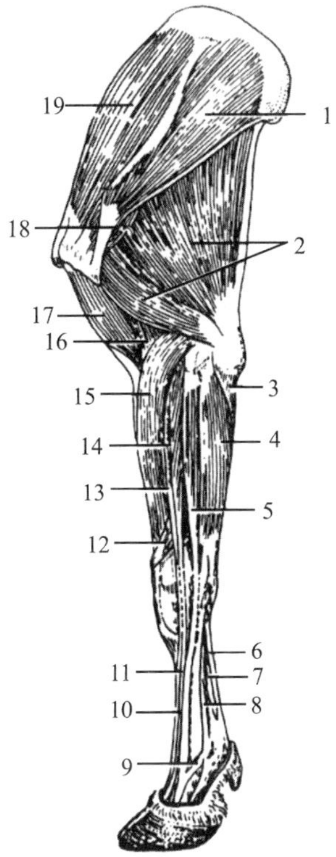

1. 冈上肌　2. 臂三头肌　3. 指深屈肌　4. 腕外侧屈肌
5. 指外侧伸肌　6. 指浅屈肌腱　7. 指深屈肌腱　8. 悬韧带
9. 悬韧带分支　10. 指总伸肌腱　11. 指内侧伸肌腱
12. 腕斜伸肌　13. 指内侧伸肌　14. 指总伸肌
15. 腕桡侧伸肌　16. 臂肌　17. 臂二头肌
18. 小圆肌　19. 冈上肌

图 3-46　牛左前肢外侧肌

(引自：彭克美，2015)

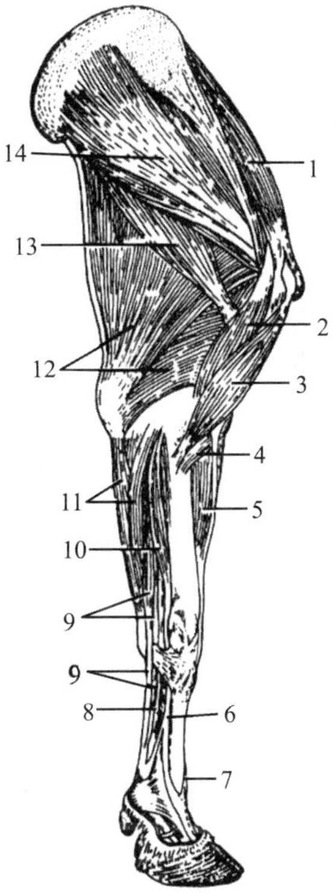

1. 冈上肌　2. 喙臂肌　3. 臂二头肌　4. 臂肌
5. 腕桡侧伸肌　6. 悬韧带　7. 指内侧伸肌腱
8. 指深屈肌腱　9. 指浅屈肌腱
10. 腕桡侧屈肌　11. 腕尺侧屈肌
12. 臂三头肌　13. 大圆肌
14. 肩胛下肌

图 3-47　牛左前肢内侧肌

(引自：彭克美，2015)

1. 外侧组

(1)冈上肌(supraspinous muscle) 位于肩胛骨冈上窝内。起自冈上窝、肩胛冈和肩胛软骨,止腱分两支,分别止于肱骨大结节和小结节。作用为伸展或固定肩关节。

(2)冈下肌(infraspinous muscle) 位于肩胛骨冈下窝内,一部分被三角肌覆盖。起于冈下窝及肩胛软骨,以一短腱止于肱骨近端外侧大结节,腱下有滑膜囊。作用为屈和外展肩关节,还可起外侧侧副韧带的作用,固定肩关节。

(3)三角肌(deltoid muscle) 位于肩关节后方,冈下肌、小圆肌和臂三头肌表面,略呈三角形。分肩峰部和肩胛部;肩峰部位于前方,起于肩胛冈下端的肩峰;肩胛部位于后方,起于肩胛骨后缘和冈下肌表面腱膜;两部会合后止于肱骨三角肌粗隆。作用为屈肩关节和外展肱骨。

(4)小圆肌(minor teres muscle) 较小,位于肩关节后外侧、三角肌深面,呈索状或楔形。起于肩胛骨后缘下部,止于肱骨外侧结节后部下方。作用为屈肩关节。

2. 内侧组

(1)肩胛下肌(subscapular muscle) 位于肩胛骨内侧面,略呈三角形。起于肩胛下窝和肩胛软骨,肌腹分前、中、后三部,向前下方集中,下端以扁腱止于肱骨内侧结节。作用为屈肩关节,并起内侧侧副韧带的作用,固定肩关节。

(2)大圆肌(major teres muscle) 呈长梭形,位于肩胛下肌后方,起于肩胛骨后角,止于肱骨内侧圆肌结节。具有屈肩关节和内收肱骨的作用。

(3)喙臂肌(coracobrachial muscle) 呈扁而小的梭形,位于肩关节和肱骨的内侧上部。起于肩胛骨的喙突,止于肱骨内侧面。具有内收和屈曲肩关节的作用。

(三)臂部肌

臂部肌分布于肱骨周围,主要作用在肘关节,可分伸、屈两组。伸肌组位于肱骨后方,屈肌组在前方(图 3-40,图 3-41,图 3-46,图 3-47)。

1. 伸肌组

(1)臂三头肌(triceps muscle of forearm) 位于肩胛骨与肱骨之间的夹角内,肌腹分长头、外侧头和内侧头三部。长头最大,呈三角形,起于肩胛骨后缘;外侧头位于长头的前下方,呈四边形,起于肱骨三头肌线和三角肌粗隆;内侧头最小,位于臂内侧面,起于肱骨内侧面。三个头均止于尺骨鹰嘴。在长头止腱下有腱下囊。臂三头肌的作用是伸肘关节,长头还可屈肩关节。

(2)前臂筋膜张肌(tensor muscle of antebrachial fascia) 位于臂三头肌长头的后缘和内侧面,肌腹薄而狭长,起于肩胛骨后角和背阔肌腱膜,止于鹰嘴和前臂筋膜。作用为伸肘关节,也可屈肩关节和紧张前臂筋膜。

2. 屈肌组

(1)臂二头肌(biceps muscle of forearm) 位于肱骨前面,呈圆柱状(牛)或纺锤形(马)。起自肩胛结节,越过肩关节前面和肘关节,止于桡骨近端前面的桡骨结节。另分出一个长腱支并入腕桡侧伸肌,间接止于掌骨。主要作用是屈肘关节,也有伸肩关节的作用。

(2)臂肌(brachial muscle) 位于肱骨臂肌沟内。起自肱骨近端的后缘,止于桡骨近端内侧缘。作用为屈肘关节。

(四)前臂及前脚部肌

前臂及前脚部肌的肌腹分布于前臂骨的背侧、外侧和掌侧面,多为纺锤形。均起自肱骨远端和前臂骨近端。在腕关节上部变为腱质。作用于腕关节的肌肉的腱短，止于腕骨及掌骨。作用于指关节的肌肉，其腱较长，跨过腕关节和指关节，止于指骨。除腕尺侧屈肌外，其他各肌的肌腱在经过腕关节时，均包有腱鞘。前臂及前脚部肌可分为背外侧肌群和掌内侧肌群(图 3-46 至图 3-48)。

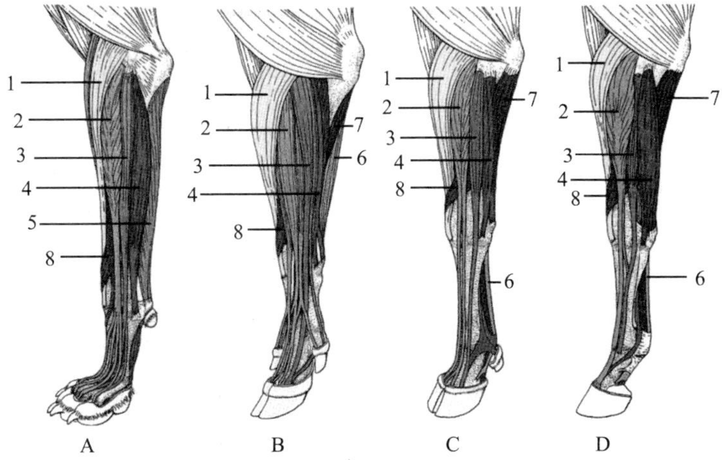

A.犬 B.猪 C.牛 D.马

1.腕桡侧伸肌 2.指总伸肌 3.指外侧伸肌 4.腕尺侧伸肌

5.腕尺侧屈肌 6.指浅屈肌 7.指深屈肌 8.腕斜伸肌

图 3-48 家畜前臂及前脚部肌肉(外侧面)

(引自:Horst EK and Liebich HG,2005)

1.*背外侧肌群* 分布于前臂骨的背侧和外侧面，由前向后依次为腕桡侧伸肌、指总伸肌和指外侧伸肌，在前臂下部还有腕斜伸肌。牛的腕桡侧伸肌和指总伸肌之间还有指内侧伸肌，它们是作用于腕、指关节的伸肌。

(1)腕桡侧伸肌(radial extensor muscle of carpus) 位于桡骨背侧面，最大，上部在臂三头肌外侧头与臂肌之间。起于肱骨远端外侧，以长腱止于掌骨粗隆，肌腱通过腕关节前方时包有腱鞘。作用为伸腕关节，还可屈肘关节，在站立时也可固定肩关节、肘关节和腕关节。

(2)腕斜伸肌 又称拇长展肌，呈扁三角形，在指伸肌覆盖下，起自桡骨外侧下半部，斜伸延向腕关节内侧，止于第 3(牛)或第 2(马)掌骨近端。有伸和旋外腕关节的作用。

(3)指总伸肌(common digital extensor muscle) 牛的指总伸肌较细，位于指内侧伸肌和指外侧伸肌之间，起于肱骨外侧上髁(浅头)和尺骨外侧面(深头)，其腱向下伸延至掌骨远端分为两支，分别沿第 3 指和第 4 指背侧面下行，止于蹄骨。马的指总伸肌位于腕桡侧伸肌的后方，桡骨的外侧。主要起于肱骨远端前面，至前臂下部延续为腱，经腕关节背外侧面、掌骨和系骨背侧面向下伸延，止于蹄骨的伸腱突。主要作用是伸指和腕关节，也可屈肘。

(4)指外侧伸肌(lateral digital extensor muscle) 位于前臂外侧面，在指总伸肌后方，牛的发达，马的很小。起自桡骨近端外侧，其腱经腕关节外侧面下延，至掌部，则沿指总伸肌腱外侧缘下行。牛的止于第 4 指的冠骨和蹄骨，又称第 4 指固有伸肌;马的止于系骨近端。有伸指和腕关节的作用。

(5)指内侧伸肌(medial digital extensor muscle) 又称第 3 指固有伸肌，马无此肌。它位

于腕桡侧伸肌和指总伸肌之间，肌腹和腱紧贴其后缘的指总伸肌及其腱。起于肱骨外侧上髁，以长腱止于第 3 指冠骨近端和蹄骨内侧缘。有伸第 3 指的作用。

2. 掌侧肌群　分布于前臂骨的掌侧面，为腕和指关节的屈肌。肌群的浅层为屈腕的肌肉，包括腕外侧屈肌、腕尺侧屈肌和腕桡侧屈肌；深层为屈指的肌肉，有指浅屈肌和指深屈肌。

(1)腕外侧屈肌(lateral flexor muscle of carpus)　又称腕尺侧伸肌，位于前臂外侧后部，指外侧伸肌的后方。起自肱骨远端，止于副腕骨和第 4 掌骨近端。作用为屈腕、伸肘。

(2)腕尺侧屈肌(ulnar flexor muscle of carpus)　位于前臂内侧面、腕桡侧屈肌后方。肌腹长而扁，有两个头。肱骨头起于肱骨内侧上髁，尺骨头起于鹰嘴内侧面，止于副腕骨。有屈腕、伸肘的作用。

(3)腕桡侧屈肌(ulnar flexor muscle of carpus)　位于腕尺侧屈肌前方，桡骨之后，它与桡骨内侧缘之间形成前臂正中沟，沟内有正中动脉、正中静脉和正中神经。起于肱骨远端内侧，牛的止于第 3 掌骨近端，马的止于第 2 掌骨近端。作用为屈腕、伸肘。

(4)指浅屈肌(superficial digital flexor muscle)　位于腕尺侧屈肌的深面与指深屈肌之间。牛的指浅屈肌起于肱骨内侧上髁，肌腹分浅、深两部，肌腱分别止于第 3、第 4 指冠骨近端的两侧。马的指浅屈肌有两个起点，一个起于肱骨远端内侧，另一个以腱质起自桡骨掌侧面下半部。肌腹与指深屈肌不易分离。其腱索经腕管至掌部，位于指深屈肌腱的浅面。在系关节附近形成一腱环，供指深屈肌腱通过。在系骨远端分为两支，分别止于系骨和冠骨的两侧。作用为屈指和腕关节。

(5)指深屈肌(deep digital flexor muscle)　其肌腹在前臂掌侧面，被其他屈肌包围。以三个头分别起自肱骨远端内侧、肘突和桡骨近端后面。三个头的腱合成一个总腱，经腕管向下伸延至掌部，走在指浅屈肌腱深面，悬韧带的浅面，在系关节附近，穿过指浅屈肌的腱环，并在其分支间下行，以扁腱止于蹄骨的屈腱面。牛的指深屈肌腱分支分别止于第 3、第 4 指蹄骨的屈腱面。其作用为屈指和腕关节。

五、后肢肌

后肢肌肉较前肢肌肉发达，是推动身体前进的主要动力，可分为臀部肌、股部肌、小腿和后脚部肌(图 3-40，图 3-41，图 3-49，图 3-50)。

(一)臀部肌

分布于臀部，跨越髋关节，止于股骨。可伸、屈髋关节及外旋大腿。

1. 臀浅肌(superficial gluteal muscle)　牛、羊无此肌。马的臀浅肌位于臀部浅层，有两个起点，一个是髋结节，另一个是臀筋膜，止于股骨第 3 转子。有外展后肢和屈髋关节的作用。

2. 臀中肌(middle gluteal muscle)　是臀部的主要肌肉，大而厚。起自髂骨翼和荐结节阔韧带，止于股骨大转子。主要作用是伸髋关节，外展后肢，由于其与背最长肌结合，还参与竖立、蹴踢和推动躯干前进等动作。

3. 臀深肌(deep gluteal muscle)　位于最深层，臀中肌的下面。起自坐骨棘，在牛还起于荐结节阔韧带，止于大转子前部。有外展髋关节和内旋后肢的作用。

4. 髂肌(iliac muscle)　位于髋关节前方，起于髂骨和荐骨，肌腹分内侧部和外侧部，两部之间形成一沟，容纳腰大肌的后部，合称髂腰肌，止于股骨小转子。作用为屈髋关节，也可旋外后肢。

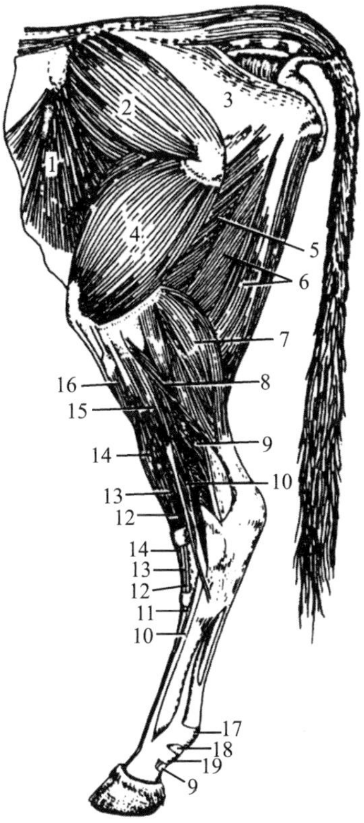

1. 腹内斜肌　2. 臀中肌　3. 荐结节阔韧带　4. 股外侧肌　5. 半膜肌　6. 半腱肌　7. 腓肠肌　8. 比目鱼肌　9. 趾深屈肌及其腱　10. 趾外侧伸肌及其腱　11. 趾短伸肌　12. 趾长伸肌　13. 趾内侧伸肌及其腱　14. 第 3 腓骨肌及其腱　15. 腓骨长肌　16. 胫骨前肌　17. 系关节掌侧环韧带　18. 趾浅屈肌腱　19. 趾近侧环韧带

图 3-49　牛左后肢外侧肌

(阔筋膜张肌和臀股二头肌已切除)

(引自:彭克美,2015)

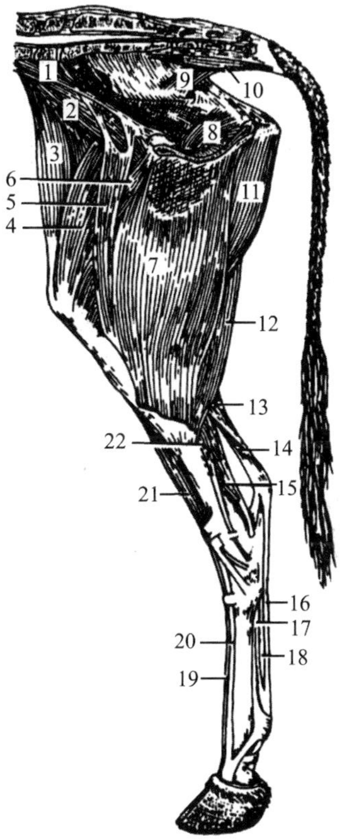

1. 腰小肌　2. 髂腰肌　3. 阔筋膜张肌　4. 股直肌　5. 缝匠肌　6. 耻骨肌　7. 股薄肌　8. 闭孔内肌　9. 尾骨肌　10. 荐尾侧腹肌　11. 半膜肌　12. 半腱肌　13. 腓肠肌　14. 趾浅屈肌　15. 趾深屈肌　16. 趾浅屈肌腱　17. 悬韧带　18. 趾深屈肌腱　19. 趾长伸肌腱　20. 趾内侧伸肌腱　21. 趾内侧伸肌腱　22. 趾长屈肌

图 3-50　牛左后肢内侧肌

(引自:彭克美,2015)

(二)股部肌

分布于股骨周围,可分为股前、股后和股内侧肌群。

1. *股前肌群*　位于股骨前面。

(1)阔筋膜张肌(tensor muscle of fascia lata)　位于股前外侧皮下,起自髋结节,向下呈扇形连于阔筋膜,并借阔筋膜止于膝盖骨和胫骨嵴。可紧张阔筋膜、屈髋关节和伸膝关节。

(2)股四头肌(quadriceps muscle of thigh)　位于股骨前面和两侧,发达强大,由 4 个头组成。股直肌位于股骨前面,起于髂骨体;股内侧肌位于股骨内侧,起于股骨内侧上半部;股外侧肌最大,位于股骨外侧,起于股骨外侧面;股中间肌位于股骨前面和两侧面,被其余三肌包围,起于股骨前面和两侧;4 个头均止于膝盖骨,股内侧肌和股外侧肌还分别止于膝内、外侧韧带。作用为伸膝关节,股直肌也可屈髋关节。

2. 股后肌群　位于股后部。

(1)臀骨二头肌(gluteobiceps muscle)　反刍动物和猪的股二头肌前部与臀浅肌合并，形成臀股二头肌，长而宽厚，位于臀股部的外侧、臀中肌的后方。起始部有两个头，椎骨头起于荐骨和荐结节阔韧带；坐骨头起于坐骨结节及坐骨腹侧面。两头在坐骨结节下方合并，很快又分为前、后两部，前部大，后部小，以腱膜止于膝盖骨、膝外侧韧带、胫骨前缘和跟结节。作用为伸髋关节、膝关节和跗关节；在提举后肢时，也可屈膝关节；还参与蹴踢、竖立和推动躯干等动作。

(2)半腱肌(semitendinous muscle)　长而大，位于臀股二头肌后方，止端转到内侧。其起点是前两个尾椎和荐结节阔韧带(马)以及坐骨结节(马、牛)，止点是胫骨嵴、小腿筋膜和跟结节。作用同臀股二头肌。

(3)半膜肌(semimembranous muscle)　大，呈三棱形，位于半腱肌后内侧。起于荐结节阔韧带后缘(马)和坐骨结节(马、牛)，止于股骨远端内侧。有伸髋关节并内收后肢的作用。

3. 股内侧肌群　位于股部内侧。

(1)股薄肌(gracilis muscle)　位于股内侧皮下，薄而阔，四边形，起自骨盆联合及耻前腱，止于膝内直韧带和胫骨近端内侧面。它将耻骨肌、内收肌覆盖于其下。有内收后肢的作用。

(2)缝匠肌(sartorius muscle)　呈狭长带状，位于股内侧前部，起于骨盆盆面髂筋膜和腰小肌腱，止于胫骨近端内面。有内收后肢的作用。

(3)内收肌(adductor muscle)　呈三棱形，位于耻骨肌后面，半膜肌前方，股薄肌深面。起于耻骨和坐骨的腹侧面，止于股骨。可内收后肢，也可伸髋关节。

(4)耻骨肌(pectineal muscle)　位于耻骨前下方，起于耻骨前缘和耻前腱，止于股骨中部的内侧缘。可内收后肢和屈髋关节。

(三)小腿及后脚部肌

多为纺锤形肌，肌腹位于小腿部，在跗关节均变为腱，作用于跗关节和趾关节。可分为背外侧肌群和跖侧肌群(图 3-51)。

1. 背外侧肌群

(1)趾长伸肌(long digital extensor muscle)　位于小腿背外侧部，在马位于浅层，而牛、猪的趾长伸肌被第 3 腓骨肌覆盖着。起自股骨远端，在跗关节上方延续为一长腱。经跗跖及趾的背侧面伸向趾端，止于蹄骨伸腱突。在牛、猪，趾长伸肌的肌腹分内侧肌腹(趾内侧伸肌)和外侧肌腹，分别止于第 3、第 4 趾。有伸趾关节、屈跗关节的作用。

(2)趾外侧伸肌(lateral digital extensor muscle)　在牛又称为第 4 趾固有伸肌。位于小腿的外侧部，在趾长伸肌的后方(马)或腓骨长肌的后方(牛、猪)。起于胫骨近端外侧及腓骨，于跖中部并入趾长伸肌腱(马)，或沿趾长伸肌腱的外侧缘下行，止于第 4 趾冠骨(牛、猪)。作用同趾长伸肌。

(3)第 3 腓骨肌(third fibular muscle)　马的第 3 腓骨肌无肌质，为一强腱。位于胫骨前肌与趾长伸肌之间。牛、猪的第 3 腓骨肌比马的发达，呈纺锤形，位于小腿背侧面的浅层，在趾长伸肌的表面。起自股骨远端，沿胫骨前肌背侧下行，在跗关节上方分为两支，分别止于大跖骨近端和跗骨。有屈跗关节的作用。

(4)胫骨前肌(cranial tibial muscle)　紧贴于胫骨前外侧，被第 3 腓骨肌(牛)或趾长伸肌(马)覆盖。起自胫骨近端外侧，在跗关节背侧，其止腱自第 3 腓骨肌二腱间穿过，分为两支，分

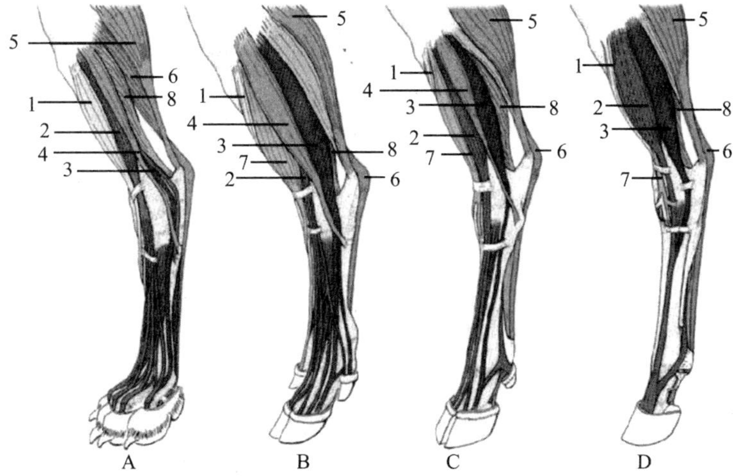

A. 犬　B. 猪　C. 牛　D. 马

1. 胫骨前肌　2. 趾长伸肌　3. 趾外侧伸肌　4. 腓骨长肌　5. 腓肠肌

6. 趾浅屈肌　7. 第 3 腓骨肌　8. 趾深屈肌

图 3-51　家畜小腿及后脚部肌(外侧面)

(引自:Horst EK and Liebich HG,2005)

别止于大跖骨近端和第 1、第 2 跗骨(马)或第 2、第 3 跗骨(牛)。有屈跗关节的作用。

(5)腓骨长肌(long peroneal muscle)　马无此肌。位于小腿背外侧部,在趾长伸肌和趾外侧伸肌之间。起于胫骨外侧髁和腓骨,止于跖骨近端和第 1 跗骨。有屈跗关节和旋内后脚的作用。

2. 跖侧肌群

(1)腓肠肌(gatrocnemius muscle)　发达,位于小腿后部,分内、外两头,起自股骨远部跖侧,于小腿中部变为腱,与趾浅屈肌腱扭结一起,止于跟结节,作用为伸跗关节。腓肠肌腱以及附着于跟结节的趾浅屈肌腱、股二头肌腱和半腱肌腱合成一粗而坚硬的腱索,称为跟总腱(common calcaneal tendon)。

(2)趾浅屈肌(superficial digital flexor muscle)　位于小腿后方,上部夹于腓肠肌内、外侧头之间,呈纺锤形,肌腹多腱质。起于股骨髁上窝,其腱与腓肠肌腱扭结一起,在跟结节处变宽,呈帽状罩于其上,两侧附着于跟结节两旁。主腱继续下行,经跗部和跖部后面向下伸延至趾部,止于冠骨两侧(马),或分两支,分别止于第 3、第 4 趾的冠骨(牛)。其主要作用是屈趾关节。

(3)趾深屈肌(deep digital flexor muscle)　肌腹位于胫骨后面,有三个头,即外侧浅头、外侧深头和内侧头,均起于胫骨后面。三部肌腱在跗关节处合成一总腱,沿趾浅屈肌深面下行,止于蹄骨的屈腱面(马),或分两支,止于第 3、第 4 趾的蹄骨(牛)。作用为屈趾关节、伸跗关节。

(4)腘肌(popliteus muscle)　位于膝关节后面。以圆形腱起于股骨远端,肌腹扩大为厚的三角形,止于胫骨近端后面。有屈股胫关节的作用。

六、头部肌

头部肌包括面部肌和咀嚼肌。面部肌是位于口腔、鼻孔和眼裂周围的肌肉,可分为开张自然孔的张肌(鼻唇提肌、上唇固有提肌、下唇降肌等)和关闭自然孔的环行肌(口轮匝肌、颊肌等)。咀嚼肌配布于颞下颌关节周围,参与咀嚼运动,可分为闭口肌和开口肌。闭口肌很发达,包括咬肌(图3-40和图3-41)、翼肌和颞肌等。开口肌不发达,主要包括二腹肌和枕颌肌。

思考题

问答题

1. 简述骨的类型以及骨的构造。
2. 简述骨的化学成分和物理特性。
3. 简述关节的构造和类型。
4. 简述椎骨的一般构造。
5. 简述鼻旁窦的概念。
6. 依次说明由近端到远端的前、后肢骨名称及关节名称。
7. 说明脊柱的构成、胸廓的构成、骨盆的构成。
8. 临床上在髂部(软腹壁)切口做手术时,切开腹膜就是腹腔,应切开哪几层肌肉才到腹膜?

第四章

内脏学总论

【学习目标】

1. 明确内脏的概念。
2. 掌握管状器官和实质性器官的特点。
3. 掌握体腔、浆膜及浆膜腔的含义。
4. 了解腹腔的分区。

第一节　内脏的概念

内脏学(splanchnology)是研究机体各内脏器官形态结构和位置关系的科学。内脏(viscera)指大部分位于胸腔、腹腔和骨盆腔内,由一套连续的管道和一个或多个实质性器官组成,并以管状器官一端或两端的开口与外界相通,包括消化、呼吸、泌尿和生殖四个系统(图 4-1)。某些与内脏密切相关的结构,如胸膜、腹膜和会阴等也属于内脏学范畴。广义的内脏还包括体

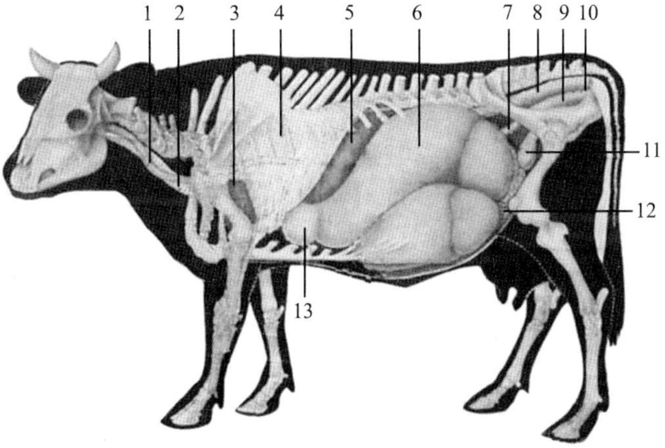

1. 食管　2. 气管　3. 心脏　4. 肺　5. 脾脏　6. 瘤胃　7. 左子宫角
8. 直肠　9. 阴道　10. 尿生殖道　11. 膀胱　12. 空肠曲　13. 网胃

图 4-1　母牛的内脏位置(左侧)

腔内的其他器官，如心脏、脾、脉管和内分泌腺等。

内脏的功能：参与动物体的新陈代谢和生殖活动，维持个体生存和种属延续。机体所需要的营养物质和氧，由消化系统和呼吸系统摄入体内，经心血管系统输送到身体各部，在细胞内进行新陈代谢。代谢的最终产物，再经心血管系统运送到呼吸系统、泌尿系统等排出体外。食物的残渣以粪便的形式由消化系统排出。生殖系统的功能主要是产生生殖细胞、繁殖后代、延续种族。

第二节 内脏的一般形态和结构

内脏各器官根据其基本结构可分为管状器官和实质性器官两大类。

一、管状器官

管状器官呈管状或囊状，内有较大而明显的腔隙，如食管、胃、肠、气管和膀胱等。管状器官管壁一般由3～4层组织构成，由内向外依次为黏膜、黏膜下层、肌层和外膜（图4-2）。

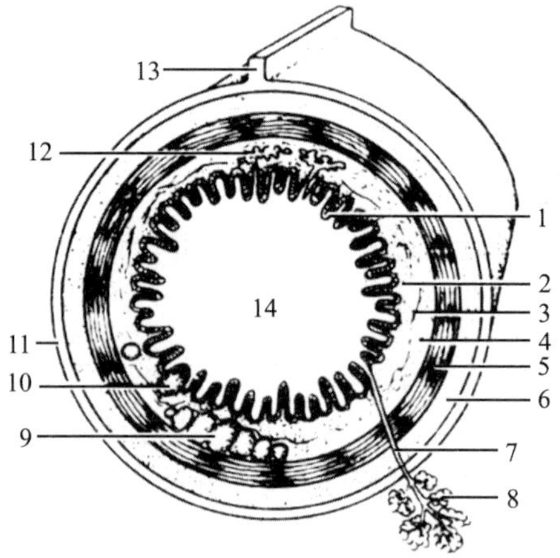

1.黏膜上皮 2.固有膜 3.黏膜肌层 4.黏膜下组织 5.内环形肌 6.外纵形肌 7.腺管 8.壁外腺 9.淋巴集结 10.淋巴孤结 11.浆膜 12.十二指肠腺 13.肠系膜 14.肠腔

图4-2 管状器官结构模式图

（引自：杨银凤，2015）

（一）黏膜（tunica mucosa）

构成管壁的最内层。正常黏膜的色泽因血液充盈程度而不同，可由淡红色到鲜红色，柔软而湿润，有一定的伸展性，空虚状态常形成皱褶。黏膜有保护、分泌和吸收等作用，由内向外又分黏膜上皮、固有膜和黏膜肌层三层。

1.黏膜上皮（epithelium mucosa） 由上皮组织构成，其类型因所在部位和功能不同而异，完成各个部位的不同功能，如保护、分泌或吸收。口腔、食管、肛门、阴道和尿道外口等的上皮为复层扁平上皮，有保护作用；胃、肠等的上皮为单层柱状上皮，有保护、分泌和吸收作用；呼吸道的上皮为假复层柱状纤毛上皮，有运动和保护作用；膀胱、输尿管等的上皮为变移上皮，有适应器官的扩张和收缩的作用。

2. 固有膜(lamina propria)　又称固有层，由疏松结缔组织构成，固有膜有支持和营养上皮的作用，内有小血管、淋巴管和神经纤维。在某些器官的固有膜内还有淋巴组织、淋巴小结和腺体等。

3. 黏膜肌层(muscularis mucosae)　由薄层平滑肌构成，在固有膜下方，位于固有膜和黏膜下层之间。收缩时可使黏膜形成皱褶，可促进黏膜的血液循环、上皮的吸收和腺体分泌物的排出。

(二)黏膜下层(submucosa)

也称黏膜下组织，由疏松结缔组织构成，有连接黏膜和肌层的作用，并使黏膜具有一定的活动性。在富有伸展性的器官(如胃和膀胱等)特别发达。黏膜下层内含有较大的血管、淋巴管和黏膜下神经丛。在有些器官(如食管和十二指肠)的黏膜下层内还分布有壁内腺。

(三)肌层(tunica muscularis)

一般由平滑肌构成，常分为内环行肌和外纵行肌两层，在两肌层之间有少量结缔组织和肌间神经丛。环行肌收缩时，可使管腔缩小；纵行肌收缩时，可使管道缩短而管腔变大。两肌层交替收缩时，可使内容物按一定方向移动。在管状器官的入口和出口处，环形肌增厚形成括约肌，起开闭作用。在有些管状器官，如口腔、咽、喉、食管(牛、羊全部，猪几乎全部，马的前4/5)以及天然孔等器官壁的肌层，则由横纹肌构成。

(四)外膜(adventitia)或浆膜(serosa)

为管壁的最外层，由疏松结缔组织构成，称为外膜，也是管壁与周围器官连接固定的组织，如颈部食管和直肠后段的外膜。位于体腔内的管状器官，其外膜表面覆盖一层扁平细胞(间皮)，则称为浆膜(serosa)，如胃、肠等表面的浆膜。浆膜表面光滑、湿润，有减少器官间运动时摩擦的作用。

二、实质性器官

大多数实质性器官没有明显的空腔，是一团柔软的组织，借导管与有腔内脏相连，如肝、胰、肺、肾、睾丸和卵巢等。

实质性器官均由实质和被膜两部分组成。实质是实质性器官实现其功能的主要部分，主要由腺上皮构成，具有分泌功能，其导管开口于管状器官的官腔内。如睾丸的实质为细精管和睾丸网，肺的实质由肺内各级支气管和无数的肺泡组成。被膜由结缔组织构成，被覆于器官的外表面，并伸入实质内将器官分隔成若干小叶。分布于实质的结缔组织称为间质，起到联系和支架的作用。分布于小叶之间的结缔组织称为小叶间结缔组织，内有血管、淋巴管、神经和导管通过。血管、神经、淋巴管和导管出入实质器官的部位，常为一凹陷，称此处为该实质器官的门，如肝门、肾门、肺门等。

第三节　体腔和浆膜腔

一、体腔

体腔分为胸腔、腹腔和骨盆腔，容纳大部分内脏器官。

(一)胸腔

胸腔(thoracic cavity)位于胸廓内,是膈前面的胸廓部分。胸腔起自胸前口,止于胸后口,由胸廓的骨骼、肌肉和皮肤构成的截顶圆锥状腔。锥顶向前,为胸腔前口,由第1胸椎、第1对肋以及胸骨柄围成;椎底向后,称为胸腔后口,由最后胸椎、肋弓和胸骨的剑状突围成,由膈与腹腔分开。膈向前上方凸入胸腔,所以胸腔的体积比外观上看到的胸廓的体积小。胸腔内有心脏、肺、食管、气管和大血管等器官。

(二)腹腔

腹腔(abdominal cavity)位于胸腔之后,其前壁为膈,膈后面的胸廓部分是腹腔的胸内部分;后端与骨盆腔相通;背侧壁主要为腰椎、腰肌和膈脚等;两侧壁和底壁主要为腹肌及其腱膜。由于膈凸向胸腔,所以腹腔的体积比从体表看到的大,腹腔内容纳大部分消化器官(如胃、肠、肝、胰等)、脾和一部分泌尿生殖器官(如肾、输尿管、卵巢、输卵管、子宫等)。

(三)骨盆腔

骨盆腔(pelvic cavity)位于骨盆内,可视为腹腔向后延续的部分。背侧壁为荐骨和前3~4个尾椎;两侧壁为髂骨和荐结节阔韧带;底壁为耻骨和坐骨。骨盆腔前口由荐骨岬、髂骨和耻骨前缘围成;后口由尾椎、荐结节阔韧带后缘和坐骨弓围成。骨盆腔内有直肠、输尿管和膀胱。母畜还有子宫(后部)、阴道;公畜有输精管、尿生殖道和副性腺等。

二、浆膜和浆膜腔

浆膜(serosa)为衬于体腔内面折转覆盖在内脏器官外表面的薄膜。贴于体腔壁内面的部分为浆膜的壁层,壁层从腔壁移行折转覆盖在内脏器官表面为浆膜脏层。浆膜壁层和脏层之间的腔隙称为浆膜腔,腔内有少量浆液,起润滑作用,减少内脏器官活动时的摩擦。

浆膜按部位分为胸膜(pleura)和腹膜(peritoneum)。

贴衬在胸腔的浆膜称为胸膜,胸膜壁层和脏层之间形成的腔隙称为胸膜腔;贴衬与腹腔和骨盆腔的浆膜称为腹膜,腹膜壁层和脏层之间的腔隙称为腹膜腔。

(一)胸膜和胸膜腔

胸膜(图4-3)为一层光滑的浆膜,分别覆盖在胸壁内面,纵隔侧面、膈的前面及肺的表面。被覆于肺表面的浆膜为胸膜的脏层,称为肺胸膜。被覆于胸壁内面,纵隔侧面和膈的前面的浆膜为胸膜的壁层,称为壁胸膜。胸膜壁层根据覆盖的位置可分为贴衬于胸腔侧壁的肋胸膜(costal pleura)、膈前面的膈胸膜(diaphragmatic pleura)以及参与构成纵隔的纵隔胸膜(mediastinal pleura),被覆在心包外面的纵隔胸膜特称为心包胸膜(pericardiac pleura)。

胸膜壁层和脏层在肺根处相互移行,共同围成两个胸膜腔(pleural cavity)。

胸膜腔内为负压,肺可随着胸壁和膈的运动而扩张或回缩。胸膜腔内有胸膜分泌的少量浆液,称胸膜液,有减少呼吸时两层胸膜摩擦的作用。

(二)纵隔

纵隔(mediastinum)位于胸腔正中矢状面上,略偏左,由左、右两侧的纵隔胸膜以及夹于其间的器官和结缔组织所构成。参与构成纵隔的器官有心脏、心包、胸腺(幼畜发达)、食管、气管、出入心脏的大血管(除后腔静脉外)、神经(除右膈神经外)、胸导管以及淋巴结等。

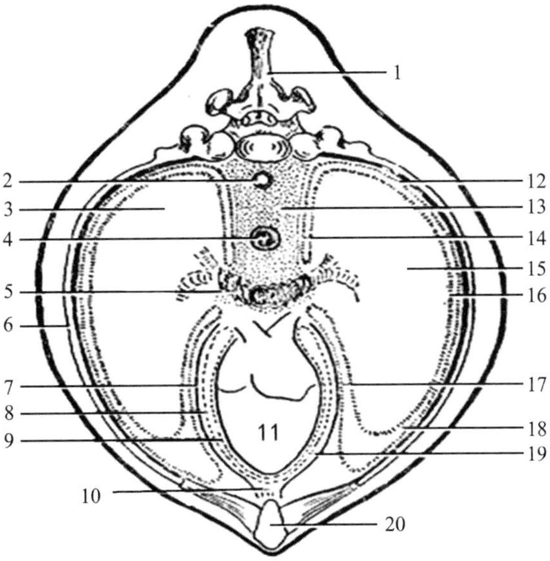

1.胸椎　2.主动脉　3.右肺　4.食管　5.气管　6.肋骨　7.心包纤维层　8.心包浆膜壁层
9.心包浆膜脏层　10.胸骨心包韧带　11.心脏　12.肋胸膜　13.纵隔　14.纵隔胸膜
15.左肺　16.肺胸膜　17.心包胸膜　18.胸膜腔　19.心包腔　20.胸骨

图 4-3　胸腔横断面(胸膜腔示意图)

纵隔以肺根分为背侧纵隔和腹侧纵隔，腹侧纵隔又以心脏和心包分为心前纵隔、心中纵隔和心后纵隔。

(三)腹膜和腹膜腔

腹膜(peritoneum)(图 4-4)是贴于腹腔、骨盆腔壁内面和覆盖在腹腔、骨盆腔内器官表面的一层浆膜，可分腹膜壁层和腹膜脏层。壁层贴于腹腔壁的内面，并向后延续到骨盆腔壁的前半部；脏层覆盖于腹腔和骨盆腔内器官的表面，也就是内脏器官的浆膜层。腹膜壁层和腹膜脏层互相移行，两层间的间隙称腹膜腔(peritoneal cavity)。腹膜腔在公畜完全密闭，母畜则因输卵管腹腔口开口于腹膜腔，因此间接与外界相通。在正常情况下，腹膜腔内也有少量液体，有润滑作用，可减少脏器间运动时的摩擦。

腹膜从腹腔、骨盆腔壁移行到脏器，或从某一脏器移行到另一脏器，这些移行部的腹膜形成了各种不同的腹膜褶，分别称为系膜、网膜、韧带和皱褶。它们多数由双层腹膜构成，其中常有结缔组织、脂肪、淋巴结以及分布到脏器的血管、淋巴管和神经等，起着连接和固定脏器的作用。系膜(mesenterium)为连于腹腔顶壁与肠管之间宽而长的腹膜褶，如空肠系膜和小结肠系膜等。网膜(omentum)为连于胃与其他脏器之间的腹膜褶，如大网膜和小网膜。韧带和皱褶(plica)为连于腹腔、骨盆腔壁与脏器之间或脏器与脏器之间短而窄的腹膜褶，如回盲韧带、盲结韧带和尿生殖褶等。此外，腹膜腔的后端在骨盆腔内还形成一些明显的凹陷，如直肠背侧的直肠荐骨陷凹；直肠与子宫、子宫阔韧带(母畜)或尿生殖褶(公畜)之间的直肠生殖陷凹；子宫、子宫阔韧带或尿生殖褶与膀胱、膀胱侧韧带之间的膀胱生殖陷凹；膀胱、膀胱侧韧带与骨盆底壁之间的膀胱耻骨陷凹等。

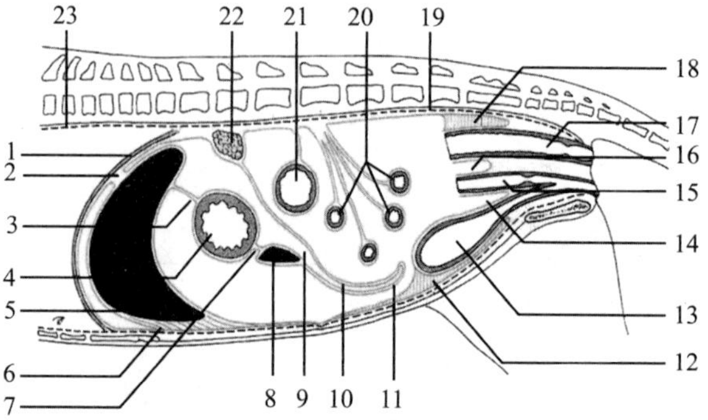

1.膈 2.冠状韧带小网膜 3.肝胃韧带 4.胃 5.肝 6.镰状韧带 7.胃脾韧带 8.脾 9.网膜后隐窝 10.大网膜(脏层) 11.大网膜(壁层) 12.膀胱中韧带 13.膀胱 14.膀胱生殖陷凹 15.子宫 16.直肠生殖陷凹 17.直肠 18.直肠系膜与直肠旁窝 19.腹横筋膜肌腹膜 20.空肠 21.结肠 22.胰 23.胸内筋膜及胸膜

图 4-4 猫腹膜和盆腔腹膜示意图(矢状面)

(引自:陈耀星等,2009)

(四)腹腔分区

为了确定各脏器在腹腔内的位置和体表投影,通常以下列几个假想平面,将腹腔划分为十个部(区)。通过两侧最后肋骨后缘最突出点和髋结节前缘作两个横断面,把腹腔首先分为三大部(图 4-5),即腹前部、腹中部和腹后部。

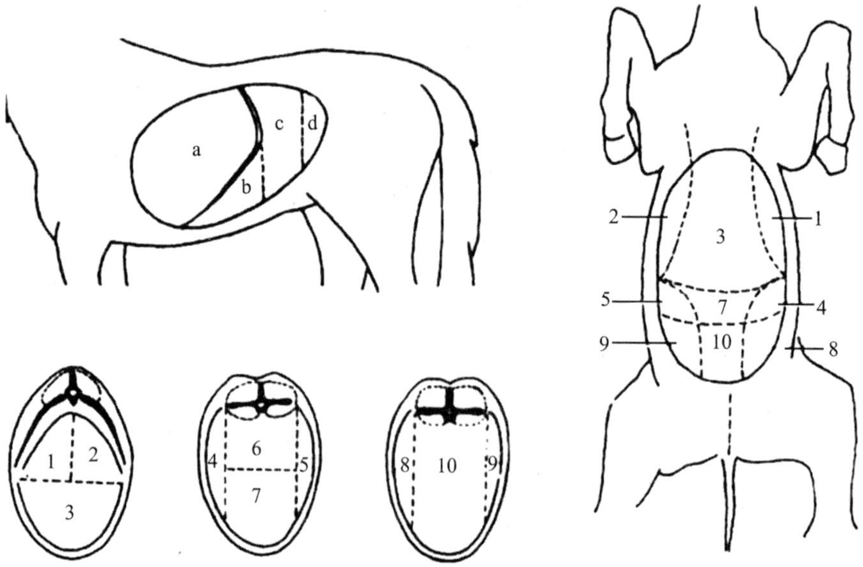

a. b. 腹前部 c. 腹中部 d. 腹后部

1. 左季肋部 2. 右季肋部 3. 剑状软骨部 4. 左髂部 5. 右髂部 6. 腰下部 7. 脐部 8. 左腹股沟部 9. 右腹股沟部 10. 耻骨部

图 4-5 腹腔分区

腹前部又细分为三部。肋弓以下的为剑状软骨部(xiphoid region);肋弓以上、正中矢面两侧的为左、右季肋部(left and right hypochondrium)。

腹中部又分四部。通过腰椎两侧横突顶端的两个矢状面,把腹中部分为左、右髂部和中间部。中间部的上半部为腰部(lumbal region)或肾部(renal region);下半部为脐部(umbilical region)。

腹后部又细分为三部。通过腹中部的两个矢状面向后延续,把腹后部分为左、右腹股沟部(left and right inguinal region)和中间的耻骨部(pubic region)。

思考题

问答题

1. 简述内脏的定义。
2. 简述管状器官的一般结构。
3. 简述胸腔、腹腔、骨盆腔及浆膜腔的构成。
4. 说明腹腔的分区。

第五章

消化系统

【学习目标】

1. 掌握复胃家畜牛、羊胃的位置、形态及其组织学结构特点。
2. 掌握单室胃家畜猪、马、犬等动物胃的位置、形态及其组织学结构特点。
3. 比较牛(羊)、猪、马、犬肠管的位置、形态及其组织学结构特点。
4. 了解不同家畜重要消化腺的位置、形态及肝、胰的组织学结构特点。
5. 结合家畜胃、肠形态结构特点,拓展学习其与常患胃肠疾病的内在联系。
6. 从放牧的牛、羊等反刍动物深受“白色”污染之害着手,启发学生对生态保护的思考。

第一节 口腔、咽、食管

动物机体在生命活动过程中,要不断从外界摄取营养,以供机体新陈代谢所需。消化系统的机能是从外界摄取食物,经过一系列的消化过程,吸收营养物质,并将食物残渣排出体外。消化系统是保证新陈代谢正常进行的一个重要系统。

消化系统(图 5-1)由消化管和消化腺两部分组成。消化管包括口腔、咽、食道、胃、小肠、大肠和肛门。消化管是食物通过的通道,具有暂时储存食物、消化食物、吸收营养和排泄废物的功能。消化腺包括壁内腺和壁外腺。壁内腺广泛分布于消化管的管壁内,如胃腺和肠腺。壁外腺位于消化管外,形成独立的器官以腺管通入消化管腔内,如唾液腺、肝和胰。消化腺分泌消化液,消化液中含有多种消化酶,在消化过程中对物质的消化起催化作用。

一、口腔(oral cavity)

口腔(图 5-1)为消化管的起始部,有吸吮、采食、味觉、泌涎、咀嚼和吞咽等功能。口腔前壁为唇,侧壁为颊,顶壁为硬腭,底为口腔底和舌。前端以口裂(oral fissure)与外界相通;后端与咽相通(图 5-2)。

口腔以齿弓为界分为口腔前庭(vestibule of mouth)和固有口腔(oral cavity proper)两部分。口腔前庭是唇、颊和齿弓之间的空隙;固有口腔为齿弓以内的部分。如唾液腺开口于口腔前庭颊黏膜上，而舌位于固有口腔内。口腔内面衬有湿润的黏膜，在唇缘处与皮肤相接，向后与咽黏膜相连。

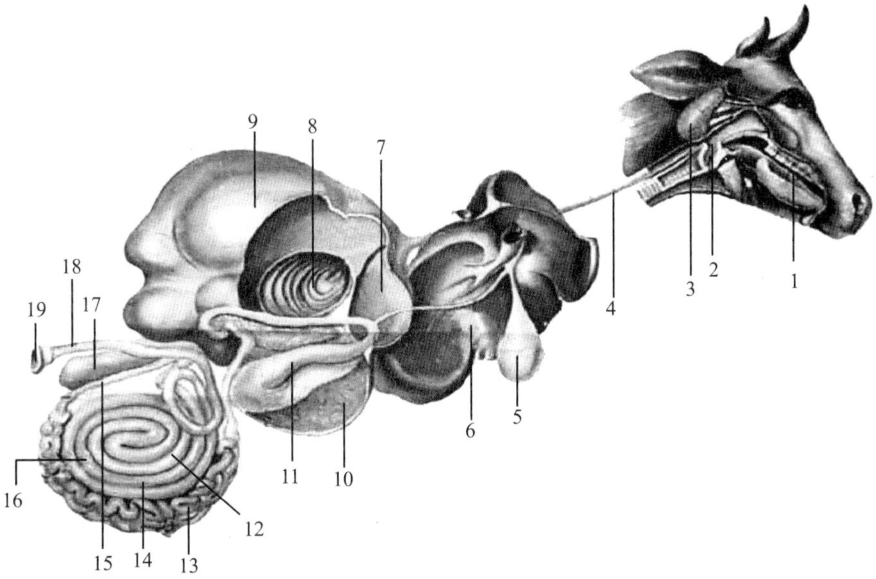

1.口腔　2.咽　3.腮腺　4.食管　5.胆囊　6.肝　7.网胃　8.瓣胃　9.瘤胃
10.皱胃　11.十二指肠　12.结肠旋袢离心回　13.空肠　14.结肠
15.回肠　16.结肠旋袢向心回　17.盲肠　18.直肠　19.肛门

图 5-1　牛的消化系统模式图

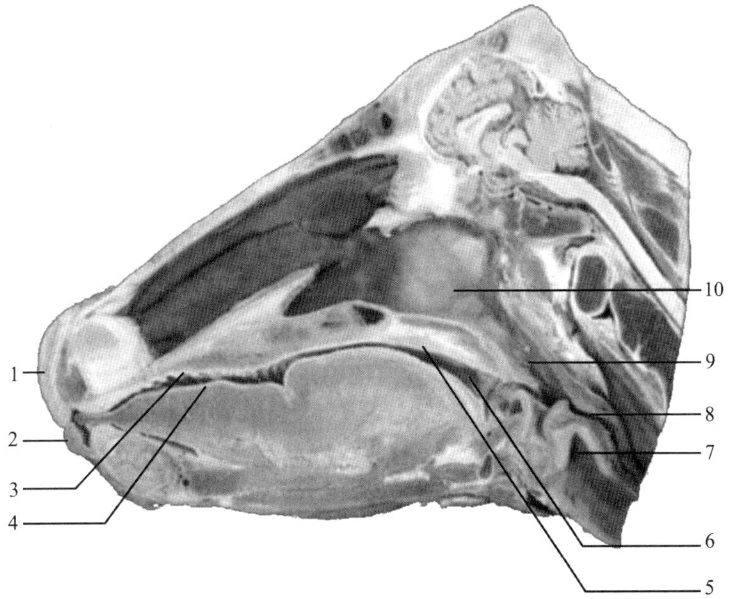

1.上唇　2.下唇　3.硬腭　4.舌　5.软腭　6.口咽部　7.喉　8.食管　9.喉咽部　10.鼻咽部

图 5-2　牛头纵剖面

(引自:Mahmoud M,et al.,2018)

口腔黏膜较厚，富有血管，呈粉红色，常含有色素。其上皮为复层扁平上皮，细胞不断脱落、更新，脱落的上皮细胞混入唾液中。

(一)唇(lip)

分上唇和下唇。上、下唇的游离缘共同围成口裂(oral fissure)。口裂的两端会合成口角(angle of mouth)。口裂的基础是口轮匝肌(横纹肌)，内面衬有黏膜，外表覆有皮肤。在黏膜深处有唇腺(labial gland)，腺管直接开口于唇黏膜表面。口唇富有神经末梢，较敏感。不同动物唇的形态构造不同。

牛的唇短而厚，坚实而不灵活。上唇中部和两鼻孔之间的无毛区，称为鼻唇镜(nasolabial planum)(图 5-3A)。鼻唇镜的皮肤内有鼻唇腺，腺管开口于鼻唇镜表面。鼻唇腺分泌的浆液性液体使鼻唇镜保持湿润，故健康牛的鼻唇镜常湿润而温度较低。当牛的鼻唇镜不湿润时，提示牛的健康发生了问题。牛下唇沿游离缘有一狭窄的无毛带，唇黏膜上长有角质锥状乳头，在口角处较长，尖端向后。因为牛唇不灵活，所以牛采食主要靠舌运动来完成。

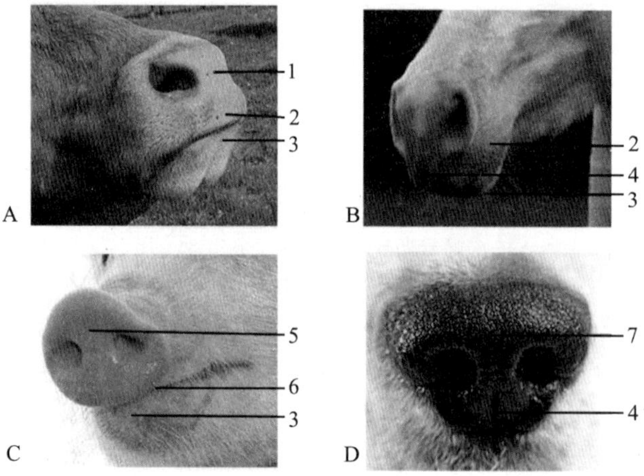

A. 牛　B. 马　C. 猪　D. 犬

1. 牛的鼻唇镜　2. 上唇　3. 下唇　4. 人中　5. 猪的吻突　6. 口裂　7. 鼻板

图 5-3　唇及鼻部图

羊的唇薄而灵活，上唇正中有明显的纵沟，称为人中(philtrum)。在鼻孔间形成窄的无毛区为鼻镜。唇黏膜上有角质乳头，形状与牛相似。

马的唇较灵活，是采食的主要器官。上唇长而薄，皮肤旋毛的中央有分水穴，表面正中有一纵沟，称为人中(philtrum)(图 5-3B)。下唇较短厚，其腹侧有一明显的丘形隆起，称为颏(chin)，由肌肉、脂肪和结缔组织构成。在口唇和颏部的皮肤上除生有短而细的毛外，还有长而粗的触毛。

猪的口裂大，唇活动性小。上唇与鼻连在一起构成吻突(muzzle)(图 5-3C)，有掘地觅食的作用。前面为盘状的吻镜，分布有短而稀的触毛，皮肤表面具有小沟，含有腺体(吻腺)和丰富的触觉感受器。下唇尖小，随下颌运动而活动。

犬唇薄，灵活，有许多触毛，人中明显(图 5-3D)，口裂大。不同品种犬，其唇存在一定差异。

猫唇，又称仰月唇、M 唇，上唇（和鼻）被中沟分开，即人中沟。口裂较小。有许多长短不等的较长的触毛。猫唇除富含唇腺外，还含有较大的皮脂腺和大汗腺。

（二）颊(cheek)

位于口角后方，口腔的两侧壁，主要由颊肌构成，外覆皮肤，内衬黏膜。在牛、羊的颊黏膜上有许多尖端向后高度角质化的锥状乳头。在颊肌的上、下缘有颊腺（buccal gland），腺管直接开口于颊黏膜的表面。此外，在第 5 上臼齿（牛）或在第 3 上臼齿（马）相对的颊黏膜上，还有腮腺管的开口。猫的颊薄，颊前庭较小，内表面有一些皱褶，有腮腺、臼齿腺和眶下腺的开口。

（三）硬腭(hard palate)

硬腭构成固有口腔的顶壁，向后延续为软腭（图 5-4）。切齿骨腭突、上颌骨腭突和腭骨水平部共同构成硬腭的骨质基础。硬腭的黏膜厚而坚实，覆以复层扁平上皮，浅层细胞高度角化；黏膜下层有丰富的静脉丛，马的更发达，形成一层类似海绵体的结构。硬腭的黏膜在周缘与上齿龈黏膜相移行。

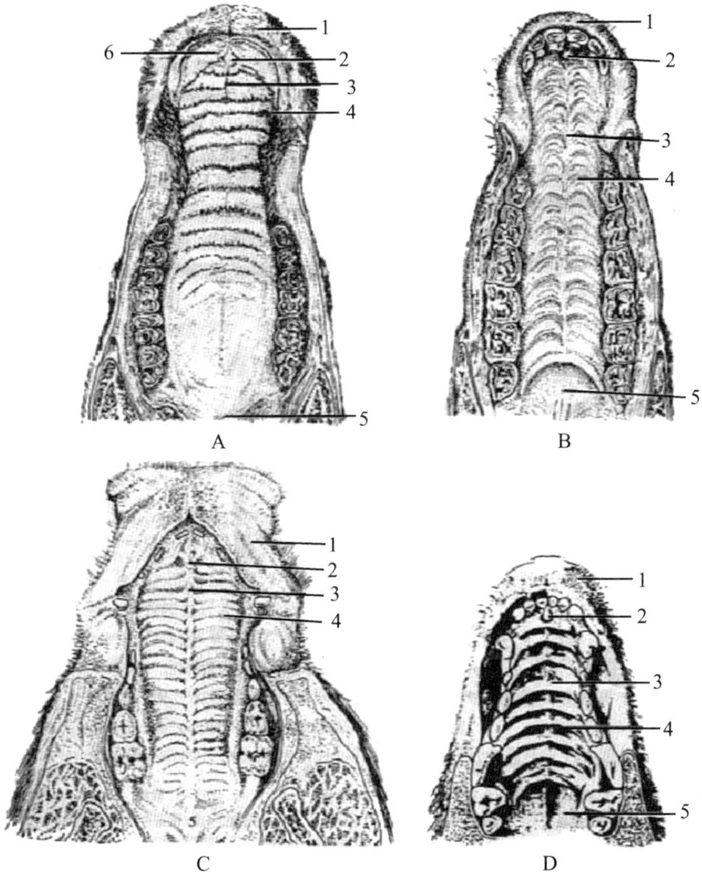

A. 牛　B. 马　C. 猪　D. 犬

1. 上唇　2. 切齿乳头　3. 腭缝　4. 腭褶　5. 软腭　6. 齿垫

图 5-4　硬腭图

牛、羊的硬腭前、后宽，中间稍窄。硬腭前端无切齿，该处黏膜形成厚而致密的角质垫，称为齿枕(dental pillow)。猪的硬腭长而狭窄，硬腭的正中有一条矢状沟，称为腭缝(palatine raphe)。腭缝的两侧有许多条(牛约20，羊约14，马16～18，猪20～22，犬7～10)横行的隆起，称为腭褶(palatine rugae)。前部的腭褶高而明显，向后逐渐变低而消失。牛的腭褶上有许多锯齿状乳头；马、猪的腭褶平滑。在硬腭的前端有一突起，称为切齿乳头(incisive papilla)。马、羊、猪和幼驹的切齿乳头两侧有切齿管(incisive canal)或鼻腭管(ductus nasopalatinus)的开口，管的另一端通鼻腔。犬的切齿乳头两侧的沟内有切齿管的开口。切齿管是斜向穿越硬腭前部的一对短管，又称鼻腭管，沟通鼻腔和口腔。猫有7个腭嵴，被高度角质化的腭褶横向分离。猫偶见腭裂。

(四)口腔底和舌

1. 口腔底(basis cavum oris)　大部分被舌所占据，前部以下颌骨切齿部为基础，表面覆有黏膜。黏膜面具有一对乳头，称为舌下肉阜(sublingual caruncle)，为颌下腺管(马)和长管舌下腺管(牛)的开口处。猪和犬的舌下肉阜很小，位于舌系带处。猫的舌下肉阜位于口腔底舌系带之间。

2. 舌(tongue)　位于固有口腔内。舌在咀嚼、吞咽运动中起搅拌和推送食物的作用；舌又是味觉器官，可辨别食物的味道；吮乳的幼畜，舌还可以起活塞作用。

(1)舌的结构(图5-5)　舌可分为舌尖、舌体和舌根三部分。舌前部为舌尖，活动性大，向后延续为舌体。舌体介于舌系带和腭舌弓及两侧臼齿之间，附着于口腔底。在舌尖和舌体交界处的腹侧有一条(马)或两条(牛、猪)与口腔底相连的黏膜褶，称为舌系带(frenulum of tongue)。腭舌弓之后附着于舌骨的部分为舌根。

(2)不同家畜舌的结构特点

①牛的舌(图5-5B)　舌尖灵活，舌体和舌根较宽厚，表面粗糙，是采食的主要器官。舌背后部有一椭圆形隆起，称舌圆枕(torus of tongue)。

牛的舌乳头有4种：

锥状乳头(coniform papilla)　数量多，呈圆锥状。舌圆枕前方的锥状乳头体积小，尖端向后且高度角质化，密集分布于舌尖和舌体背侧，使舌面粗糙，有利于采食；舌圆枕上分布有尖端向后，且较大的锥状乳头，前方的锥状乳头尖而硬，后方的锥状乳头长而软。该乳头无味蕾，主要起机械摩擦作用。

豆状乳头(lentilform papillae)　圆而扁平的角质化乳头，数量少，分布于舌尖和舌体的背面；舌圆枕上也有扁平豆状乳头分布。

菌状乳头(fungiform papillae)　呈大头针帽状，数量较多，散布于舌背和舌侧缘的锥状乳头之间。上皮中有味蕾(taste bud)，有味觉作用。

轮廓乳头(vallate papillae)　较大，每侧8～17个，成排分布于舌圆枕后部的两侧。乳头的中央稍隆起，周围有一环状沟。沟内的上皮中含有味蕾。

②马的舌(图5-5C)　较长，舌尖扁平，舌体较大，舌背上有4种乳头：

丝状乳头(papillae filiformes)　密布于舌背和舌尖的两侧，呈丝绒状。乳头的上皮有很厚的角质层，无味蕾，仅起一般感觉和机械保护作用。

菌状乳头　数量较少，分散在舌背和舌体两侧。

轮廓乳头　一般有两个，位于舌背后部中线两侧。有时在两轮廓乳头之间的稍后方，还有一个较小的。

叶状乳头(papillae foliatae)　左、右各一个,位于舌体后部两侧缘,略呈长椭圆形,由一些横行的黏膜褶组成。上皮中有味蕾。

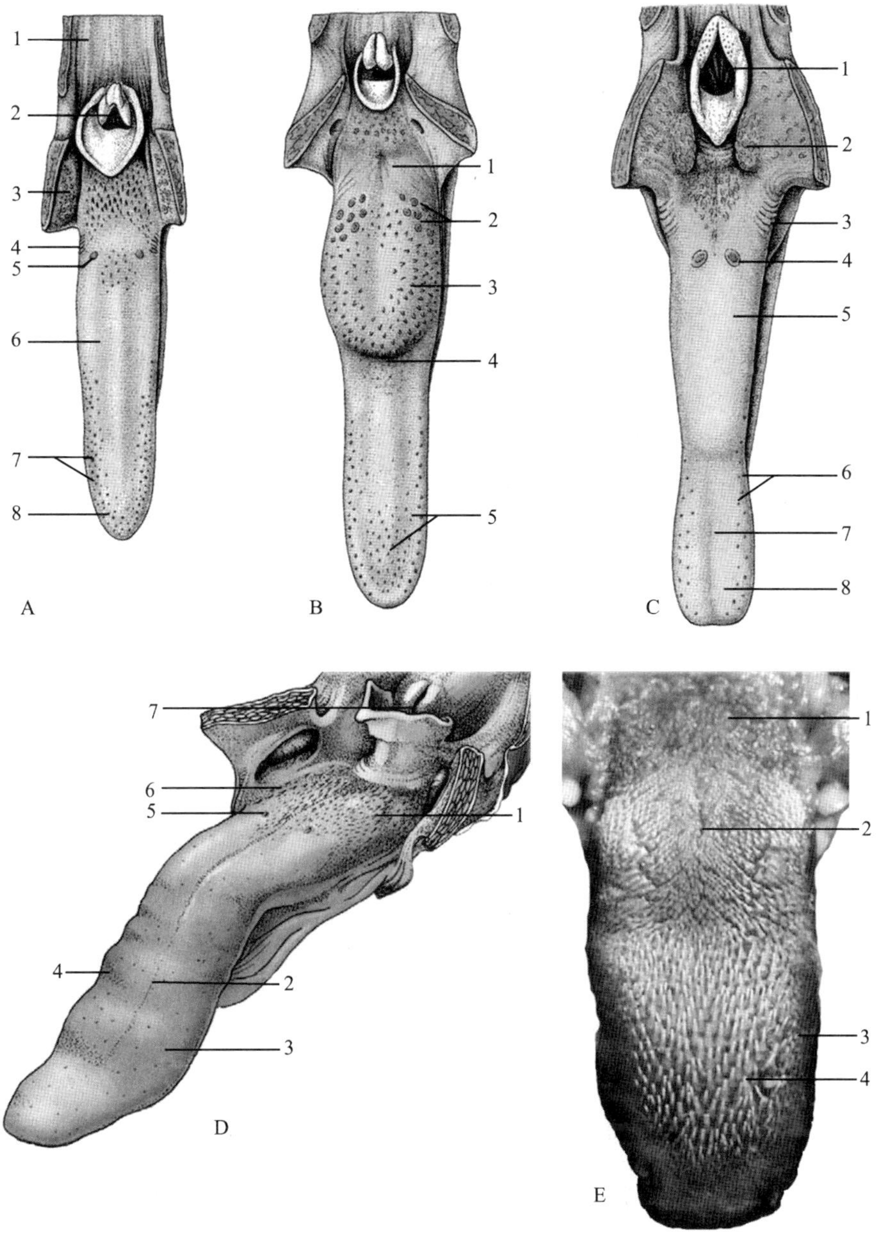

A. 猪 1. 食管　2. 喉口　3. 腭扁桃体　4. 叶状乳头　5. 轮廓乳头　6. 舌体　7. 菌状乳头　8. 舌尖

B. 牛 1. 舌根　2. 轮廓乳头　3. 舌圆枕　4. 舌隐窝　5. 菌状乳头

C. 马 1. 喉口　2. 腭扁桃体　3. 叶状乳头　4. 轮廓乳头　5. 舌体　6. 菌状乳头　7. 正中沟　8. 舌尖

D. 犬 1. 锥状乳头　2. 正中沟　3. 菌状乳头　4. 丝状乳头　5. 轮廓乳头　6. 叶状乳头　7. 喉口

E. 猫 1. 轮廓乳头　2. 正中沟　3. 菌状乳头　4. 丝状乳头

图 5-5　舌

(A、B、C 引自:陈耀星,刘为民译,2009;D、E 引自:Dyce K M,et al.,2010)

③猪的舌(图 5-5A) 窄而长,舌尖薄。舌乳头与马相似。除有丝状乳头、菌状乳头、轮廓乳头和叶状乳头外,在舌根处还有长而软的锥状乳头。

④犬的舌(图 5-5D) 前部宽而薄,后部较厚,灵活,舌背正中沟(sulcus medianus dorsalis linguae)明显。舌背有丝状乳头,舌根处有圆锥乳头,舌背的前部及两侧有菌状乳头散布。舌背后部两侧通常各有 2～3 个轮廓乳头。腭舌弓部前方同样有小的叶状乳头,在舌尖腹侧正中有一纵向的梭形条索,称蚓状体(lyssa),由纤维组织、肌组织和脂肪组织构成。

⑤猫的舌(图 5-5E) 薄而扁平,舌背正中沟明显。丝状乳头数目最多,位于舌背侧;菌状乳头主要位于舌边缘,少数零星分布于丝状乳头间;舌背后部有轮廓乳头 2～3 个;叶状乳头位于舌根和舌体相邻的舌侧面。

(五)齿(tooth)

齿是体内最坚硬的器官,镶嵌于切齿骨和上、下颌骨的齿槽内。上、下颌齿排列呈弓状,分别称为上齿弓和下齿弓,上齿弓较下齿弓略宽。齿有切断和磨碎食物的作用。

1.齿的种类 齿按形态、位置和功能可分为切齿、犬齿和臼齿 3 种。

(1)切齿(incisor tooth)(图 5-6) 位于齿弓前部,与口唇相对。马、猪和犬上、下切齿各 3 对,由内向外分别称为门齿、中间齿和隅齿。牛、羊无上切齿,下切齿有 4 对,由内向外分别称为门齿、内中间齿、外中间齿和隅齿。

(2)犬齿(canine tooth) 尖而锐,位于齿槽间隙处,约与口角相对。猪、公马、犬和猫上、下犬齿各 1 对。牛、羊无犬齿。母马一般无犬齿。

(3)臼齿(molar tooth) 位于齿弓后部,因与颊相对,又称颊齿(cheek tooth)。臼齿分为前臼齿和后臼齿。马和牛上、下颌各有前臼齿 3 对(马有时在上颌或上、下颌多 1～2 对很不发达的狼齿);猪有 4 对,后臼齿都是 3 对;犬上、下颌各有前臼齿 4 对,后臼齿上颌 2 对,下颌 3 对;猫前臼齿上颌为 3 对,下颌 4 对,后臼齿均为 1 对。

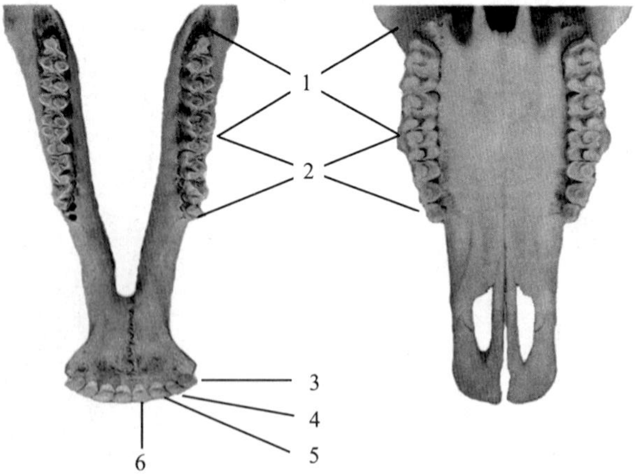

1.臼齿 2.前臼齿 3.隅齿 4.外中间齿 5.内中间齿 6.门齿

图 5-6 牛齿

(李方正 供图)

2.齿式 根据上、下颌齿弓各种齿的数目可写成下列齿式:

即　$2\left(\frac{切齿(I)\quad 犬齿(C)\quad 前臼齿(P)\quad 后臼齿(M)}{切齿(I)\quad 犬齿(C)\quad 前臼齿(P)\quad 后臼齿(M)}\right)$

成年牛、马、猪、犬、猫的齿式如下：

牛的恒齿式　$2\left(\frac{0\ 0\ 3\ 3}{4\ 0\ 3\ 3}\right)=32$

母马的恒齿式　$2\left(\frac{3\ 0\ 3\ 3}{3\ 0\ 3\ 3}\right)=36$

公马的恒齿式　$2\left(\frac{3\ 1\ 3\ 3}{3\ 1\ 3\ 3}\right)=40$

猪的恒齿式　$2\left(\frac{3\ 1\ 4\ 3}{3\ 1\ 4\ 3}\right)=44$

犬的恒齿式　$2\left(\frac{3\ 1\ 4\ 2}{3\ 1\ 4\ 3}\right)=42$

猫的恒齿式　$2\left(\frac{3\ 1\ 3\ 1}{3\ 1\ 2\ 1}\right)=30$

齿在家畜出生后逐个长出，除后臼齿和猪的第一前臼齿外，其余齿到一定年龄时按一定顺序更换一次。更换前的齿为乳齿(deciduous tooth)，更换后的齿为永久齿或恒齿(permanent tooth)。乳齿一般较小，颜色较白，磨损较快。家畜的乳齿式如下：

牛的乳齿式　$2\left(\frac{0\ 0\ 3\ 0}{4\ 0\ 3\ 0}\right)=20$

公马的乳齿式　$2\left(\frac{3\ 1\ 3\ 0}{3\ 1\ 3\ 0}\right)=28$

猪的乳齿式　$2\left(\frac{3\ 1\ 3\ 0}{3\ 1\ 3\ 0}\right)=28$

犬的乳齿式　$2\left(\frac{3\ 1\ 4\ 0}{3\ 1\ 4\ 0}\right)=32$

猫的乳齿式　$2\left(\frac{3\ 1\ 3\ 0}{3\ 1\ 2\ 0}\right)=26$

3. 齿的形态和结构　齿可分为齿冠、齿颈和齿根 3 部分(图 5-7)。齿冠(tooth crown)是露在齿龈以外的部分，具有前庭面、舌面、接触面和嚼面。前庭面分为唇面和颊面。舌面分为近中面和远中面。嚼面为上下齿互相咬合的咀嚼面，又称磨面和咬合面。齿颈(tooth neck)为齿龈包盖的部分。齿根(radix dentis)为镶嵌在齿槽内的部分，切齿的齿根只有 1 个，前臼齿和后臼齿有 2～6 个。

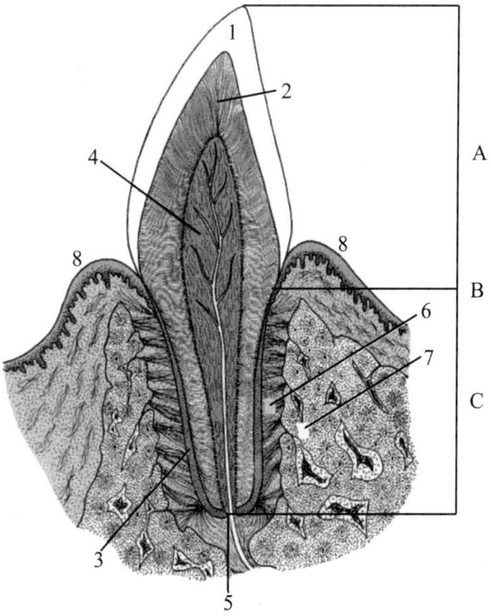

A. 齿冠　B. 齿颈　C. 齿根

1. 釉质　2. 齿质　3. 骨质　4. 齿髓　5. 齿腔

6. 齿周韧带　7. 下颌骨　8. 齿龈

图 5-7　切齿的构造

(引自：Dyce K M, et al., 2010)

齿主要组成部分是齿质，在齿冠的齿质外面覆有光滑坚硬的釉质，呈白色。在齿根的齿质表面被有齿骨质(或黏合质)。齿根的末端有孔通齿腔(cavum dentis),腔内有胚胎性结缔组织齿髓(dental pulp),富含血管和神经。齿髓有生长齿质和营养齿组织的作用,发炎时能引起剧烈的疼痛。齿腔随年龄增长不断缩小。

家畜的齿根据齿冠长短可分为长冠齿和短冠齿。牛的臼齿以及马的切齿和臼齿属于长冠齿,齿颈不明显,齿冠较长,部分埋于齿槽中,可随磨面的磨损不断向外生长。长冠齿的齿骨质除分布于齿根外,还包在齿冠釉质的外面,并折入齿冠磨面的齿坎内,致磨面凹凸不平,有助于草类食物的磨碎。磨损后的嚼面上出现齿星。牛的切齿和猪齿属短冠齿,可明显地区分为齿冠、齿颈和齿根3部分,无齿坎。

4. 不同家畜齿的结构特点

(1)牛(羊)的齿

切齿　牛无上切齿,下切齿呈铲形,齿冠色白而短,无齿坎;齿颈明显;齿根圆细,嵌入齿槽内不深,略能摇动。

犬齿　牛无犬齿。

臼齿　呈柱状,磨面上具有复杂的釉质褶,呈新月形。前臼齿较小。

羊无上切齿和犬齿,下切齿齿冠较窄,齿颈不明显,齿根嵌入齿槽内较深,较牢固。

(2)马的齿

切齿　呈弯曲的楔形,磨面上漏斗状齿坎,齿坎因齿骨质腐蚀作用而呈黑褐色,称为黑窝。当齿磨损后,磨面上可见明显的内、外釉质环,它们之间为齿质。

犬齿　乳犬齿很小,常不露出于齿龈之外。公马的恒犬齿发达,呈圆锥状,稍向后弯曲。母马犬齿仅从齿龈黏膜部露出一点点,一般认为母马无犬齿。

臼齿　呈柱状,磨面上具有复杂的釉质褶。上臼齿的磨面较宽,近似方形(第1前臼齿和最后臼齿呈三角形),向外下方倾斜,颊缘锐利。下臼齿的磨面较窄,向内上方倾斜,舌缘锐利。

(3)猪的齿

切齿　上切齿的方向较垂直,排列疏远。下切齿的方向较水平,排列稍密。

犬齿　发达,尖而锐利,公猪犬齿的齿冠很长,可持续生长而伸出于口腔之外。

臼齿　磨面呈结节状,后臼齿较发达。第1前臼齿较小,有时不存在。

(4)犬的齿　犬的齿均为短冠齿,齿颈明显。

切齿　不发达,较小。

犬齿　长而发达。

臼齿　第1前臼齿又称狼牙,无乳齿阶段。恒齿中,上颌的第4前臼齿、下颌的第1前臼齿在颊齿中最大,担负着切割肉食的主要作用,又称割齿(shearing tooth)。

(5)猫的齿

切齿　较小,两侧切齿稍大,下切齿比上切齿大。齿冠边缘尖锐,有缺口,形成3个片状齿尖。

犬齿　发达,长而尖,在上下颌骨埋藏很深。只有一个齿根和一个齿尖。

臼齿　上颌无第1前臼齿,下颌无第1或第2前臼齿。成年猫后臼齿上、下各一颗。由于前臼齿的缺失和后臼齿的减少,所以猫的齿数量是哺乳动物中最少的。

5. 齿龈(gum)　齿龈为包裹在齿颈周围和邻近骨上的黏膜,与口腔黏膜相延续,无黏膜下层。齿龈神经分布较少而血管多,呈淡红色。齿龈随齿伸入齿槽内,移行为齿周膜或齿槽骨膜。

(六)唾液腺(salivary gland)

指能分泌唾液的腺体,除一些小的壁内腺(如唇腺、颊腺和舌腺等)外,还有腮腺、颌下腺和舌下腺3对大的唾液腺。

1.牛(羊)的唾液腺(图5-8A)

(1)腮腺(parotid gland) 位于下颌骨后方,略呈狭长的三角形。牛的腮腺比马的小而致密,呈棕红色。上部宽厚,大部分覆盖在咬肌后部的表面;下端窄小,弯向前下方,嵌入舌面静脉汇流入颈静脉的夹角内,呈淡红褐色。腮腺管(parotid duct)起自腺体下部的深面,伴随舌面静脉沿咬肌腹侧面及前缘延伸,开口于第5上臼齿相对的颊黏膜上。绵羊的腮腺管横过咬肌外侧面;山羊腮腺管的行程与牛相似。它们都开口于第3、4上臼齿相对的颊黏膜上。

(2)颌下腺(submandibular gland) 比腮腺大,呈淡黄色,分叶明显,呈新月形。腺体一部分被腮腺所覆盖,自寰椎翼的腹侧向前向下伸达下颌间隙,在此几乎与对侧的颌下腺相接触。颌下腺管起自腺体前缘的中部,向前延伸,横过二腹肌前腹的表面,开口于舌下肉阜。

(3)舌下腺(sublingual gland) 较小,位于舌体和下颌骨之间的黏膜下,呈片状,可分上、下两部。上部为短管舌下腺或多管舌下腺,长而薄,自软腭向前伸至颏角(下颌骨联合处),有许多小管开口于口腔底。下部为长管舌下腺或单管舌下腺,短而厚,位于短管舌下腺前端的腹侧,有一条总导管与颌下腺管伴行或合并,开口于舌下肉阜。

2.马的唾液腺(图5-8B)

(1)腮腺 很大,位于耳根腹侧,在下颌骨后缘与寰椎翼之间,呈灰黄色,腺小叶明显,其轮廓呈长四边形,后下角嵌在上颌静脉和舌面静脉的夹角内,前下角沿下颌骨边缘延伸至喉。腮腺管起于腮腺前下部,由3~4个小支汇合而成,经下颌间隙向前延伸,至下颌骨血管切迹处绕至面部。随同面动脉、面总静脉沿咬肌前缘向上延伸,开口于第3上臼齿相对处,颊黏膜的腮腺乳头。

(2)颌下腺 比腮腺小,长而弯曲,位于腮腺和下颌骨的内侧,从寰椎翼下向前伸至舌骨体。颌下腺管起自腺的背缘,在腺的前端离开腺体,向前延伸,经舌下腺的内侧至口腔底部,穿过口腔黏膜开口于舌下肉阜。

(3)舌下腺 是3对唾液腺中最小的1对,长而薄,位于舌体和下颌骨之间的黏膜下,前端自颏角起,向后伸达第4下臼齿处。舌下腺管有30余条,短而弯曲,直接开口于舌两侧的口腔底黏膜上。

3.猪的唾液腺(图5-8D)

(1)腮腺 很发达,呈三角形,棕红色,埋于耳根腹侧、下颌骨后缘的脂肪内。腮腺管的行程与牛相似,经下颌骨下缘转至面部,开口于与第4、5上臼齿相对的颊黏膜上。

(2)颌下腺 颌下腺位于腮腺深面,较小而致密,略呈扁圆形,带红色。颌下腺管在下颌骨内侧向前伸延,开口于舌系带两侧口腔底的黏膜上。猪和犬的舌下肉阜很小,位于舌系带处。

(3)舌下腺 与牛相似,也分两部。前部较大,为短管舌下腺,有8~10条小管开口于口腔底。后部为长管舌下腺,一条总导管开口于颌下腺管开口处的附近。

4.犬的唾液腺(图5-8C)

(1)腮腺 较短小,呈三角形,淡红色,位于耳下,背侧两角围绕并高于耳郭基部。腮腺管

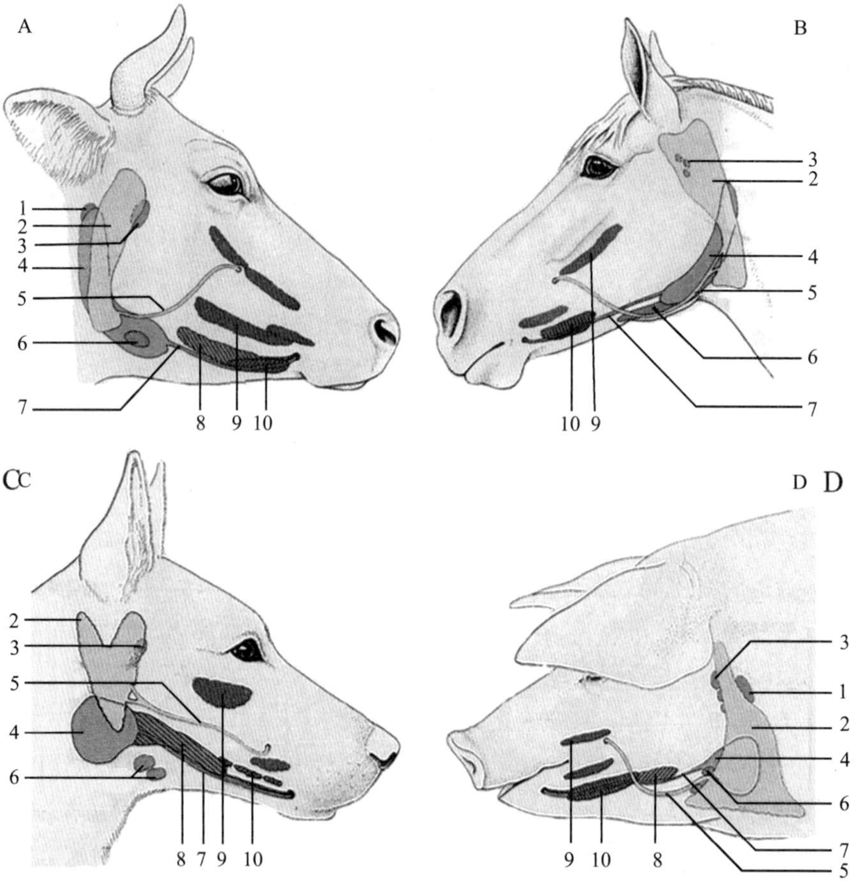

A. 牛 B. 马 C. 犬 D. 猪

1. 咽后外侧淋巴结 2. 腮腺 3. 腮腺淋巴结 4. 下颌腺 5. 腮腺管 6. 下腺淋巴结 7. 下颌管 8. 单口舌下腺 9. 腹侧颊腺 10. 多口舌下腺

图 5-8 唾液腺模式图

(引自:陈耀星,刘为民译,2009)

自腮腺前缘下部向前横过咬肌表面,开口于第 3 上臼齿的颊黏膜上。

(2)颌下腺 颌下腺比腮腺大,呈椭圆形,淡黄色。腺管自腺体的深面向前沿舌体下方前行,开口于舌下肉阜。

(3)舌下腺 与猪和牛相似。

5. 猫的唾液腺 猫有 5 对唾液腺。

(1)腮腺 扁平状,分为两叶呈"V"形,位于耳基部,腮腺导管位于腺体腹侧,导管开口于最后上前臼齿相对应的腮腺乳头状突起。

(2)颌下腺 肾形,分叶不明显,位于腮腺腹面。导管开口于舌下肉阜。

(3)舌下腺 分为单口舌下腺和多口舌下腺。单口舌下腺呈长圆锥形,位于颌下腺前方,导管通与颌下腺导管;多口舌下腺分为许多腺小叶,位于口腔底部,开口于舌下隐窝。

(4)臼齿腺 位于口角的颊腺单独存在形成臼齿腺,开口于颊黏膜。

(5)眶下腺 卵圆形,位于眼眶底板外侧,腺管开口于最后臼齿附近。

二、咽和软腭

（一）咽(pharynx)

呈漏斗状的肌膜性囊，为消化管和呼吸道所共有。

1. 咽的解剖学结构　位于口腔和鼻腔的后方，喉和食管前上方。以软腭为界，咽腔被分为鼻咽部、口咽部和喉咽部 3 部分(图 5-9)。

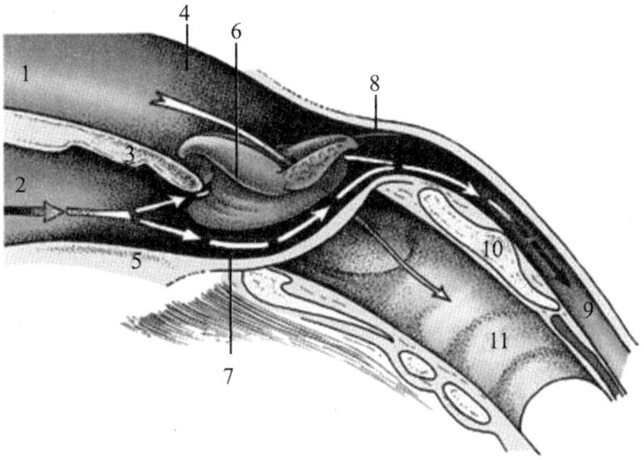

1. 鼻腔　2. 口腔　3. 软腭　4. 鼻咽　5. 舌根　6. 喉(从咽底突出)　7. 喉咽(梨状隐窝)
8. 腭咽弓尾端　9. 食道　10. 环状软骨　11. 气管

图 5-9　咽的结构

(引自:Baljit S,2018)

(1)鼻咽部(pharynx nasalis)　位于软腭背侧，为鼻腔向后的直接延续。鼻咽部的前方有两个鼻后孔通鼻腔;两侧壁上各有一个咽鼓管咽口，经咽鼓管与中耳相通。马的咽鼓管在颅底和咽后壁之间膨大，形成咽鼓管囊(guttural pouches)，又称喉囊(gular sac)。

(2)口咽部(pharynx oralis)　位于软腭和舌之间，前方由软腭、腭舌弓和舌根构成的咽峡与口腔相通，后方伸至会厌与喉咽部相接。其侧壁黏膜上有扁桃体窝(amygdaloid fossa)，容纳腭扁桃体(palatine tonsil)。腭扁桃体位于舌根与腭舌弓交界处，黏膜上有许多小孔，称为扁桃体小窝。牛的扁桃体窦大而深，窦壁内有腭扁桃体。猪的腭扁桃体位于软腭内。马无明显的扁桃体窦。犬的扁桃体位于口咽部的侧壁的扁桃体窝内。猫有明显的扁桃体囊，位于腭咽弓和腭舌弓之间，内有扁桃体。

(3)喉咽部(laryngohypopharynx)　为咽的后部，位于喉口背侧，较狭窄，上有食管口通食管，下有喉口通喉腔。

咽是消化道和呼吸道的交叉部分。吞咽时，软腭提起，关闭鼻后孔，会厌翻转盖住喉口，呼吸暂停，食物由口腔经咽进入食管。呼吸时，软腭下垂，空气经鼻、咽、喉和气管进出肺。

2. 咽的组织学结构　咽壁由黏膜、肌肉和外膜三层组成。咽黏膜衬于咽腔内面，分呼吸部和消化部两部分。在腭咽弓以上为呼吸部，与鼻腔黏膜延续;在腭咽弓以下为消化部，与口腔黏膜延续。咽黏膜内含有咽腺(guttural gland)和淋巴组织。猪的咽黏膜在后壁正中、食管口的背侧形成一盲囊，称为咽后隐窝。咽的肌肉为横纹肌，有缩小和开展咽腔的作用。外膜为覆盖在咽肌外面的一层纤维膜，将咽与周围组织相连接。

（二）软腭（soft palate）

软腭为一含肌组织和腺体的黏膜褶，位于鼻咽部和口咽部之间，前缘附着于腭骨水平部上；后缘游离，呈月牙形弯向前方，称为腭咽弓（palatopharyngeal arch）。软腭腹侧面与舌根两侧有弯曲的黏膜褶，称为腭舌弓（palatoglossal arch）。

牛的软腭短厚；猪的软腭也短而厚，几乎位于水平位；马的软腭长，后缘伸达喉的会厌基部，因此，很难用口呼吸。犬的软腭厚而长，其下方的口咽部也较狭长。猫的软腭形成口腔顶壁的后部。

三、食管（oesophagus）

（一）食管的解剖学结构

食管是食物通过的肌膜性管道，连接咽和胃，分为颈、胸、腹三段。颈段食管开始位于喉及气管的背侧，到颈中部逐渐移至气管的左侧，经胸前口进入胸腔（图 5-10），又转至气管背侧，在纵隔内继续向后延伸，穿过隔的食管裂孔（牛约与第 9 肋骨相对处，马约与第 13 肋骨相对处）进入腹腔。腹段很短，接胃的贲门。

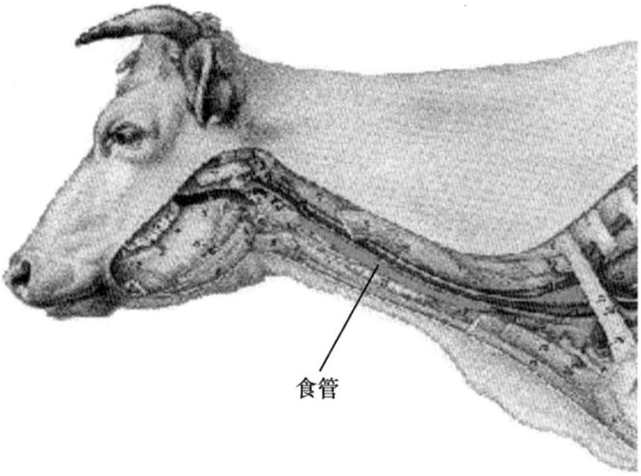

图 5-10　食管颈段

（二）食管的组织学结构

食管属于管状性器官，管壁由内向外依次为黏膜、黏膜下层、肌层和外膜四层结构（图 5-11）。

1. 黏膜（mucosa）　食管黏膜由黏膜上皮、固有层和黏膜肌层三部分构成。黏膜上皮为复层扁平上皮，其浅层细胞角化，角化程度因家畜种类不同而异，一般情况下草食性动物食管黏膜上皮角化程度较高，肉食性动物食管黏膜上皮角化程度较低。固有层为疏松结缔组织，常含有血管、淋巴管和食管腺导管等。黏膜肌层为分散的纵行平滑肌束，由前向后逐渐增多，近胃处形成完整的一层，猪和犬的食管前半段无黏膜肌层。一般情况下，食管黏膜形成数条纵行皱褶，有食物通过时可展平消失。

2. 黏膜下层（submucosa）　由疏松结缔组织构成，含有分支的管泡状黏液腺或以黏液腺细胞居多的混合腺，这些腺体统称为食管腺（oesophagus gland），可分泌黏液，有助于润滑食管,便于吞咽和食物在管道中的运送。家畜种类不同,食管腺的分布也存在一定的差异性。反刍动物、马和猫仅见于咽和食管的连接处;猪在食管的前半段丰富,自中段向后逐渐减少;犬在食管全长均有所分布。

3. 肌层(muscular layer)　主要由骨骼肌构成,有的动物食管到后段可变成平滑肌。反刍动物和犬的食管肌层全部由骨骼肌构成;猪食管的前1/3是骨骼肌,中1/3为骨骼肌和平滑肌交错排列,后1/3为平滑肌;马食管的前2/3为骨骼肌,后1/3为平滑肌;猫食管的前4/5为骨骼肌,后1/5为平滑肌。肌层由内环和外纵两层平滑肌构成,有时在两层之间出现1～4层副肌层,故食管肌层的分层不很明显。

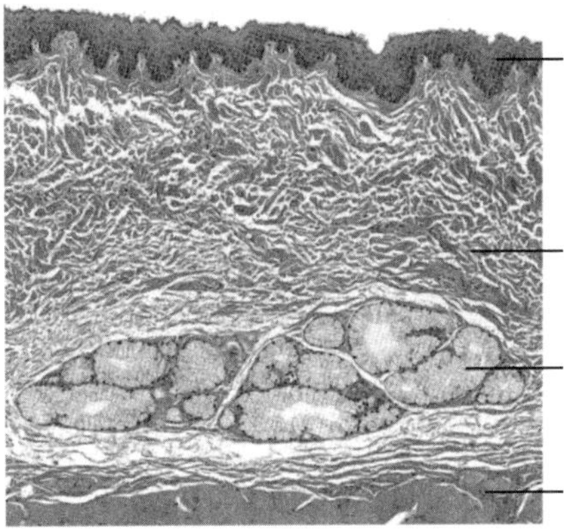

1. 黏膜　2. 黏膜下层　3. 食管腺　4. 肌层

图 5-11　犬食管(HE,10×)

(朱雪敏　供图)

4. 外膜(adventitia)　其中食管颈段为纤维膜,主要由致密结缔组织构成,食管胸、腹段的纤维膜外面被覆一层间皮,称浆膜(serosa)。

第二节　胃

胃(stomach)位于腹腔内,膈和肝的后方,是消化管的膨大部,前端以贲门接食管,后端以幽门与十二指肠相通。胃有暂时贮存食物、分泌胃液、进行初步消化等作用。家畜的胃可分为单室胃(simple stomach)和多室胃(复胃)(stomachus compositus)两大类。常见的单室胃动物有马、猪、犬、兔、猫等,复胃动物有牛、羊和骆驼等。

一、单室胃

(一)单室胃的解剖学结构

1. 马的胃　为单室混合型胃(图5-12,图5-13),容积5～8 L,大的可达12 L,甚至15 L(驴3～4 L)。大部分位于左季肋部,小部分位于右季肋部,在膈和肝之后、上大结肠的背侧。马胃呈前后压扁的"U"字形,胃大弯凸,朝向左下方;胃小弯凹,朝向右上方。壁面向左前上方,与膈、肝接触;脏面向右后下方,与大结肠、小结肠、小肠及胰等接触。胃的左端向后上方膨大形成胃盲囊(gastric caecum),位于左膈脚和第15～17肋骨上端的腹侧;右端较小,位于体中线右侧,在肝之后,向后向上以幽门与十二指肠相连。食管与胃的贲门几乎呈锐角相连。贲门在胃小弯的左端,位于膈的食管裂孔附近。

马胃的黏膜被一明显的褶缘(margo plicatus)分为两部分。褶缘以上的部分厚而苍白,与食管黏膜相连,衬以复层扁平上皮,黏膜内无腺体,称为无腺部。褶缘以下和右侧的黏膜软而皱,衬以单层柱状上皮,黏膜内含有腺体,称为有腺部。有腺部又分三区:沿褶缘的一窄区,黏膜呈灰黄色,为贲门腺区;在贲门腺区下方的一大片黏膜,呈棕红色且显有凹陷(即胃小窝),为胃底腺区;在胃底腺区右侧的黏膜,呈灰红色或灰黄色,为幽门腺区。幽门处的黏膜形成一环形褶,为幽门瓣(pyloric valve)。

马胃在腹腔内由于有网膜和韧带与其他器官相连,因而位置较为固定。

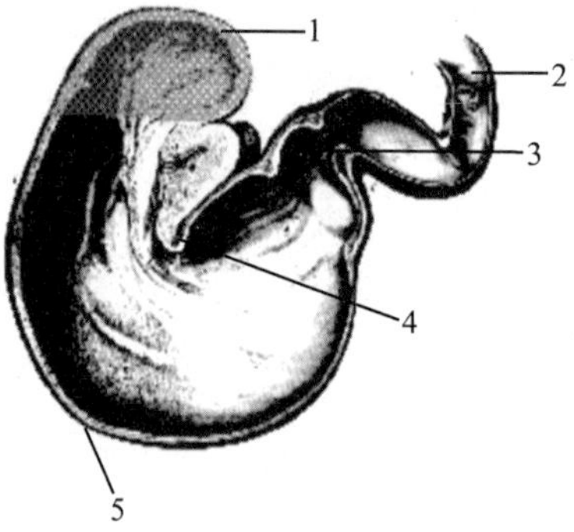

1. 胃盲囊 2. 十二指肠 3. 幽门

4. 胃小弯 5. 胃大弯

图 5-12 马的胃

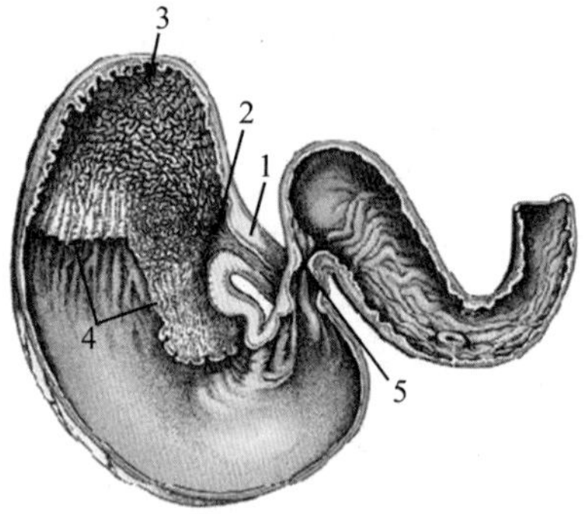

1. 食管 2. 贲门 3. 无腺区

4. 褶缘 5. 幽门

图 5-13 马的胃黏膜

(引自:Dyce K M,et al.,2010)

连系胃的浆膜褶有下列两种:

(1)胃膈韧带 为连系胃大弯与膈之间的浆膜褶。

(2)大网膜 不发达,呈网状,由双层浆膜褶构成,位于胃和右上大结肠之间,附着于胃大弯、十二指肠起始部、大结肠末端和小结肠起始部。

2. 猪的胃 为单室混合型胃(图 5-14),容积大,5~8 L。猪胃形状和马胃相似,位于季肋部和剑状软骨部,饱食时,胃大弯可伸达剑状软骨部与脐之间的腹腔底壁。胃的壁面朝前,与膈、肝接触;脏面朝后,与大网膜、肠、肠系膜及胰等接触。胃的左端大而圆,近贲门处有一盲突,称为胃憩室(gastric diverticulum);右端幽门部小而急转向上,与十二指肠相连。在幽门处内面有自小弯一侧向内突出的一个纵长鞍形隆起,称为幽门圆枕(torus pyloricus),与其对侧的唇形隆起相对,有关闭幽门的作用。

猪胃黏膜分为无腺部和有腺部(图 5-15)。猪的无腺部很小,仅位于贲门周围,黏膜粗糙,

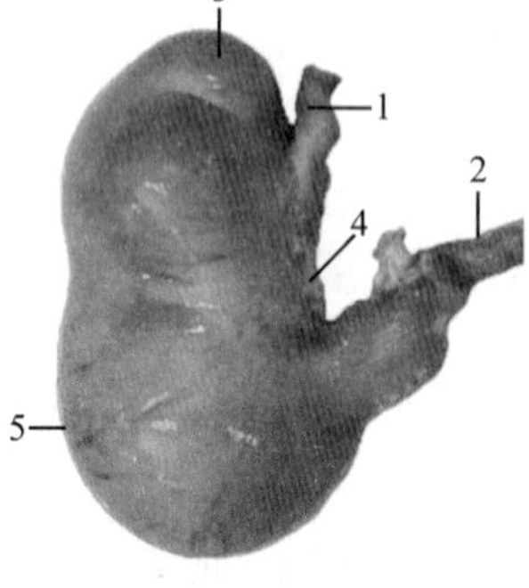

1. 食管 2. 十二指肠 3. 胃憩室

4. 胃小弯 5. 胃大弯

图 5-14 猪的胃

(引自:陈耀星,2013)

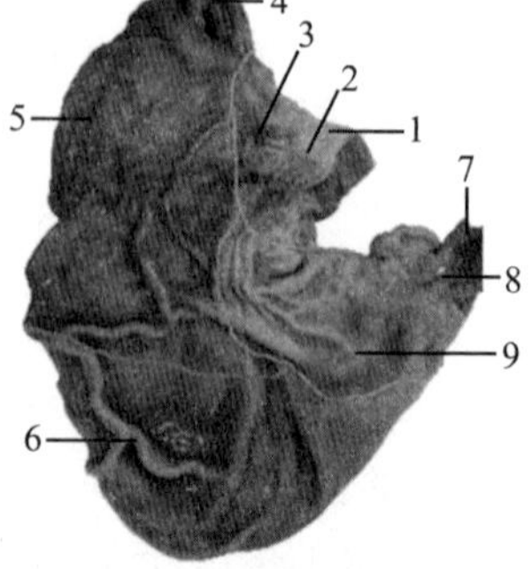

1. 食管 2. 贲门 3. 无腺区 4. 胃憩室 5. 贲门腺区

6. 胃底腺区 7. 十二指肠 8. 幽门 9. 幽门腺区

图 5-15 猪的胃黏膜

(引自:陈耀星,2013)

呈苍白色；有腺部面积大，分为贲门腺区、胃底腺区和幽门腺区。猪的贲门腺区很大，由胃的左端达胃的中部，黏膜薄而呈淡灰色；胃底腺区很小，位于贲门腺区的右侧，沿胃大弯分布，黏膜较厚呈棕红色；幽门腺区位于幽门部，黏膜薄呈灰色，且有不规则的皱褶。

3. 犬的胃 为单室腺型胃(图 5-16)，容量较大，中等体型的犬约为 2.5 L。呈弯曲的梨形，左端膨大，位于左季肋部，最高点可达第 11 或第 12 肋骨椎骨端，幽门部在右季肋部。胃内容物充满时，大弯接触腹壁，空虚时和腹壁有空肠相隔。胃小弯短，约为胃大弯的 1/4，有明显的深陷角切迹(angular incisure)。

犬的胃黏膜均有腺体分布，可分为贲门腺区、胃底腺区和幽门腺区 3 个腺区(图 5-17)。贲门腺区很小；胃底腺区黏膜较厚，呈红褐色，占全胃面积的 2/3；幽门腺区黏膜较薄，色苍白。

大网膜从胃大弯开始，向后包在肠管的腹侧，至盆腔前口处折转向前，附着于结肠和胰等。

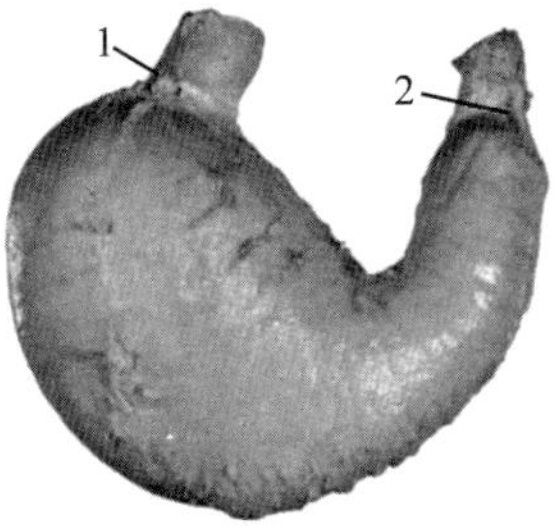

1. 食管 2. 十二指肠

图 5-16 犬的胃(冻干)

(引自：Dyce K M, et al., 2010)

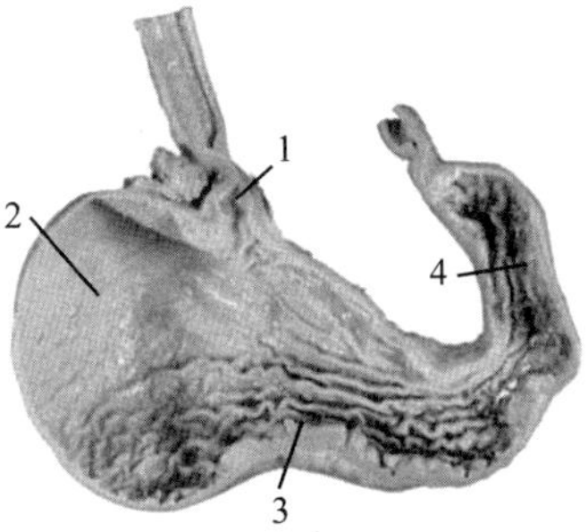

1. 贲门 2. 贲门腺区 3. 胃底腺区 4. 幽门腺区

图 5-17 犬的胃黏膜(额切面)

(引自：Dyce K M, et al., 2010)

(二)单室胃的组织学结构

1. 单室胃胃壁的一般结构 单室胃是食管与小肠之间的中空囊状结构，胃壁由黏膜、黏膜下层、肌层和浆膜四层构成(图 5-18)。

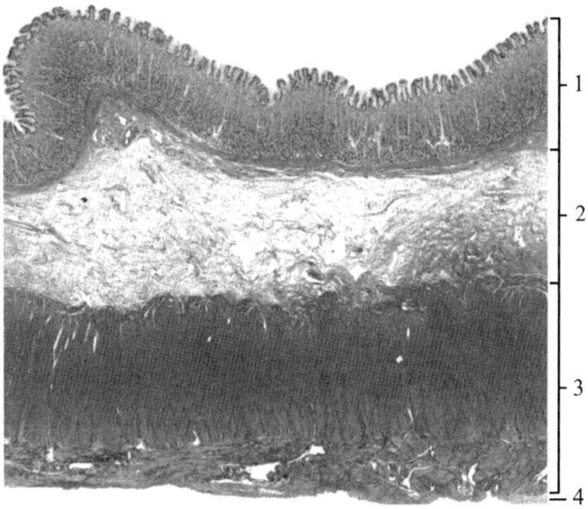

1. 黏膜 2. 黏膜下层 3. 肌层 4. 浆膜

图 5-18 胃底部切片(HE, 10×)

(朱雪敏 供图)

(1)黏膜　胃黏膜形成许多皱褶,当食物充满时皱褶变低或消失。在有腺部黏膜的表面分布许多由上皮下陷形成的小窝,称胃小凹(gastric pit),每个胃小凹底部常有几个胃腺的开口。黏膜又包括黏膜上皮、固有层和黏膜肌层三层结构。

①黏膜上皮　无腺部黏膜上皮为复层扁平上皮(图5-19),有腺部黏膜上皮为单层柱状上皮。柱状细胞排列整齐,附着于基膜。胞核呈椭圆形,位于基底部。顶部胞质充满黏原颗粒,可合成分泌黏液(图5-20),这些黏液与有腺部另一种细胞合成分泌的碳酸氢根离子形成黏液碳酸氢盐屏障,可防止胃液内高浓度的盐酸与胃蛋白酶对胃黏膜的侵蚀和损伤。上皮细胞不断更新,当受损伤脱落时,由胃小凹底部的未分化细胞增殖补充。

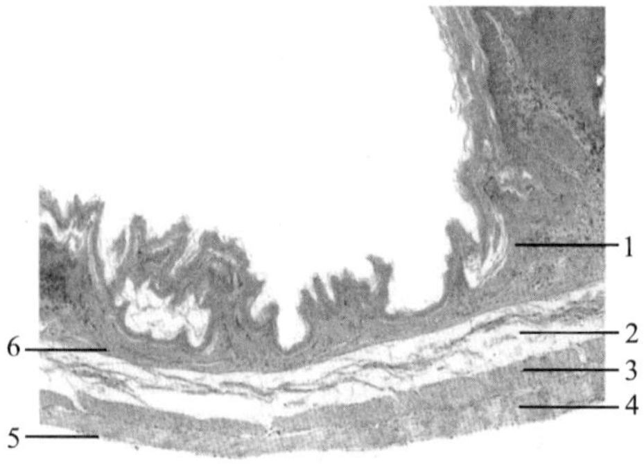

1.复层扁平上皮　2.黏膜下层　3.内环形肌
4.外纵行肌　5.浆膜　6.黏膜肌层

图5-19　单室胃无腺部(HE,100×)

(李梦云　供图)

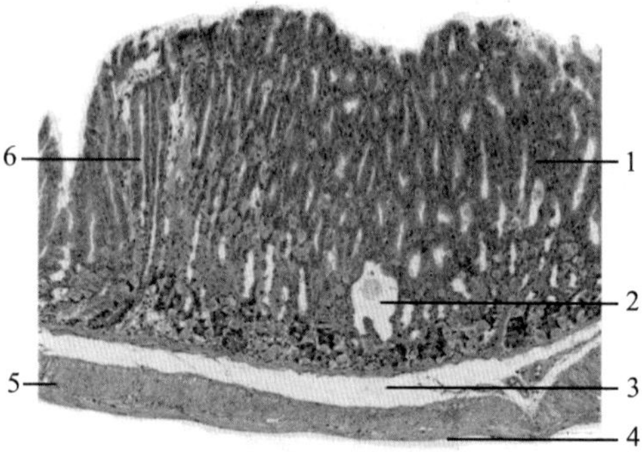

1.黏膜上皮　2.血管　3.黏膜下层
4.浆膜　5.肌层　6.黏膜固有层

图5-20　单室胃有腺部(HE,100×)

(李梦云　供图)

②固有层　为富含网状纤维的疏松结缔组织,黏膜上皮下陷至固有层形成很多胃腺(gastric gland)。此外,固有层内还含有来自黏膜肌层的平滑肌纤维、少量的白细胞、弥散的淋巴组织和淋巴小结等,后者在猪胃黏膜固有层特别多。

③黏膜肌层　由内环、外纵两层平滑肌组成,收缩时有助于黏膜紧缩和胃腺分泌物的排出。

(2)黏膜下层　由发达的疏松结缔组织构成,含有较大的血管、淋巴管和神经丛。在猪贲门和幽门处还含有淋巴小结。

(3)肌层　发达,由内斜、中环和外纵三层平滑肌组成。内斜肌层仅分布于无腺部,在贲门处最厚,形成贲门括约肌;中环肌层很发达,为肌层的主要部分,在胃的右端特别增厚,形成幽门括约肌;外纵肌层为不完整的纵行肌层,肌纤维多集中在胃大弯、胃小弯和幽门窦处。肌层收缩可使胃内食糜与胃液充分混合,促进消化。

(4)浆膜　由致密结缔组织构成,外面被覆一层扁平上皮细胞形成光滑而湿润的浆膜组织。但在胃脾韧带、大网膜和胃膈韧带等附着于胃的部分,无浆膜被覆。

2.胃腺的结构　根据胃腺的结构、分泌物的性质以及分布部位的不同,分为胃底腺、贲门腺和幽门腺3种。

(1)胃底腺(fundic gland)　分布于胃底部的单管状腺或分支管状腺,腺腔狭小。腺体可分为颈、体和底部。颈部与胃小凹相连;体部较长;底部稍膨大并延伸至黏膜肌层。胃底腺是分泌胃液的主要腺体，由主细胞、壁细胞、颈黏液细胞、内分泌细胞和未分化细胞组成（图 5-21 至图 5-23）。

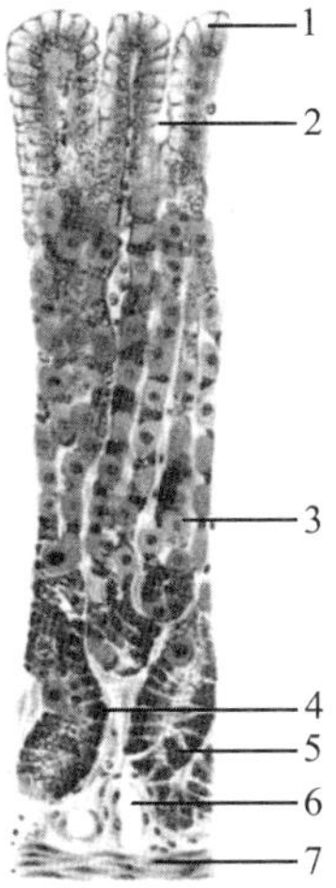

1. 胃上皮　2. 胃小凹　3. 壁细胞　4. 颈黏液细胞
5. 主细胞　6. 固有层　7. 黏膜肌层

图 5-21　胃底腺纵切模式图

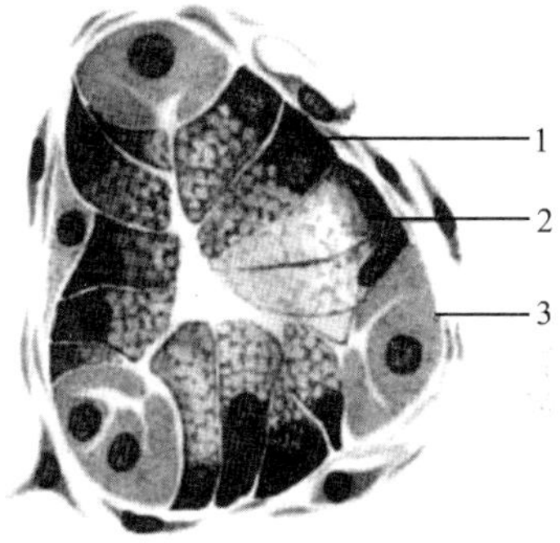

1. 主细胞　2. 颈黏液细胞　3. 壁细胞

图 5-22　胃底腺横切模式图

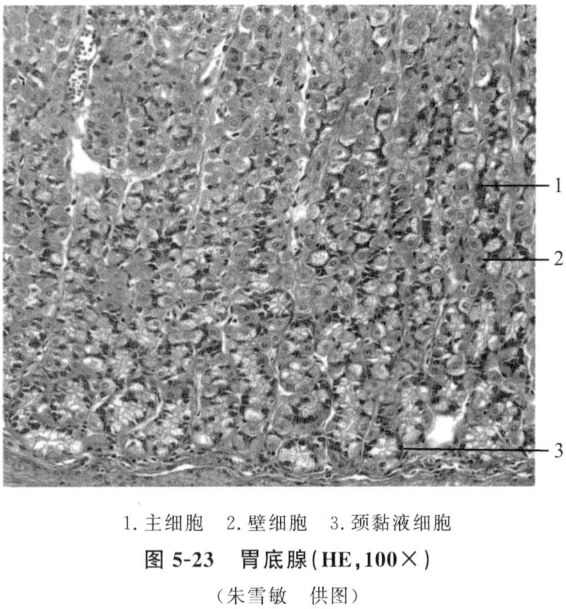

1. 主细胞　2. 壁细胞　3. 颈黏液细胞

图 5-23　胃底腺(HE,100×)

（朱雪敏　供图）

主细胞（chief cell）　又称胃酶原细胞（Gastric proenzyme cell），数量较多，主要分布于腺体部和底部。细胞呈矮柱状或锥体形，胞核圆形，位于细胞基底部，胞质嗜碱性强，基部染色较深，顶部色淡。电镜下，细胞基部有许多粗面内质网和线粒体，细胞顶部充满圆形的酶原颗粒。主细胞分泌胃蛋白酶原，胃蛋白酶原在盐酸的作用下转变为胃蛋白酶，促进蛋白质的消化。幼畜主细胞还分泌凝乳酶，有助于乳汁的消化和吸收。

壁细胞(parietal cell) 能分泌盐酸,故又称泌酸细胞。胞质为颗粒状,具有强嗜酸性,HE染色时伊红着色较深。壁细胞呈圆形或锥体形,体积较大,大多散布于腺的颈部和体部。胞核圆而深染,位于细胞中央,大部分单核,偶见有双核现象。电镜下观察,壁细胞游离面的胞膜向胞质内凹陷,形成大量分支小管,称细胞内分泌小管(intracellular secretory canaliculus),小管腔面有许多细长微绒毛,从而大大增加了壁细胞的表面积;另外,壁细胞胞质内有许多滑面内质网组成的微管泡系统(tubulovesicular system)以及丰富的线粒体和高尔基复合体。壁细胞的主要功能是合成和分泌盐酸。具体过程如下:①血液和自身代谢中产生的 CO_2 在壁细胞碳酸酐酶的作用下形成 H_2CO_3;② H_2CO_3 解离成 H^+ 和 HCO_3^-,H^+ 被主动运输至细胞内分泌小管;③血浆内 Cl^- 经微管泡系统运输到细胞内分泌小管,与 H^+ 结合成 HCl。

颈黏液细胞(mucous neck cell) 数量很少,一般分布于腺颈部。但猪的颈黏液细胞分布于腺体各段,而以腺底部最多。细胞呈立方形或矮柱状,胞核椭圆形,位于细胞基底部。胞质顶部充满黏原颗粒,呈 PAS 反应阳性。常规染色切片中,胞质顶端较主细胞淡染。颈黏液细胞具有分泌酸性黏液、保护胃黏膜的作用。

内分泌细胞 细胞呈锥形、卵圆形或不规则形,常分布于其他上皮细胞之间。详见内分泌系统。

未分化细胞(干细胞) 细胞较小,多位于胃底腺的顶部至胃小凹深部一带,可增殖分化为表面黏液细胞或胃底腺细胞。

(2)贲门腺(cardiac gland) 分布于贲门区的固有层内,为分支管状腺,腺体短,腺腔较大。腺细胞呈柱状,核圆形或卵圆形,位于细胞基底部。犬的贲门腺内可见少量的壁细胞,猪有少量散在的主细胞。

(3)幽门腺(pyloric gland) 分布于幽门区的固有层内,为分支管状腺,腺体形状与贲门腺相似,但位置较贲门腺深,排列稀疏,腺管分支多而弯曲。幽门腺主要分泌黏液。另外,在幽门腺中可见到散在的壁细胞和内分泌细胞。

二、多室胃

(一) 牛、羊胃的形态与结构

牛、羊的胃为复胃(多室胃),包括瘤胃(rumen)、网胃(reticulum)、瓣胃(omasum)和皱胃(abomasus)4 个胃(图 5-24,图 5-25)。前 3 个胃合称为前胃(proventriculus),黏膜内无腺体分布,相当于单室胃的无腺部。前胃主要起贮存食物、发酵食物和分解纤维素的作用。皱胃又称真胃,黏膜内有腺体,能分泌消化液,具有初步的化学性消化作用。

1. *瘤胃* 最大,成年牛的瘤胃约占 4 个胃总容积的 80%,呈前后稍长、左右略扁的椭圆形囊,几乎占据腹腔的左半部,其下半部还伸到腹腔右侧一部分。瘤胃的前端与网胃相通,约与第 7、8 肋间隙相对;后端达骨盆前口。左侧面(壁面)与脾、膈及左侧腹壁相接触;右侧面(脏面)与瓣胃、皱胃、肠、肝、胰等接触。背侧缘隆凸,以结缔组织与腰肌、膈脚相连;腹侧缘亦隆凸,与腹腔底壁接触。瘤胃的前、后方有较深的前沟(anterior canal)和后沟(posterior canal);左、右两侧面有较浅的左纵沟(sulcus longitudinalis sinister)和右纵沟(sulcus longitudinalis dexter)。瘤胃沟内有脂肪、血管、淋巴管、淋巴结和神经,沟表面覆盖有浆膜。在瘤胃的内面,有与上述各沟相对应的肉柱(trabeculae carneae)。沟和肉柱共同围成环状,把瘤胃分成背囊

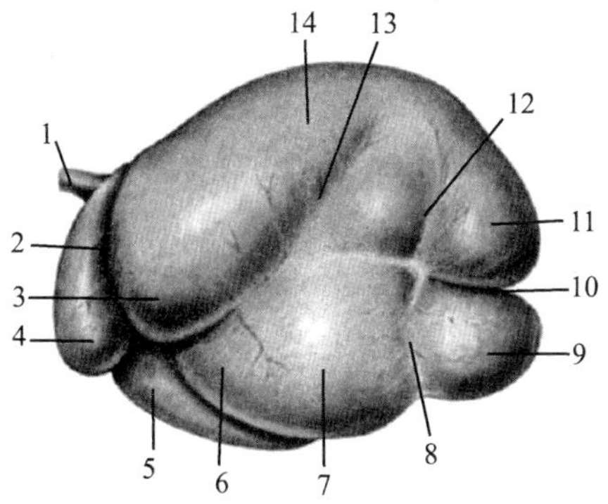

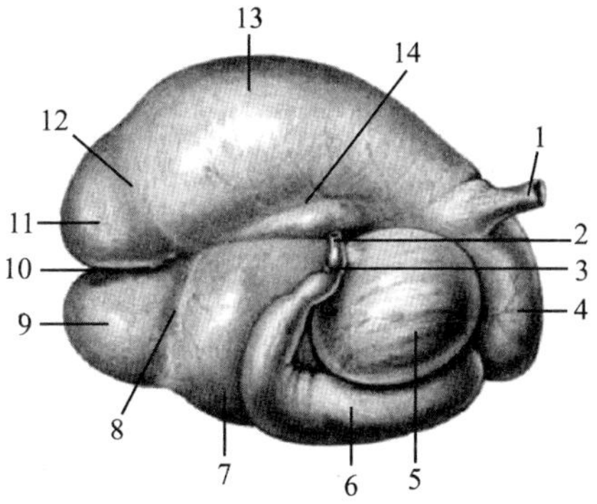

左侧面：1. 食管 2. 瘤网胃沟 3. 前背盲囊（瘤胃房）4. 网胃 5. 皱胃 6. 前腹盲囊 7. 腹囊 8. 后腹冠状沟 9. 后腹盲囊 10. 后沟 11. 后背盲囊 12. 后背冠状沟 13. 左纵沟 14. 背囊

右侧面：1. 食管 2. 十二指肠 3. 幽门 4. 网胃 5. 瓣胃 6. 皱胃 7. 前腹盲囊 8. 后腹冠状沟 9. 后腹盲囊 10. 后沟 11. 后背盲囊 12. 后背冠状沟 13. 背囊 14. 左纵沟

图 5-24 牛的胃

（引自：Klaus-Dieter B，et al.，2011）

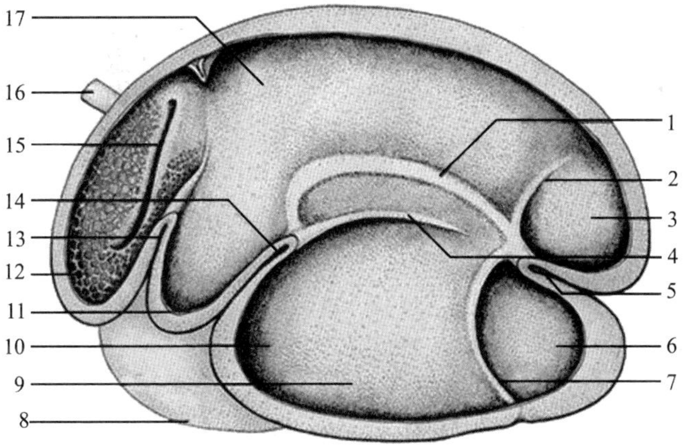

1. 右副柱 2. 背侧冠状柱 3. 后背盲囊 4. 右纵柱 5. 后柱 6. 后腹盲囊 7. 腹侧冠状柱 8. 皱胃 9. 腹囊 10. 瘤胃隐窝 11. 瘤胃房 12. 网胃 13. 瘤网沟 14. 前柱 15. 网瓣沟 16. 食管 17. 背囊

图 5-25 牛胃（左侧观，切开）

（引自：陈耀星，刘为民译，2009）

(dorsal sac)和腹囊(ventral sac)两部分，背囊较长。由于瘤胃前、后沟较深，在瘤胃背囊和腹囊的前、后两端，分别形成前背盲囊（瘤胃房）、后背盲囊、前腹盲囊（瘤胃隐窝）和后腹盲囊。

瘤胃的入口为贲门(cardia)，出口为瘤网胃口(ruminoreticular opening)，出入口相距较近，均位于瘤胃背囊的前部，贲门在瘤网胃口的背侧。瘤网胃口大，其腹侧和两侧有瘤网褶。在贲门附近，瘤胃和网胃无明显分界，形成一个穹窿，称为瘤胃前庭。

瘤胃黏膜（图 5-26，图 5-27A）一般呈棕黑色或棕黄色（肉柱颜色较浅），表面有无数密集的

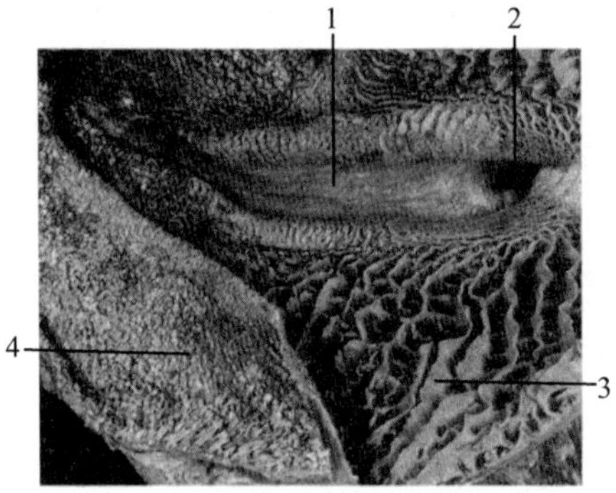

1. 食管沟 2. 贲门 3. 网胃瓣叶 4. 瘤胃乳头

图 5-26 牛的食管沟

(引自:陈耀星,刘为民译,2009)

角质化乳头,形似柳叶。黏膜乳头密度和大小不等,以瘤胃腹囊和盲囊内的最为发达,肉柱和前庭的黏膜乳头不发达,有的肉柱无黏膜乳头。

羊的瘤胃形态构造和牛基本相似。但腹囊较大,腹囊的大部分位于腹腔右侧。由于腹囊位置偏后,所以后腹盲囊大,而后背盲囊则不明显。胃黏膜乳头较短。

2. 网胃　成年牛的网胃在 4 个胃中体积最小,约占四个胃总容积的 5%,呈前后稍扁的梨形囊(图 5-24,图 5-25)。网胃位于季肋部内,大部分位于体中线的左侧,在瘤胃背囊的前下方,与第 6~8 肋骨相对。网胃的壁面(前面)凸,与膈、肝接触;脏面

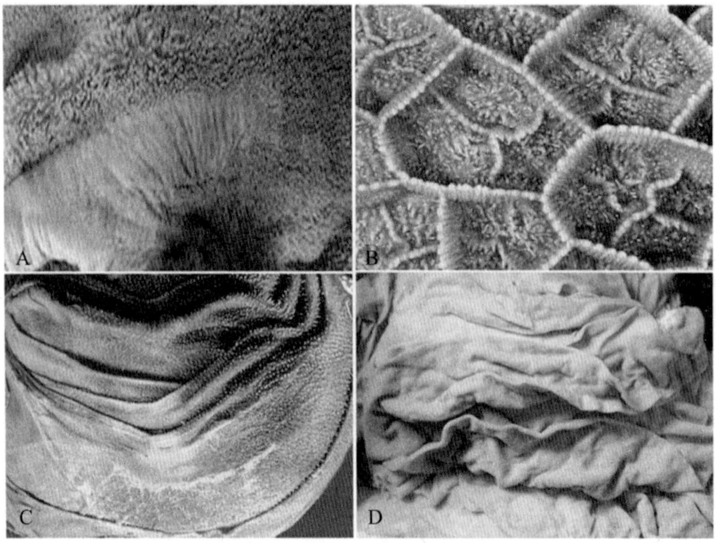

A. 瘤胃 B. 网胃 C. 瓣胃 D. 皱胃

图 5-27 牛的胃黏膜

(引自:Dyce K M,et al.,2010)

(后面)平,与瘤胃背囊紧贴,有深的瘤网胃沟(ruminoreticular groove)为界;网胃上端有瘤网胃口,与瘤胃背囊相通;瘤网胃口的右下方有网瓣胃口,与瓣胃相通。网胃的下端呈一圆形盲囊,称为网胃底(fundus reticuli),与膈的胸骨部接触。

在网胃右侧壁的黏膜上,自贲门向下延伸到网瓣胃口的沟,称为网胃沟(reticular groove),又称食管沟(sulcus oesophagus)(图 5-26),沟呈螺旋状扭转,沟两侧隆起的黏膜褶,称为食管沟唇。未断奶犊牛的网胃沟功能完善,吸吮时可闭合成管,乳汁可直接由贲门经网胃沟和瓣胃沟达皱胃。断奶后,网胃沟功能逐渐丧失。

网胃黏膜(图 5-25,图 5-27B)形成许多多边形网格状皱褶,形似蜂房,又称蜂巢胃(reticulum)。房底还有许多较低的次级皱褶再分为更小的网格。在皱褶和房底部密布有细小的角

质乳头。食管沟的黏膜平滑、色淡，有纵行皱褶。网胃肌层发达，收缩时有利于反刍逆呕。

网胃的位置较低，因此尖锐的金属异物（如铁钉、铁丝等）被吞入胃内时，易留存于网胃。由于网胃壁肌肉的强力收缩，常刺穿胃壁，引起创伤性网胃炎。牛网胃的前面紧贴着膈，而膈与心包的距离又很近，严重时，金属异物还可穿过膈刺入心包，继发创伤性心包炎。所以在饲养管理上要特别注意，严防金属异物混入饲料和饲草。

羊的网胃比瓣胃大，下部向后弯曲与皱胃相接触。胃黏膜的网格较大，但周缘皱褶较低，次级皱褶明显。

3. 瓣胃　成年牛的瓣胃约占 4 个胃总容积的 7%或 8%。瓣胃呈两侧稍扁的球形（图 5-24），很坚实，位于右季肋部，在瘤胃与网胃交界的右侧，与第 7～11 或 12 肋骨相对。右面隔小网膜与肝相邻；左面与瘤胃相贴，腹缘和后缘与皱胃相贴。大弯凸，朝向右后方，称为瓣胃弯（omasal curvature）；小弯凹，朝向左前方，称为瓣胃底（omasal fundus）。在小弯的上、下端，有网瓣胃口和瓣皱胃口（ostium omasoabomasicum），分别通网胃和瓣胃。

瓣胃黏膜（图 5-27C）形成百余片瓣叶，瓣叶呈新月形，凸缘附着于大弯的瓣胃壁，游离缘向着小弯。瓣叶按高低可分大、中、小和最小四级，呈规律性相间排列，形成许多狭窄而整齐的叶间间隙。瓣叶上密布小的角质乳头。网瓣胃口和瓣皱胃口之间的瓣胃底黏膜无瓣叶附着，形成瓣胃沟（sulcus omasi），其与最大一级瓣叶游离缘围成一个无瓣叶分布的瓣胃管（omasal canal）。液体和细粒饲料可由食管沟经此管直接进入皱胃。在瓣皱胃口两侧的黏膜，形成一对皱褶，称为瓣胃帆，有防止皱胃内容物逆流入瓣胃的作用。

羊的瓣胃是 4 个胃中最小的 1 个，呈卵圆形，位于右季肋部，与第 9、10 肋骨相对，位置比牛的高一些，不与腹壁接触。其右侧为肝和胆囊；左侧为瘤胃；腹侧为皱胃。瓣叶的数量比牛少，没有最小一级的瓣叶。

4. 皱胃　成年牛的皱胃约占 4 个胃总容积的 8%或 7%，呈前粗后细的弯曲囊袋状（图 5-24），位于右季肋部和剑状软骨部，在网胃和瘤胃腹囊的右侧、瓣胃的腹侧和后方，大部分与腹腔底壁紧贴，与第 8 至第 12 肋骨相对。皱胃分为胃底、胃体和幽门部三部分。皱胃前端的膨大部为胃底，与瓣胃相连；胃体部逐渐由粗变细，位于瓣胃腹侧；后部较细，为幽门部，以幽门和十二指肠相接。幽门部在接近幽门处明显变细，壁内的环形肌特别增厚，在小弯侧形成一幽门圆枕。皱胃小弯凹而向上，与瓣胃接触；大弯凸而向下，与腹腔底壁接触。

皱胃黏膜　光滑、柔软，在底部形成 12～14 片螺旋形大皱褶，称皱胃旋褶（abomasum plicae spiralis）（图 5-27D）。皱胃黏膜内含有腺体，分为 3 个腺区：环绕瓣皱胃口的淡色小区，为贲门腺区，内有贲门腺（cardiac glands）；近十二指肠的黄色小区，为幽门腺区，内有幽门腺（pyloric glands）；两区之间螺旋形大皱褶的红色部分为胃底腺区，内有胃底腺（fundus glands）。

皱胃的贲门腺及幽门腺分泌黏液，有保护胃黏膜的作用；胃底腺分泌胃酸和胃蛋白酶，具有化学性消化的作用。

羊的皱胃在比例上较牛的大而长。

（二）网膜

牛、羊的胃体积庞大，结构复杂、占据腹腔的大部分。胃在腹腔位置固定的重要动力结构是腹膜移行形成的腹膜褶。联系胃和其他脏器的腹膜褶，主要是大网膜和小网膜。

大网膜（omentum majus）（图 5-28）很发达，覆盖在肠管右侧面的大部分和瘤胃腹囊的表面，可分浅、深两层。浅层起自瘤胃左纵沟，向下绕过腹囊到腹腔右侧，继续沿右腹侧壁向上延伸，止于十二指肠和皱胃大弯。浅层由瘤胃后沟折转到右纵沟转为深层。深层向下绕过肠管到肠管右侧面，沿浅层向上也止于十二指肠(有时浅、深两层先合并再止于十二指肠)。浅、深两层网膜形成一个大的网膜囊(omental sac)，瘤胃腹囊就被包在其中。在两层网膜和瘤胃右侧壁之间，形成一个似兜袋的网膜囊隐窝(crypt of omental bursa)，兜着大部分肠管。网膜囊的开口向后，口的游离缘就是浅、深两层转折处。

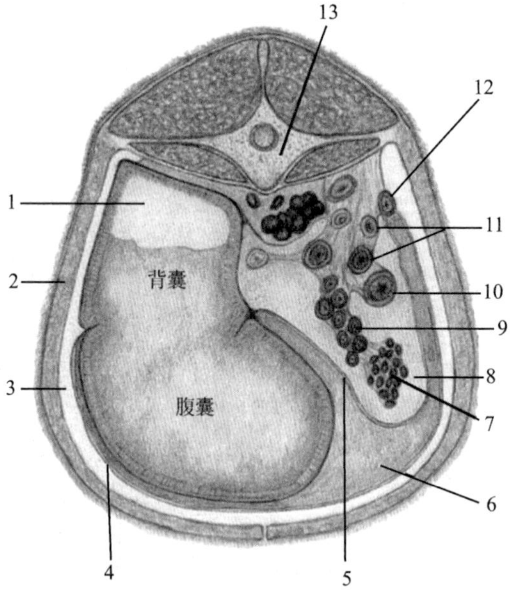

1.瘤胃气顶 2.腹壁 3.腹膜腔 4.大网膜浅层 5.大网膜深层 6.网膜囊 7.空肠 8.网膜上隐窝 9.结肠旋袢 10.盲肠 11.升结肠:近端和远端 12.十二指肠 13.腰椎

图 5-28 腹腔横切面(山羊)

(引自:Mahmoud M,et al.,2018)

网膜常沉积有大量的脂肪，营养良好的个体更明显。由于大网膜内含有大量巨噬细胞，因此又是腹腔内重要的防卫器官。

小网膜(lesser omentum)较小，起自肝的脏面，经过瓣胃的壁面，止于皱胃幽门部和十二指肠起始部的背侧缘。

附:犊牛胃的特点 犊牛因哺乳，其皱胃特别发达。刚出生时，瘤胃与网胃相加的容积约等于皱胃的1/2。8周时，瘤胃和网胃总容积约等于皱胃的容积，12周时，则超过皱胃的1倍，这时瓣胃发育很慢。4个月以后，随着消化植物性饲料的能力出现，前3个胃迅速增大，瘤胃和网胃的总容积约达皱胃4倍。到1.5岁时，瓣胃和皱胃的容积几乎相等，这时4个胃的容积达到成年时的比例。由此可知，4个胃容积变化的速度受食物的影响，在提前和大量饲喂植物性饲料的情况下，前3个胃的发育要比喂乳汁的发育迅速。如幼畜靠喂液体食物为主时，前胃尤其是瓣胃会处于不发达的状态(图5-29)。

(三)多室胃的组织学结构

牛羊胃都属于多室胃，包括瘤胃、网胃、瓣胃和皱胃。胃壁也分黏膜、黏膜下层、肌层和浆膜四层结构。前3个胃的黏膜上皮为复层扁平上皮，黏膜下层内没有腺体，不分泌胃液，食物

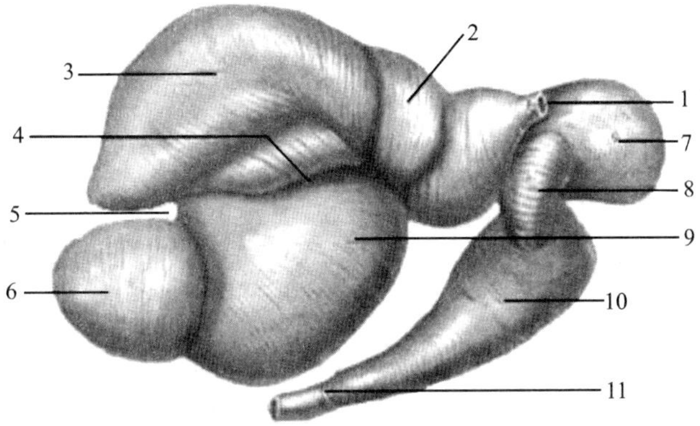

1. 贲门　2. 前背盲囊　3. 后背盲囊　4. 右纵沟　5. 后沟　6. 后腹盲囊
7. 网胃　8. 瓣胃　9. 前腹盲囊　10. 皱胃　11. 幽门

图 5-29　犊牛胃

消化主要靠胃壁的机械摩擦和微生物的发酵作用。皱胃的黏膜内有腺体，具有一定的消化作用。

1. 瘤胃　具有搅拌器和发酵罐的作用，食物在此进行机械性和微生物学消化，并在瘤胃微生物的作用下产生挥发性脂肪酸被黏膜吸收。

(1)黏膜　牛、羊瘤胃黏膜上皮细胞主要为复层扁平上皮，浅层细胞角化程度高。固有层为疏松结缔组织，和黏膜上皮共同形成黏膜角质乳头(图 5-30)。牛羊黏膜缺乏肌层组织，所以黏膜固有层和黏膜下层分界不清。

(2)黏膜下层　薄层疏松结缔组织，其内常见有血管和散在淋巴组织等结构。

(3)肌层　瘤胃肌层发达，由内(环行)、外(纵行)两层平滑肌构成。瘤胃肉柱是内环形肌向胃内壁凸起形成的皱褶，另外，肉柱内还含有大量弹性纤维。

(4)浆膜　构造与单胃相同(致密结缔组织构成，外面被覆一层扁平上皮细胞)，内含有许多脂肪细胞、血管、淋巴管和神经等。

2. 网胃　黏膜上皮为角化的复层扁平上皮，和固有层向内凸起，形成皱褶，这些皱褶彼此吻合形成许多蜂窝状皱襞。皱襞边缘和底部有很多锥状角质乳头，在皱褶内近游离缘中央有一条平滑肌带，并随皱褶形成连续的肌带网，与食管黏膜肌层相连，相当于网胃的黏膜肌层，黏膜肌层为少量的平滑肌。固有层和黏膜下层均为疏松结缔组织。肌层也分内环、外纵两层，分别与食管及食管沟的内、外肌层相连接。网胃最外面为浆膜组织(图 5-31)。网胃沟的结构与网胃相似，但固有层内弹性纤维比较多，在羊的网胃沟黏膜内还有网胃沟腺。网胃沟底的肌层分两层，内层为较发达的横行平滑肌；外层为少量的纵行平滑肌和骨骼肌束，且骨骼肌束与食管内的肌层相延续。网胃沟唇由一厚的纵行平滑肌构成，与食管的内肌层相连。

3. 瓣胃　黏膜上皮仍为复层扁平上皮，黏膜和黏膜下层凸起形成高低不一的皱襞，称为瓣叶，俗称“百叶”。其两侧密布角质乳头。瓣胃黏膜有发达的黏膜肌层。黏膜下层为疏松结缔组织，量很少。肌层也分内环、外纵两层平滑肌。最外层是浆膜组织(图 5-32)。

4. 皱胃　结构与单胃相似。其特点是贲门腺区小，幽门腺区大；胃底部黏膜形成永久性的螺旋形大皱褶，胃底腺发达，短而密集；胃小凹的密度比较大。

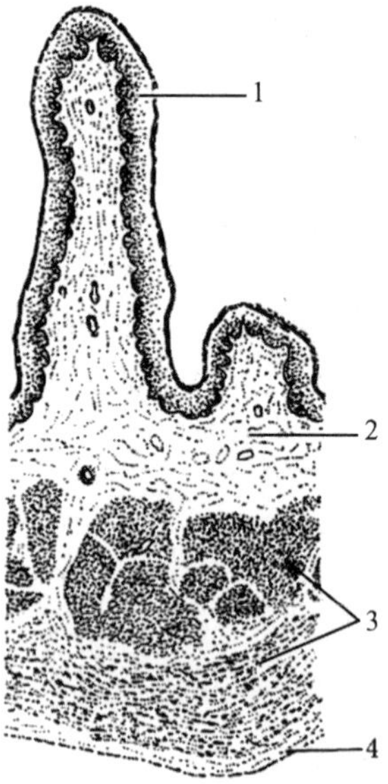

1.复层扁平上皮 2.固有层
3.肌层 4.浆膜

图 5-30 牛瘤胃过乳头切面

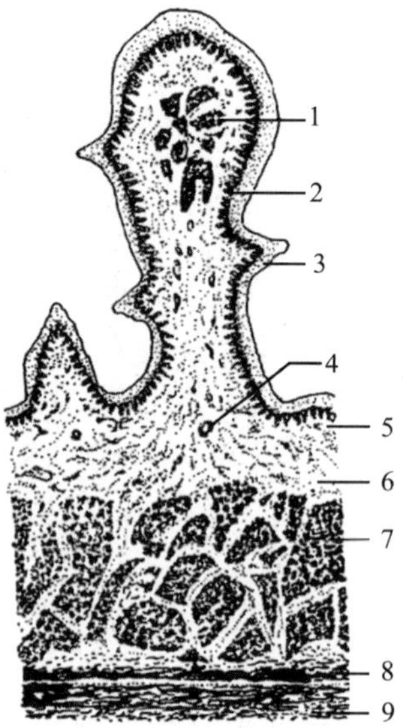

1.皱襞的肌带 2.复层扁平上皮 3.嵴 4.血管
5.固有层 6.黏膜下层 7.环肌层 8.纵肌层 9.浆膜

图 5-31 绵羊网胃切面

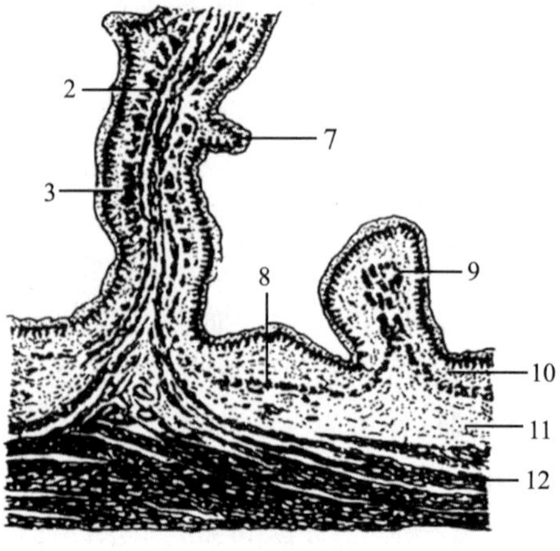

1.上皮 2.黏膜肌的延续 3.肌层的延续 4.厚的边缘基层 5.中央肌层 6.外侧肌层
7.嵴 8.黏膜肌层 9.小瓣叶的黏膜肌层 10.固有层 11.黏膜下层 12.肌层

图 5-32 牛瓣胃切面

第三节　肠

一、肠的一般形态结构特征

肠管起自幽门，止于肛门，可分小肠和大肠两部分。肠管是消化道的重要组成部分，肠管很长，在腹腔内盘曲，借肠系膜悬挂于腹腔顶壁。肠管长度与家畜食性、采食量等有关，其中草食动物的肠管较长（反刍动物的更长），肉食动物的较短，杂食动物的介于草食动物和肉食动物之间。

（一）小肠（small intestine）

很长，管径较小，又分为十二指肠、空肠和回肠 3 段，是消化吸收的主要部位。

1. 十二指肠（duodenum）　较短，其形态、位置和行程在不同家畜都相似。肠管分为 3 部 3 曲：前部、前曲、降部、后曲、升部和空肠曲。十二指肠的起始部为前部、在肝的后方形成一“乙”状弯曲为前曲，然后沿右季肋部向上向后延伸至右肾腹侧或后方，称为降部；在右肾后方或髂骨翼附近转而向左（绕过前肠系膜根部的后方）形成一后曲（或髂曲），再向前延伸，成为升部；在达到肝以前移行为空肠曲，延接空肠。十二指肠由窄的十二指肠系膜（或韧带）固定，位置变动小。其后部有与结肠相连的十二指肠结肠韧带，在大体解剖时，常依此韧带作为十二指肠与空肠分界的标志。

2. 空肠（jejunum）　是小肠中最长的一段，尸体解剖时常呈空虚状态。空肠形成许多肠圈，并以宽的空肠系膜悬挂于结肠盘上。空肠活动范围较大，可以落入自然裂孔，如脐孔和鞘膜腔内，形成肠疝。

3. 回肠（ileum）　较短，与空肠无明显分界，只是肠管较直、肠壁较厚（固有层和黏膜下层组织内富含淋巴孤结和淋巴集结所致）。回肠末端开口于盲肠或盲肠与结肠交界处。在回肠与盲肠体之间有三角形的回盲韧带（回盲褶），其游离缘常作为回肠与空肠的分界线。回肠壁内由于含有大量的淋巴组织而较厚，组织学可见淋巴集结（派伊尔氏斑），构成了消化道重要的免疫屏障。

小肠的消化腺很发达，有壁内腺和壁外腺两类：壁内腺除分布于整个肠管壁固有层内的小肠腺（glands of small intestine）外，在十二指肠和空肠前端的黏膜下层还分布有十二指肠腺（duodenal gland）；壁外腺有肝和胰，可分泌胆汁和胰液，由导管通入十二指肠内。消化腺的分泌物内含有多种酶，能消化和分解各种营养物质。

（二）大肠（large intestine）

大肠比小肠短，但管径较粗。发达的大肠一般都有纵肌带和肠袋。大肠又分盲肠、结肠和直肠 3 段，主要功能是消化纤维素、吸收水分、形成和排出粪便等。

1. 盲肠（caecum）　呈盲囊状，其大小因家畜种类而异，草食动物的盲肠较发达，尤其是马的盲肠特别发达。家畜的盲肠（除猪外）均位于腹腔右侧。盲肠一般有两个开口，即回盲口和盲结口，分别与回肠及结肠相通。

2. 结肠（colon）　分为升结肠、横结肠和降结肠 3 部分。不同种类家畜结肠的大小、位置和形态存在差异。

3. 直肠(rectum) 为大肠的最后一段，位于骨盆腔内，在脊柱和尿生殖褶、膀胱(公畜)或子宫、阴道(母畜)之间，后端与肛门相连。直肠的前部称为腹膜部，表面覆有浆膜，由直肠系膜将其悬挂于荐椎腹侧；后部称为腹膜后部，表面没有浆膜，而由疏松结缔组织与周围器官相连。

4. 肛管(anal canal)和肛门(anus) 肛管为直肠末端缩细的部分，后端以肛门开口于尾根腹侧。肛管黏膜为复层扁平上皮，以肛直肠线与直肠分开。肛门为肛管后口，其外层为皮肤，薄而富含皮脂腺和汗腺；内层为复层扁平上皮构成的黏膜，常形成许多纵褶；中间为肌层，主要由肛门内括约肌和肛门外括约肌(external anal sphincter)组成。前者属平滑肌，为直肠环形肌层延续至肛门特别发达的部分；后者属横纹肌，环绕在前肌的外围。它们的主要作用是关闭肛门。此外，在肛门两侧还有肛提肌(levator ani muscle)和肛悬韧带(ligamentum suspensorium ani)。肛提肌起于坐骨棘，在排粪后有牵缩肛门的作用；肛悬韧带为平滑肌带，在肛门腹侧与对侧同名肌相会后，进入阴门括约肌(母畜)或延续为阴茎缩肌(公畜)。

二、不同动物肠的形态结构特征

(一)牛、羊的肠

牛肠的长度约是其体长的20倍，羊肠约是25倍，几乎全部位于体中线的右侧，借总肠系膜悬挂于腹腔顶壁，并在总肠系膜中折转延伸，成一圆形肠盘，其中央为大肠，周围为小肠(图5-33至图5-35)。

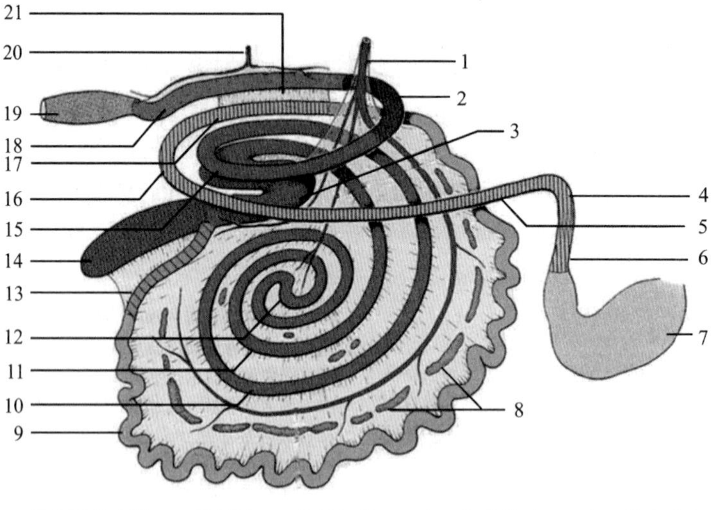

1. 肠系膜前动脉 2. 横结肠 3. 结肠初袢 4. 十二指肠前曲 5. 十二指肠降部 6. 十二指肠前部 7. 皱胃 8. 空肠系膜的空肠淋巴结 9. 空肠 10. 离心回 11. 向心回 12. 中心曲 13. 回肠 14. 盲肠 15. 结肠终袢 16. 十二指肠后曲 17. 十二指肠升部 18. 降结肠 19. 直肠 20. 肠系膜后 21. 十二指肠结肠韧带

图5-33 牛肠袢模式图

(引自：陈耀星，刘为民译，2009)

1. 小肠 牛小肠为27～49 m(平均约40 m)，羊小肠为17～34 m(平均约25 m)。

(1)十二指肠 牛长约1 m，羊约0.5 m，位于右季肋部和腰部，其行程与一般家畜相似，

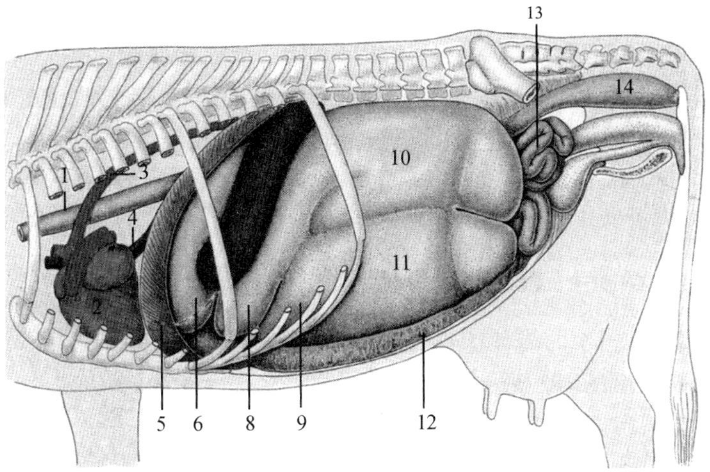

1.食管　2.心脏　3.主动脉　4.后腔静脉　5.膈　6.网胃　7.脾　8.瘤胃房
9.瘤胃隐窝　10.瘤胃背囊　11.瘤胃腹囊　12.大网膜　13.小肠　14.直肠

图 5-34　牛左侧内脏器官

（引自：陈耀星，刘为民译，2009）

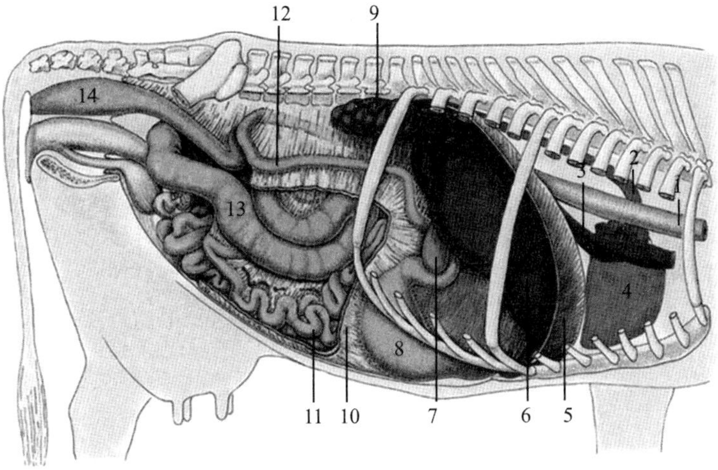

1.食管　2.主动脉　3.后腔静脉　4.心脏　5.膈　6.肝　7.胆囊　8.皱胃
9.肾　10.大网膜　11.空肠　12.十二指肠　13.盲肠　14.直肠

图 5-35　牛右侧内脏器官

（引自：陈耀星，刘为民译，2009）

自皱胃幽门起，向前上方伸延，至肝的脏面形成一“乙”状弯曲；由此再向上向后伸延至髋关节前方，为降部；然后折转向左向前形成一后曲（髂曲），由此继续（与结肠末端平行）伸延至右肾腹侧，为升部，升部后部有与结肠相连的十二指肠结肠韧带。末端与空肠相接。

（2）空肠　很长，大部分位于右季肋部、右髂部和右腹股沟部。形成无数肠圈，环绕在结肠圆盘的周围，形似花环。空肠的右侧和腹侧隔着大网膜和右侧腹壁相邻；左侧也隔着大网膜与瘤胃腹囊相贴；背侧为大肠；前方为瓣胃和皱胃；后达骨盆前口。空肠后部的肠袢因系膜宽大而游离性较大，往往绕过瘤胃后端而至左侧。

(3)回肠　较短，牛约 50 cm，羊约 30 cm，自空肠的最后肠圈起，几乎呈直线向前上方伸延至盲肠腹侧，以回肠口开于盲结肠交界的腹侧壁，开口处是牛、羊回肠、盲肠和结肠的交汇处，该口称为回盲结口(ostium ileocaecocolicum)。此处黏膜形成一回盲结瓣(valvula ileocaecocolicum)。

2. 大肠　牛的大肠长 6.4～10 m，羊 7.8～10 m，管径比小肠略粗，管壁的外纵行肌不形成纵肌带，因而也无肠袋。

(1)盲肠　牛 50～70 cm，羊约 37 cm，呈圆筒状，位于右髂部。其前端与结肠相连，两者以回盲结口为界；盲端游离，牛向后伸达骨盆前口，羊则常伸入骨盆腔内。

(2)结肠　牛 6～9 m(羊 7.5～9 m)，起始部的口径与盲肠相似，向后逐渐变细，顺次分为升结肠、横结肠和降结肠。

升结肠　最长，可分为初袢、旋袢和终袢三段。初袢为升结肠的前段，在腰下形成"乙"状弯曲，即自回盲结口起，向前伸达第 12 肋骨下端附近，然后向上折转沿盲肠背侧向后伸至骨盆前口，又折转向前伸至第 2、3 腰椎腹侧，转为旋袢。旋袢为升结肠的中段，在瘤胃右侧盘曲呈一平面的圆盘状。旋袢又分向心回和离心回。从右侧看，向心回在继初袢后，以顺时针方向向内旋转约 2 周，羊约 3 周，至中心曲。离心回自中心曲起，以相反的方向向外旋转约 2 周，羊约 3 周，至旋袢外周而转为终袢。终袢为升结肠的后段，离开旋袢后，先向后延伸至骨盆前口附近，然后折转向前并向左延续为横结肠。

横结肠　很短，为由右侧绕过肠系膜前动脉而至左侧的一小段肠管。横结肠转而向后延续为降结肠。

降结肠　为横结肠的直接延续，沿肠系膜根的左侧面，向后延伸达骨盆前口处形成"乙"状弯曲，然后转为直肠。

(3)直肠　牛长约 40 cm，羊约 20 cm，粗细较均匀。腹膜部向后常达第 1 尾椎腹侧；腹膜外部周围有较多的脂肪。

肛管与肛门　直肠后端变细形成肛管。肛门在尾根腹侧，不向外突出。

(二)马的肠

1. 小肠　也分为十二指肠、空肠、回肠(图 5-36)。

(1)十二指肠　长约 1 m，位于右季肋部和腰部，起始部在肝的脏面形成"乙"状弯曲，然后沿右上大结肠的背侧向上向后伸延，至右肾后方转而向左，越过体中线再向前伸延，在左肾腹侧移行为空肠。以短的十二指肠系膜连于肝、右上大结肠、盲肠底、小结肠起始部、右肾和腰下肌，位置比较固定。

马十二指肠"乙"状弯曲近幽门向右侧突向上方处的内腔膨大，称为十二指肠壶腹(duodenal bulb)，"乙"状弯曲突向右下方的黏膜面具有中间凹陷(胰管和肝管开口处)的纽扣状突起，称为十二指肠憩室(duodenal diverticulum)。憩室对侧面的黏膜上有十二指肠小乳头(duodenal papilla)，为副胰管的开口处(驴无)。

马的十二指肠和小结肠起始部之间有十二指肠(小)结肠韧带。

(2)空肠　长约 22 m(驴 12～13 m)，常位于腹腔左半部的背侧，迂回盘曲系于宽阔的空肠系膜(系膜根集中附着在第 2、3 腰椎腹侧，向下呈扇形展开)缘上，因系膜宽达 0.5～0.6 m，所以活动范围较大。病理状态下，空肠可经腹股沟管降落到阴囊，形成腹股沟疝。

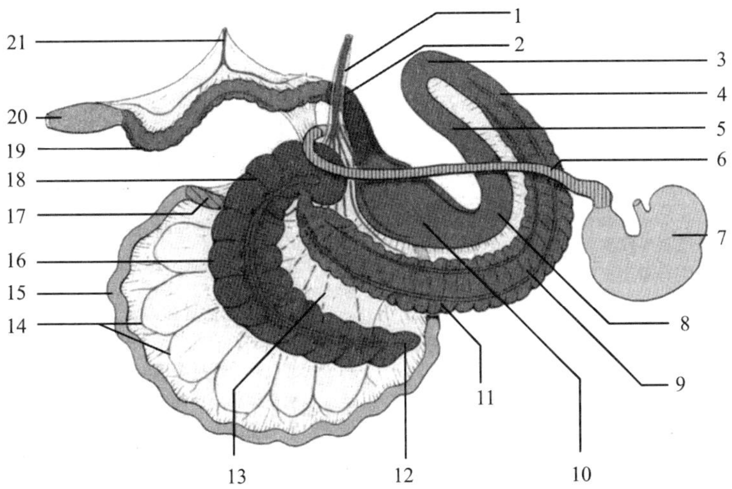

1.肠系膜前动脉 2.横结肠 3.骨盆曲 4.左下大结肠 5.左上大结肠 6.十二指肠降部 7.胃 8.膈曲 9.胸骨曲 10.右上大结肠 11.右下大结肠 12.盲肠尖 13.盲结肠褶 14.空肠动脉 15.空肠 16.盲肠体 17.回肠 18.盲肠底 19.降结肠 20.直肠 21.肠系膜后动脉

图 5-36 马的肠

(引自:陈耀星,刘为民译,2009)

(3)回肠 与空肠界限不明确,一般将小肠最后一段、大约 1 m 长认为是回肠,位于左髂部,从空肠向右向上延伸,开口于盲肠底小弯内侧的回盲口。回肠管壁厚而直,内含大量淋巴组织。

2. 大肠 马的大肠特别发达,分盲肠、结肠和直肠(图 5-37,图 5-38)。大肠壁由外纵行肌集中形成的纵肌带,有加固肠壁的作用,并有利于肠管的活动。

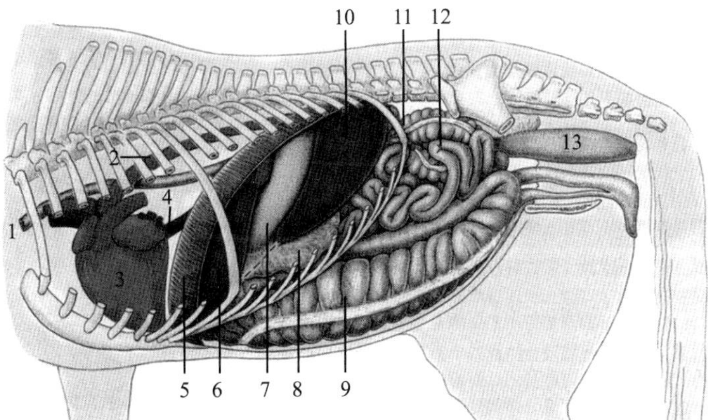

1.食管 2.主动脉 3.心脏 4.后腔静脉 5.膈 6.肝 7.胃 8.大网膜 9.左下大结肠 10.脾 11.小结肠 12.小肠 13.直肠

图 5-37 母马腹腔左侧内脏器官

(引自:陈耀星,刘为民译,2009)

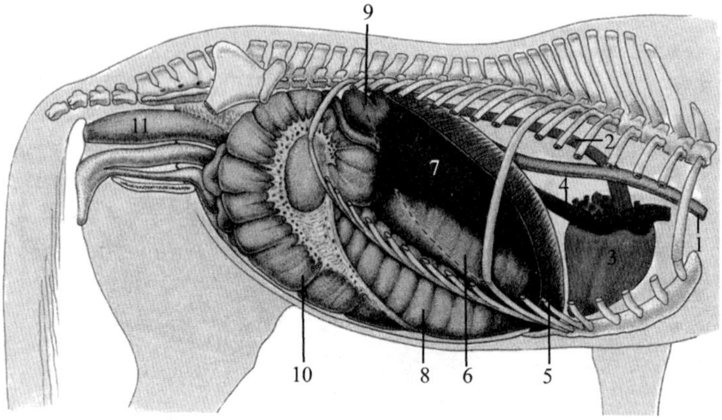

1.食管 2.主动脉 3.心脏 4.后腔静脉 5.膈 6.右上大结肠
7.肝 8.右下大结肠 9.肾 10.盲肠 11.直肠

图 5-38 母马腹腔右侧内脏器官

(引自:陈耀星,刘为民译,2009)

(1)盲肠 十分发达,外形似逗点状,长约 1.25 m,容积是 25~30 L,大约是胃的 2 倍,位于腹腔右侧,可分盲肠底、盲肠体和盲肠尖三部分。

盲肠底(caecal base) 为盲肠最弯曲的部分,位于腹腔右后上方,前端伸达第 14、15 肋骨,后端在髋关节附近与盲肠体相连。背缘凸,为盲肠大弯,借结缔组织附着于腹腔顶壁;内缘凹为盲肠小弯。回肠末端和大结肠起始端均在小弯处与盲肠相通。盲结口(ostium caecocolicum)在回盲口的右侧,两口相距约 5 cm。

盲肠体(caecal body) 从盲肠底起,沿腹右侧壁向前向下伸达脐部。背侧凹,在右侧肋弓下 10~15 cm,且与之平行;腹侧及右侧与腹壁接触。

盲肠尖(caecal apex) 为盲肠前端的游离部,逐渐缩细,向前延伸达脐部和剑状软骨部。

盲肠有 4 条盲肠带(caecal band)和 4 列盲肠袋(caecal sacculation)。回肠借回肠韧带与盲肠相连,盲肠和右大结肠之间由盲结韧带相连。盲肠表面大部分没有浆膜(称为无浆膜部),以结缔组织与腰肌、胰及右肾等相连。

(2)结肠 分为升结肠、横结肠和降结肠。其中升结肠十分发达,体积庞大,又称为大结肠(great colon)。降结肠管径较细、长度相对较短,又称为小结肠(small colon)。

升结肠(ascending colon) 长 3.0~3.7 m(驴约 2.5 m),占据腹腔的大部分,主要在腹腔下半部,形成双层马蹄铁形肠袢,可分为 4 段和 3 曲。依次为右下大结肠→胸骨曲→左下大结肠→骨盆曲→左上大结肠→膈曲→右上大结肠。

右下大结肠(right ventral colon) 位于腹腔右下部,起始于盲肠基小弯的盲结口,与右侧肋弓平行,沿右腹壁向下向前伸达剑状软骨部,在此处向左转,形成胸骨曲(flexura sternalis)。

左下大结肠(left ventral colon) 位于腹腔左下部,由胸骨曲起,向后延伸,在右下大结肠和盲肠的左侧沿腹腔底壁向后延伸到骨盆前口,在此折转向上向前形成骨盆曲(pelvic flexure)。

左上大结肠(left dorsal colon) 位于左下大结肠背侧。由骨盆曲向前延伸到膈和肝的后方,在此处向右转形成膈曲(flexura diaphragmatica)。

右上大结肠(right dorsal colon) 位于右下大结肠的背侧。由膈曲向后伸延到盲肠基的内侧，转而向左，在左肾腹侧与小结肠相连。

大结肠壁上有明显的纵肌带。下大结肠有四条；骨盆曲有一条；左上大结肠开始只有一条，至中部又增加到三条，经膈曲延续到右上大结肠。大结肠的管径变化也很大，下大结肠除起始部外均较粗，直径为20～25 cm。至骨盆曲处突然变细，为8～9 cm，左上大结肠自骨盆曲向前逐渐增粗，为9～12 cm。膈曲和右上大结肠的管径也较粗，而以右上大结肠的后部最粗，为35～40 cm，又称胃状膨大部。胃状膨大部向后又突然变细，延续为横结肠。当饲养管理不善，特别是冬季、早春，饲草含水量少，常在肠管管径粗细变化明显处发生结症。

在上、下大结肠之间有短的结肠系膜相连；右下大结肠与盲肠之间有盲结韧带相连；右上大结肠末端的背侧和右侧借结缔组织及浆膜，与胰、盲肠底、膈及十二指肠等相连。除此之外，大结肠的各部都是游离的，与腹壁及相邻器官均无联系。所以在解剖时，用手抓住骨盆曲，很容易把大部分大结肠拉出腹腔外，但这也是大结肠变位（肠套叠、肠扭转）的解剖学因素。

横结肠（transverse colon） 短而细，借腹膜和疏松结缔组织附着于胰的腹侧面及盲肠底，位置固定；横结肠承接大结肠漏斗状缩细部，在肠系膜前动脉之前由右向左，横过正中面至左肾腹侧，而延续为降结肠。

降结肠通常称小结肠，长3.0～3.5 m（驴约2 m），管径7～10 cm（驴5～6 cm）。小结肠也有宽而发达的系膜（后肠系膜），将其悬吊于腹腔顶壁前肠系膜之后，活动范围也较大，通常与空肠混在一起，位于腹腔左上部。小结肠具有两条纵肌带和两列明显的肠袋。小结肠向后伸延到骨盆前口与直肠相连。小结肠也是结症常发生的部位。

（3）直肠与肛门 直肠长30～40 cm（驴约25 cm），前部与小结肠相似，称为狭窄部，由直肠系膜系于骨盆腔顶壁，后部膨大，称直肠壶腹（ampulla recti），位于腹膜之外。肛门末端突出于尾根之下。

（三）猪的肠

1. 小肠 全长15～20 m（图5-39至图5-41）。

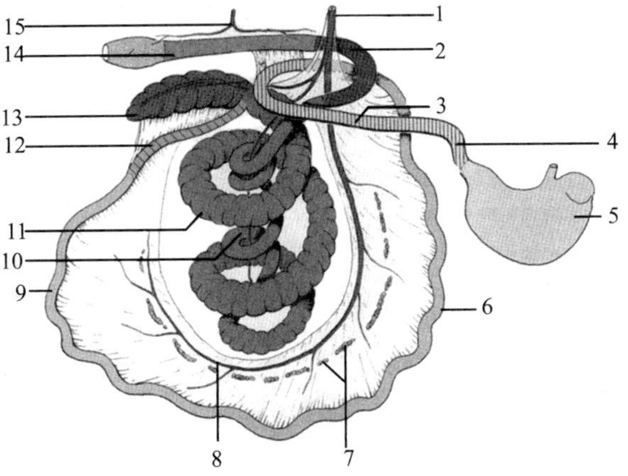

1. 肠系膜前动脉 2. 横结肠 3. 十二指肠降部 4. 十二指肠前曲 5. 胃 6. 空肠
7. 空肠系膜的空肠淋巴结 8. 空肠动脉 9. 空肠 10. 离心回 11. 向心回
12. 回肠 13. 盲肠 14. 降结肠 15. 肠系膜后动脉

图5-39 猪的肠

（引自：陈耀星，刘为民译，2009）

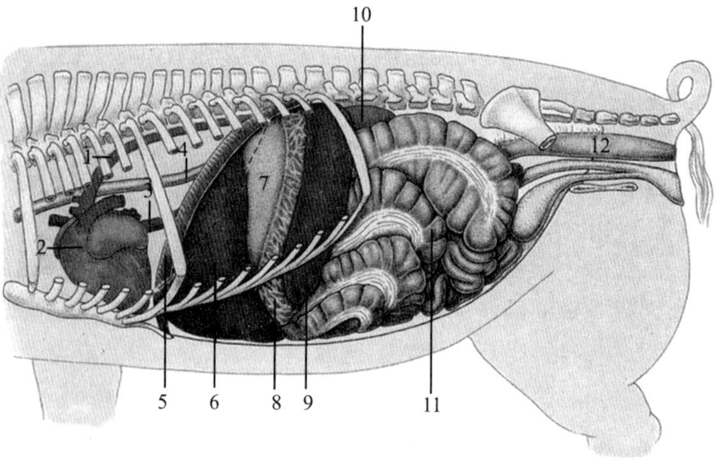

1. 主动脉　2. 心脏　3. 后腔静脉　4. 食管　5. 膈　6. 肝　7. 胃
8. 大网膜　9. 脾　10. 肾　11. 结肠　12. 直肠

图 5-40　猪左侧的内脏器官

(引自:陈耀星,刘为民译,2009)

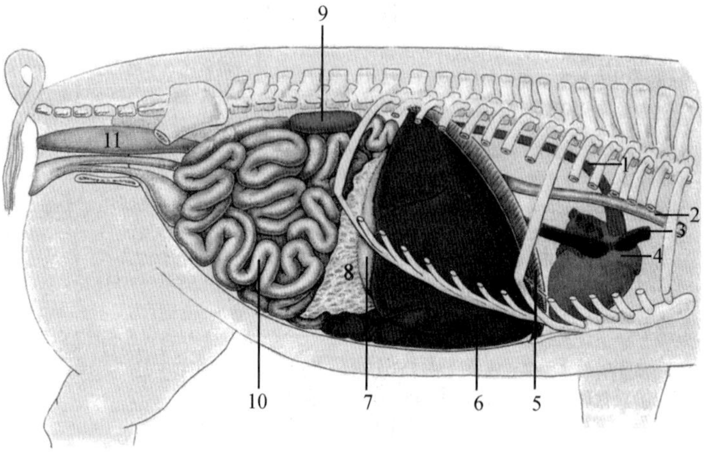

1. 主动脉　2. 食管　3. 前腔静脉　4. 心脏　5. 膈　6. 肝
7. 胃　8. 大网膜　9. 肾　10. 小肠　11. 直肠

图 5-41　猪右侧的内脏器官

(引自:陈耀星,刘为民译,2009)

(1)十二指肠　较短,长 40～90 cm。起始部在肝的脏面形成"乙"状弯曲,然后沿右季肋部向上向后延伸至右肾后端,转而向左再向前延伸(与结肠末端接触)移行为空肠。

(2)空肠　长 14～19 m,卷成无数肠圈,大部分位于腹腔右半部,在结肠圆锥的右侧,小部分位于腹腔左侧后部。空肠系膜较宽(15～20 cm),悬于腰下,活动范围较大。

(3)回肠　较短,末端开口于盲肠和结肠交接处的腹侧,斜向突入盲肠和结肠交界处的肠腔内,形成回肠乳头(ileocecal papilla),长 2～3 cm。

猪空肠和回肠富含淋巴组织,淋巴集结特别明显,多而长,淋巴孤结小,不明显,分布于肠系膜附着缘对侧的肠壁内。

2. 大肠　全长 4.0～4.5 m。

(1)盲肠　短而粗，呈圆筒状，长 20～30 cm，一般位于左髂部，盲肠和结肠交界处在左肾腹侧，盲端向后向下延伸到结肠圆锥之后，达骨盆前口与脐部之间的腹腔底壁。盲肠有 3 条纵肌带和 3 列肠袋。

(2)结肠　长 3～4 m，位于胃的后方，偏于腹腔左侧。从回盲结口起，管径与盲肠相似，向后逐渐变细。

升结肠　在肠系膜中盘曲形成螺旋形的结肠圆锥或结肠旋袢，锥底宽而向上，介于两肾之间，以结缔组织与结肠终袢及十二指肠等相连；锥顶向下向左，与腹侧底壁接触。结肠圆锥由向心回和离心回盘曲而组成。向心回位于圆锥外周，肠管较粗，有两条纵肌带和两列肠袋，从背侧看，呈顺时针方向向下旋转约 3 周到锥顶，然后转为离心回。离心回沿相反方向向上旋转约 3 周到腰部转为结肠终袢。离心回较细，无纵肌带和肠袋，大部分位于圆锥中央。离心回最后一圈经十二指肠升段腹侧面，沿肠系膜根右侧向前延伸，移行为横结肠。

横结肠　位于腰下部，向前伸达胃的后方，然后向左绕过肠系膜前动脉，再向后伸到两肾之间，转为降结肠。

降结肠　位于横结肠之后，斜经终袢起始部的背侧，继续向后伸至骨盆腔前口，与直肠相连。

(3)直肠　在肛门前方形成直肠壶腹，周围有大量脂肪。肛管短，肛门位于 3～4 尾椎下方，不向外突出。

(四)犬的肠

犬的肠管较短，约为体长的 5 倍。分为小肠和大肠两部分(图 5-42 至图 5-44)。

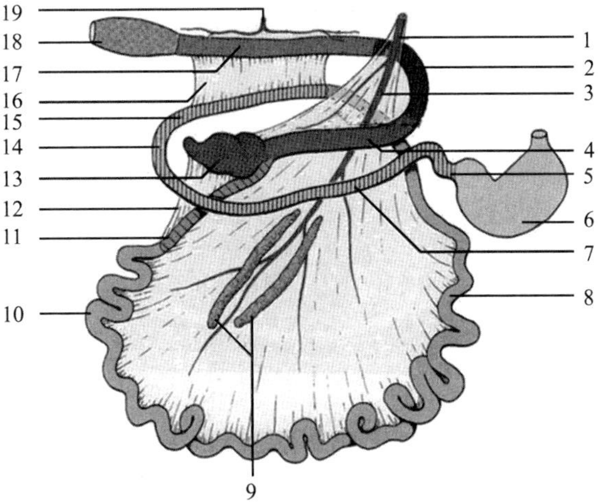

1. 肠系膜前动脉　2. 横结肠　3. 空肠动脉　4. 升结肠　5. 十二指肠前部　6. 胃
7. 十二指肠降部　8. 空肠　9. 系膜的空肠淋巴结空肠　10. 空肠　11. 回肠
12. 回盲韧带　13. 盲肠　14. 十二指肠后曲　15. 十二指肠升部
16. 十二指肠结肠韧带　17. 降结肠　18. 直肠　19. 肠系膜后动脉

图 5-42　犬的肠

(引自：陈耀星，刘为民译，2009)

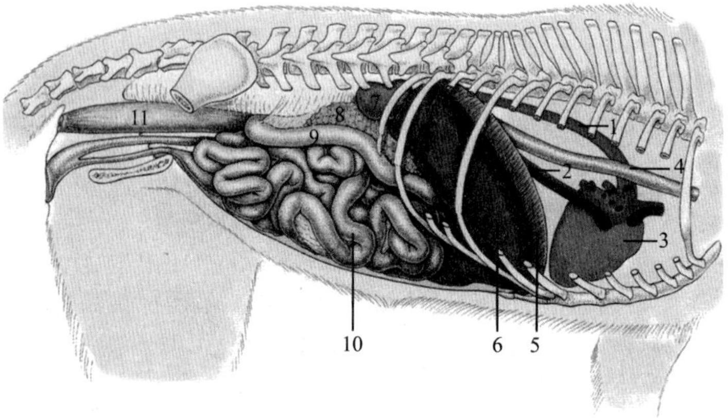

1. 主动脉 2. 后腔静脉 3. 心脏 4. 食管 5. 膈 6. 肝
7. 肾 8. 胰 9. 十二指肠 10. 小肠 11. 直肠

图 5-43 犬左侧内脏器官

(引自：陈耀星，刘为民译，2009)

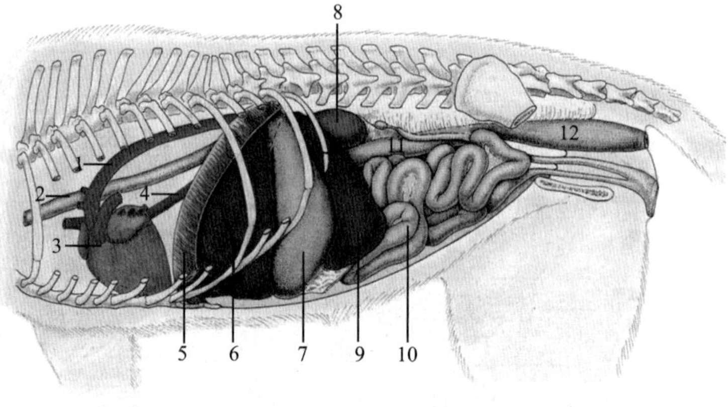

1. 主动脉 2. 食管 3. 心脏 4. 后腔静脉 5. 膈 6. 肝 7. 胃
8. 肾 9. 脾 10. 小肠 11. 结肠 12. 直肠

图 5-44 犬右侧内脏器官

(引自：陈耀星，刘为民译，2009)

1. 小肠　较短，平均长 4 m，位于肝、胃的后方，占据腹腔的大部分。

(1)十二指肠　最短，自幽门起。前部在肝的脏面，约与第 9 肋间隙相对处形成十二指肠前曲。降部系膜较长，并游离于大网膜外。约在右肾后端至第 5～6 腰椎处形成十二指肠后曲。升部系膜短，行于右侧的盲肠、升结肠、肠系膜根和左侧的降结肠及左肾之间，与降结肠形成十二指肠结肠韧带，于肠系膜根部左侧延接空肠。

(2)空肠　为小肠最长的一段，由 6～8 个肠袢组成，位于肝、胃和骨盆前口之间，以较长的空肠系膜悬于腰下。

(3)回肠　为小肠终末部，在腰下沿盲肠内侧面向前，开口于结肠起始部，即回结口，回结口处有回肠乳头(ileal papilla),此处肌层较厚。

2. 大肠　较短,平均长60～75 cm,管径与小肠相似,无纵肌带和肠袋。

(1)盲肠　长12.5～15 cm,呈螺旋状弯曲。常位于右髂部稍下方,十二指肠降部和胰右叶的腹侧。其前端和结肠相通称盲结口,位于回结口的外侧;其末端尖,为盲端。回肠仅与结肠相通,盲肠恰如结肠近侧部的憩室。盲肠黏膜有许多环状、中央凹陷的淋巴孤结。

(2)结肠　犬的结肠也分为升结肠、横结肠和降结肠。升结肠很短,沿十二指肠降部和胰右叶的内侧面向前至胃幽门部,然后向左,并越过正中矢状面,为横结肠。降结肠沿左肾内侧缘(或腹侧面)向后行,然后斜向正中矢状面,并延续为直肠。全部结肠的管径相似,结肠起始部有淋巴孤结。

(3)直肠、肛管和肛门　直肠很短,在盆腔内,以直肠系膜附着于荐骨下面。直肠后部略显膨大,为直肠壶腹。直肠黏膜含大量淋巴孤结。肛管短。肛门位于第4尾椎平面。

三、肠的组织学结构

(一)小肠的组织学结构

1. 小肠壁的一般结构　小肠管壁由黏膜、黏膜下层、肌层和浆膜四层构成(图5-45)。

(1)黏膜　黏膜由上皮层、固有层和黏膜肌层构成。小肠黏膜和黏膜下层向肠腔内凸起,形成许多环行皱襞,上皮和固有层向肠腔内凸起形成密集的肠绒毛,环形皱襞、小肠绒毛增加了小肠内表面积,从而增加了与食物接触的面积,有利于对食物进行充分的消化和吸收。

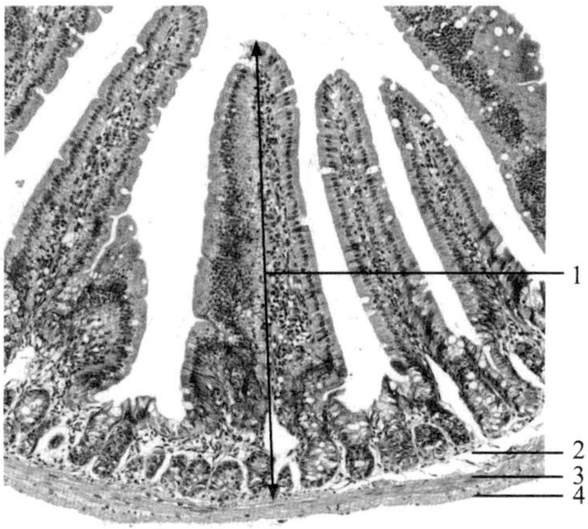

1. 黏膜　2. 黏膜下层　3. 肌层　4. 浆膜

图5-45　十二指肠(HE,200×)

(李梦云　供图)

①黏膜上皮　被覆于黏膜绒毛的表面,大部分为单层柱状上皮,其间夹有少量杯状细胞和内分泌细胞。

柱状细胞　因具有吸收功能,故又称吸收细胞。单层排列于小肠绒毛表面,高柱状,底面附着于基膜上(图5-46,图5-47)。胞核为椭圆形,位于细胞基底部。柱状细胞胞质内有丰富的线粒体、滑面和粗面内质网等细胞器。细胞顶端有密集排列的微绒毛,HE染色均质红染,称为纹状缘。纹状缘的存在也大大增加了小肠内表面积,有利于消化和吸收。

杯状细胞　散在于柱状细胞之间,数量较少。细胞上部膨大,下部细窄,呈典型的高脚酒杯状(图5-46,图5-47)。游离端无微绒毛结构,仅有一层薄的细胞膜。杯状细胞能分泌黏液,有润滑和保护上皮的作用。

内分泌细胞　散在分布于胃和小肠黏膜上皮细胞之间,细胞呈锥形、卵圆形或者不规则形状。HE染色不易区分,用银盐和铬盐染色,可见细胞基底部的胞质内含有许多大小不等的颗粒。因此,此类细胞又称为基底颗粒细胞(basal granular cell)或者嗜银细胞(argyrophilic

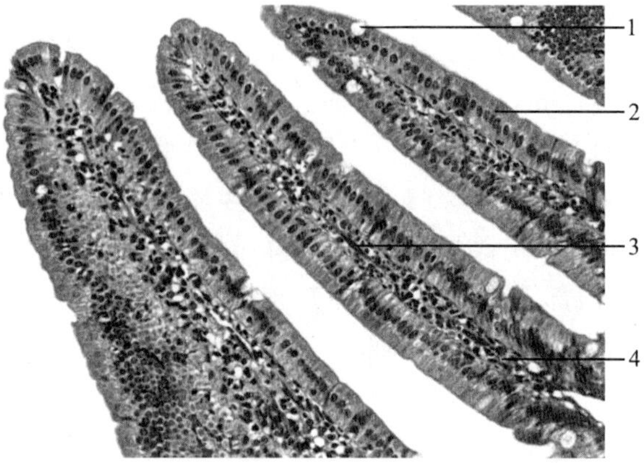

1.杯状细胞 2.柱状细胞 3.平滑肌细胞 4.固有层

图 5-46 十二指肠绒毛纵切(HE,400×)

(李梦云 供图)

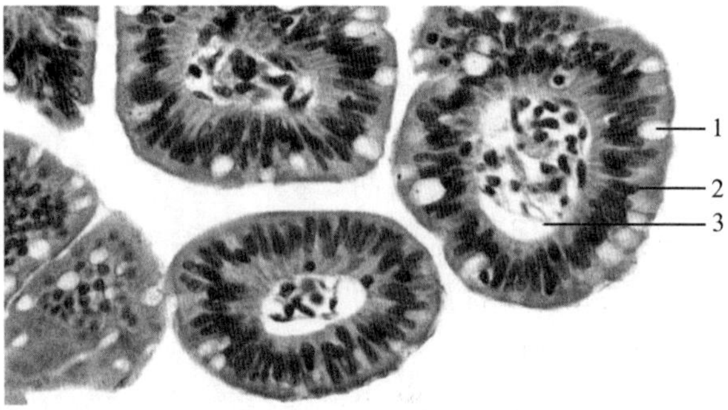

1.杯状细胞 2.柱状细胞 3.固有层

图 5-47 十二指肠绒毛横切(HE,100×)

(李梦云 供图)

cell)。内分泌细胞可合成分泌肽类或胺类激素,能调节胃、肠运动和腺体的分泌功能。

②固有层 由富含网状纤维的疏松结缔组织构成,一部分突入绒毛内形成绒毛轴心,另一部分则伸入肠腺之间(图 5-46,图 5-47)。固有层内除有大量的小肠腺外,还有血管、淋巴管、神经、巨噬细胞、淋巴细胞及淋巴组织等。十二指肠和空肠多为弥散淋巴组织和孤立淋巴小结;回肠多为集合淋巴小结,常伸入到黏膜下层。

③黏膜肌层 一般由内环、外纵两层平滑肌组成。部分内层平滑肌纤维随固有层伸入肠绒毛内和肠腺之间,收缩时可促进肠绒毛的摆动,有利于对营养物质的吸收和肠腺分泌物的排出。

(2)黏膜下层 为疏松结缔组织,内有较大的血管、淋巴管、神经和淋巴小结等。在十二指肠的黏膜下层内还有十二指肠腺(图 5-48,图 5-49)。

(3)肌层 由内环、外纵两层平滑肌组成。

(4)浆膜 结缔组织被膜外覆一层扁平上皮细胞。

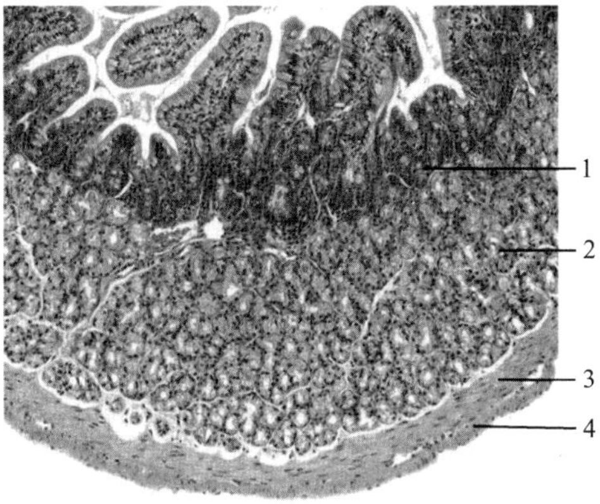

1. 小肠腺 2. 十二指肠腺 3. 肌层 4. 浆膜

图 5-48 十二指肠(HE,150×)

(李梦云 供图)

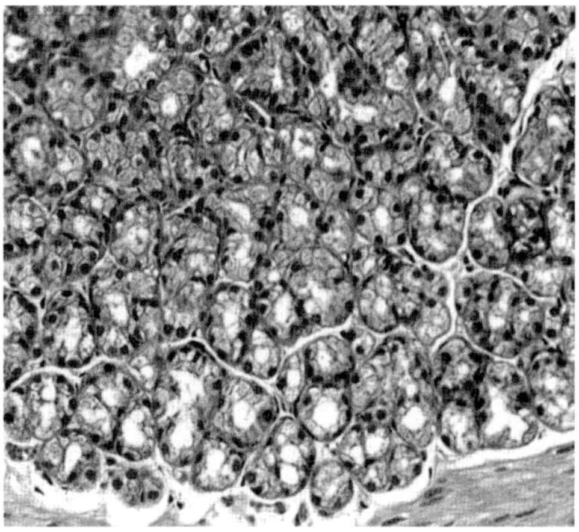

图 5-49 十二指肠腺(HE,400×)

(李梦云 供图)

2. 小肠壁的特殊结构

(1)小肠绒毛(interstinal villi) 是由黏膜上皮和固有层向肠腔内凸出形成的细小突起(图 5-46,图 5-47),是小肠特有的结构和功能单位,长 0.35～1 mm。上皮构成绒毛的外表面,固有层组成小肠绒毛的轴心。肠绒毛在十二指肠和空肠分布最密,回肠则逐渐减少而变稀。上皮由大量的柱状细胞、散在的杯状细胞和内分泌细胞构成。十二指肠绒毛中央有一条(绵羊有两条)盲端粗大的毛细淋巴管,称中央乳糜管。中央乳糜管管径较大,管壁由一层内皮细胞构成,无基膜,通透性大,乳糜微粒和脂类等大分子物质在其内进行运输。中央乳糜管周围有丰富的毛细血管网及纵行排列的平滑肌纤维。周围毛细血管的内皮有孔,有利于营养物质的吸收。平滑肌收缩,绒毛摆动缩短,可促进淋巴和血液运行,加速营养物质的吸收和运输。

(2)小肠腺(intestinal gland) 是由肠黏膜上皮下陷到固有层内形成的单管状腺,腺开口于肠绒毛之间的黏膜表面(图 5-50)。小肠腺主要由以下五种细胞组成。

柱状细胞 数量最多,是构成肠腺的主要细胞,结构和小肠黏膜的柱状细胞相似,纹状缘很薄或无。

杯状细胞 其形态和功能同小肠黏膜的杯状细胞。

潘氏细胞(paneth cell) 常三五成群地分布于肠腺底部。细胞较大,呈锥状或柱状;胞核椭圆形,位于细胞基底部;胞质顶端充满大而圆的嗜酸性颗粒,合成和分泌防御素以及溶菌酶等。猪、犬和猫的肠腺内无潘氏细胞。

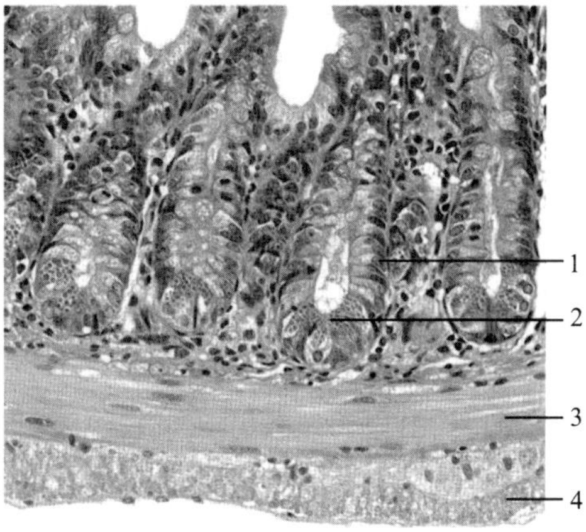

1. 小肠上皮细胞 2. 潘氏细胞 3. 肌层 4. 浆膜

图 5-50 回肠(HE,400×)

(李梦云 供图)

内分泌细胞 详见小肠上皮细胞。

未分化细胞(undifferentiated cell) 分布于肠腺的基部,夹在其他细胞之间。细胞较小,呈矮柱状，胞质嗜碱性。这种细胞为肠上皮干细胞，可不断分裂增殖分化为肠腺细胞和绒毛上皮细胞。

(3)十二指肠腺(duodenal glands)　分布于十二指肠黏膜下层内。在羊和犬，仅分布于十二指肠的前段或中段，而在马、猪和牛，则延伸至空肠。十二指肠腺为分支管泡状腺(反刍兽为管状腺)，其分泌部由矮柱状细胞和杯状细胞组成，矮柱状细胞的核圆形(猪)或扁平状(马)，位于细胞基底部(图 5-48，图 5-49)。十二指肠腺的导管开口于肠腺底部或直接开口于绒毛间的黏膜表面。一般认为，猪和马为浆液腺，反刍兽为黏液腺，兔和猫为混合腺。该腺分泌物为含有黏蛋白的碱性液体，可保护肠黏膜免受酸性胃液的侵蚀。

3. 小肠各段结构的主要特征(图 5-51)

(1)十二指肠　绒毛密集，短而宽，多呈叶片状；上皮中杯状细胞较少；固有层内有弥散淋巴细胞，或孤立淋巴小结，黏膜下层有十二指肠腺。

(2)空肠　黏膜和黏膜下层共同形成的环行皱襞发达；绒毛密集，细而长，多呈指状；空肠往后上皮中杯状细胞逐渐增多；固有层内有孤立淋巴小结和小肠腺。

(3)回肠　环形皱襞逐渐减少，绒毛呈细杆状，数量向后逐渐减少；上皮中杯状细胞较多；固有层内有淋巴孤结和淋巴集结。

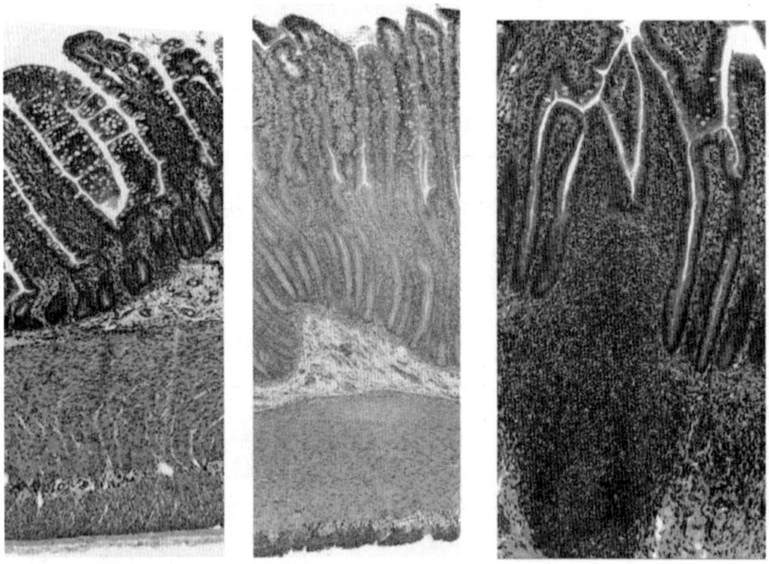

从左到右依次为：十二指肠　空肠　回肠

图 5-51　小肠横切(HE，100×)

(李梦云　供图)

(二)大肠的组织结构

大肠壁的构造和小肠壁基本相似，肠壁也是由黏膜、黏膜下层、肌层和外膜构成(图 5-52，图 5-53)。

1. 黏膜　黏膜表面光滑，没有肠绒毛。上皮中杯状细胞较多，柱状细胞的微绒毛不发达，不形成纹状缘。肠壁黏膜固有层内有排列整齐的大肠腺，在盲肠和结肠黏膜内有较多的淋巴孤结，淋巴集结仅见于升结肠近袢的后部。大肠腺中杯状细胞特别多，无潘氏细胞。大肠腺分泌碱性黏液,可中和粪便发酵的酸性产物。黏膜肌层较发达,由内环、外纵两层平滑肌组成。

2.黏膜下层　由疏松结缔组织构成,其中含有较多的脂肪细胞。此外,还有神经丛、血管和淋巴管等。

3.肌层　肌层为内环、外纵两层平滑肌层。不同家畜肌层发达程度不同,牛、羊的肌层不形成肌带和肠袋,而猪和马的肌层形成有肌带和肠袋。内环肌在肛门增厚形成肛门内括约肌。

4.外膜　直肠的腹膜外部、马盲肠底和右上大结肠外膜为纤维膜,其余部位的外膜均为浆膜。

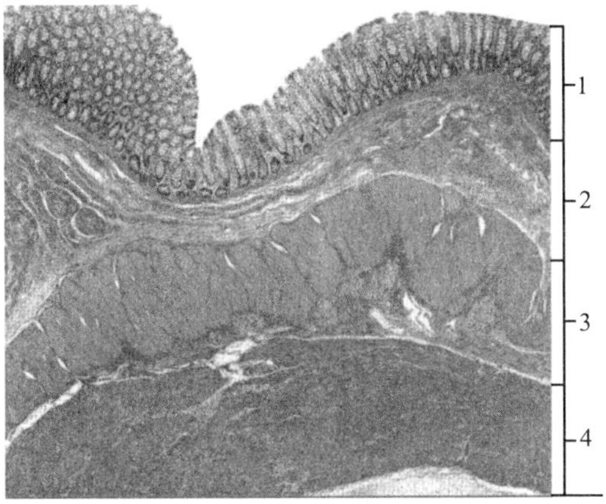

1.黏膜　2.黏膜下层　3.内环肌　4.外纵肌

图 5-52　直肠(HE,40×)

(朱雪敏　供图)

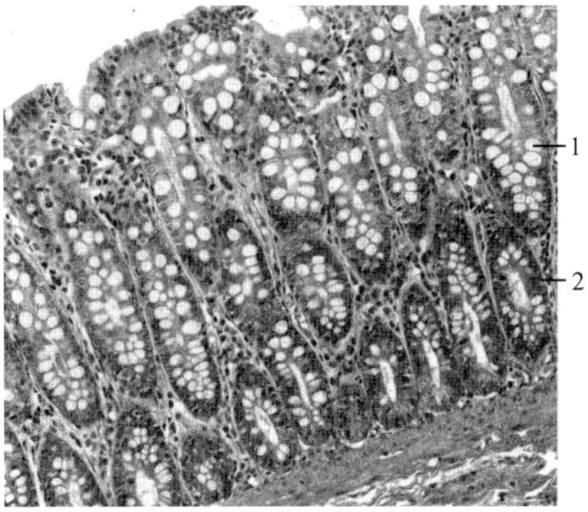

1.直肠腺上皮杯状细胞　2.直肠腺泡上皮

图 5-53　直肠(HE,400×)

(朱雪敏　供图)

第四节　肝和胰

一、肝(liver)

(一)肝的一般形态结构

肝是体内最大的消化腺,机体新陈代谢的枢纽。能合成体内重要的营养物质,如血浆蛋白、脂蛋白和糖原等;贮存糖原、维生素以及铁(在枯否氏细胞内)等;解毒及分泌胆汁;在胎儿时期,肝还是造血器官。

1.肝的位置及形态　家畜的肝都位于腹前部,在膈之后,偏右侧。呈扁平状,一般为红褐色,可分两面、两缘和三叶(图 5-54)。

(1)两面　壁面(前面)凸,与膈接触;脏面(后面)凹,与胃、肠等接触,并显有这些器官的压迹。脏面中央有一肝门(porta hepatis),为门静脉、肝动脉、肝神经以及淋巴管和肝管等进出肝的部位。

(2)两缘和三叶　肝的背侧缘厚,其左侧有一食管切迹,食管由此通过;右侧有一斜向壁面的后腔静脉窝,后腔静脉壁与肝组织连在一起,有数条肝静脉直接开口于后腔静脉。腹侧缘较薄,有两个叶间切迹将肝分为左、中、右三叶。左侧叶间切迹称脐切迹,为肝圆韧带通过处;右侧叶间切迹,为胆囊所在处;中叶又被肝门分为背侧的尾叶和腹侧的方叶。尾叶向右突出的部分,称尾状突,与右肾接触,常形成一较深的右肾压迹。

(3)肝的固定 肝的表面覆有浆膜,并形成下列韧带将肝固定于腹腔内。

①左、右冠状韧带(left and right coronary ligament) 自后腔静脉窝两侧至膈的中央腱。

②镰状韧带(falciform ligament) 由左、右冠状韧带在后腔静脉窝下端合并延续而成,至膈的胸骨部和腹底壁前部。镰状韧带游离缘上有呈索状的肝圆韧带(ligamentum teres hepatis),沿腹底壁至脐,为胎儿脐静脉的遗迹。

③左、右三角韧带(left and right triangular ligament) 分别从肝左叶和右叶的背侧缘至膈。

(4)胆囊 在许多家畜(除马属动物外)肝的脏面还有一个胆囊(gallbladder)。胆囊具有暂时贮存胆汁的功能。不同种类家畜胆囊形状不同,通往十二指肠导管路径也不尽相同。

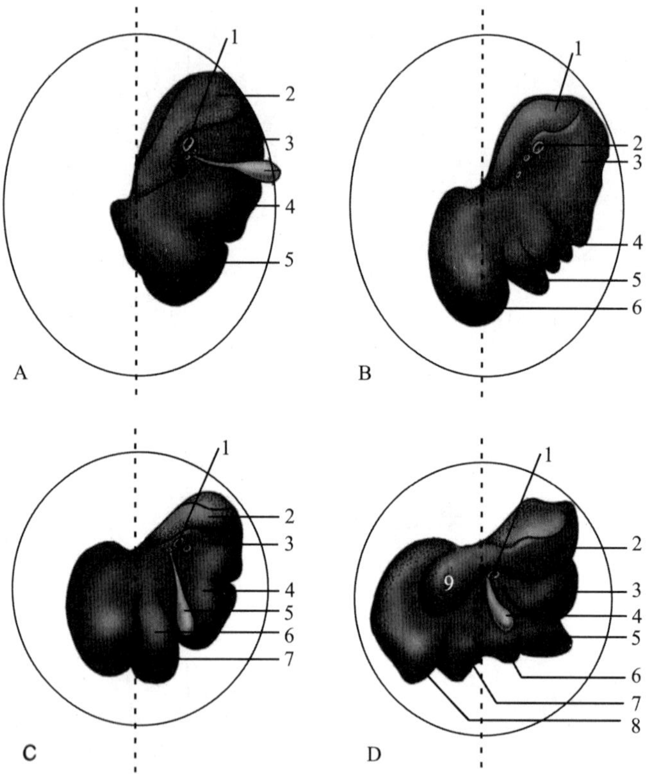

A. 牛 1. 门静脉 2. 尾状突 3. 右叶 4. 方叶 5. 左叶

B. 马 1. 尾叶 2. 门静脉 3. 右叶 4. 方叶 5. 左内叶 6. 左外叶

C. 猪 1. 门静脉 2. 尾叶 3. 右外叶 4. 右内叶 5. 胆囊 6. 左内叶 7. 左外叶

D. 犬 1. 门静脉 2. 尾状突 3. 右外叶 4. 胆囊 5. 右内叶 6. 方叶 7. 左内叶 8. 左外叶 9. 乳头突

图 5-54 肝的分叶模式图

(引自:Dyce K M, et al., 2010)

(二)不同动物肝的形态结构特征

1. 牛(羊)的肝 牛的肝略呈长方形,较厚实,牛肝约为体重的 1.2%,羊肝为体重的 1.8%~2%,因瘤胃挤压而全部位于右季肋部,从第 6、7 肋骨下端到第 2、3 腰椎腹侧。肝的壁面凸,与膈的右半部相贴;脏面凹,与网胃、瓣胃、皱胃、十二指肠等接触。肝的食管切迹较浅。

后腔静脉由肝的背侧缘通过。

肝的分叶 牛、羊肝因无叶间切迹分叶不明显，但也可由胆囊和浅的脐切迹（羊的较深）将肝分为左、中、右三叶（图 5-55）。肝圆韧带切迹和食管压迹之间连线的腹侧为左叶，胆囊背侧为右叶，左、右叶之间为中叶。中叶被肝门分为背侧的尾叶和腹侧的方叶。在尾叶的尾状突和右叶背侧缘有肾压迹。

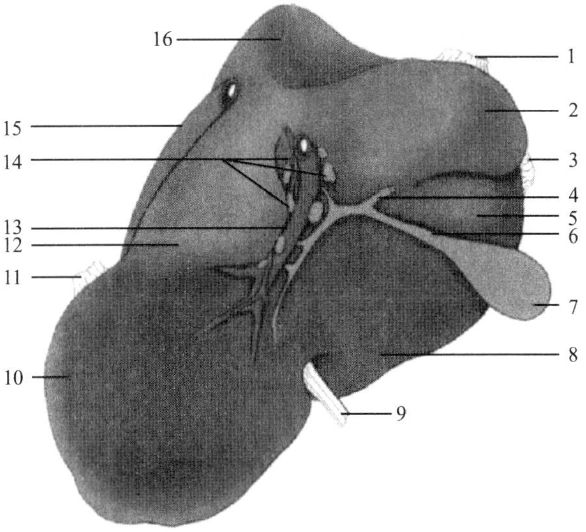

1. 肝肾韧带 2. 尾状突 3. 右三角韧带 4. 胆管 5. 肝右叶 6. 胆囊管 7. 胆囊
8. 方叶 9. 镰状韧带和圆韧带 10. 左叶 11. 左三角韧带 12. 乳头突
13. 门静脉 14. 肝动脉和肝门淋巴结 15. 后腔静脉 16. 肾压迹

图 5-55 牛肝脏面

（引自：陈耀星，刘为民译，2009）

胆囊（gall bladder） 牛胆囊很大，呈梨状；羊的较细长，位于肝的脏面。在右叶和中叶之间，大部分与肝粘连，小部分伸至肝腹侧缘之外，有贮存和浓缩胆汁的作用。牛的肝管（hepatic duct）由肝门穿出后，与胆囊管（cystic duct）汇合成一短的输胆管（biliary pore），开口于十二指肠"乙"状弯曲第二曲黏膜乳头上。羊的输胆管与胰管合成一胆总管（common bile duct），开口于十二指肠"乙"状弯曲第二曲处。

肝借左、右冠状韧带和左、右三角韧带与膈相连。镰状韧带与肝圆韧带随年龄的增长而逐渐消失。

2. 马的肝 马肝较扁，质脆，棕红色，约为体重的 1.2%。斜位于膈的后方，大部分在右季肋部，小部分在左季肋部。壁面凸，与膈接触，其正中偏右侧有后腔静脉通过；脏面凹，与胃、十二指肠、大结肠及盲肠等接触，中叶脏面有肝门（图 5-56）。

马肝的背侧缘钝；腹侧缘锐。叶间切迹较深，可明显地分为左、中、右三叶。右叶的后上方最高，与右肾接触，有较深的右肾压迹；左叶的前下方最低，与第 7、8 肋骨的胸骨端相对。马无胆囊，肝管自肝门出肝后，直接在十二指肠"乙"状弯曲第二曲的凹缘与胰管一起开口于十二指肠憩室（duodenal diverticulum）。

马的肝由左、右冠状韧带、左、右三角韧带、镰状韧带和肝圆韧带固定在膈的腹腔面上。

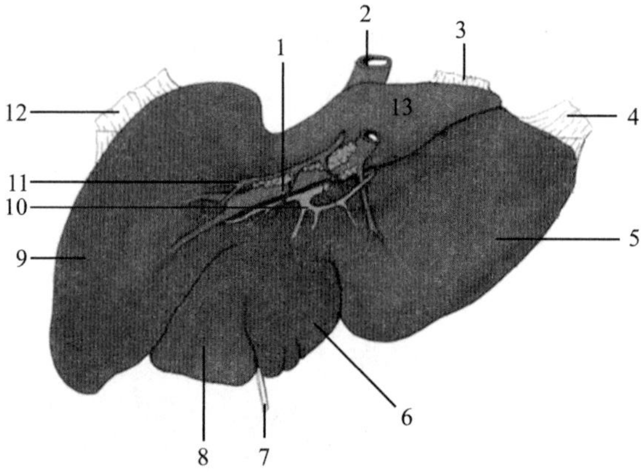

1.门静脉 2.后腔静脉 3.肝肾韧带 4.右三角韧带 5.右叶 6.方叶 7.镰状韧带和圆韧带 8.肝左内叶 9.肝左外叶 10.胆管 11.肝动脉 12.左三角韧带 13.尾状突

图 5-56 马肝脏面

（引自：陈耀星，刘为民译，2009）

3.猪的肝 猪的肝比牛的发达，其重量为体重的 1.5%～2.1%，位于季肋部和剑状软骨部，略偏右侧。壁面向前凸，与膈及腹腔侧壁接触，并有后腔静脉通过；脏面凹，朝向后方，与胃及十二指肠等接触。肝的中央部分厚而周缘薄，分叶很明显，其腹侧缘有 3 条深的叶间切迹，将肝分为左外、左内、右外及右内 4 叶。左外叶最大。方叶不大，呈楔形位于肝门和胆囊之间。肝门上方为尾叶，尾状突向右突出，没有肾压迹（图 5-57）。

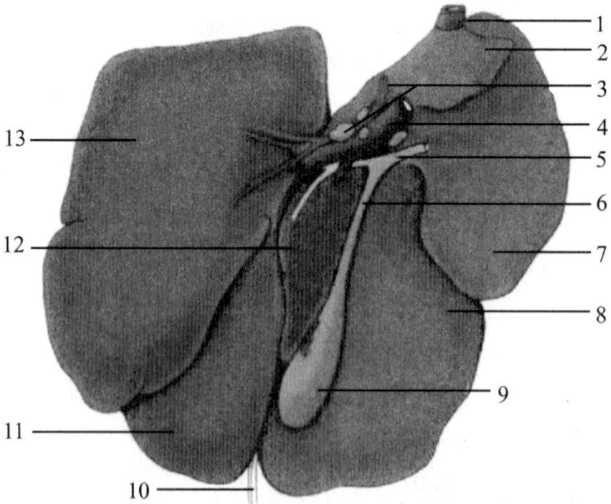

1.后腔静脉 2.尾叶 3.肝动脉和肝门淋巴结 4.门静脉 5.胆管 6.胆囊管 7.右外叶 8.右内叶 9.胆囊 10.镰状韧带和圆韧带 11.左内叶 12.方叶 13.左外叶

图 5-57 猪肝脏面

（引自：陈耀星，刘为民译，2009）

胆囊位于右内叶脏面的胆囊窝内，长梨形，不达肝腹侧缘。胆囊管与肝管汇合成胆管，开口于距幽门 2～5 cm 处的十二指肠大乳头。

固定肝的韧带有左右冠状韧带、左右三角韧带。镰状韧带和肝圆韧带仅小猪明显。

猪肝的小叶间结缔组织发达，故猪肝的肝小叶很明显，在肝的表面，用肉眼可看得很清楚。

4. 犬的肝　肝较大，其重量约占体重的 3%，棕红色，位于腹前部。脏面凹，与胃、十二指肠前部和胰右叶相接。背侧缘右侧部有深的肾压迹，肾压迹左侧有腔静脉沟，供后腔静脉通过；左侧部的食管压迹较大。肝圆韧带切迹左侧为左叶，深的叶间切迹将左叶分为左外叶和左内叶，左外叶很大，卵圆形，左内叶较小，棱柱状；胆囊右侧为右叶，同样以深的叶间切迹分为右外叶和右内叶。胆囊与圆韧带切迹之间的部分同样以肝门为界，腹侧为方叶，背侧为尾叶（图 5-58）。胆囊位于胆囊窝中，通常不达肝的腹侧缘。胆囊管与肝管汇合成胆总管，开口于十二指肠。

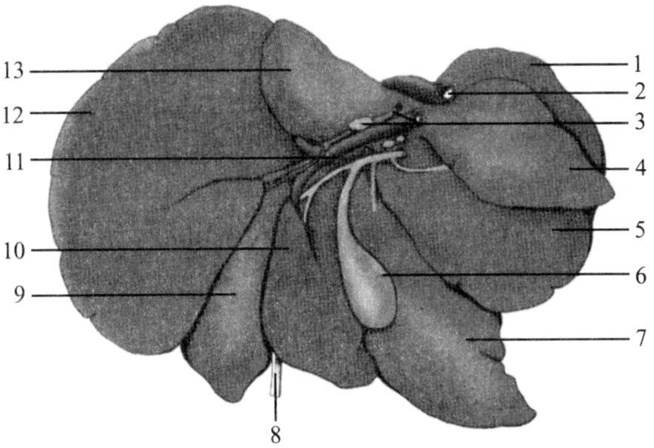

1. 肾压迹　2. 后腔静脉　3. 肝动脉和肝门淋巴结　4. 尾状突　5. 右外叶　6. 胆囊　7. 右内叶　8. 镰状韧带和圆韧带　9. 左内叶　10. 方叶　11. 门静脉　12. 乳头突　13. 左外叶

图 5-58　犬肝脏面

（引自：陈耀星，刘为民译，2009）

（三）肝的组织学结构

肝的表面被覆一层浆膜，浆膜在肝门处向肝实质内伸入，将其分成许多棱柱状的肝小叶。肝小叶轮廓的清晰程度因家畜种类不同而异。牛、羊、猪、猫和骆驼的小叶间结缔组织特别发达，肝小叶分界清晰（图 5-59）。而其他动物小叶间结缔组织不发达，肝小叶分界不明显。

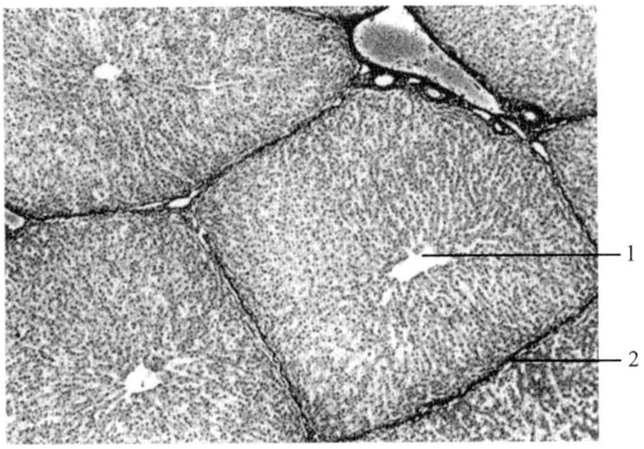

1. 中央静脉　2. 小叶间结缔组织

图 5-59　猪的肝小叶

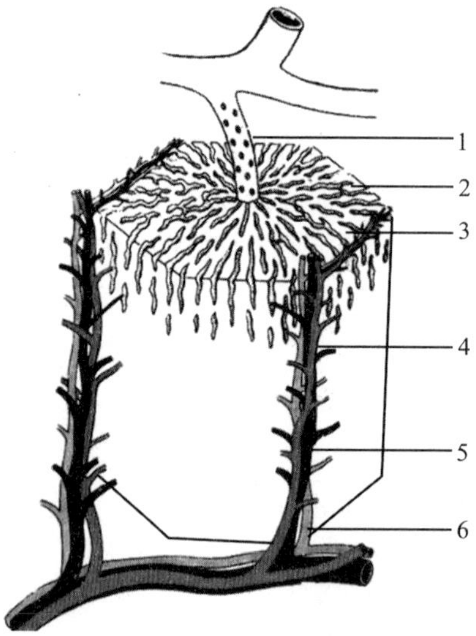

1. 中央静脉 2. 肝索 3. 窦状腺 4. 小叶间动脉 5. 小叶间静脉 6. 小叶间胆管

图 5-60 肝小叶模式图

1. 肝小叶(hepatic lobule) 肝小叶是肝的基本结构和功能单位，呈多面形棱柱体样，一般高约 2 mm，宽约 1 mm，横断面呈不规则的多边形。肝小叶由中央静脉、肝细胞、肝板、肝血窦和胆小管等结构组成(图 5-60 至图 5-62)。

(1)中央静脉(central vein) 是肝静脉的终末分支，直径约 50 μm，位于肝小叶的中央，并纵贯其长轴，管壁由一层内皮、少量的平滑肌和结缔组织被膜构成。其管壁不完整，有许多肝血窦的开口，接收来自肝血窦的血液，最后汇入小叶下静脉。

(2)肝细胞(liver cell) 呈多面体形，胞体较大，直径 20～30 μm，界限清楚。胞质嗜酸性，胞核大而圆，位于细胞中央(常有双核)，核膜清楚，核仁 1～2 个。电镜下可见胞质内含有丰富的细胞器和多种内含物，如线粒体、内质网、高尔基复合体、溶酶体、过氧化物酶体、糖原、脂滴和色素等，它们在肝细胞的功能活动中起着重要作用。

(3)肝板(hepatic plate) 在肝小叶的横断面上，肝细胞以中央静脉为轴心呈放射状排列成索状，称为肝细胞索(liver cell cords)。从立体结构上看，肝细胞呈行排列成不规则的、相互连接的板状结构，称肝板。相邻肝板互相吻合连接，肝血窦位于肝板之间，并通过肝板上的孔彼此相通。肝板具有一定的弹性，常随血窦内血液充盈程度的不同而变形。

(4)肝血窦(hepatic sinusoid) 是位于肝板之间、相互吻合的网状管道。窦腔大小不一，血液从肝小叶周边经血窦汇入中央静脉。电镜下，窦壁由一层扁而薄的内皮细胞构成，内皮细胞间有宽 0.1～0.5 μm 的间隙；内皮细胞上有许多孔，孔上无隔膜；胞质内有大量吞饮小泡；内皮外无基膜，仅有散在的网状纤维(图 5-48)。肝血窦的这些结构特点，有利于血浆中除乳糜微粒外其他大分子的自由通过，这对肝细胞与血浆间的物质交换具有重要意义。

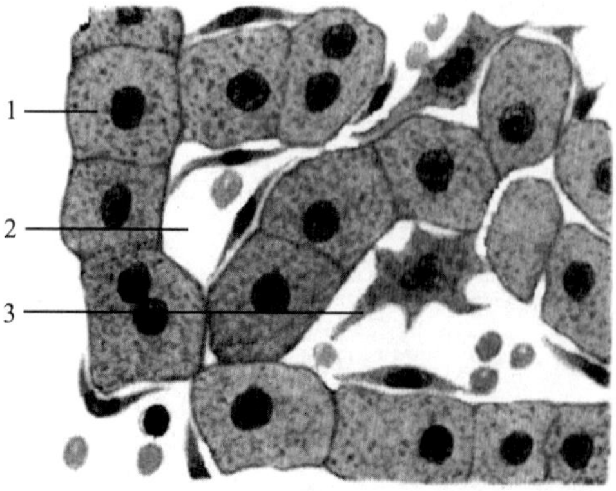

1. 肝细胞 2. 窦状隙 3. 枯否氏细胞

图 5-61 肝细胞和肝血窦模式图

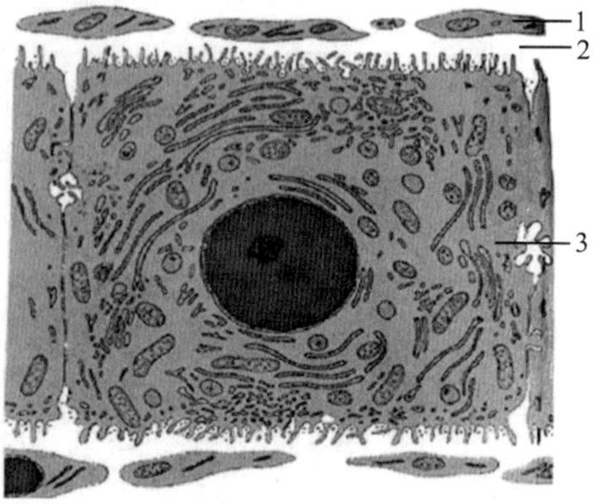

1. 内皮细胞 2. 窦周隙 3. 肝细胞

图 5-62 肝细胞和窦周隙超微结构模式图

另外，肝血窦内还散在一种重要的巨噬细胞，称枯否氏细胞（Kupffer's cells）。该细胞体积较大、形状不规则，常伸出伪足与窦壁相连。枯否氏细胞属单核吞噬细胞系统的成员之一，其功能为：①吞噬和清除由胃肠道进入门静脉的细菌、病毒和异物；②监视、抑制和杀伤体内的肿瘤细胞（尤其是肝癌细胞）；③吞噬衰老的红细胞和血小板；④处理和传递抗原。

（5）窦周隙（perisinusoidal space）　是肝血窦内皮细胞与肝细胞之间的细小间隙，宽约 0.4 μm，又称狄氏间隙（Disse space）（图 5-62）。血窦内的血浆成分经内皮细胞上的孔进入窦周隙，肝细胞的微绒毛伸入其中，浸入血浆中。肝小叶内的窦周隙连通成网状管道，是肝细胞与血浆之间进行物质交换的场所。窦周隙内散在一种贮脂细胞（fat-storing cell），该细胞形态不规则，胞体小而有突起，胞质内有大小不等的脂滴。具有贮存脂肪和维生素 A、产生基质和网状纤维的功能。当患慢性肝病或肝硬化时，贮脂细胞数量增多，并可转变为成纤维细胞，合成大量的胶原纤维。

（6）胆小管（bile canaliculus）　是两个相邻肝细胞之间细胞膜凹陷形成的微细管道，直径 0.5～1.0 μm。胆小管以盲端起始于中央静脉周围的肝板内，也以中央静脉为轴心呈放射状排列，并互相吻合成网，肝细胞分泌的胆汁进入胆小管。在胆小管附近的相邻肝细胞膜之间形成紧密连接，将胆小管严密封闭，以防止胆汁流入肝血窦。当胆道阻塞时，胆小管内胆汁淤积，腔内压力增大，迫使胆小管扩张，甚至使紧密连接破坏，胆汁可由胆小管内流入肝血窦，发生阻塞性黄疸。胆小管在肝小叶边缘与小叶内胆管连接（图 5-63，图 5-64）。

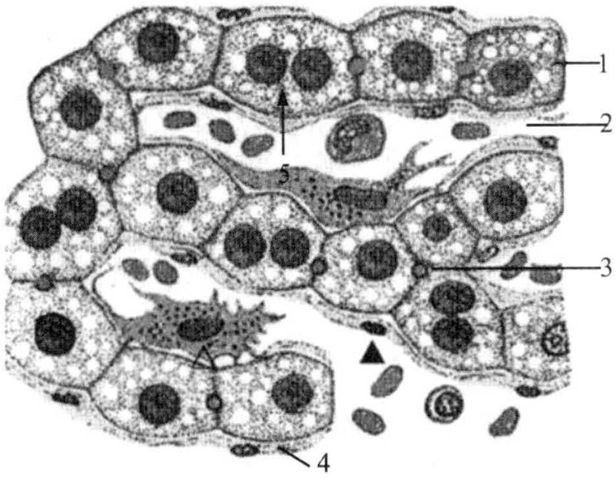

1. 单核肝细胞　2. 窦状隙　3. 胆小管
4. 内皮细胞　5. 双核肝细胞

图 5-63　肝细胞、胆小管、肝血窦模式图

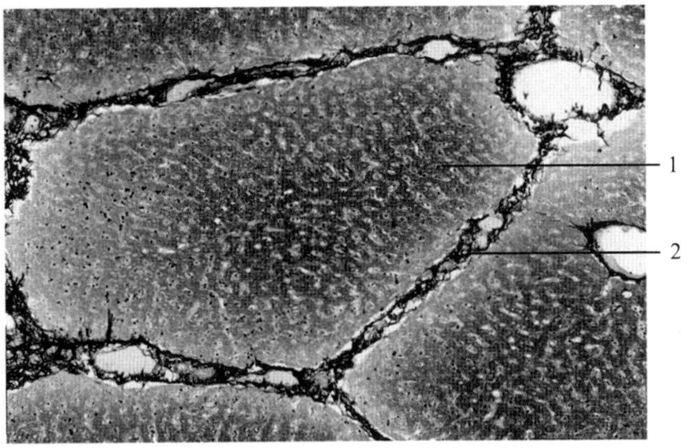

1. 胆小管　2. 小叶间胆管

图 5-64　猪肝脏（银染，100×）

（李梦云　供图）

2. 门管区（portal area）　相邻几个肝小叶之间的结缔组织内，小叶间静脉、小叶间动脉和小叶间胆管所伴行的区域。三种管道中以小叶间静脉的管径最粗，管腔不规则，管壁薄，仅由一层内皮、少量的平滑肌细胞和一薄层结缔组织构成。小叶间动脉管径最细，管壁厚，由一层内皮和数层环行平滑肌构成。小叶间胆管管径狭小，管壁由单层立方上皮构成。在门管区内还有淋巴管和神经伴行(图 5-65)。

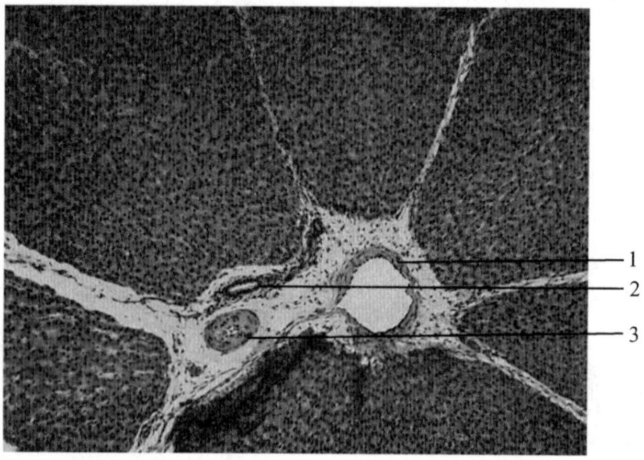

1.小叶间静脉 2.小叶间胆管 3.小叶间动脉

图 5-65 猪肝门管区

3.胆汁的排泄途径 肝细胞分泌的胆汁进入胆小管。胆汁自小叶中央向周边运送，在肝小叶边缘胆小管汇合形成小叶内胆管。小叶内胆管穿出肝小叶，汇入小叶间胆管。小叶间胆管向肝门汇集，最后汇入肝管出肝，直接开口于十二指肠(马)或与胆囊管汇合成胆管后，再开口于十二指肠内(牛、羊和猪等)。

4.肝的生理功能 肝的功能极为重要而复杂，主要有以下几个方面：分泌胆汁；合成作用，可以合成糖原、胆固醇、胆盐、血浆蛋白和脂蛋白；贮存作用，贮存糖原、脂滴和多种维生素(如维生素 A、B 族维生素、维生素 D、维生素 E 等)；解毒作用，肝细胞可以转化和灭活内源性和外源性的有毒物质；防御功能，枯否氏细胞能吞噬细菌、异物等，起到防御作用；造血功能，胚胎时期为造血器官，出生后造血机能停止，但在某些病理情况下仍可恢复。

二、胰(pancreas)

(一)胰的一般形态结构

胰是重要的消化腺，兼有内分泌的功能。由外分泌部和内分泌部两部分组成。外分泌部占腺体的大部分，属消化腺，分泌胰液。胰液中含多种消化酶，由胰管排入十二指肠，对蛋白质、脂肪和糖的消化有重要作用。内分泌部称胰岛，分泌胰岛素和胰高血糖素，对糖代谢起重要调节作用。胰通常呈淡红灰色或淡黄色，柔软，有明显的小叶结构，与唾液腺相似。各种家畜胰的形状、大小差异很大，但都位于十二指肠袢内，其导管通常有 1～2 条，直接开口于十二指肠(图 5-66)。

(二)不同动物胰的形态结构特征

1.牛(羊)的胰(pancreas) 成年牛胰重约 550 g，呈不正四边形，灰黄色或浅褐色，位于右

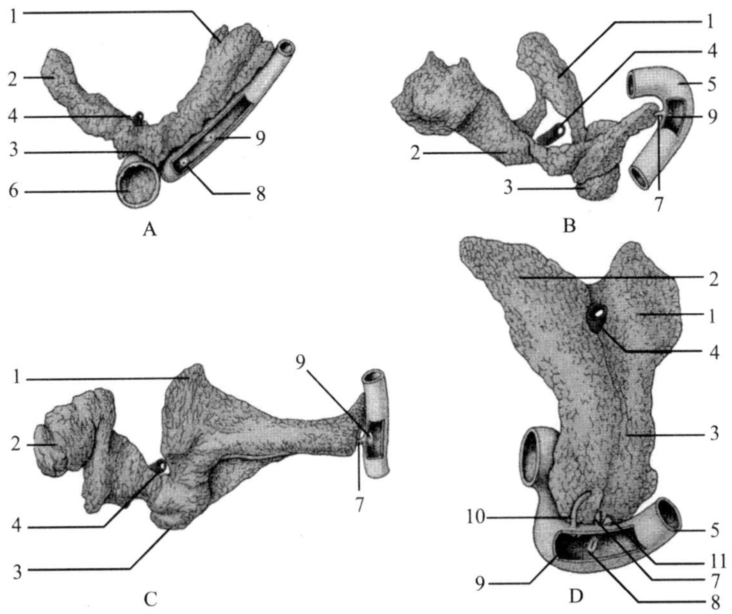

A.犬　B.猪　C.牛　D.马

1.胰右叶　2.胰左叶　3.胰体　4.门静脉　5.十二指肠　6.幽门　7.胰管

8.十二指肠大乳头　9.十二指肠小乳头　10.副胰管　11.胆管

图 5-66　家畜胰的形态

（引自：陈耀星，刘为民译，2009）

季肋部和腰下部，从第 12 肋骨到第 2～4 腰椎处，可分胰左叶、胰体、胰右叶三部分。胰左叶（胰尾）较宽短，呈小四边形，其背侧附着于膈脚，腹侧在瘤胃背囊和左膈脚之间；胰体位于肝的脏面，附着于十二指肠“乙”状弯曲上，其背侧面形成门脉环（或称胰切迹），门静脉由此通过；胰右叶较长，沿十二指肠向后伸达肝尾叶的后方，其背侧与右肾相接触，腹侧与十二指肠及结肠相邻（图 5-67）。

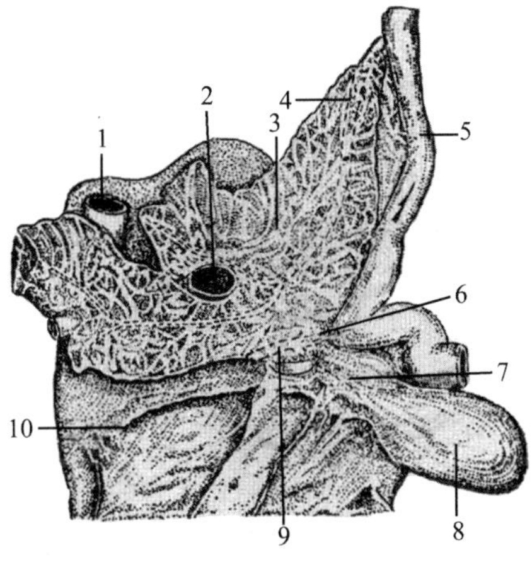

1.后腔静脉　2.门静脉　3.胰　4.胰管　5.十二指肠

6.胆管　7.胆囊管　8.胆囊　9.肝管　10.肝

图 5-67　牛胰(腹侧面)

牛胰管(pancreatic duct)　只有一条，属于副胰管(accessory pancreatic duct)，自右叶末端出胰，单独开口于十二指肠内(在胆管开口后方约 0.3 m)。羊胰管属于主胰管，从胰体出胰腺后，与胆总管合成一条总管，开口于十二指肠。

2.马的胰　呈不正三角形，淡红黄色，约为体重的 0.8%（驴为 0.6%），位于季肋部、在第 16～18 胸椎腹侧，大部分在体中线右侧。马的胰具有背腹两面及左、右、后三缘。左缘凹陷，与十二指肠起始部、胃盲囊相邻；右缘直，与十二指肠降部的左缘相邻；后缘有一深切迹，与空肠系膜根相邻（图 5-68）。

胰可分 3 叶：胰体（中叶）向前下伸入十二指肠“乙”状弯曲内；左叶（胰尾）伸入胃盲囊后方和左肾之间，背侧为脾，腹侧为盲肠底和右上大结肠末端；右叶较钝，位于右肾及右肾上腺的腹侧。在胰后部的中央有门脉环。

胰管由左、右支汇合而成，从胰体穿出，与肝总管分别开口于十二指肠憩室。副胰管开口于十二指肠憩室对侧的黏膜上。驴常无副胰管。

3. 猪的胰　灰黄色，略呈三角形，胰的重量因猪体重及营养状况不同而有差异。胰位于胃小弯后上方，十二指肠左侧。胰分为胰体和左叶、右叶 3 部分。胰体居中稍偏右，位于门静脉和后腔静脉的腹侧；左叶从胰体向左伸达左肾腹侧；右叶在十二指肠系膜中，其末端达右肾的内侧。胰管由右叶末端出胰，开口于距幽门 10～12 cm 的十二指肠小乳头。胰管开口在胆管开口之后（图 5-69）。

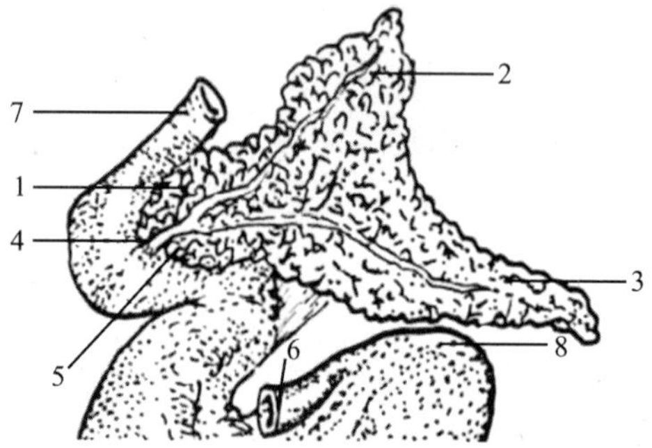

1. 胰体　2. 胰右叶　3. 胰左叶　4. 胰管　5. 胆总管　6. 食管　7. 十二指肠降部　8. 胃盲囊

图 5-68　马胰（前面观）

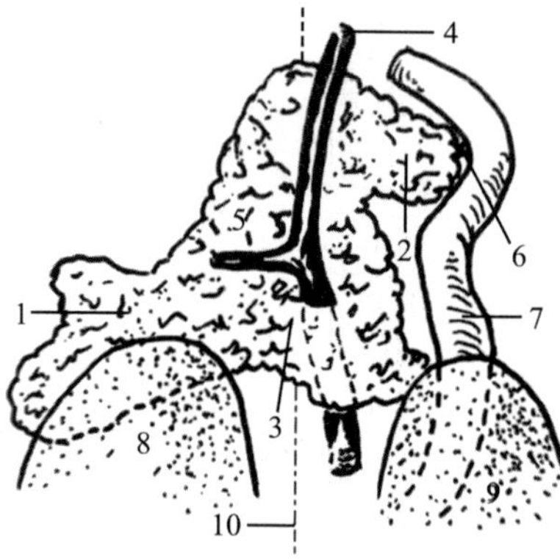

1. 胰左叶　2. 胰右叶　3. 胰体　4. 门静脉　5. 胃脾静脉　6. 胰管　7. 十二指肠降部　8. 左肾　9. 右肾　10. 腹正中线

图 5-69　猪胰

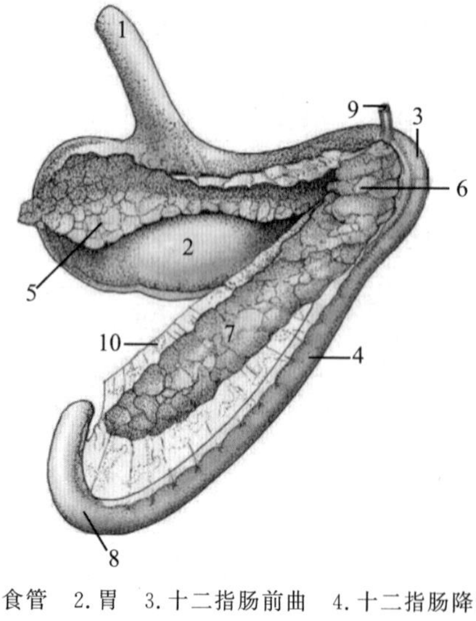

1. 食管　2. 胃　3. 十二指肠前曲　4. 十二指肠降部　5. 胰腺左叶　6. 胰体　7. 右叶　8. 十二指肠后曲　9. 胆管　10. 十二指肠系膜

图 5-70　犬胰（后侧面）

（引自：Dyce K. M.，et al，2010）

4. 犬的胰　呈“V”字形，左、右叶均狭长，二叶在幽门后方呈锐角相连，连接处为胰体，左叶位于胃和肝的后面，右叶位于十二指肠降部背内侧。犬的胰管有两个，在胰内相互吻合，在胰腺外分开，分别称为主胰管和副胰管。主胰管较细，与胆总管一起或紧密相伴而行，开口于十二指肠。副胰管较粗，开口于胰管入口处后方 3～5 cm 处（图 5-70）。

（三）胰的组织学结构

胰表面有结缔组织被膜，被膜伸入胰实质内部将胰分为很多小叶。胰小叶是胰的结构和功能单位，分别由外分泌部和内分泌部构成（图 5-71）。外分泌部可分泌胰液，含有多种消化酶，参与对淀粉、脂肪和蛋白质等的消化；内分泌部可分泌激素，参与调节体内的糖代谢。

1. 外分泌部（exocrine portion）　构成胰实

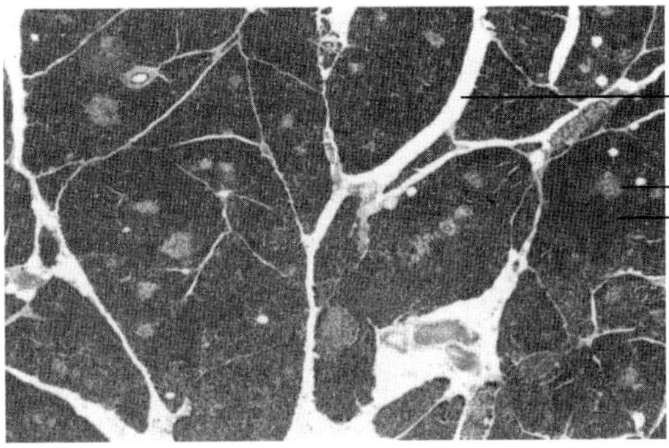

1. 胰小叶间结缔组织　2. 胰岛　3. 外分泌部腺泡

图 5-71　胰(HE,40×)

质的绝大部分,为复管泡状腺,分腺泡和导管两部分(图 5-72)。

(1)腺泡　呈泡状或管状,腺泡腔很小,由单层的浆液性腺细胞组成。腺细胞呈锥体形,胞核大而圆,位于细胞基部。细胞基部有许多呈纵行排列的线粒体、丰富的粗面内质网和核蛋白体,呈较强的嗜碱性。胞质顶部有许多圆形或卵圆形、嗜酸性的酶原颗粒,HE 染色时呈红色。酶原蛋白在粗面内质网合成,被转移到高尔基复合体,浓集成酶原颗粒。成熟的酶原颗粒移向细胞顶端,最后排入腺泡腔内。腺泡腔内常可见到 1～2 个泡心细胞(centroacinar cell),胞质淡染,胞核呈卵圆形,为伸入到腺泡腔内的闰管上皮的起始细胞。

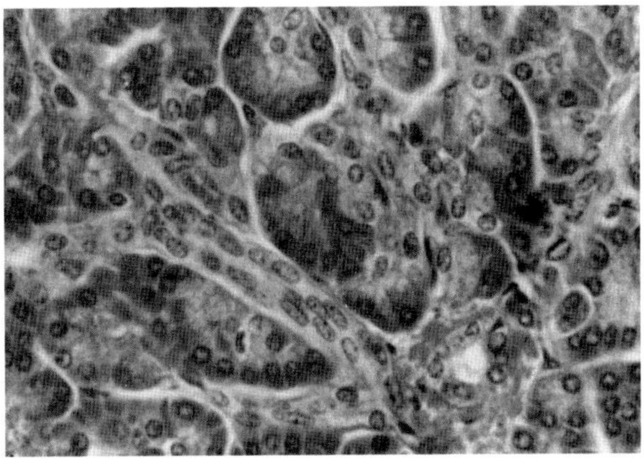

图 5-72　胰外分泌部(HE,400×)

(2)导管　包括闰管、小叶内导管、小叶间导管和胰管。腺泡以泡心细胞与闰管相连,闰管长而细,由单层扁平上皮围成。小叶内导管为单层立方上皮。在小叶间结缔组织内,若干小叶内导管汇合成小叶间导管,最后形成 1～2 条胰管,开口于十二指肠将胰液导入;小叶间导管管壁上皮也由单层低柱状变为高柱状,并夹有散在的杯状细胞和内分泌细胞。导管上皮能分泌大量的水和钠、钾、重碳酸盐等多种物质,参与胰液的组成。

2. 内分泌部(endocrine portion)　为散布在外分泌部腺泡之间的圆形或卵圆形细胞团,形如岛屿,称胰岛(pancreas islet)(图 5-73)。胰岛细胞呈不规则索状排列,细胞间有丰富的有孔毛细血管,有利于激素渗透。胰岛细胞分泌胰岛素和胰高血糖素,参与调节血糖代谢。胰岛细胞在 HE 染色标本中,着色淡,各类细胞不易区分。用马劳瑞-埃赞(Mallory-Azan)法染色,可见以下几种胰岛细胞(图 5-74)。

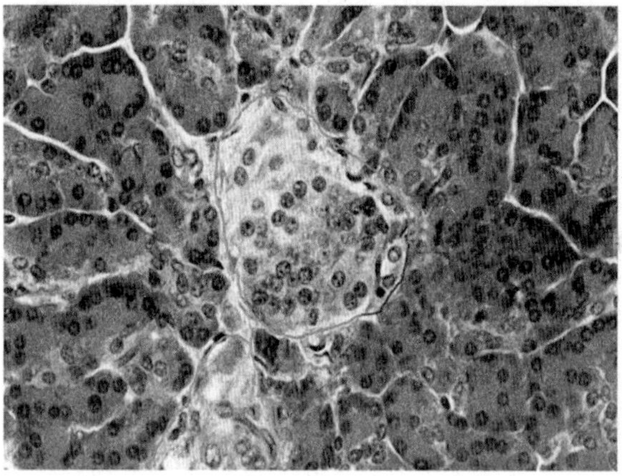

圈住部分为胰岛

图 5-73 胰内分泌部(HE,400×)

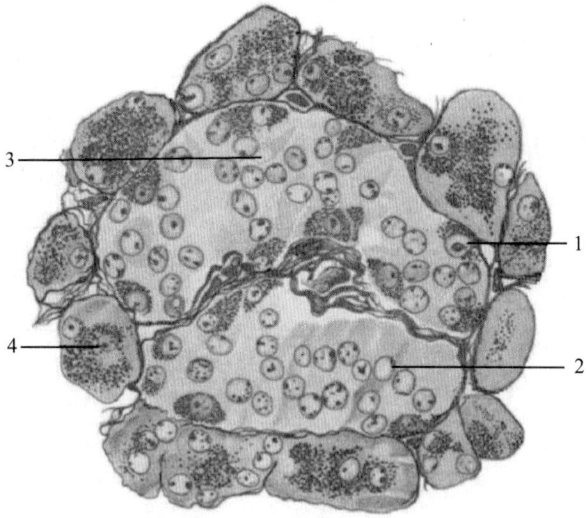

1. A 细胞 2. B 细胞 3. D 细胞 4. 腺泡细胞

图 5-74 胰内分泌部模式图

(1)A 细胞(α 细胞) 多分布于胰岛的周围部,占胰岛细胞总数的 20%左右。细胞胞体较大,胞质内的颗粒粗,染成鲜红色。A 细胞分泌胰高血糖素,有促进糖原分解、升高血糖的作用。

(2)B 细胞(β 细胞) 多分布于胰岛的中央部,占胰岛细胞总数的 75%左右。胞体略小,胞质内的颗粒细小,染成橘黄色。B 细胞分泌胰岛素,故又称为胰岛素细胞,与 A 细胞分泌的胰高血糖素作用相反,有促进糖原合成和降低血糖的作用。

(3)D 细胞(δ 细胞)　多数散在 A、B 细胞之间，数量较少，约占胰岛细胞总数的 5%。胞质内含有大量蓝色颗粒。D 细胞分泌生长抑素，有抑制 A、B 细胞和 PP 细胞分泌的作用。

(4)PP 细胞(D_2)　数量很少，分泌的胰多肽具有抑制胰液分泌和胃肠蠕动的作用。

思考题

问答题

1. 试述牛、猪、马消化系统的器官组成及其功能。
2. 咽分为哪几部分？试从咽的结构说明呼吸和吞咽是如何进行的。
3. 试述牛、羊 4 个胃的位置、形态、黏膜结构特点及出入口名称。
4. 牛、羊网胃的形态和位置如何？简述创伤性网胃心包炎易发生的原因。
5. 马临床易发生肠扭转、肠套叠、肠便秘，试从马肠管的解剖学结构特点进行原因分析。
6. 试比较牛、猪、马升结肠的形态结构特点。
7. 犬、猫作为肉食动物，消化系统器官有哪些特点？
8. 描述单室胃、小肠、肝脏的组织学结构特点。

第六章

呼吸系统

【学习目标】

1. 了解呼吸系统的组成。
2. 掌握气管和支气管的一般组织结构。
3. 掌握肺的一般组织结构。
4. 掌握气-血屏障的结构。

呼吸系统由鼻、咽、喉、气管、支气管、肺、胸腔和胸膜腔等辅助器官组成。呼吸主要靠呼吸系统来实现的，但与心血管系统存在密切的联系。其中，鼻、咽、喉、气管和支气管组成呼吸道，是气体出入的通道。鼻、咽、喉组成上呼吸道，气管和支气管组成下呼吸道。肺内分布有大量薄壁的肺泡，表面积很大，进行气体交换。

畜禽机体与外界环境之间进行气体交换的过程，称为呼吸。呼吸分为外呼吸、气体运输、内呼吸三个环节。外呼吸又称为肺呼吸，是气体在肺泡与毛细血管之间的气体交换过程。内呼吸也称为组织呼吸，是气体在血液内与组织细胞之间进行的气体交换过程。

第一节　呼　吸　道

一、鼻(nasus)

鼻在呼吸系统最前部，既是气体出入肺的通道，又是嗅觉器官，并辅助发声。鼻由鼻腔和鼻旁窦组成。

(一)鼻腔(cavum nasi)

鼻腔是呼吸道的起始部，呈长圆筒状，位于面部的上半部，为鼻孔与鼻后孔之间的空腔，鼻骨、额骨、颌前骨、上颌骨、腭骨、犁骨等构成骨性支架，内表面黏膜分布有嗅神经。犁骨、鼻中隔软骨及黏膜形成鼻腔正中的鼻中隔，将鼻腔分为左右互不相通的两侧鼻腔。每侧鼻腔的鼻甲骨及黏膜形成上、下鼻甲，将鼻腔分为上、中、下三个鼻道。其中，下鼻道空间最大，是气体通过的主要通道。各鼻甲的内侧面与鼻中隔之间的空腔为总鼻道，前端为鼻腔前庭，在鼻翼内；

后方空腔较大，是固有鼻腔(图 6-1)。

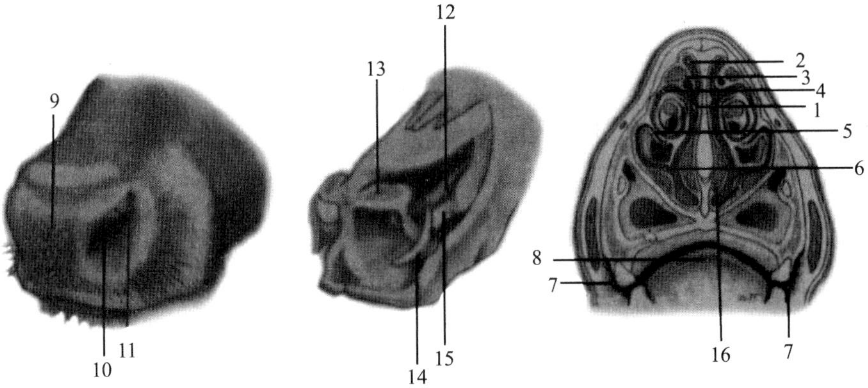

1.总鼻道 2.上鼻道 3.上鼻甲 4.中鼻道 5.下鼻甲 6.下鼻道 7.口腔前庭
8.舌圆枕 9.鼻唇镜 10.鼻孔 11.翼沟和鼻翼 12.内侧副鼻软骨
13.背外侧鼻软骨 14.外侧副鼻软骨 15.腹外侧鼻软骨 16.静脉丛

图 6-1 牛外鼻和鼻腔示意图

(引自:Budras et al. ,2003)

1.鼻孔(nares) 在鼻的最前端，为鼻腔的入口，不同动物的鼻孔形状有差异。牛的鼻孔呈倒逗点形，马的鼻孔呈逗点形，猪的鼻孔呈卵圆形。牛的鼻孔与上唇间的光滑区称为鼻唇镜；羊的鼻孔与上唇间形成鼻镜(图 6-2)；猪的鼻孔与上唇间形成圆盘状的吻突。

图 6-2 羊鼻

(司丽芳 供图)

2.鼻腔前庭(vestibulum nasi) 鼻腔前庭为鼻腔前部衬有皮肤的部分，相当于鼻翼所围成的空间，分布有鼻毛，可阻挡灰尘、颗粒、飞虫等异物。

马鼻前庭皮下有一盲囊，向后伸达鼻切齿骨切迹，称为鼻憩室或鼻盲囊。囊内皮肤呈黑色，生有细毛，富含皮脂腺。

牛无鼻盲囊，鼻泪管口位于鼻前庭的侧壁，但被下鼻甲的延长部覆盖，不易见到。

猪无鼻盲囊，鼻泪管口在下鼻道的后部。

3.固有鼻腔(cavum nasi proprium) 位于鼻腔前庭后方，内表面的黏膜称为鼻黏膜，分为呼吸区和嗅区两部分。可湿润空气，嗅区接触到气味后，产生神经冲动，到达嗅觉中枢，产生嗅觉。在每半侧鼻腔的侧壁上，附着有上下两个纵行的鼻甲，将鼻腔分为上、中、下三个鼻道。上鼻道较窄，位于鼻腔顶壁和上鼻甲之间，其后部主要为司嗅觉的嗅区。中鼻道在上、下鼻甲之间，下鼻道最宽位于下鼻甲与鼻腔底壁之间，直接经鼻后孔与咽相通。此外，还有一个总鼻道，为上下鼻甲与鼻中隔之间的间隙，与上述三个鼻道相通。

(二)鼻旁窦(paranal sinus)

又称副鼻窦,为鼻腔周围头骨内的含气空腔,是呼吸系统的辅助器官,包括4对,分别是上颌窦、额窦、蝶窦和筛窦。鼻旁窦内表面均分布有黏膜,与鼻腔黏膜相连续,但较薄,血管较少。鼻黏膜发炎时可波及鼻旁窦,引起副鼻窦炎。鼻旁窦有减轻头骨重量、温暖并湿润空气及辅助发声等作用。

二、咽(pharynx)

见第五章第一节。

三、喉(larynx)

喉位于咽和气管之间,由软骨、喉肌和黏膜构成。空气通过喉出入肺脏,喉内的声带是黏膜皱襞,可调节空气流量,辅助发声。喉前端以喉口和咽相通,后端与气管相通。喉壁主要由喉软骨和喉肌构成,内面衬有黏膜。

(一)喉软骨(laryngeal cartilages)

喉软骨包括甲状软骨、会厌软骨、环状软骨和杓状软骨,其中,杓状软骨是成对的(图6-3)。

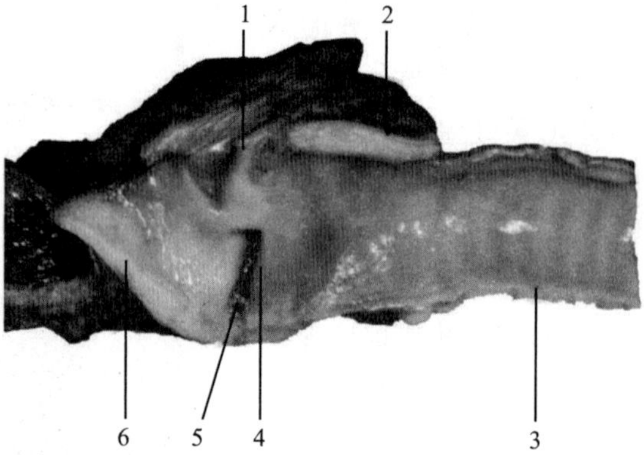

1. 杓状软骨 2. 环状软骨 3. 气管 4. 声带 5. 喉室 6. 会厌软骨

图6-3 犬喉软骨剖面

(司丽芳 供图)

1. 甲状软骨(thyroid cartilage) 是面积最大的喉软骨,呈弯曲的板状,由左右两侧的软骨板和体构成。体连两侧板之间,构成喉腔的底壁;两侧板从体的两侧伸出,构成喉腔左右两侧壁的大部分。

2. 会厌软骨(epiglottic cartilage) 是位于喉前部的弯曲叶片状软骨,附着在甲状软骨前段,吞咽时盖住喉口,以防食物和水等进入喉腔;呼吸时,敞开喉口,让气体通过。会厌软骨具有弹性和韧性,当吞咽时,会厌翻转关闭喉口,可防止食物误入气管。会厌软骨表面覆盖着黏膜,合称会厌。羊会厌软骨表面黏膜上皮结构明显,黏膜下层分布有黏膜下腺和导管,羊会厌软骨分布有较多的软骨细胞(图6-4至图6-6)。

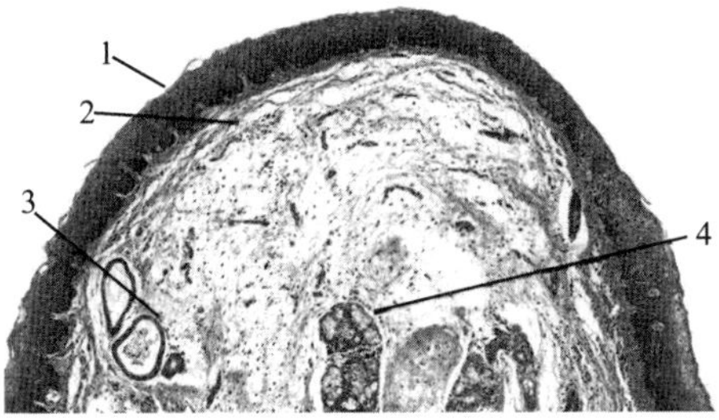

1. 黏膜上皮　2. 黏膜下层　3. 导管　4. 黏膜下腺

图 6-4　羊会厌(HE,100×)

(司丽芳　供图)

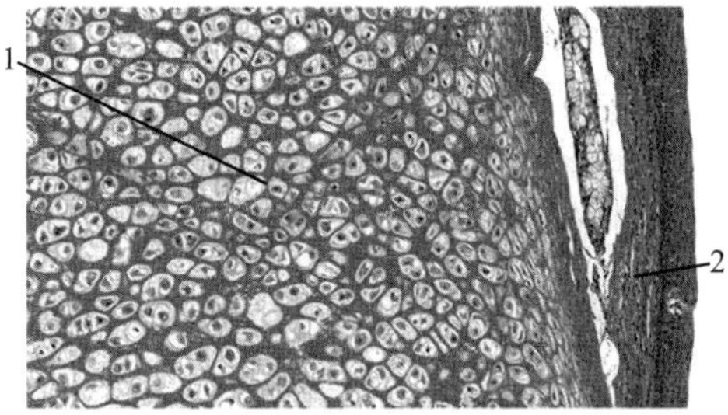

1. 软骨细胞　2. 黏膜

图 6-5　羊会厌软骨(HE,200×)

(司丽芳　供图)

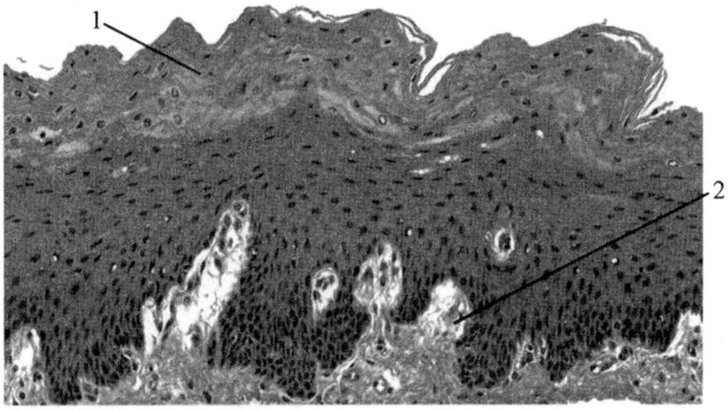

1. 黏膜上皮　2. 黏膜下结缔组织

图 6-6　羊会厌黏膜上皮(HE,400×)

(司丽芳　供图)

3. 环状软骨(cricoid cartilage)　呈指环状,腹侧窄,背侧宽,后接第 1 气管环。其前缘和后缘以弹性纤维分别与甲状软骨和气管软骨相连。

4. 杓状软骨(arytenoid cartilage)　是一对三棱形的小软骨,连接于环状软骨的前端、甲状软骨板的背侧,左右各一,呈三面锥体形,其尖端弯向后上方,形成喉口的后侧壁。杓状软骨上部较厚,下部变薄,形成声带突,供声韧带附着。

(二)喉肌(muscle of larynx)

喉肌是与吞咽、呼吸及发声等运动有关的横纹肌,包括外来肌和固有肌。外来肌有胸骨甲状肌和舌骨甲状肌等;固有肌均起止于喉软骨,它们的作用与吞咽、呼吸和发声等运动有关。

胸骨甲状肌和甲状舌骨肌属于外来肌。固有肌分布于喉软骨之间及周围,包括环甲肌、环杓背侧肌、环杓外侧肌、甲杓肌及杓横肌等。

(三)喉腔(laryngeal cavity)

喉壁围成喉腔,前上方为喉口,与咽相通,后方与气管相连通。

喉腔中部侧壁上的一对黏膜褶,称为声襞。声襞、声韧带和声带肌构成声带,连于杓状软骨声带突和甲状软骨体上,是发声器官。两声襞之间的裂隙,称为声门裂,当随气流通过时,声带震动发出声音。声带将喉腔分为前部的喉前庭和后部的喉后腔。喉前庭的两侧壁凹陷形成喉侧室。

喉腔的内表面分布的黏膜与咽侧壁的黏膜相连续，由上皮和固有膜构成。牛的喉较短、会厌和声带也较短，声门裂宽大，无喉室。马的喉前庭宽，有前庭襞。猪的喉较长，声门裂狭窄。犬的喉有前庭襞和喉室。

四、气管(trachea)和支气管(bronchus)

气管是由气管软骨环和结缔组织构成的圆形管道。气管位于颈部腹侧正中线，前端与喉相连，气管经胸腔前口进入胸腔后，在心基背侧 5～6 肋间隙处分出左、右支气管，由左、右肺门分别进入左、右肺。牛、羊的右侧支气管上还分出一支气管，进入右肺尖叶。

气管与支气管的管壁由黏膜、黏膜下层和外膜构成，含有气管软骨(图 6-7)。气管壁黏膜上皮为假复层柱状纤毛上皮，由纤毛细胞、杯状细胞、基细胞、刷细胞和弥散的神经内分泌细胞等组成。黏膜下层为疏松结缔组织，分布有气管腺(tracheal gland)，能分泌黏液，可滑润黏膜，并能黏附灰粒、颗粒和小飞虫等异物，借纤毛的摆动向喉部移动，通过咳嗽排出。气管外膜分布有"C"字形透明软骨环(支气管分布有不规则软骨片)、平滑肌束、弹性纤维等(图 6-8)。

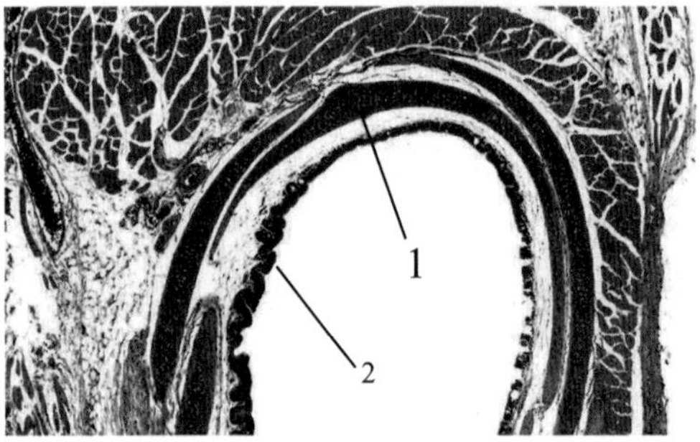

1. 气管软骨　2. 黏膜

图 6-7　鹌鹑气管(HE,40×)

(司丽芳　供图)

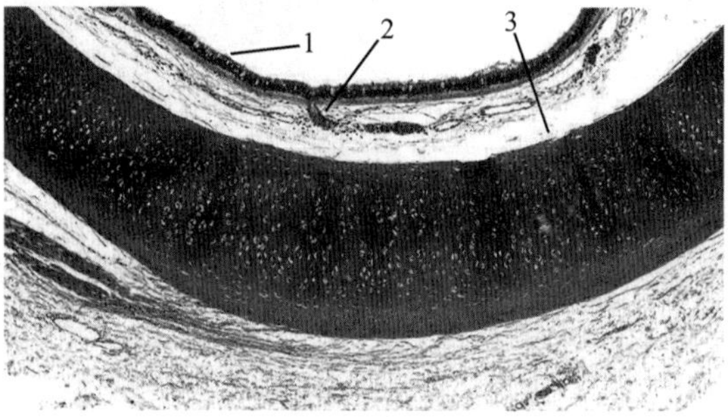

1. 黏膜上皮　2. 气管腺　3. 气管软骨

图 6-8　猫气管(HE,100×)

(司丽芳　供图)

第二节　肺

一、肺的形态结构

肺是气体交换的器官，略呈前小后大的锥形，包括左肺和右肺，位于纵隔两侧的胸腔内。肺的外侧面与肋骨相接触称为肋面，内侧面与纵隔和心包接触，称为纵隔面。肺门在心压迹上方，是血管、神经、淋巴管和支气管等进出肺的地方，出入肺的这些结构被结缔组织包绕连于纵隔，称为肺根。牛、羊的肺分叶很明显，左肺分 3 叶，右肺分为 4 叶。左肺由前向后依次分为尖叶(lobus apicalis)、心叶(lobus cardiacus)和膈叶(lobus diaphragmaticus)，右肺由前向后依次分为尖叶(又分为前、后两小叶)、心叶、膈叶和内侧的副叶(accessory lobes)。肺的体表投影前界在肩胛骨的后角与肘突的连线；上界在背腰最长肌的外侧缘（背腰最长肌位于第 5 胸椎与第 6 腰椎之间）；下后界为肘突与倒数第 2 肋骨椎骨端的连线（图 6-9）。

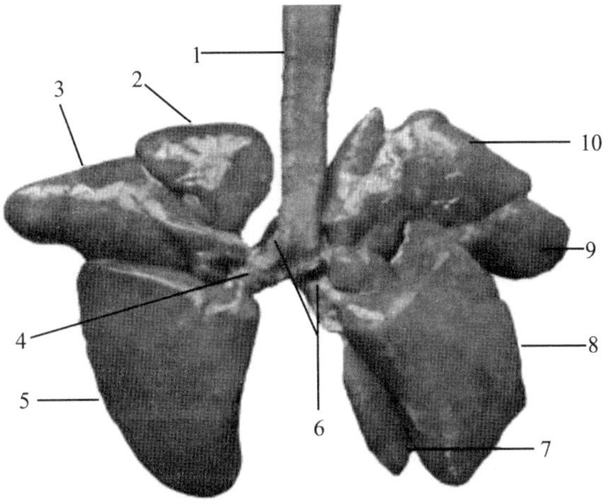

1. 气管　2. 前叶前部　3. 前叶后部　4. 支气管　5. 后叶
6. 淋巴结　7. 副叶　8. 后叶　9. 中叶　10. 前叶

图 6-9　犬肺背侧观

（司丽芳　供图）

二、肺的组织学结构

肺的外表面的一层浆膜为肺胸膜，是胸膜的脏层。肺被膜为结缔组织，伸入肺实质，形成肺间质。肺的实质是由反复分支的各级支气管和肺泡构成。肺间质将肺分隔成许多由细支气管连同它的分支和肺泡组成的呈锥体形的肺小叶。肺小叶是肺结构和功能的基本单位，肺小叶的基部宽大，朝向肺的表面，顶部朝向肺门。

支气管在肺内反复分支，形成形状像树枝状的支气管树。支气管在肺内的分支包括小支气管（bronchiole）、细支气管（bronchiole）、终末细支气管（terminal bronchiole）、呼吸性细支气管（respiratory bronchioles）及肺泡管（alveolar duct）、肺泡囊（alveolar saccules）和肺泡（alveolus）相连通（图 6-10，图 6-11）。

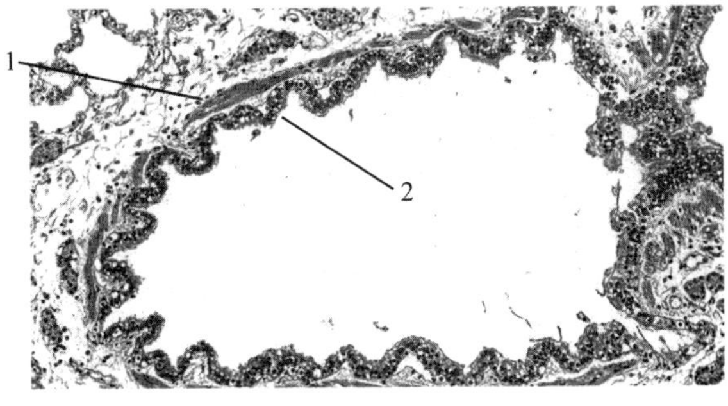

1. 平滑肌　2. 黏膜上皮

图 6-10　羊肺细支气管（HE，200×）

（司丽芳　供图）

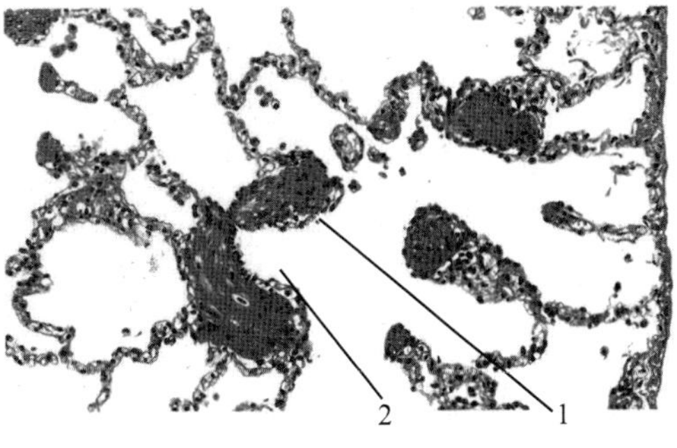

1. 结节状膨大　2. 肺泡

图 6-11　羊肺肺泡（HE，400×）

（司丽芳　供图）

(一)被膜与间质

肺表面覆盖浆膜,与胸膜形成胸膜腔;浆膜由结缔组织构成,伸入肺实质形成小叶间隔,将肺分成许多肺小叶。

(二)实质

实质包括导气部和呼吸部。导气部是气体出入的通道,包括各级小支气管、细支气管和终末细支气管。其管壁的结构均由黏膜、黏膜下层和外膜构成,其管径逐渐变小,管壁逐渐变薄,组织结构相继发生变化。小支气管黏膜上皮仍为假复层纤毛柱状上皮,外膜的软骨呈片状(图6-12,图6-13)。细支气管上皮由假复层纤毛柱状上皮过渡为单层柱状纤毛上皮,杯状细胞、腺体和软骨片逐渐减少至基本消失。终末细支气管上皮为单层柱状纤毛上皮,杯状细胞、腺体和软骨片减少至均消失,环形平滑肌由多变少,皱襞消失(图6-14)。呼吸部由呼吸性细支气管、肺泡管、肺泡囊和肺泡构成。呼吸性细支气管上皮为单层立方上皮,与半球形肺泡相通。肺泡囊形成结节状膨大。肺泡上皮由Ⅰ型和Ⅱ型肺泡细胞组成,相邻肺泡壁相贴形成肺泡膈。Ⅰ型肺泡细胞数量比Ⅱ型肺泡细胞少,但覆盖肺泡表面绝大部分,细胞大而扁薄,细胞核扁圆,构

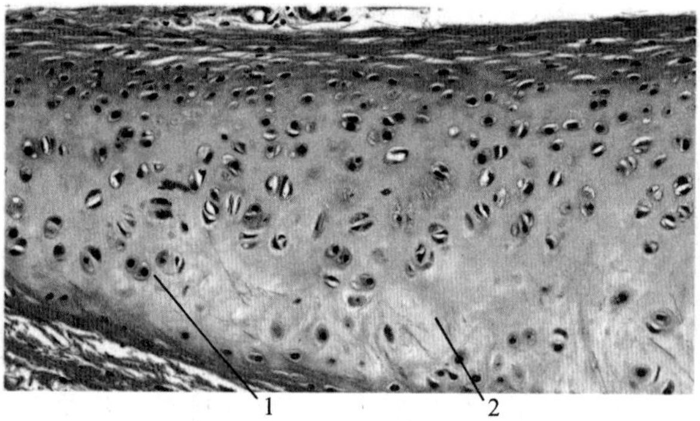

1.软骨细胞　2.软骨基质

图6-12　牛气管软骨(HE,400×)

(司丽芳　供图)

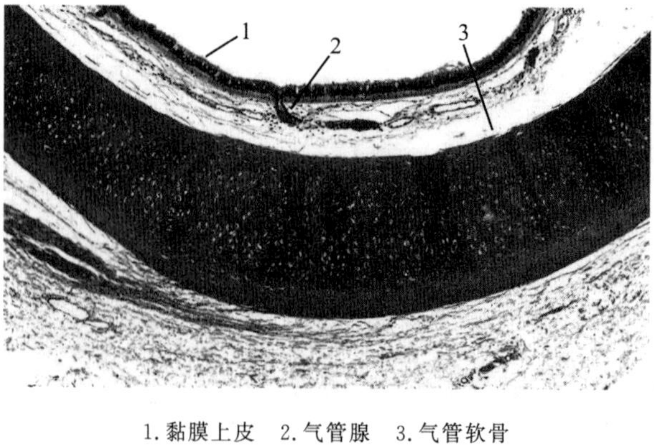

1.黏膜上皮　2.气管腺　3.气管软骨

图6-13　猫小支气管(HE,100×)

(司丽芳　供图)

成气-血屏障。Ⅱ型肺泡细胞数量多，胞体小，呈立方形或圆形，细胞核圆形，嵌于Ⅰ型肺泡细胞之间，对受损的肺泡上皮进行修复。肺泡膈位于相邻肺泡之间的薄层结缔组织，隔内有丰富的毛细血管网、大量弹性纤维和尘细胞(图 6-11，图 6-15)。

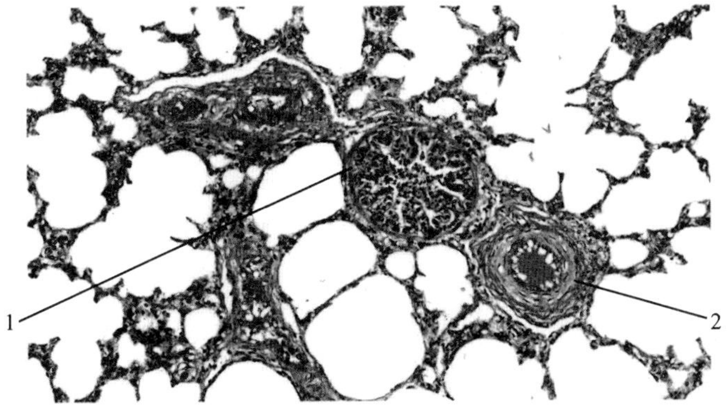

1. 终末细支气管　2. 小动脉

图 6-14　牛肺(HE，200×)

(司丽芳　供图)

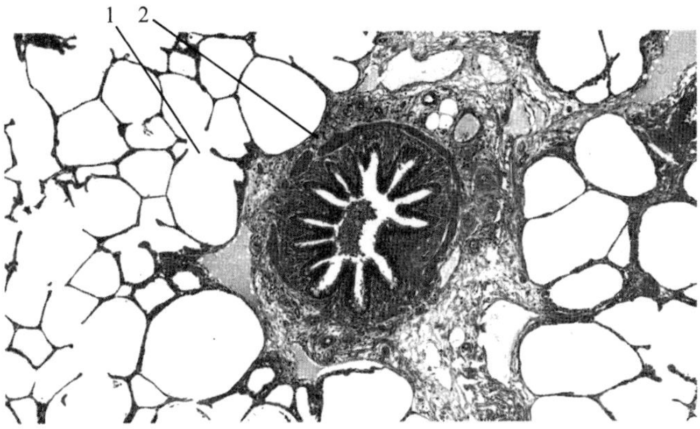

1. 肺泡　2. 细支气管

图 6-15　猪肺(HE，100×)

(司丽芳　供图)

(三)气-血屏障

氧气与二氧化碳进出血液和肺泡所通过的结构称为气-血屏障。由 6 层结构组成：肺泡表面活性物质构成的液体层、单层扁平上皮细胞构成的肺泡上皮、肺泡上皮基膜、薄层结缔组织、毛细血管的基膜及毛细血管内皮细胞。

三、肺的功能

进行气体交换，散发热量和调节体温。

第三节 呼吸系统的辅助装置

一、胸膜(pleura)

胸膜为衬贴于胸腔内面和覆盖肺表面的浆膜,分脏层和壁层。脏层覆盖于肺的表面,又称肺胸膜。脏层按部位又分贴于胸壁内面的肋胸膜、贴于隔胸腔面的膈胸膜和参与构成纵隔的纵隔胸膜。壁层和脏层在肺根处互相移行,共同围成两个胸膜腔。左右胸膜腔被纵隔分开。胸膜腔内含有少量浆液,称为胸腔积液,有润滑胸膜、减少胸膜脏层之间的摩擦作用。胸膜根据所在的部位分为肋胸膜、膈胸膜、纵隔胸膜、心包胸膜和肺胸膜。

二、纵隔(mediastinum)

左右纵隔胸膜之间的心脏、心包、食管、气管、大血管、淋巴管和结缔组织等组成纵隔。其中包在心包外面的纵隔胸膜,又称心包胸膜。纵隔在心脏所在的部位,称为中纵隔;在心脏以前和以后的部分,分别称为前纵隔和后纵隔。

思考题

问答题

1. 简述气管和支气管的一般组织结构。
2. 肺的导气部包括哪几部分?各部分组织结构有何特点?
3. 简述气-血屏障的结构。

第七章

泌尿系统

【学习目标】

1. 掌握泌尿系统各器官的组成。
2. 掌握泌尿系统各器官在体内的位置、形态结构特点及其生理功能的关系。
3. 掌握动物肾类型及其内外组织学结构特点。
4. 了解输尿管、膀胱的组织学结构特点。
5. 了解泌尿系统的内分泌功能。

泌尿系统(urinary system)主要包括肾、输尿管、膀胱和尿道等(图 7-1)。泌尿系统的主要功能就是排泄,排泄是将机体代谢过程中产生的各种不为机体所利用或者有害的物质向外运送的过程。代谢产物一部分是营养物质吸收和转化过程中产生的,另一部分就是细胞衰老凋亡过程中所产生的。当然排泄物中也包括机体摄入的过多的水分、无机盐和蛋白质等。这些代谢产物和多余的水分除了小部分通过肺(如二氧化碳)、皮肤(如汗液)、肠道(如粪便)排出外,大部分(如水分、尿酸、尿素、肌酐、无机盐类等)都是经过泌尿器官以尿液的形式排出体外。因此,泌尿系统是维持动物生理功能的重要系统之一。肾就是动物体内形成尿液的主要器官,尿液最终经排尿管道排出体外。通过尿液的排出,可以将动物体新陈代谢过程中产生的废物以及多余的水分排出体外。因此,通过尿液的检测,可以检查肾的功能,进一步诊断肾是否健康,若患病的话还可以在一定程度上检查疾病的种类以及患病的轻重程度等。同时,通过泌尿功能还可以调节机体内渗透压和酸碱度的平衡。此外,肾还具有一定的内分泌功能,能合成和分泌肾素、前列腺

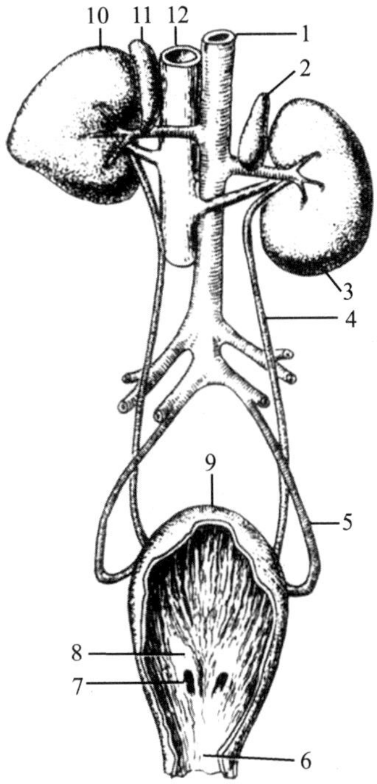

1. 腹主动脉　2. 左肾上腺　3. 左肾　4. 输尿管
5. 膀胱圆韧带　6. 膀胱颈　7. 输尿管开口
8. 输尿管柱　9. 膀胱顶　10. 右肾
11. 右肾上腺　12. 后腔静脉

图 7-1　马的泌尿系统模式图(腹侧面观)

素等活性物质来调节动物体的生理功能。

第一节 肾

一、肾的解剖结构

肾(kidney)是成对的实质性器官,一般位于最后几个胸椎和前3个腰椎的腹侧缘,腹主动脉和后腔静脉的两侧,成对存在。新鲜肾呈枣红色,营养良好的家畜肾周围包有脂肪,称为肾脂肪囊(capsula adiposa)(图7-2)。

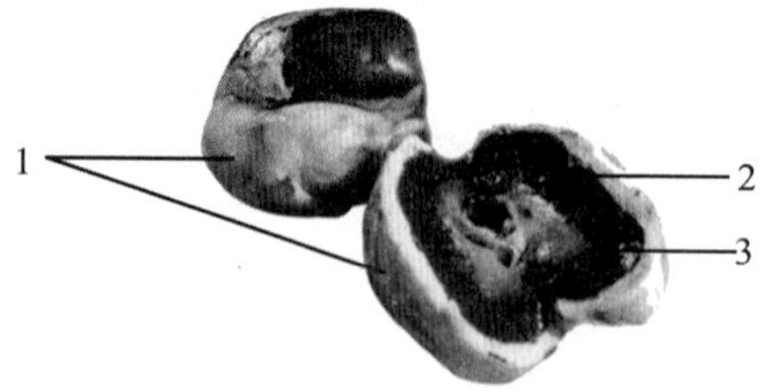

1. 肾脂囊 2. 皮质 3. 髓质

图7-2 羊肾

肾的表面包有致密结缔组织构成的纤维膜,称为被膜(图7-3)。肾的内侧缘中部凹陷为肾门(hilus renalis),是肾的血管、淋巴管、神经和输尿管进出之处。进出肾门的这些结构被结缔组织包裹合称肾蒂。将肾从肾门纵行切开,可见肾门向内通肾窦(sinus renalis),肾窦是由肾实质围成的腔隙,内有肾盂、肾盏、血管、淋巴管和脂肪(图7-4)。

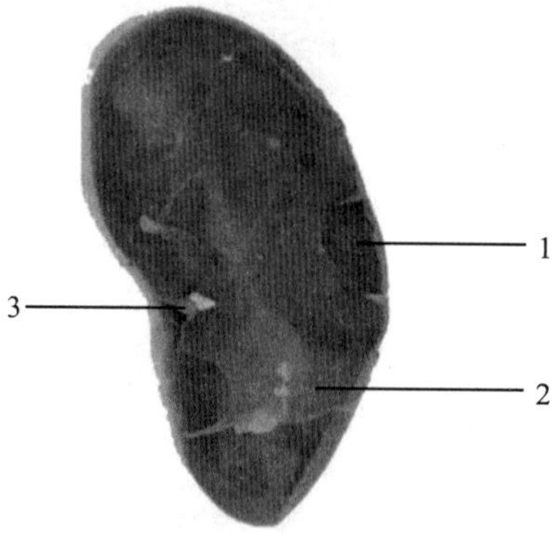

1. 肾实质 2. 肾被膜 3. 肾门

图7-3 猪肾表面结构

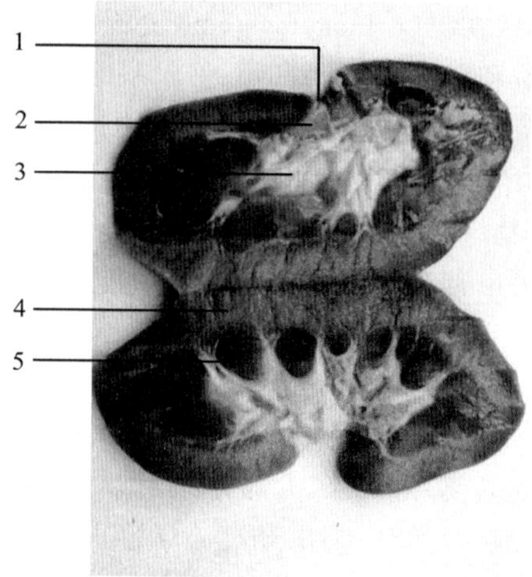

1. 肾门 2. 肾窦 3. 肾盂 4. 肾皮质 5. 肾髓质

图7-4 猪肾内部结构

(李梦云 供图)

肾的实质分为浅层的皮质(substantia corticalis)和深层的髓质(substantia medullaris)。皮质富有血管,新鲜时呈红色,内有细小红色点状颗粒,为肾小体(corpuscula renis),包含肾小球(血管球)和肾小囊两部分。髓质位于皮质的深部,血管较少,由很多不规则平行排列的肾小管组成,呈红色条纹状排列,髓质内的红色条纹状肾小管伸向皮质中的部分称为髓放线(medullary ray)。髓放线之间的皮质部分称为皮质迷路(cortical labyrinth)。每个髓放线及其周围的皮质迷路构成肾小叶,小叶间有小叶间动脉和静脉。肾髓质内有很多圆锥形结构,称肾锥体(pyramides renales)。肾锥体的底较宽,朝向皮质。顶部钝圆或连在一起称为肾乳头(papilla renalis),乳头上有乳头管的开口,朝向漏斗状的肾小盏,2～3 个肾小盏汇合成肾大盏,2～3 个肾大盏汇合成肾盂(牛没有肾盂,其肾大盏直接和输尿管连接)。肾锥体与其相连的皮质部分称为肾叶(renal lobe)。皮质伸入肾锥体之间的部分称为肾柱(columnae renales)。

二、肾的类型

(一)肾的分类

根据肾叶联合程度不同,动物肾可分为 4 种:①有沟多乳头肾,如牛肾(图 7-5)。这种肾仅肾叶中间部合并,肾表面有沟,内部有分离的肾乳头(图 7-6);②平滑多乳头肾,如猪肾(图 7-7)。这种肾的皮质部完全合并,但内部仍有单独存在的肾乳头(图 7-8);③平滑单乳头肾(图 7-9),如马肾、羊肾、犬肾、兔肾。这种肾的皮质部和髓质部完全合并,肾乳头连成嵴状(图 7-10)。④复肾,如熊肾、鲸鱼肾(图 7-11)。这种肾的皮质和彼此连接的髓质都完全分离。

图 7-5　牛肾(有沟多乳头肾)表面

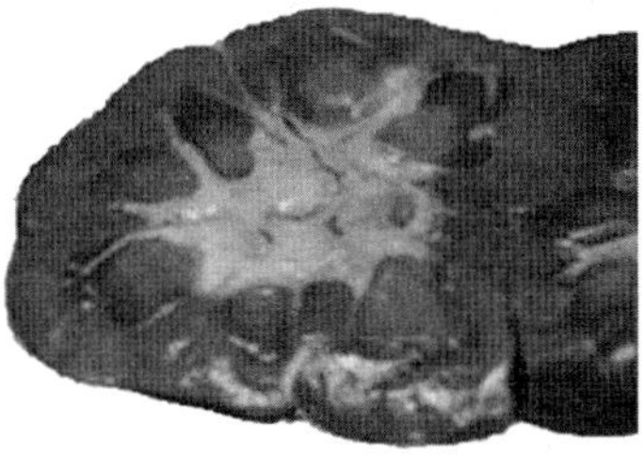

图 7-6　牛肾(有沟多乳头肾)剖面

图 7-7　猪肾(平滑多乳头肾)表面

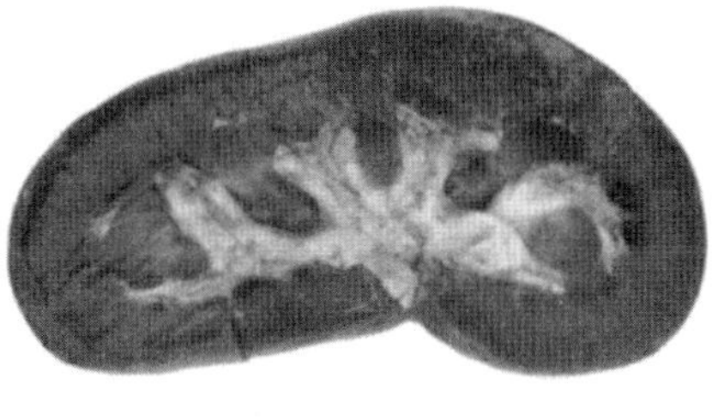

图 7-8　猪肾(平滑多乳头肾)剖面

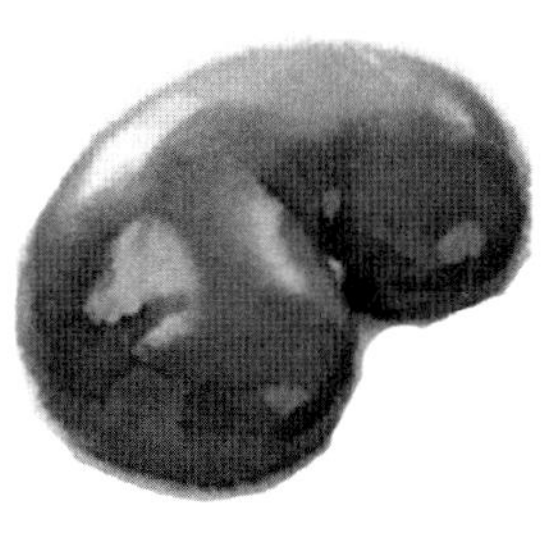

图 7-9　羊肾(平滑单乳头肾)表面

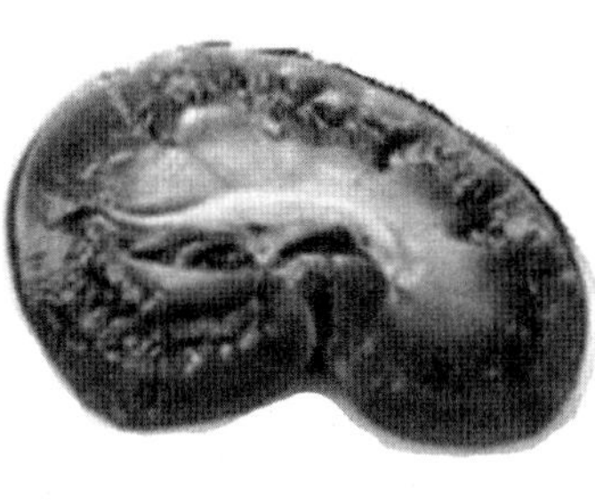

图 7-10　羊肾(平滑单乳头肾)剖面

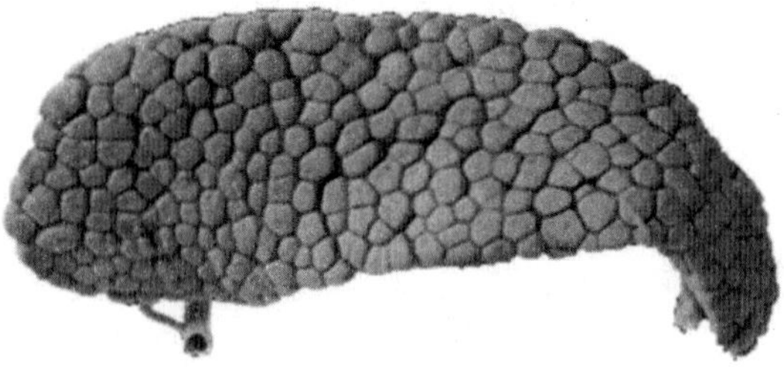

图 7-11 鲸鱼肾(复肾)表面

(二)各种家畜肾的解剖结构特点

1. 牛肾　属于有沟多乳头肾(图 7-12)。左、右肾结构稍有差异。右肾呈上下略扁的长椭圆形,位于第 12 肋间隙至第 2 或第 3 腰椎横突的腹侧。前端位于肝的肾压迹内。肾门位于肾腹侧面的前部,接近内侧缘。左肾呈三棱形,前端较小,后端大而钝圆,可分为 3 个面:背侧面隆凸,与腹腔顶壁接触;腹侧面接肠管;前端外侧面小而平直,与瘤胃相接。因此,当瘤胃充盈而占据腹腔左侧位置时,左肾可被挤压而横过体正中线到右侧,位于右肾的后下方。瘤胃空虚时,则左肾的一部分仍位于左侧,初生犊牛右肾略靠前,左、右肾位置接近于对称。

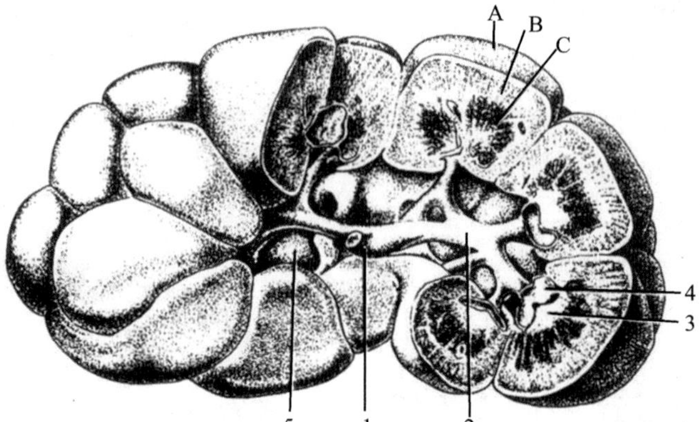

A. 被膜　B. 皮质　C. 髓质

1. 输尿管　2. 集收管　3. 肾乳头　4. 肾小盏　5. 肾窦

图 7-12 牛肾模式图

牛肾的肾叶明显,浅层为皮质,深层为髓质。髓质内肾锥体较明显,肾乳头大部分单独存在,个别为两个乳头合并成一个较大的乳头。

每个肾乳头对着一个肾小盏,几个肾小盏汇合成前后两条集收管,两条集收管最终汇合形成输尿管(图 7-13)。

2. 猪肾　属于平滑多乳头肾(图 7-14)。左、右各一,均呈豆状,较长扁,健康肾呈枣红色,位于最后胸椎及前 3 腰椎腹面两侧缘,左右肾几乎对称。

肾门位于肾内侧缘正中部。猪肾的皮质完全合并,而髓质则是分开的。每个肾乳头均与一个肾小盏相对,肾小盏汇入两个肾大盏,肾大盏汇注于肾盂,肾盂延接输尿管。

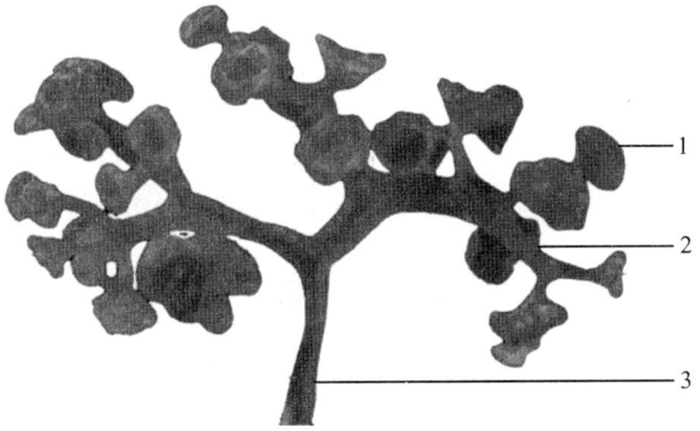

1. 肾小盏 2. 集收管 3. 输尿管

图 7-13 牛的输尿管起始部集收管和肾小盏的铸型

(引自:陈耀星,刘为民译,2009)

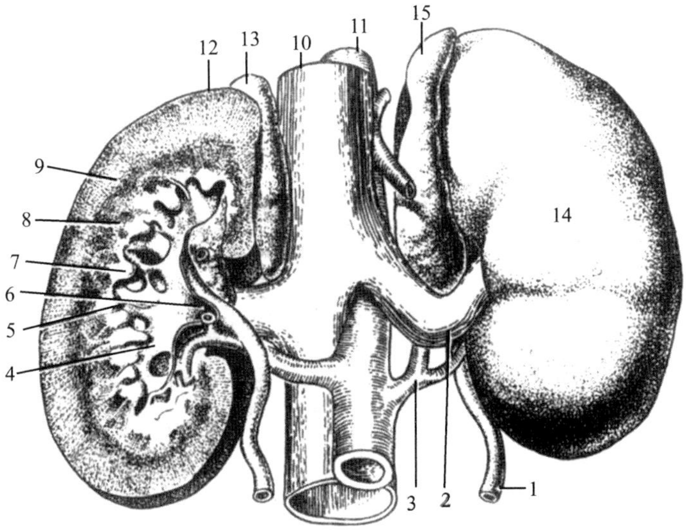

1. 左输尿管 2. 肾静脉 3. 肾动脉 4. 肾大盏 5. 肾小盏 6. 肾盂 7. 肾乳头 8. 髓质 9. 皮质 10. 后腔静脉 11. 腹主动脉 12. 右肾 13. 右肾上腺 14. 左肾 15. 左肾上腺

图 7-14 猪肾模式图(腹侧面,右肾剖开)

3. 马肾 属于平滑单乳头肾(图 7-15)。右肾呈钝角三角形,位于最后 2、3 肋骨椎骨端及第 1 腰椎横突的腹侧。右肾前端与肝相接,在肝上形成明显的肾压迹。左肾呈豆形,较右肾略小,位于最后肋骨和前 2 或 3 个腰椎横突的腹侧。

肾门位于肾内侧缘中部。在切面上观察,可见皮质与髓质间有深红色的中间区。在中间区可明显地看到一些大血管的断面。肾锥体和肾柱明显,肾乳头融合成嵴状的肾总乳头,突入肾盂中。肾盂呈漏斗状,中部宽阔,直接输尿管(图 7-15)。

4. 羊肾和犬肾 均属于平滑单乳头肾(图 7-16)。两侧肾均呈豆形,羊的右肾位于最后肋骨至第 2 腰椎下,左肾在瘤胃背囊的后方,第 4～5 腰椎下。犬的右肾位置比较固定,位于前 3 个腰椎椎体下的腹侧,有的前缘可达最后胸椎。左肾位置变化较大,当胃近于空虚时,肾的位

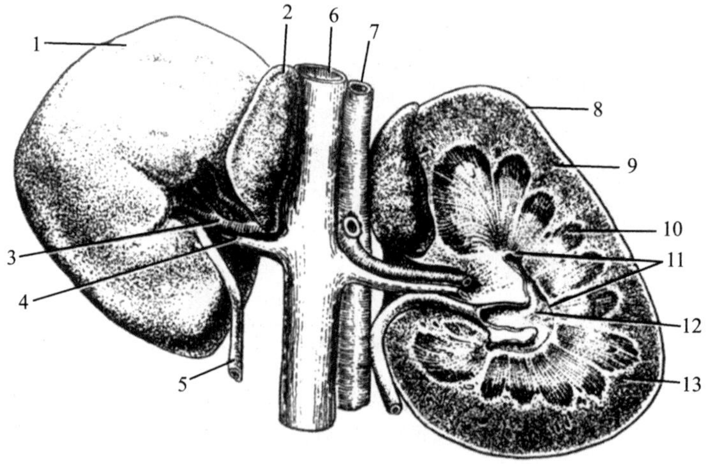

1.右肾　2.右肾上腺　3.肾动脉　4.肾静脉　5.输尿管　6.后腔静脉　7.腹主动脉
8.左肾　9.皮质　10.髓质　11.肾总乳头　12.肾盂　13.弓状血管

图 7-15　马肾(腹侧面,左肾剖开)

置相当于第 2～4 腰椎椎体腹侧。若胃内食物充满时,左肾向后移,其前端约与右肾后端相对应。羊和犬的肾除在中央纵轴为肾总乳头突入肾盂外,在总乳头两侧尚有多个肾嵴,肾盂除有中央的腔外,并形成相应的隐窝(recessus terminales),隐窝为肾盂向肾的两端伸延形成的裂隙状结构。

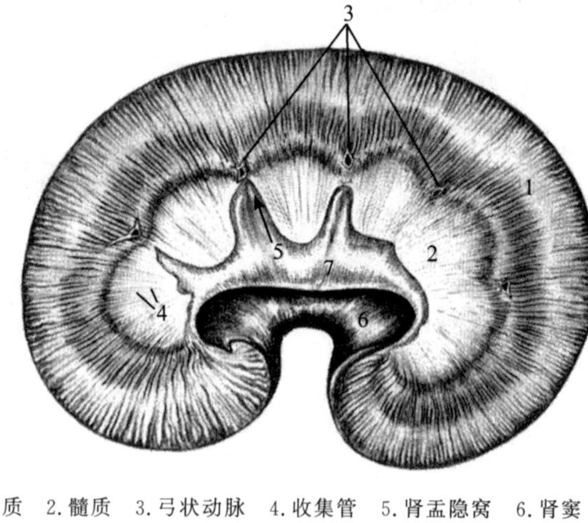

1.皮质　2.髓质　3.弓状动脉　4.收集管　5.肾盂隐窝　6.肾窦　7.肾嵴

图 7-16　犬肾剖面模式图

三、肾的组织学结构

肾的组织学结构包括被膜和实质两部分(图 7-17)。

被膜　是包在肾外表面的结缔组织膜,分为内、外两层,外层为致密结缔组织,含有较多的胶原纤维和弹性纤维,内层由疏松结缔组织构成,含有少量的平滑肌纤维。

实质　实质包括浅层的皮质和深层的髓质(图 7-18)。普通光镜下观察,肾实质主要由大

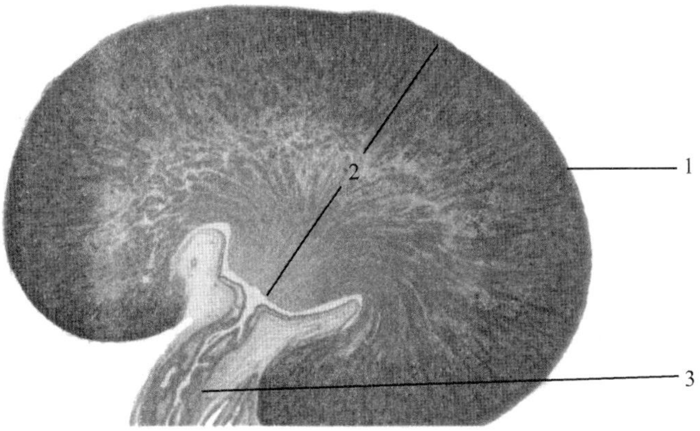

1. 被膜　2. 实质　3. 输尿管

图 7-17　犬肾组织结构图 (HE,20×)

(引自:陈耀星,刘为民译,2009)

量的泌尿小管(uriniferous tubule)和少量的间质组成。泌尿小管包括肾单位和集合小管两部分(表 7-1,图 7-19)。

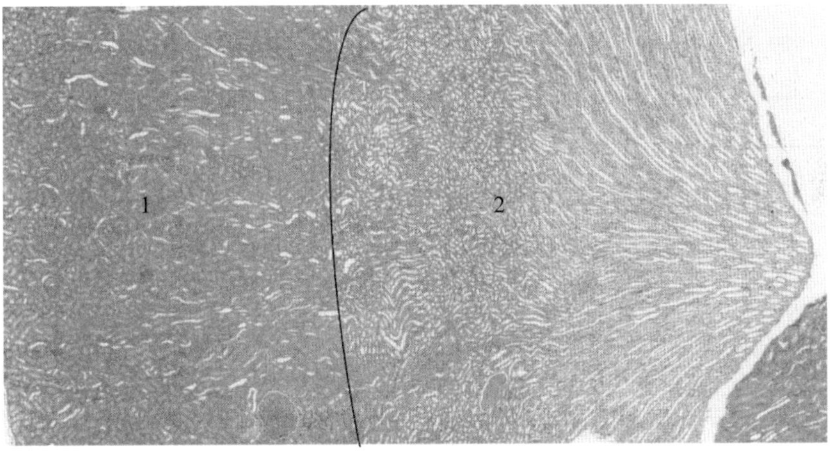

1. 皮质　2. 髓质

图 7-18　肾实质 (HE,10×)

(李梦云　供图)

(一)肾单位(nephron)

肾单位是肾的结构和功能单位,由肾小体和肾小管组成。肾小体基本都位于肾的皮质区。肾小体位于皮质浅层的肾单位称为皮质肾单位,位于皮质深层靠近髓质部位的肾单位称为髓旁肾单位(图 7-19)。

1. 肾小体(renal corpuscle)　是肾单位的起始部,位于皮质内,呈球形,由血管球(也叫肾小球,glomerulus)和肾小囊(renal capsule)两部分组成。肾小体的一侧是血管球的血管出入处,称为血管极;血管极的对侧为尿极,是肾小囊与肾小管连接处(图 7-20,图 7-21)。

表 7-1 泌尿小管的组成

- 泌尿小管
  - 肾单位
    - 肾小体
      - 肾小球
      - 肾小囊
        - 肾小囊壁层
        - 肾小囊脏层
        - （二者之间为肾小囊腔）
    - 肾小管
      - 近端小管
        - 曲部
        - 直部
      - 细段
      - 远端小管
        - 直部
        - 曲部
      - （近端小管直部、细段、远端小管直部：髓袢）
  - 集合小管
    - 弓形集合小管
    - 直集合小管
    - 乳头管

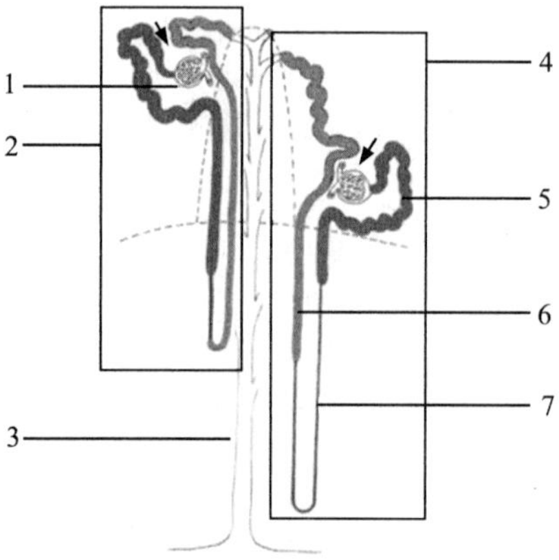

1. 肾小体 2. 皮质肾单位 3. 集合小管 4. 髓旁肾单位
5. 近端小管 6. 远端小管 7. 细段

图 7-19 肾泌尿小管模式图

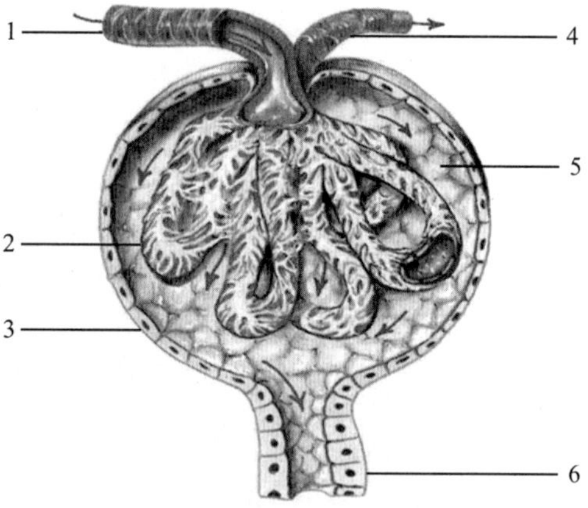

1. 入球微动脉 2. 血管球 3. 肾小囊壁层
4. 出球微动脉 5. 肾小囊腔 6. 近端小管

图 7-20 肾小体模式图

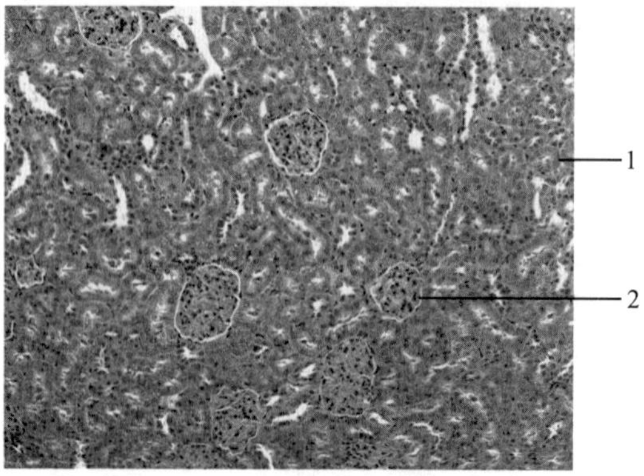

1. 肾小管 2. 肾小体

图 7-21 猪肾皮质(HE,200×)

(李梦云 供图)

(1)肾小球(glomerulus) 是一团盘曲的毛细血管,因此也叫血管球,包裹在肾小囊内。入球微动脉由血管极进入肾小体,分成数小支,每个小支再分成许多相互吻合的毛细血管袢。这些毛细血管袢又逐步汇合成一支出球微动脉,从血管极离开肾小体。入球微动脉比出球微动脉短而粗,从而使血管球内保持较高的血压;同时,构成血管球的毛细血管属于有孔毛细血管,孔径 50~100 nm,孔上无隔膜封闭,这易于水和小分子物质通过滤过膜到肾小囊腔内,形成原尿。

(2)肾小囊(renal capsule) 是肾小管起始端膨大凹陷形成的双层杯状囊。囊壁分壁层和脏层,两层间有一狭窄的腔隙称肾小囊腔,腔内容纳血管球滤出的原尿(图 7-22)。

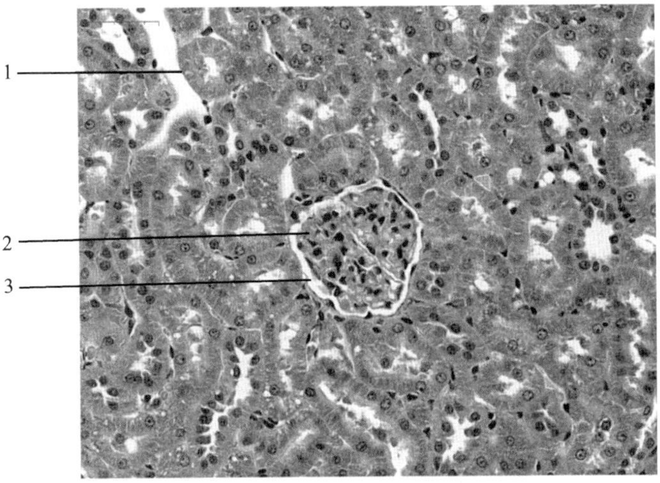

1. 肾小管 2. 肾小球 3. 肾小囊腔

图 7-22 猪肾皮质(HE,400×)

(李梦云 供图)

囊腔壁层的细胞为单层扁平上皮,在血管极处折转为囊腔脏层。脏层的扁平细胞有很多突起,这些扁平细胞称为足细胞(podocyte)。光镜下足细胞胞核较大,凸向囊腔,着色较浅(图 7-23)。在电镜下,可见足细胞伸出几个大的初级突起,每个初级突起又垂直分出许多指状的次级突起。次级突起相互交错嵌合排列,形成栏栅状结构(图 7-24)。突起间的间隙称为裂孔,裂孔上覆盖有裂孔膜。足细胞是过滤膜的重要装置,通过足细胞次级突起的胀大或收缩,调节裂孔的大小,从而影响其通透性。

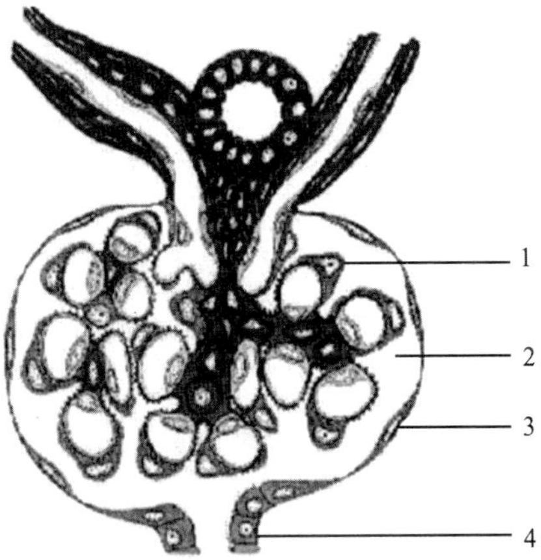

1. 肾小囊脏层(内层) 2. 肾小囊腔
3. 肾小囊壁层(外层) 4. 近端小管

图 7-23 肾小囊模式图

毛细血管的有孔内皮细胞、基膜和足细胞的裂孔膜,是肾小球内的物质渗入肾小囊腔时须通过的三层结构,这三层结构称为肾小体滤过膜或血尿屏障也叫滤过屏障(blood-urine barrier)(图 7-25)。

2. 肾小管(renal tubule) 是由单层上皮围成的细长而弯曲的小管,起始端与肾小囊腔相

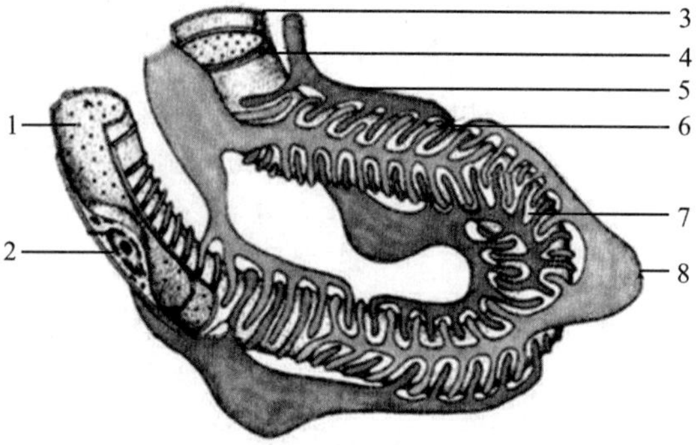

1.内皮细胞窗孔 2.内皮细胞核 3.内皮细胞基膜 4.毛细血管
5.足细胞初级突起 6.足细胞次级突起 7.足细胞裂孔膜 8.足细胞

图 7-24 肾小囊内层的足细胞与血管球毛细血管电镜模式图

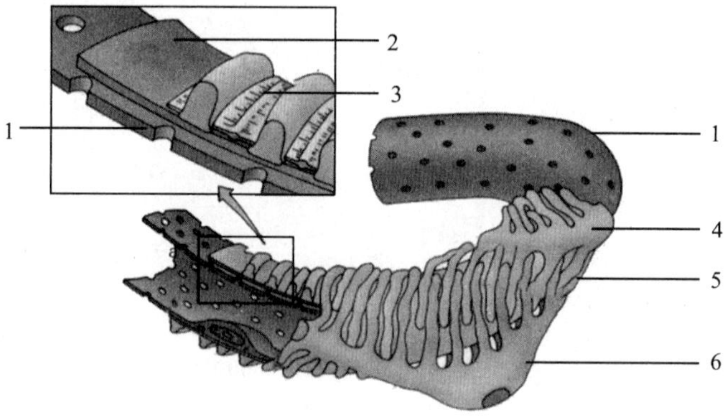

1.有孔的毛细血管 2.基膜 3.足细胞裂孔膜 4.足细胞初级突起 5.足细胞次级突起 6.足细胞

图 7-25 滤过屏障模式图

通,最后与集合小管相连接,包括近端小管、细段和远端小管,主要具有重吸收和排泄作用(图 7-19)。

(1)近端小管(proximal tubule) 近端小管是肾小管中最长的一段,包括曲部和直部。在肾小体尿极处与肾小囊相接,在肾小体附近迂曲行走,称为近端小管曲部,随后沿髓放线直行入髓质,此段称为近端小管直部。

近端小管曲部又称近曲小管,上皮细胞呈立方形或锥体形,细胞界限不清,细胞游离缘有发达的微绒毛结构,有利于肾小管的重吸收功能,这些微绒毛 HE 染色时,均质红染,称为刷状缘。细胞质嗜酸性强,伊红染色较深;细胞核大而圆,苏木精着色淡,位于细胞基底部。总之,肾做成的石蜡切片 HE 染色时,近曲小管细胞质伊红染色较深,因刷状缘的存在而导致管腔虽大但不清晰。上皮细胞侧面除有连接复合体外还有许多侧突与相邻细胞互相嵌合。细胞基部的胞膜向内凹陷形成许多基底褶,扩大细胞与间质之间的物质交换面积。细胞内线粒体较多,纵向排列在基底褶之间,另外,细胞内还有许多溶酶体和微体(图 7-26,图 7-27)。

近端小管直部的结构与曲部基本相似，但上皮细胞略矮，电镜下观察可见微绒毛、侧突、溶酶体和微体等较少。近端小管具有强大的重吸收功能，正常情况下，原尿中80%以上的水分以及全部的葡萄糖、氨基酸和大部分的无机盐离子等由近端小管重吸收。

(2)细段(thin segment)　近端小管直部进入髓质后，管的口径突然变细，称为细段。细段管壁细胞为单层扁平上皮，胞质很少，着色浅，胞核呈椭圆形突向管腔中。电镜下可见细胞的游离缘有少量不规则的微绒毛，细胞有许多侧突与相邻细胞的侧突交错嵌合(图7-26，图7-28)。细段上皮薄，有利于水分子及离子的透过，主要功能是重吸收水分，使尿液浓缩。

(3)远端小管(distal tubule)　也分直部和曲部。细段返回皮质，管径增粗，此段称远端小管直部。当远端小管直部回到皮质迷路自身的肾小体附近时，又变成迂曲的管道，称为远端小管曲部，最后汇入集合小管。

远端小管直部和曲部的结构相似。上皮细胞呈立方形或矮柱状，细胞排列紧密，胞质着色较浅，细胞核圆形，位于近腔面。细胞游离缘微绒毛较少，没有形成刷状缘结构，因此，远端小管管腔清晰可见(图7-26至图7-28)。远端小管有重吸收钠和排钾的功能，还能继续吸收原尿中的水分并进一步浓缩尿液。

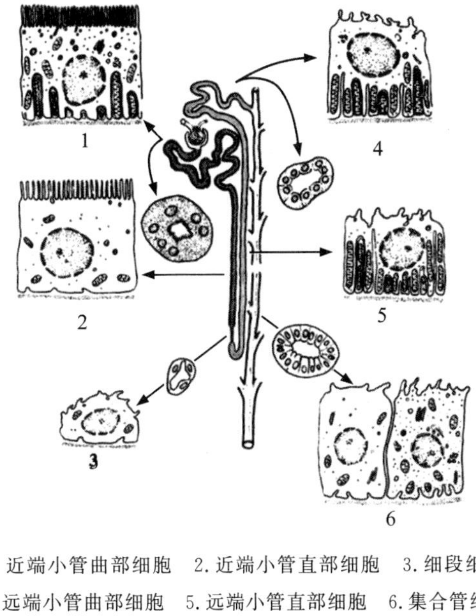

1.近端小管曲部细胞　2.近端小管直部细胞　3.细段细胞
4.远端小管曲部细胞　5.远端小管直部细胞　6.集合管细胞

图7-26　肾小管各段结构模式图

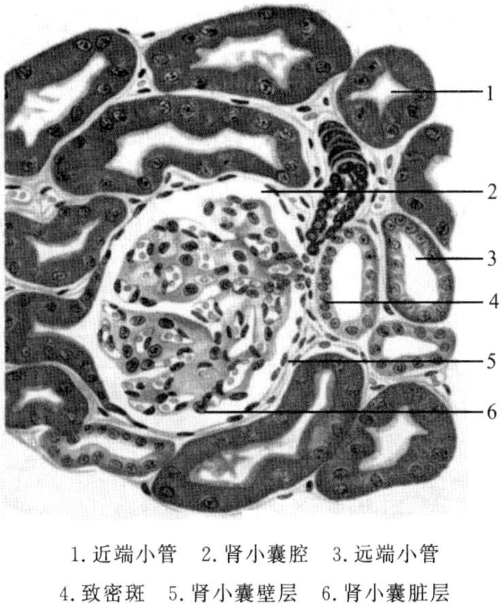

1.近端小管　2.肾小囊腔　3.远端小管
4.致密斑　5.肾小囊壁层　6.肾小囊脏层

图7-27　肾皮质结构模式图

(二)集合小管(collecting tubule)

由弓形集合小管、直集合小管和乳头管三部分构成。弓形集合小管起始端与远端小管曲部相连，呈弓形，进入髓放线，汇入直集合小管，直集合小管由皮质向髓质下行，与其他直集合小管汇合，在肾乳头处移行为较大的乳头管，开口于肾盏或肾盂内(图7-28)。

弓形集合小管上皮细胞为单层立方上皮，直集合小管的细胞逐渐升高，变为单层柱状，管腔大而平整，细胞界限明显，胞质明亮，核位于细胞中央。电镜下微绒毛及线粒体甚少。乳头管上皮由单层高柱状过渡为复层柱状上皮，近开口处，转为变移上皮。

集合小管有进一步浓缩尿液的作用，形成终尿，终尿量仅为原尿的1%。

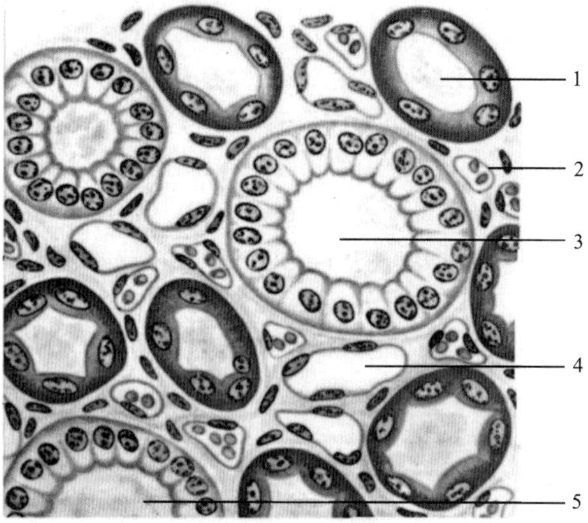

1.近端小管 2.毛细血管 3.集合小管 4.细段 5.远端小管

图7-28 肾髓质模式图

(三)球旁复合体(juxtaglomerular complex)

又称肾小球旁器，是指位于肾小体血管极附近三角区域内结构的总称，由球旁细胞、致密斑和球外系膜细胞组成(图7-29)。

1.球旁细胞(juxtaglomerular cell) 入球微动脉进入肾小囊处，其管壁的平滑肌细胞转变为上皮样细胞，称为球旁细胞。细胞呈立方形或多边形，核为球形，着色淡。胞质弱嗜碱性，内含有多量的PAS阳性颗粒，颗粒内含肾素，可升高血压，增强肾小球滤过作用。

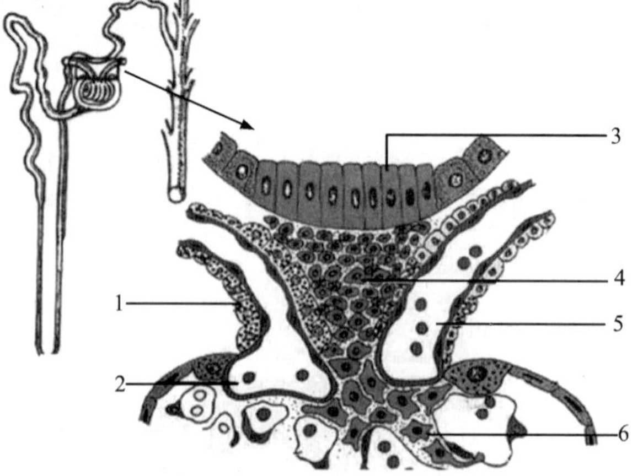

1.球旁细胞 2.入球微动脉 3.致密斑 4.球外系膜细胞 5.出球微动脉 6.血管系膜细胞

图7-29 球旁复合体模式图

2. 致密斑(macula densa)　远端小管靠近肾小体血管极一侧的管壁上皮细胞，由原来的立方形变为高柱状，细胞排列紧密，胞核苏木精染色较深，形成一椭圆形斑，称为致密斑。致密斑是一种化学感受器，可感受尿液中钠离子浓度的变化，对球旁细胞的肾素分泌起调节作用，从而调节血液中钠离子的浓度平衡。

3. 球外系膜细胞(extraglomerular mesangial cell)　因位于肾小体血管极的三角区内的特化细胞，这些细胞又称极垫细胞(polar cushion cell)。着色较淡，胞质内有时可见分泌颗粒，功能尚不明确。

(四)肾间质

肾间质为肾内的疏松结缔组织成分，在皮质内分布较少，髓质内分布相对较多。在间质内除了一般的结缔组织细胞外，还有一种细胞称为载脂间质细胞(lipid laden interstitial cell)，简称间质细胞(interstitial cell)。间质细胞呈星形，有较长突起，单核，细胞长轴与邻近的肾小管长轴接近垂直(图 7-30)。透射电镜下可看到细胞表面有明显的突起，胞质内有脂滴，发达的内质网和高尔基复合体。间质细胞便于形成和维持一定的渗透压，利于肾小管的重吸收功能。同时还可以舒张血管、降低血压。肾间质内的血管内皮可以分泌红细胞生成素，刺激骨髓产生红细胞。严重肾病者，此功能降低，最终会导致肾性贫血。

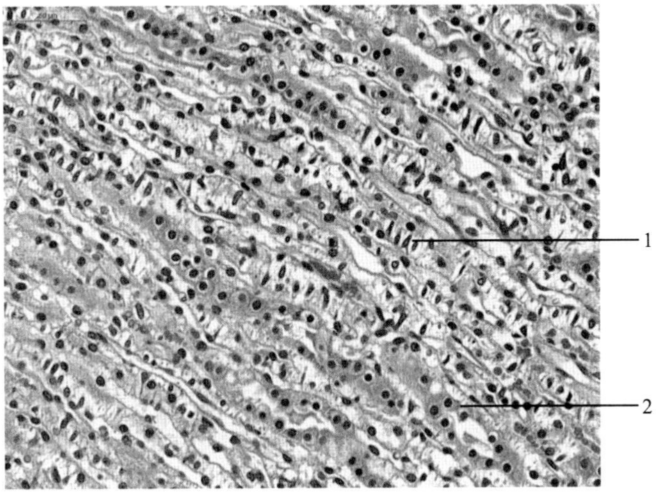

1. 肾间质细胞　2. 肾小管上皮细胞

图 7-30　肾髓质(HE,400×)

(李梦云　供图)

(五)肾的血液循环

肾动脉从肾门进入肾，伸向皮质，并沿途分出许多小的入球微动脉。入球微动脉盘曲形成血管球，后再汇成出球微动脉。出球微动脉离开肾小体后，又分支形成毛细血管，分布于皮质和髓质内肾小管周围形成球后毛细血管网。之后再次汇合，形成小静脉，小静脉在肾门处汇集成肾静脉，经肾门出肾后汇入后腔静脉(图 7-31)。

肾血液循环的特点是肾动脉直接来自腹主动脉，在静息的情况下，每次 1/5～1/4 的心输出量血液进入肾，其中有 90%经过肾血管球完成过滤作用；动脉在肾内两次形成毛细血管网，即血管球和球后毛细血管网；入球微动脉口径大于出球微动脉，以提高血管球内的血压；由髓旁肾单位发出的直血管与髓袢平行，所有这些结构都有助于血液内水分的滤过以及肾小管内水分的重吸收和尿液的浓缩。

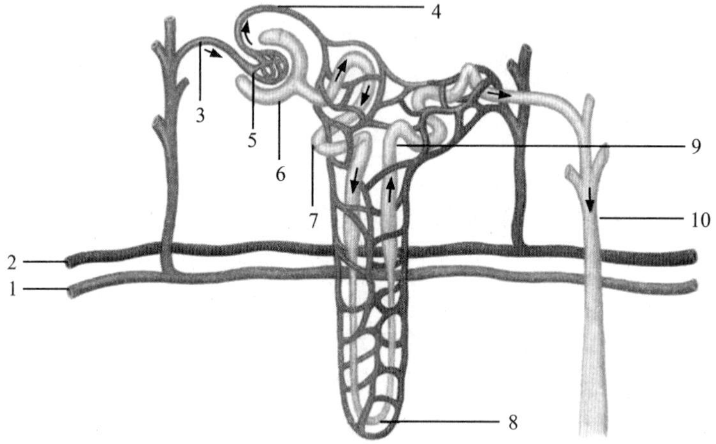

1.弓形动脉　2.弓形静脉　3.入球微动脉　4.出球微动脉　5.肾小球(血管球)
6.肾小囊　7.近端小管　8.细段　9.远端小管　10.集合小管

图 7-31　肾的血液循环模式图

第二节　输尿管道

一、输尿管(ureter)

(一)输尿管的解剖学结构

输尿管为输送尿液的细长管道，起于集收管(牛)或肾盂(马、猪、羊、犬)，出肾门后，沿腹腔顶壁向后伸延，左侧输尿管在腹主动脉的外侧，右侧输尿管在后腔静脉的外侧，横过髂内动脉的腹侧进入骨盆腔。

母马输尿管的大部分位于子宫阔韧带的背侧部；公马的左、右侧输尿管在骨盆腔内位于尿生殖褶中，与输精管相交叉，向后伸达膀胱颈的背侧，斜向穿入膀胱壁(图 7-32)。

牛、羊右侧输尿管的位置与马相似，左侧输尿管常伴随左肾移动，最终向后通入膀胱。

猪的输尿管在形态上比较特殊，起始部管径较大，向后逐渐变小，而且稍弯曲(图 7-33)。

(二)输尿管的组织学结构

输尿管管壁由黏膜、肌层和外膜三层结构构成。黏膜有纵行皱褶。黏膜上皮为变移上皮。马、驴、骡输尿管黏膜的固有层内含有管泡状黏液腺(图 7-34)，其中马输尿管黏膜内的管泡状黏液腺位于肾盂后 10 cm 处，黏膜固有层为疏松结缔组织。肌层较发达，由平滑肌构成，可分为内纵、中环和薄而分散的外纵肌层(图 7-35，图 7-36)，外膜大部分为浆膜。

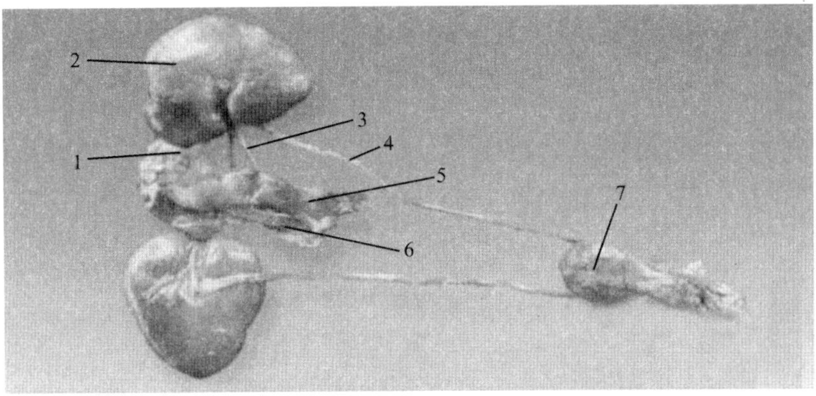

1.肾上腺 2.肾 3.肾动脉 4.输尿管 5.腹主动脉 6.腹主静脉 7.膀胱

图 7-32 公马泌尿器官(部分)

(引自:王会香,2008)

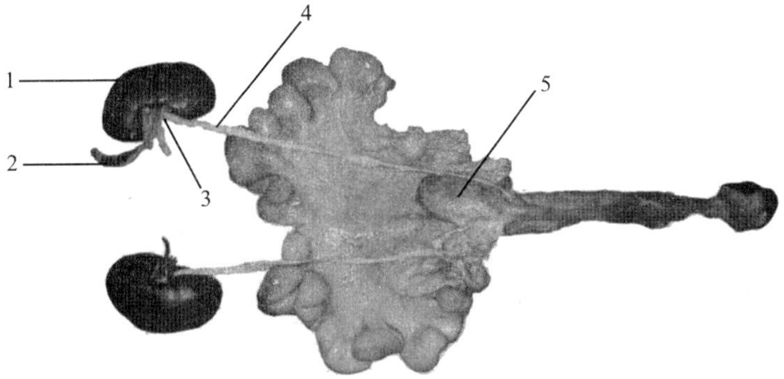

1.肾 2.肾上腺 3.肾门 4.输尿管 5.膀胱

图 7-33 母猪泌尿器官腹侧观

(引自:王会香,2008)

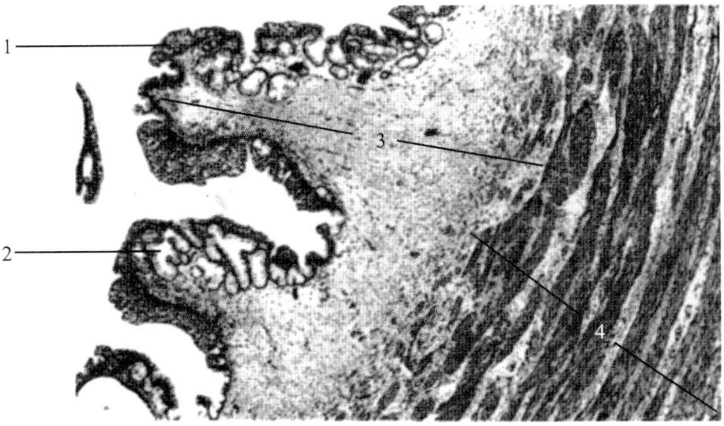

1.变移上皮 2.管泡状黏液腺 3.固有层 4.肌层

图 7-34 马输尿管近端组织切片图(Masson,250×)

(引自:陈耀星译,2007)

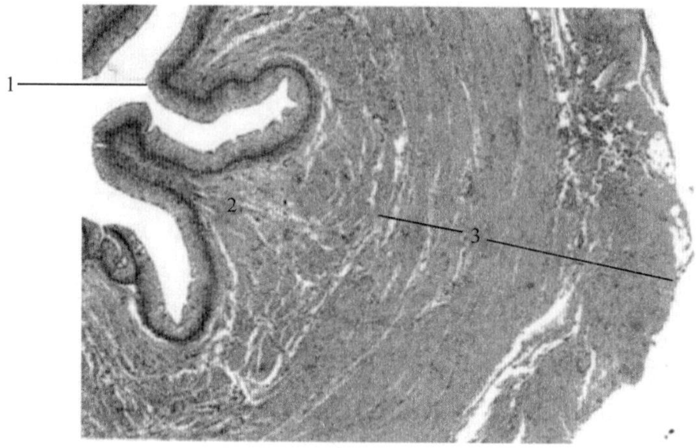

1.变移上皮 2.固有层 3.平滑肌层

图 7-35 马输尿管远端组织切片图(HE,125×)

(引自:陈耀星译,2007)

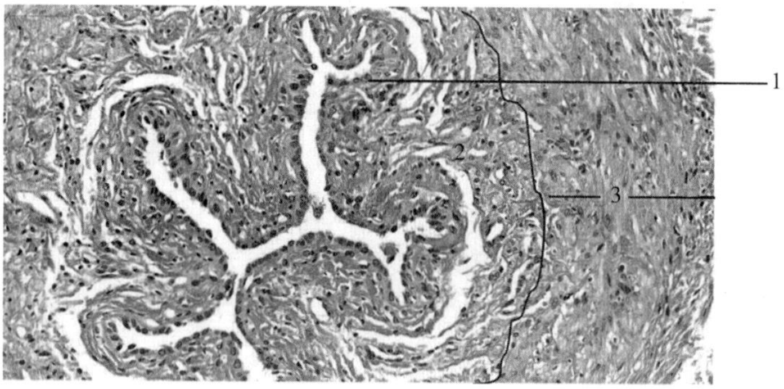

1.变移上皮 2.固有层 3.平滑肌层

图 7-36 输尿管(HE,400×)

(朱雪敏 供图)

二、膀胱(vesica urinaria)

(一)膀胱的解剖学结构

由于贮存尿液量的不同,膀胱的形状、大小和位置也有变化。膀胱空虚时,呈梨状,牛、马的约拳头大,位于骨盆腔内;充满尿液的膀胱,其前端可突入腹腔内。公畜膀胱的背侧与直肠、尿生殖褶、输精管末端、精囊腺和前列腺相接。母畜膀胱的背侧与子宫及阴道相接。

膀胱可分为膀胱顶、膀胱体和膀胱颈。膀胱顶位于耻骨前缘的前上方,中间膨大为膀胱体,后端狭窄,称为膀胱颈。输尿管斜穿膀胱壁,并在壁内斜走一段,再开口于膀胱颈的背侧壁,以防止尿液自膀胱向输尿管逆流。膀胱颈连接尿道(图 7-37)。

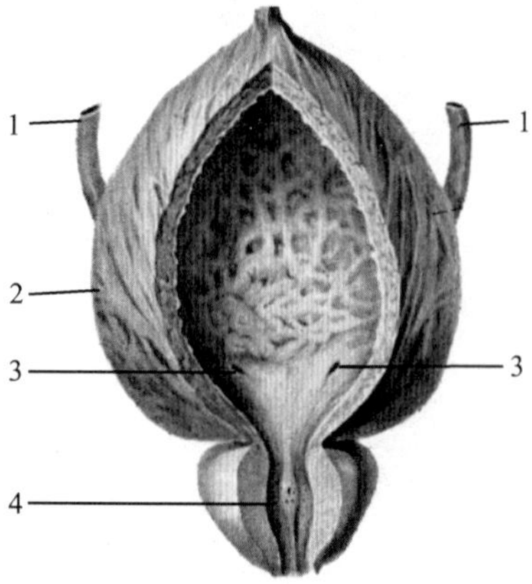

1.输尿管 2.膀胱 3.输尿管开口 4.尿道

图 7-37 膀胱模式图

膀胱的位置由三个浆膜褶来固定。膀胱中韧带或膀胱脐中褶，位于腹面正中，是连于骨盆腔底壁和膀胱腹侧之间的腹膜褶。膀胱侧韧带或膀胱脐侧褶，连于膀胱两侧与骨盆腔侧壁之间，其游离缘各有一膀胱圆韧带（ligamentum teres vesicae），为胎儿脐动脉的遗迹。膀胱后部由疏松结缔组织与周围器官联系，结缔组织内常有多量脂肪。

牛的膀胱充满尿液时，可达腹腔底壁。

猪的膀胱比较大，充满尿液时大部分突入腹腔内。

（二）膀胱的组织学结构

膀胱壁由黏膜、肌层和外膜构成。黏膜形成不规则的皱褶，黏膜上皮为变移上皮，单蹄动物的变移上皮间夹杂少量杯状细胞，黏膜固有层为疏松结缔组织。肌层为平滑肌，其分层不规则，一般可分为内纵肌、中环肌和外纵肌，以中环肌最厚。在膀胱颈部环肌层形成膀胱括约肌。膀胱外膜随部位不同而异，膀胱顶部和体部为浆膜，颈部为纤维膜（图 7-38，图 7-39）。

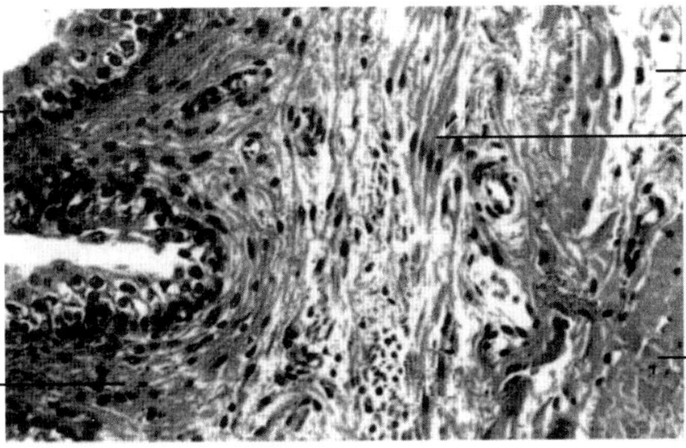

1. 黏膜变移上皮　2. 固有层　3. 黏膜下层　4. 黏膜肌层　5. 肌层

图 7-38　猪膀胱（HE，125×）

（引自：陈耀星译，2007）

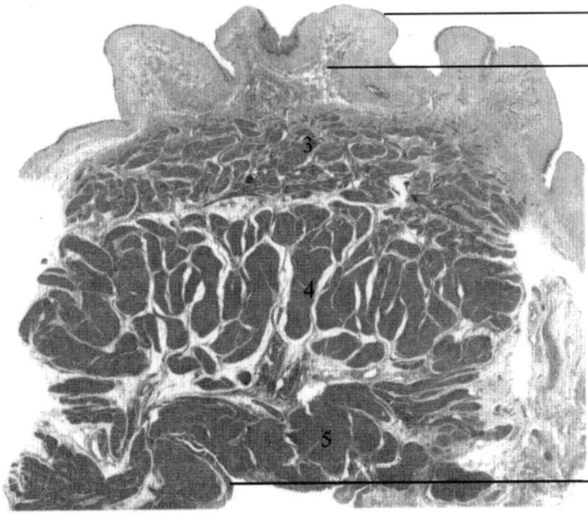

1. 黏膜变移上皮　2. 固有层　3. 内纵平滑肌　4. 中环平滑肌　5. 外纵平滑肌　6. 外膜

图 7-39　犬膀胱（HE，200×）

（朱雪敏　供图）

三、尿道(urethra)

尿道可分为公畜尿道和母畜尿道。

(一)公畜尿道

公畜尿道兼有排尿和排精功能,故又称为尿生殖道,是指起自膀胱颈,通至尿生殖道外口的管道。雄性尿生殖道以坐骨弓为界,可分为尿生殖道骨盆部和尿生殖道阴茎部(海绵体部)。

1. *骨盆部解剖学结构* 骨盆部是指从膀胱颈到坐骨弓的一段,位于骨盆腔内。在盆部阴茎部交界处,尿生殖道管腔变窄,称为尿道峡(isthmus urethrae)(图 7-40)。公畜尿道盆部起始处背侧壁中央的黏膜上形成圆形隆起,称为精阜。

2. *骨盆部组织学结构* 尿生殖道骨盆部组织学结构包括黏膜层、血管层(也叫尿道海绵体层)、前列腺层和肌层。

(1)黏膜层 黏膜上皮为变移上皮,固有层为疏松结缔组织,但很薄,黏膜内壁有纵行的皱襞结构。

(2)血管层(尿道海绵体层) 位于黏膜的外层结构。主要为致密结缔组织,其内含有密集静脉丛,具有勃起功能,静脉间的结缔组织内常含有许多平滑肌细胞。该层组织发育程度与动物种类相关,动物之间存在一定差异性。

(3)前列腺组织层 位于血管层的外面,其内含有前列腺组织,发育程度与动物种类相关。

(4)肌层 紧靠前列腺组织层外面有一薄层平滑肌,平滑肌外面有环形的骨骼肌(尿道肌)。

3. *阴茎部的解剖学结构* 阴茎部为盆部的直接延续,起自坐骨弓,以尿生殖道外口通向体外(图 7-40)。

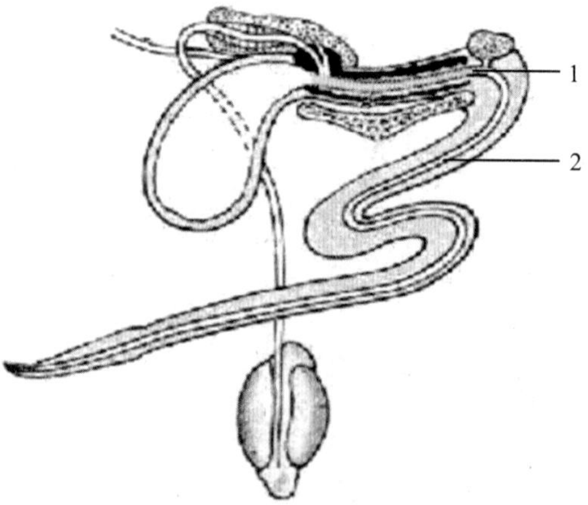

1. 尿生殖道骨盆部 2. 尿生殖道阴茎部

图 7-40 公畜尿生殖道

4. *尿道阴茎部的组织学结构* 尿道阴茎部组织学结构包括黏膜、海绵体层及白膜。

(1)黏膜 上皮为变移上皮,尿道口处为复层扁平上皮,固有层为疏松结缔组织,其中牛的固有层内含有淋巴组织,猪和马的固有层内分布有尿道球腺组织。

(2)海绵体层 此层中有许多小梁，小梁为表面白膜深入内部形成，主要成分为结缔组织，并含有大量的弹性纤维和血管。马和牛的海绵体层内还含有平滑肌纤维。小梁纵横交织成网，网眼内有内皮被覆的窦隙，称为海绵体腔或者海绵窦，海绵窦相互交织最后与静脉相通。

(3)白膜 为致密结缔组织。

(二)母畜尿道

1.母畜尿道的解剖学结构 较短，位于阴道腹侧，前端为尿道内口，与膀胱颈相接，后端开口于尿生殖前庭起始部的腹侧壁，为尿道外口。牛有明显的尿道下憩室。

2.母畜尿道的组织学结构 雌性动物尿道可分为黏膜、肌层和外膜。

(1)黏膜 表面为复层扁平上皮，黏膜固有层为疏松结缔组织。尿道腺(牛)和静脉层形成海绵状结构。

(2)肌层 雌性动物的尿道肌层很薄，但也分为内环、外纵两层结构。靠近尿道外口处，附加一层环形的横纹肌，构成尿道外括约肌，并与尿道前庭收缩肌相连。

(3)外膜 为富含血管和神经丛的结缔组织。

思考题

一、名词解释

肾单位、肾小体、肾小囊、肾小囊腔、髓放线、皮质迷路、肾锥体、肾柱、致密斑

二、问答题

1.动物泌尿器官有哪些？肾类型有哪几种？

2.肾的组织学结构特点有哪些？

第八章

生殖系统

【学习目标】

1. 掌握公畜生殖器官形态、位置、结构、功能及睾丸的组织结构特点。
2. 掌握母畜生殖器官的组成，各器官的形态、位置、功能及卵巢的结构。
3. 了解母牛(羊)、母猪和母马卵巢、子宫形态结构的异同点。
4. 理解睾丸下降、精索、排卵窝、子宫阜、阴道穹隆、卵丘、透明带、排卵等概念。

生殖系统(reproductive system)的功能是产生生殖细胞(精子或卵子)，分泌性激素，繁殖新个体，延续后代。家畜生殖系统依性别差异可分为雄性生殖器官和雌性生殖器官。

第一节　雄性生殖器官

雄性生殖器官由睾丸(生殖腺)、附睾、输精管、尿生殖道、副性腺、阴茎、阴囊和包皮组成(图 8-1)。其中，阴茎、阴囊和包皮为外生殖器官。

一、雄性生殖器官的一般形态构造

(一) 睾丸和附睾

睾丸(testis)和附睾(epididymis)均位于阴囊中，左、右各一。睾丸呈左、右稍扁的椭圆形，表面光滑。外侧面稍隆凸，与阴囊外侧壁接触，内侧面平坦，与阴囊中隔相贴。附睾附着的一侧，为附睾缘，另一缘为游离缘。血管和神经进入的一端为睾丸头，有附睾头附着，另一端为睾丸尾，以睾丸固有韧带与附睾尾相连。睾丸头和睾丸尾之间是睾丸体。

在胚胎时期，睾丸位于腹腔内，肾附近。出生前后，睾丸和附睾一起经腹股沟管下降至阴囊中，这一过程，称为睾丸下降(descent of testis)。如果有一侧或两侧睾丸没有下降到阴囊，称单睾或隐睾，生殖功能弱或无生殖功能，不宜作种公畜用。

睾丸表面大部分由浆膜被覆，称为固有鞘膜(tunica vaginalis propria)，其下为一层厚而坚韧的致密结缔组织，称为白膜。在附睾与睾丸边接处，白膜发出许多结缔组织间隔，将睾丸实质分割成许多锥形的睾丸小叶，并沿睾丸纵轴集中形成网状的睾丸纵隔。每一睾丸小叶内含有 1～4 条弯曲而细长的精曲小管(contorted seminiferous tubule)，小管壁的生殖上皮可产生

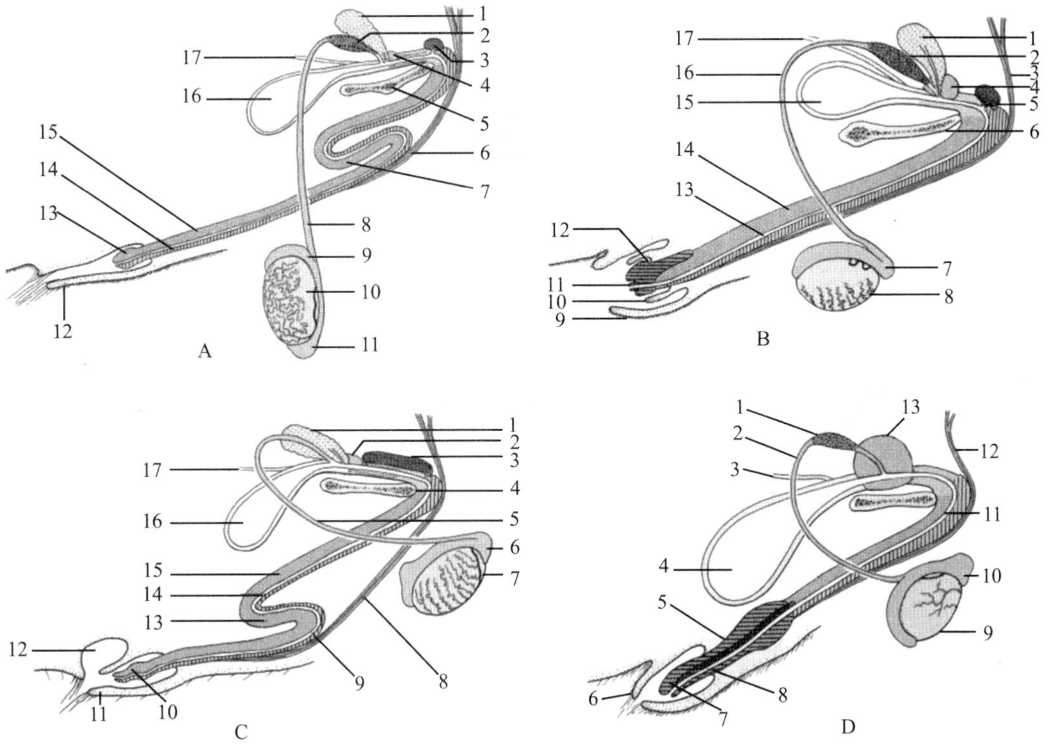

A 牛：1. 精囊腺 2. 精囊腺壶腹 3. 尿道球腺 4. 前列腺 5. 耻骨 6. 阴茎缩肌 7. 乙状弯曲 8. 输精管 9. 附睾 10. 睾丸 11. 附睾尾 12. 包皮 13. 阴茎头 14. 尿道海绵体 15.（阴茎）海绵体 16. 膀胱 17. 输尿管

B 马：1. 精囊腺 2. 输精管壶腹 3. 阴茎缩肌 4. 前列腺 5. 尿道球腺 6. 坐骨 7. 附睾 8. 睾丸 9. 外板 10. 包皮褶 11. 尿道突 12. 阴茎头 13. 尿道海绵体 14.（阴茎）海绵体 15. 膀胱 16. 输精管 17. 输尿管

C 猪：1. 精囊腺 2. 前列腺 3. 尿道球腺 4. 坐骨 5. 输精管 6. 附睾尾 7. 睾丸 8. 阴茎缩肌 9. 尿道 10. 阴茎头 11. 包皮 12. 包皮憩室 13. 乙状弯曲 14. 尿道海绵体 5.（阴茎）海绵体 16. 膀胱 17. 输尿管

D 犬：1. 输精管壶腹部 2. 输精管 3. 输尿管 4. 膀胱 5. 龟头球 6. 包皮 7. 阴茎头远侧长部 8. 阴茎骨 9. 睾丸 10. 附睾 11. 尿道 12. 阴茎缩肌 13. 前列腺

图 8-1 公畜生殖器官模式图

（引自：陈耀星，2009）

精子；小管之间为睾丸间质，含有间质细胞，分泌雄性激素，主要是睾酮。在靠近纵隔处，精曲小管变成直而短的精直小管（straight seminiferous tubule），它们进入睾丸纵隔后，相互吻合形成睾丸网。从睾丸网发出 10 余条睾丸输出小管，穿出睾丸头，形成附睾头（图 8-2）。

1. 曲精小管（convoluted seminiferous tubule） 也称曲细精管，是产生精子的一种特殊的复杂上皮管道（图 8-3，图 8-4）。上皮由两类细胞组成，一类是生精细胞，另一类是支持细胞。上皮外面有一薄层上皮特化的基膜，基膜外有少量胶原纤维和数层长而扁平的细胞，后者的功能相似于平滑肌细胞，故名肌样细胞，它的收缩有助于精子的排出。

（1）生精细胞（spermatogenic cell） 在曲精小管上皮内可见不同发育阶段的生精细胞，从

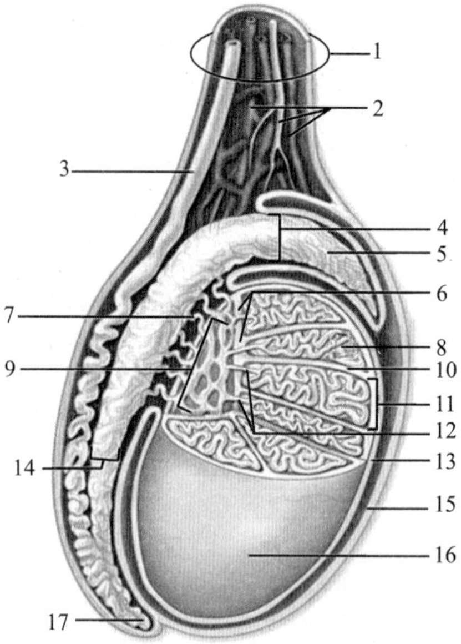

1.精索 2.血管与神经 3.输精管 4.附睾头部 5.附睾管 6.睾丸纵隔 7.输出小管 8.曲精小管 9.睾丸网 10.睾丸小隔 11.睾丸小叶 12.直精小管 13.鞘膜脏层 14.附睾体部 15.鞘膜壁层 16.白膜 17.附睾尾部

图 8-2 公牛睾丸和附睾结构示意图

(引自:陈耀星,崔燕,2019)

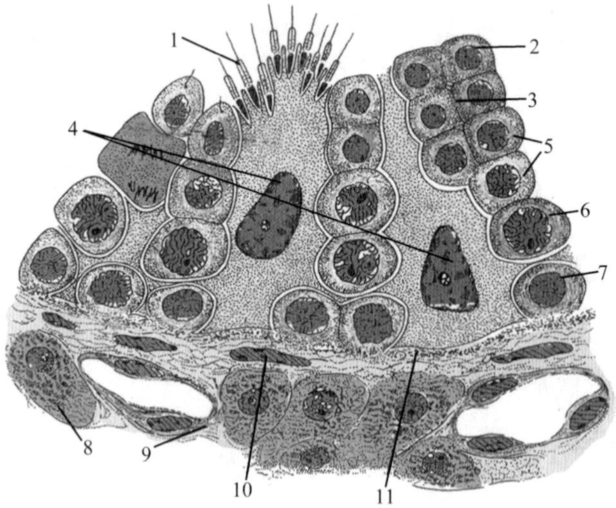

1.晚期精子细胞 2.早期精子细胞 3.胞质桥 4.支持细胞 5.次级精母细胞 6.初级精母细胞 7.精原细胞 8.间质细胞 9.毛细血管 10.肌样细胞 11.基膜

图 8-3 睾丸曲精小管模式图

(引自:陈耀星,崔燕,2019)

曲精小管的基底部至管腔面依次是精原细胞、初级精母细胞、次级精母细胞、精子细胞和精子。最幼稚的精原细胞,位于基膜上,它通过分裂分化成为初级精母细胞,初级精母细胞经过成熟

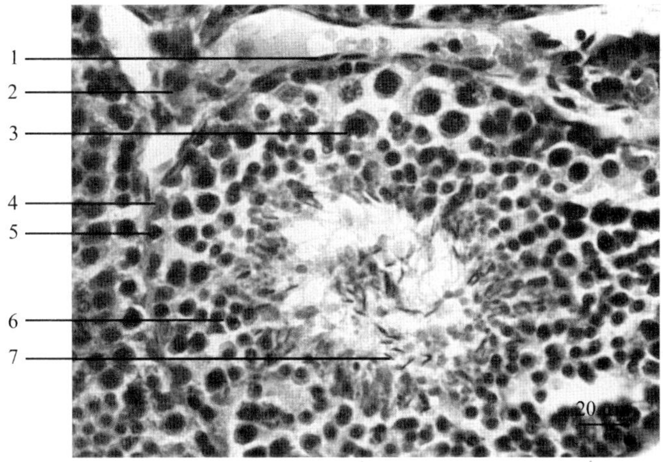

1. 肌样细胞　2. 间质细胞　3. 初级精母细胞　4. A 型精原细胞
5. B 型精原细胞　6. 精子细胞　7. 精子

图 8-4　睾丸曲精小管切面(HE,400×)

(引自:陈耀星,崔燕,2019)

分裂,变为次级精母细胞和精子细胞,精子细胞再经过复杂的形态变化而成为精子的过程,称精子发生(spermatogenesis)。上述各级生精细胞均以基底部依次沿着支持细胞的侧面往上迁移到支持细胞的游离面。所以嵌附于游离面的细胞多数是晚期的精子细胞和精子。

①精原细胞(spermatogonium)　是生成精子的一层干细胞,紧贴基膜,胞体小,胞核大而圆,染色较深,有 1～2 个核仁。精原细胞有 A、B 两型。A 型细胞胞核内的染色质细小,核仁常靠近核膜。A 型细胞不断地分裂增殖,是生精细胞中的干细胞,其中一部分子细胞继续作为干细胞,另一部分 A 型细胞分化为 B 型细胞。B 型细胞的核膜上附有较粗的染色质粒,核仁位于中央,B 型细胞经过数次分裂后,体积增大,分化为初级精母细胞。

②初级精母细胞(primary spermatocyte)　由精原细胞分裂发育形成,体积较大,位于精原细胞的内面,为 1～2 层大而圆的细胞,胞核大而圆,核内染色质呈粗网状。初级精母细胞迅速进入第一次成熟分裂,分裂前期停留时间较长,有明显的分裂象。每个初级精母细胞经第一次成熟分裂后,产生两个次级精母细胞。

③次级精母细胞(secondary spermatocyte)　位于初级精母细胞的内侧,体积较小,核圆染色较浅。次级精母细胞存在时间很短,很快进入第二次成熟分裂,形成两个精子细胞。

成熟分裂即减数分裂(meiosis),仅发生于生殖细胞。在第一次减数分裂开始前,初级精母细胞经过 DNA 复制(4nDNA)。在分裂过程中,同源染色体之间进行联会和基因交换,由此使配子获得不同的基因组合,然后同源染色体分离,形成两个单倍体的次级精母细胞。次级精母细胞未进行 DNA 复制(2nDNA)即进入第二次减数分裂。每条染色体的姊妹染色单体分离,分配到两个精子细胞。经过两次连续的分裂过程,一个初级精母细胞形成 4 个精子细胞,核内染色体数目和 DNA 含量均为体细胞的 1/2,即为单倍体细胞(1nDNA)。

④精子细胞(spermatid)　靠近曲精小管的管腔,数量较多,细胞常排成数层,体积更小,胞核圆形,胞质少。精子细胞是单倍体细胞,无分裂能力。其经过一系列复杂的变态过程,最后形成精子。

⑤精子(sperm) 精子形似蝌蚪，分头、颈、尾三部分。头部多呈扁卵圆形，染色较深。刚形成的精子多成群聚集在支持细胞的游离端，头部常嵌合在支持细胞顶部的细胞质中，尾部游离在管腔。精子成熟后会脱离支持细胞而进入管腔。

(2)支持细胞(sertoli cell) 又称足细胞或塞托利氏细胞(sertoli′s cell)，分布在各级生精细胞之间呈不规则的锥体形，底部附着在基膜上，顶端伸向管腔，侧面和游离面有生精细胞嵌入。光镜下难以辨认其轮廓，但细胞核清楚，呈三角形或卵圆形，着色较浅，有1～2个明显的核仁。电镜下细胞质内富含滑面白质网、高尔基器、溶酶体及大量的糖原和类脂。两个相邻支持细胞侧面的突起，在精原细胞的上方，形成紧密连接，构成血睾屏障(blood-testis barrier)的主要结构。构成血睾屏障的还有毛细血管内皮、基膜、结缔组织和曲精小管基膜。该屏障将相邻支持细胞之间的间质分隔成两部分。屏障下部，含有许多精原细胞，它可与基膜外的毛细血管进行物质交换；屏障上部含有正在进行减数分裂的生精细胞，由于被屏障阻挡，毛细血管内的物质只能借支柱细胞转运。同时这使曲精小管腔内雄激素浓度较高，促使曲精小管内成为有利于生精细胞分化的微环境。血睾屏障是一个可变的装置，当精原细胞长大向上迁移时，可以暂时打开让其通过，随后再恢复紧密连接。

支持细胞的功能主要是对生精细胞起着支持和营养的作用，并能产生少量雌激素。

2. 直精小管(straight seminiferous cell) 直精小管和曲精小管的末端相接。该管短而口径较细，进入睾丸纵隔即与睾丸网连接。管壁由单层柱状上皮或立方上皮组成。

3. 睾丸网(rete testis) 位于睾丸纵隔内，管腔大小不均，分支吻合成网状，管壁上皮为单层立方上皮。

4. 间质组织(interstitial tissue) 间质组织存在于曲精小管间，有丰富的血管、淋巴和神经的疏松结缔组织。其内还有一种具有内分泌功能的上皮样细胞，称间质细胞(interstitial cell)，间质细胞常靠近血管，三五成群。细胞核大呈圆形或多边形，核大而圆，可见1～2个核仁。胞质丰富，嗜酸性，有丰富的管状嵴线粒体和大量的滑面内质网。此外，胞质内还含有脂滴，脂褐素颗粒和蛋白质结晶。睾丸间质细胞分泌雄激素——睾酮(testosterone)，促进精子的发生，刺激生殖器官和第二性征的发育。

5. 附睾(epididymis) 为贮存精子和精子进一步成熟的场所。表面也被覆有固有鞘膜和薄的白膜，白膜伸入附睾实质内，分成许多小叶。附睾可分为附睾头、附睾体与附睾尾。附睾头膨大，由10多条睾丸输出小管组成。睾丸输出小管汇合成一条较长的附睾管，迂曲并逐渐增粗，构成附睾体和附睾尾，在附睾尾处延接输精管。附睾尾借睾丸固有韧带与睾丸尾相连，借附睾尾韧带(也称阴囊韧带)与阴囊相连(图8-2)。

(1)输出小管(ductuli efferentes) 是从睾丸网发生的10～15条弯曲的小管，它们构成附睾的头部，均通连于附睾管。管壁为假复层柱状上皮，由柱状细胞群和立方细胞群相间排列，以致管腔不规则成波纹状。柱状细胞表面有纤毛，纤毛摆动有助于精子通入附睾管。立方细胞表面有微绒毛。两种细胞均有吸收和分泌作用，但以吸收为主，上皮的基膜外，有薄层平滑肌包绕。

(2)附睾管(ductus epididymidis) 是一条长为4～6 m呈高度弯曲的管道，构成附睾的体和尾，其尾端与输精管相连续。管壁由矮小的基细胞和高的柱状细胞组成假复层柱状上皮，腔面整齐，腔内常含有大量分泌物及精子。柱状细胞的游离面有细长的微绒毛，称静纤毛。有助于细胞的分泌与吸收。管壁外有薄层环行平滑肌，行近输精管时，出现散在的纵行平滑肌。

附睾上皮能分泌甘油磷酸胆碱、涎酸及脂肪酸氧化辅因子，这三种物质的正常浓度是精子成熟的必要条件。精子离开曲细精管时不能活动或活动力很弱，也无受精能力。它们在附睾内液体的作用下达到功能上的成熟。

(二) 输精管和精索

1. 输精管(ductus deferens)　输精管是运送精子的管道，由附睾管直接延续而成，附睾尾沿附睾体至附睾头附近，进入精索后缘内侧的输精管褶中，经腹股沟管入腹腔，然后折向后上方进入骨盆腔，在膀胱背侧的尿生殖褶内继续向后伸延，开口于尿生殖道起始部背侧壁的精阜上。马、牛、羊的输精管末段在尿生殖褶内膨大形成输精管壶腹，其黏膜内有腺体(壶腹腺)分布，又称输精管腺部。

输精管管壁由黏膜，肌层和外膜三层组成(图 8-5)。黏膜形成数条纵行皱襞，突向管腔，至输精管壶腹部，皱襞渐渐变为不规则。黏膜为假复层柱状上皮，较附睾上皮矮，细胞表面常有静纤毛。固有层疏松结缔组织中含有丰富的弹性纤维和血管。肌层由平滑肌组成，可分内纵，中环和外纵三层。输精起始部的肌层较薄，向下逐渐加厚，肌层有力的收缩，促使精子排出。输精管外膜主要是浆膜，为疏松结缔组织。

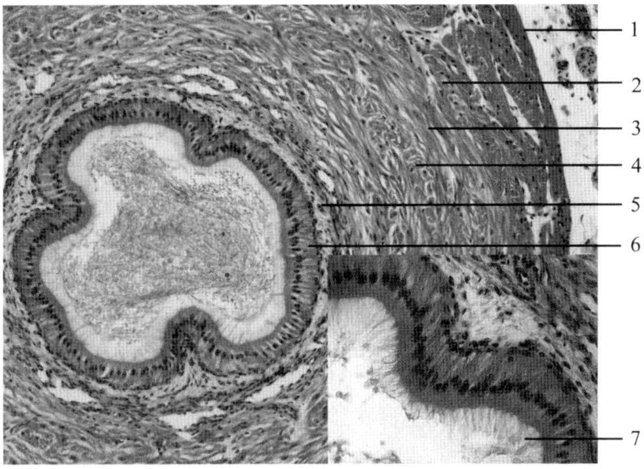

1. 外膜　2. 外纵肌　3. 环形肌　4. 内纵肌　5. 固有层　6. 上皮　7. 纤毛

图 8-5　输精管(HE，100×，小图 400×)

(引自：陈耀星，崔燕，2019)

2. 精索(funiculus spermaticus)　精索为一扁平的圆锥形结构，其基部附着于睾丸和附睾，上端达鞘膜管内环，由神经、血管、淋巴管、平滑肌束和输精管等组成，外表被有固有鞘膜。

(三)尿生殖道和副性腺

1. 尿生殖道　公畜的尿道兼有排精作用，所以称为尿生殖道(canalis urogenitalis)，前端接膀胱颈，沿骨盆腔底壁向后伸延，绕过坐骨弓，再沿阴茎腹侧的尿道沟，向前延伸至阴茎头末端，以尿道外口开口于外界。

尿生殖道分骨盆部和阴茎部两部分，两部间以坐骨弓为骨。在交界处，尿生殖道的管腔稍变窄，称为尿道峡(urethral isthmus)。峡部后方的海绵层稍变厚，形成尿道球(bulbus urogeni)或称尿生殖道球。

尿生殖道骨盆部位于骨盆腔内，在骨盆腔底壁与直肠之间。在起始部背侧壁的中央有一圆形隆起，称为精阜。精阜上有一对小孔，为输精管及精囊腺排泄管的共同开口。此外，在骨盆部黏膜的表面，还有其他副性腺的开口。骨盆部的外面有环行的横纹肌，称尿道肌。

尿生殖道阴茎部为骨盆部的直接延续，自坐骨弓起，经左、右阴茎脚之间进入阴茎的尿道沟。此部的海绵层比骨盆部稍发达，外面的横纹肌称为海绵体肌，其发达程度和分布情况因家畜而异。

尿生殖道管壁从内向外由黏膜层、海绵体层、肌层和外膜构成。黏膜常集拢成许多皱褶，马和猪有一些小腺体；海绵体层主要是由毛细血管膨大而形成的海绵体腔；肌层由深层的平滑肌和浅层的横纹肌组成。横纹肌在骨盆部的称为尿道肌（urethral muscle），在阴茎部的称为球海绵体肌（bulbocavernous muscle）。马的球海绵体肌最发达，包围于尿道海绵体的腹外侧，向前伸达阴茎头。牛的球海绵体肌仅覆盖于尿道球以及尿道球腺的表面。猪的球海绵体肌虽发达，但也只伸延很短一段距离。横纹肌的收缩在交配时对射精起重要作用，还可帮助排出余尿。

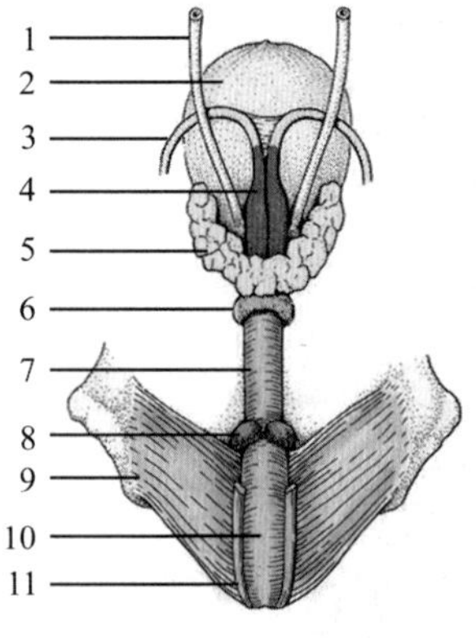

1. 输尿管 2. 膀胱 3. 输精管 4. 输精管壶腹 5. 精囊腺 6. 前列腺体 7. 尿道及尿道肌 8. 尿道球腺 9. 坐骨海绵体肌 10. 球尿道海绵体肌 11. 阴茎缩肌

图 8-6 公牛副性腺模式图

（引自：陈耀星，2009）

2. 副性腺 包括前列腺、成对的精囊腺及尿道球腺（图 8-6）。其分泌物与输精管壶腹部的分泌物以及睾丸生成的精子共同组成精液。副性腺的分泌物有稀释精子、营养精子及改善阴道环境等作用，有利于精子的生存和运动。

（1）精囊腺（glandulae vesiculosae） 一对，位于膀胱颈背侧的尿生殖褶中，在输精管壶腹部的外侧。每侧精囊腺的导管与同侧输精管共同开口于精阜。精囊腺的分泌物为黄白色胶状液体，呈弱碱性反应，含有丰富的果糖，具有营养和稀释精子的作用。

除马属动物呈囊状外，其他家畜的精囊腺均系复管状腺或管泡状腺体。腺上皮为假复层柱状上皮，包括较高的柱状细胞和小而圆的基底细胞。基底细胞数量少，稀疏地排列在基膜上。叶内导管和主排泄管内衬的单层立方上皮。马的精囊腺是真正的囊状，具有宽阔的囊腺，囊壁内有许多短而分支的管泡状腺体。腺体开口于囊腔。腺体间有少量的结缔组织。外包有不规则的薄平滑肌层及结缔组织外膜。

（2）前列腺（glandulae prostata） 位于尿生殖道起始部的背侧，一般可分腺体部和扩散部（壁内部）。这两部以许多导管成行地开口于精阜附近的尿生殖道内。前列腺的发育程度与动物的年龄有密切的关系，幼龄时较小，到性成熟期较大，老龄时又逐渐退化。前列腺的分泌物是一种稍黏稠的蛋白样液体，呈弱碱性。

反刍动物的前列腺是复管状腺或复管泡状腺。前列腺体部外被覆一层较厚的致密结缔组织被膜，其中含有丰富的平滑肌纤维。被膜的结缔组织伸入其内，将腺体分成许多个小叶。前列腺最大特点是，小叶间结缔组织中有特别发达的平滑肌纤维。促进腺体分泌物的排出。前列腺腺泡有较大的管腔，腺上皮一般为单层立方上皮，柱状上皮或假复层柱状上皮。前列腺的叶内导管上皮与腺泡上皮相似，不易区分，随着导管变粗，导管上皮也由单层柱状过渡为复层柱状，在尿生殖道的开口处，导管上皮转为变移上皮。马的前列腺大导管有宽阔而不太规整的腔，此导管移为中央集合窦。

(3)尿道球腺(glandulae bulbourethrales) 一对，位于尿生殖道骨盆部末端的背面两侧，在坐骨弓附近，其导管开口于尿生殖道内。尿道球腺的分泌物透明黏滑，由黏液性和蛋白样液组成，具有润滑和冲洗尿道的作用。

尿道球腺为复管状腺或复管泡状腺(马、牛、羊)。腺的分泌部由单层柱状细胞构成，偶见基底细胞。小排泄管为单层柱状上皮，大的排泄管由变移上皮构成。尿道球腺外面包有致密结缔组织被膜，其中含有横纹肌纤维，其结缔组织伸入腺实质，将腺体分成多个小叶。叶间结缔组织内也含有平滑肌及横纹肌纤维。

精液是生殖道各段及附属腺的分泌物和精子的混合物。主要由精清和精子组成。精液由生殖道和副性腺分泌，精子是由睾丸产生的。精液呈乳状液，弱碱性，适合精子的生存和活动。精液中含有大量的果糖、前列腺素、类脂、脂肪、蛋白质及色素颗粒等。

(四)阴茎与包皮

1. 阴茎(penis) 阴茎为公畜的交配器官，附着于两侧的坐骨结节，经左、右股部之间向前延伸至脐部的后方，可分阴茎根、阴茎体和阴茎头三部分(图 8-7)。

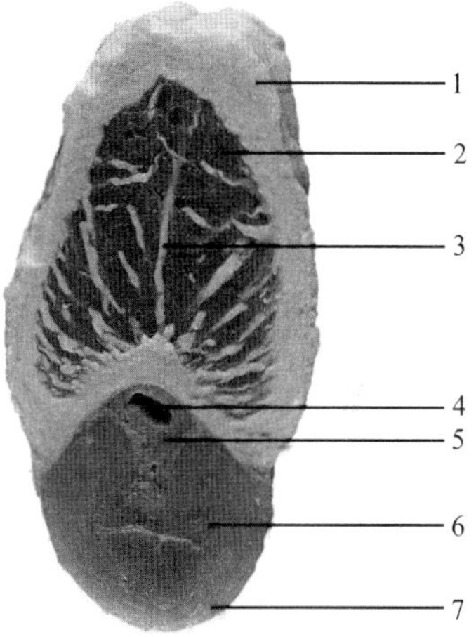

1. 白膜 2. 阴茎海绵体 3. 中隔 4. 尿道 5. 尿道海绵体 6. 球尿道海绵体肌 7. 阴茎缩肌

图 8-7 公马阴茎横断面

(引自：陈耀星，2009)

阴茎根(radix penis) 以两个阴茎脚附着于坐骨弓的两侧，其外侧面覆盖着发达的坐骨海绵体肌(横纹肌)。两阴茎脚向前合并成阴茎体。

阴茎体(corpus penis) 呈圆柱状，位于阴茎脚和阴茎头之间，占阴茎的大部分。在起始部由两条扁平的阴茎悬韧带固着于坐骨联合的腹侧面。

阴茎头(apex penis) 位于阴茎的前端，其形状因家畜种类不同而有较大差异。

阴茎主要由阴茎海绵体和尿生殖道阴茎部构成。阴茎海绵体外面包有很厚的致密结缔组织白膜，富有弹性纤维。白膜的结缔组织向内伸入，形成小梁，并分支互相连接成网。小梁内有血管、神经分布，并含有平滑肌(特别是马和肉食兽)。在小梁及其分支之间的许多腔隙，称为海绵腔。腔壁衬以内皮，与血管直接相通。海绵腔实际上是扩大的毛细血管。当充血时，阴茎膨大变硬而发生勃起现象，故海绵体也称勃起组织。

分布到阴茎的阴茎深动脉，沿小梁分出许多短的分支。这些分支在阴茎回缩时，呈螺旋状，故称螺旋动脉。这种动脉直接开口于海绵腔中。螺旋动脉内壁有隆起的内膜垫，垫内有平滑肌束。平时，垫内的平滑肌略呈收缩状态，内膜垫隆起增厚，闭塞动脉管腔，减少血流量。阴茎勃起时，螺旋动脉和小梁的平滑肌松弛，致使螺旋动脉伸直，管腔开放，血液可直接流入海绵腔。由于中央较大的海绵腔首先充血膨胀，压迫外周的海绵腔，因而堵塞血液流入白膜静脉丛的口。血液继续流入海绵腔，压力增高，阴茎勃起。射精后，螺旋动脉的平滑肌收缩，血液流入海绵腔减少，同时由于小梁肌纤维的收缩和弹性纤维的回缩，海绵腔的血液进入静脉中，勃起消失。

尿生殖道阴茎部周围包有尿道海绵体，位于阴茎海绵体腹侧的尿道沟内。尿道海绵体的构造与阴茎海绵体相似。尿道海绵体的外面被有球海绵体肌。

阴茎的肌肉除构成尿生殖道壁的球海绵体肌外，还有坐骨海绵体肌和阴茎缩肌。

坐骨海绵体肌　为一对纺锤形肌，起于坐骨结节，止于阴茎脚，收缩时将阴茎向后向上牵拉，压迫阴茎海绵体及阴茎背静脉，阻止血液回流，使海绵腔充血，阴茎勃起，所以又称阴茎勃起肌。

阴茎缩肌为两条细长的带状平滑肌，起于尾椎或荐椎，经直肠或肛门两侧，于肛门腹侧相遇后，沿阴茎腹侧向前延伸，止于阴茎头的后方。该肌收缩时可使阴茎退缩，将阴茎隐藏于包皮腔内。

阴茎的外面为皮肤，薄而柔软，容易移动，富有伸展性。阴茎海绵体外面包有强厚的致密结缔组织白膜，白膜富有弹性纤维。白膜的结缔组织向内部伸入形成小梁，并相互连成网。小梁内有血管和神经分布。阴茎头是阴茎前端的膨大部，马的最发达。其表面被覆着复层扁平上皮，阴茎头的海绵体与尿生殖道阴茎部的海绵体相连。阴茎头的特点是有丰富的感觉神经末梢(图 8-8)。

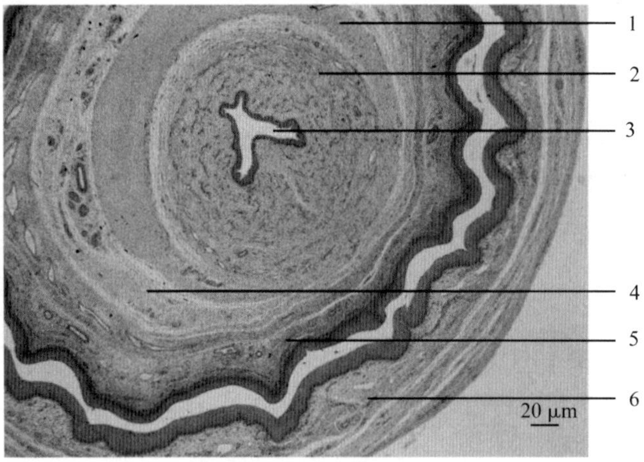

1. 白膜　2. 尿道海绵体　3. 尿道　4. 阴茎海绵体　5. 外膜　6. 包皮

图 8-8　阴茎(HE,40×)

(引自：陈耀星，崔燕，2019)

2. 包皮(preputium)　包皮为皮肤折转而形成的一管状鞘，有容纳和保护阴茎头的作用。

(五)阴囊

阴囊(scrotum)　为呈袋状的腹壁囊，内有睾丸、附睾及部分精索。阴囊壁的结构与腹壁相似，分以下数层(图 8-9)。

1. 皮肤　阴囊皮肤薄而柔软，富有弹性，表面生有短而细的毛，内含丰富的皮脂腺和汗腺。阴囊表面的腹侧正中有阴囊缝，将阴囊从外表分为左、右两部。

2. 肉膜(tunica dartos)　紧贴于皮肤的深面，不易剥离。肉膜相当于腹壁的浅筋膜，由含有弹性纤维和平滑肌纤维的致密结缔组织构成。肉膜在正中线处形成阴囊中隔，将阴囊分为

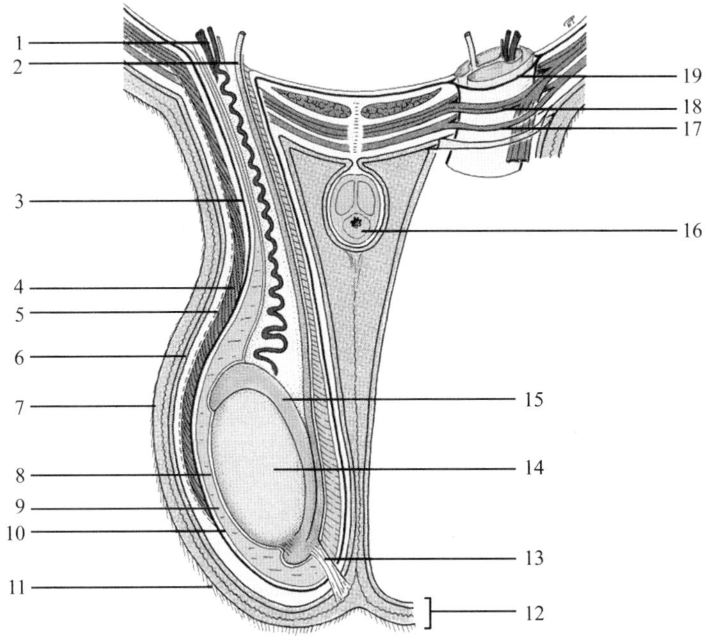

1. 睾丸动、静脉　2. 输精管　3. 精索内筋膜　4. 提睾肌　5. 提睾肌筋膜　6. 精索外筋膜　7. 肉膜　8. 睾丸鞘膜脏层　9. 鞘膜腔　10. 睾丸鞘膜壁层　11. 皮肤　12. 阴囊　13. 附睾尾韧带　14. 睾丸　15. 附睾　16. 阴茎　17. 腹股沟浅环　18. 腹股沟深环　19. 鞘膜环

图 8-9　阴囊结构模式图

（引自：陈耀星，崔燕，2019）

左、右互不相通的两个腔。中隔背侧分为两层，沿阴茎两侧附着于腹壁。肉膜有调节温度的作用，冷时肉膜收缩，使阴囊起皱，面积减小，天热时肉膜松弛，阴囊下垂。

3. 阴囊筋膜（fascia scroti）　位于肉膜深面，由腹壁深筋膜和腹外斜肌腱膜延伸而来，将肉膜和总鞘膜连接起来。提睾肌（cremaster externus）位于阴囊筋膜深面，来自腹内斜肌，它包在总鞘膜的外侧面和后缘，收缩时可上提睾丸，接近腹壁，与肉膜一同调节阴囊内的温度，以利于精子的发育和生存。猪的提睾肌发达，沿总鞘膜表面几乎扩展到阴囊中隔。其深面有睾外提肌（cremaster externus）。睾外提肌来自腹内斜肌，包于总鞘膜的外侧面和后缘。此肌收缩时可上提睾丸，接近腹壁，与肉膜一同有调节阴囊内温度的作用，以利用精子的发育和生存。

4. 总鞘膜　当睾丸和附睾通过腹股沟管下降到阴囊时，腹膜也随着到阴囊，形成腹膜袋，即鞘膜突。总鞘膜就是附着于阴囊最内面的鞘膜突，即腹膜壁层，强而厚，为腹横筋膜所加强。由总鞘膜折转到睾丸和附睾表面的为固有鞘膜，相当于腹膜的脏层。

折转处形成的浆膜褶，称为睾丸系膜。在总鞘膜和固有鞘膜之间的腔隙，称为鞘膜腔，内有少量浆液，鞘膜腔的上段细窄，称为鞘膜管，通过腹股沟管以鞘膜管口或鞘环与腹膜腔相通。在鞘膜口未缩小的情况下，小肠可脱入鞘膜管或鞘膜腔内，形成腹股沟疝或阴囊疝，须进行手术治疗。

附睾尾借阴囊韧带（为睾丸系膜下端增厚形成）与阴囊相连。去势时切开阴囊后，必须切断阴囊韧带和睾丸系膜才能摘除睾丸和附睾。

二、各种公畜生殖器官的构造特点

(一)公牛、公羊生殖器官的构造特点

1. 睾丸　较大,呈长椭圆形,长轴与身体方向垂直,睾丸头位于上方,附睾位于睾丸的后方,睾丸实质呈微黄色。

2. 附睾　附睾头扁平,呈"U"字形,覆盖在睾丸上端的前缘和后缘;附睾体细长,沿睾丸后缘的外侧向下伸延,至睾丸下端,转为粗大明显的附睾尾,且略下垂。

3. 输精管　管径较小,起始段与附睾体并行,向上参与形成精索,经腹股沟管进入腹腔。两条输精管在尿生殖褶中平行,距离较近,并逐步变粗形成输精管壶腹,末端与精囊腺导管共同开口于精阜。

4. 精索　较长。

5. 尿生殖道　尿生殖道骨盆部较长(15～20 cm),管径小而均等。尿道球明显。

6. 副性腺　牛的精囊腺是一对实质性的分叶性腺体,位于尿生殖褶内,在输精管壶腹的外侧。左、右精囊腺的大小和形状常不对称。每侧的导管和输精管共同开口于精阜上(图 8-10)。

前列腺分为体部和扩散部。在羊无体部,分布在尿生殖道骨盆部黏膜的周围,表面有尿道肌和筋膜覆盖。前列腺管在尿道上的开口排列成行,有两列位于两黏膜褶之间(该褶位于精阜的后方),另外有两列在褶的外侧。

尿道球腺为圆形的实质性腺体,大小似胡桃。表面盖有一厚层致密的纤维组织和球海绵

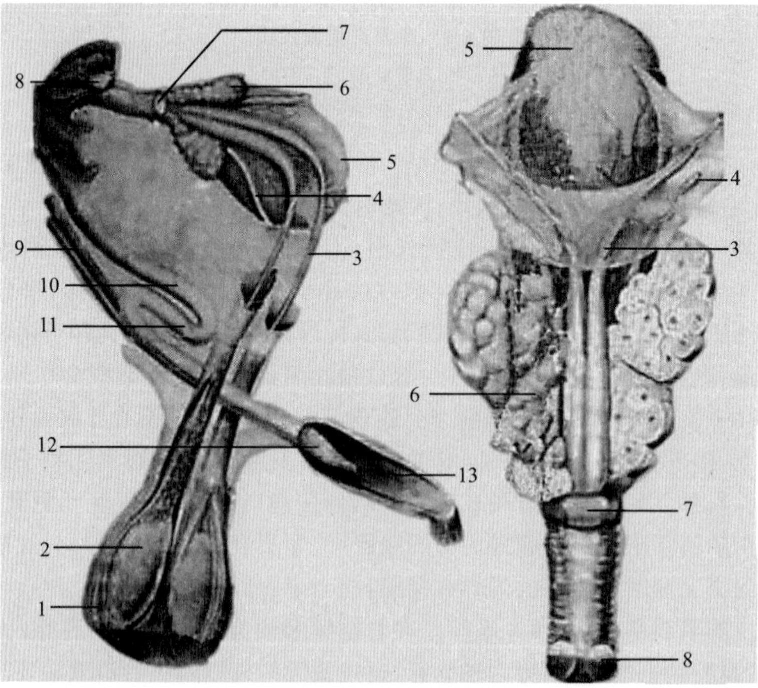

1. 阴囊　2. 睾丸　3. 输精管　4. 输尿管　5. 膀胱　6. 精囊腺　7. 前列腺　8. 尿道球腺
9. 阴茎退缩肌　10. 阴茎海绵体　11."乙"状弯曲　12. 阴茎头　13. 包皮

图 8-10　公牛骨盆腔侧面观(左图)和背侧观(右图)

(引自:陈耀星,2009)

体肌。每个腺体有一条导管，开口于尿生殖道峡部的背侧，开口处共同有一个半月状黏膜褶遮盖着。

7. 阴茎　公牛的阴茎呈圆柱状，长而细，成年公牛的阴茎全长约 90 cm，勃起时直径约 3 cm。阴茎体在阴囊的后方形成一"乙"状弯曲，勃起时伸直，阴茎头呈扭转状，尿生殖道开口于左侧螺旋沟中的尿道突上。公牛阴茎的白膜很厚，还分出许多发达的小梁伸入海绵体内。海绵腔(除阴茎根部外)很不发达，所以阴茎较坚实，勃起时阴茎变硬，但增粗不多。阴茎的伸长主要靠"乙"状弯曲的伸直。

公羊的阴茎与牛的基本相似，但阴茎头构造特殊，其前端有一细而长的尿道突，公绵羊的长 3～4 cm，呈弯曲状；公山羊的较短而直。射精时，尿道突可迅速转动，将精液射在子宫颈外口的周围。

8. 包皮　牛的包皮长而狭窄，完全包裹着退缩的阴茎头。包皮口位于脐的后方约 5 cm，周围生有长毛，形成特殊的毛丛。包皮具有两对较发达的包皮肌。包皮前肌起于剑状软骨部，止于包皮口的后方，可向前牵引包皮；包皮后肌起自腹股沟部，在包皮前方汇合，可向后牵引包皮。去势牛的阴茎头短，附着于包皮的深部，故阉公牛必须从包皮的深部排尿。

9. 阴囊　在松弛状态下呈瓶状，阴囊颈明显。公牛阴囊皮肤表面仅有稀而短细的被毛(在公羊被毛很发达)。

(二)公马生殖器官的构造特点

1. 睾丸　睾丸的长轴近水平位，睾丸头向前，附睾位于睾丸的背侧。左侧睾丸通常较大。

2. 附睾　附睾位于睾丸背侧缘稍外侧，前端为附睾头，后端为附睾尾，中间狭窄部分为附睾体。

3. 输精管　输精管壶腹很发达(尤其是驴)，末端与精囊腺导管合并，开口于精阜上。

4. 尿生殖道　尿生殖道骨盆部较短，成年公马的长 10～12 cm。球海绵体肌分布较长，可延伸到龟头。

5. 副性腺

(1)公马的精囊腺为囊状，呈长梨形，囊腔宽大。囊壁黏膜形成许多网状皱褶，内有腺组织。每侧精囊腺的导管与输精管合并共同开口于精阜(图 8-11)。

(2)前列腺较发达。由左、右两侧叶和中间的峡构成。每侧前列腺有 15～20 条导管，穿过尿道壁，开口于精阜外侧。

(3)尿道球腺呈椭圆形。腺的表面被覆有尿道肌。每侧腺体有 6～8 条导管，开口于尿生殖道背侧壁近中央的两列小乳头上。

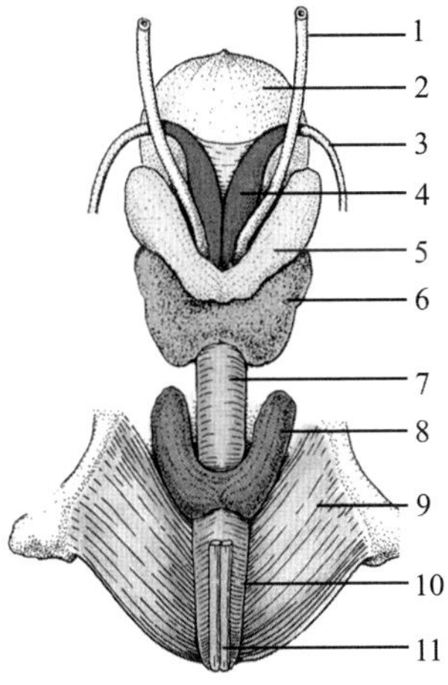

1. 输尿管　2. 膀胱　3. 输精管　4. 输精管壶腹
5. 精囊腺　6. 前列腺体　7. 尿道及尿道肌
8. 尿道球腺　9. 坐骨海绵体肌
10. 球尿道海绵体肌　11. 阴茎缩肌

图 8-11　公马副性腺模式图

(引自：陈耀星，2009)

6. 阴茎　阴茎直而粗大，没有"乙"状弯曲，呈左右压扁的圆柱状。阴茎海绵体发达，阴茎头因尿道海绵体膨大而形成龟头，其基部的周缘显著隆起，称为龟头冠。在龟头前端的腹侧面，有一凹窝称为龟头窝，窝内有一短的尿道突。

7. 包皮　包皮为双层皮肤褶，分外包皮和内包皮，均由深浅二层构成。外包皮套在内包皮的外面，较长，游离缘围成包皮外口。内包皮实际是外包皮的深层延续折转而形成的，直接套在阴茎前端的外面，比外包皮短小，其游离缘形成包皮内口。当阴茎勃起时，包皮的各层展平而包被在阴茎的表面。包皮的皮肤内有汗腺和包皮腺(为皮脂腺的一种)，其分泌物与脱落的上皮细胞等，共同形成一种黏稠而难闻的脂肪性包皮垢。在包皮口的下方边缘，常有两个乳头，为发育不全的乳房遗迹。

8. 阴囊　阴囊位于两股之间，阴囊颈较明显，阴囊皮肤一般色深或呈黑色，富有皮脂腺和汗腺，表面生有短而柔软的毛。

(三)公猪生殖器官的构造特点

1. 睾丸　睾丸很大，质较软，位于会阴部，长轴斜向后上方。睾丸头位于前下方。游离缘朝向后方(图 8-12)。

2. 附睾　附睾位于睾丸的前上方。附睾尾很发达，呈钝圆锥形，位于睾丸的后上方。

3. 输精管　输精管无壶腹部。

4. 精索　精索较长，在中等体型的猪有 20～25 cm 长。

5. 尿生殖道　尿生殖道骨盆部较长，成年公猪有 15～20 cm 长。猪的球海绵体肌较发达。短而强大。

6. 副性腺　猪副性腺发达，所以每次的射精量很大(图 8-13)。

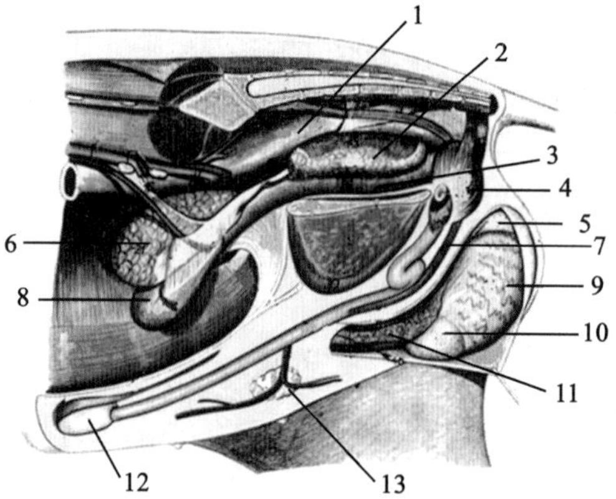

1. 直肠　2. 尿道球腺　3. 雄性尿道盆部　4. 坐骨海绵体肌
5. 附睾尾　6. 精囊腺　7. 阴茎退缩肌　8. 膀胱
9. 睾丸　10. 附睾头　11. 精索
12. 包皮　13. 腹股沟浅淋巴结

图 8-12　公猪生殖器官

(引自：陈耀星，2009)

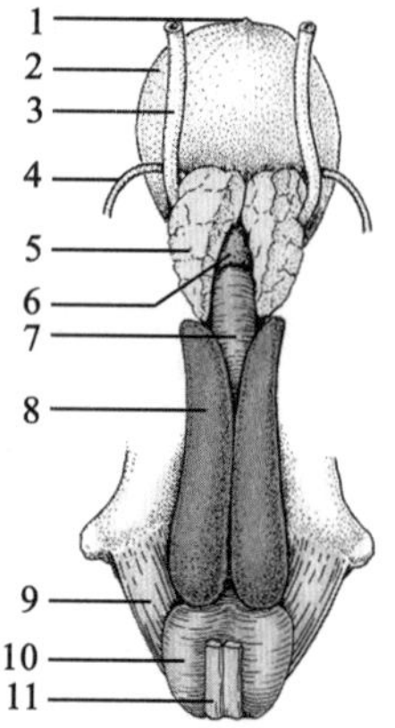

1. 脐尿管斑痕　2. 膀胱　3. 输尿管　4. 输精管
5. 精囊腺　6. 前列腺体　7. 尿道及尿道肌
8. 尿道球腺　9. 坐骨海绵体肌
10. 球尿道海绵体肌　11. 阴茎缩肌

图 8-13　公猪副性腺模式图

(引自：陈耀星，2009)

(1)精囊腺特别发达，外形似棱形三面体，由许多腺小叶组成，呈淡红色，其导管开口于精阜外，呈裂隙状。

(2)前列腺与牛相似。体部位于尿生殖道起始部的背侧，大部分被精囊腺覆盖。扩散部形成一腺体层，分布于尿生殖道骨盆部的壁内。

(3)猪的尿道球腺也特别发达，呈圆柱形，在大公猪长达 12 cm，位于尿生殖道骨盆部后 2/3 的两侧和背侧，表面有尿道球腺肌(横纹肌)覆盖，其收缩有利于分泌物的排出。每个腺体有一条导管，开口于坐骨弓处的尿生殖道背侧壁。

7. 阴茎　与公牛的阴茎相似，但“乙”状弯曲部在阴囊前方。阴茎头呈螺旋状扭转，尿生殖道外口为一裂隙状口，位于阴茎头前端的腹外侧。

8. 包皮　猪的包皮口很狭窄，周围生有长的硬毛。包皮腔很长，前宽后窄。前部背侧壁有一圆口，通入一卵圆形盲囊，为包皮憩室(diverticulum preputii)或包皮盲囊。囊腔内常聚积有余尿和腐败的脱落上皮，具有特殊的腥臭味。

9. 阴囊　阴囊与周围皮肤的分界不明显。睾外提肌发达，沿总鞘膜表面扩展到阴囊中。

第二节　雌性生殖器官

雌性生殖器官由卵巢、输卵管、子宫、阴道、阴道前庭和阴门组成。其中阴道前庭和阴门为外生殖器官(图 8-14 至图 8-16)。

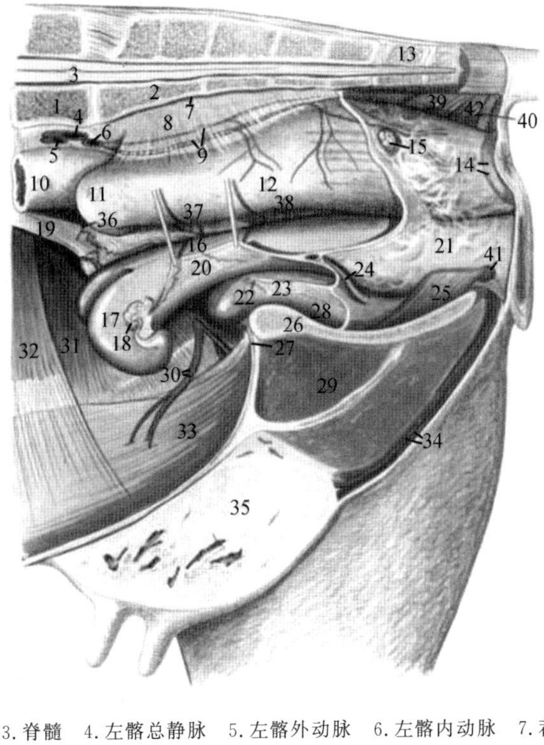

1. 第 6 腰椎　2. 荐骨　3. 脊髓　4. 左髂总静脉　5. 左髂外动脉　6. 左髂内动脉　7. 荐正中动脉　8. 直肠系膜　9. 直肠前动、静脉　10. 降结肠　11.“乙”状结肠　12. 直肠　13. 第 1 尾椎　14. 肛门外括约肌　15. 肛门直肠淋巴结　16. 子宫体　17. 左子宫角　18. 左卵巢　19. 右子宫阔韧带　20. 左子宫阔韧带　21. 阴道　22. 脐动脉　23. 膀胱侧韧带　24. 左输尿管　25. 前庭缩肌　26. 骨盆联合　27. 膀胱正中韧带　28. 膀胱　29. 股薄肌、内收肌　30. 腹壁后动、静脉　31. 腹内斜肌　32. 腹横肌　33. 腹直肌　34. 会阴腹侧动、静脉　35. 乳房　36. 卵巢动脉　37. 子宫动脉　38. 右输尿管　39. 右尾骨肌　40. 阴蒂缩肌　41. 前庭大腺　42. 肛提肌

图 8-14　母牛生殖器官位置关系(左侧观)

(引自：Popesko，1985)

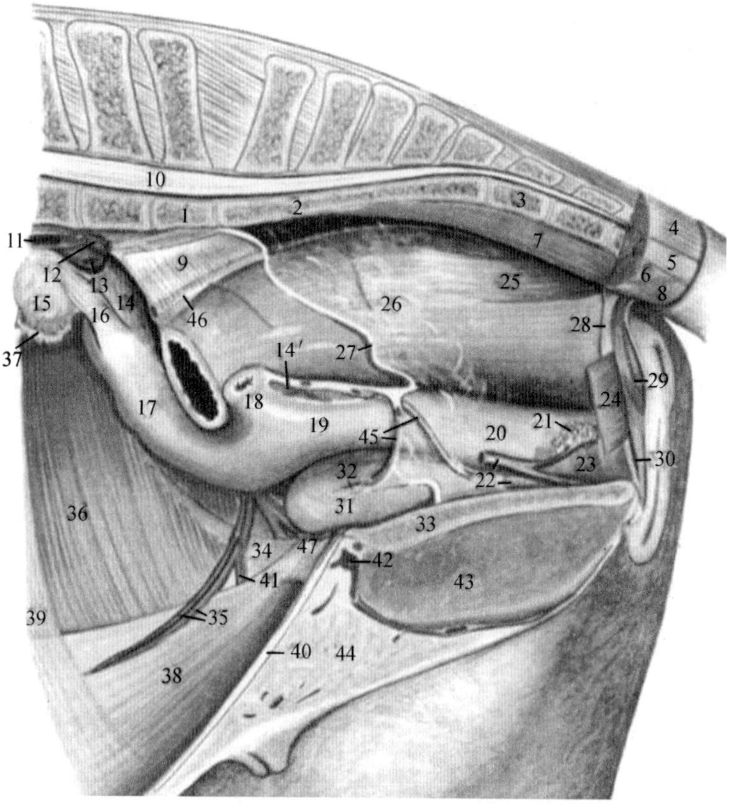

1.第六腰椎　2.荐骨　3.第一尾椎　4.荐尾背外侧肌　5.尾横突间肌　6.尾骨肌　7.荐尾腹内侧肌　8.荐尾腹外侧肌　9.直肠系膜　10.脊髓　11.左髂总静脉　12.左髂内动脉　13.左髂外动脉　14.右子宫阔韧带　14′.左子宫阔韧带　15.右侧卵巢　16.卵巢固有韧带　17.右子宫角　18.左子宫角　19.子宫体　20.阴道　21.前庭球　22.尿道肌、阴部内静脉　23.前庭缩肌　24.肛提肌　25.直肠尾骨肌　26.直肠壶腹　27.腹膜缘　28.阴蒂缩肌　29.肛门外括约肌　30.阴门缩肌　31.膀胱　32.膀胱侧韧带　33.骨盆耻骨联合　34.腹外斜肌外侧脚　35.腹壁后动脉和静脉　36.腹内斜肌　37.输卵管漏斗　38.腹直肌　39.腹横肌　40.腹白线　41.阴部外动脉　42.阴部外静脉　43.股薄肌　44.乳房体部　45.脐动脉、左输尿管　46.直肠中静脉　47.膀胱正中韧带

图 8-15　母马生殖器官位置关系(左侧观)

(引自:Popesko,1985)

一、雌性生殖器官的一般形态构造

(一)卵巢

卵巢(ovarium)为雌性生殖器官的主要器官,是卵泡生长发育和产生雌性激素的场所,其形状和大小因动物种类、个体、年龄及性周期而异。卵巢由卵巢系膜附着于腰下部。卵巢的子宫端借卵巢固有韧带与子宫角的末端相连。在卵巢系膜的附着缘缺腹膜,神经和脉管由此出入卵巢,此处称为卵巢门(hilus ovarii)。卵巢没有专门排卵的管道,成熟的卵泡破裂时,卵细胞直接从卵巢表面排出。

卵巢表面除卵巢系膜附着部外,都有一层生殖上皮(germinal epithelium)覆盖。幼年生

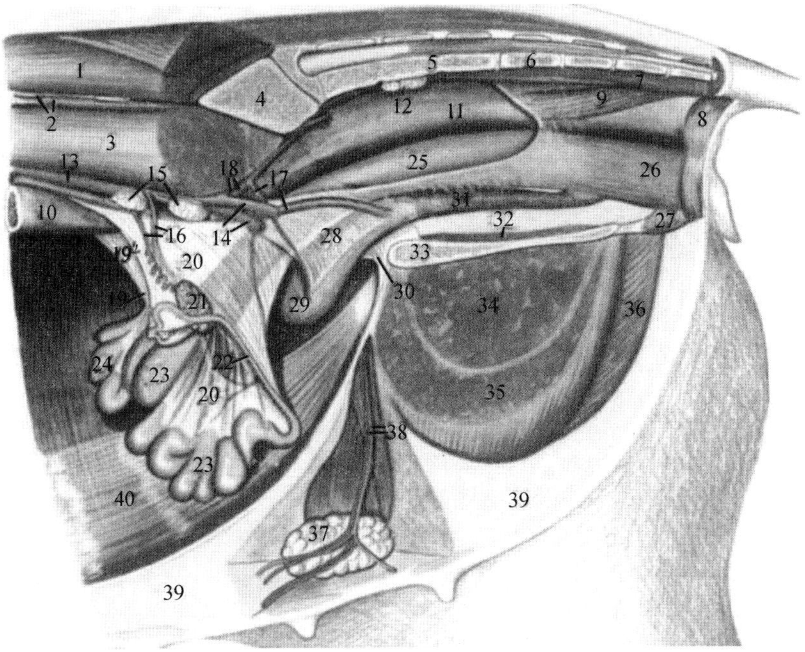

1.腰最长肌 2.第6腰椎横突、腰方肌 3.腰大肌 4.髂骨 5.荐骨 6.第1尾椎 7.荐尾腹侧肌 8.肛门外括约肌 9.直肠尾骨肌 10.降结肠 11.直肠壶腹 12.荐内淋巴结 13.腹主动脉 14.左髂外动、静脉 15.髂内淋巴结 16.卵巢动、静脉 17.左输尿管、左脐动脉 18.左髂内动、静脉 19.右卵巢系膜 19′.左卵巢系膜 20.子宫阔韧带 21.左卵巢 22.左输卵管 23.左子宫角 24.右子宫角 25.阴道 26.尿生殖前庭 27.阴蒂脚 28.膀胱侧韧带 29.膀胱 30.膀胱正中韧带 31.尿道 32.闭孔外肌盆腔部 33.骨盆联合 34.内收肌 35.股薄肌 36.半膜肌 37.乳房淋巴结 38.阴部外动、静脉 39.脂肪体 40.腹直肌

图 8-16 母猪生殖器官位置关系(左侧观)

(引自 Popesko,1985)

殖上皮呈立方或柱状,至成年逐渐变为扁平。生殖上皮深部有一薄层致密结缔组织,称为白膜。卵巢的实质可分为皮质和髓质两部分(图 8-17,图 8-18)。

1.皮质 皮质由基质、卵泡、闭锁卵泡和黄体组成。马属动物的卵巢,皮质位于卵巢中央,靠近排卵窝处。

(1)基质 由较致密的结缔组织组成,其中含有大量的梭形细胞和一些网状纤维。

(2)卵泡(ovarian follicle) 由一个卵母细胞和包绕其周围的一些卵泡细胞所组成。在皮质中有许多处于不同发育阶段的卵泡。根据卵泡发育的程度不同,分成原始卵泡、生长卵泡和成熟卵泡(图 8-19)。

①原始卵泡(primordial follicle) 位于皮质的浅表层,是一种体积小,数量多的球形卵泡。由中央的初级卵母细胞和周围一层扁平卵泡细胞组成。初级卵母细胞(primary oocyte)体积大,胞质染色浅。胞核清楚,核仁大而明显,核内染色质细小分散。胞质内除一般细胞器外,还含有较多的均匀分布的卵黄颗粒。初级卵泡内的初级卵母细胞一般为一个,处于第一次成熟分裂的前期,但猪和肉食类动物可见 2～6 个(图 8-19)。

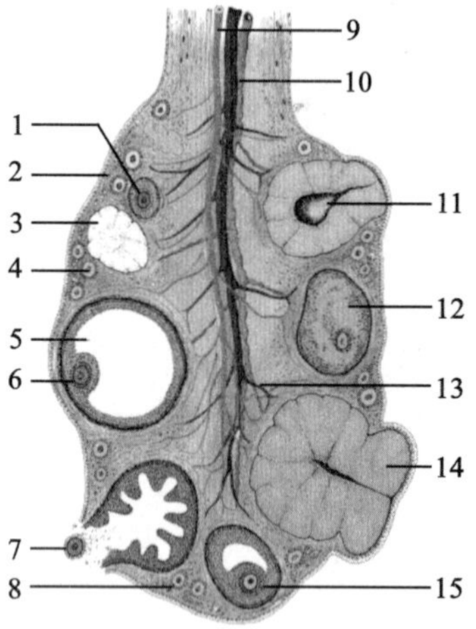

1. 次级卵泡 2. 皮质 3. 白体 4. 初级卵泡 5. 卵泡腔
6. 含卵母细胞的 Graafian 卵泡 7. 排卵卵泡 8. 初级卵泡
9. 卵巢动脉 10. 卵巢静脉 11. 退化中的黄体
12. 闭锁卵泡 13. 髓质 14. 黄体 15. 三级卵泡

图 8-17 牛卵巢结构示意图

（引自：陈耀星，崔燕，2019）

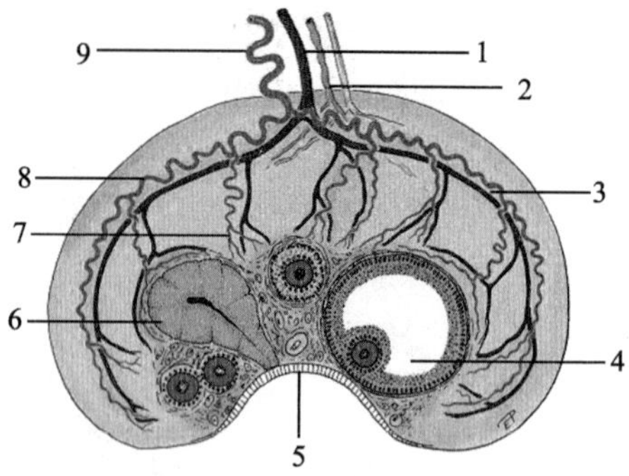

1. 卵巢静脉 2. 淋巴管 3. 血管区
4. Graatian 卵泡 5. 排卵窝 6. 黄体
7. 皮质 8. 血管区 9. 卵巢动脉

图 8-18 马卵巢结构示意图

（引自：陈耀星，崔燕，2019）

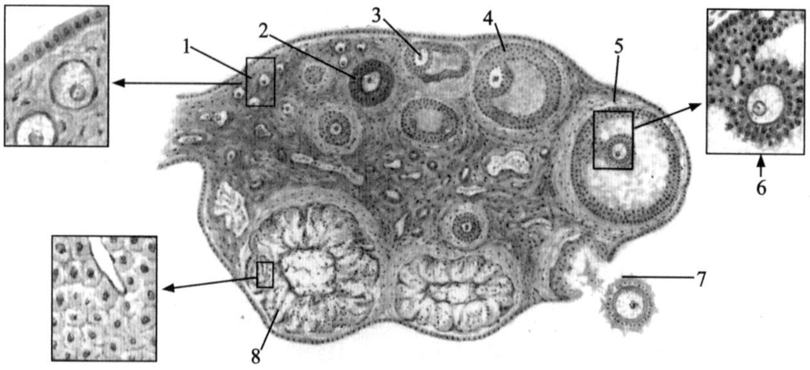

1. 原始卵泡 2. 初级卵泡 3. 闭锁卵泡 4. 次级卵泡 5. 成熟卵泡 6. 卵丘 7. 排卵 8. 黄体

图 8-19 卵巢结构

（引自：陈耀星，崔燕，2019）

②生长卵泡(growing follicle) 生长卵泡的形态和大小变化很大(图 8-19)。当卵泡开始生长时，扁平的卵泡细胞变为立方形并且迅速增生，单层变为多层。它们的胞质内，线粒体、粗面内质网和游离的核蛋白体均增多。与此同时，初级卵母细胞也增大，在其表面出现一层嗜酸性、折光强的厚膜，称透明带(zona pellucida)。透明带是一种凝胶状的嗜酸性糖蛋白，是由卵泡细胞和卵母细胞共同分泌形成的。电镜下可见卵母细胞表面有很多不规则的微绒毛伸入透明带内，而卵泡细胞也有突起穿过透明带与初级卵母细胞接触。因此卵泡细胞可依其突起将营养物输送给卵母细胞，此时的卵泡称为早期生长卵泡，又称初级卵泡。

卵泡的生长，表现在卵母细胞的增大和卵泡细胞数量上的增多，卵泡细胞之间出现一些含液体的小腔隙，随着卵泡长大，腔隙由小变大称为卵泡腔。腔内充满卵泡液。卵泡液由卵泡细胞分泌。卵泡液不断增多，卵泡腔隙不断扩大，卵母细胞及其周围的一些卵泡细胞被迫位于卵泡的一侧，并突向卵泡腔内，此隆起部分称为卵丘。其余的卵泡细胞则密集排列成数层，构成卵泡壁，称颗粒层（stratum granulosum）。此种具有囊腔的卵泡为晚期的生长卵泡，又称次级卵泡。

当卵泡生长时，其周围的结缔组织分化成卵泡膜包围着卵泡。卵泡膜分内、外两层；内层细胞多，呈卵圆形，并有丰富的毛细血管。在卵泡生长的后期，内层细胞增大，胞质富含类脂滴，具有分泌类固醇激素的细胞特征，它们有分泌雌激素的作用。卵泡膜内层与卵泡壁的颗粒细胞之间有基膜相隔。卵泡膜外层纤维多，细胞为梭形，与周围结缔组织无明显界限，血管也较少。

③成熟卵泡（mature follicle）　生长卵泡发育到最后阶段成为成熟卵泡（图 8-19）。成熟卵泡发育到最后阶段卵泡液激增，成熟卵泡的体积显著增大，向卵巢表面隆起。此时，卵泡细胞不再增生，故颗粒层变薄。在卵泡内，紧靠透明带的一层卵泡细胞增高成柱关，且沿着透明带呈放射关排列，称为放射冠（corona radiata）。

当卵泡腔形成时，初级卵母细胞直径可达 150 μm 左右，之后不再增大，在排卵前必须完成第一次成熟分裂。分裂为二个大小不等的细胞，大的与初级卵母细胞的形态相似，称次级卵母细胞；小的只有极少的胞质，称第一极体，位于次级卵母细胞与透明带之间的间隙内。次级卵母细胞和第一极体的染色体数目均减半。当次级卵母细胞和第一极体形成后，迅速进行第二次成熟分裂，当它进入分裂中期便停留于此，待受精后才能完成这次分裂。

(3)排卵　成熟卵泡突向卵巢表面，该处生殖上皮、白膜及卵泡壁均逐渐变薄，由于胶原蛋白酶在卵泡近卵巢表面处分解胶原纤维，使隆起的部分变得更薄。此处一破裂，次级卵母细胞连同透明带、放射冠随着卵泡液一起从卵巢排出，这个过程叫排卵（ovulation）（图 8-19）。

(4)黄体的形成和退化　成熟卵泡排卵后，卵泡腔内充满血液称为血体（corpus hemorrhagicum）。继而卵泡膜的血管和结缔组织得以侵入颗粒层。在黄体生成素的作用下，颗粒层细胞体积迅速增大，胞质内出现大量的滑面内质网和管状嵴线粒体，类脂滴及脂色素亦增多，HE 切片上可见颗粒层细胞变得肥大而浅染，呈多边形，即为粒性黄体细胞（granulosa lutein cell）。同时卵泡膜内层细胞也发生与颗粒层相似的变化，只是体积较小，数量较少，染色较深，叫膜性黄体细胞（theca lutein cell）。上述两种细胞形成的结构，由于都含脂色素而呈黄色，叫黄体（corpus luteum）。黄体可分泌孕酮及雌激素。粒性黄体细胞分泌孕酮，膜性黄体细胞分泌雌激素（图 8-19）。

如果卵子受精，黄体进一步发育增大，维持较长时间以后退化，这种黄体称为真黄体（corpus luteum verum）；若卵子没有受精，黄体则迅速退化，这种黄体称为假黄体（corpus luteum spurium）。退化的黄体，由结缔组织形成瘢痕代替，称为白体（corpus albicans）（图 8-20）。

(5)闭锁卵泡（atretic follicle）　退化的卵泡叫闭锁卵泡（图 8-19）。卵巢内的卵泡，在正常情况下，绝大多数都不能发育成熟，而在各发育阶段中逐渐退化。初级卵泡退化时，卵细胞解体，卵泡细胞萎缩，由结缔组织代替，不留痕迹。生长卵泡退化时，卵细胞萎缩，核固缩，透明带

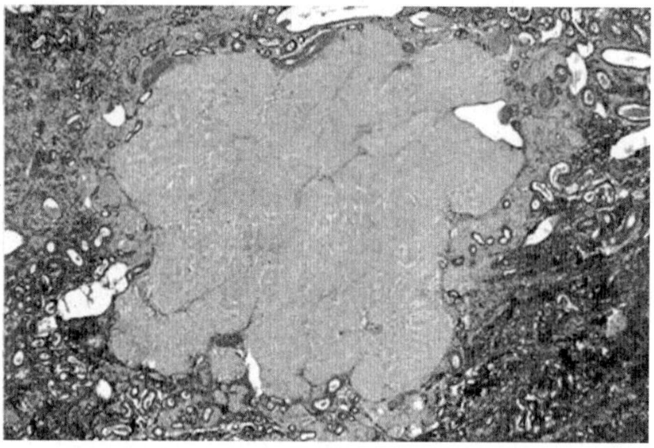

图 8-20 白体

（引自：陈耀星，崔燕，2019）

皱缩，卵泡细胞离散，卵泡壁凹陷。卵泡膜内膜细胞增大，很像黄体细胞，以后被结缔组织分隔成群，散于卵巢基质中，呈辐射状排列的细胞索或团块，称为间质腺。在啮齿类和肉食类中间质细胞较为发达，能分泌雌激素。

2. 髓质 位于卵巢中部，范围窄小，为疏松结缔组织构成，含有丰富的血管、弹性纤维、淋巴管和神经。近卵巢门处有少许平滑肌。此外，在卵巢门靠近系膜处，有成群的上皮样细胞，称为门细胞（hilus cell），其形态结构类似于睾丸间质细胞，能分泌雄激素。

（二）输卵管

输卵管（oviducts）是一对细长而弯曲的管道，位于卵巢和子宫角之间，有输送卵细胞的作用，同时也是卵细胞受精的场所。输卵管为输卵管系膜所固定。输卵管系膜与卵巢固有韧带之间形成卵巢囊（bursa ovarica）。

输卵管可分漏斗部、壶腹部和峡部三段（图 8-21）：

1. 漏斗部（infundibulum） 为输卵管起始膨大的部分，其大小因畜种和动物年龄而有不同。漏斗的边缘有许多不规则的皱褶，称输卵管伞（fimbria tubae）。漏斗的中央有一个小的开口通腹膜腔，称输卵管腹腔口。

2. 壶腹部（ampullae） 较长，为位于漏斗部和峡部之间的膨大部分，壁薄而弯曲，黏膜形成复杂的皱褶。哺乳动物卵细胞受精部位常在输卵管壶腹部。

3. 峡部（isthmus） 位于壶腹部之后，较短，细而直，管壁较厚。末端以小的输卵管子宫口与子宫角相通。

输卵管是输送卵子和受精的管道，管壁有黏膜、肌层和外膜三层。黏膜有许多纵行皱襞。上皮为单层柱状上皮，由纤毛细胞和分泌细胞组成。分泌细胞分泌黏液，可供给卵营养。纤毛细胞的纤毛有节律地摆动，有助于把卵细胞向子宫传送。上皮下为固有膜，主要由疏松结缔组织构成，常有许多浆细胞、肥大细胞和嗜酸性细胞出现。输卵管肌层主要有内环行或螺旋形平滑肌。肌层的厚度，从卵巢端向子宫端逐渐增厚，峡部最厚。外膜为浆膜，由疏松结缔组织和间皮组成（图 8-22）。

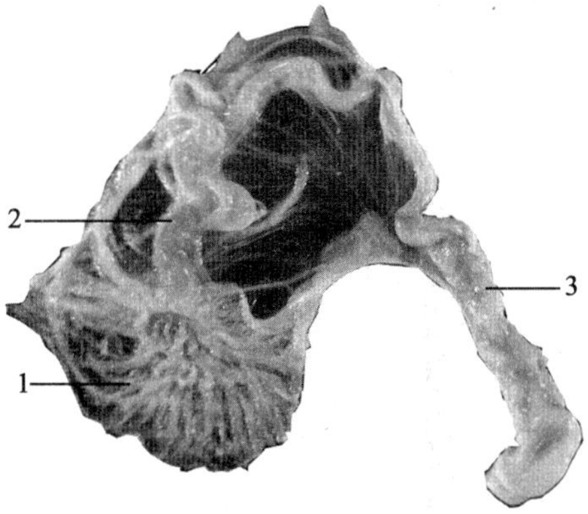

1.漏斗部　2.壶腹部　3.峡部

图 8-21　牛输卵管

(引自:陈耀星等,2009)

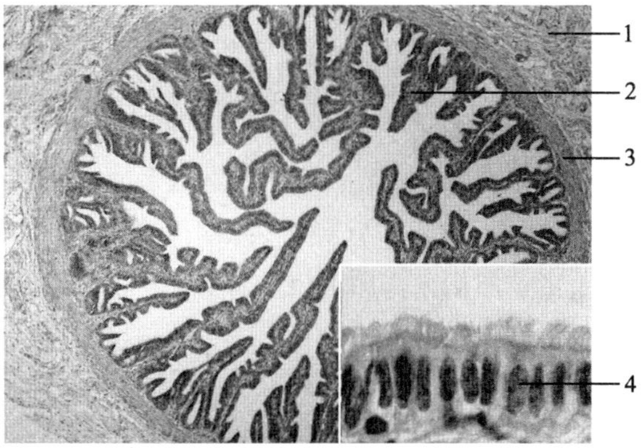

1.浆膜　2.黏膜皱襞　3.肌层　4.纤毛柱状上皮

图 8-22　牦牛输卵管(HE,40×,小图 400×)

(引自:陈耀星,崔燕,2019)

(三)子宫

子宫(uterus)是一个中空的肌质性器官,富于伸展性,是胎儿生长发育和娩出的器官。子宫借子宫阔韧带附着于腰下部和骨盆腔侧壁,大部分位于腹腔内,小部分位于骨盆腔内,在直肠和膀胱之间,前端与输卵管相接,后端与阴道相通。子宫阔韧带为宽而厚的腹膜褶,含有丰富的结缔组织、血管、神经及淋巴管,其外侧有子宫圆韧带。

家畜的子宫均属双角子宫,可分子宫角、子宫体和子宫颈三部分(图 8-23)。子宫的形状、大小、位置和结构,因畜种、年龄、个体、性周期以及妊娠时期等不同而有很大差异。

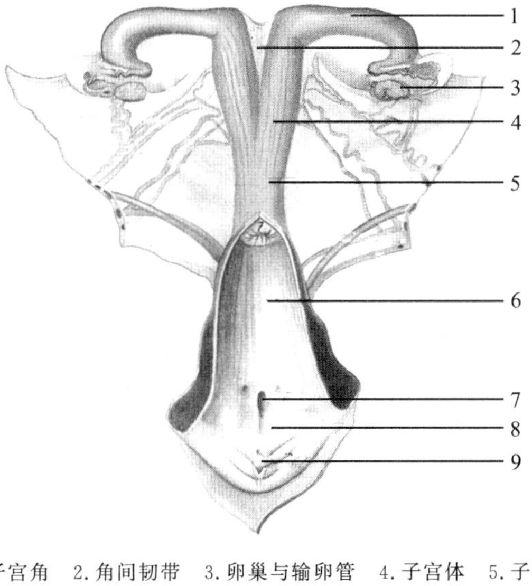

1.子宫角　2.角间韧带　3.卵巢与输卵管　4.子宫体　5.子宫颈

6.阴道　7.尿道外口　8.阴道前庭　9.阴门和阴蒂

图 8-23　母牛的生殖器官(背侧面)

(引自:陈耀星,2019)

1. 子宫角(cornu uteri) 一对,在子宫的前部,呈弯曲的圆筒状,位于腹腔内(未经产的牛、羊则位于骨盆腔内)。其前端以输卵管子宫口与输卵管相通;后端会合而成为子宫体。

2. 子宫体(corpus uteri) 位于骨盆腔内,部分在腹腔内,呈圆筒状,向前与子宫角相连,向后延续为子宫颈。

3. 子宫颈(cervix uteri) 为子宫后段的缩细部,位于骨盆腔内,壁很厚,黏膜形成许多纵褶,内腔狭窄,称为子宫颈管,前端以子宫颈内口与子宫体相通,后端以子宫颈外口与阴道相通。子宫颈向后突入阴道内的部分,称为子宫颈阴道部。子宫颈管平时闭合,发情时稍松弛,分娩时扩大。

子宫是胚胎生长发育的器官,其形态结构因发情周期及妊娠而有变化。子宫壁由子宫内膜、肌层和外膜三层组成。子宫内膜即子宫黏膜,上皮为单层柱状上皮,马为高柱状,猪和反刍动物为假复层柱状上皮。上皮具有分泌作用,有暂时性纤毛。固有膜的结构特殊,由富含血管的胚胎性结缔组织构成。分浅深两层。固有膜浅层细胞成分较多,主要是星形细胞,突起相互连接;深层主要有子宫腺,是上皮向固有膜内凹陷而形成单管状腺,在靠近子宫肌层处有分支。子宫腺分泌物为早期胚胎的营养物质。肌层由强厚的内环肌和较薄的外纵肌构成。在内外肌层间是血管层,有丰富的血管和神经分布。牛、羊子宫的血管层在子宫处特别发达。子宫的外膜是浆膜,由疏松结缔组织和间皮组成(图 8-24)。

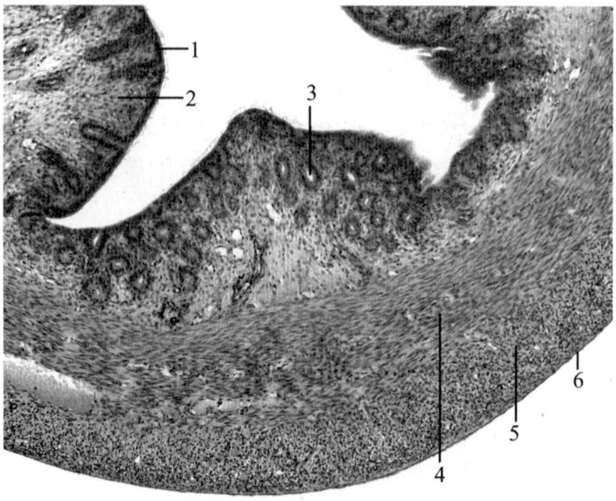

1. 上皮 2. 固有层 3. 子宫腺 4. 内环肌 5. 外纵肌 6. 浆膜

图 8-24 子宫

(引自:陈耀星,崔燕,2019)

(四)阴道

阴道(vagina)是母畜的交配器官,也是产道。阴道呈扁管状,位于骨盆腔内,在子宫后方,向后延接阴道前庭,其背侧与直肠相邻,腹侧与膀胱及尿道相邻。有些家畜的阴道前部因子宫颈阴道部突入而形成一环状或半环状陷窝,称为阴道穹窿(fornix vaginae)。

(五)阴道前庭和阴门

阴道前庭(vestibulum vaginae)是交配器官和产道,也是尿液排出的经路。阴道前庭与阴道相似，呈扁管状，前端腹侧以一横行的黏膜褶——阴瓣(hymen)与阴道为界；后端为阴门与外界相通。在阴道前庭的腹侧壁上，紧靠阴瓣的后方有一尿道外口。在尿道外口后方两侧，有前庭小腺的开口；两侧壁有前庭大腺的开口。

阴门(vulva)与阴道前庭一同构成外生殖器官，位于肛门腹侧，由左、右两片阴唇构成，两阴唇间的裂缝称为阴门裂。两阴唇的上下两端相联合，分别称为阴门背联合和腹联合。在阴门腹联合前方有一阴蒂窝，内有小而凸出的阴蒂(clitoris)。阴蒂相当于公畜的阴茎，也由海绵体构成，与阴茎属同源器官。

雌性尿道较短，位于阴道腹侧，前端与膀胱颈相接，后端开口于阴道前庭起始部的腹侧壁，为尿道外口。

二、各种母畜生殖器官的构造特点

(一)母牛、母羊生殖器官的构造特点

母牛的卵巢呈稍扁的椭圆形，羊的较圆、较小(大小约 3.7 cm×2.5 cm×1.5 cm)，一般位于骨盆前口的两侧附近。未经产母牛的卵巢稍向后移，多在骨盆腔内；经产母牛的卵巢则位于腹腔内，在耻骨前缘的前下方。性成熟后，成熟的卵泡和黄体可突出于卵巢表面。卵巢囊宽大(图 8-17，图 8-23)。

牛的输卵管长，弯曲少，输卵管伞较大，末端与子宫角的连接部无明显分界。成年母牛的子宫大部分位于腹腔内。子宫角较长，平均 35～40 cm(羊 10～20 cm)。

左、右子宫角的后部因有结缔组织和肌组织相连，表面又被腹膜包盖，从外表看很像子宫体，所以称该部为伪体；子宫角的前部互相分开，开始先弯向前下外方，然后又转向后上方，卷曲成绵羊角状。子宫体短，长 3～4 cm(羊约 2 cm)。子宫颈长约 10 cm(羊约 4 cm)，壁厚而坚实；子宫颈管由于黏膜突起的互相嵌合而呈螺旋状，平时紧闭，不易张开，子宫颈管外口的黏膜形成明显的辐射状皱褶，形似菊花。

子宫体和子宫角的黏膜上有特殊的圆形隆起，称为子宫阜(caruncle uteri)，共有 4 排，100 多个(羊 60 多个，顶端略凹陷)。未妊娠时，子宫阜很小，长约 15 mm；妊娠时逐渐增大，最大的有握紧的拳头那样大，是胎膜与子宫壁结合的部位。

妊娠子宫的位置大部分偏于腹腔的右半部。

母牛的阴道长 20～25 cm。妊娠母牛的阴道可增至 30 cm 以上。阴道壁很厚，因子宫颈阴道部的腹侧与阴道腹侧壁直接融合，所以阴道穹窿呈半环状，仅见于阴道前端的背侧和两侧。

母牛的阴瓣较不明显。在尿道外口的腹侧，有一个伸向前方的短盲囊(长约 3 cm)，称尿道下憩室，给母牛导尿时应注意不要把导尿管插入憩室内(图 8-25)。牛的两个前庭大腺位于前庭的两侧壁内，各以 2～3 条导管开口于隐窝内。前庭小腺不发达。母牛的尿道长 10～12 cm。

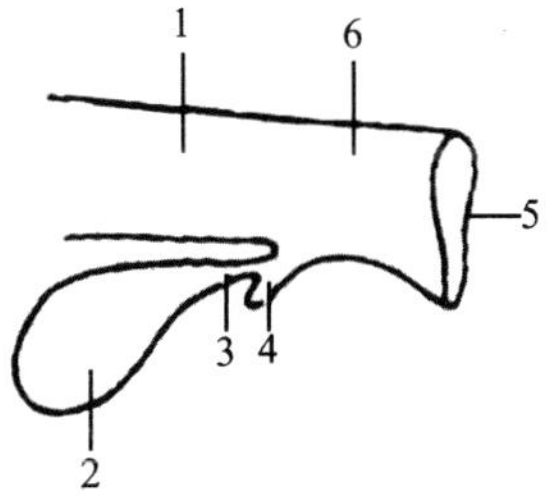

1. 阴道　2. 膀胱　3. 尿道　4. 尿道下憩室
5. 阴道前庭　6. 阴门

图 8-25　母牛尿道下憩室位置示意图

(引自：彭克美，2016)

(二)母马生殖器官的构造特点

母马的卵巢呈豆形，平均长约 7.5 cm，厚 2.5 cm，表面平滑，大部分被覆以浆膜。卵巢借卵巢系膜悬于腰下部肾的后方，约在第 4 或第 5 腰椎横突腹侧，常与腰部的腹壁相接。卵巢的游离缘有一凹陷部，称为排卵窝（ovulation fossa），成熟卵泡由此排出卵细胞（图 8-18，图 8-26）。

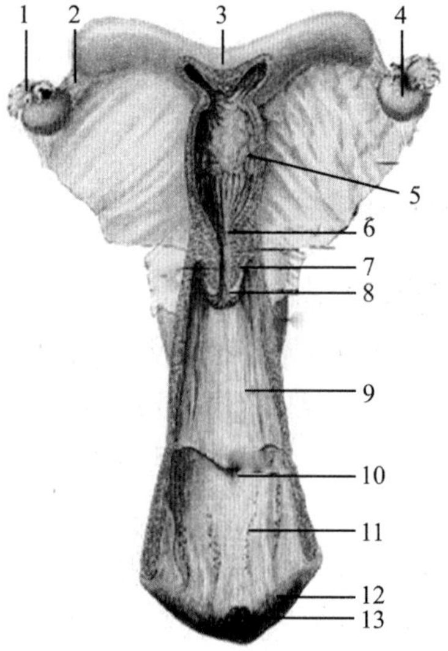

1. 输卵管伞　2. 输卵管　3. 子宫角　4. 卵巢　5. 子宫体　6. 子宫颈内口　7. 子宫颈
8. 子宫颈外口　9. 阴道　10. 尿道外口　11. 阴道前庭　12. 阴唇　13. 阴蒂

图 8-26　母马的生殖器官（背侧面）

（引自：陈耀星，2009）

母马的输卵管长 20～30 cm，壶腹部明显且特别弯曲，向后逐渐变细，弯曲减少，与子宫角之间界限明显。

母马子宫呈“Y”形。子宫角稍弯曲成弓形，背缘凹，借子宫阔韧带附着于腰下部。腹缘凸而游离。子宫体较长，约与子宫角相等。子宫颈后端突入阴道内，形成明显的子宫颈阴道部，其黏膜褶成花冠状。

母马的阴道较短，长 15～20 cm。阴道穹窿呈环状。

母马驹的阴瓣发达，经产的老龄母马的阴瓣常不明显。前庭小腺以许多小孔开口于尿道外口后方的腹侧壁上；前庭大腺分散，以 8～10 条导管开口于背侧壁的两侧。在阴唇前方的前庭壁上，有发达的前庭球（长 6～8 cm），系勃起组织，相当公马的阴茎海绵体。母马的阴蒂较发达，发情时常常暴露。

(三)母猪生殖器官的构造特点

猪的卵巢一般较大，呈卵圆形，其位置、形状、大小及卵巢系膜的宽度，因年龄和个体等不同而有很大的变化（图 8-27）。

性成熟以前的小母猪，卵巢较小，约为 0.4 cm×0.5 cm，表面光滑，呈淡红色，位于荐骨岬

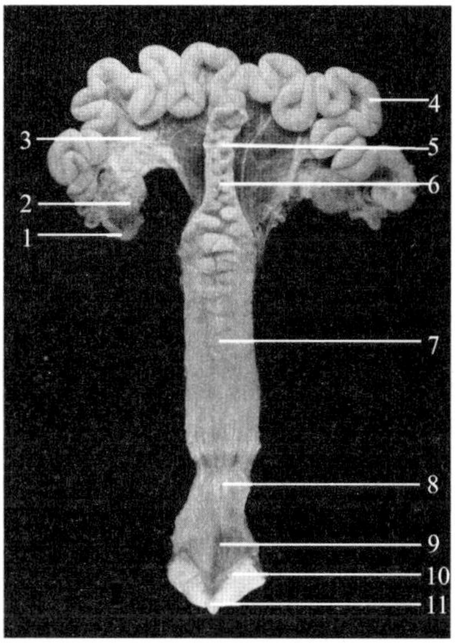

1.输卵管　2.卵巢　3.子宫系膜　4.子宫角　5.子宫体(切开)　6.子宫颈
7.阴道　8.尿道外口　9.阴道前庭　10.阴唇　11.阴蒂

图 8-27　母猪生殖器官

(引自:陈耀星,崔燕,2019)

两侧稍靠后方,在腰小肌腱附近,卵巢系膜宽约为 3.5 cm,所以位置较为固定。

接近性成熟时,卵巢体积增大,约为 2 cm×1.5 cm,表面有突出的卵泡,呈桑葚状。卵巢系膜宽为 6~10 cm,卵巢位置稍下垂前移,位于髋结节前缘横断面处的腰下部。

性成熟后经产母猪卵巢体积更大,长 3~5 cm,包于发达的卵巢囊内,表面因有卵泡、黄体突出而呈结节状。卵巢系膜宽为 10~20 cm。卵巢位于髋结节前缘约 4 cm 的横断面上,或在髋结节与膝关节连线的中点的水平面上,一般左侧卵巢在正中矢面上,右侧卵巢在正中矢面稍偏右侧。

输卵管长 15~30 cm,弯曲度比马小。小母猪的输卵管很细,直径 0.1~1 mm,为肉红色。大母猪的输卵管管径较大。

母猪子宫的特点是子宫角特别长,经产母猪可达 1.2~1.5 m;子宫体短,长约 5 cm。2 月龄以前的小母猪,子宫角细而弯曲,似小肠,壁较厚。

子宫颈较长,在成年猪长 10~15 cm。没有子宫颈阴道部,因此子宫颈与阴道无明显界限。黏膜褶形成两行半圆形隆起,交错排列,使子宫颈管呈狭窄的螺旋形。

阴道长 10~12 cm,直径小,肌层厚。黏膜有皱褶,不形成阴道穹窿。

猪的阴瓣为一环形褶。阴道前庭腹侧壁的黏膜形成两对纵褶,前庭小腺的许多开口位于纵褶之间,阴蒂细长,突出于阴蒂窝的表面。

思考题

一、名词解释

睾丸下降、精索、排卵窝、子宫阜、阴道穹隆、卵丘、透明带、卵泡腔、排卵

二、问答题

1. 简述公畜生殖器官的组成，各器官的形态、位置、结构、功能及睾丸的组织结构特点，并比较公牛、公羊、公猪和公马生殖器官的结构特点。

2. 简述母畜生殖器官的组成，各器官的形态、位置、功能及卵巢的结构和各级卵泡的发育特点。

3. 简述母牛(羊)、母猪和母马卵巢、子宫形态结构的异同点。

第九章

心血管系统

【学习目标】

1. 熟悉心血管系统组成，掌握肺循环、门循环和胎儿血液循环的概念、特点及其血流路径。
2. 掌握心脏的位置、形态和内部结构。
3. 掌握心壁和各级动脉的组织结构特点。
4. 了解静脉的结构特点。

第一节　概　　述

一、心血管系统的组成

心血管系统(cardiovascular system)由心脏、动脉、毛细血管、静脉和血液组成，管腔内充满血液(图 9-1)。心脏(heart)是血液循环的动力器官，有左、右心房和左、右心室四个腔。动脉是将血液从心脏输送到肺和全身各部的血管，起自心室，沿途反复分支，管径越分越细，管壁逐渐变薄，最后移行为毛细血管。毛细血管(blood capillary)是连接于动脉和静脉之间的微细血管，也是血液与周围组织进行物质交换的场所。静脉是将血液导回心脏的血管，起自毛细血管，沿途逐渐汇合成小、中、大静脉，最后同心房相连。

二、血液循环的途径

血液由心脏流出，经动脉到达毛细血管，然后再沿静脉返回心脏，这一过程称为血液循环，可分为体循环和肺循环。体循环指心室收缩时，富含氧和营养物质的动脉血从左心室输出，经主动脉及其各级分支到达全身各部的毛细血管，进行组织内气体和物质交换，使动脉血变为富含二氧化碳和代谢产物的静脉血，再经各级静脉，最后汇集于前、后腔静脉系，在心房舒张时流回右心房。这一循环过程称体循环。体循环的途径长而广泛，故又称为大循环。肺循环指心室收缩时，体循环返回心脏的静脉血从右心室输出，经肺动脉干及其属支至肺毛细血管，在此进行气体交换，变成了含氧丰富的动脉血，然后经肺静脉流回左心房，这一循环过程称肺循环。肺循环的途径短，故又称为小循环。

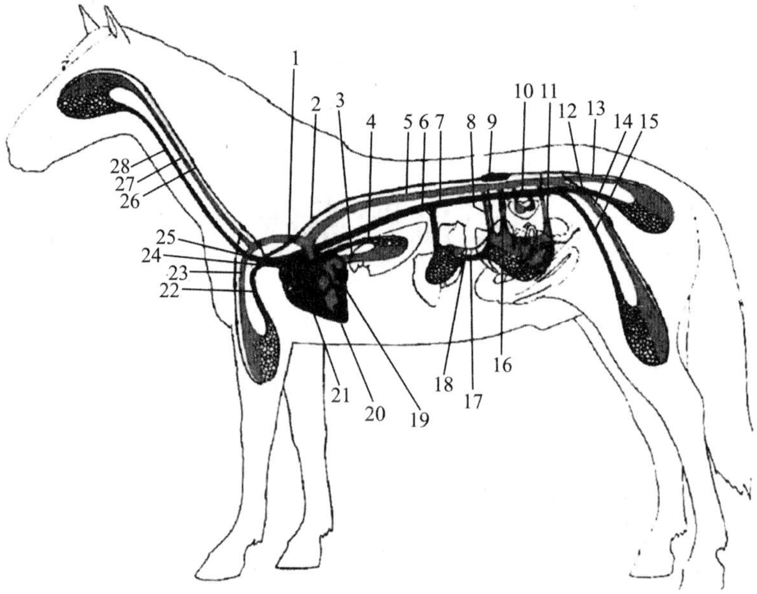

1.臂头动脉总干 2.胸导管 3.肺静脉 4.肺动脉 5.腹主动脉 6.肝静脉 7.后腔静脉 8.腹腔动脉 9.乳糜池 10.肾动静脉 11.肠系膜后动脉 12.髂内静脉 13.髂内动脉 14.髂外动脉 15.髂外静脉 16.肠系膜前动脉 17.门静脉 18.肝动脉 19.左心房 20.左心室 21.右心室 22.腋静脉 23.腋动脉 24.右心房 25.前腔静脉 26.左气管淋巴干 27.颈动脉 28.颈静脉

图 9-1 成年马血液循环模式图

(引自:陈耀星等,2009)

心血管系统的主要功能是通过血液将营养物质、氧和激素运送到全身各部组织进行新陈代谢,同时将机体代谢产物如二氧化碳、尿素等运送到肺、肾和皮肤排出体外。此外,心血管系统还是机体的重要防卫系统,存在于血液内的一些细胞和抗体吞噬、杀伤、灭活侵入机体的细菌和病毒,并能中和其产生的毒素。

三、血管类型及组织学结构

血管是血液流通的管道。根据结构和功能的不同,血管分动脉、毛细血管和静脉三种。

(一)动脉

动脉(artery)管壁均由内、中、外三层膜组成,管壁根据管径的大小,动脉可分为大、中、小3种类型。其中以中动脉管壁结构最为典型。

1. 大动脉(large artery) 中膜富含弹性纤维,又称为弹性动脉(elastic artery)。内弹性膜厚;中膜最厚,由50～60层弹性纤维组成,基质含有较多的硫酸软骨素,呈嗜碱性和异染性;外膜较薄,外弹性膜不明显(图 9-2)。

2. 中动脉(medium-sized artery) 除主动脉、肺动脉、颈总动脉、髂总动脉和锁骨下动脉等大动脉外,凡解剖学上有名称的动脉都属中动脉。其管壁的主要成分是平滑肌,管壁收缩性强,又称为肌性动脉(muscular artery)(图 9-3)。

(1)内膜(tunica intima) 分内皮、内皮下层和内弹性膜。内皮为单层扁平上皮,表面光滑，有利于血液流动。内皮下层为薄层疏松结缔组织，含有少量的胶原纤维、弹性纤维和少量平滑肌。内弹性膜由均质状弹性蛋白组成，膜上有许多小孔。在HE染色的横切面上，因管壁收缩，常呈现红色折光性强的波浪状，为内膜和中膜的分界。

(2)中膜(tunica media)　较厚，由多层环行或螺旋排列的平滑肌组成，其间夹有少量的胶原纤维和弹性纤维。平滑肌发达，管壁收缩性强，能使管腔明显地缩小或扩大，可调节分配到机体各部和各器官的血流量。

(3)外膜(tunica adventitia)　与中膜的厚度相近，主要是较疏松的结缔组织，有纵行排列的胶原纤维和弹性纤维，以及自养血管、神经和淋巴管。在外膜和中膜交界处常有一层外弹性膜，但不如内弹性膜明显。

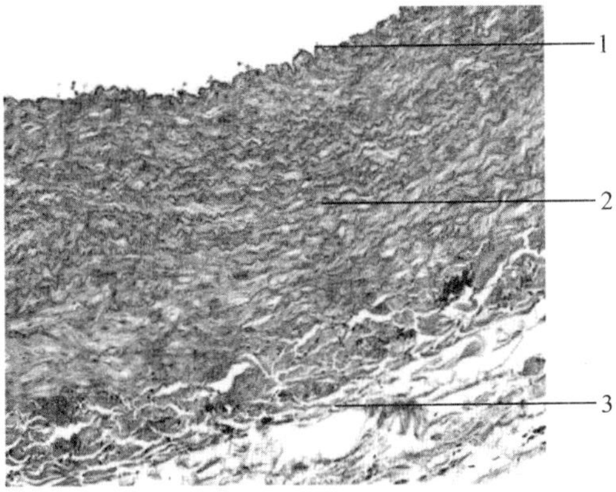

1.内膜　2.中膜　3.外膜

图 9-2　大动脉(HE,200×)

(引自:Anthony et al.,2018)

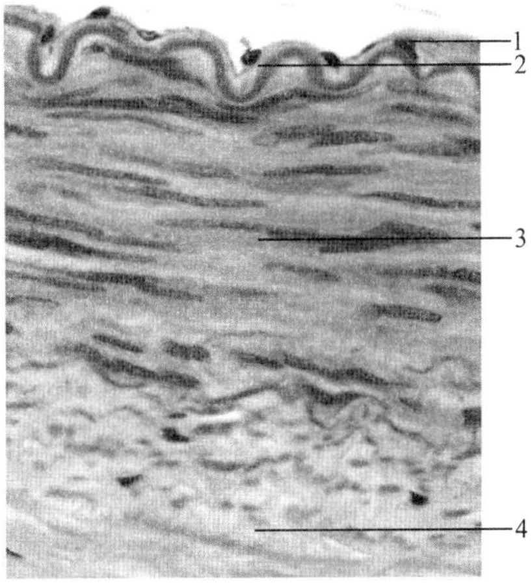

1.内皮细胞　2.内膜　3.中膜　4.外膜

图 9-3　中动脉(HE,100×)

(引自:Anthony et al.,2018)

3.小动脉(small artery)　管径在1 mm以下，其管壁特点是内弹性膜薄而不明显，无外弹性膜，中膜为2～4层不完整的平滑肌。小动脉的收缩或舒张，能影响器官组织内的血流量，对调节血压有重要意义(图9-4)。

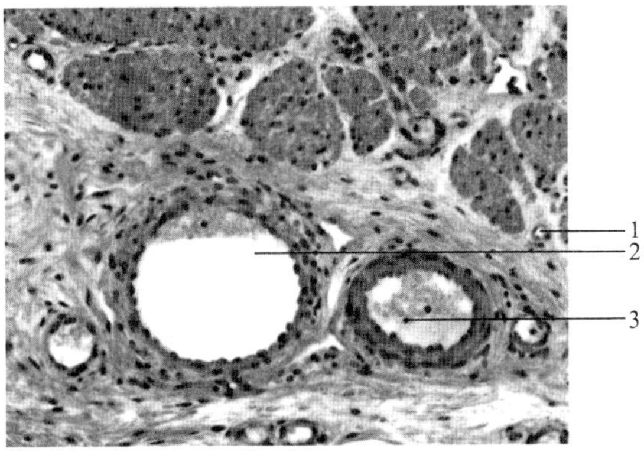

1.毛细血管　2.小静脉　3.小动脉

图 9-4　小动脉、小静脉和毛细血管(HE,200×)

(引自:Anthony et al.,2018)

(二)静脉

静脉(vein)也分大、中、小三型。常与相应的动脉伴行,但数量比动脉多,变异也较大。管壁也由内、中、外三层膜组成,但结构分界不明显(图 9-4),中膜薄而外膜厚;比伴行动脉的管径大、管壁薄,血容量大;弹性纤维和平滑肌较少,管腔不规则,容易塌陷。在四肢和颈部的静脉内膜上,常有成对的静脉瓣膜(图 9-5),由内膜突向腔内折叠形成,其游离缘朝向心脏,以防止血液倒流。

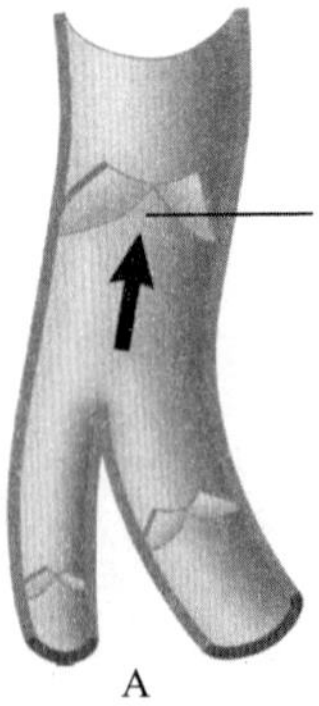

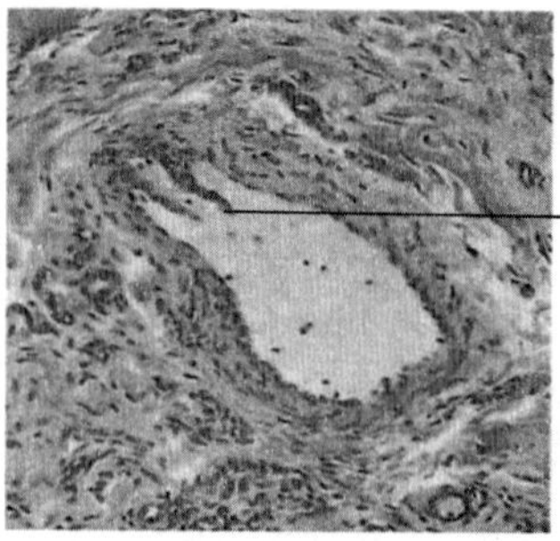

A. 静脉瓣膜结构模式图　B. 静脉瓣膜组织切片图(HE,200×)

图 9-5　静脉瓣膜

(A 引自:Dyce et al. ,2010;B 引自:Anthony et al. ,2018)

(三)毛细血管

毛细血管(capillary)几乎遍布全身各处,数目多、管径细,连接于小动脉和小静脉之间,在器官组织内相互吻合成网状。网的密度因器官组织不同而异,在代谢功能旺盛的器官组织,如横纹肌、心肌、肝、肺、肾和多数腺体等,毛细血管网很密;相反,在代谢功能较低的平滑肌、腱、韧带、骨和浆膜等,毛细血管网稀疏;而在上皮、软骨和角膜等则无毛细血管分布。

1. 毛细血管的一般结构　毛细血管的管径一般为 6～8 μm,结构简单,管壁主要由一层内皮细胞和基膜围成(图 9-4)。有的毛细血管外侧有少量的周细胞和结缔组织。

(1)内皮为单层扁平上皮,细胞呈扁平梭形或不规则形,细胞核略向管腔突出。

(2)基膜位于内皮外侧,很薄,厚度为 20～60 nm。基膜主要起支持作用,此外,还能诱导内皮再生。

(3)周细胞为一种扁平多突起的细胞,核呈椭圆形,位于基膜内,紧贴于内皮细胞。其功能尚未定论,有人认为周细胞主要起支持作用,防止血管闭合;也有人认为它是一种未分化的间充质细胞,在炎症或创伤后血管再生时能分化为内皮细胞、成纤维细胞和血管平滑肌细胞等。

2. 毛细血管的分类　根据内皮细胞结构不同分为 3 类(图 9-6)。

(1)连续毛细血管(continuous capillary)　具有连续的内皮和完整的基膜;内皮细胞胞质中有许多吞饮小泡,其直径为 60～70 nm,是由内皮细胞膜内陷形成,分布在胞质周围,营养物质和代谢产物的转运由吞饮小泡完成。相邻内皮细胞彼此紧密相连,细胞间有 10～20 nm 宽的间隙,常有紧密连接。连续性毛细血管多分布于肌组织、结缔组织、中枢神经系统、肺、皮肤、外分泌腺等处。

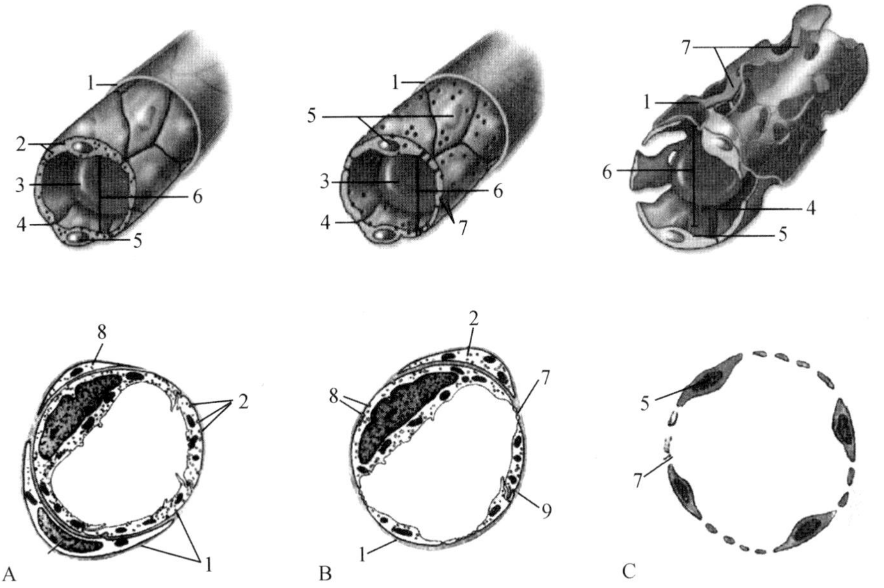

A. 连续毛细血管　B. 有孔毛细血管　C. 血窦

1. 基膜　2. 吞饮小泡　3. 红细胞　4. 细胞间隙　5. 内皮细胞　6. 管腔　7. 窗孔　8. 周细胞　9. 细胞连接

图 9-6　三种毛细血管结构模式图

(引自:Anthony et al. ,2018)

(2)有孔毛细血管(fenestrated capillary)　也有一层连续的内皮和完整的基膜;内皮细胞无核的部分极薄,吞饮小泡贯穿细胞的全厚度,胞质上有许多小孔,孔上有时有隔膜,厚为 4～6 nm,基膜完整。通透性比连续性毛细血管大。有孔毛细血管多存在于胃肠黏膜、肾小球、某些内分泌腺等需快速渗透的部位。

(3)血窦(sinusoid)　又称为窦样毛细血管(sinusoidal capilary),其管腔大、管壁薄,粗细不等、形状不规则,管径达 30～40 μm。内皮细胞有孔,相邻内皮细胞连接处有较宽的间隙,基膜不完整,有时甚至没有。血窦多分布于肝、脾、骨髓和内分泌腺等物质交换量大而多的器官内。

(四)微循环

微循环(microcirculation)是指由微动脉到微静脉间的微血管内的血液循环,是血液与组织、细胞进行物质交换的场所,能调节局部的血流量,对组织和细胞的代谢和功能活动有很大影响。

微循环是血液循环的基本功能单位,它含总血量的 10%。在微循环中,血液与组织细胞之间进行充分的物质交换,能调节局部的血流,影响局部组织和细胞的新陈代谢和功能活动。微细血管包括微动脉(arteriole)、中间微动脉(mea-arteriole)、真毛细血管(true capillary)、直捷通路(thoroughfare channel)、动静脉吻合(arteriovenous anastomosis)及微静脉(venule)6 个相连续的组成部分(图 9-7)。

真毛细血管管壁极薄,是中间微动脉的分支,相互吻合成网。其起始端有少量环形平滑肌组成毛细血管前括约肌(precapillary sphincter),起着调节微循环的"闸门"作用。当机体组织

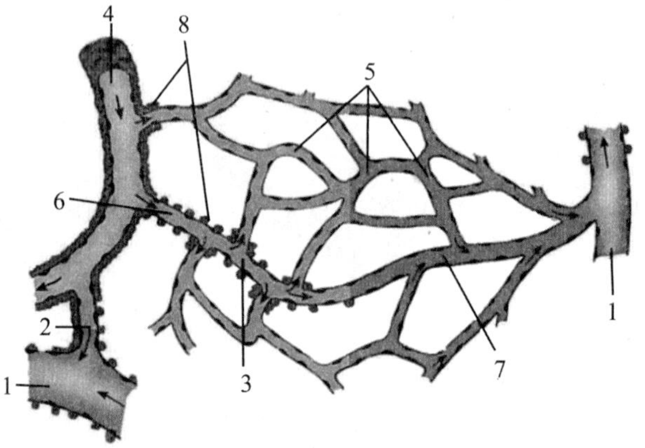

1.微静脉　2.动-静脉吻合　3.中间微动脉　4.微动脉　5.真毛细血管
6.毛细血管前微动脉　7.直捷通路　8.毛细血管前括约肌

图 9-7　微循环组成模式图

(引自:李继承等,2018)

处于静息状态时,大部分括约肌收缩,真毛细血管内仅有少量血液通过,微循环的大部分血液经直捷通路或动静脉吻合快速流入微静脉;当机体组织功能活跃时,括约肌松弛,微循环的大部分血液流经真毛细血管,血液与组织细胞之间进行充分的物质交换。因此,根据机体局部机能活动的需要,血液流经微循环的途径有 3 条:①微动脉→真毛细血管→微静脉;②微动脉→直捷通路→微静脉;③微动脉→动静脉吻合→微静脉。与毛细血管相接的微静脉,称为毛细血管后微静脉(postcapillary venule),其结构与毛细血管相似,相邻细胞间隙较宽,物质通透性大,故仍可进行物质交换。

四、血管主干及其侧支的分布规律

血管主干及其侧支的分支,随胚胎的发育逐渐形成。其分布的规律与畜体的单轴性、两侧对称性和分节性结构相一致。

(一)血管的主干

躯体血管主干(如主动脉、腔静脉)和较大的主要血管(如臂头动脉、门静脉)都位于躯干的深部,在压力小和最安全的部位,并且与躯干长轴平行。四肢的动脉主干多沿骨骼的内侧或关节的屈面,由近端向远端伸延。且常与静脉、神经伴行,共同包在结缔组织鞘内,形成血管神经束。四肢的静脉主干有深、浅两类。深静脉多与动脉伴行,伴行的动、静脉,其分布范围或收集范围大体一致,名称也基本相同;浅静脉位于皮下,无动脉伴行。

(二)血管的分支

体循环动脉主干分出的侧支有壁支和脏支之分。壁支均呈两侧对称分布,胸、腰部的壁支尚保留分节性;脏支有的随胚胎的发育而合并成单支(如腹腔动脉、肠系膜动脉),有的仍成对保留(如肾、睾丸和卵巢动脉)。

侧支以不同的角度由主干分出。与主干呈锐角分支的动脉,供应较远的器官,血流速度快;与主干呈直角分出的动脉,多分布于邻近的器官和组织;与主干呈钝角分支的动脉,向主干血流相反的方向延伸，故称返支。

侧支与主干平行的称侧副支。侧副支间互相吻合，称为侧副循环或侧副吻合。当主干血流受阻时，侧副支可变粗大，血液则通过侧副吻合到达阻塞点以下的主干。

(三)器官内动脉分布规律

动脉在不同的器官内有不同的分支，但构造相似的器官，其动脉分支状况也大致相似。

1. *骨器官的动脉* 长骨骨干的滋养动脉经滋养孔入骨，分支伸向两端，并在骨骺内与来自骨端动脉分支吻合成血管网。短骨的动脉由骨的四周入骨，并向中央延伸分布。

2. *骨骼肌的动脉* 动脉从肌肉的恒定位置、肌肉附着点或邻近处和腱系膜等多处进入肌肉，沿纤维束纵行分支分布。

3. *实质性器官的动脉* 可分放射型、纵走型和集中型。放射型动脉由门部进入器官后，向四周分支，如肝、肺和肾的动脉；纵走型动脉在器官内沿其长轴伸延，如胰的动脉；集中型动脉自器官周围进入其中，分支伸向中央，如脊髓的动脉。

4. *管状器官的动脉* 分环状分支和纵行分支。环状分支是动脉经系膜到管状器官的一侧，沿器官的长轴以直角发出横支，环绕器官分布，如肠和子宫的动脉。纵行分支是动脉沿管状器官的一侧纵行分支，并纵向进入器官壁内，如输尿管的动脉。

5. *神经及韧带的动脉* 动脉在其长轴上从多处穿过外膜进入其中，分为长支和降支，沿纤维束纵行分支分布。

(四)血管的吻合

相邻血管以交通支连通称血管吻合。血管吻合有调节血流量、平衡血压和起侧副支的作用。血管的吻合形式如下：①动脉弓相邻动脉的分支呈弓状吻合，如空肠动脉弓和掌动脉弓。②动脉网不同动脉分支在同一平面上相互吻合成网，如腕背侧动脉网。③血管丛不在一个平面上的较稠密的动脉网，如脑室的脉络丛。④异网再次聚集成动脉的一类动脉网，即连接在动脉间的动脉网，如牛、羊颅腔中的硬膜外异网。⑤动静脉吻合小动脉与小静脉之间的直接通连，如鼻、唇、外耳和四肢末端及消化管的黏膜等多处存在的静脉吻合。

第二节 心 脏

一、心脏的形态和位置

心脏(heard)为中空的肌质器官，外被心包包围，位于胸腔纵隔内，夹于左、右两肺之间，略偏左侧。

动物的心脏呈左、右稍扁的倒圆锥形，背侧部大，称为心基(cardiac base)，约位于肩关节水平线上(牛)，或第一肋骨中点的水平线上(马)。心基部与起止心脏的大血管相连，位置固定。下部尖而游离，为心尖(cardiac apex)，位于最后胸骨片背侧，距膈 2～5 cm(牛)，或 6～8 cm(马)。心脏前缘凸，与第 3 肋骨或肋间隙相对；后缘短而直，与第 6 肋骨或肋间隙相对。

在心脏的表面，近心基处有环绕心脏的冠状沟，是心房和心室的外表分界。沟的上部为心房，下部为心室。在心脏的左侧面和右侧面，分别有一锥旁室间沟(左纵沟)和一窦下室间沟

(右纵沟),(在牛的心脏后缘还有一副纵沟)(图 9-8)。锥旁室间沟位于左前方,自冠状沟向下延伸,大致与心脏的后缘平行,不达心尖。窦下室间沟位于右后方,自冠状沟向下伸延至心尖。上述室间沟是左、右心室的外表分界,两沟前部为右心室,后部为左心室。副纵沟位于心脏的后面,自冠状沟向腹侧延伸。在冠状沟、室间沟及副纵沟内有营养心脏的血管,并有脂肪填充。

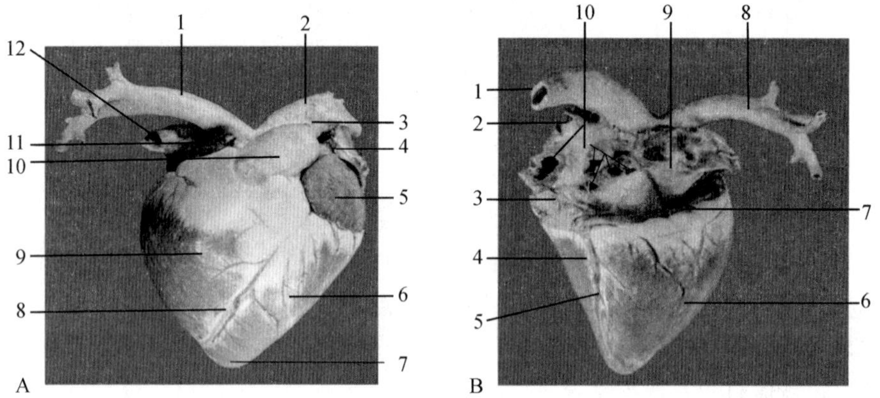

A. 左侧面:1. 臂头动脉干 2. 主动脉 3. 动脉韧带 4. 左奇静脉 5. 左心耳 6. 左心室 7. 心尖 8. 锥旁室间沟(左纵沟) 9. 右心室 10. 左肺动脉干 11. 右心房 12. 前腔静脉

B. 右侧面:1. 主动脉 2. 肺动脉 3. 后腔静脉 4. 左心室 5. 窦下室间沟(右纵沟) 6. 右心室 7. 冠状沟 8. 臂头动脉干 9. 右心房 10. 肺静脉

图 9-8 牛的心脏

(引自:Mansour et al. ,2018)

二、心脏的构造及组织学结构

(一)心腔的构造

心腔以纵走的房中隔和室中隔分为右心房、右心室、左心房、左心室四个腔。同侧的心房和心室各以房室口相通(图 9-9)。

1. *右心房*(right atrium) 构成心基的右前部,壁薄而腔大,由右心耳和静脉窦构成。右心耳呈圆锥状盲囊,尖端向左,再向后伸至肺动脉干的前方,内壁有许多方向不同的肉嵴,称为梳状肌。

静脉窦是体循环静脉的入口部,接受全身的静脉血。前腔静脉和后腔静脉分别开口于右心房的背侧壁和后壁,两开口之间有发达的静脉间结节,有分流前、后腔静脉血液,避免互相冲击的作用。后腔静脉口的腹侧有一冠状窦,为心大静脉和心中静脉的开口。马的右奇静脉发达,开口于右心房背侧或前腔静脉根部。牛和猪的左奇静脉发达,位于胸主动脉左侧,在冠状窦处注入右心房。在后腔静脉入口附近的房中隔上,有一卵圆窝,是胚胎时期卵圆孔的遗迹。在右心房的腹侧有一右房室口,通右心室。

2. *右心室*(right ventricle) 构成心室的右前部,室壁较薄,室腔不达心尖。其上方有 2 个口:前口较小,为肺动脉干口;后口较大,为右房室口。

右房室口为右心室血液的入口,以致密结缔组织构成的纤维环为支架。纤维环上附着有 3 片三角形的瓣膜,称为右房室瓣或三尖瓣,游离缘向下垂入心室,并有数条纤细的结缔组织

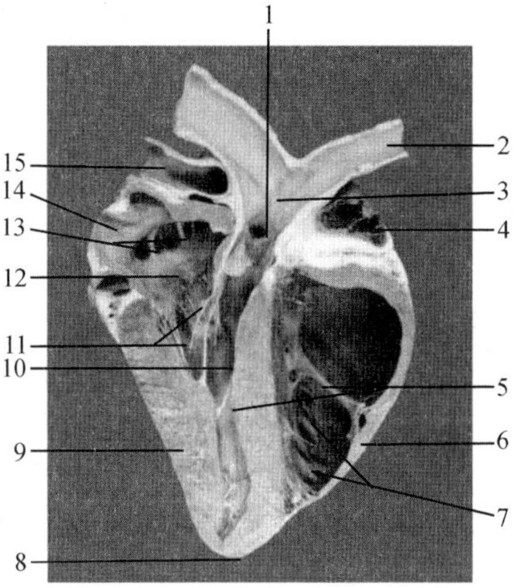

1.左冠状动脉　2.臂头动脉干　3.主动脉　4.右心耳　5.隔缘肉柱　6.右心室　7.肉柱　8.心尖　9.左心室　10.乳头肌　11.腱索　12.左房室口　13.梳状肌　14.左心房　15.肺动脉干

图 9-9　牛心脏的内部构造

(引自:Mansour et al.,2018)

腱索,连接到心室壁的乳头上。乳头肌一般有 3 个,为心室壁上突出的圆锥状肌柱,每片瓣膜的腱索分别连接到相邻的 2 个乳头肌上。当心室收缩时,心室内压升高,血液将瓣膜向上推,使其相互合拢,关闭房室口。由于腱索的牵拉,瓣膜不致翻向右心房,以防止血液逆流回心房。

肺动脉口为右心室血液的出口,也由一纤维环支持,环上附着 3 片半月形的瓣膜,称肺动脉瓣或半月状瓣。瓣膜的凹面向着肺动脉干。当心室舒张时,室内压降低,进入肺动脉干的血液倒流,充满半月状瓣的凹陷,使其互相靠拢,关闭肺动脉干口,以防止血液逆流回心室。

此外,在室中隔上,横过室腔走向室侧壁的隔缘肉柱或心横肌,当心室舒张时,有防止心室过度扩张的作用。

3. *左心房*(left atrium)　构成心基的左后部。其构造与右心房相似,有向前突出的圆锥状盲囊,为左心耳(auricula sinistra),内壁也有梳状肌。在左心房背侧壁的后部,有数个肺静脉口,其数目因家畜种类而有差异,在肺内经过气体交换后富含氧的动脉血,经肺静脉流回左心房。在左心房的下方有一左房室口,通左心室。

4. *左心室*(left ventricle)　构成心室的左后部。室壁很厚,室腔伸达心尖,其上方也有 2 个口:前口较小,为主动脉口;后口较大,为左房室口。

左房室口为左心室的入口,其周缘也由纤维环构成,环上附着有两片三角形的瓣膜,称左房室瓣或二尖瓣,其构造和作用与三尖瓣相同。

主动脉口为左心室血液的出口,其构造与肺动脉口相似,但较强韧,纤维环上也附着有 3 个半月瓣,称为主动脉瓣。马主动脉口的纤维环内有 2～3 块软骨,在牛则为左、右两块心小骨。左心室内也有隔缘肉柱(图 9-10)。

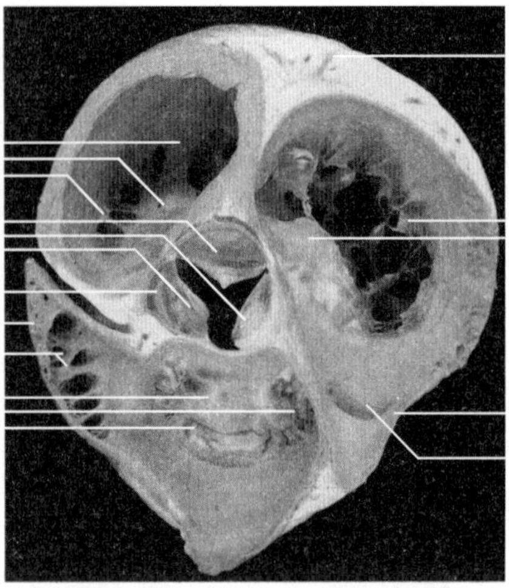

1. 右室间沟 2. 壁间瓣 3. 隔尖瓣 4. 左室间沟 5. 大冠状静脉 6. 壁尖瓣 7. 隔尖瓣
8. 角尖瓣 9. 隔半月瓣 10. 左半月瓣 11. 右半月瓣 12. 右冠状动脉
13. 右心房 14. 梳状肌 15. 左半月瓣 16. 右半月瓣 17. 中间半月瓣

图 9-10 马的心瓣膜

（引自：陈耀星等，2009）

（二）心壁的构造及组织学结构

心壁由外向内由心外膜、心肌膜和心内膜 3 层组成（图 9-11）。

1. 心外膜（epicardium） 为被覆于心肌表面的一层浆膜，即心包浆膜的脏层，由间皮和薄层结缔组织构成，内含弹性纤维、血管和神经，常有脂肪细胞（图 9-12）。

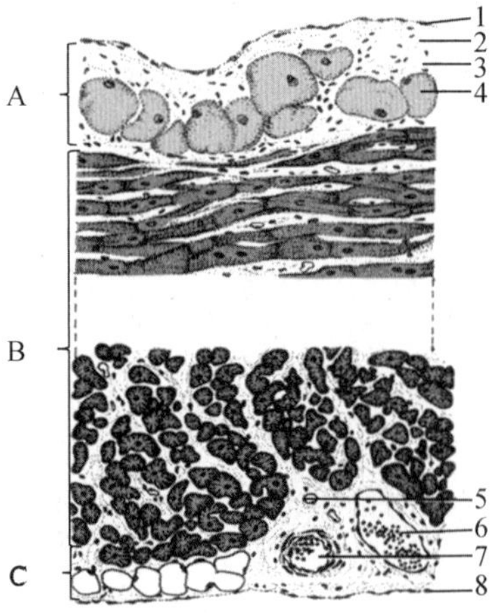

A. 心内膜 B. 心肌膜 C. 心外膜

1. 内皮 2. 内皮下层 3. 心内膜下层 4. 浦肯野纤维
6. 毛细血管 6. 小静脉 7. 小动脉 8. 间皮

图 9-11 心壁的组织结构

（引自：李继承等，2018）

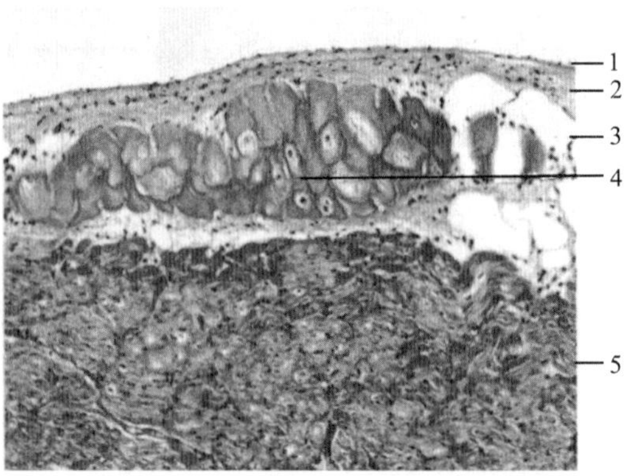

1. 内皮 2. 内皮下层 3. 心内膜下层
4. 浦肯野纤维 5. 肌层

图 9-12 心内膜光镜图（HE，100×）

（引自：陈耀星等，2019）

2. 心肌膜(myocardium)　为心壁的主要组成部分,主要由心肌纤维构成。心肌纤维呈螺旋状环绕分层排列为内纵、中环、外斜3层,心肌纤维集结成束,束间有少量结缔组织、血管和神经。结缔组织中有较多的成纤维细胞,在心肌损伤进行修复时大量增加,形成瘢痕组织。

心肌被房室口的纤维环分隔为心房肌和心室肌两个独立的肌系。因此,心房和心室可分别收缩和舒张。

心房肌薄,分浅、深两层。浅层为同时环绕左、右心房的横行肌束,为左右心房共有,有些纤维伸入房中隔形成"∞"形纤维袢。深层为各心房所独有,肌纤维呈袢状和环状。前者起于房室口的纤维环,纵绕心房而止于纤维环;后者围绕静脉口、心耳和卵圆窝。

心室肌厚,左心室肌最厚。心室肌大致可分为浅、中、深三层。浅层纤维分别起于左、右房室口的纤维环,呈弓形绕至心尖,并在心尖旋转成旋涡状的心涡,然后转入深部形成深层,再上升经室中隔至另一心室的乳头肌。夹于浅、深层间的中层也起止于房室口纤维环,肌束几乎呈环形排列,为各心室独有,左心室中层特别发达。

在心房和心室交界处,有心骨骼,它是心的支架,也是心肌和心瓣膜的附着处。猪和猫的心骨骼为致密结缔组织,羊和犬的心骨骼含透明软骨,马和大反刍动物的心骨骼则有骨片存在。心房肌和心室肌分别附着在心骨骼上,两部分心肌并不相连,使心房肌的兴奋不能直接传到心室肌。

3. 心内膜(endocardium)　为紧贴于心房和心室内表面的一层光滑的薄膜,从内向外又分心内皮、内皮下层和心内膜下层3部分。内皮为衬于腔面的单层扁平上皮,并与血管的内膜相延续。内皮下层为位于内皮深面的薄层纤维结缔组织,内含少量平滑肌;心内膜下层位于内皮下层深面,两者分界不清楚,由疏松结缔组织构成,内血管、神经和浦肯野纤维。心脏的各种瓣膜就是由心内膜向心腔折叠成的双层内皮,中间夹着一层致密结缔组织。瓣膜上没有血管分布,但其基部有血管和平滑肌。

三、心脏的血管和神经

(一)心脏的血管

心脏本身的血液循环称冠状循环(coronaria)。其动脉称冠状动脉,静脉则称为心静脉。冠状动脉有左、右两条。左冠状动脉由主动脉根部的左侧发出,经动脉圆锥与左心耳之间进入冠状沟,立即分为锥旁室间支和回旋支。前者沿同名沟下行;后者沿冠状沟向后继续伸延至冠状窦附近。少数个体绕至心脏右侧,并折转向下移行为窦下室间支,沿同名沟伸至心尖。右冠状动脉较左冠状动脉小,由主动脉根部的前方发出,经动脉圆锥与右心耳之间进入冠状沟,向右后伸延至冠状窦附近。冠状动脉在心壁内反复分支,直至毛细血管。

心静脉包括心大静脉、心中静脉、心右静脉和心小静脉。心大静脉在锥旁室间沟与锥旁室间支伴行,上行至冠状沟与回旋支伴行,末段在后腔静脉口腹侧的冠状沟内膨大形成冠状窦,开口于右心房。心中静脉在窦下室间沟伴随窦下室间支上行,开口于冠状窦。数条心右静脉沿右心室壁上行,横过冠状沟而直接开口于右心房。心小静脉在心肌中,数目较多,直接开口于右心房。

(二)心脏的神经

分布于心脏的运动神经有交感神经和迷走神经,前者可兴奋窦房结,加强心肌的活动;后者的作用与前者相反。心脏的感觉神经分布于心壁各层，其纤维随交感神经和迷走神经分别进入脊髓和脑。

四、心脏的传导系统

心脏的传导系统(conduction system of heart)由特殊的心肌纤维构成，其主要功能是产生并传导心搏动的冲动到整个心脏，以协调心房肌和心室肌，按一定的顺序进行舒缩，维持心脏正常活动的节律。心脏传导系统包括窦房结、房室结和房室束及其分支等(图 9-13)。

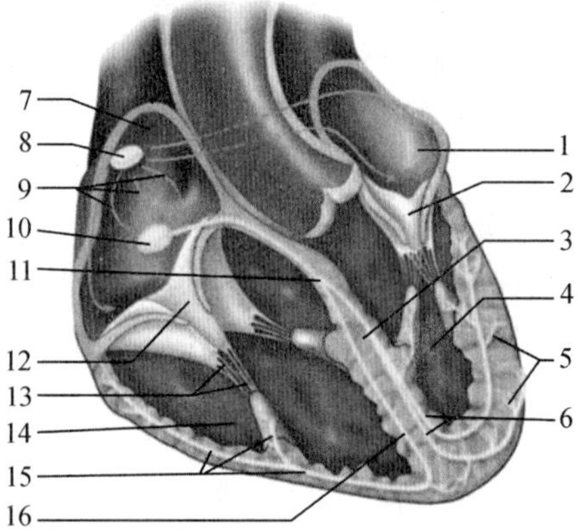

1. 左心房　2. 左房室瓣　3. 室间隔　4. 左心室　5,15. 浦肯野纤维　6. 左束支
7. 前腔静脉　8. 窦房结(起搏器)　9. 结间束　10. 房室结　11. 房室束
12. 右房室瓣　13. 腱索　14. 右心室　16. 右束支

图 9-13　心脏传导系统模式图

(引自：Anthony et al.，2018)

窦房结是心脏跳动的起搏点，位于前腔静脉和右心耳之间的界沟内，心外膜下。房室结位于房中隔右房侧冠状窦附近的心内膜下。房室束为房室结的直接延续，它在室中隔上部，分为一较细的右束支(右脚)和一较粗的左束支(左脚)，后者穿过室中隔。左、右束支分别沿室中隔的两侧的心内膜下伸延，分出许多小支分布于室中隔，并通过隔缘肉柱分布到左、右心室的侧壁。上述小分支在心内膜下分散成浦肯野纤维，与普通心肌纤维相连接。

五、心包

心包(pericardium)为包在心脏周围的锥形囊，囊壁由浆膜和纤维膜组成，故心包可分为浆膜性心包和纤维性心包(图 9-14)。浆膜性心包较薄，可分为壁层和脏层，壁层贴于纤维性心包的内面，在心基部和大血管根部折转移行为脏层，脏层紧贴于心脏的外表面，构成心外膜。在壁层和脏层之间的空隙，称为心包腔，内有少量浆液(心包液)，起润滑作用，可减少心脏搏动时的摩擦。纤维性心包为一层坚韧的结缔组织膜，在心基部与出入心脏的大血管的外膜相连；在心尖部折转而附着于胸骨背侧壁，与心包胸膜共同构成胸骨心包韧带，将心包固着于胸骨上。心包位于纵隔内，被覆在心包外面的纵隔胸膜，称为心包胸膜。

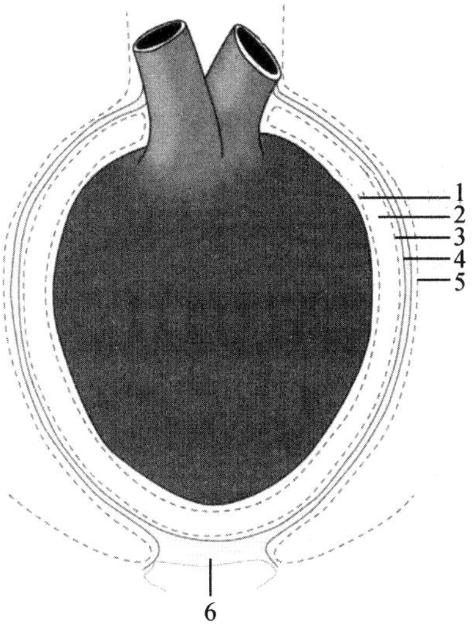

1. 心外膜　2. 心包腔　3. 心包浆膜壁层　4. 纤维膜　5. 纵隔胸膜　6. 胸骨心包韧带

图 9-14　心包模式图

（引自：Dyce et al. ，2010）

第三节　躯干及头部血管

一、肺循环的血管

肺动脉干(pulmonary ciculation)　起于右心室，在主动脉的左侧向后向上伸延，至心基的后上方分为左、右肺动脉，二者分别与同侧支气管一起经肺门入肺(猪、牛、羊的右肺动脉还分出一支到右肺的前叶)。在肺内随支气管而分支，最后在肺泡周围形成毛细血管网，在此进行气体交换。

肺静脉(pulmonary vein)　由毛细血管网汇合而成，随动脉和支气管而行，最后汇合成6～8支，由肺门出肺后开口于左心房。

二、体循环的血管

(一)体循环的动脉

主动脉(aorta)为体循环动脉的总干，位于胸、腹腔内，可分为升主动脉、主动脉弓、胸主动脉和腹主动脉。升主动脉起于左心室的主动脉口，全长位于心包内；升主动脉穿出心包后，在纵隔内向后上方呈弓形延伸至第 5 胸椎腹侧的一段称主动脉弓；主动脉弓向后沿胸椎腹侧延伸至膈为胸主动脉；胸主动脉穿过膈的主动脉裂孔进入腹腔称为腹主动脉。腹主动脉沿腰椎腹侧后行，至第 5～6 腰椎腹侧分为左、右髂外动脉和左、右髂内动脉(表 9-1)。

表 9-1 主动脉及主要分支简表（引自：杨银凤等，2011）

动脉					分布
左心室→主动脉弓	左、右冠状动脉				心脏
	臂头动脉干	左锁骨下动脉	左腋动脉		左前肢
			胸腔分支		胸壁颈后部
		臂头动脉干	双颈动脉干		头颈部
			右锁骨下动脉	右腋动脉	右前肢
				胸腔分支	胸壁颈后部
胸主动脉	肋间动脉（第6肋以后）				胸壁、脊髓
	支气管食管动脉				肺内支气管、食管
腹主动脉	壁支				腰腹部肌肉皮肤、脊髓
	脏支				胃、肠、肝、胰、脾、肾等
	髂内动脉				骨盆及骨盆腔器官
	髂外动脉				后肢

1.胸腔内的动脉

(1)升主动脉　短，为主动脉的第一段，起始端稍膨大称主动脉球，内面相应的凹陷称主动脉窦。升主动脉在其根部发出左、右冠状动脉之后，于肺动脉和心房之间上行，出心包向前分出臂头动脉干（图 9-15、图 9-16）。

①臂头动脉干　又称臂头动脉总干，分布于头颈、前肢和胸前部的动脉总干，短而粗，自主动脉弓的凸缘分出，沿气管腹侧向前向上伸延，至第 3 肋骨处分出一左锁骨下动脉，其主干延续为臂头动脉。

左锁骨下动脉呈弓状向前下方伸延，绕过第一肋骨前缘而出胸腔，延续为左前肢的腋动脉。左锁骨下动脉在胸腔内分出许多分支，分布于左侧胸前部、鬐甲部和颈后部等处的肌肉和皮肤。其中较大的一支称胸廓内动脉，沿胸骨背侧面向后伸延，沿途分布于胸腺、纵隔、心包、胸壁肌肉和膈（在猪还分布于前数对乳腺），而后在剑状软骨附近穿出胸外，延续为腹壁前动脉。后者在腹直肌与腹横肌之间继续向后伸延，与腹壁后动脉相吻合。

②臂头动脉　为臂头动脉干的直接延续，在气管腹侧向前伸延至第一肋骨附近，分出一双颈动脉干后，其主干延续为右锁骨下动脉。后者出胸腔后，转为右前肢的腋动脉。右锁骨下动脉在胸腔内的分支和分布情况与左锁骨下动脉相同。

猪的左锁骨下动脉和臂头动脉分别起于主动脉弓，分支和分布情况同上。

(2)胸主动脉　为主动脉弓向后的延续，在胸椎腹侧稍偏左，其主要分支有：

①肋间背侧动脉　与肋骨数相一致。除前数对由左锁骨下动脉和臂头动脉的分支分出外，其余均由胸主动脉分出。肋间背侧动脉在肋间隙上端分为一背侧支和一腹侧支。前者较小，分布于脊髓和脊柱背侧的肌肉及皮肤；后者沿肋骨后缘向下伸延，分布于胸侧壁的肌肉和皮肤。

②支气管食管动脉　很短，约在第 6 胸椎处自胸主动脉分出，立即分为一支气管支和一食

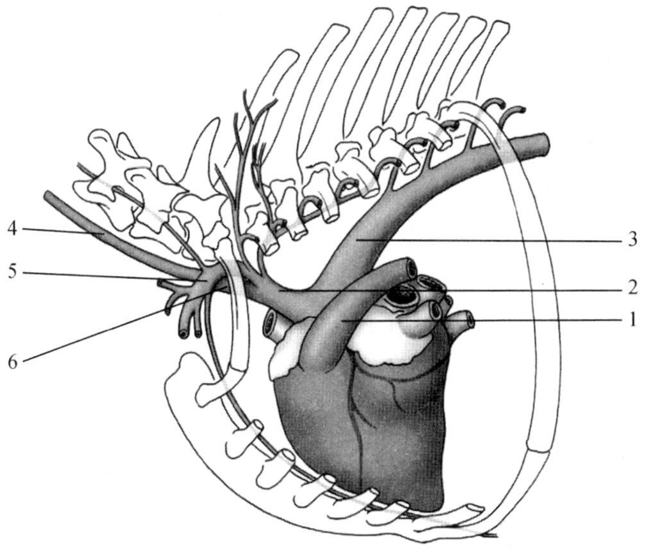

1. 肺动脉干　2. 臂头动脉干　3. 主动脉弓　4. 左颈总动脉
5. 左锁骨下动脉　6. 双颈动脉干

图 9-15　马臂头动脉干的分支

(引自:Dyce et al. ,2010)

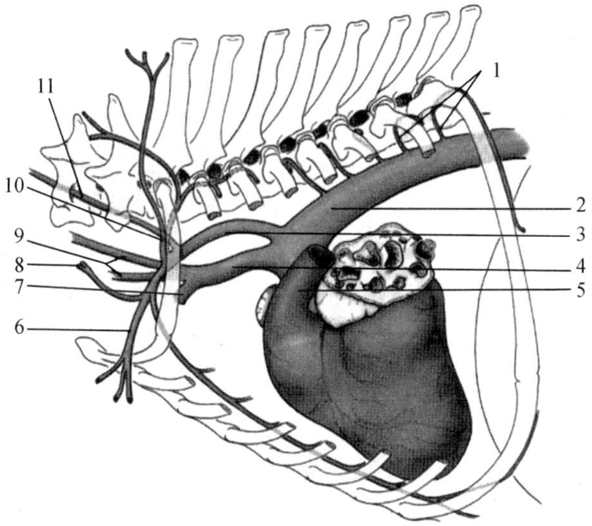

1. 肋间动脉　2. 主动脉　3. 左锁骨下动脉　4. 臂头动脉干
5. 肺动脉干　6. 腋动脉　7. 右锁骨下动脉　8. 颈浅动脉
9. 左、右颈总动脉　10. 肋颈动脉干　11. 椎动脉

图 9-16　犬臂头动脉干的分支

(引自:Dyce et al. ,2010)

管支，分别分布于肺内支气管和食管。在牛和猪，该二支分别起于胸主动脉。

③肋腹背侧动脉　位于最后肋骨的后方，由胸主动脉分出，沿最后肋骨后缘下行，其分支分布情况与肋间背侧动脉相同。

2. 头颈部的动脉　双颈动脉干是头颈部动脉的主干，由臂头动脉分出，沿气管腹侧向前伸延，在胸前口附近分为左、右颈总动脉。

颈总动脉(common carotid artery)　位于颈静脉沟的深部，沿气管（右颈总动脉）或食管（左颈总动脉）的外侧向前向上伸延，在环枕关节腹侧分为枕动脉、颈内动脉（成年牛已退化）和颈外动脉（表 9-2，图 9-17，图 9-18）。在猪枕动脉和颈内动脉以同一总干起于颈总动脉。

表 9-2　头颈部动脉简表(引自：杨银凤等，2011)

动脉				分布
双颈动脉干	左颈总动脉	枕动脉		脑、脊髓、枕部肌肉、皮肤
		颈内动脉(成年牛退化)		脑、脑膜
		颈外动脉	舌面动脉→面动脉	下颌间隙、面部
			上颌动脉	齿、齿龈、鼻腔、眼部
	右颈总动脉			同左颈总动脉

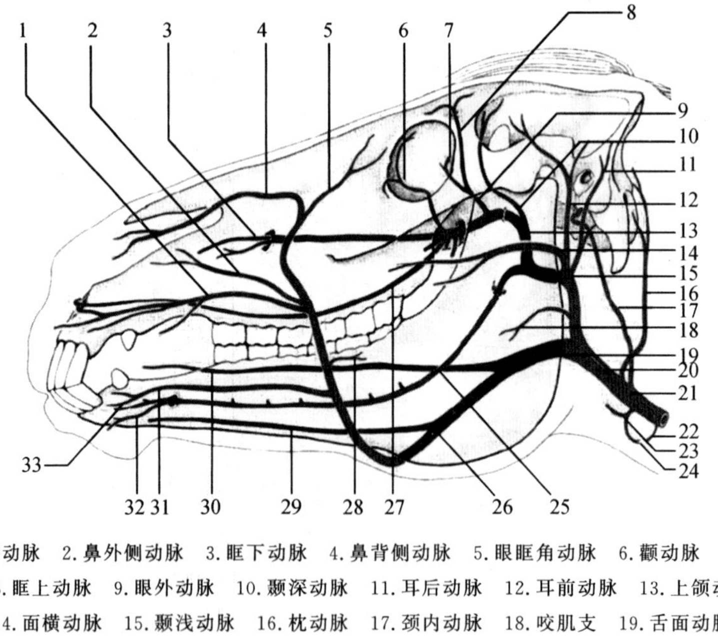

1. 上唇动脉　2. 鼻外侧动脉　3. 眶下动脉　4. 鼻背侧动脉　5. 眼眶角动脉　6. 颧动脉　7. 筛动脉　8. 眶上动脉　9. 眼外动脉　10. 颞深动脉　11. 耳后动脉　12. 耳前动脉　13. 上颌动脉　14. 面横动脉　15. 颞浅动脉　16. 枕动脉　17. 颈内动脉　18. 咬肌支　19. 舌面动脉干　20. 颈外动脉　21. 颈总动脉　22. 甲状腺后动脉　23. 喉前动脉　24. 甲状腺前动脉　25. 下齿槽动脉　26. 面动脉　27. 腭大动脉　28. 咬肌动脉　29. 舌下动脉　30. 舌动脉　31. 下唇动脉　32. 颏动脉　33. 齿支

图 9-17　马头部主要动脉

(引自：陈耀星等，2009)

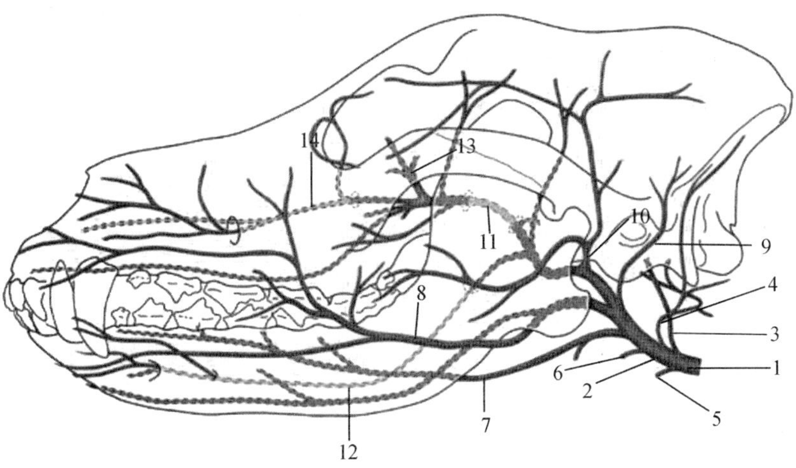

1. 颈总动脉　2. 颈外动脉　3. 颈内动脉　4. 枕动脉　5. 喉前动脉　6. 咽升动脉　7. 舌动脉　8. 面动脉　9. 耳后动脉　10. 颞浅动脉　11. 上颌动脉　12. 下齿槽动脉　13. 眼外动脉　14. 眶下动脉

图 9-18　犬头部主要动脉

（引自：Dyce et al.，2010）

在颈总动脉分叉处的角内，有一小结节，包于纤维鞘内，为颈动脉球或称颈动脉体，含有化学感受器，可感受血液中 CO_2 和 O_2 含量的变化。在颈内动脉或枕动脉（牛）的起始处，血管稍膨大，称颈动脉窦，壁内含有压力感受器，可感受血压的变化。颈动脉球和颈动脉窦都分布有来自舌咽神经（第 9 对脑神经）的窦神经。

颈总动脉在伸延途中分出许多小支，分布于附近的肌肉、气管、食管、腮腺、甲状腺、咽和喉等。

（1）枕动脉　向上伸延到寰椎下方，分支分布于寰枕关节附近的肌肉和皮肤以及硬脑膜和脑脊髓等。

（2）颈内动脉　为三支中最小的一支，向前向上经破裂孔进入颅腔，分布于脑。牛的颈内动脉常于胎儿期即开始闭锁退化。

（3）颈外动脉　为三支中最粗的一支，是颈总动脉的直接延续，向前向上伸延至下颌关节附近，延续为上颌动脉。颈外动脉沿途分支分布于腮腺、咬肌、耳部肌肉和皮肤、颞部肌肉和皮肤以及反刍兽的角根等。其中最大的一个分支称为舌面动脉干。

舌面动脉干　即颌外动脉沿咽外侧壁向前向下伸延，绕过下颌骨血管切迹至面部，转为面动脉。舌面动脉在伸延途中分支分布于咽、软腭、舌、舌下腺、颌下腺以及口腔底的黏膜等。

面动脉　与同名静脉及腮腺管伴行，沿咬肌前缘向上伸延，分支分布于下唇、口角、上唇、鼻侧、鼻背和眼角附近的肌肉及皮肤。在牛鼻侧部和鼻背部的血液是由上颌动脉的分支供应的。猪没有面动脉。

（4）上颌动脉　为颈外动脉的直接延续，分支分布于下颌牙齿、眼球、泪腺、额部皮肤、脑硬膜、鼻腔黏膜、咀嚼肌、下颌牙齿、软腭、硬腭等。在牛还有分支到鼻侧和鼻背。

3. 前肢的动脉　左、右腋动脉是左、右前肢的动脉主干，为左、右锁骨下动脉的直接延续，沿前肢的内侧向指端伸延。在肩关节内侧的一段为腋动脉，在臂部为臂动脉，在前臂部为正中动脉，在掌部为掌心浅动脉。在系关节上方分为数支，分布于指部（表 9-3，图 9-19 至图 9-21）。

表 9-3 前肢动脉简表（引自：杨银凤等，2011）

动脉		分布
腋动脉	肩胛上动脉	肩部、肩前部、肌肉、皮肤
	肩胛下动脉	肩后部皮肤、肌肉
↓ 臂动脉	臂深动脉	肩后部肌肉、皮肤
	尺侧副动脉	前臂掌侧肌肉、皮肤
	桡侧副动脉	前臂背侧肌肉、皮肤
	骨间总动脉	前臂骨及背侧肌肉、皮肤
↓ 正中动脉	掌心内侧动脉（牛—桡动脉）	掌骨的后面
	掌心外侧动脉	
↓ 指总动脉		指部

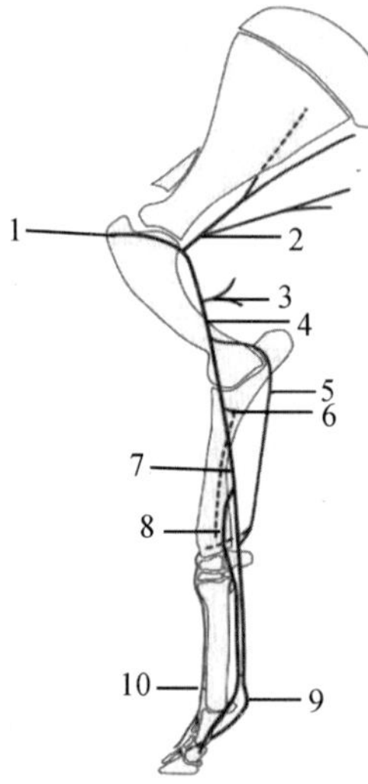

1. 腋动脉 2. 肩胛下动脉 3. 臂深动脉 4. 臂动脉 5. 尺侧副动脉 6. 骨间总动脉 7. 正中动脉 8. 桡动脉 9. 掌指总动脉 10. 背指总动脉

图 9-19 牛前肢动脉（内面）

（引自：Dyce et al，2010）

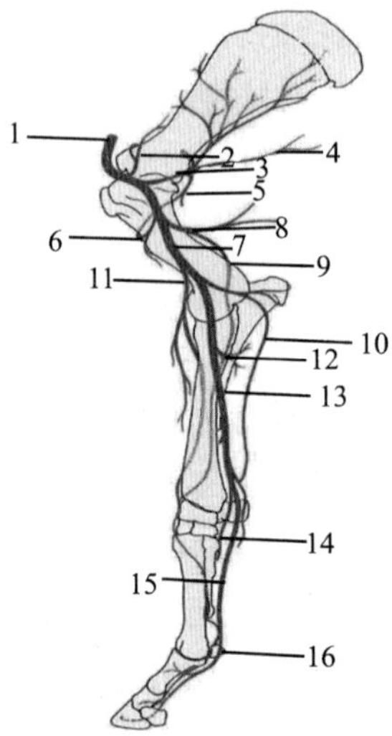

1. 腋动脉 2. 肩胛上动脉 3. 肩胛下动脉 4. 胸背动脉 5. 旋骨后动脉 6. 旋骨前动脉 7. 臂动脉 8. 臂深动脉 9. 桡侧副动脉 10. 尺侧副动脉 11. 肘横动脉 12. 骨间总动脉 13. 正中动脉 14. 桡动脉 15. 掌内侧动脉 16. 指内侧动脉

图 9-20 马前肢动脉（内面）

（引自：Dyce et al，2010）

(1)腋动脉　在肩关节内侧分出肩胛上动脉和肩胛下动脉,分布于肩部的肌肉和皮肤,其主干向下延续为臂动脉。

①肩胛上动脉　在肩关节上方起于腋动脉,向前向上进入肩胛下肌和冈上肌之间,分布于肩胛下肌、肩关节及肩前部的肌肉和皮肤。

②肩胛下动脉　在肩关节后方起于腋动脉,其主干在肩胛下肌和大圆肌之间向后向上伸延,主要分布于肩后部和肩外侧的肌肉和皮肤。

(2)臂动脉　位于臂内侧,臂二头肌后缘向下伸延,在前臂近端延续为正中动脉。臂动脉在伸延途中除分支分布于臂二头肌、胸深肌、臂骨外,还分出下列 4 支较大的分支,分布于臂部和前臂部背侧和掌侧的肌肉和皮肤。

①臂深动脉　约在臂骨中部以 1～2 个短干起于臂动脉,向后分成数支,分布于臂后部的肌肉和皮肤。

②尺侧副动脉　在臂骨下 1/3 处起于臂动脉,向后向下伸至肘突内侧,分布于附近的肌肉,其主干沿前臂掌侧中线下行,分布于前臂掌侧的肌肉和皮肤。

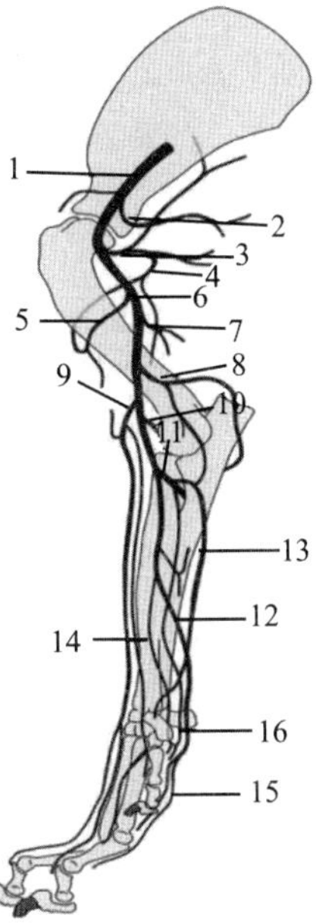

1. 腋动脉　2. 胸背动脉　3. 肩胛下动脉　4. 旋肱后动脉　5. 旋肱前动脉　6. 臂动脉　7. 臂深动脉　8. 尺侧副动脉　9. 臂浅动脉　10. 肘横动脉　11. 骨间总动脉　12. 正中动脉　13. 尺动脉　14. 桡动脉　15. 掌浅动脉　16. 掌深动脉

图 9-21　犬前肢动脉

(引自:Dyce et al.,2010)

③肘横动脉　即桡侧副动脉在前臂远端起于臂动脉,在臂肌和臂二头肌覆盖下,向下向外伸延至肘关节和前臂的背侧面,分布于臂肌及前臂背侧的肌肉和皮肤。

④骨间总动脉　在前臂近端起于臂动脉,穿过前臂骨间隙至前臂背侧,分布于前臂骨和附近的肌肉。其主干称为骨间背侧动脉,向下伸延参与构成腕背动脉网。由腕背动脉网分出分支,沿掌骨的背侧下行到指部。

(3)正中动脉　位于前臂内侧,在桡骨和腕桡侧屈肌之间向下伸延,至前臂远端延续为掌心浅动脉。正中动脉在伸延途中除分支分布于前臂掌侧的肌肉和皮肤外,在前臂远端还分出掌心内、外侧动脉(马)或在前臂中部分出桡动脉(牛)。

马的掌心内、外侧动脉分别沿掌内、外侧动脉向下伸延,分布于骨间中肌和掌骨。

牛的桡动脉相当于马的掌心内侧动脉,沿腕桡侧屈肌表面、腕和掌的掌内侧向下伸延到第 3 指内侧面。

(4)指总动脉　从掌浅弓分出,为正中动脉在前臂远端的延续,位于掌骨的掌内侧,分布于前肢远端的皮肤和肌肉。牛(羊)、猪、马和前肢的指个数不同,该动脉的分支与分布也很不一样。牛和猪有指掌侧第 2～4 总动脉,其中指掌侧第 3 总动脉粗大,可视为正中动脉的延续;马为指掌侧第 2 总动脉;犬有指掌侧第 1～4 总动脉。指掌侧总动脉伸向指部,形成指掌侧固有动脉，分布于指部。

4.腹主动脉(abdominal aorta)　为腰腹部的动脉主干，位于腰椎腹侧，向后伸延到第五、第六腰椎处分为左、右髂外动脉和左、右髂内动脉(表 9-4)。

表 9-4　腰腹部动脉简表(引自：杨银凤等，2011)

动脉			分布
腹主动脉	腰动脉		腰腹部肌肉、皮肤、脊髓
	腹腔动脉		胃、肝、脾、胰、部分十二指肠
	牛	脾动脉	脾、瘤胃
		瘤胃动脉	瘤胃、网胃
		胃左动脉	瓣胃、皱胃
		肝动脉	肝、胰、十二指肠、皱胃
	马	脾动脉	脾、胰、胃、网膜
		胃左动脉	胃、胰、部分食管
		肝动脉	肝、胰、十二指肠、胃
	肠系膜前动脉		肠管
	牛	胰十二指肠动脉	胰、十二指肠
		结肠中动脉	结肠终袢
		回盲结肠动脉	回肠、盲肠、结肠、旋袢
	马	空肠动脉	小肠
		上结肠和结肠中动脉	上大结肠、小结肠起始部
		回盲结肠动脉	回肠、中肠、下大结肠
	肾动脉		肾、肾上腺
	肠系膜后动脉		结肠后部和直肠
	睾丸动脉		精索、睾丸、附睾
	卵巢动脉		卵巢、子宫角

牛的腹主动脉干分出髂内、外动脉后，延续为荐部和尾部的荐中动脉。马的荐中动脉往往由髂内动脉分出。

腹主动脉有两类分支：一类为壁支，即成对的腰动脉，其分支分布情况与肋间动脉相似，分布于腰腹部肌肉、皮肤和脊髓；另一类为脏支，分布于脏器，由前向后依次为腹腔动脉、肠系膜前动脉、肾动脉、肠系膜后动脉、睾丸动脉或卵巢动脉。其中肾动脉和睾丸动脉或卵巢动脉是成对的。

(1)腹腔动脉　短而粗，在主动脉裂孔后方起于腹主动脉，分支分布于胃、肝、脾、胰、网膜和一部分十二指肠。

牛的腹腔动脉分下列四支(图 9-22)。

脾动脉　除分布于脾外，还分出一支较大的瘤胃右动脉，沿瘤胃右纵沟向后伸延，至瘤胃左纵沟，与瘤胃左动脉吻合。

瘤胃左动脉 沿瘤胃左纵沟伸延，并有分支到网胃。

胃左动脉 或称瓣皱胃动脉，在右侧进入瘤胃和网胃之间而至瓣胃，分支分布于瓣胃、皱胃和网膜。

肝动脉 主干由肝门进入肝内，并分支分布到胆囊、胰、十二指肠、皱胃和网膜等。

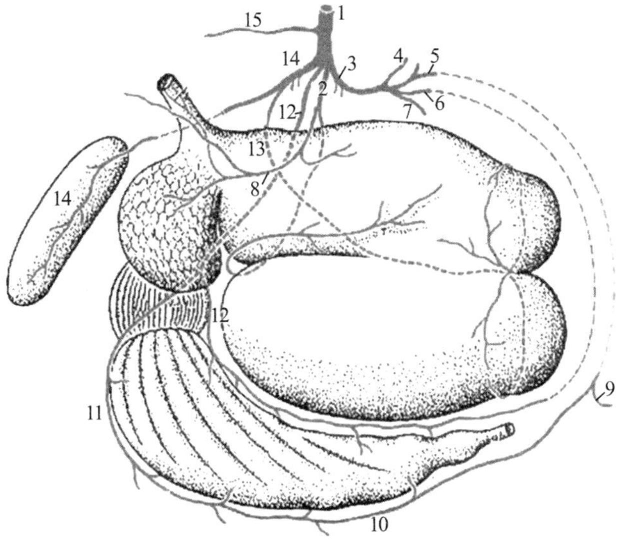

1. 腹腔动脉 2. 瘤胃左动脉 3. 肝动脉 4. 肝右支 5. 胃十二指肠动脉 6. 胃右动脉 7. 肝左支 8. 网胃动脉 9. 胰十二指肠前动脉 10. 胃网膜右动脉 11. 胃网膜左动脉 12. 胃左动脉 13. 瘤胃右动脉 14. 脾动脉 15. 膈后动脉

图 9-22 牛腹腔动脉分支示意图

（引自：陈耀星等，2009）

马和犬的腹腔动脉分下列三支（图 9-23、图 9-24）。

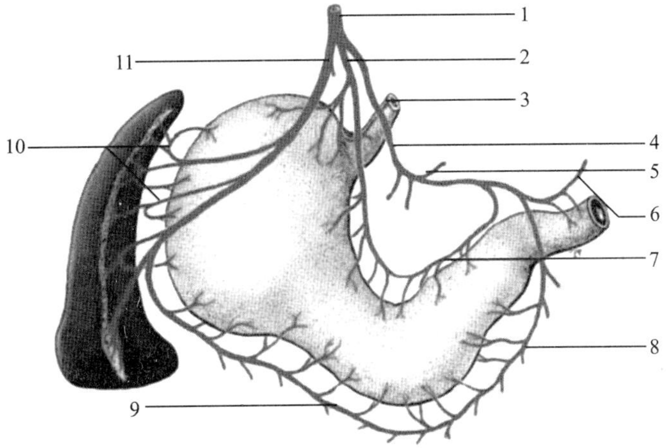

1. 腹腔动脉 2. 胃左动脉 3. 食管支 4. 肝动脉 5. 肝支 6. 胰十二指肠动脉 7. 胃右部动脉 8. 胃网膜右动脉 9. 胃网膜左动脉 10. 胃短动脉 11. 脾动脉

图 9-23 马腹腔动脉示意图

（引自：Singh et al.，2016）

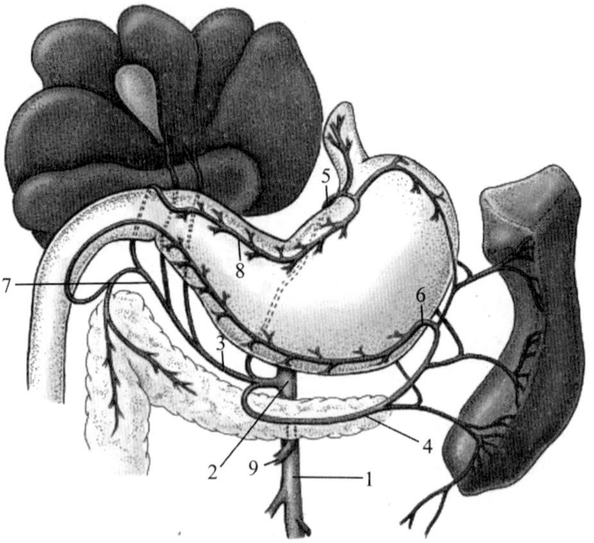

1. 主动脉 2. 腹腔动脉 3. 肝动脉 4. 脾动脉 5. 胃左动脉 6. 左胃网膜动脉
7. 胃十二指肠动脉 8. 胃右动脉 9. 颅肠系膜动脉

图 9-24 犬腹腔动脉示意图

(引自:Singh et al. ,2016)

脾动脉 最粗,向左伸延,主要分布于脾,并有分支到胰、胃大弯和网膜。

胃左动脉 最细,向贲门伸延,主要分布于胃,并有分支到胰和食管。

肝动脉 向右伸延进入肝门,分布于肝,并有分支到胰、十二指肠、胃大弯和网膜等。

(2)肠系膜前动脉 为腹主动脉最大的分支,在第一腰椎腹侧处起于腹主动脉,分支分布于小肠、盲肠、升结肠和横结肠。马的肠系膜前动脉有下列分支(图 9-25)。

①空肠动脉 有 18～20 支,分布于小肠。

②上结肠动脉和结肠中动脉 分别分布于上大结肠和小结肠的起始部。

③回盲结肠动脉 分三支,分别分布于回肠、盲肠和下大结肠。

牛肠系膜前动脉的分支分布与马的基本相似。分出胰十二指肠动脉(相当于马的第一支空肠动脉),分布于胰及十二指肠;结肠中动脉,分布于结肠终袢。肠系膜前动脉的延续干(或称肠干),在空肠系膜内伸延,分出许多空肠支到空肠。此外,还分出一支侧副支(羊没有),在肠干背侧与肠干平行,末端且互相吻合,也有分支到空肠。

(3)肾动脉 有一对短而粗的动脉,约在第 2 腰椎腹侧,由腹主动脉发出,至肾门附近分为数支入肾,分支分布于肾、肾上腺、肾淋巴结和输尿管等。

(4)肠系膜后动脉 在第 3、4 腰椎腹侧处起于腹主动脉,比肠系膜前动脉细,其分支主要分布于降结肠和直肠前部。

(5)睾丸动脉或卵巢动脉 在肠系膜后动脉附近起于腹主动脉。睾丸动脉经腹股沟管进入精索,分布于精索、睾丸和附睾。卵巢动脉又分出输卵管支和子宫前动脉,分布于卵巢输卵管和子宫角。

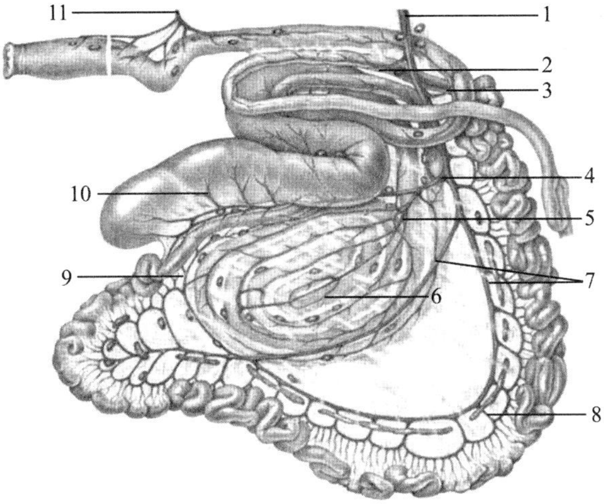

1.肠系膜前动脉　2.胰十二指肠动脉　3.结肠中动脉　4.回结肠动脉　5.结肠右动脉　6.结肠支　7.侧副支　8.空肠动脉　9.回肠动脉　10.盲肠动脉　11.肠系膜后动脉

图 9-25　牛的肠系膜前、后动脉分布图

（引自:Budras et al.,2011）

5.骨盆部和尾部的动脉

(1)髂内动脉　是骨盆部和尾部动脉的主干,在第 5、6 腰椎腹侧由腹主动脉分出,沿荐骨腹侧和荐结节阔韧带的内侧面向后伸延,分支分布于骨盆腔器官、荐臀部和尾部的肌肉和皮肤(表 9-5,图 9-26,图 9-27)。

表 9-5　骨盆部和尾部动脉简表(引自:杨银凤等,2011)

动脉		分布
牛髂内动脉	脐动脉	膀胱、输尿管、输精管
	子宫中动脉	子宫角、子宫体
	尿生殖动脉	直肠、膀胱、尿道、阴茎、阴道
	子宫后动脉	子宫后部和阴道
	阴部内动脉	前庭会阴、乳房和阴茎
牛荐中动脉		荐部脊髓、荐尾部肌肉、皮肤
马髂内动脉	荐动脉	荐、臀、尾部肌肉、皮肤和荐部脊髓
	阴部内动脉	骨盆内脏器、会阴、阴茎或阴道前庭
	闭孔动脉	股后、股内肌群,阴茎

牛髂内动脉分支的特点。

①脐动脉　在牛、猪直接起于髂内动脉(马起于阴部内动脉),是胎儿时期脐动脉的遗留部分,出生后管壁增厚,管径变小,远端闭塞成为膀胱圆韧带。近端有分支到膀胱、输精管(公牛)和输尿管。在母牛分出一很大的子宫中动脉(相当于公畜的精索外动脉),分布于子宫角和子宫体。

②前列腺动脉或阴道动脉　通常在盆腔中部由髂内动脉分出,并立即分为前、后两支,前

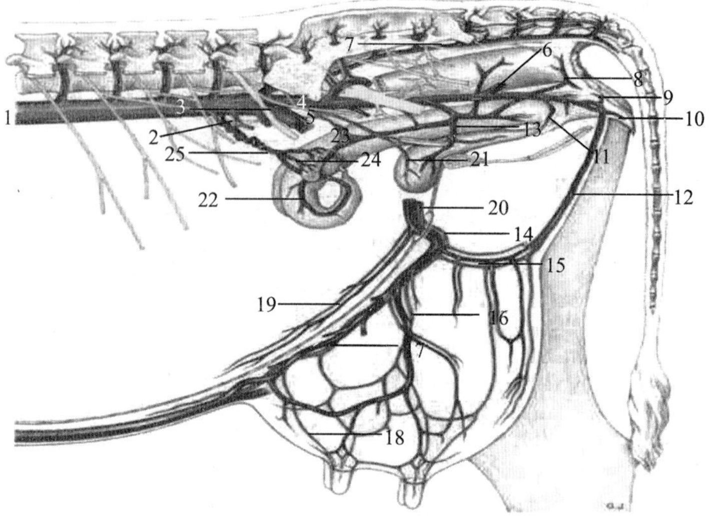

1.腹主动脉 2.肠系膜后动脉 3.髂外动脉 4.髂内动脉 5.脐动脉 6.臀后动脉 7.荐中动脉 8.直肠后动脉 9.会阴腹侧动脉 10.阴蒂动脉 11.尿道动脉 12.阴唇背侧动脉和乳房支 13.膀胱后动脉 14.阴部外动脉 15.阴唇腹侧支(乳房后动脉) 16,18.乳房支 17.腹壁后浅动脉(乳房前动脉) 19.腹壁后动脉 20.阴部腹壁动脉干 21.膀胱前动脉 22.卵巢动脉子宫支 23.子宫动脉 24.输卵管支 25.卵巢动脉

图 9-26 母牛骨盆动脉示意图

(引自:Budras et al.,2011)

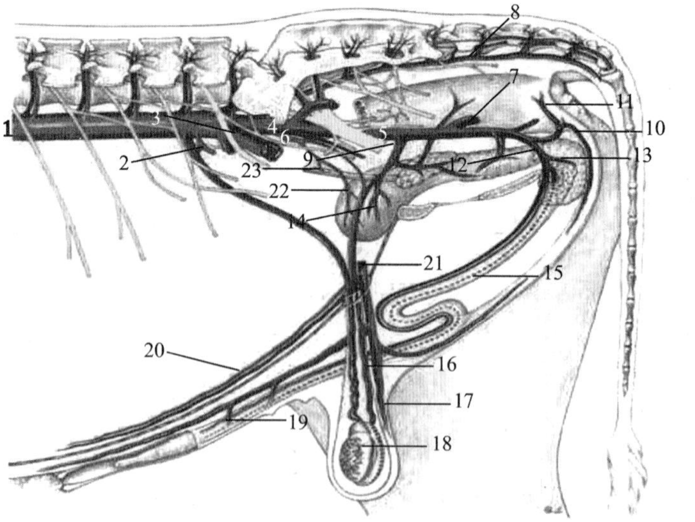

1.腹主动脉 2.肠系膜后动脉 3.髂外动脉 4.髂内动脉 5.髂腰动脉 6.脐动脉 7.臀后动脉 8.荐中动脉 9.前列腺动脉 10.会阴动脉 11.直肠后动脉 12.阴茎动脉 13.阴茎球动脉 14.膀胱后动脉 15.阴茎背动脉 16.提睾肌动脉 17.阴囊腹侧支 18.睾丸动脉 19.包皮支 20.腹壁后动脉 21.阴部腹壁动脉干 22.膀胱前动脉 23.输精管动脉

图 9-27 公牛骨盆动脉示意图

(引自:Budras et al.,2011)

列腺动脉分支分布于输尿管、输精管、膀胱、前列腺、精囊腺和尿道。阴道动脉的前支(子宫后动脉)发达,沿阴道侧壁前行,并与子宫中动脉吻合,分布于子宫颈和阴道等;后支分布于阴道前庭、直肠、肛门、阴唇和会阴部。

③阴部内动脉　是髂内动脉在坐骨小孔之后的直接延续,分布于会阴部和外生殖器官,包括母畜的阴道前庭、阴门及乳房后部,公畜的阴茎。

牛无闭孔动脉,仅有一些小的闭孔支,从髂内动脉和阴部内动脉上分出。

(2)荐中动脉　是腹主动脉在分出一对髂内动脉后的直接延续支,向后伸延到尾根腹侧,转为尾中动脉。临诊时常在尾根部利用此动脉触诊脉搏。

马髂内动脉的主要分支。

①阴部内动脉　起自髂内动脉起始部附近,沿荐结节阔韧带向后伸延,至坐骨弓处分为背腹两支,分别分布于会阴部和尿道球(公马)或阴蒂(母马)。阴部内动脉在骨盆腔内分支分布于直肠、膀胱、公马的副性腺和尿生殖道或母马的子宫和阴道(子宫后动脉)。

②闭孔动脉　沿髂骨向后伸延,经闭孔出骨盆腔,分支分布于股后和股内侧肌群及阴茎(公马)或阴蒂(母马)。

6. *后肢的动脉*　左、右髂外动脉为左、右后肢的动脉主干,沿髂骨前缘和后肢内侧面向趾端伸延。在腹腔内的一段为髂外动脉,在股部为股动脉,在膝关节后方为腘动脉,在胫骨背外侧面为胫前动脉,在跖骨背外侧面为跖背外侧动脉(马)或跖骨背侧面为跖背侧动脉(牛)(表 9-6,图 9-28 至图 9-30)。

表 9-6　后肢动脉简表(引自:杨银凤等,2011)

动脉		分布
髂外动脉	旋髂深动脉	腰腹部肌肉、皮肤
	精索外动脉	公畜的鞘膜和精索
	子宫中动脉（马）	子宫角、子宫体
	股深动脉　阴部外动脉	阴囊、阴茎或乳房
↓股动脉	股前动脉	股前肌肉
	隐动脉（牛隐动脉发达）	股部、小腿内侧皮肤
	股后动脉	股后肌肉、皮肤
↓腘动脉	胫后动脉	小腿后部肌肉、皮肤
↓胫前动脉		小腿背外侧肌肉、皮肤
	→跖背外侧动脉（马）	趾部
	→趾总动脉	趾部
↓或跖背侧动脉（牛）		趾部
	→趾背侧动脉	趾部

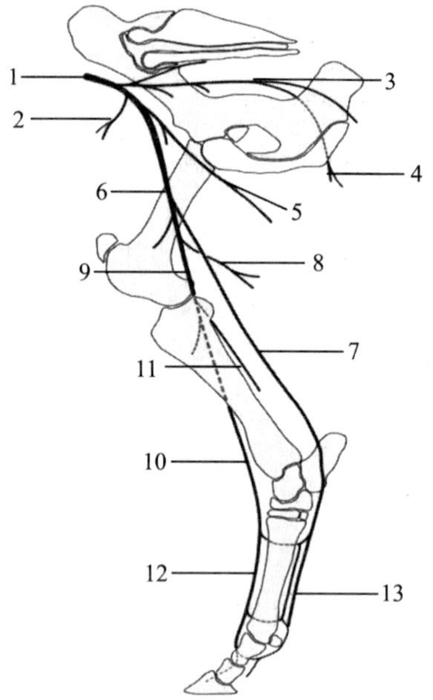

1.髂外动脉 2.旋髂深动脉 3.髂内动脉 4.臀后动脉 5.旋股内侧动脉 6.股动脉 7.隐动脉 8.股后动脉 9.腘动脉 10.胫前动脉 11.胫后动脉 12.跖背动脉 13.足底内侧和外侧动脉

图 9-28 牛的后肢动脉(内面)

(引自:Dyce et al.,2010)

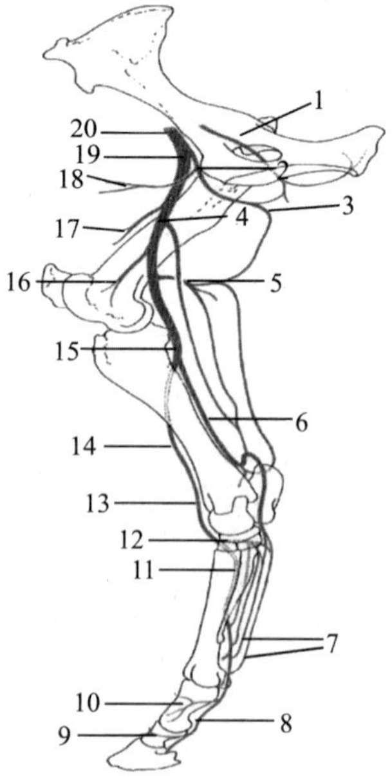

1.闭孔动脉 2.股深动脉 3.旋股内侧动脉 4.隐动脉 5.股后动脉 6.胫后动脉 7.跖内、外侧动脉 8.趾跖内侧动脉 9.中趾节背侧支 10.近趾节背侧支 11.跖背侧第3动脉 12.跗穿动脉 13.足背动脉 14.胫前动脉 15.腘动脉 16.膝降动脉 17.旋股外侧动脉 18.阴部腹壁动脉干 19.股动脉 20.髂外动脉

图 9-29 马的后肢动脉(内面)

(引自:Dyce et al.,2010)

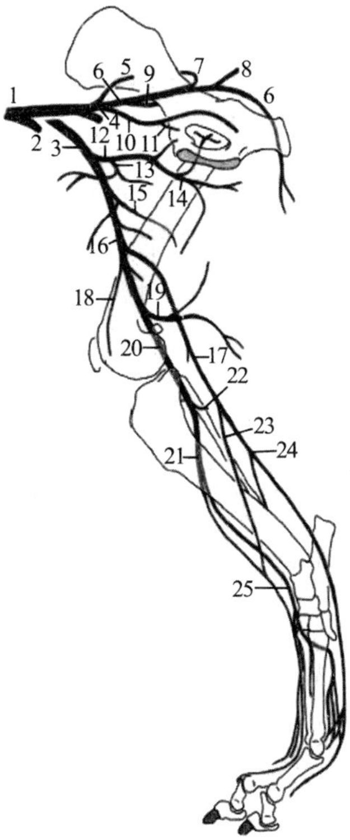

1. 腹主动脉 2. 左髂外动脉 3. 右髂外动脉 4. 左、右髂内动脉 5. 荐中动脉 6. 臀后动脉 7. 臀前动脉 8. 外侧尾动脉 9. 髂腰动脉 10. 阴部内动脉 11. 阴道动脉 12. 股深动脉 13. 阴部腹壁动脉干 14. 旋股内侧动脉 15. 旋股外侧动脉 16. 股动脉 17. 隐动脉 18. 膝降动脉 19. 股后远动脉 20. 腘动脉 21. 胫前动脉 22. 胫后动脉 23. 隐动脉近前支 24. 隐动脉后支 25. 足背动脉

图 9-30 犬的后肢动脉(内面)

(引自:Dyce et al. ,2010)

(1)髂外动脉　在第 5、6 腰椎处起于腹主动脉,在腹膜和髂筋膜覆盖下,沿髂骨前缘向后向下伸延,至耻骨前缘转为股动脉。髂外动脉分出下列主要分支:

①旋髂深动脉　在离腹主动脉不远处(有时直接起于腹主动脉),由髂外动脉分出,向外下方伸延,分布于腰部和腹壁的肌肉和皮肤。

②子宫中动脉　常起于髂外动脉起始部。母马的子宫中动脉很粗,分布于子宫角和子宫体。母牛的子宫中动脉起于脐动脉。

③股深动脉　在耻骨前缘常与阴部腹壁动脉干以一总干起于髂外动脉,向后分布于股内侧和股后肌群;在牛还分出一闭孔支。阴部腹壁动脉干又分为腹壁后动脉和阴部外动脉两支。

腹壁后动脉　沿腹直肌外侧缘向前伸延,分布于腹壁后部,并与腹壁前动脉吻合。

阴部外动脉　在公马很发达,向下经腹股沟管分布于阴茎、阴囊和包皮等(公牛则较小,主要分布于阴囊和包皮)。母畜的阴部外动脉分布于乳房,称为乳房动脉。

母牛的乳房动脉很粗,在乳房基部分出乳房基底前动脉和乳房基底后动脉后,其主干进入乳腺实质，又分成前、后两支，分别称为乳房前动脉和乳房后动脉，由这些主干再分支分布于乳腺实质。此外，阴部内动脉的乳腺支（即会阴动脉）也进入乳房后部，并与乳房动脉相吻合。

（2）股动脉　为髂外动脉的直接延续，在股薄肌覆盖下向下伸延，然后转至膝关节的后方延续为腘动脉。股动脉分出下列主要分支，分布于股骨前方和后方的肌肉。

①股前动脉　向前向下进入股内侧肌和股直肌之间，分布于股四头肌。

②隐动脉　约在股骨中部起于股动脉，经股薄肌和缝匠肌之间穿出股管，然后沿股中部和小腿内侧皮下向下伸延，牛的隐动脉较粗大，在跗关节内侧分为足底内侧动脉和足底外侧动脉。

足底内侧动脉　较粗，沿趾深屈肌腱内侧缘下行，分支分布于第 2 趾、第 3 趾和第 4 趾。

足底外侧动脉　较细，沿趾深屈肌腱外侧缘下行，分支分布于第 4 趾和第 5 趾。

马的隐动脉很小，在股内侧皮下向下伸延至跗关节附近。

③股后动脉　短而粗，在腓肠肌起点附近起于股动脉，分支分布于股后肌群以及腓肠肌和趾屈肌。

（3）腘动脉　位于膝关节后方，在腓肠肌之间和腘肌深部下行，在小腿近端分出胫后动脉后，其主干延续为胫前动脉。

胫后动脉　沿胫骨后面向下伸延，分布于胫骨和小腿跖侧的肌肉。

马的胫后动脉在跗关节处分为跗内、外侧动脉。跗外侧动脉小，分布于跗关节外侧。跗内侧动脉较大，又分为内、外两支，分别沿趾屈肌腱的内、外侧缘向下伸延，在系关节上方分别与趾内、外侧动脉吻合。

牛的胫后动脉仅分布于小腿跖侧的肌肉，不伸延到趾部，而由隐动脉代替。

（4）胫前动脉　为腘动脉的直接延续，穿过小腿骨间隙，沿胫骨背外侧面向下伸延，至跗关节背侧分出一跗穿动脉后，转为跖背外侧动脉（马）或跖背侧第 3 动脉（牛）。

跗穿动脉穿过跗关节至跗关节跖侧。在马分为两支，在骨间中肌深面，沿大掌骨两侧向下伸延，至系关节上方与趾总动脉吻合。牛的跗穿动脉沿跖骨跖侧面的血管沟下行，在趾间分为两支，分布于第 3 趾和第 4 趾。

（5）跖背侧第 3 动脉　沿跖骨背侧面的沟下行，在跖骨远端分出远穿支参与形成足底深远弓后，延续为趾背侧第 3 总动脉。趾背侧第 3 总动脉继续沿跖骨远端背侧面的沟下行，至趾间隙分为第 3 趾和第 4 趾背侧固有动脉。分布于第 3 趾和第 4 趾。

跖背外侧动脉沿跖骨背外侧面下行，至跖骨跖侧面转为趾总动脉，其分支和分布与前肢指总动脉相同。

（二）体循环的静脉

体循环静脉系包括心静脉、前腔静脉、后腔静脉和奇静脉（表 9-7，图 9-31，图 9-32）。

表 9-7　全身静脉回流简表(引自:杨银凤等,2011)

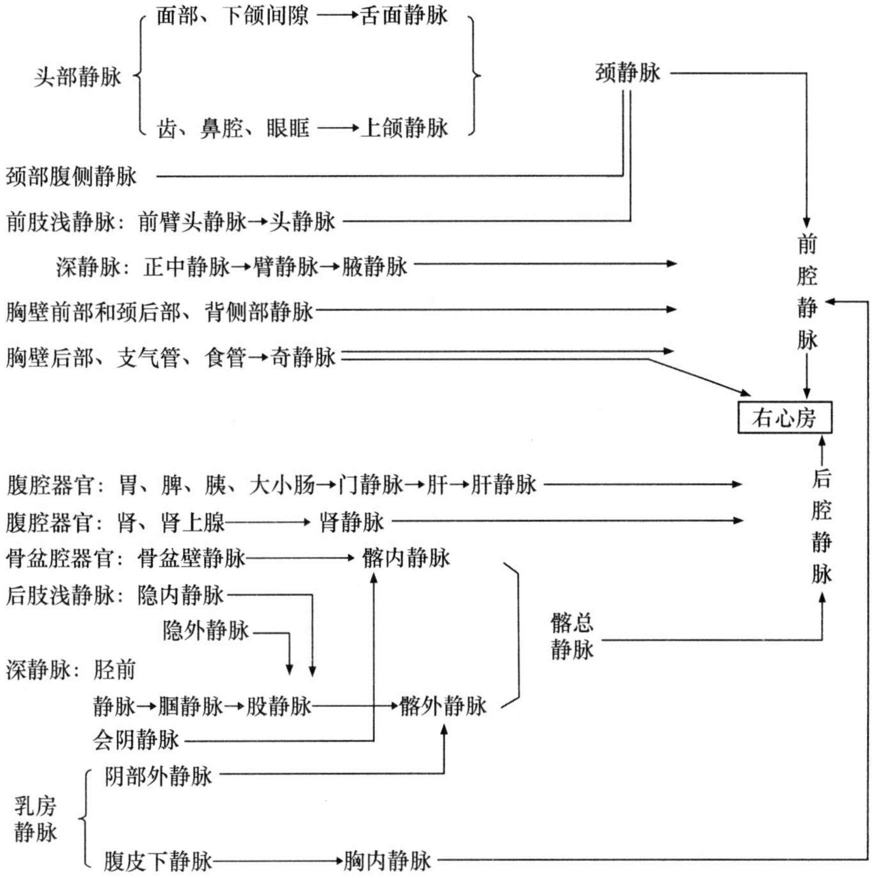

1. 心静脉(cardiac vein)　属支有心大静脉、心中静脉、心右静脉和心小静脉，注入右心房。

2. 前腔静脉(craninal vena cava)　主要汇集头颈部、前肢和胸壁静脉的血液，在胸前口处由左、右腋静脉和左、右颈静脉汇合而成，位于气管和臂头动脉总干的腹侧，在心前纵隔内向后伸延，注入右心房。前腔静脉的主要属支有：

(1)颈静脉　主要收集头颈部的血液，在腮腺后缘处由舌面静脉和上颌静脉汇合而成，沿颈静脉沟向后伸延，在胸前口处注入前腔静脉。颈静脉常作为静脉注射和采血的部位。

牛和猪的颈静脉有深浅两条。深部的称颈内静脉，位于颈总动脉的腹侧，浅部的相当于马的颈静脉，称颈外静脉。两者在胸前口附近汇合。

(2)腋静脉　为前肢深静脉主干。以指外侧静脉起于蹄静脉丛，向上伸延，在掌部为掌心浅外侧静脉，在前臂部为正中静脉，在臂部为臂静脉，在肩关节内侧为腋静脉，在胸前口处注入前腔静脉。深静脉干多与同名动脉伴行，沿途接受一些汇流支。

头静脉或称臂皮下静脉为前肢浅静脉主干。以指内侧静脉起于蹄静脉丛，向上伸延，在掌部为掌心浅内侧静脉，在前臂部为前臂头静脉或称前臂皮下静脉，在臂部为头静脉或称臂皮下静脉。后者沿胸前浅肌和臂头肌之间的沟伸延，注入颈静脉或前腔静脉。浅静脉干位于皮下，与深静脉干之间有吻合支相交通。

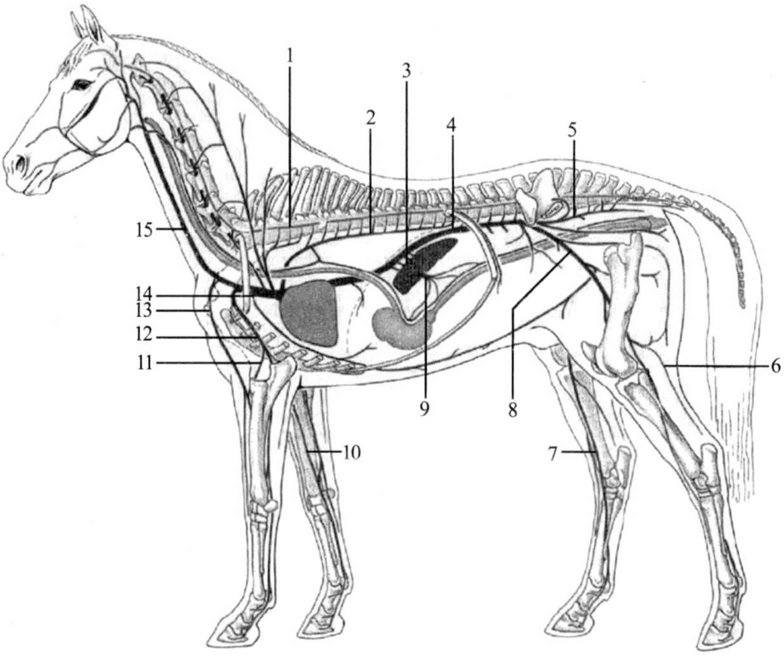

1. 椎骨静脉丛 2. 右奇静脉 3. 肝静脉 4. 后腔静脉 5. 髂内静脉 6. 隐外侧静脉 7. 隐内侧静脉 8. 髂外静脉 9. 门静脉 10. 正中静脉 11. 肘正中静脉 12. 臂静脉 13. 头静脉 14. 前腔静脉 15. 颈外静脉

图 9-31 马全身静脉分布模式图

(引自:陈耀星等,2009)

(3)胸廓内静脉 为注入前腔静脉起始部的一大侧支,与胸廓内动脉伴行,收集胸壁的血液。其汇流支有腹皮下静脉。后者在母畜(特别是乳牛)很发达,主要收集乳房静脉的血液,向前伸延,在剑状软骨附近,穿过肌肉注入胸内静脉。

3. 后腔静脉(caudal vena cava) 收集后肢、骨盆壁、骨盆腔器官、腹壁、腹腔器官和膈的静脉血液,在骨盆入口处由左、右髂总静脉汇合而成,沿腹主动脉右侧向前伸延,经过肝的腔静脉窝(在此处接受肝静脉),穿过膈的腔静脉孔进入胸腔内,经右肺后叶和副叶之间入右心房。后腔静脉在向前伸延途中,接受腰静脉、睾丸静脉或卵巢静脉、肾静脉和肝静脉的血液。

髂总静脉为骨盆部和后肢静脉的主干,由同侧的髂内静脉和髂外静脉汇合而成。髂内静脉为骨盆部静脉的主干,与髂内动脉伴行,其属支也与此动脉的分支伴行并同名。髂外静脉为后肢静脉的主干。后肢的静脉也分浅静脉和深静脉,两者之间有交通支相连。浅静脉最后汇入深静脉。

深静脉干起于蹄静脉丛,伴随同名动脉向上伸延,并接受伴随动脉分支的同名静脉,最后转为髂外静脉。

浅静脉有隐内侧静脉和隐外侧静脉。隐内侧静脉较细,为小腿内侧皮下静脉。起自足底内侧静脉,与同名动脉伴行,向上移行为内侧隐静脉,沿小腿和股内侧皮下上行,于股薄肌与缝匠肌之间汇入股静脉。隐外侧静脉较粗,为小腿外侧皮下静脉,由足底外侧静脉和趾背侧静脉汇合而成,沿腓肠肌外侧上行,至臀股二头肌深部汇入腘静脉。

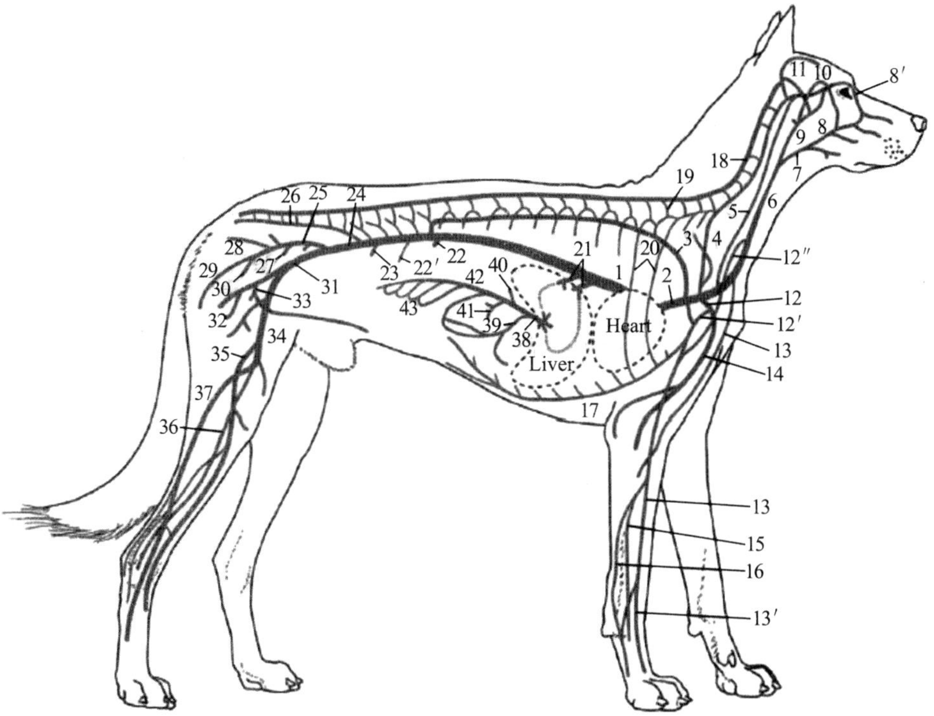

1.后腔静脉 2.前腔静脉 3.奇静脉 4.椎静脉 5.颈内静脉 6.颈外静脉 7.舌面静脉 8.面静脉 8′.眼角静脉 9.颌内静脉 10.颞浅静脉 11.背侧矢状静脉窦 12.腋静脉 12′.腋臂静脉 12″.肩胛臂静脉 13.头静脉 13′.副头静脉 14.臂静脉 15.正中静脉 16.尺静脉 17.胸廓内静脉 18.椎骨静脉丛 19.椎骨间静脉 20.肋间静脉 21.肝静脉 22.肾静脉 22′.睾丸或卵巢静脉 23.旋髂深静脉 24.髂总静脉 25.右髂内静脉 26.荐中静脉 27.前列腺或阴道静脉 28.尾外侧静脉 29.臀后静脉 30.阴部内静脉 31.右髂外静脉 32.股深静脉 33.阴部腹壁静脉干 34.股静脉 35.隐内侧静脉 36.胫前静脉 37.隐外侧静脉 38.肝门静脉 39.胃十二指肠静脉 40.脾静脉 41.肠系膜后静脉 42.肠系膜前静脉 43.空肠静脉

图 9-32 犬全身静脉分布模式图

(引自:Dyce et al. ,2010)

乳房的静脉 乳房的大部分静脉血液经阴部外静脉注入髂外静脉,一部分静脉血液经腹皮下静脉注入胸廓内静脉。会阴静脉虽与乳房基底后静脉相连,但因静脉瓣膜开向乳房,所以乳房静脉血液不能经此静脉流向阴部内静脉。

乳房两侧的阴部外静脉、腹皮下静脉和会阴静脉在乳房基部互相吻合,形成一个大的乳房基部静脉环。所以当任何一支静脉血流受阻时,其他静脉可起代偿作用。

门静脉(portael vein)为引导胃、小肠、大肠(直肠后部除外)、脾和胰等的血液入肝的一条较大的静脉,位于后腔静脉腹侧。它由胃十二指肠静脉、脾静脉、肠系膜前静脉和肠系膜后静脉汇合而成,穿过胰环走向肝门,与肝动脉一起经肝门入肝。入肝后反复分支至窦状隙(扩大的毛细血管),最后汇合为数支肝静脉而导入后腔静脉(图 9-33)。

直肠后部的血液汇入髂内静脉。再经髂总静脉、后腔静脉返回右心房。因此,对肝有害及通过肝影响药效的药物可进行灌肠给药,以免危害肝或影响药物的疗效。

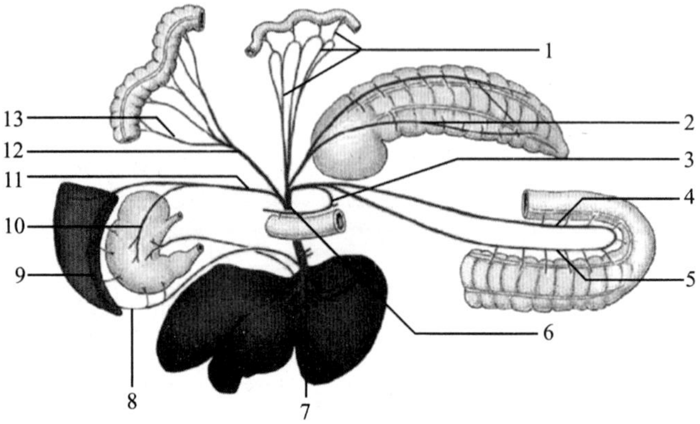

1. 空肠静脉 2. 盲肠静脉 3. 结肠中静脉 4. 结肠右静脉 5. 结肠支 6. 肠系膜前静脉 7. 门静脉
8. 胃网膜右静脉 9,11. 脾静脉 10. 胃左静脉 12. 肠系膜后静脉 13. 结肠左静脉

图 9-33 马的门静脉及其属支

(引自:Singh et al.,2016)

4. 奇静脉(azygos vein) 牛、猪为左奇静脉,马为右奇静脉,为胸壁静脉的主干,由第 5～12(牛)或 5～17(马)肋间背、腹侧静脉和第 1 腰静脉汇集而成,末端开于冠状窦。

第四节 胎儿血液循环

胎儿在母体子宫内发育,其需要的全部营养物质和氧都是通过胎盘由母体供应,代谢产物也同时通过胎盘由母体带走。所以胎儿血液循环具有与此相适应的一些特点。

一、胎儿心脏和血管构造的特点

(1)心脏的房中隔上有一卵圆孔,使左、右心房相互沟通。但由于孔的左侧有一卵圆孔瓣,且右心房的压力高于左心房,所以右心房的血液只能流向左心房。

(2)主动脉和肺动脉之间有动脉导管相通。因此来自右心室的大部分血液通过动脉导管流入主动脉,仅有少量血液入肺。

(3)胎盘是胎儿与母体进行气体及物质交换的特有器官,以脐带与胎儿相连。脐带内有两条脐动脉和一条(马、猪)或两条(牛)脐静脉。

脐动脉由髂内动脉(牛、猪)或阴部内动脉(马)分出,沿膀胱侧韧带到膀胱顶,再沿腹腔底壁向前伸延至脐孔,进入脐带,经脐带到胎儿胎盘,分支形成毛细血管网。

脐静脉由胎盘毛细血管汇集而成,经脐带由脐孔进入胎儿腹腔(牛的两支脐静脉入腹腔后合成一支),沿腹腔底壁伸延,经肝门入肝。脐静脉还分出一支静脉导管与后腔静脉直接相连(图 9-34)。

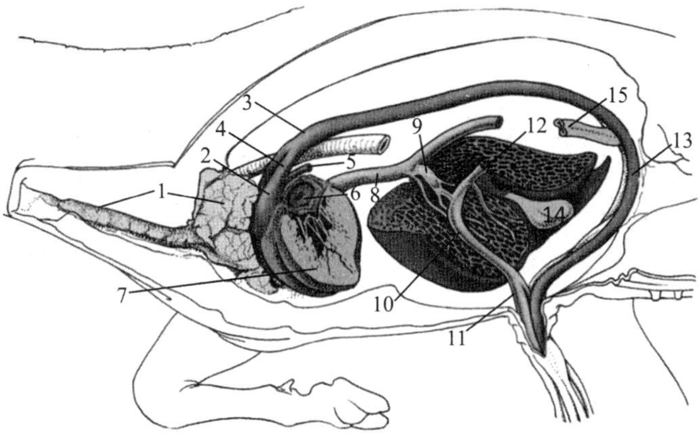

1.胸腺　2.肺干　3.主动脉弓　4.动脉导管　5.肺动脉　6.卵圆孔　7.左心室壁　8.后腔静脉
9.静脉导管　10.肝内门静脉与脐静脉连结部　11.脐静脉　12.门静脉　13.左脐动脉
14.胆囊　15.降结肠

图 9-34　胎儿血液循环模式图

（引自：Dyce et al.，2010）

二、胎儿血液循环的途径

胎盘内富有营养物质和含氧较多的动脉血，经脐静脉进入胎儿肝内，经过肝的窦状隙（在此与来自门静脉的血液混合）后，最后汇合成数支肝静脉，注入后腔静脉（在牛有部分脐静脉血经静脉导管直接到后腔静脉），与来自胎儿后半部的静脉血相混合，入右心房，大部分血液又经卵圆孔到左心房，再经左心室到主动脉及其分支，大部分到头、颈和前肢。

来自胎儿身体前半部的静脉血，经前腔静脉入右心房到右心室，再入肺动脉。由于肺尚无功能活动，因此，肺动脉中的血液只有少量入肺，大部分经动脉导管到主动脉，主要到身体的后半部，并经脐动脉到胎盘。

由此可见，胎儿体内的血液大部分是混合血，但混合程度不同。到肝、头颈和前肢的血液，含氧和营养物质较多，以适应肝功能活动和胎儿头部发育较快的需要。到肺、躯干和后肢的血液，含氧和营养物质则较少。

三、出生后的变化

胎儿出生后，由于肺开始呼吸和胎盘循环的中断，血液循环也发生了下列变化（图 9-35）。

1.脐动、静脉的退化　出生后，脐带被切断，脐动、静脉血流停止，血管逐渐闭塞萎缩，在体内的一段形成韧带。脐动脉成为膀胱圆韧带；脐静脉成为肝圆韧带，牛的静脉导管成为静脉导管索。

2.动脉导管的闭锁　由于开始呼吸，肺扩张，肺内血管的阻力减少，肺动脉压降低，动脉导管因管壁肌组织收缩，而发生功能性闭锁，继之以结构上的改变而完全闭塞，形成动脉导管索或动脉韧带。

3.卵圆孔的封闭　由于肺循环开放，自肺静脉回左心房的血液量增多，内压增高，致使卵圆孔瓣膜与房中隔贴连，结缔组织增生、变厚，将卵圆孔封闭，形成卵圆窝。此后，心脏的左半部和右半部完全分开，左半部为动脉血，右半部为静脉血。

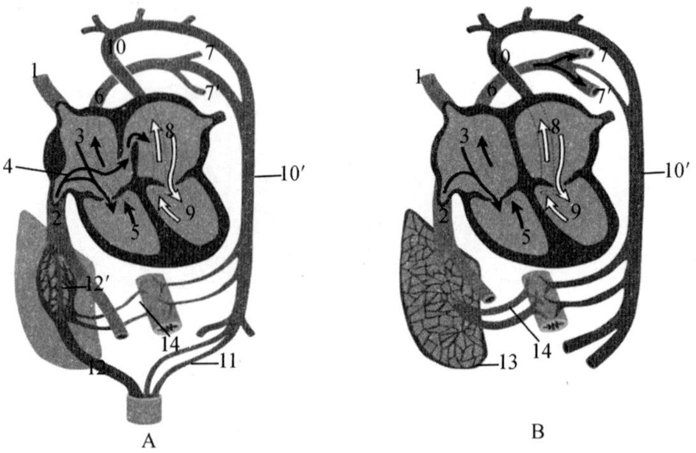

1. 前腔静脉　2. 后腔静脉　3. 右心房　4. 箭头进入卵圆孔　5. 右心室　6. 肺动脉干　7. 肺动脉　7′. 动脉导管(在 B 中是动脉导管闭锁)　8. 左心房　9. 左心室　10. 主动脉弓　10′. 降主动脉　11. 脐动脉　12. 脐静脉导管　12′. 静脉导管　13. 肝　14. 门静脉

图 9-35　胎儿(A)和出生后(B)循环系统图

(引自:Dyce et al.,2010)

思考题

问答题

1. 心血管由哪些器官组成?
2. 心脏的形态和心腔的结构如何?
3. 说明心脏的传导系统。
4. 说明从颈部肌内注射药物经何途径到达前蹄。
5. 说明颈静脉注射药物经何途径到达后蹄。
6. 胎儿血液循环有何特点?
7. 说明母体胃肠道吸收的营养物质经何血液循环径路到达胎儿的头部。

第十章

免疫系统

【学习目标】

1. 明确免疫系统与机体防御之间的关系。
2. 掌握主要免疫器官的形态、位置、结构和主要的生物学功能。
3. 掌握机体主要淋巴结的位置及淋巴流向。
4. 理解强大的防卫系统对国家安全的重要性。
5. 了解免疫-神经-内分泌网络。

免疫系统(immune system)是动物机体内重要的防卫系统,它的免疫活动协同神经系统和内分泌系统,参与机体的神经和体液调节,共同维持生长发育、新陈代谢和繁殖的正常进行。该系统组织庞大,分布于全身各处,能有效地识别自我和非我的抗原物质和细胞,完成免疫系统主要功能,即①免疫防御:识别和清除外来入侵的抗原,如病原微生物、异体细胞和异体大分子等;②免疫监视:识别和清除体内表面抗原发生变异的细胞,如肿瘤细胞、病毒或细菌感染的细胞等;③免疫稳定:通过自身免疫耐受和免疫调节使免疫系统内环境保持稳定,如识别和清除体内衰老、死亡或变异的细胞等。免疫反应过强或者太弱都会引起一定的病理变化,反应过强可引起过敏反应,如注射药物或疫苗等引起的过敏性休克;免疫反应太弱,则无法及时清除侵入体内的细菌或病毒,易受到感染。

免疫的分子学基础是体内所有细胞的表面都具有组织相容性复合分子(MHC 分子),且有种属和个体的特异性。淋巴细胞是免疫反应的中心,其细胞膜上有识别各种各样特异性抗原的受体,识别能力极强,每个淋巴细胞表面只有一种受体,分工非常精细,但因机体淋巴细胞总数很多,其受体种类可超过百万种。

免疫系统由免疫器官、免疫组织、免疫细胞及免疫活性物质组成(表 10-1)。它们在体内虽分布广泛,而且分散,但通过血液和淋巴循环相互联系、相互协调,可形成一个统一的防御整体。

第一节　免疫细胞

免疫细胞(immune cell)是指参与免疫应答或与免疫应答有关的细胞,在免疫应答中起核心作用。主要包括淋巴细胞、抗原呈递细胞和巨噬细胞等,它们或聚集于淋巴组织中,或散在于血液、淋巴及其他组织中，通过血液循环和淋巴循环相互联系，形成统一整体。本节主要阐述淋巴细胞和抗原呈递细胞，其他免疫细胞在相关章节内做介绍。

一、淋巴细胞

淋巴细胞(lymphocyte)是动物体内构成免疫系统最主要的细胞群，由淋巴干细胞发育分化而来，具有特异性、转化性和记忆性三个重要特征。也就是说，各种淋巴细胞表面具有特异性的抗原受体，能专一识别不同的抗原。当淋巴细胞受到抗原刺激时，即转化为淋巴母细胞，继而增殖分化形成大量效应淋巴细胞和记忆淋巴细胞。效应淋巴细胞能产生抗体、淋巴因子或释放细胞素，发挥直接杀伤作用，从而清除相应的抗原，即引起免疫应答。记忆淋巴细胞在分化过程中会转为静息状态的小淋巴细胞，能记忆抗原信息，并可在体内长期存活和不断循环，当受到相应抗原的再次刺激时，能迅速增殖形成大量效应淋巴细胞，使机体长期保持对相应抗原的免疫力。接种疫苗可使体内产生大量记忆淋巴细胞，从而起到预防感染性疾病的作用。各种淋巴细胞的寿命长短不一，效应淋巴细胞仅存活 1 周左右，而记忆淋巴细胞可存活长达数年甚至终生。

表 10-1　免疫系统的组成

- 免疫系统
  - 免疫细胞
    - 淋巴细胞：T 细胞、B 细胞(浆细胞)、K 细胞、NK 细胞
    - 抗原呈递细胞：巨噬细胞、单核吞噬细胞系统、树突状细胞类群
    - 其他免疫细胞：有粒白细胞、肥大细胞、红细胞、血小板等
  - 免疫组织
    - 弥散淋巴组织：无定形的网状淋巴组织
    - 密集淋巴组织：圆形、椭圆形或长索状的淋巴组织
  - 免疫器官
    - 中枢淋巴器官：胸腺、骨髓(哺乳类)、腔上囊(鸟类)
    - 周围淋巴器官：淋巴结、脾、扁桃体、血结、血淋巴结等

淋巴细胞虽有不同的类群，但它们的形态相似，在一般光镜下不易相互区分。各种淋巴细胞具有不同的表面标志，电镜下的超微结构也有所不同。表面标志分为表面抗原和表面受体，它们能用免疫学或免疫细胞化学方法检出。根据发育部位、形态结构、表面标志(图 10-1)和免疫功能的不同，一般将淋巴细胞分为下列 4 种。

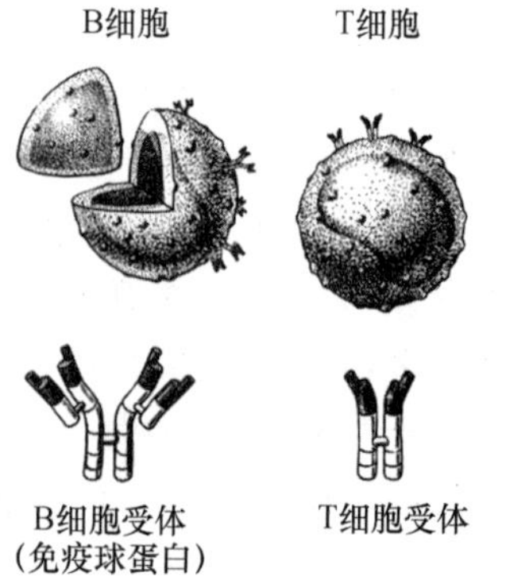

图 10-1　淋巴细胞表面受体模式图

(一)胸腺依赖淋巴细胞(thymus dependent lymphocyte)

简称 T 细胞，在胸腺内发育、分化和成熟。细胞较小，表面光滑，胞核大而圆，染色质呈致密块状，是淋巴细胞中数量最多、功能最复杂的一类细胞。占外周血淋巴细胞的 60％～75％，淋巴结淋巴细胞的 75％，脾淋巴细胞的 35％～40％。T 细胞经抗原刺激后，引发细胞免疫应答。若 T 细胞发育分化受阻，则会导致动物体免疫力急剧下降。T 细胞有 3 个主要亚群。

1. 辅助性 T 细胞(helper T cell)　简称 Th 细胞，约占 T 细胞总量的 65％，能识别抗原并

分泌多种细胞因子，促进 T 细胞、B 细胞分化增殖，辅助 B 细胞产生抗体和诱导迟发性变态反应；根据其表面受体所产生的细胞因子和功能不同又可分为 Th1 和 Th2，Th1 细胞参与细胞免疫及迟发性超敏性炎症反应，Th2 细胞可辅助 B 细胞分化为抗体分泌细胞，参与体液免疫应答。

2. *抑制性 T 细胞*(suppressor T cell)　又称调节性 T 细胞(regulatory T cell)，简称 Ts 细胞，数量少，约占 T 细胞的 10%。Ts 细胞常在免疫应答后期增多，能识别抗原、分泌抑制因子，从而减弱或抑制 T 细胞、B 细胞的免疫应答，防止过度强烈；如其功能失常，则免疫反应过强，引起自身免疫性疾病。

3. *细胞毒性 T 细胞*(cytotoxic T cell)　简称 Tc 细胞，占 T 细胞总量的 20%～30%。在抗原刺激下增殖分化为效应 Tc 细胞，能与靶细胞结合后释放穿孔蛋白，分泌细胞毒导致靶细胞中毒死亡(如肿瘤细胞、受病毒感染的细胞等)，而本身无损伤，可重新攻击其他靶细胞。这种通过淋巴细胞直接杀伤异物的免疫方式称为细胞免疫。Tc 细胞在抗微生物感染免疫，尤其在皮肤、黏膜表面的免疫防御中发挥重要功能，是机体第一线的防御细胞。

(二)骨髓依赖淋巴细胞(bone marrow dependent lymphocyte)或囊依赖淋巴细胞(bursa dependent lymphocyte)

简称 B 细胞，在骨髓(哺乳类)或腔上囊(鸟类)内发育分化成熟。B 细胞较 T 细胞略大，胞质内含溶酶体和分泌颗粒。占外周血淋巴细胞的 10%～15%，淋巴结淋巴细胞的 25%左右，脾淋巴细胞的 40%～55%。B 细胞受到抗原刺激后增殖分化为浆细胞，分泌抗体(免疫球蛋白)进入组织液，抗体与相应的抗原结合后可抑制细菌或靶细胞的代谢，从而杀伤细菌或靶细胞，并可加速巨噬细胞等对产生该抗原的病原体的吞噬，共同清除病原体的致病作用。这种通过抗体介导的免疫方式称为体液免疫。浆细胞主要针对蛋白性抗原产生高亲和力的抗体，杀伤力很大，然而一个浆细胞只能分泌一种抗体，针对一种抗原，但是浆细胞的数量非常多，因此特异性极强。

(三)杀伤淋巴细胞(killer lymphocyte)

简称 K 细胞，在骨髓内发育分化成熟，数量较少，占外周血淋巴细胞的 5%～7%。K 细胞较 T 细胞、B 细胞大，直径 9～12 μm，胞质内含溶酶体和分泌颗粒。K 细胞本身无特异性，但细胞膜表面有抗体的受体，能与带有抗体的靶细胞相结合，使靶细胞迅速失去活性而杀伤靶细胞。K 细胞主要攻击比微生物大的细胞(如受肝炎病毒感染的肝细胞等)，对肿瘤细胞也有杀伤作用。

(四)自然杀伤淋巴细胞(nature killer lymphocyte)

简称 NK 细胞，在骨髓内发育分化成熟，数量更少，仅占外周血淋巴细胞的 2%～5%。NK 细胞体积大，直径 12～15 μm，表面有短小的微绒毛，胞核呈卵圆形，染色质丰富，异染色质多位于边缘，胞质较多，胞质内有许多大小不等的嗜天青颗粒，故又称大颗粒淋巴细胞，嗜天青颗粒实为溶酶体。NK 细胞不需抗体的协助，也不需抗原的刺激，即能杀伤某些肿瘤细胞和受病毒感染的细胞，在防止肿瘤发生中起重要作用。

二、抗原呈递细胞

抗原呈递细胞(antigen presenting cell)又称免疫辅佐细胞，是指能捕获并处理抗原，形成抗原肽-MHC分子复合物，并将抗原呈递给淋巴细胞，激发淋巴细胞活化、增殖的一类免疫细胞（表10-1）。主要有巨噬细胞、朗格汉斯细胞、滤泡树突细胞和交错突细胞等。

（一）巨噬细胞（macrophage）

巨噬细胞不但有强大的吞噬功能，还是主要的抗原呈递细胞。在正常情况下，巨噬细胞处于静息状态，一旦受到外源或内源性因子的刺激，可立刻活化，细胞变大，代谢增强，趋化性加快，迅速到达炎症部位进行吞噬活动，在吞噬过程中对抗原进行加工处理并呈递给淋巴细胞，启动特异性免疫应答，并能释放趋化因子与粒细胞、肥大细胞共同作用，相互促进杀伤抗原物质和突变的细胞。活化的巨噬细胞代谢和吞噬功能特别旺盛，但寿命不长，2个月左右就会死亡。

（二）树突状细胞（dendritic cell，DC）

树突状细胞是一类具有很强免疫刺激能力，能启动淋巴细胞进行免疫应答的专职性抗原呈递细胞。因细胞具有树枝状突起而得名，突起能伸展和收缩，具有一定的运动能力和分泌功能。

1. *朗格汉斯细胞*（Langerhans cell） 主要分布于表皮。胞体表面有突起，突起末端膨大呈纽扣状；胞质内细胞器较多，有呈网拍状的特征性颗粒；胞核不规则。朗格汉斯细胞能捕获处理表皮内的抗原（异物或细菌），并将抗原呈递给T细胞，启动免疫应答。

2. *滤泡树突细胞*（follicular dendritic cell） 分布于淋巴结、脾脏及黏膜的淋巴小结等处，细胞表面有鹿角样突起，胞质内细胞器丰富，胞核不规则，异染色质沿核膜呈脊状分布。能捕获、处理和呈递进入周围淋巴器官和淋巴组织的抗原或抗原抗体复合物。

3. *交错突细胞*（interdigitating cell） 主要分布于胸腺和周围淋巴器官的胸腺依赖区，细胞表面有突起，它们交错伸展于淋巴细胞间，能呈递抗原给邻近的T细胞。交错突细胞表面具有MHC Ⅱ类分子，而滤泡树突状细胞却不携带此分子。

4. *微皱褶细胞*（microfold cell） 主要分布于肠相关淋巴组织处，位于黏膜上皮之间，能从肠道捕捉抗原，处理后呈递给上皮下的淋巴细胞。

以上各类细胞并不是各自独立的细胞群体，一些树突状细胞，实际上可能是同一类细胞摄取抗原后，携带着抗原在移行过程中不同成熟阶段的表现而已。如有一种较为少见的面纱细胞（veiled cell），实际上是表皮内的朗格汉斯细胞在吞噬抗原后经输入淋巴管进入淋巴结的过程中形成薄膜状突起，似面纱样，当进入淋巴结后，转移到副皮质区，即成交错突细胞。

（三）单核吞噬细胞系统（mononuclear phagocyte system，MPS）

在免疫系统的这一类细胞，虽然名称不同、形态各异、分布不一，但它们均由血液中单核细胞分化而来，都有活跃的趋化性和吞噬功能，1972年科学家Van Furth把他们归纳在一起称为单核吞噬细胞系统，巨噬细胞是其中重要的一种，此外还有结缔组织中的组织细胞，肝窦内的枯否细胞，肺间质中的尘细胞，神经组织中的小胶质细胞，骨组织内的破骨细胞等。单核吞噬细胞系统是体内一个重要的防御系统，其功能是：①吞噬和杀伤病原微生物，识别和清除体内衰老损伤的自身细胞。②杀伤肿瘤细胞和受病毒感染细胞。③摄取、加工、处理、呈递抗原给淋巴细胞，激发免疫应答，增强机体免疫力。若该系统功能失调时可导致多种疾病。④分泌作用，该系统均有分泌功能，仅巨噬细胞就能分泌50多种细胞因子，如补体、白细胞介素、干扰素、凝血因子、肿瘤生长抑制因子等。

第二节　免疫组织

免疫组织(immune tissue)又称淋巴组织(lymphoid tissue),是动物体内含有大量淋巴细胞的组织,由网状细胞网眼中分布的淋巴细胞和少量的单核细胞、浆细胞构成。根据淋巴细胞的聚集程度和方式的不同,淋巴组织可分为弥散淋巴组织和密集淋巴组织。

一、弥散淋巴组织(diffuse lymphoid tissue)

淋巴细胞排列疏松,无特定外形,与周围的结缔组织无明显的分界,主要含 T 细胞,也有较多的 B 细胞和浆细胞。主要分布于消化道、呼吸道和泌尿生殖道的黏膜内,以及眼结膜、哈德腺、泪腺等组织中,组成黏膜相关淋巴组织(mucosaassociated lymphoid tissue)(图 10-2),构成了机体的第一道防线,抵御外来病菌及异物的侵袭。此外,还在淋巴结副皮质区(图 10-3)、扁桃体淋巴小结间和脾白髓动脉周围淋巴鞘等处分布。弥散淋巴组织中常见有单层立方形内皮的毛细血管后微静脉,是淋巴细胞穿越血管壁的重要部位。

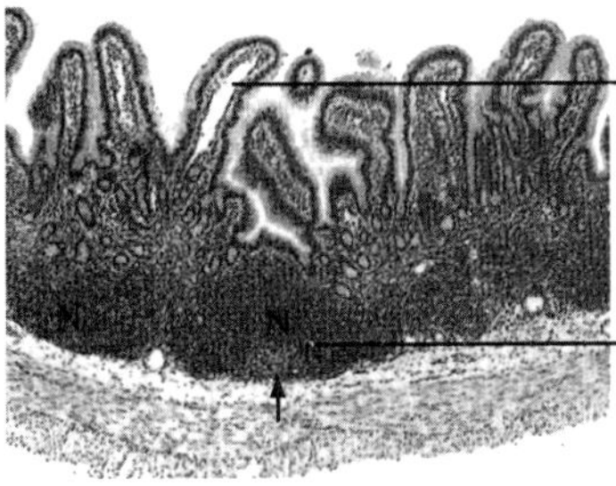

1. 肠绒毛　2(N). 淋巴小结　↑指示生发中心

图 10-2　小肠(HE, 100×)

(徐之勇　供图)

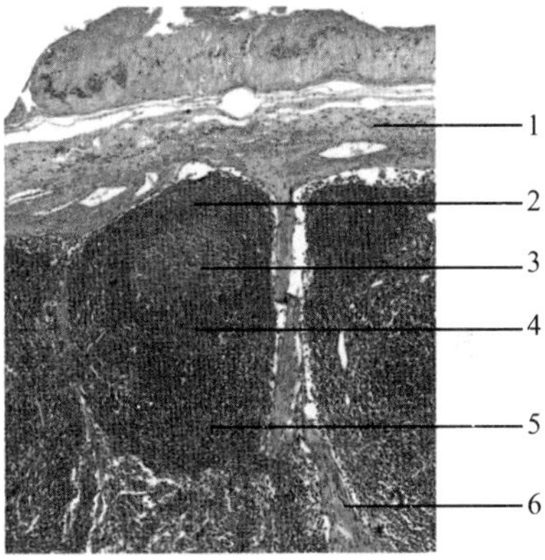

1. 被膜　2. 小结帽　3. 明区　4. 暗区　5. 弥散淋巴组织　6. 小梁

图 10-3　淋巴结皮质(HE, 100×)

(徐之勇　供图)

二、密集淋巴组织(dense lymphoid tissue)

为圆形或椭圆形的密集淋巴组织,与周围组织界限清楚,主要含 B 细胞,周边含少量 T 细胞。在某些脏器内,密集淋巴组织形成球状或长索状,前者称为淋巴小结,后者称为淋巴索。淋巴小结主要分布于淋巴结皮质部、脾白髓、扁桃体及腔上囊等器官内,还分布于消化道和呼吸道等处的黏膜中。单独、分散存在的称为淋巴孤结,多个淋巴小结聚集成长条状,称为淋巴集结,如回肠淋巴孤结和淋巴集结。淋巴索主要分布于淋巴结和脾内,形成淋巴索和脾索,淋巴索可互相连接成网状,索内主要为 B 细胞。发育完善的淋巴小结,在其中央有一淡染的区域称为生发中心(germinal center)。生发中心是体液免疫应答的重要标志,常见细胞核分裂象。发育完整的生发中心包括暗区(dark zone)、明区(light zone)和小结帽(图 10-3)。暗区主要含大而幼稚的B细胞,常有明显的有丝分裂象,HE染色着色深(细胞嗜碱性强);明区位于淋巴小结中心,含中等大的B细胞、部分Th细胞、滤泡树突状细胞、巨噬细胞等,HE染色较淡;小结帽由密集小淋巴细胞形成帽状结构分布于明区一边,含幼浆细胞和记忆B细胞。

生发中心的发育和形成过程如下:初始B细胞或记忆B细胞识别抗原并与T细胞相互作用,迁移到初级淋巴小结并迅速分裂增殖,成为大而幼稚的B细胞聚集形成暗区;随后,这些大而幼稚的B细胞分化成中等大小的B细胞,排列不甚紧密,其间夹杂有较多的树突状滤泡细胞,构成明区;部分B细胞不断分化发育,形成体积较小的幼浆细胞及记忆B细胞,幼浆细胞迁移至附近的弥散淋巴组织,或进入淋巴后迁移至机体其他部位的淋巴组织或结缔组织,转化为浆细胞,分泌抗体。不具有该抗原特异性受体的B细胞移至外侧,形成小结帽。

弥散淋巴组织可随生理或病理变化而形成淋巴小结,淋巴小结内的淋巴细胞也可分散形成弥散淋巴组织。一般在淋巴小结的周围仍存在弥散淋巴组织,二者无明显界限。

第三节 免疫器官

免疫器官(immune organ)是以淋巴组织为主要成分构成的实质性器官,因此又称淋巴器官(lymphoid organ),包括中枢淋巴器官(初级淋巴器官)和周围淋巴器官(次级淋巴器官)两类,是体内主要的免疫器官,二者的主要区别见表10-2。

表10-2 初级淋巴器官与次级淋巴器官的比较

分类	初级淋巴器官	次级淋巴器官
器官名称	胸腺、骨髓(哺乳类)、腔上囊(鸟类)	淋巴结、脾、扁桃体、血结、血淋巴结等
发生	发生早,性成熟后逐渐退化	发生晚,不退化,终生存在
支架	网状细胞或上皮网状细胞,有分泌功能	结缔组织和网状组织,无分泌功能
淋巴细胞	来自骨髓淋巴干细胞,增殖分化不需抗原刺激	来自初级淋巴器官,增殖分化需抗原刺激
功能	分泌激素,培育处女型淋巴细胞	产生效应淋巴细胞,是免疫应答的场所

中枢淋巴器官包括胸腺和禽类的腔上囊,其原始淋巴细胞来源于骨髓的干细胞,在中枢淋巴器官内分化成T淋巴细胞和B淋巴细胞。中枢淋巴器官在胚胎发育过程中出现较早,退化也快,一般到动物性成熟后逐渐退化,其中的T淋巴细胞和B淋巴细胞逐渐转移到周围淋巴器官。

周围淋巴器官包括淋巴结、脾、扁桃体和血淋巴结等,发育较迟,其中的淋巴细胞是从中枢淋巴器官迁移过来的,定居在特定区域内进行繁殖,再进入血液循环,在抗原的刺激下进行分裂和分化,T淋巴细胞形成具有相同特异性的免疫淋巴细胞,起细胞免疫作用;B淋巴细胞则转化为能产生抗体的浆细胞,参与体液免疫反应。

一、胸腺(thymus)

(一)胸腺的解剖学结构

位于胸腔前部纵隔内及颈部气管两侧,分颈、胸两部,呈红色或粉红色。单蹄类和肉食类动物的胸腺主要在胸腔内;猪和反刍动物的胸腺除胸部外,颈部也很发达,向前可到喉部(图 10-4)。胸腺在幼畜发达,性成熟时体积和重量达最高峰,随后逐渐退化,小叶间脂肪组织相对增加,至老年期,仅存少量的皮质和髓质,但仍保持机体所必需的免疫潜能。胸腺开始退化的年龄:马 2～3 岁;牛 4～5 岁;羊 1～2 岁;猪、犬 1 岁。到老龄时几乎被脂肪组织所代替。

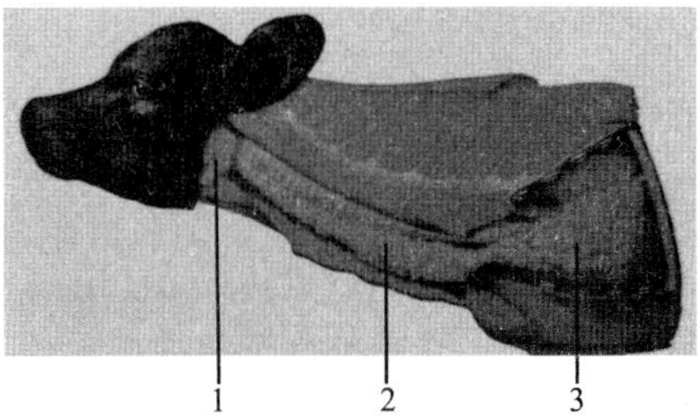

1. 腮腺 2. 颈部胸腺 3. 胸部胸腺

图 10-4 犊牛胸腺(引自:陈耀星等,2019)

(二)胸腺的组织学结构

胸腺表面包有薄层被膜,被膜结缔组织伸入其内部形成小叶间隔,将实质分成许多大小不等的胸腺小叶,每一小叶由皮质和髓质组成,由于小叶间隔不完整,故相邻小叶的髓质往往相连(图 10-5),在髓质可见嗜酸性的胸腺小体。

1. 胸腺皮质(thymic cortex) 以上皮细胞为支架,间隙内含有大量胸腺细胞和一些巨噬细胞等(图 10-6)。由于细胞密集,故着色较深。

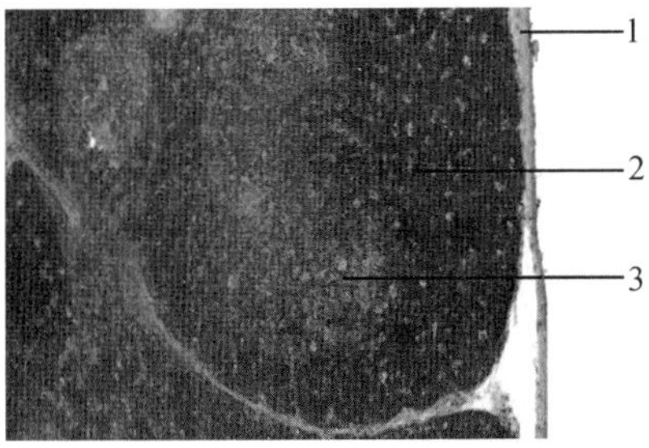

1. 被膜 2. 皮质 3. 髓质

图 10-5 胸腺(HE, 100×)

(徐之勇 供图)

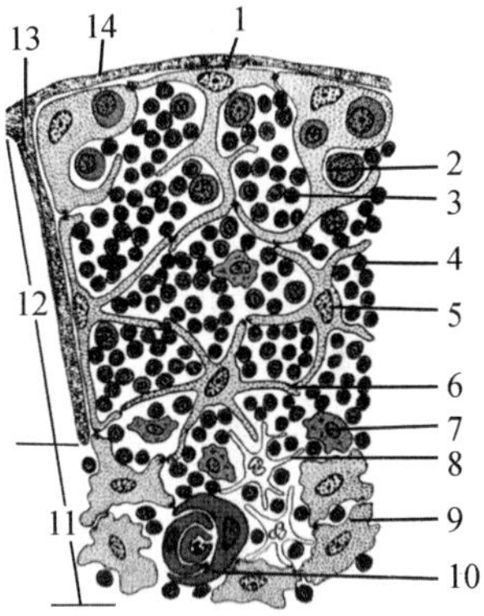

1. 被膜下上皮细胞 2. 幼稚胸腺细胞 3. 分裂象 4. 胸腺细胞 5. 星形上皮细胞 6. 桥粒 7. 巨噬细胞 8. 交错突细胞 9. 髓质上皮细胞 10. 胸腺小体上皮细胞 11. 髓质 12. 皮质 13. 小叶间隔 14. 被膜

图 10-6 胸腺内细胞分布模式图

(引自:邹仲之,2008)

(1)胸腺上皮细胞(thymic epithelial) 有多种类型,并且存在种间差异,它们分布于胸腺的不同部位,属树突状细胞,能构成不同的局部微环境,诱导淋巴细胞的分化。胸腺皮质内有两种上皮细胞:①扁平上皮细胞,又称被膜下上皮细胞,其与结缔组织相邻的一侧呈扁平状,另一侧有一些突起,彼此以桥粒相连。有的扁平上皮细胞的胞质内含有一些内吞的胸腺细胞,称为哺育细胞(nurse cell);②星形上皮细胞,又称上皮性网状细胞,细胞多分支状突起,突起间以桥粒相连成网,也有分泌功能。以上两种细胞均能分泌胸腺素、胸腺生成素等,诱导胸腺细胞发育分化。

(2)胸腺细胞(thymocyte) 是 T 细胞的前身,密集于胸腺皮质内,占皮质细胞的 85%～90%。淋巴干细胞进入胸腺后,从皮质向深层迁移并逐渐分化,其中 95%左右的胸腺细胞在分化过程中凋亡并被巨噬细胞吞噬清除。只有少数细胞能在胸腺素的作用下，最后成熟为处女型 T 细胞，进入毛细血管后微静脉，迁移至周围淋巴器官或淋巴组织中。

2. 胸腺髓质(thymic medulla) 淋巴细胞较少且染色较淡，内含大量上皮细胞和一些 T 细胞、巨噬细胞、交错突细胞和肌样细胞，也含少量肥大细胞、有粒白细胞、B 细胞、浆细胞等。

髓质内也含两种上皮细胞：①髓质上皮细胞，呈球形或多边形，胞体较大，细胞间以桥粒相连。该细胞是分泌胸腺素的主要细胞(图 10-7)。②胸腺小体上皮细胞，呈扁平状，构成胸腺小体(thymic corpuscle)。胸腺小体大小不一，散在于髓质中，由上皮细胞呈同心圆状包绕而成。内部的上皮细胞胞质内含较多角蛋白，胞核渐退化；中心的上皮细胞已完全角质化，细胞强嗜酸性(图 10-6)。胸腺小体内还常见巨噬细胞或嗜酸性粒细胞。胸腺小体虽然功能还未十分明了，但缺乏胸腺小体的胸腺不能培育出成熟的 T 细胞。

肌样细胞(myoid cell)呈圆形或椭圆形，胞质嗜酸性，超微结构与骨骼肌细胞相似，具有肌丝和肌节，也有明暗带，其功能不明，但肌样细胞增生可引起重症肌无力等免疫异常。

3. 血-胸腺屏障 胸腺内存在能阻止大分子抗原物质进入胸腺内的屏障结构，即血-胸腺屏障(blood-thymus barrier)，可构成胸腺细胞稳定发育的微环境。其中皮质毛细血管及其周围结构是血-胸腺屏障的主要结构基础，它由下列几层构成：①连续毛细血管，其内皮细胞间为紧密连接；②血管内皮外有完整的基膜；③血管周隙，内含巨噬细胞；④胸腺上皮细胞的基膜；⑤一层连续的胸腺上皮细胞(图 10-8)。

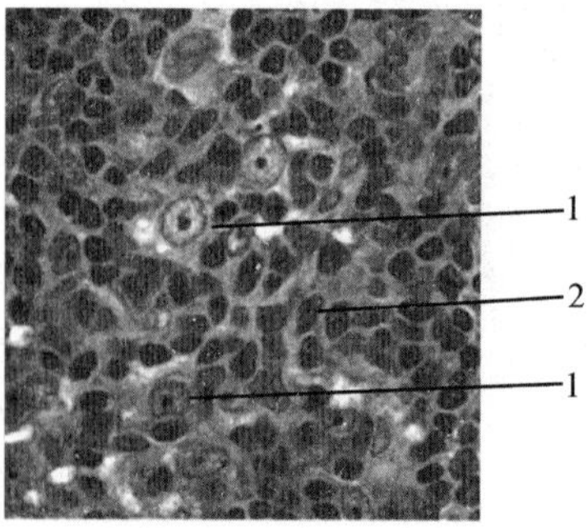

1. 髓质上皮细胞 2. 胸腺细胞

图 10-7 胸腺(HE，400×)

(徐之勇 供图)

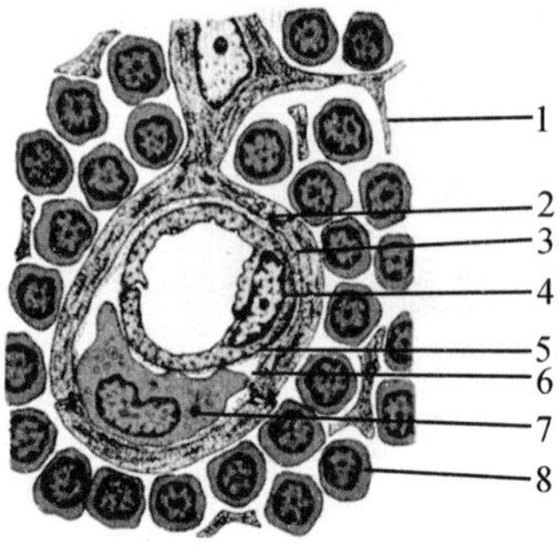

1. 上皮细胞突起 2. 细胞连接 3. 上皮基膜 4. 内皮细胞 5. 内皮基膜 6. 毛细血管间隙 7. 巨噬细胞 8. 胸腺细胞

图 10-8 血-胸腺屏障模式图

(引自：邹仲之，2008)

(三)胸腺的血液供应

数条小动脉从胸腺的周围穿过被膜进入小叶间隔，在皮髓交界处形成微动脉，再发出许多毛细血管分布于皮质和髓质(髓质内为有孔毛细血管)，然后汇入皮髓交界处的毛细血管后微静脉，再经小叶间隔及被膜出胸腺。部分毛细血管后微静脉为高内皮型，胸腺内成熟的初始 T 细胞由此进入血液。

(四)胸腺的发育与退化

胸腺有明显的年龄性变化。动物出生时，胸腺继续发育，免疫功能逐渐建立，若切除新生动物的胸腺，免疫功能明显低下。胸腺到性成熟时体积最大，此后停止生长并逐渐退化，到一定年龄时，胸腺被脂肪组织填充，其功能可被周围淋巴器官替代。

(五)胸腺的功能

胸腺不仅是中枢免疫器官,同时也是内分泌器官。

1. 培育和选择 T 细胞　淋巴干细胞进入胸腺后,在胸腺微环境的诱导和选择下,发育分化形成各种处女型 T 细胞,经血液输送至周围淋巴组织和淋巴器官。因此,胸腺是 T 细胞分化和成熟的场所。

2. 免疫调节功能　胸腺上皮细胞能分泌多种胸腺激素和细胞因子。胸腺激素是胸腺分泌的一类多肽,包括胸腺生长素、胸腺体液因子、血清胸腺因子等成分,它们分别作用于 T 细胞分化的不同阶段,协同地、有序地促进 T 细胞不同亚群的成熟和分化的全过程,不仅能增强衰老时缺损了的免疫功能,加强机体对感染和肿瘤的免疫力,还能调控自我识别过程,防止自身免疫病的发生,被认为是最有希望的防衰老药物。胸腺发育异常或缺失,可引起多种免疫缺陷症。

二、骨髓(bone marrow)

在胚胎发育的早期,卵黄囊的中胚层细胞分化为原始的内皮细胞,它们再增殖形成中空的细胞芽,最后发育成为原始的血管。在这些原始血管的管腔中,有一些游离的未分化的间充质细胞,称为血岛(blood island)。这些细胞是原始的血细胞,它们在卵黄囊中发育和增殖,后来在胚胎发育过程中被播种到肝。随后,一些干细胞又从肝被播种到胚胎的骨髓、脾和胸腺中。

骨髓是终身具有造血功能的器官。在动物出生后数周内,肝和脾仍可持续进行造血活动,以后逐渐减弱。这种现象在反刍动物和马更为明显。在刚出生的动物,整个骨髓都是红骨髓,能造血,以后逐渐被脂肪取代;在成年动物中,只有长骨的两端、躯干骨、颅骨和髂骨内有活动的红骨髓。红骨髓由血窦和造血组织构成,造血组织位于血窦之间。血窦分布在中央纵行的静脉周围,窦壁由内皮、基膜和周细胞组成,血窦充满造血组织,造血组织由网状组织构成支架,网孔中充满不同发育阶段的各种血细胞以及造血干细胞和巨噬细胞。

骨髓也是重要的中枢淋巴器官,是 B 细胞分化和成熟的场所。早期的 B 细胞发育不需抗原刺激,分化在骨髓造血因子诱导的微环境下进行,造血干细胞最早分化为原 B 细胞,经过前 B 细胞、不成熟 B 细胞、成熟 B 细胞等阶段,带上了膜标志分子,经血液或淋巴迁移至周围淋巴器官,接受抗原刺激,在辅助 T 细胞和抗原呈递细胞的协助下,成熟 B 细胞分化为浆细胞,出现新的受体标志,产生免疫球蛋白,参与体液免疫。

三、腔上囊(cloacal bursa)

腔上囊又称法氏囊(bursa of Fabricius),是禽类特有的产生 B 细胞的中枢免疫器官,鸡的呈圆形囊(图 10-9),鸭和鹅的为长椭圆形囊。位于泄殖腔背侧,开口于肛道。性成熟前发育到最大(鸡 4～5 月龄,鸭 3～4 月龄,鹅稍迟些),性成熟后开始退化为小的遗迹(鸡 10 月龄,鸭 1 年,鹅稍迟),直至完全消失。

图 10-9　鸡的法氏囊

(一)腔上囊的组织结构

腔上囊起源于泄殖腔,其囊壁仍保留与消化管相似的结构,即由内向外依次分黏膜、黏膜下层、肌层和外膜 4 层(图 10-10)。

1. 黏膜　由上皮和固有层构成，无黏膜肌层。由黏膜和部分黏膜下层向囊腔突起形成较大的纵行皱襞，鸡有 9～12 条，鸭有 2～3 条，在大的皱襞之间有许多小皱襞。

上皮　为假复层柱状上皮，局部为单层柱状上皮，其间无杯状细胞。

固有层　由较厚的结缔组织构成，内有许多密集排列的腔上囊小结(bursal nodule)，其形态呈圆形、卵圆形或不规则形。每个小结由周边的皮质和中央的髓质及介于两者之间的上皮细胞构成(图 10-11)。髓质由上皮性网状细胞、大中淋巴细胞和巨噬细胞组成，内无网状纤维和毛细血管。上皮性网状细胞彼此间借突起相互连接，构成支架，淋巴细胞位于网眼内并不断进行分裂分化，新形成的部分淋巴细胞被巨噬细胞吞噬。皮质由稠密的中小淋巴细胞、巨噬细胞和上皮性网状细胞构成，内有毛细血管分布。在皮质、髓质交界处，有一层连续的上皮细胞和完整的基膜，并与黏膜表面的上皮和基膜相连续。其上皮细胞呈立方形或低柱状，排列整齐，胞质嗜酸性，基膜位于近皮质的一侧。在靠近基膜的皮质内有一层毛细血管网分布，它是淋巴细胞由皮质迁出的重要通道。腔上囊小结内无浆细胞。

在腔上囊小结面向黏膜上皮的一侧，常见髓质与上皮细胞相连，此处的黏膜上皮称小结相关上皮。它与周边的上皮细胞不同，细胞排成多层，浅层细胞呈低柱状，胞核位于中部，游离面微绒毛稀疏，中间及深层的细胞呈多边形，胞质着色较淡，内有许多溶酶体和吞饮泡，它们与上皮细胞摄取和转运抗原物质有关。

2. 黏膜下层　较薄，由疏松结缔组织构成，参与形成黏膜皱襞。

3. 肌层　由内纵、外环两层较薄的平滑肌构成。

4. 外膜　为浆膜。

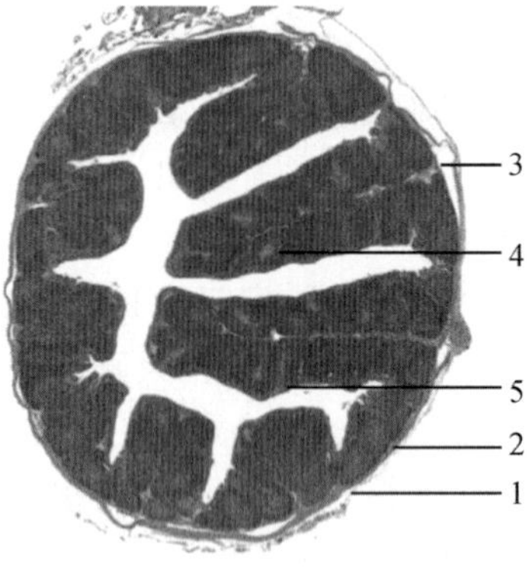

1. 浆膜　2. 肌层　3. 黏膜下层　4. 黏膜　5. 黏膜上皮

图 10-10　腔上囊 (HE, 40×)

(徐之勇　供图)

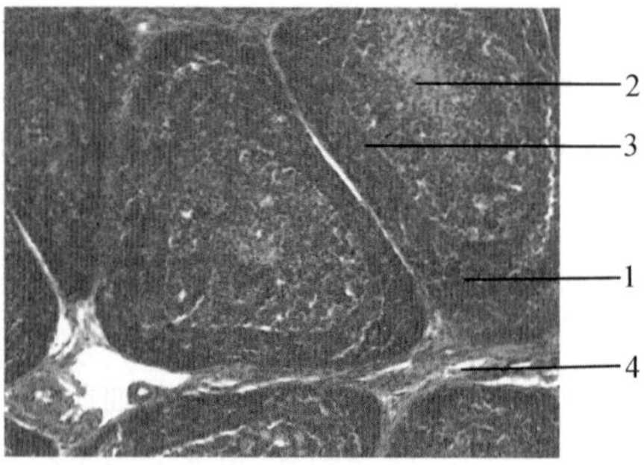

1. 皮质　2. 髓质　3. 上皮细胞层　4. 黏膜下层

图 10-11　腔上囊 (HE, 100×)

(徐之勇　供图)

(二)腔上囊的功能

腔上囊是培育各种特异性 B 淋巴细胞的场所。干细胞在胚胎时期通过血液循环进入腔上囊髓质部，在上皮性网状细胞构成的微环境诱导下，不断分裂分化，形成各种特异性的 B 细胞(囊依赖性淋巴细胞)，然后经皮质部的毛细血管迁移到全身各处的免疫组织和免疫器官。在有相应抗原刺激时被激活，单株增殖分化成大量的浆细胞和记忆 B 细胞，行使体液免疫。若在孵化第 17 天摘除鸡腔上囊，孵出的小鸡缺乏 B 细胞的体液免疫力，可反复发生感染导致死亡，但 T 细胞免疫不受影响。若在成年后摘除腔上囊，则不影响 B 细胞的产生，因此时的周围淋巴器官已具有产生 B 细胞的能力。

四、淋巴结(lymph node)

(一)淋巴结的解剖学结构

淋巴结为淋巴回流通路中的次级淋巴器官，由结缔组织被膜包裹淋巴组织形成，大小不等，直径从 1 cm 到数厘米不等，呈球形、卵圆形、豆形、肾形、扁平形等。一侧凹陷为淋巴门，是输出淋巴管、血管及神经出入处，另一侧隆凸，有多条输入淋巴管进入。机体淋巴结单个或成群分布，多位于凹窝或隐蔽处，如腋窝、关节屈侧、内脏器官门部及大血管附近。各大器官或局部均有一个主要的淋巴结群。

全身淋巴结主要分布于头部、颈部、前肢、胸部、腹壁和骨盆壁、腹腔内脏以及后肢等 7 个部位。马的淋巴结数目一般比牛的多，许多同名的淋巴结，牛常由一个大的淋巴结组成，而马则是由许多小的淋巴结组成的淋巴结簇。

鸡无淋巴结，鸭、鹅等水禽有两对淋巴结。颈胸淋巴结呈纺锤形，长约 1.5 cm，宽约 1 cm，位于颈基部，紧贴颈静脉，在气管两侧；腰淋巴结呈长条状，长约 2.5 cm，宽约 0.5 cm，位于肾与腰荐骨之间主动脉两侧、胸导管起始部附近。

1. 头部淋巴结（图 10-12，图 10-13）

(1)腮腺淋巴结(parotid lymph nodes)　位于颞下颌关节的后下方，部分被腮腺覆盖。牛、马通常有 1～4 个淋巴结，较大(长 6～9 cm)；猪通常有 2～8 个淋巴结，形成长 2.5～5.5 cm 的淋巴结团块。输入管引流头部皮肤和肌肉、鼻腔下半部、唇、颊、外耳、眼部的淋巴，经输出管注入咽后外侧淋巴结。

(2)下颌淋巴结群

a. 下颌淋巴结(mandibular lymph node)　牛有 1～3 个，在下颌间隙内，面血管切迹的后方，被胸下颌肌前部覆盖。此淋巴结是兽医卫生检验和兽医临床诊断的重要淋巴结。收集面部、鼻前部、口腔、唾液腺的淋巴，汇入咽后外侧淋巴结。猪的下颌淋巴结位于下颌骨后腹侧缘，舌面静脉腹内侧、胸骨舌骨肌外侧和颌下腺的前方，有 2～6 个淋巴结，常形成长 2～3 cm 的淋巴结团块。

b. 翼肌淋巴结(pterygoidal lymph node)　一般 1 个(长 0.75～1 cm)，位于翼肌的外侧、上颌结节后方。收集硬腭、齿龈的淋巴，汇入下颌淋巴结。猪的下颌副淋巴结有 2～4 个，在舌面静脉与上颌静脉汇合处腹侧，位于颌下腺后方胸骨乳突肌表面，完全被腮腺覆盖，收集来自下颌淋巴结、颈腹侧部和胸前部的淋巴，注入颈浅淋巴结。

(3)咽后淋巴结群

a. 咽后内侧淋巴结(retropharyngeal medial lymph node)　左、右并列于咽背外侧，大小为 3～6 cm。收集咽、喉、唾液腺、鼻后部、鼻旁窦等处的淋巴，汇入咽后外侧淋巴结。猪的咽后内侧淋巴结在颈总动脉、颈内静脉和迷走交感干的背侧，被脂肪、胸乳突肌肌腱和胸腺(存在时)所覆盖，淋巴结常有数个，形成长 2～3 cm、宽 1.5 cm 的卵圆形团块。

b. 咽后外侧淋巴结(retropharyngeal lateral lymph node)　大小为 4～5 cm，位于寰椎翼腹侧、腮腺和颌下腺的深层。收集口腔、下颌、外耳、唾液腺及头部淋巴结(除翼肌淋巴结外)的淋巴，形成左右气管淋巴干(颈干)。猪咽后外侧淋巴结常有 2 个，位于耳静脉后方，部分或完全被腮腺的后缘覆盖，很难与颈浅腹侧淋巴结前群分开。

c. 舌骨前淋巴结(anterior hyoid lymph node) 位于甲状舌骨的外侧,收集舌的淋巴,汇入咽后外侧淋巴结。

d. 舌骨后淋巴结(posterior hyoid lymph node) 位于茎舌骨肌的外侧,收集下颌的淋巴,汇入咽后外侧淋巴结。

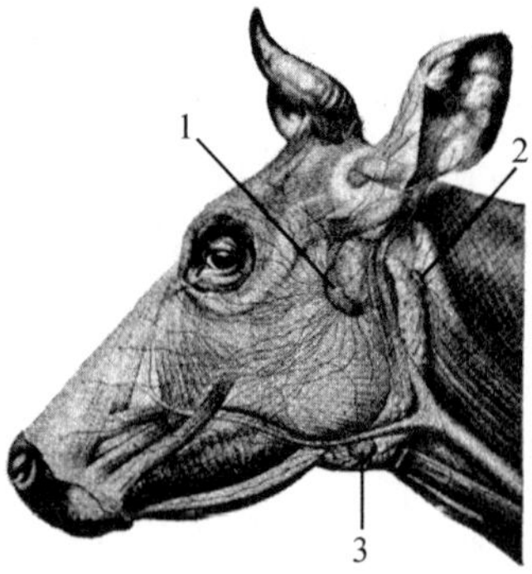

1. 腮腺淋巴结 2. 咽后外侧淋巴结 3. 下颌淋巴结

图 10-12 牛头部浅层淋巴结

(引自:Sisson,1938)

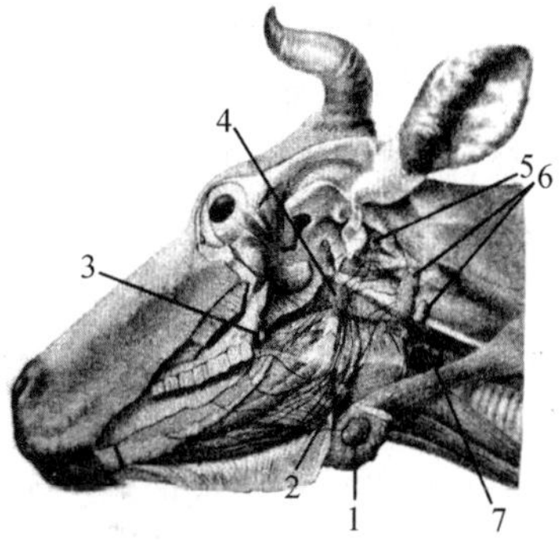

1. 下颌淋巴结 2. 舌骨前淋巴结 3. 翼肌淋巴结 4. 咽后内侧淋巴结 5. 舌骨后淋巴结 6. 咽后外侧淋巴结 7. 甲状腺

图 10-13 牛头部深层淋巴结

(引自:Sisson,1938)

2. 颈部淋巴结(图 10-14)

(1)颈浅淋巴结群

a. 颈浅淋巴结(superficial cervical lymph node) 牛一般为一个大淋巴结,长为 7～9 cm,在肩关节前方、肩胛横突肌的深面,因此又称肩前淋巴结,收集颈部、前肢、胸壁的淋巴,注入右气管淋巴干和胸导管。猪颈浅背侧淋巴结位于肩关节前上方的腹侧锯肌表面,被颈斜方肌和肩胛横突肌覆盖,通常为一卵圆形的淋巴结团块,长 1～4 cm;颈浅中淋巴结有不恒定的 2 群,位于臂头肌深面的颈外静脉表面;颈浅腹侧淋巴结位于腮腺后缘和臂头肌之间,有 3～5 个,形成淋巴结长链,沿臂头肌前缘从咽后外侧淋巴结伸向后下方。马的颈浅淋巴结大部分被臂头肌覆盖,下端伸至颈静脉沟内,长达 10 cm。

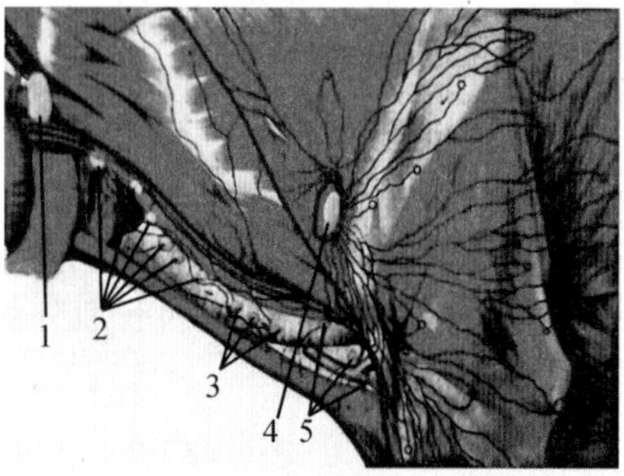

1. 咽后外侧淋巴结 2. 颈深前淋巴结 3. 颈深中淋巴结 4. 颈浅淋巴结 5. 颈后淋巴结

图 10-14 牛头部和颈部淋巴结

(引自:陈耀星等,2019)

b. 颈浅副淋巴结(inn. cervicales superficiales accessorii) 通常有 5～10 个小淋巴结,位于斜方肌深面、冈上肌前方,这些淋巴结一部分或全部为血淋巴结,收集颈部肌肉、皮肤的淋巴,汇入颈浅淋巴结。

(2)颈深淋巴结群

a. 颈深前淋巴结(deep anterior cervical lymph node) 牛有 4 ～ 6 个淋巴结,位于甲状腺附近的气管两侧,收集颈部肌肉、甲状腺、气管、食管、胸腺等处的淋巴,汇入颈深中淋巴结;猪有 1 ～ 5 个，常缺失。

b. 颈深中淋巴结(deep middle cervical lymph node)　牛有 1～7 个淋巴结，位于颈中部的气管两侧，收集范围与颈深前淋巴结相似，汇入颈深后淋巴结。

c. 颈深后淋巴结(deep posterior cervical lymph node)　牛有 2～4 个淋巴结，最后一组位于胸前口的肋颈淋巴结附近；猪有 1～14 个，不成对，位于甲状腺后方，气管腹侧，被胸腺覆盖，且将该淋巴结与第 1 肋腋淋巴结分开，收集颈部肌肉、气管、食管、胸腺以及肩臂部的淋巴，注入气管干、胸导管或颈外静脉。

d. 肋颈淋巴结(costal cervical lymph node)　一般 1 个，直径 1.5～3.0 cm，位于第 1 肋前内侧、气管和食管两侧，肋颈干起始处附近，收集颈后部、肩带部、肋胸膜、气管和纵隔前淋巴结输出管的淋巴，注入右气管干(右)或胸导管(左)。猪、马无。

e. 菱形肌下淋巴结(subrhomboid lymph node)　位于菱形肌深部，靠近肩胛骨后角处，收集肩胛部淋巴，汇入纵隔前淋巴结。猪、马无。

3. 前肢淋巴结(图 10-15)

(1)腋淋巴结群(axillary lymph node)　肩关节与胸壁之间一群淋巴结的总称。

a. 固有腋淋巴结(proper axillary lymph node)　每侧 1～2 个，长 2.0～3.5 cm，位于肩关节后方，大圆肌远端内侧面，收集前肢、胸肌等处的淋巴，汇入第 1 肋腋淋巴结、颈深淋巴结或气管干。猪无固有腋淋巴结。

b. 第 1 肋腋淋巴结(primary coste axillary lymph node)　每侧 1～2 个、长 1.5 cm，位于肩关节的前内侧、第 1 肋或第 1 肋间的胸骨端，胸深肌的深面，收集胸肌、腹侧锯肌、斜角肌、肩臂部肌等处的淋巴，左侧注入气管干或胸导管，右侧注入右淋巴导管，还可能汇入颈深淋巴结。

c. 腋副淋巴结(axillary accessory lymph node)　1 个，位于胸深肌与背阔肌交叉处，收集胸肌、背阔肌等处的淋巴，汇入固有腋淋巴结。

1. 固有腋淋巴结
2. 第一肋腋淋巴结

图 10-15　牛前肢淋巴结

(引自：Sisson，1938)

(2)冈下肌淋巴结(infraspinatus lymph node)　冈下肌后缘与臂三头肌长头间的小淋巴结，收集冈下肌、臂三头肌等处的淋巴，汇入固有腋淋巴结。

4. 胸部淋巴结(图 10-16)

(1)胸背侧淋巴结群

a. 胸主动脉淋巴结(thoracic aorta lymph node)　成串分布于胸主动脉背侧与胸椎椎体之间的脂肪内，收集胸壁、胸膜、纵隔等处的淋巴，直接汇入胸导管或纵隔淋巴结。

b. 肋间淋巴结(intercostal lymph node)　是位于各肋间隙近端的胸膜下、交感干背侧的一系列淋巴结，收集胸背部肌肉、胸椎、肋间肌及胸膜等处的淋巴，汇入胸主动脉淋巴结或纵隔淋巴结。猪无肋间淋巴结。

(2)胸腹侧淋巴结群

a. 胸骨前淋巴结(anterior sternal lymph node)　1 个，直径 1.5～2.5 cm，位于胸骨柄背侧，左右胸廓内动静脉之间，收集胸底壁前部、纵隔、胸膜等处的淋巴，注入右气管干和胸导管。

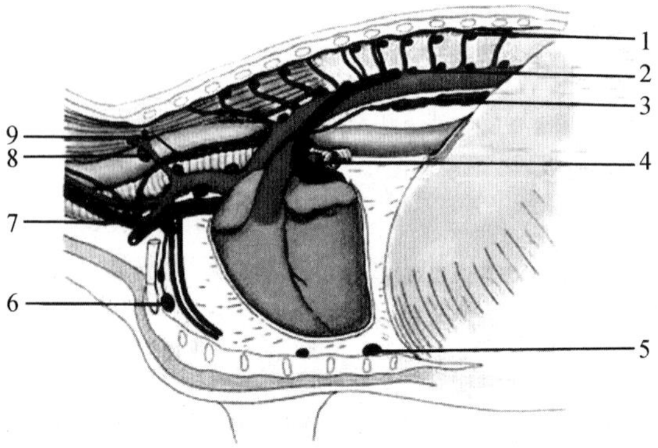

1.肋间淋巴结 2.胸主动脉淋巴结 3.纵隔后淋巴结 4.气管支气管左淋巴结 5.胸骨后淋巴结 6.胸骨前淋巴结 7.纵隔前淋巴结 8.肋颈淋巴结 9.胸导管

图 10-16 牛胸腔淋巴结

(引自:陈耀星等,2009)

b. 胸骨后淋巴结(posterior sternal lymph node) 为胸骨中部背侧、胸横肌深面,沿胸廓内动静脉分布的数个淋巴结,收集胸底壁、腹底壁、胸骨、肋、胸膜、纵隔、心包等处的淋巴,汇入胸骨前淋巴结。猪无胸骨后淋巴结。

c. 膈淋巴结(diaphragm lymph node) 较小,位于膈的胸腔面、后腔静脉裂孔附近,收集膈和纵隔的淋巴,汇入纵隔后淋巴结。

(3)纵隔淋巴结群

a. 纵隔前淋巴结(anterior mediastinum lymph node) 位于心前纵隔内,主动脉弓前方的数个淋巴结,收集胸部食管、气管、胸腺、肺、心包、纵隔等处的淋巴,注入胸导管、右气管干或右淋巴导管。

b. 纵隔中淋巴结(middle mediastinum lymph node) 位于主动脉弓右侧、食管背侧的数个淋巴结,收集食管、气管、肺、纵隔等处的淋巴,注入胸导管。猪无纵隔中淋巴结。

c. 纵隔后淋巴结(posterior mediastinum lymph node) 位于主动脉弓后方纵隔内的数个淋巴结,沿胸主动脉与食管之间分布,其中 1 个很大,长 5~10 cm 及以上,收集膈、纵隔、食管、肺和心包等处的淋巴,注入胸导管或胸主动脉淋巴结。

(4)支气管淋巴结群

a. 气管支气管[气管叉]左淋巴结(left tracheobronchial [brfurcationis] lymph node) 位于气管叉左侧的淋巴结。

b. 气管支气管[气管叉]中淋巴结(middle tracheobronchial [brfurcationis] lymph node) 位于气管叉之间的淋巴结。

c. 气管支气管[气管叉]右淋巴结(right tracheobronchial [brfurcationis] lymph node) 位于气管叉右侧的 1 个淋巴结。

d. 气管支气管前淋巴结(anterior tracheobronchial lymph node) 气管支气管背侧与气管夹角处的 1~2 个淋巴结。

以上 4 个淋巴结群的输入管收集食管、支气管、心脏、肺的淋巴,注入胸导管,或汇入纵隔前淋巴结。

e. 肺淋巴结(pulmonary lymph node)　沿肺内支气管分布的数个淋巴结,收集肺的淋巴,汇入气管支气管淋巴结或纵隔后淋巴结。

5. 腹壁和骨盆壁淋巴结（图 10-17）

(1)腰淋巴结群

①主动脉腰淋巴结(aorta lumbar lymph node)　腹主动脉和后腔静脉沿途的数个淋巴结,分布在从肾至旋髂深动脉分支处之间的腹膜下,收集腰部肌肉等处的淋巴,注入腰干或乳糜池。

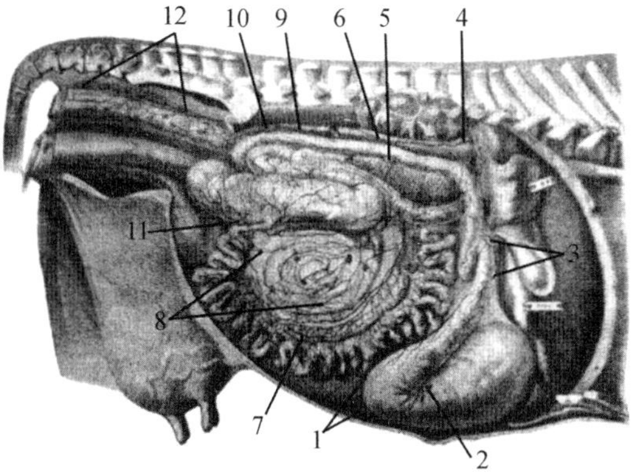

1. 皱胃腹侧淋巴结　2. 皱胃背侧淋巴结　3. 肝淋巴结　4. 胸导管　5. 胰十二指肠淋巴结　6. 肠干　7. 空肠淋巴结　8. 结肠淋巴结　9. 腰干　10. 髂内淋巴结　11. 盲肠淋巴结　12. 肛门直肠淋巴结

图 10-17　牛腹腔和骨盆腔淋巴结

(引自:Sisson,1938)

②固有腰淋巴结(proper lumbar lymph node)　腰椎横突之间、椎间孔附近的小淋巴结,收集腰部肌肉等处的淋巴,汇入主动脉腰淋巴结。

③肾淋巴结(renal lymph node)　位于肾门附近,肾动静脉周围的一群淋巴结,收集肾、肾上腺、输尿管等处的淋巴,注入乳糜池。

(2)荐髂淋巴结群

①髂内侧淋巴结(internal iliac lymph node)　左、右髂外动脉起始处附近的一大群淋巴结,其中在左右髂内动脉夹角内的淋巴结又称为荐淋巴结,收集腰荐部、尾部、腹壁后部、后肢等处的淋巴。汇入左右腰干。髂内侧淋巴结是兽医卫生检验常用的重要淋巴结。

②髂外侧淋巴结(external iliac lymph node)　旋髂深动脉的前后支处的一群淋巴结,但牛常为 1 个,水牛有 2～5 个,收集腰荐部、后腹部等处的淋巴,汇入髂内侧淋巴结。

③腹下淋巴结(hypogastric lymph node)　在荐结节阔韧带内侧,髂内动静脉各分支处的淋巴结,每侧有 1 ～ 3 个,收集骨盆壁及盆腔内脏等处的淋巴,汇入髂内侧淋巴结。

④肛门直肠淋巴结(anal rectal lymph node)　直肠后部(腹膜外部)背侧的数个淋巴结,收集肛门、会阴、尾肌、直肠等处的淋巴,汇入髂内侧淋巴结。

(3)腹股沟股淋巴结群

①腹股沟浅淋巴结(superficial inguinal lymph node)　腹底壁后部,腹股沟管浅环附近的一群淋巴结。因性别差异而有不同名称:阴囊淋巴结(scrotal lymph node),精索后上方、阴茎背侧;乳房淋巴结(mammary lymph node),雌性动物乳房基底部后上方两侧。收集腹底壁的

肌肉、皮肤、股内侧、阴囊、乳房、外生殖器等处的淋巴，汇入髂内侧淋巴结。

②髂下淋巴结(inferior iliac lymph node)　为一大而长的淋巴结，位于膝关节的前上方、阔筋膜张肌前缘膝褶中，活体容易触摸到，收集腹侧壁、骨盆、股部、小腿部等处的淋巴，汇入髂外侧淋巴结和髂内侧淋巴结。

③髋淋巴结(sciatic lymph node)　长约 2 cm，位置不定，常位于髋结节的腹侧、股四头肌前方、阔筋膜张肌中部内侧，旋股外侧动静脉沿途。

④髋副淋巴结(accessorysciatic lymph node)　位置不定，常位于阔筋膜张肌的外侧。

以上两组淋巴结收集股四头肌等处的淋巴、汇入髂内外侧淋巴结。

⑤腰旁窝淋巴结(paralumbar fossette lymph node)　腰旁窝皮下的 1～2 个淋巴结，收集腹壁的淋巴，汇入髂下淋巴结。

(4)坐骨淋巴结群

①坐骨淋巴结(ischial lymph node)　常有 1～2 个淋巴结，位于荐结节阔韧带外侧，坐骨大孔附近，臀中肌深层，收集臀部肌等处的淋巴，汇入髂内侧淋巴结。

②臀淋巴结(gluteal lymph node)　位于荐结节阔韧带后缘外侧，坐骨小切迹背侧，臀股二头肌深面，收集臀后、肛门等处肌肉和皮肤的淋巴，汇入髂内侧淋巴结或坐骨淋巴结。

③结节淋巴结(tubercular lymph node)　位于荐结节阔韧带后缘、坐骨结节内侧皮下，收集骨盆、尾部、股部等处的淋巴，汇入臀淋巴结、荐淋巴结。

6. 腹腔内脏淋巴结(图 10-18)

(1)腹腔淋巴结群(celiac lymph center)　收集胃、肝、脾、胰、十二指肠、网膜、肠系膜等处的淋巴，形成腹腔干与肠干，二者汇合成内脏干，注入乳糜池(马无内脏干，腹腔干和肠干直接注入乳糜池)(图 10-19)。

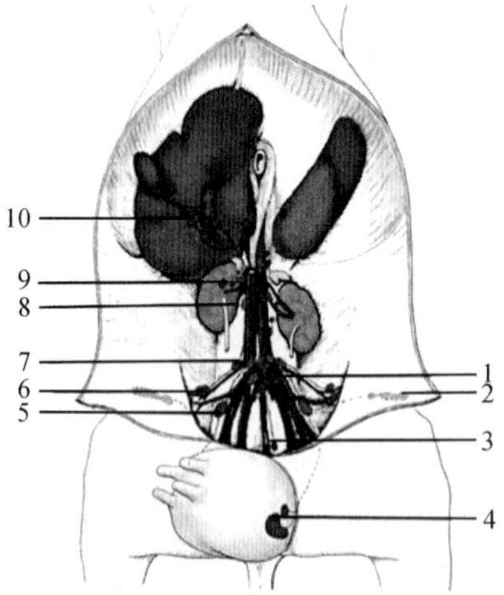

1. 荐淋巴结　2. 髂下淋巴结　3. 肛门直肠淋巴结
4. 腹股沟浅淋巴结　5. 腹股沟深淋巴结
6. 髂外侧淋巴结　7. 髂内侧淋巴结
8. 腹主动脉淋巴结　9. 肾淋巴结
10. 肝淋巴结

图 10-18　牛腹腔淋巴结

(引自：陈耀星等，2019)

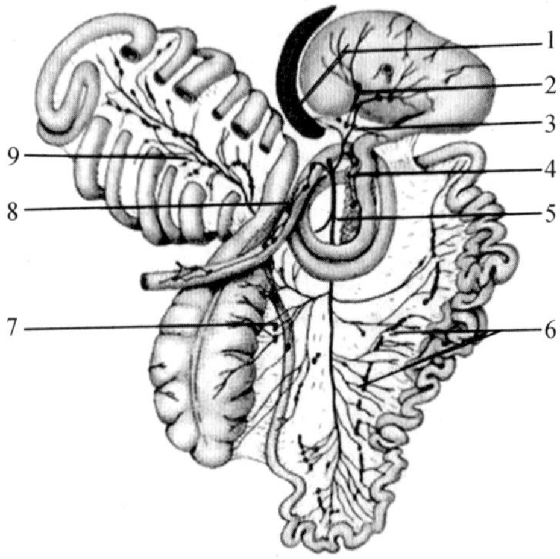

1. 脾淋巴结　2. 胃淋巴结　3. 肝淋巴结
4. 胰十二指肠淋巴结　5. 肠干
6. 空肠前淋巴结　7. 荐髂淋巴结
8. 结肠左淋巴结　9. 结肠淋巴结

图 10-19　猪小肠淋巴结和淋巴导管

(引自：陈耀星等，2019)

①腹腔淋巴结(celiac lymph node)　腹腔动脉起始处附近的3～4个淋巴结，收集脾和肝的淋巴，输出管形成腹腔干，注入内脏干。

②肝淋巴结(hepatic lymph node)　一般有1～3个，有时多达10个，沿门静脉分布，收集肝、胰、十二指肠、皱胃的淋巴，输出管汇合形成肝干，与胃干汇合形成腹腔干。

③肝副淋巴结(hepatic accessory lymph node)　分布于肝的背侧缘、后腔静脉沿途的一些淋巴结，收集肝等处的淋巴，汇合成肝淋巴干。

④胃淋巴结(gastric lymph node)　直径为0.5～4 cm，数目多，分布于胃的血管沿途，因牛有4个胃室，淋巴结分布的位置各异，所以名称不同，可分为以下8种：a. 瘤胃右淋巴结(right rumen lymph node)，通常有4～5个，位于瘤胃右纵沟内，瘤胃右动脉沿途；b. 瘤胃左淋巴结(left rumen lymph node)，4～5个，位于瘤胃左纵沟内，瘤胃左动脉的沿途；c. 瘤胃前淋巴结(anterior rumen ymph node)，深陷于瘤胃前沟内的1～2个淋巴结；d. 网胃淋巴结(reticulum lymph node)，通常有5～7个，位于网胃与瓣胃连接部附近，沿胃左动脉腹侧支分布；e. 瓣胃淋巴结(omasum lymph node)，在瓣胃表面，胃左动脉背侧支沿途的数个淋巴结；f. 皱胃背腹侧淋巴结(dorsal and ventral abomasum)，皱胃小弯和大弯内，沿胃左动脉的背侧支和腹侧支分布；g. 瘤皱胃淋巴结(ruminoabomasum lymph node)，瘤胃隐窝与皱胃之间的数个淋巴结；h. 网皱胃淋巴结(reticuloabomasum lymph node)，皱胃前部与网胃之间的数个淋巴结。

猪和马的胃淋巴结位于贲门附近，胃淋巴结的输入管收集相应部位的淋巴，汇合成胃淋巴干，汇入腹腔干。

⑤胰十二指肠淋巴结(pancre aticoduodenal lymph node)　十二指肠系膜内、胰右叶与十二指肠降部之间的数个淋巴结，收集胰、十二指肠及附近的部分结肠等处的淋巴，汇入肠淋巴干。

(2)肠系膜前淋巴结群

①肠系膜前淋巴结(anterior mesenteric lymph node)　有2～3个，位于肠系膜前动脉起始处附近。

②空肠淋巴结(jejunal lymph node)　数目很多，大小不一，牛有30～50个，最长达10 cm以上，分布在空肠系膜内，沿结肠旋袢与空肠间呈长条形念珠状分布，总长达0.5～1.2 m。

③盲肠淋巴结(cecal lymph node)　有1～3个，分布于回盲襞内、回肠与盲肠之间。

④结肠淋巴结(colonic lymph node)　数目多，一般有5～16个，分浅层和深层。浅层的结肠淋巴结较大，位于结肠旋袢右侧的总肠系膜上；深层分散在结肠旋袢的系膜内。

肠系膜前淋巴结群收集胰、空肠、回肠、盲肠和大部分结肠等处的淋巴，输出管汇合成肠淋巴干，与胃淋巴干结合形成内脏干，注入乳糜池。

(3)肠系膜后淋巴结(posterior mesenteric lymph node)　有2～5个，分布于肠系膜后动脉起始处至分出结肠左动脉和直肠前动脉之间的系膜内，收集降结肠、直肠前部等处的淋巴，汇入髂内淋巴结，或直接注入腰淋巴干。

7. 后肢淋巴结(图10-20)

(1)腘淋巴结(popliteal lymph node)　位于膝关节后方，臀股二头肌与半腱肌之间，腓肠肌外侧头近端的表面，收集膝关节以下的淋巴，汇入髂内侧淋巴结、坐骨淋巴结或腘主动脉淋巴结等。

(2)腹股沟深(髂股)淋巴结(deep inguinal lymph node)　有1～3个，位于髂骨体前方，沿着分出旋髂深动脉之后的髂外动脉分布，收集膀胱、子宫角、雄性尿道盆部、副性腺及后肢、腹壁等处的淋巴，汇入髂内侧淋巴结。猪、羊无此淋巴结。

(3)腹壁淋巴结(epigastric lymph node) 位于近耻骨处的腹直肌内面，收集腹壁、乳房等处的淋巴，汇入髂内侧淋巴结。猪、羊无此淋巴结。

(二)淋巴结的组织学结构

淋巴结表面覆有薄层被膜，被膜内形成粗细不等的小梁，小梁互相连接成网，构成淋巴结的粗支架，连同神经、血管一起形成淋巴结的间质。在粗支架之间填充有网状组织，构成淋巴结的细微支架。淋巴结的实质分为周围的皮质和中央的髓质两部分(图 10-21)。

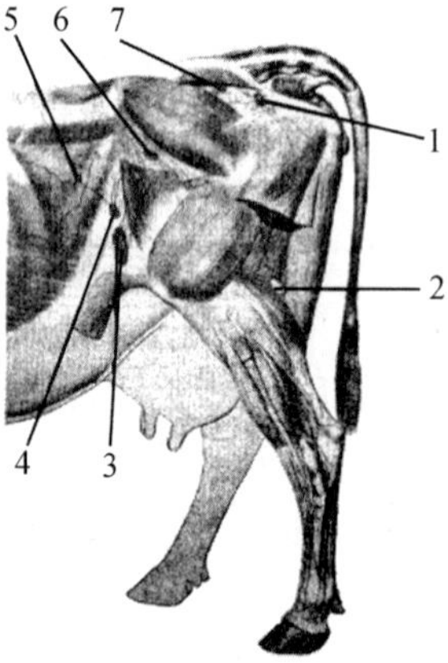

1. 坐骨侧淋巴结 2. 腘淋巴结 3、4. 股前淋巴结 5. 腰旁淋巴结 6. 臀前淋巴结 7. 荐骨侧淋巴结

图 10-20 牛后肢淋巴结

(引自：Sisson，1938)

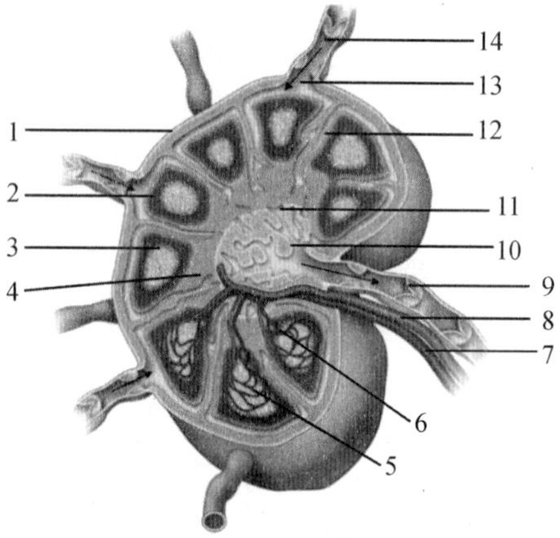

1. 被膜 2. 淋巴小结 3. 生发中心 4. 副皮质区 5. 毛细血管 6. 高内皮微静脉 7. 静脉 8. 动脉 9. 输出淋巴管 10. 髓索 11. 髓窦 12. 小梁周窦 13. 被膜下窦 14. 输入淋巴管

图 10-21 淋巴结组织学结构模式图

(引自：陈耀星等，2019)

1. 皮质 位于被膜下方，由浅层皮质、深层皮质和皮质淋巴窦构成。

(1)浅层皮质(superficial cortex) 由淋巴小结和小结间弥散淋巴组织构成。正常情况下，由于淋巴液内抗原作用，淋巴小结发育良好，可见明显的暗区、明区和小结帽结构。淋巴小结内 95%的细胞为 B 细胞，其余为巨噬细胞、滤泡树突细胞、T 细胞等。暗区位于基部，其中的大 B 细胞分裂分化为中等 B 细胞后，移至明区。这些细胞只有在树突细胞将抗原呈递后才能继续分裂分化，形成大量的 B 细胞移至帽部，称为小结帽，其余的则被明区的巨噬细胞吞噬清除。帽部的小淋巴细胞主要是浆细胞的前身，另有一些记忆性 B 细胞。

(2)深层皮质(deep cortex) 又称副皮质区(paracortex zone)，位于皮质深部，为厚层弥散淋巴组织，主要含 T 细胞，属胸腺依赖区(图 10-22)。深层皮质又由若干个单位组成，每个单位与一条输入淋巴管相对应。深层皮质单位的中央区细胞较密集，含大量 T 细胞和一些交错突细胞等；周围区细胞较稀疏，含 T 细胞、B 细胞，还有许多毛细血管后微静脉，淋巴细胞可通过内皮细胞间隙进入血管或经窦内皮细胞转运而进入窦内(图 10-23)。此区的小淋巴窦与髓质淋巴窦相连续。

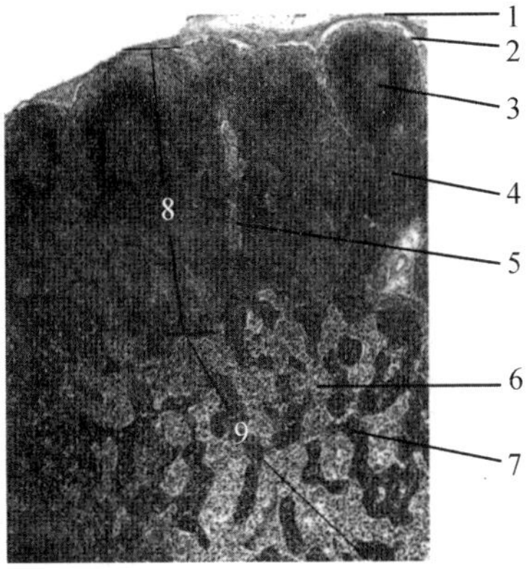

1. 被膜　2. 被膜下窦　3. 淋巴小结　4. 副皮质区
5. 小梁　6. 髓窦　7. 髓索　8. 皮质　9. 髓质

图 10-22　淋巴结(HE，100×)

(徐之勇　供图)

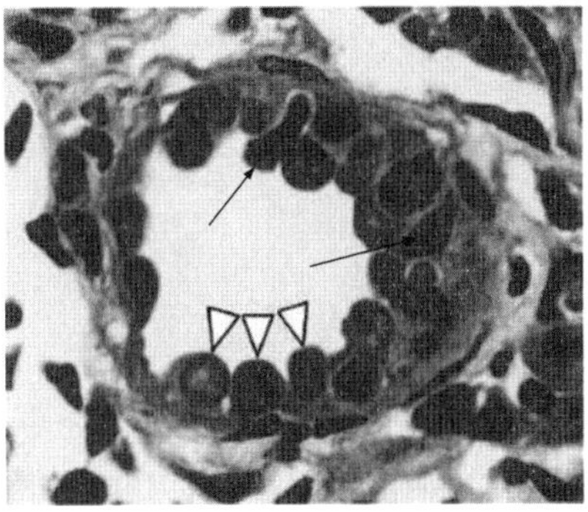

▽指示高内皮细胞　↑指示正在通过内皮的淋巴细胞

图 10-23　淋巴结高内皮微静脉(PT，400×)

(徐之勇　供图)

(3)皮质淋巴窦(cortical sinus)　简称皮窦，包括被膜下窦(图 10-24)和小梁周窦(图 10-21)。输入淋巴管穿过被膜与皮窦相通，再与髓窦相通，最后在门部汇合成输出淋巴管。窦壁衬以连续性单层扁平上皮，内皮外有薄层基膜、少量网状纤维和一层扁平网状细胞；窦内有星状内皮细胞和网状纤维作为支架，有许多巨噬细胞附于其上或游离于窦腔内，网眼内还有许多淋巴细胞。巨噬细胞可清除淋巴液内异物和摄取抗原，进入淋巴组织后可将抗原呈递给淋巴细胞。

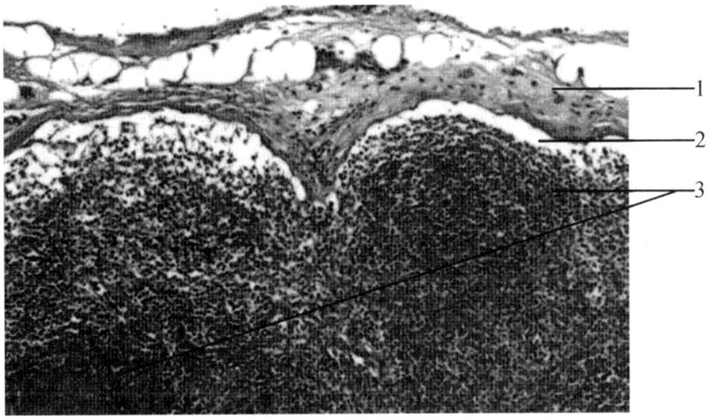

1. 被膜　2. 被膜下窦　3. 淋巴小结

图 10-24　淋巴结皮质(HE，200×)

(徐之勇　供图)

2. 髓质　由髓索和髓窦组成的弥散淋巴组织(图 10-25)。髓索(medullary cord)是相互连接的淋巴索，主要含 B 细胞，另有一些 T 细胞、浆细胞、肥大细胞和巨噬细胞等(图 10-26)，在炎症状态下，巨噬细胞和浆细胞会大量增多。髓索中央常有一条毛细血管后微静脉，是血液内淋巴细胞进入髓索的通道。髓窦(medullary sinus)即髓质淋巴窦，位于髓索之间，其结构与皮窦相同，但较宽广，淋巴液流动缓慢，窦内巨噬细胞较多，可进一步净化淋巴 。

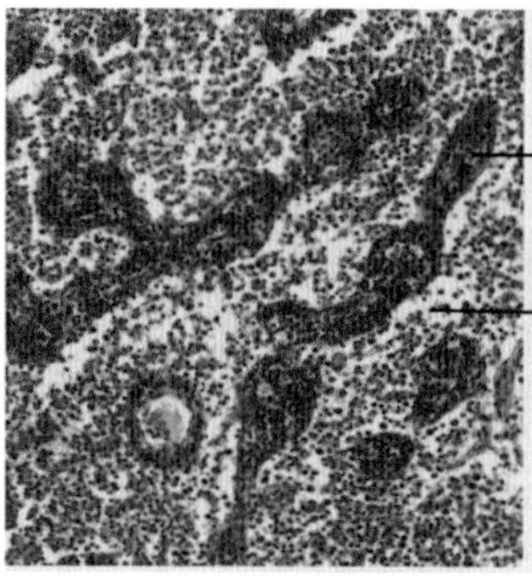

1. 髓索 2. 髓窦
图 10-25 淋巴结皮质(HE, 200×)
(徐之勇 供图)

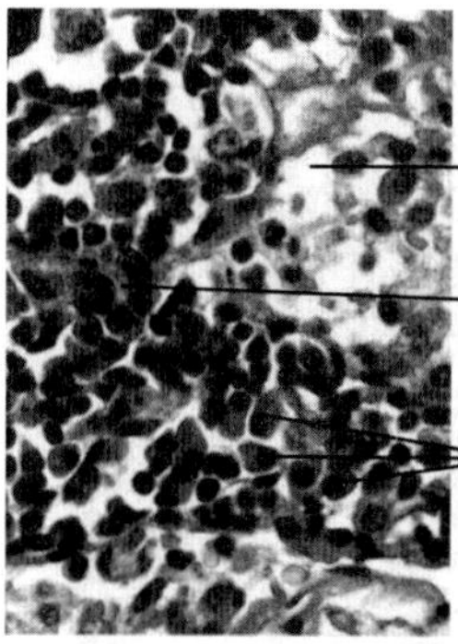

1. 髓窦 2. 髓索 3. 浆细胞
图 10-26 淋巴结髓质 (HE, 400×)
(徐之勇 供图)

仔猪淋巴结的结构与其他哺乳动物差异比较明显:皮质和髓质的位置恰好与其他动物相反,淋巴小结占据中央区域;但成年猪淋巴结的中央集中有数量较多的淋巴小结,淋巴小结常沿淋巴结深层的小梁周窦分布,淋巴小结的帽朝向小梁周窦,不易明显区分皮质和髓质。猪淋巴结窦腔狭窄,髓索不明显,输入淋巴管伸入被膜,一直穿行到中央区域,汇入小梁窦,最后汇集成输出淋巴管,从被膜的不同地方穿出。因此从淋巴液的流向看,猪的淋巴通路与其他家畜相同。

禽类淋巴结无门部结构,也无皮质、髓质之分,其实质由中央窦、淋巴小结、弥散淋巴组织、淋巴组织索和周围淋巴窦等构成。中央窦位于近中央区,形状不规则,有输入和输出淋巴管与其相连,并有分支与周围淋巴窦相通。淋巴小结多分布于中央窦周围。弥散淋巴组织主要分布于淋巴小结周围,由网状细胞、T 细胞和巨噬细胞等构成,内有丰富的毛细血管及毛细血管后微静脉,此区相当于哺乳动物的副皮质区。淋巴组织索由网状细胞、淋巴细胞、浆细胞和巨噬细胞等构成,该结构相当于哺乳动物的髓索。周围淋巴窦有被膜下窦、索间淋巴窦和小结周边淋巴窦,其中以被膜下窦较发达。窦内流动淋巴,内有淋巴细胞、巨噬细胞、浆细胞及有粒白细胞等。禽类淋巴结的功能与哺乳动物的相似,但由于数量少,故过滤淋巴的作用不强。

(三)淋巴通路(passage of lymph in lymph node)

淋巴液循环至淋巴结,由输入淋巴管进入被膜下窦和小梁周窦,然后向四周缓慢地流开。大量淋巴液经副皮质区之间的狭窄通道进入髓窦,少量淋巴液渗入淋巴组织经小梁周窦汇入髓窦,淋巴液最后汇入输出淋巴管。含抗原多的淋巴液流速较慢,经淋巴结滤过后的淋巴液中细菌和病毒等抗原较少,而含有较多的淋巴细胞和抗体。

(四)淋巴细胞再循环(recirculation of lymphocyte)

外周淋巴器官和组织内的淋巴细胞可经淋巴管进入血液循环,又可穿越弥散淋巴组织内的毛细血管后微静脉再回到淋巴器官或淋巴组织内。淋巴细胞在血液循环和淋巴组织之间不断重复循环的现象,称为淋巴细胞再循环。参加再循环的淋巴细胞主要是长寿的记忆 T 细胞和少量的记忆 B 细胞,其数量约为血液内淋巴细胞数的 10 倍。效应 T 细胞、浆细胞等均不参加淋巴细胞再循环。通过再循环可使淋巴细胞在全身各处不断巡行,使分散于全身的免疫细胞成为一个相互关联的有机统一体,有助于更好地发现和识别抗原,增强机体免疫功能(图 10-27)。

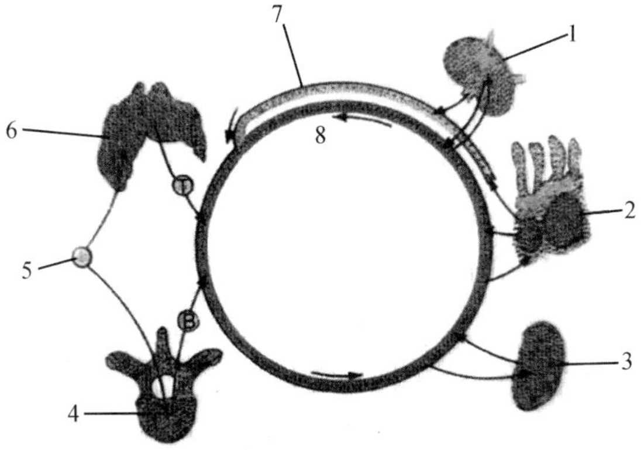

1. 淋巴结　2. 淋巴组织　3. 脾　4. 骨髓　5. 干细胞　6. 胸腺　7. 淋巴管　8. 血管

图 10-27　淋巴细胞再循环模式图

(引自:高英茂,2010)

(五)淋巴结的功能

1. *过滤淋巴液*　淋巴结的组织结构如同一个滤器,当淋巴液在淋巴窦内缓慢流过时,其中的抗原物质(细菌、病毒和癌细胞等)就可被淋巴结窦腔内的巨噬细胞吞噬,对细菌的清除率可达 99.5%,但对病毒及癌细胞的清除率较低,癌细胞可以随淋巴通路转移至其他器官。

2. *免疫应答*　进入淋巴结的抗原经巨噬细胞和交错突细胞吞噬和处理后,呈递给初始 T 细胞或 B 细胞,活化、增殖和分化形成效应细胞和记忆细胞。淋巴结内的 T 细胞约占淋巴细胞总数的 75%,B 细胞约占 25%。发生细胞免疫应答时,副皮质区迅速扩大,T 细胞分裂分化,产生大量的效应性 T 细胞。发生体液免疫时,淋巴小结增大,数量增多,髓索内浆细胞增多,产生大量的抗体。细胞免疫应答和体液免疫应答常同时发生,根据抗原的性质以其中一种为主。

淋巴结的结构常处于动态变化过程中,在抗原的刺激下可增大,当抗原被清除后,又萎缩甚至消失。因此在临床上,局部淋巴结肿大,可反映淋巴液流经该淋巴结的区域有病变,对临床诊断和兽医卫生检疫有重要的实践意义。

五、脾(spleen)

(一)脾的解剖学结构

脾是动物体内最大的淋巴器官,其形态因动物种类的不同差别很大(图 10-28)。各种动物的脾都位于腹前部、胃的左侧。脾的壁面略凸,与膈和左侧腹壁相适应;脏面较平,有一个长嵴为脾门所在处,是脾动脉、静脉、神经和淋巴管出入脾的位置。该长嵴几乎把脾的脏面分为前方的胃区和后方的肠区,分别与胃和肠相邻。

1. *牛脾*　成年牛的脾长度约 50 cm,宽 13～14 cm,呈长而扁的椭圆形,蓝紫色,质地较硬。斜位于左季肋区,瘤胃背囊左前方,上部以腹膜和结缔组织与左膈脚及瘤胃背囊相连,下端游离。脾门位于脏面上 1/3 处。

2. *马脾*　呈扁平镰刀形,上宽下窄,蓝红色或铁青色,附着在胃大弯左侧。前缘凹,其内侧有一纵沟，为脾门所在处；后缘凸，其上端可达最后肋后方。

3.猪脾　狭而长，上宽下窄，呈紫红色，质地较软，位于胃大弯左侧，以宽松的胃脾韧带与胃大弯相连。脾的脏面有一个纵嵴，脾门位于纵嵴上。

4.羊脾　扁平状，略呈钝角三角形，红紫色，质地较软，位于瘤胃的左侧。

5.犬脾　狭而长，略呈镰刀形，上端窄而稍弯，下端较宽，色红，稍带蓝色，位于最后肋和第1腰椎横突的腹侧，胃的左侧与左肾之间。当充满内容物时，脾的长轴方向约与最后肋一致。

6.猫脾　扁平，狭长而弯曲，位于胃的左后方，大网膜降支内，深红色。左后端较宽，对着胰的胃端一侧。

7.禽脾　呈圆形或钝三角形，鸽的为长条状，褐红色。位于腺胃右侧。

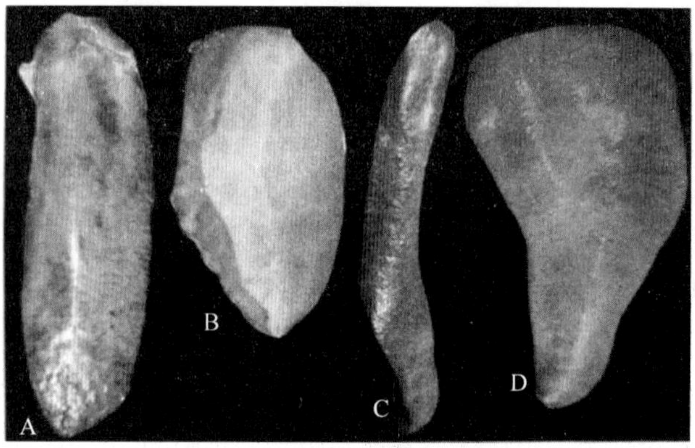

A.牛　B.羊　C.猪　D.驴

图 10-28　脾

（引自：陈耀星等，2013）

(二)脾的组织学结构

脾与淋巴结有相似之处，也是由淋巴组织构成，但脾是血液循环中的重要滤过器官，没有输入淋巴管和淋巴窦，而有输出淋巴管和大量血窦，故切面色红。实质无皮质与髓质之分，而是分为白髓、边缘区和红髓(图 10-29)。

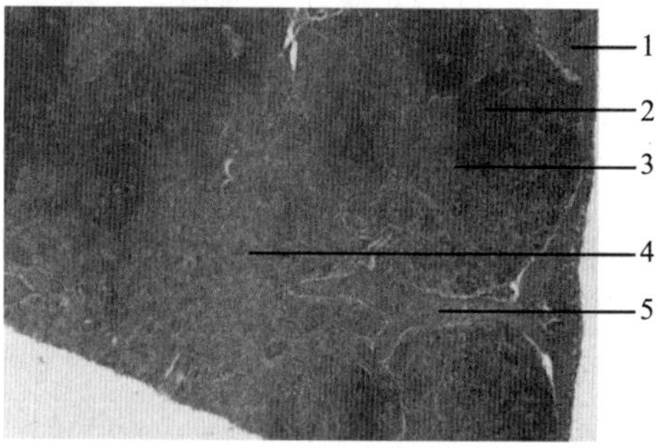

1.被膜　2.白髓　3.边缘区　4.红髓　5.小梁

图 10-29　脾(HE，100×)

（徐之勇　供图）

1.被膜与小梁　脾有较厚的被膜，其中含有弹性纤维及少量的平滑肌，表面覆盖有浆膜。被膜的厚度及平滑肌的含量因动物种类不同而有变化，其中马的较厚，牛、羊和猪次之，小动物的较薄。被膜在门区增厚，有神经和血管出入。被膜结缔组织伸入脾内形成许多分支的小梁，它们互相连接构成脾的粗支架。小梁之间填充有网状组织，构成实质内海绵状多孔隙的细微支架。脾被膜和小梁具有很大的伸缩性，能调节脾的血流量。小梁上有发达的小梁动脉和静脉。

2.白髓(white pulp)　在脾的新鲜切面上呈分散的灰白色小点状，故称白髓。光镜下由密集的淋巴组织环绕小动脉而成。此小动脉由小梁动脉分支而来，因位于白髓中央，故又称中央动脉。白髓包括脾小结和动脉周围淋巴鞘两种不同形态(图 10-30)。

(1)淋巴鞘(periarterial lymphatic sheath)　是围绕中央动脉周围的厚层弥散淋巴组织，由大量 T 细胞、少量巨噬细胞、交错突细胞等构成。属胸腺依赖区，相当于淋巴结的副皮质区。中央动脉有一条伴行的小淋巴管，沿动脉进入小梁，继而在脾门部汇集成较大的淋巴管出脾，它是鞘内 T 细胞迁出脾的重要通道。

(2)脾小结(splenic nodule)　即淋巴小结，通常紧挨动脉周围淋巴鞘，主要由 B 淋巴细胞构成，与淋巴结内的淋巴小结相似，也有明区、暗区和小结帽(常朝向红髓)，但脾小结内常有中央动脉的分支。其中央有生发中心，也是 B 淋巴细胞被激活后的反映，B 淋巴细胞形成的浆细胞可移到红髓。健康动物脾内的脾小结数量少，当抗原刺激引起体液免疫应答时，脾小结数量增多，体积增大，并使中央动脉位置偏移。

马、猪和犬的脾小结及动脉周围淋巴鞘都很发达，猫和反刍动物的动脉周围淋巴鞘则不发达。

3. 边缘区(marginal zone)　位于白髓和红髓的交界处，此处的淋巴细胞较白髓稀疏。主要含有浆细胞、T 淋巴细胞、B 淋巴细胞、巨噬细胞和交错突细胞。边缘区和白髓交界处有中央动脉分支来的毛细血管末端膨大形成的边缘窦(marginal sinus)，边缘窦内皮细胞之间有 2～3 μm 的空隙，这是各类血细胞和抗原物质进入脾实质的最初通道，因此在边缘区发生以下事件：①抗原呈递细胞捕获、加工血液中的抗原物质，将抗原呈递给邻近的淋巴细胞；②巨噬细胞吞噬血液中的微生物和衰老的红细胞等(图 10-31)；③循环血液中的 T 淋巴细胞和 B 淋巴细胞由此进入白髓发挥功能；④淋巴细胞再次与交错突细胞发生联系，辨别 MHC 表位，从而在白髓发挥免疫功能。所以，边缘区是脾内首先捕获抗原和引起免疫应答的重要部位。

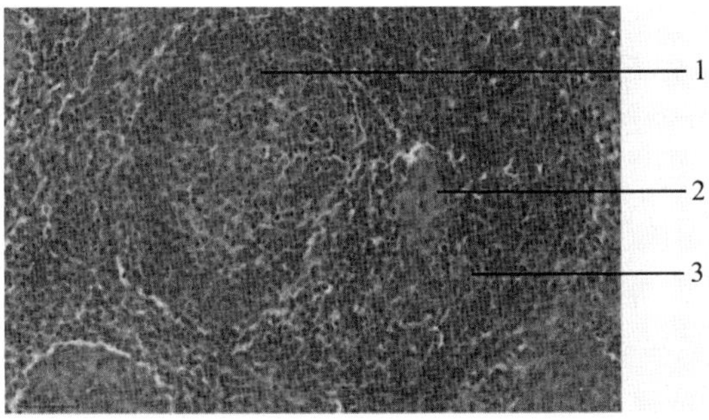

1. 白髓　2. 中央动脉　3. 动脉周围淋巴鞘

图 10-30　脾白髓(HE，200×)

(徐之勇　供图)

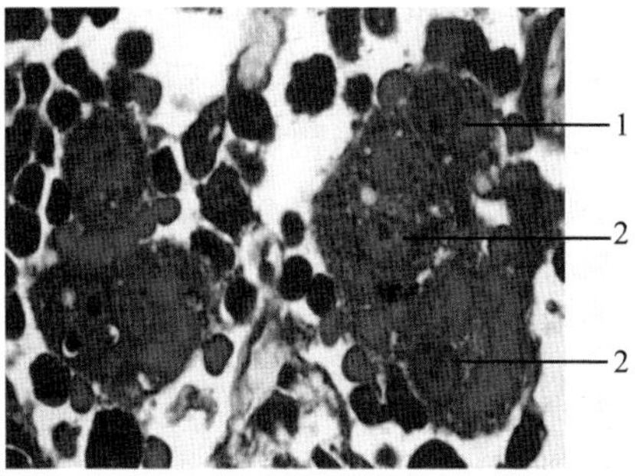

1. 被吞噬的红细胞　2. 巨噬细胞

图 10-31　脾红髓(PT，400×)

(徐之勇　供图)

4. 红髓(red pulp)　因含大量红细胞，脾的新鲜切面上呈红色，故称红髓。红髓约占脾实质的 2/3，分布于被膜下、小梁周围、白髓及边缘区的外侧，由脾索和脾窦构成(图 10-32)。

(1)脾索(splenic cord)　由富含血细胞的淋巴组织构成，呈不规则的条索状，位于脾窦之间，彼此连接成网。脾索以网状组织为支架，网眼之间有血管通过，网眼内含较多的 B 淋巴细胞、浆细胞、巨噬细胞和树突状细胞等。构成支架的网状纤维被星状细胞包裹，星状细胞可向血管内释放Ⅲ型胶原蛋白，防止血小板凝结。在猪和反刍动物脾索中，还有少量散在的与小梁相连的平滑肌纤维。脾索内的鞘毛细血管开放的终末部，周围有大量的巨噬细胞包绕，形成椭圆形的巨噬细胞鞘，称椭球(ellipsoid)，是脾滤血的重要场所，猪、猫、犬等动物脾的椭球较发达，兔则无。

(2)脾血窦(splenic sinusoid) 简称脾窦，位于脾索之间，形状不规则，具有一定的伸缩性。脾窦内皮细胞特化成纺锤状并呈栅栏状排列，细胞间空隙有 20～30 μm，脾窦外面有网状纤维(与脾索相连的)包裹，网状纤维与栅栏状排列的内皮细胞垂直，并被有不连续的基膜，有利于各种血细胞穿行(图 10-33)。脾窦是储血的场所，马脾内可储存体内 1/3 的红细胞。脾窦外侧的巨噬细胞，其突起可通过内皮间隙伸入窦内进行吞噬活动。犬、兔、猪等动物的脾窦发达，而猫和反刍动物的不发达。

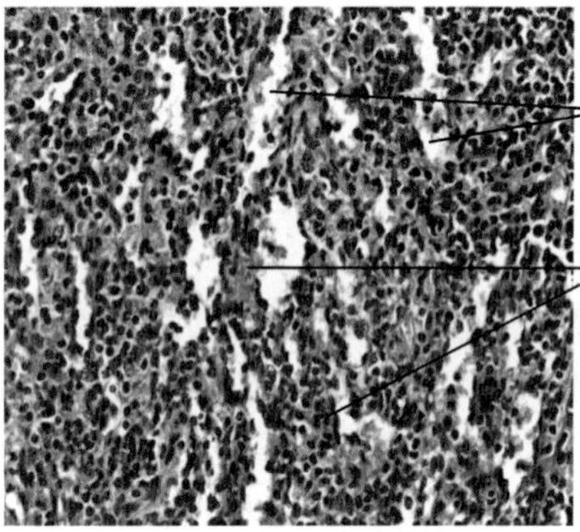

1. 脾窦 2. 脾索

图 10-32 脾红髓(HE，200×)

(徐之勇 供图)

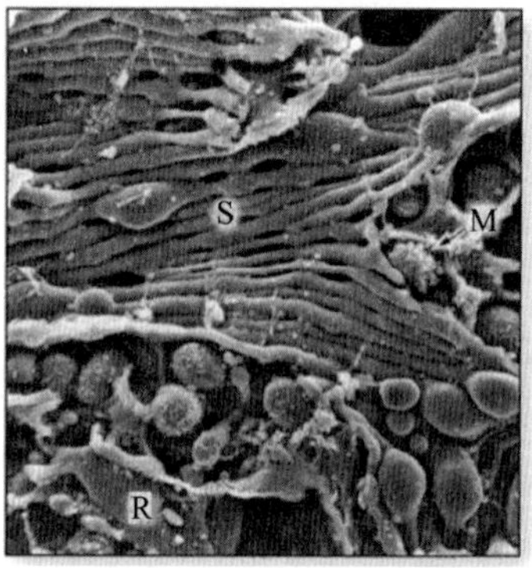

M. 巨噬细胞 R. 红髓 S. 内皮细胞

图 10-33 脾红髓(SEM)

(徐之勇 供图)

(三)脾的血液通路

脾动脉自脾门入脾，随小梁分支为小梁动脉，后者再分支穿出小梁脱去结缔组织外膜进入白髓，被淋巴组织鞘环绕后形成中央动脉，中央动脉失去淋巴组织鞘形成许多短而平行的分支，称为笔毛微动脉。笔毛微动脉在红髓中分成 3 段：髓微动脉、鞘动脉和动脉末端毛细血管。髓微动脉内皮外有 1～2 层平滑肌。鞘动脉肌性中膜消失，内皮外包以网状细胞及巨噬细胞构成的椭圆形鞘状结构，称为椭球。猪的椭球大而多，常出现在动脉周围淋巴鞘和脾小结的边缘区；马、犬和猫的鞘动脉位置和猪相似，但是数量较少，体积也小。动脉末端毛细血管开放于脾索内，脾索的血液进入脾窦(图 10-34)，再汇合成静脉，后者进入小梁称为小梁静脉，最后汇集成脾静脉由脾门出脾，汇入门静脉。

(四)脾的生理功能

1. 参与免疫应答 脾为重要的免疫器官，脾内淋巴细胞有 40%～60%为 B 淋巴细胞，35%为 T 淋巴细胞，其余为 K 细胞、NK 细胞和少量干细胞。当机体受到抗原刺激时，可产生相应的免疫应答。脾是体内产生抗体最多的器官。抗原入侵时，白髓内形成大量的记忆 B 淋巴细胞和浆细胞，而动脉周围淋巴鞘中形成大量的 T 淋巴细胞。新形成的 B 淋巴细胞和 T 淋巴细胞进入边缘窦后迁移到抗原入侵区或者进入淋巴循环中。部分浆细胞则留在边缘区产生大量抗体，向边缘窦内释放。大量浆细胞进入红髓，再释放抗体，与可溶性抗原反应使其失活。发生细胞免疫时，动脉周围淋巴鞘增厚；发生体液免疫时，淋巴小结增多，脾索内浆细胞和巨噬细胞显著增加。脾比淋巴结具有更多的 B 淋巴细胞，能产生更多的抗体。

2. 滤血 脾内有大量的巨噬细胞，可对血液中的抗原物质、血小板及病原微生物进行有效

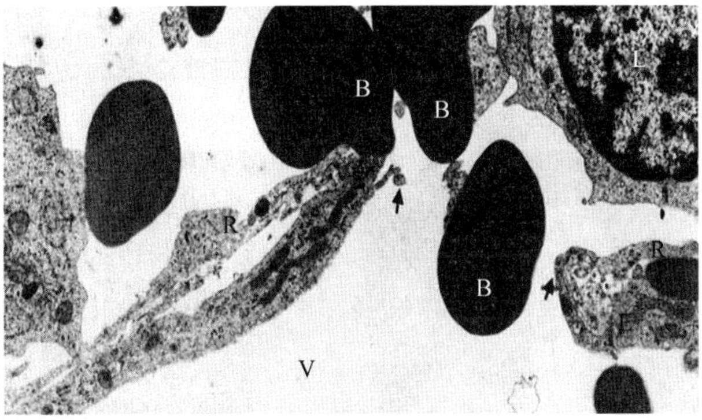

B.红细胞　E.内皮　L.淋巴细胞　R.网状细胞　V.内腔　↑指示内皮开口的边缘

图 10-34　脾红髓内正在通过内皮的血细胞(EM)

(徐之勇　供图)

过滤,边缘区是巨噬细胞首先吞噬进入脾内病原微生物的重要场所;巨噬细胞还可吞噬由于衰老而失去变形性、不能穿过内皮细胞间隙的红细胞。脾切除后,血液内的异形衰老红细胞大量增加;而当脾功能亢进时,可引起血细胞或血小板减少。

3. *造血*　胚胎时期脾可制造各种血细胞,新生马和反刍动物出生数周内还能产生红细胞。成年动物脾一般只能产生淋巴细胞,但当严重缺血、缺氧或其他病理状态下,脾仍可恢复造血功能,产生红细胞、白细胞和血小板等。

4. *储血*　脾可将血液储存于血窦内或脾索内,马的脾内可储存大量的红细胞,而猫的脾储血能力较弱。当动物剧烈运动或大失血时,被膜和小梁中的平滑肌收缩,可将脾窦的血液排出并进入血液循环以应急需,对调节循环血量起一定的作用。

5. *参与淋巴细胞再循环*　脾是淋巴细胞再循环的主要器官。淋巴细胞经淋巴管离开免疫器官或者淋巴组织进入血液循环,血液循环内的部分淋巴细胞又经毛细血管后微静脉再返回淋巴器官和淋巴组织内,称为淋巴细胞再循环。通过淋巴细胞再循环,淋巴细胞流遍全身淋巴器官或淋巴组织,识别和发现抗原,提高机体免疫应答能力。

六、扁桃体(tonsil)

扁桃体位于舌、软腭和咽的黏膜下组织中,呈卵圆形隆起。形状和大小因动物种类不同而不同,只有输出淋巴管,注入附近的淋巴结。扁桃体有多种类型:第一类称为腭扁桃体,位于口咽部两侧,由淋巴组织聚集而成;第二类称为舌扁桃体,位于舌根部;第三类位于鼻咽部,称为腺样体,位于咽喉的最上部和鼻腔最后端的交界处。

扁桃体表面覆有复层扁平上皮,上皮向固有层内凹陷形成许多分支的隐窝(图 10-35)。上皮深面及隐窝周围的固有层内有大量的弥散淋巴组织和淋巴小结,淋巴小结常见生发中心(图 10-36)。隐窝深部的上皮内也含大量淋巴细胞、浆细胞和少量巨噬细胞等,淋巴组织与上皮组织界限不清。但猫、犬等肉食动物的部分扁桃体表面光滑,不形成隐窝。扁桃体周围的结缔组织内常有小唾液腺。

现有的研究表明,扁桃体内含有直接杀死病原的自然杀伤细胞,而且扁桃体组织能分泌一种称为 IgA 的免疫球蛋白。另外,扁桃体内的白细胞还能分化为分泌抗体的细胞。由于扁桃体环绕咽喉分布，处于门户位置，是最易于接受抗原刺激的免疫器官，因而是构成机体免疫第一道防线的主要结构，一旦感染，立即发出信号，引起局部或全身的免疫应答，对机体有重要的防御和保护作用。

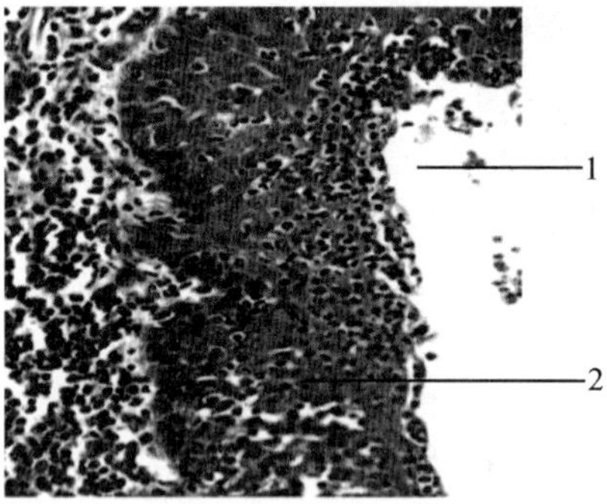

1. 隐窝 2. 复层扁平上皮

图 10-35 扁桃体(HE，200×)

(徐之勇 供图)

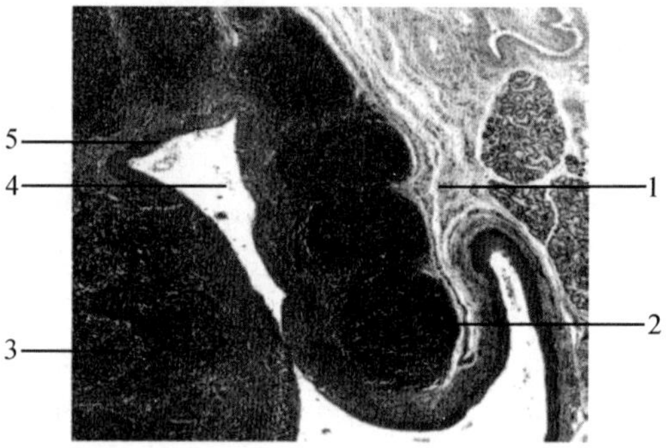

1. 结缔组织 2. 淋巴小结 3. 生发中心 4. 隐窝 5. 上皮

图 10-36 扁桃体（HE，100×）

(徐之勇 供图)

七、血结(hemal node)

血结主要存在于牛、羊等反刍动物，但也见于马、人和其他灵长类。血结沿内脏血管分布，往往成串存在，为暗红色卵圆形小体，直径在 5～12 mm。没有输入和输出淋巴管，含有大量血窦，而无淋巴窦。血结由被膜、血窦和淋巴组织构成。

血结表面覆有被膜，被膜结缔组织伸入内部形成小梁，小梁互相连接，构成不发达的网状支架。被膜和小梁中分布有较多的血管和一些平滑肌。血窦可分边缘窦和中央窦，边缘窦较宽，位于被膜下方，中央窦在小梁周围和淋巴组织之间，它们可吻合成网，并与边缘窦相通，窦内充满各种血细胞。实质内的淋巴组织大部分形成淋巴小结，其余呈索状排列或散在分布，淋巴小结中央可出现生发中心。

血结可滤过血液，产生淋巴细胞，并有免疫功能。

八、血淋巴结(hemolymph node)

血淋巴结见于牛、羊、猪、鼠、犬和灵长类，一般呈圆形或卵圆形，呈深红色或暗棕色，直径 1～20 mm，位于脾、肾等血管附近，或包埋于胸腺后面的结缔组织内。血淋巴结的结构介于血结和淋巴结之间，具有输入和输出淋巴管。由于毛细血管与淋巴窦相通，窦腔内同时存在有血液和淋巴。

血淋巴结与淋巴结结构相似，但其被膜很薄，常无平滑肌分布，小梁细小且分布散乱，故实质没有形成明显的小叶。实质可分为皮质和髓质，但二者分界不明显。由血窦、淋巴小结和淋巴窦构成。被膜下窦狭窄，由输入淋巴管来的淋巴液注入被膜下窦并流经小梁周窦，再流入髓窦，最后汇入输出淋巴管。管壁只有一层内皮，内皮之间有缝隙，可允许红细胞、淋巴细胞和巨噬细胞通过，窦腔常见有大量红细胞，由于窦内同时存在有淋巴液，红细胞不能充满窦腔。淋巴小结呈圆形或卵圆形，大小不定，数量较少，在窦之间呈岛屿状散在分布。淋巴小结中除淋巴细胞外，还有少量浆细胞和单核细胞。部分淋巴小结有明显的生发中心。

血淋巴结具有滤血作用，也参与免疫应答。

第四节　免疫-神经-内分泌网络

机体在免疫应答时，整体上受到多个系统的共同调节。除了免疫系统外，还可受到神经系统和内分泌系统的影响和调节。免疫细胞可产生多种细胞因子，而且能产生多种神经肽和激素。另外，神经元和神经胶质细胞及内分泌细胞也可产生多种细胞因子。这三大系统均可表达神经递质、激素及细胞因子的受体。由此，神经递质、激素及细胞因子被认定是三大系统间相互调节的共同介质。

免疫-神经-内分泌网络调节的研究，改变了对这三个学科的传统认识和研究手段，对探讨许多疾病的发病机理、诊断及治疗手段也提供了新线索。现已证实，细胞因子在免疫、神经和内分泌系统的双相关系中起重要调节作用，免疫系统对神经、内分泌系统的调节主要是指细胞因子对神经、内分泌系统的调节。另外，免疫细胞上有多种神经递质和激素分子的受体，神经递质和激素分子作用于免疫细胞上相应的受体而发挥调节免疫应答的作用。如肾上腺皮质激素几乎对所有的免疫细胞都具有抑制作用，包括淋巴细胞、巨噬细胞、中性粒细胞和肥大细胞等。在各种应激刺激下，机体通过下丘脑-垂体-肾上腺轴，释放肾上腺皮质激素，引起免疫抑制。

由于三大系统间可以通过它们共有的细胞因子、神经递质和激素以及存在于它们细胞中的各种受体来实现相互调节，因此现已逐渐发展成一门相对独立的边缘学科-免疫神经内分泌学。对于这个网络的研究，将为进一步了解和控制机体调节系统和阐明某些疾病的机理提供理论基础，并为一些疾病防治提供新的思路。

思考题

一、名词解释

淋巴小结、淋巴窦、脾血窦、细胞免疫、体液免疫、红髓、白髓、副皮质区、边缘区、抗原呈递细胞、单核吞噬细胞系统、生发中心、胸腺小体、血-胸腺屏障、乳糜池、胸导管、中枢淋巴器官、外周淋巴器官

二、问答题

1. 免疫细胞包括哪些细胞？各有何主要功能？
2. 免疫器官都有哪些？初级免疫器官和次级免疫器官有何特点？
3. 脾中与免疫有关的结构有哪些？各有何特点？
4. 试述淋巴系统与血液循环系统的关系。
5. 试述淋巴结、脾、胸腺、扁桃体、血淋巴结的形态、结构和主要生物学功能。
6. 试述头颈部、前肢、心肺、消化器官、后肢和骨盆腔的淋巴结分布情况。

第十一章

神 经 系 统

【学习目标】

1. 掌握神经系统的组成。
2. 了解神经系统的基本结构。
3. 识记神经系统常用术语。
4. 掌握脑和脊髓的外部形态和内部结构。
5. 熟悉周围神经系统的组成。

第一节　概　　述

神经系统(systema nervosum)由脑、脊髓、神经节和分布于全身的神经组成。神经系统是动物体内起主要调节作用的机构,在内分泌、免疫和感觉器官的配合下,通过对各种刺激的应答反应,调节和协调环境与机体、体内各个器官系统之间的关系。神经系统的功能主要体现在以下两点:一是使动物体适应外界环境的变化;二是协调动物体内各系统、各器官和器官内组织的活动,使动物体成为有机的整体。动物体所有的生命活动均受神经系统的控制和调节,神经系统一旦受损,立即出现平衡失调,或肌肉松弛,或代谢障碍等,甚至危及动物的生命。

一、神经系统的组成

神经系统在形态和机能上是一个不可分割的整体,按照其结构和机能将其分为中枢神经系统(systema nervosum centrale)和周围神经系统(systema nervosum periphericum)。中枢神经系统包括脑和脊髓,周围神经系统包括脑神经(cranial nerve)、脊神经(spinal nerve)和植物性神经(vegetative nerve)(表 11-1)。脑神经和脊神经分别从脑和脊髓发出,分布于动物的体表、骨、关节和骨骼肌;植物性神经分布于内脏器官、血管和皮肤的平滑肌、心肌和腺体,依形态和功能的不同又分为交感神经(sympathetic nerve)和副交感神经(parasympathetic nerve)。

二、神经系统的基本结构

神经系统由神经组织构成。神经组织包括神经细胞和神经胶质细胞。神经细胞是神经系统的基本结构和功能单位,故又称神经元(neuron)。神经胶质细胞是神经烯烃的辅助成分,简称神经胶质(neuroglia)。神经元的胞体和突起在不同的部位聚集而具有不同的名称。

表 11-1　神经系统的组成

- 神经系统
  - 中枢神经系统
    - 脊髓
    - 脑
      - 大脑
      - 小脑
      - 脑干：间脑、中脑、脑桥、延髓
  - 周围神经系统
    - 脊神经
    - 脑神经
    - 植物性神经：交感神经、副交感神经

(一)神经元

神经元是一种高度分化的细胞，典型的神经元由胞体和突起组成(图 11-1)。神经元的胞体是整个细胞代谢和营养中心，也是神经冲动接受和传递的枢纽。神经元的突起分为树突(dendrite)和轴突(axon)两种。树突可有一个和多个不等，从树突干发出许多分支，树突内胞质的结构与胞体相似。在树突分支上有大量棘状的短小突起，称树突棘(dendritic spine)。树突能极大地扩展神经元接受刺激的表面积。轴突只有一个，由轴丘发出，此区无尼氏体，染色淡。轴突比树突细，直径均一，有侧支呈直角分出。轴突末端的分支较多，形成轴突终末。轴突胞膜称轴膜，起始段轴膜厚，产生神经冲动，沿轴膜向终末传递。胞质称轴质，无尼氏体，含神经丝、微管、微丝等，参与物质运输。

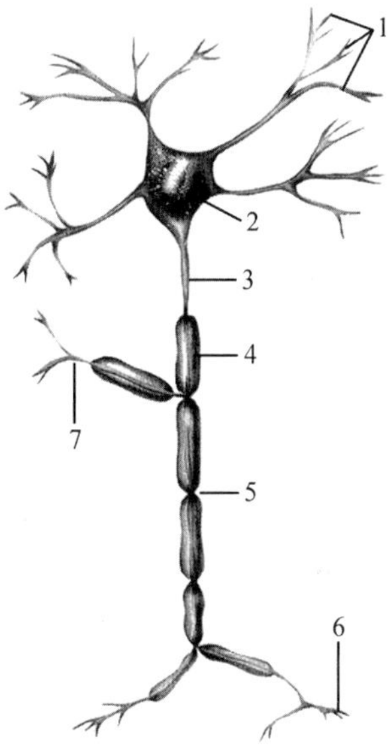

1. 树突　2. 细胞体　3. 轴突　4. 髓鞘
5. 郎飞结　6. 轴突末梢　7. 侧支

图 11-1　神经元的构造

(二)神经元的分类

动物体内神经元的数目繁多，类型多样，按神经元的突起数量分为：多极神经元、双极神经元和假单极神经元(图 11-2)。按神经元的功能分为：感觉神经元、运动神经元和中间神经元。按神经递质和调质的化学性质分为：胆碱能神经元(分泌乙酰胆碱)、去甲肾上腺素能神经元(分泌去甲肾上腺素)、胺能神经元(分泌多巴胺、5-羟色胺)、氨基酸能神经元(分泌 γ-氨基丁酸、甘氨酸、谷氨酸)、肽能神经元(分泌神经肽：脑啡肽、P 物质、神经降压素)。

(三)突触

突触是神经元与神经元之间、神经元与效应细胞(肌细胞、腺细胞等)之间一种特化的细胞连接。通过突出，神经元间、神经元与支配细胞间形成神经网络，完成各种神经活动。最常见是一个神经元的轴突终末膨大与另一个神经元的树突、树突棘或胞体连接，分别形成轴-树、轴-棘或轴-体突触。

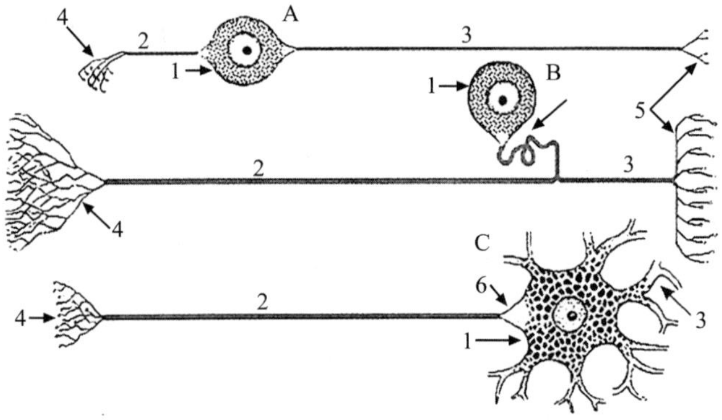

A. 双极神经元 B. 假单极神经元 C. 多极神经元

1. 胞体 2. 轴突或中枢突 3. 树突或外周突 4. 神经末梢 5. 感受器 6. 轴丘

图 11-2 神经元的分类

(引自:陈耀星,2017)

(四)神经胶质细胞

在神经元与神经元之间,神经元与非神经细胞之间,除突触部位以外,都被神经胶质细胞分隔、绝缘,以保证信息传递的专一性和不受干扰。

(五)神经纤维

由神经元的长轴突及包绕它的神经胶质细胞构成。根据神经纤维有无髓鞘,中枢神经系统和周围神经系统的神经纤维均分为有髓神经纤维和无髓神经纤维。神经纤维的功能是:传导神经冲动,电流的传导在轴膜进行,有髓神经纤维的神经冲动在郎飞结间呈跳跃式传导,故传导速度快;无髓神经纤维的神经冲动沿轴膜连续传导,故传导速度慢。

三、反射弧

神经系统的基本活动方式是反射,即机体对内、外界环境的刺激做出的应答性反应。反射是通过反射弧活动实现的。反射弧由 5 个部分组成,即感受器、传入神经、中枢、传出神经和效应器。其中任何一个部位受到破坏反射活动都不能进行。一般的反射弧都在传入和传出神经元之间有不同数目的中间神经元,复杂的反射其反射弧往往是由众多的神经元参与组成。

四、神经系统的常用术语

神经元的细胞体与突起及神经胶质一起在神经系统的中枢和外周部组成一些结构,通常给这些结构不同的术语名称。

1. 灰质(grey matter) 在中枢神经内,神经元的胞体和树突集中的部位,在新鲜标本上呈灰白色,称为灰质,如脊髓灰质。分布在大脑和小脑表层的灰质称皮质,如大脑皮质、小脑皮质。

2. 白质(white matter) 指位于中枢神经系的神经纤维集聚的区域,大部分神经纤维有髓鞘,呈白色,称为白质。分布在小脑皮质深面的白质特称髓质。

3. 神经核(nucleus) 形态和功能相似的神经元的胞体在中枢神经内聚集而成的团块,称神经核。

4. 神经束(fasciculus)　在中枢神经内起止、行程和功能相同的神经纤维集合成束，称神经束或传导束。

5. 神经(nerve)　由周围神经系内的神经纤维聚集而成。

6. 网状结构(reticular formation)　在中枢神经内，神经纤维交错成网，灰质团块散在其中，称网状结构。

7. 神经节(ganglion)　指周围神经系中神经元胞体聚集的区域。神经节分为脊神经节、脑神经节和植物性神经节。

第二节　中枢神经系统

中枢神经系统由脑和脊髓组成，脑位于动物的颅腔内，脊髓位于椎管中，脑和脊髓之间无明显的分界线，通常二者以枕骨大孔处椎体交叉的最下端作为分界。在外观上脑和脊髓呈左右对称，二者均有胚胎期的神经管分化而成。脑和脊髓是机体各种反射弧的中枢部分，起到协调各种刺激，达到机体全身活动平衡的作用。它们主要由中间神经元、运动神经元、神经束和感觉神经纤维等构成。

一、脊髓的解剖及组织学结构

(一)脊髓的位置形态

脊髓(spinal cord)位于椎管内，呈白色，背、腹略扁的长圆柱状(图 11-3)。自枕骨大孔后缘向后伸延至荐部，前端在枕骨大孔处与延髓相连，后端达荐骨中部，按所在部位可分为颈、胸、腰、荐、尾部五段(图 11-4)。脊髓的全长有两处膨大，在颈后部和胸前部形成颈膨大，在腰荐部形成腰膨大。腰膨大之后则逐渐变细呈圆锥状，称脊髓圆锥。自脊髓圆锥向后伸出一根来自软膜的细丝，称终丝。后数对荐神经和尾神经在穿出椎间孔之前，在椎管内向后伸延较长

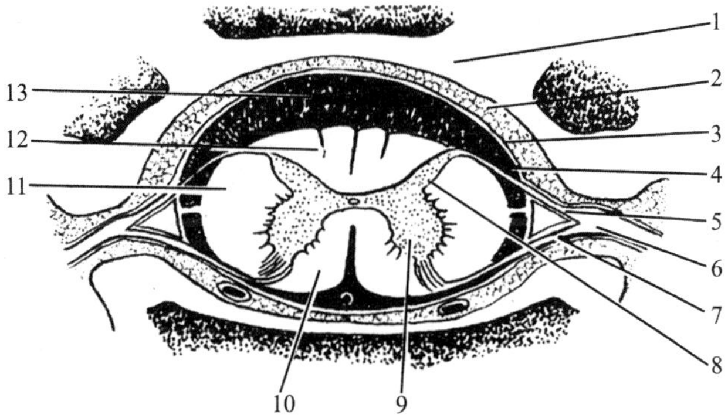

1. 椎弓　2. 硬膜外腔　3. 脊硬膜　4. 硬膜下腔　5. 背侧根　6. 脊神经节　7. 腹侧根
8. 背侧柱　9. 腹侧柱　10. 腹侧索　11. 外侧索　12. 背侧索　13. 蛛网膜下腔

图 11-3　脊髓横断面模式图

(引自：杨银凤，2020)

一段距离,围绕终丝聚集成束,形成马尾(图 11-5)。

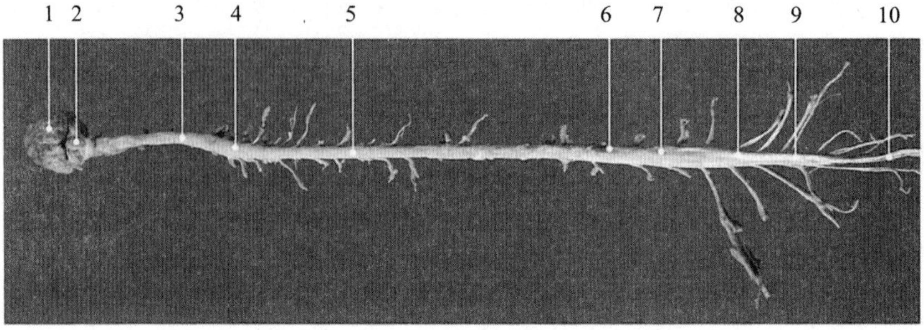

1.大脑　2.小脑　3.颈段脊髓　4.颈膨大　5.胸段脊髓　6.腰段脊髓　7.腰膨大
8.荐段脊髓　9.尾段脊髓　10.马尾

图 11-4　羊脑和脊髓

(引自:陈耀星等,2013)

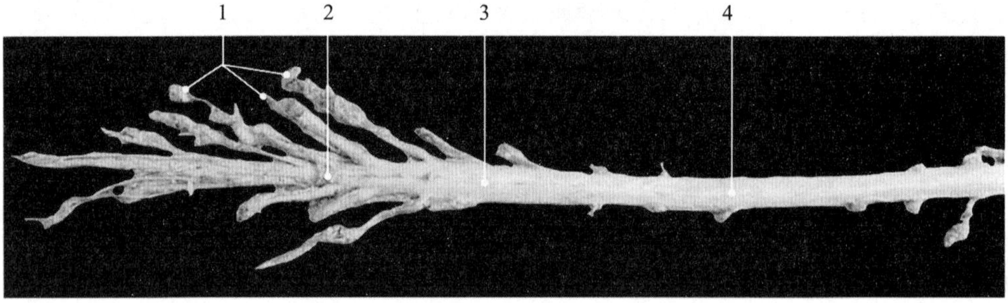

1.腰荐神经　2.脊髓圆锥　3.腰膨大　4.腰段脊髓

图 11-5　牛马尾

(引自:陈耀星等,2013)

脊髓表面有几条纵行的沟,在背侧面正中的纵向浅沟,称背正中沟,深部为背正中隔。在背正中沟的两侧,各有一条背外侧沟,脊神经的背侧根通过背外侧沟进入脊髓。脊髓腹侧面正中的深沟,称腹正中裂,在腹正中裂的两侧,各有一条腹外侧沟,脊神经的腹侧根由此穿出脊髓。脊髓的背正中沟、背正中隔和腹正中裂把脊髓分为对称的两半。

每一节段的脊髓均接受来自脊神经的感觉神经纤维并发出运动神经纤维,形成脊神经根。在脊髓的背侧和腹侧分别形成背侧根和腹侧根。背侧根是感觉性的,由脊神经节内的感觉神经元的中枢突组成,根丝呈扇形进入脊髓的背外侧沟,在背外侧根的外侧是感觉神经元胞体聚集的部位形成脊神经节。各段脊髓的脊神经节不相同,第一颈神经的背根内没有脊神经节或仅有退化的神经节。腹侧根是运动性的,由脊髓腹侧柱内运动神经元的轴突形成,根丝也呈扇形出脊髓腹外侧沟。背侧根和腹侧根在椎间孔附近形成脊神经,经过椎间孔出椎管。脊神经根在腰髓前部以前与各节段的椎间孔相对,腰髓以后的脊神经根向后延伸一段距离后出相应的椎间孔,参与形成马尾。

(二)脊髓的内部结构

脊髓由灰质和白质构成,在脊髓的横切面上,可见中央有一纵行小管,称中央管(图 11-6)。

中央管前通第4脑室，后达终丝的起始部，在脊髓圆锥内扩张形成菱形终室。中央管内含有脑脊液。在脊髓内部中央管的周围是灰质，灰质的外周为白质。

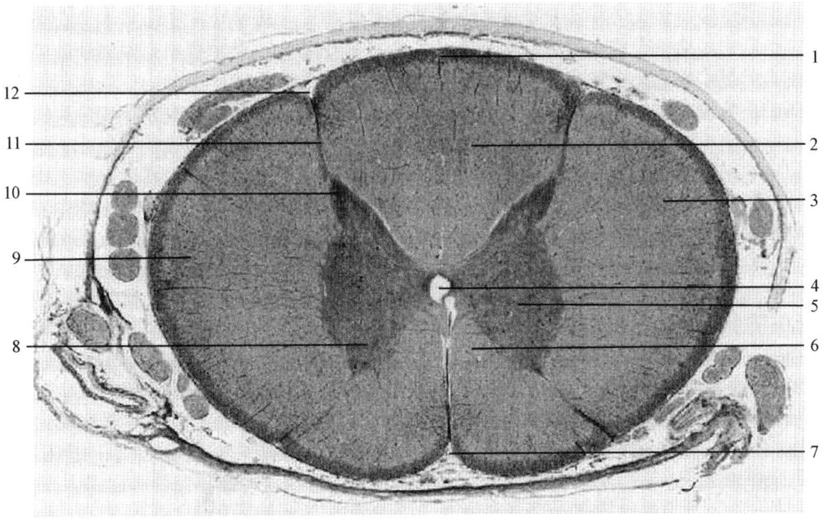

1.背正中沟　2.背侧索　3.白质　4.中央管　5.灰质　6.背侧索　7.腹正中裂
8.腹侧角　9.外侧索　10.背侧角　11.背侧根　12.背外侧沟

图 11-6　脊髓横切面

1.灰质(grey matter)　在脊髓的横断面上，灰质呈"H"形，纵贯脊髓全长，主要由神经元的胞体和树突及外来轴突终末构成。每侧灰质向背侧和腹侧突出的部分，分别称为背侧角和腹侧角，在脊髓的胸段和腰前段的背侧角和腹侧角之间还有向外突出的外侧角，它们在脊髓前后连贯形成纵柱，分别称为背侧柱、腹侧柱和外侧柱。在中央管周围连接左右两侧的灰质称灰质联合。各段脊髓灰质的大小、形态均不相同，在颈膨大和腰膨大处的腹侧柱特别发达，内含较多的运动神经元。

背侧柱内含有中间神经元的胞体，接受脊神经背侧根感觉纤维传来的冲动，将其传导到运动神经元或下一个中间神经元。

腹侧柱内有两类运动神经元的胞体，大型的叫 α 运动神经元，支配梭外肌纤维，引起骨骼肌收缩。小型的叫 γ 运动神经元，支配梭内肌纤维，对维持肌张力起主要作用。

外侧柱内有植物性神经节前神经元的胞体，其轴突随腹侧根穿出。外侧柱在胸腰段脊髓为交感神经节前神经元的胞体，在荐段脊髓的中间外侧柱为副交感神经节前神经元的胞体。

2.白质(white matter)　主要由纵行的神经纤维束组成。每侧的白质借脊髓的沟、裂被分为左、右3个索：背正中沟与背外侧沟之间为背侧索；背外侧沟与腹外侧沟之间为外侧索；腹外侧沟与腹正中裂之间为腹侧索。背侧索内的神经束是感觉传导束。外侧索内位于浅层的神经束是感觉传导束，位于深层的是运动传导束。腹侧索内的神经束主要是运动传导束。靠近灰质周围有一层短距离的纤维，起止点均在脊髓内，称脊髓固有束。

(三)脊髓的功能

1.传导功能　脊髓白质内有大量的纤维束，通过上行纤维束将躯干和四肢的感觉信息传至脑，产生感觉。通过下行纤维束，将脑发放的冲动下传至脊髓运动神经元，以支配效应器的活动。

2. 反射功能　脊髓灰质内有许多低级反射中枢，通过脊髓固有束和背、腹侧、根完成一些反射活动。如颈、腰膨大处有伸肌和屈肌反射中枢，荐部脊髓有排粪和排尿反射中枢。

(四)脊髓的组织结构

1. 灰质　脊髓灰质是由大量神经元胞体和少量神经纤维靠神经胶质连结在一起而构成的(图 11-7)。根据神经元胞体的分布情况，可以区分为三个细胞群。

(1)腹角细胞群　腹角的神经元均属星形的多极神经元(图 11-8)，大小不一，大多数为躯体运动神经元，其中体型大的称 α 神经元，直径约 70 μm，胞质中含有发育良好的粗面内质网，呈块状，即尼氏体(nissl body)。轴突较粗长，分布至躯干及四肢的骨骼肌纤维。分散在 α 神经元之间有较小的神经元，称 γ 神经元，直径 34～35 μm，轴突较细，支配肌梭的梭内肌纤维，对维持肌紧张起重要作用。运动神经元的轴突穿出白质，被髓鞘包围后进入脊神经的腹根。位于腹角内侧部还含有一种短轴突的、具有抑制性功能的、体型小的中间神经元，称闰绍细胞(Ranshaw cell)。它们的短轴突可与 α 神经元的胞体成突触，而后者的轴突在离开白质之前发出返旁支又与闰绍细胞形成突触。α 神经元的冲动经返行旁支刺激闰绍细胞，起抑制 α 神经元活动的作用。

(2)侧角细胞群　即植物性神经的低级中枢，存在于胸腰段和荐段脊髓内。神经元属多极神经元，胞体较小，呈星形，胞质内有细小的尼氏体。其轴突构成节前神经纤维，通过白交通支，终止于交感神经节或内脏器官附近或内脏器官内的神经节，与节后神经元成突触联系。节后神经元发出节后神经纤维至内脏器官。

(3)背角细胞群　由接受不同感觉的中间神经元构成。中间神经元的突起只分布于中枢神经系统范围之内。这些神经元的大小和形态差异很大。中间神经元可分为两类：一是柱细胞(column cell)，体型比运动神经元小，胞体含有色素，树突很短，分枝少，终止于灰质内，轴突伸入同侧或对侧的白质中，形成神经束。另一种是高尔基Ⅱ型细胞，胞体最小，突起短，终止于灰质内。由柱细胞突起构成的神经束，可伸至脑及各段脊髓，通过中间神经元的联系，使中枢神经系统不同部分的活动联系起来。

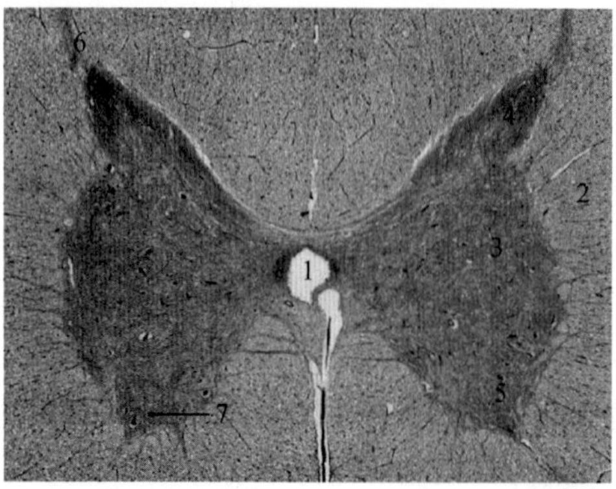

1. 中央管　2. 白质　3. 灰质　4. 背侧角　5. 腹侧角
6. 背侧根　7. 运动神经元

图 11-7　胸段脊髓横断面(银染，低倍镜)

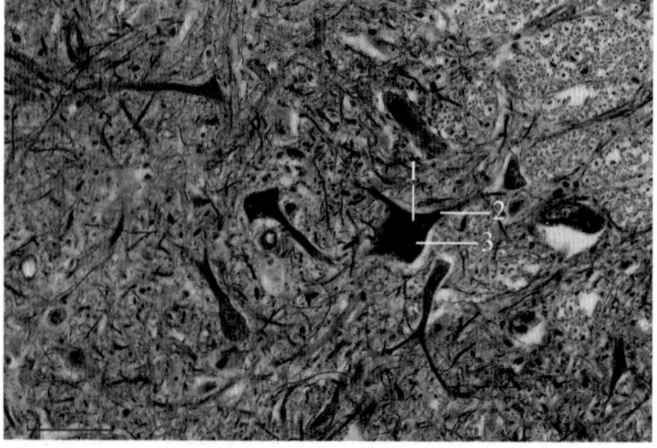

1. 多极神经元　2. 突起　3. 核仁

图 11-8　脊髓神经元(银染，高倍镜)

2. 白质　白质包围着灰质，主要由粗细不等的神经纤维和神经胶质细胞组成。神经纤维大部分是有髓鞘神经纤维，无髓鞘神经纤维很少。纤维多为纵行的，但在神经根与白质联合处也有横行和辐射状排列的。

在白质内具有相同起点、终点和功能的神经纤维集合成传导径或神经束。脊髓的传导径可分为上行传导径和下行传导径。上行传导径将刺激冲动传至脑；下行传导径将脑的调节冲动传至运动神经元。背索含有上行传导径，腹索和侧索则含有上行和下行传导径。

网状结构(reticular formation)脑干除了脑神经核、传导径和一些范围明显的灰质核团(如橄榄核、红核)以外，其他地区的神经纤维交织成网，并有大小不等的神经细胞团分散其中，称网状结构。网状结构主要存在于延髓、脑桥和中脑的被盖部。各种感觉通路上行经过脑干时，都发出神经纤维分支与脑干的网状结构联系。网状结构的神经元通过许多短的突起彼此互相连接，交织成网，从延髓上行延续到丘脑，最后从丘脑发出纤维，分散投射到大脑皮质各部分，不断地向大脑皮质传递兴奋性刺激，使大脑能维持觉醒状态。若网状结构受破坏，对大脑的激醒作用也随之丧失，使动物长期处于睡眠状态。此外，网状结构还是调节脊髓运动神经元的活动和调节呼吸及心血管活动的中枢所在。

二、脑的解剖学结构

脑(encephalon)位于颅腔内，后端在枕骨大孔处与脊髓相连。脑可分为大脑、小脑、间脑、中脑、脑桥和延髓(图 11-9)。通常把中脑、脑桥和延髓合称为脑干。

(一)脑干

由后向前依次为延髓、脑桥和中脑，前和间脑相接，后与脊髓相续，背面连于小脑(图 11-10)。脑干腹侧面与第 3～12 对脑神经根相连接。

脑干与脊髓相似，由灰质和白质构成。灰质分散成功能相同的团块状的神经核，其中与第 3～12 对脑神经相联系的称脑神经核，与脑神经无关的称非脑神经核(如薄束核、楔束核和红核等)。脑干的白质由上、下行纤维束构成。此外，在脑干内还存在大量由灰质和白质混杂在一起形成的网状结构。因此，脑干的结构比脊髓复杂，它联系着视、听、平衡等专门的感受器，是内脏活动的反射中枢，是联系大脑高级中枢与各级反射中枢的重要经路；也是大脑、小脑、脊髓以及骨骼肌运动中枢之间的桥梁。

1. 延髓(medulla oblongata)　为脑干的末段，位于枕骨基底部的背侧，呈前宽后窄，背腹侧稍扁的锥形。前端连脑桥，后端在枕骨大孔处接脊髓，背侧面大部分被小脑覆盖。

延髓腹侧面有腹正中裂，裂两侧的纵行隆起称锥体，由大脑皮质到脊髓的皮质脊髓束构成。在锥体后方，大部分纤维左、右交叉，形成锥体交叉(pyramidal decussation)。在延髓前端，锥体的两侧有一窄的横行隆起，称斜方体，是耳蜗神经腹核发出并走向对侧的横行纤维构成。在延髓腹侧由前向后依次有第 6 至第 12 对脑神经根。

延髓背侧面前半部为开放部，中央管敞开形成第四脑室底的后部。后半部的形态与脊髓相似，称为闭合部。第四脑室后部两侧走向小脑的隆起，称绳状体或小脑后脚，主要由出入小脑的部分纤维构成。绳状体的后部外侧有结节状隆凸，内侧的为薄束核结节，外侧的为楔束核结节，深部分别含有薄束核和楔束核。

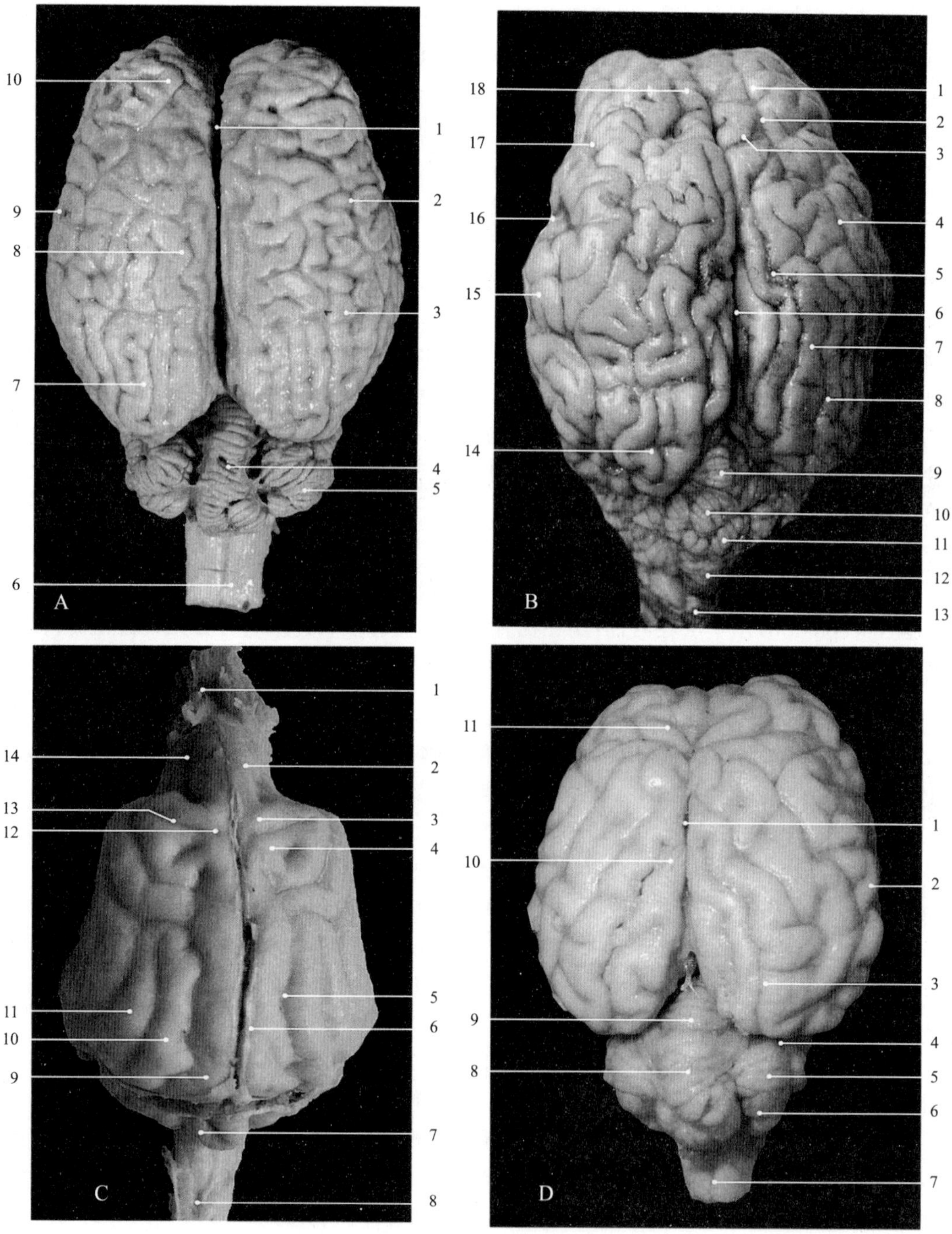

A. 马　1. 大脑纵裂　2. 缘沟　3. 脑回　4. 小脑蚓部　5. 小脑半球　6. 延髓　7. 枕叶　8. 顶叶　9. 颞叶　10. 额叶

B. 牛　1. 额叶　2. 冠沟　3. 十字后回　4. 上薛氏中沟　5. 顶叶　6. 大脑纵裂　7. 缘回内侧部　8. 内缘沟　9. 山顶(小脑)　10. 上坡(小脑)　11. 蚓叶和蚓结节　12. 蚓锥体　13. 脊髓　14. 枕叶　15. 颞叶　16. 薛氏裂　17. 上薛氏前沟　18. 十字前回

C. 犬　1. 嗅球　2. 前端回　3. 十字前回　4. 十字后回　5. 缘沟　6. 内缘沟　7. 小脑　8. 脊髓　9. 内缘回　10. 缘回　11. 外缘回　12. 十字沟　13. 十字前沟　14. 前端沟

D. 羊　1. 大脑纵裂　2. 颞叶　3. 枕叶　4. 大脑横裂　5. 小脑半球　6. 后叶　7. 脊髓　8. 小脑蚓部　9. 前叶　10. 顶叶　11. 额叶

图 11-9　脑背侧面

(引自:陈耀星等,2013)

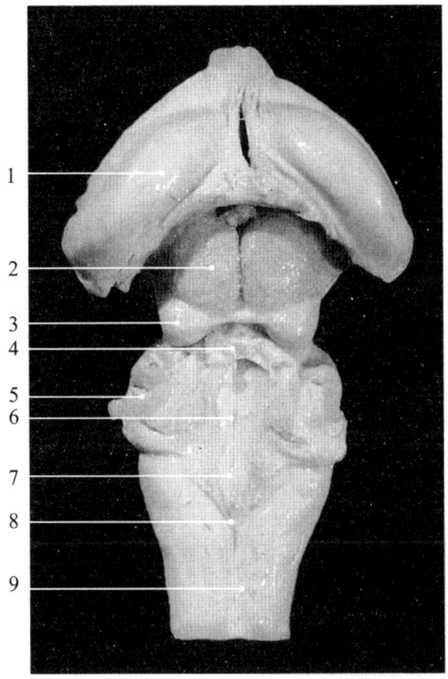

1.海马　2.前丘　3.后丘　4.前髓帆　5.小脑脚
6.正中沟　7.菱形窝　8.闩　9.延髓

图 11-10　牛脑干

(引自:陈耀星等,2013)

2. 脑桥(pons)　位于小脑腹侧,在中脑和延髓之间。腹侧面为横行隆起,正中央有一纵行的基底沟。脑桥腹侧部从两侧向背侧伸入小脑,形成小脑中脚或脑桥臂。在腹侧部与小脑中脚交界处有粗大的三叉神经根。脑桥背侧面凹,形成第四脑室底的前部。在背侧部的前端两侧有联系小脑和中脑、间脑的小脑前脚或结合臂。

脑桥在横切面上可分为背侧的被盖部和腹侧的基底部。被盖部是延髓背侧部的延续,内有三叉神经核、中继核和网状结构。基底部由纵行纤维、横行纤维和散在其中的脑桥核组成。纵行纤维为大脑皮质至延髓和脊髓的锥体束。横行纤维由脑桥核发出,伸向对侧形成小脑中脚,而后入小脑。

3. 第 4 脑室(fourth ventricle)　位于延髓、脑桥和小脑之间,前通中脑导水管,后通脊髓中央管。第 4 脑室顶壁由前髓帆、小脑、后髓帆和第 4 脑室脉络丛构成。前、后髓帆系白质薄膜,自小脑白质分出,分别附着于小脑前脚和后脚的内缘。第 4 脑室脉络丛由富于血管丛的室管膜和脑软膜组成,伸入第 4 脑室内,能产生脑脊液。第 4 脑室侧壁由小脑脚形成。第 4 脑室底呈菱形,又称菱形窝。

4. 中脑(midbrain)　位于脑桥和间脑之间,由背侧的中脑顶盖、腹侧的大脑脚及两者之间的中脑导水管构成。

(1)中脑顶盖即四叠体(quadrigeminal body),由一对前丘和一对后丘组成。前丘为视觉反射中枢,后为听觉反射中枢。

(2)大脑脚(cerebral peduncle)为中脑腹侧面一对纵行纤维束构成的隆起,左、右两脚之间的凹窝称脚间窝,窝的外侧有动眼神经发出。大脑脚又分为背侧的被盖和腹侧的大脑脚底。被盖是脑桥被盖的延续,内有网状结构、动眼神经核、滑车神经核、三叉神经中脑核、红核、黑质等。大脑脚底由大脑皮质投射至脑桥、延髓和脊髓的运动纤维束构成。

(3)中脑导水管(mesencephalic aqueduct)位于中脑顶盖和大脑脚之间,前方与间脑的第 3 脑室相通,后方通第 4 脑室。

(二)小脑(cerebellum)

小脑略呈球形,位于大脑半球的后方,在延髓和脑桥的背侧,构成第 4 脑室顶壁,表面有许多沟和回(图 11-11 至图 11-13)。小脑被两条纵沟分为中间的蚓部和两侧的小脑半球。其主要功能是维持动物机体平衡、调节肌张力和协调随意运动。

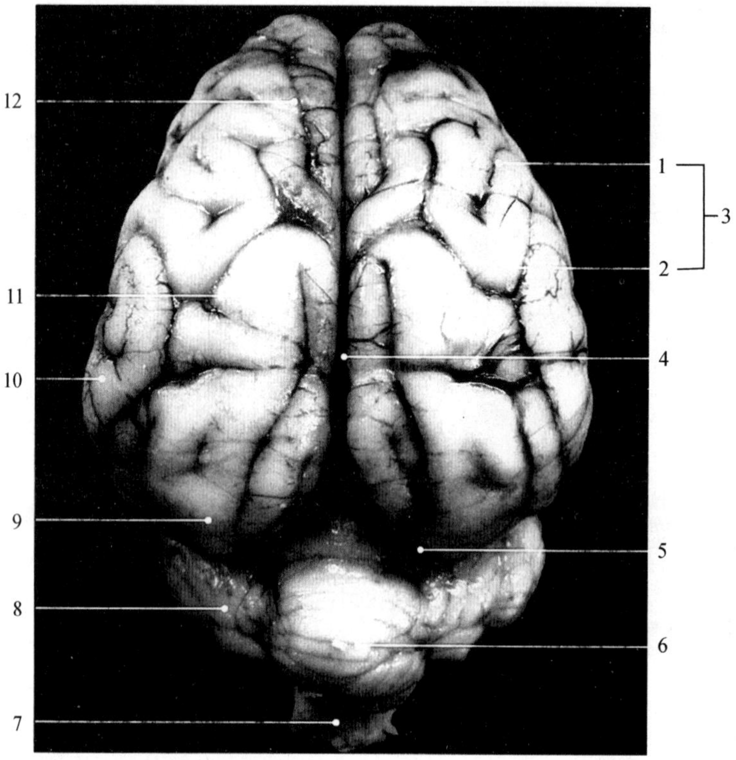

1.脑沟 2.脑回 3.大脑皮质 4.大脑纵裂 5.大脑横裂 6.小脑蚓部
7.延髓 8.小脑半球 9.枕叶 10.颞叶 11.顶叶 12.额叶

图 11-11 猪脑背侧面

(引自:陈耀星等,2018)

小脑的表层为灰质,称小脑皮质,主要由神经元胞体构成。皮质从外到内分为分子层、浦肯野细胞层和颗粒层 3 层结构。小脑内部为白质,称小脑髓质,主要由神经纤维构成。白质呈树枝状伸向小脑皮质,形成髓树(图 11-14,图 11-15)。髓质内每侧有 3 个灰质核团,由正中面向外为顶核、栓状核和齿状核,其中齿状核最大。

小脑以 3 对小脑脚连于脊髓、脑干和间脑。小脑后脚主要是来自脊髓和延髓进入小脑的纤维;小脑中脚最粗大,由脑桥核发出的脑桥小脑纤维组成;小脑前脚主要由小脑齿状核发出的纤维组成。

(三)间脑(diencephalon)

间脑位于中脑前方,背侧被大脑半球遮盖。间脑的腔隙为第 3 脑室。间脑可分为丘脑、上丘脑、后丘脑、下丘脑和底丘脑 5 部分。

1. 丘脑(thalamus) 是一对卵圆形的灰质块,左、右丘脑内侧部以丘脑间黏合互相连接,周围的环形裂隙为第 3 脑室。丘脑前端狭窄隆凸,称丘脑前结节,内隐丘脑前核。后端较膨大,称丘脑枕。

2. 上丘脑(epithalamus) 位于间脑背侧正中后部。主要包括缰三角、缰连合和松果体等。缰三角位于第 3 脑室顶壁后端的两侧,左、右缰三角由缰连合相连。缰三角的背侧为松果体,在哺乳类为内分泌器官,在鱼类、两栖类和某些爬行类为光感受器。

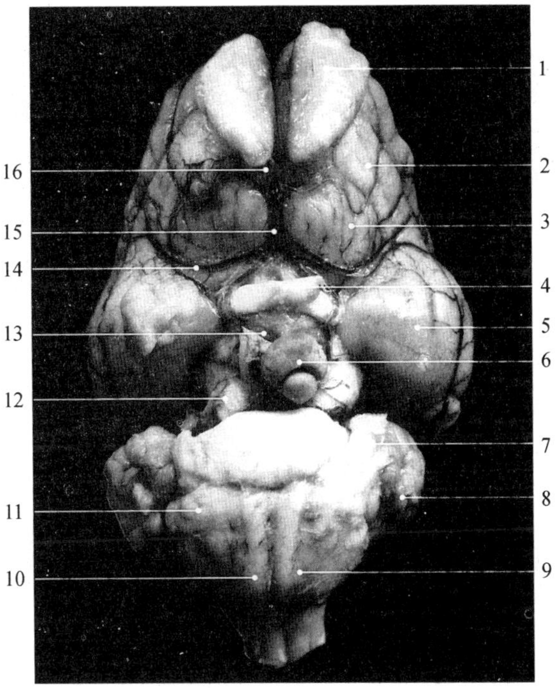

1.嗅球 2.外侧嗅束 3.嗅三角 4.视交叉 5.梨状叶 6.垂体 7.脑桥
8.小脑半球 9.延髓 10.锥体 11.斜方体 12.大脑脚 13.下丘脑
14.大脑中动脉 15.大脑前动脉 16.内侧嗅束

图 11-12 猪脑腹侧面

(引自:陈耀星等,2018)

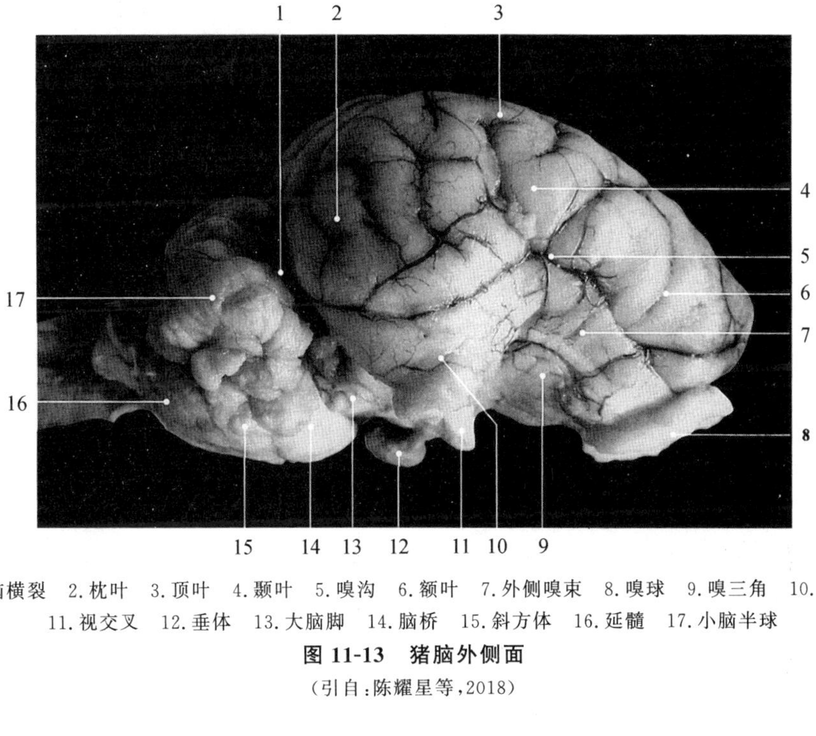

1.大脑横裂 2.枕叶 3.顶叶 4.颞叶 5.嗅沟 6.额叶 7.外侧嗅束 8.嗅球 9.嗅三角 10.梨状叶
11.视交叉 12.垂体 13.大脑脚 14.脑桥 15.斜方体 16.延髓 17.小脑半球

图 11-13 猪脑外侧面

(引自:陈耀星等,2018)

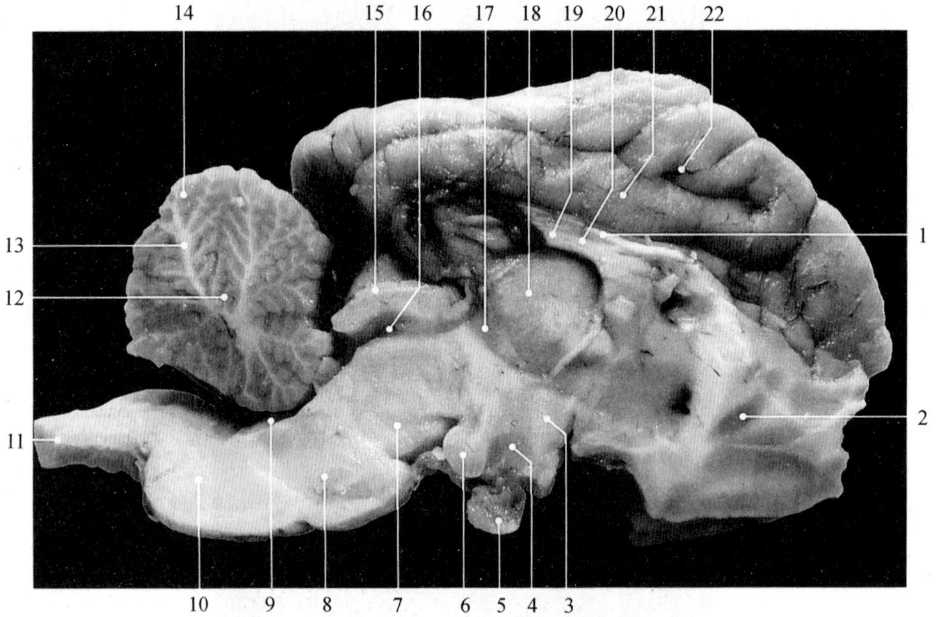

1.胼胝体　2.嗅脑　3.下丘脑　4.漏斗　5.垂体　6.乳头体　7.大脑脚　8.脑桥　9.第4脑室　10.延髓　11.脊髓　12.小脑　13.小脑树　14.小脑皮质　15.四叠体　16.中脑导水管　17.第3脑室　18.丘脑黏合部　19.穹隆　20.侧脑室　21.扣带回　22.扣带沟

图 11-14　猪脑矢状面

(引自:陈耀星等,2018)

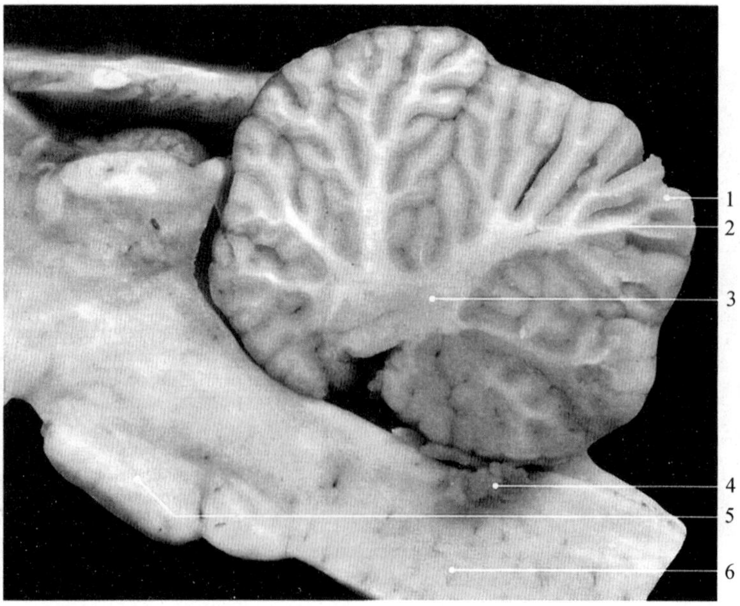

1.小脑皮质　2.小脑髓质　3.小脑髓树　4.第4脑室脉络纵　5.脑桥　6.延髓

图 11-15　犬小脑髓树正中矢面

(引自:陈耀星等,2013)

3. 后丘脑(metathalamus)　位于丘脑后部背外侧,由外侧膝状体和内侧膝状体构成。外侧膝状体较大,呈嵴状,位于前丘的前外侧,借前丘臂连接中脑前丘,接受视束的纤维,为视觉通路的中继站。内侧膝状体较小,呈卵圆形,位于外侧膝状体后下方,借后丘臂与中脑后丘相连,接受上行的听觉纤维,是听觉通路的中继站。

4. 下丘脑(hypothalamus)　位于间脑的腹侧,由前向后为视交叉、视束、灰结节、漏斗、垂体和乳头体。视交叉由左、右视神经交叉而成,视交叉前连视神经,向后延续为视束。视交叉的后方为灰结节,它向腹侧延伸为漏斗,漏斗腹侧连垂体。灰结节后方有一对圆形隆起为乳头体。

下丘脑内含有许多核群,其中主要有视上核和室旁核。视上核位于视交叉的前方,分泌抗利尿素;室旁核位于第 3 脑室侧壁内,分泌催产素。视上核和室旁核神经核分泌的激素,沿垂体束输送到神经垂体内贮存或释放入血液。

5. 底丘脑(subthalamus)　为中脑被盖和间脑的移行区,位于大脑脚背侧,内含丘脑底核,与红核、黑质、大脑半球的基底核有密切的纤维联系。

6. 第 3 脑室(third ventricle)　是环绕丘脑间黏合的狭窄腔隙,前方借一对室间孔与左、右侧脑室相通,后经中脑导水管与第 4 脑室相通。顶壁为第 3 脑室脉络丛,向前经室间孔与侧脑室脉络丛相接。底壁形成一漏斗形隐窝。

(四)大脑(cerebrum)

又称端脑,后端以大脑横裂与小脑分开,背侧被大脑纵裂分为左、右两个大脑半球,纵裂底有连接两侧大脑半球的胼胝体(图 11-16,图 11-17)。每侧大脑半球包括大脑皮质、白质、嗅脑、基底核和侧脑室。

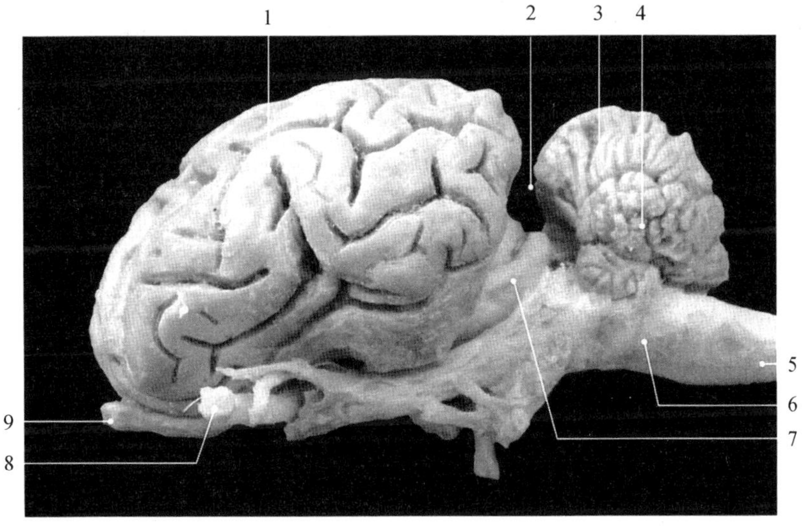

1. 大脑半球　2. 大脑横裂　3. 小脑蚓部　4. 小脑半球　5. 脊髓　6. 延髓
7. 中脑　8. 视神经　9. 嗅球

图 11-16　羊脑外侧面

(引自:陈耀星等,2013)

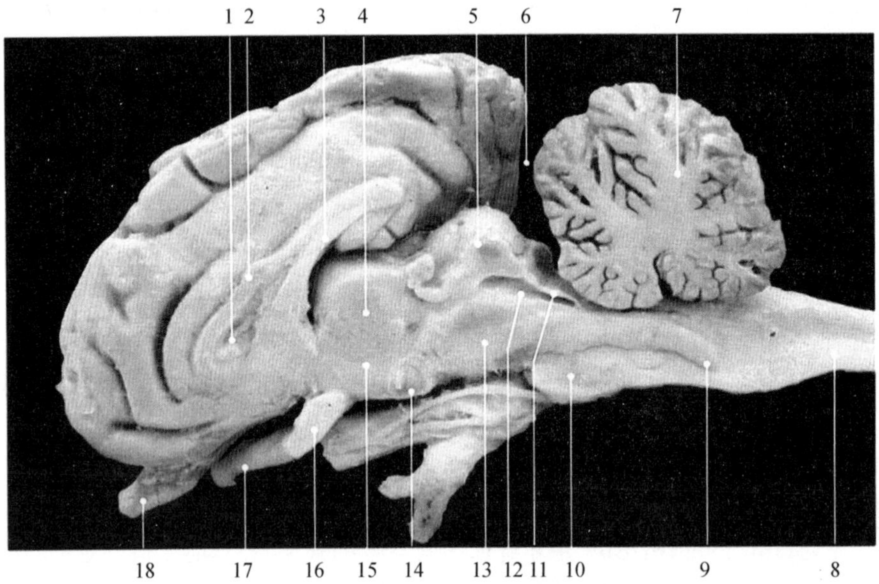

1.侧脑室 2.胼胝体 3.穹隆 4.丘脑间黏合 5.四叠体 6.大脑横裂 7.小脑
8.脊髓 9.延髓 10.脑桥 11.前髓帆 12.中脑导水管 13.大脑脚 14.乳头体
15.第3脑室 16.视交叉 17.视神经 18.嗅球

图 11-17 羊脑正中矢状面

(引自:陈耀星等,2013)

1.*大脑皮质和白质* 大脑皮质是覆盖于大脑半球表面的一层灰质,皮质内的神经元呈分层排列,由浅到深分为界限不十分明显的6层结构,即分子层、外颗粒层、外锥体细胞层、内颗粒层、内锥体细胞层和多形细胞层。各层的厚度以及神经元的形状、大小都依部位不同而有差异,这与不同部位皮质具有不同的功能有关。皮质表面凹凸不平,凹陷处称为脑沟,沟间的隆起称脑回。

大脑皮质背外侧面可分为4叶,前部为额叶,是运动区;后部为枕叶,是视觉区;背侧部为顶叶,是一般感觉区;外侧部为颞叶,是听觉区。

在大脑皮质内侧面中部,有位于胼胝体背侧并环绕胼胝体的扣带回。

大脑半球内的白质由大量的神经纤维构成,这些纤维可分为3类:①联络纤维,又称弓形纤维,是连接同侧大脑半球皮质各叶或各脑回的纤维。②连合纤维,是连接左、右大脑半球皮质的纤维,主要为胼胝体。③投射纤维,是联络大脑皮质与皮质下结构的上、下行纤维,绝大多数通过内囊。

2.嗅脑(rhinencephalon) 位于大脑腹侧面,包括嗅球、嗅束(嗅回)、嗅三角、梨状叶和海马等结构。

(1)嗅球(olfactory bulb) 呈卵圆形,位于每侧大脑半球的前端,接受嗅黏膜的嗅神经纤维。嗅球的后面接嗅束,嗅束向后分为内侧嗅束和外侧嗅束。内侧嗅束伸向半球内面的旁嗅区,外侧嗅束向后连于梨状叶,内、外侧嗅束之间的三角区称为嗅三角。

(2)梨状叶(piriform lobe) 为位于大脑脚外侧的梨状隆起,表层是灰质,前端深部有杏仁核,位于侧脑室底壁内。梨状叶内有腔,为侧脑室的后角。

(3)海马(hippocampus) 呈弓带状,由梨状叶的后部和内侧部转向半球的深部而成。海马的纤维向外侧集中形成海马伞,伞的纤维向前内侧伸延,与对侧相连形成穹窿。穹窿背侧与胼胝体之间有透明隔。每侧的海马形成侧脑室底壁的后部,海马伞的边缘与侧脑室脉络丛相连。

(4)边缘系统(limbic system) 嗅脑中有些结构与嗅觉无关而属于“边缘系统”。边缘系统由边缘叶(扣带回、海马回和齿状回等)及其与之密切联系的皮质和皮质下结构(杏仁核、下丘脑、缰核、丘脑前核等)所组成。其功能与情绪变化、记忆和内脏活动等有关。

3. 基底核(basal nucleus) 是位于大脑半球基底部的灰质核团,主要包括尾状核和豆状核,两核之间有由白质构成的内囊。尾状核斜位于丘脑的前外侧,其背内侧面构成侧脑室前部的底壁,腹外侧与内囊相接。内囊的外侧有豆状核,豆状核又分为内、外两部,内侧部色较浅称苍白球,外侧部为壳。尾状核、内囊和豆状核在横切面上呈灰白质相间的条纹状,故称纹状体。纹状体是锥体外系的重要联络站,其主要功能是维持骨骼肌的张力和协调肌肉运动。

4. 侧脑室(lateral ventricle) 位于大脑半球内,左、右各一,经室间孔与第3脑室相通。顶壁为胼胝体,底壁前部为尾状核,后部为海马,内侧壁为透明隔。侧脑室内有脉络丛,可产生脑脊液。

三、脑的组织学结构

(一)小脑的组织结构

与大脑、脑干、脊髓都有神经纤维联系。小脑的主要功能是调节肌紧张力,调整肌群的协调动作和维持体位的平衡。小脑包括两侧的小脑半球和中间的蚓部,其表面有许多脑沟和脑回。

小脑由灰质和白质构成,其位置与脊髓的相反,白质位中央,称髓质(medulla);灰质位外周,构成小脑皮质(cerebellum corterx)。小脑白质的分支伸进灰质,形成小脑树(图11-18)。在白质中分布有许多神经核,其中以齿状核(dentatum)为最大。

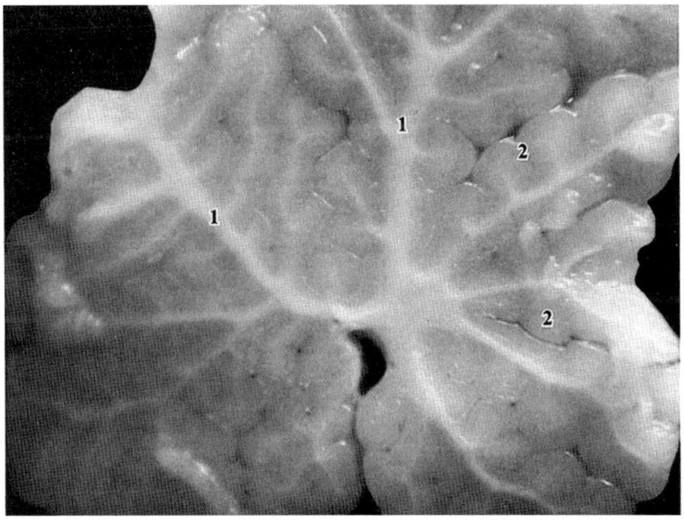

1. 髓树 2. 皮质

图11-18 小脑矢状面

(引自:陈耀星等,2018)

1. 小脑皮质　从外向内可明显地分为3层:分子层、浦肯野细胞层和颗粒层(图11-19)。

(1)分子层(molecular layer)　位于皮质的外层,含神经纤维较多,细胞较少,其中包含两种呈星状的多极神经元:位于浅层的是星形细胞(stellate cell);深层的是篮细胞(basket cell)。

星形细胞体型小,突起仅分布于本层内,其树突与浦肯野细胞的树突分布在同一平面上,轴突与浦肯野细胞的树突形成突触关系。

篮细胞的胞体较大,分布于深层,其树突在分子层内伸展,轴突伸入浦肯野细胞层,与小脑表面平行,但和小脑回的长轴成直角。自轴突分出垂直下降的侧枝,围绕着浦肯野细胞的胞体,与浦肯野细胞的胞体、轴丘或主树突形成突触联系。

(2)浦肯野细胞层(purkinje cell layer)　又称节细胞层(ganglionic layer)(图11-20),位于分子层与颗粒层之间,由单层排列的浦肯野细胞组成。浦肯野细胞是小脑皮质中最大的神经元,胞体呈梨形。核圆形,染色质少,核仁明显,尼氏体绕核周呈同心圆排列。电镜下,朝向树突的一面核膜有褶皱凹陷,凹陷处的胞质富含粗面内质网,核膜孔也较多。从胞体上端发出2～3条粗的树突,伸向分子层,形成平列的扇形结构,与小脑回的长轴成直角。树突分支繁多,有表面平滑和表面粗糙的两类。平滑的树突分支与分子层的星形细胞构成突触联系;粗糙的分支与来自颗粒层神经元的突起构成突触联系;而胞体则与篮细胞的轴突分支构成突触。浦肯野细胞的轴突从胞体的基部发出,获得髓鞘后即穿过颗粒层至白质。轴突穿过颗粒层时,分出许多反向性的侧支,分布于小脑皮质各层内。浦肯野细胞的轴突,是小脑皮质唯一的传出纤维。因此,整个小脑皮质的活动,必须通过浦肯野细胞,把神经冲动转送到中枢的其他部分。

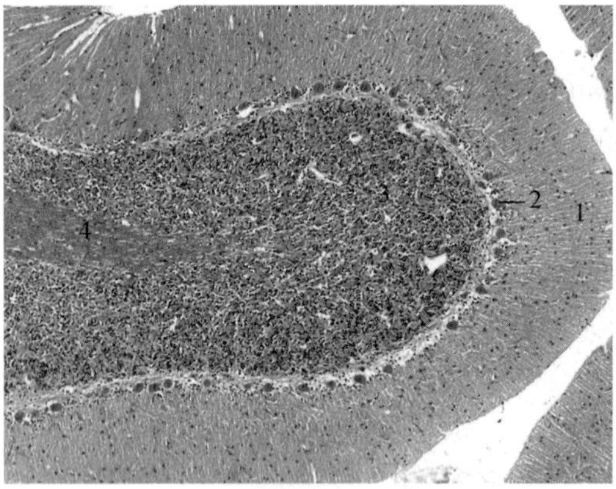

1. 分子层　2. 浦肯野细胞　3. 颗粒层　4. 髓质

图11-19　小脑皮层切片(HE,低倍镜)

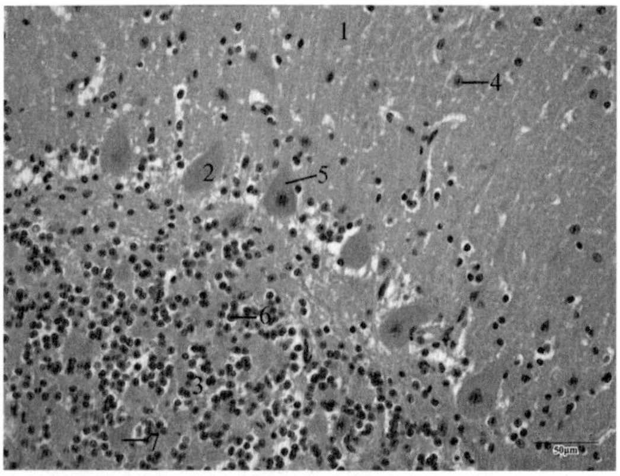

1. 分子层　2. 浦肯野细胞层　3. 颗粒层　4. 篮状细胞
5. 浦肯野细胞　6. 颗粒细胞　7. 高尔基细胞

图11-20　小脑皮层切片(HE,高倍镜)

(引自:陈耀星等,2018)

(3)颗粒层(granular layer)　位于小脑皮质的最深层,由排列很密的颗粒细胞及高尔基细胞组成。颗粒细胞(granule cell)的胞体小,5～8 μm,呈圆形,胞质少,核染色深,似密集的颗粒,颗粒层因此而得名。颗粒细胞的轴突从胞体发出后,上升至分子层,末端呈"T"形分支。分支与小脑回的长轴平行,称平行纤维(parallel fiber),贯穿浦肯野细胞树突的分支,并与其构成突触联系。颗粒细胞发出4～5个较短的树突,伸向各方,末端分支呈爪状,与传入的苔藓纤维(mossy fiber)末梢构成突触。HE染色的切片,可见在颗粒细胞之间,有一些形状不规则的淡染结构，称小脑小球(cerebellar glomerulus)。小脑小球呈球状，电镜下可见下列成分：①中心为膨大的苔藓纤维；②外周有颗粒细胞树突的爪状终末；③高尔基细胞轴突的终末；④高尔基细胞近端树突。一个苔藓纤维的膨大可与20多个颗粒细胞的爪状树突终末形成突触；高尔基细胞的轴突又与颗粒细胞的树突形成突触，有时它的近端树突可与苔藓纤维形成突触。整个小脑小球被一层胶质膜包裹着。高尔基细胞多位于颗粒层浅部，形状与浦肯野细胞相似，树突数量多，可从胞体各个方向发出，有复杂的分支，伸进小脑皮质各层，但大部分进入分子层，与平行纤维形成突触。轴突发自细胞基部，只在颗粒层内分支，其分支短小丛密。

2. 小脑皮质的纤维联系　小脑含有3种有髓纤维：即由浦肯野细胞的轴突形成的纤维、苔藓纤维和攀登纤维(climbing fiber)。由浦肯野细胞的轴突形成的纤维是小脑皮质唯一的传出纤维，终止于小脑髓质的齿状核；后两种纤维是完全不同的两套传入纤维系统，它们都可兴奋浦肯野细胞。攀登纤维是来自前庭神经的纤维，这些纤维几乎是浦肯野细胞专有传入纤维，它直接作用于浦肯野细胞，引起该细胞强烈兴奋。苔藓纤维来自脊髓的背核，它要通过颗粒细胞才能间接地引起浦肯野细胞产生兴奋。

(二)大脑的组织结构

大脑是机体的高级神经活动和调节各种基本生理功能的中枢，分左右两个大脑半球。大脑半球表面为灰质，又称皮质；白质在深层，又称髓质。在髓质中有神经细胞群，属皮质下中枢。

1. 大脑皮质　是由无数大小不等、形态多样的神经元和神经胶质细胞以及少量神经纤维所构成。大脑皮质所含的神经元之间的突触联系是构成其功能的基础，它通过与中枢神经系统其他部分的相互联系，来完成各项功能活动。神经胶质细胞起支持、营养、保护功能。根据其中所含神经元的形态、大小和排列的密度不同，从浅到深可分为界限不十分明显的六层结构(图11-21，图11-22)。

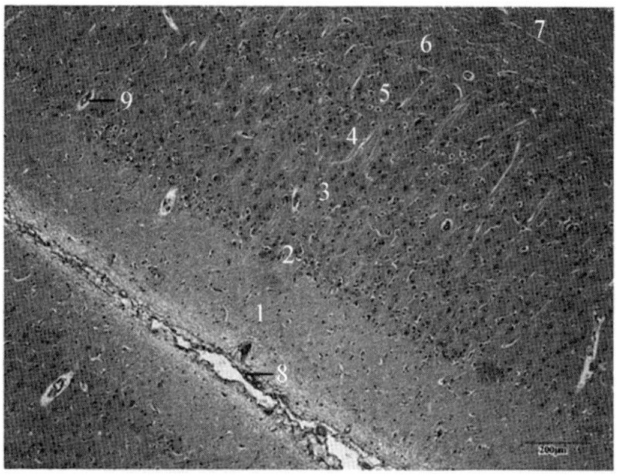

1. 分子层　2. 外颗粒层　3. 外锥体细胞层　4. 内颗粒层
5. 内锥体细胞层　6. 多形细胞层　7. 髓质
8. 脑软膜　9. 血管

图11-21　大脑皮层组织切片(低倍镜)

(引自：陈耀星等，2018)

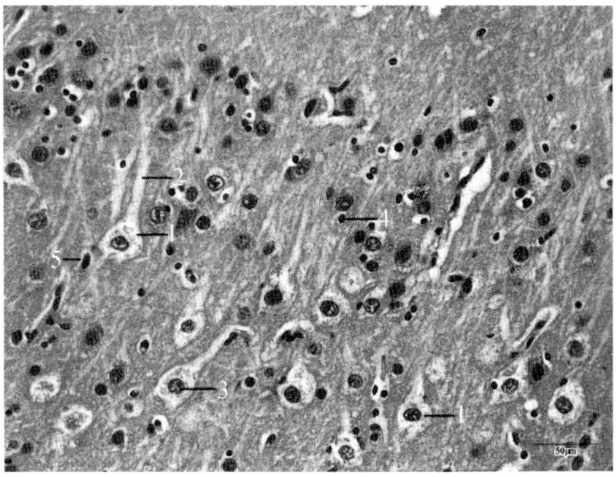

1. 锥体细胞　2. 顶树突　3. 锥体细胞核
4. 颗粒细胞　5. 梭形细胞

图11-22　大脑皮层组织切片(高倍镜)

(引自：陈耀星等，2018)

(1)分子层(molecular layer) 又称丛状层(plexiform layer),在皮质表面紧靠软膜的下方,分子层表面覆盖一薄层胶质细胞,其突起和锥体细胞(pyramidal cell)的树突在分子层交织成网,形成支架,分子层中,神经元很少,主要有两种细胞:一种是星形细胞,直径约 6 μm,轴突较短;另一种是水平细胞(horizontal cell),它是一种细小的梭形细胞,直径约 6 μm,位于皮质浅层,树突和轴突均与皮质表面作平行方向伸展,轴突较长,与锥体细胞顶树突的分支形成突触,突起发出许多分支,成直角伸向表面。

(2)外颗粒层(external granular layer) 主要含大量的星形细胞和小锥体细胞(small pyramidal cell),小锥体细胞直径为 10～12 μm,其顶树突进入分子层,细长的轴突从胞体基部发出,向内伸至各层。

(3)外锥体细胞层(external pyramidal layer) 较厚,约占皮质厚度的 1/3,主要成分是小型和中型锥体细胞。中型锥体细胞直径为 45～50 μm。小型和中型锥体细胞的顶树突伸至分子层,轴突则走向皮质深层,并与深层的神经细胞相联系;或进入髓质,至同侧大脑半球皮质内,构成联络纤维(association fiber)或到达对侧大脑半球,称连合纤维(commissural fiber)。

(4)内颗粒层(internal granular layer) 较薄,细胞密集,主要含星形细胞。

(5)内锥体细胞层(internal pyramidal layer) 细胞稀少,主要为中型及大型的锥体细胞。大锥体细胞的直径约 70 μm,其顶树突伸向分子层,轴突伸入髓质至脑干各区或脊髓。在此层内还有一种星形细胞,其轴突较长,而且逆行,可达皮质表面,故称上行轴突细胞或马丁诺蒂细胞(Martinotti's cell)。这种细胞属抑制性神经元,其直径 6～8 μm。

(6)多形细胞层(multiform layer) 细胞很不规则,常呈梭形或星形,以梭形细胞居多;也含少量小锥体细胞及马丁诺蒂细胞。梭形细胞体型较小,5～8 μm,树突在本层内分支或伸向内颗粒层;轴突较长并有许多侧支,它们既形成伸向皮质下中枢的传出纤维,又构成本侧大脑半球各区之间的联络纤维或两大脑半球之间的联合纤维。

2. 大脑皮质的纤维 大脑皮质除神经元胞体和神经胶质细胞外,还有许多神经纤维。将同一大脑半球各个部分连接起来的纤维称联络纤维;连接两个大脑半球之间各个皮质部分的纤维称连合纤维;连接大脑皮质和脑干与脊髓的纤维称投射纤维(projection fiber)。

海马(hippocampus)为原始皮质。在大脑皮质发生过程中,此部分皮质与其相连接的齿状回(gyrusdentatus)一起卷入脑室中,成为埋藏于大脑半球内部的皮质结构。它们于侧脑室后部的腹面,呈左右对称的弧状结构,覆盖着丘脑。成对的海马体很像一对羊角,故有安蒙氏角(Ammon's horn)之称。海马的结构只有三层:即分子层、锥体细胞层和多形细胞层。结构的特征表现在锥体细胞层,此层是由不同大小的两列锥体细胞构成。细胞的基部和顶部的树突伸进分子层和多形细胞层,轴突伸至背侧和进入海马的传入神经纤维共同形成一层覆盖于海马上面的白色结构,称室床层(alveus)。

四、脑脊髓膜和脑脊液

(一)脑脊髓膜

脑和脊髓的外面都包有三层结缔组织膜,由内向外依次为软膜、蛛网膜和硬膜。

1. 软膜(encephalic pia matter) 薄而透明,富含血管,紧贴于脊髓和脑的表面,分别称脊软膜和脑软膜。脊软膜自脊髓圆锥以后形成终丝。脑软膜及其表面的毛细血管和室管膜上皮共同折入脑室腔内,形成脉络丛,能产生脑脊液。

2. 蛛网膜(encephalic arachnoid)　为一层透明结缔组织薄膜，无血管和神经，包于软膜的外面，跨越脊髓和脑的沟和裂，包括脊蛛网膜和脑蛛网膜。蛛网膜以无数纤维束与软膜相连，蛛网膜与软膜之间的腔隙，称蛛网膜下腔，内含脑脊液。脑蛛网膜有绒毛状突起伸入脑硬膜的静脉窦中，称蛛网膜粒，脑脊液通过蛛网膜粒渗透到静脉窦。

3. 硬膜(encephalic dura mater)　是一层厚而坚韧的结缔组织膜，包围于蛛网膜外面。分为脊硬膜和脑硬膜。硬膜与蛛网膜之间的腔隙，称硬膜下腔。脊硬膜与椎管之间有一较宽的腔隙，称硬膜外腔，内含有静脉和脂肪，并有脊神经根通过。临床上做硬膜外麻醉时，即将麻醉药注入硬膜外腔，以阻断神经的传导。脑硬膜紧贴于颅腔壁，其间无腔隙存在。脑硬膜伸入大脑纵裂内形成大脑镰；伸入大脑横裂内形成小脑幕；在丘脑下部和垂体之间形成鞍隔。

(二)脑脊液(cerebrospinal fluid)

脑脊液是无色透明的液体，充满于脑室、蛛网膜下腔和脊髓中央管。脑脊液由各脑室脉络丛产生，最后进入血液。其循环途径是：各脑室内的脑脊液均汇入第 4 脑室，然后经第 4 脑室正中孔和外侧孔进入蛛网膜下腔，最后经蛛网膜粒渗入脑硬膜内的静脉窦，再回到血液循环中。

脑脊液有运送营养物质、带走脑和脊髓的代谢产物、维持正常脑内压、缓冲震动、保护脑和脊髓的作用。

第三节　周围神经系统

一、有髓、无髓神经纤维的形成及分类

神经纤维(nerve fiber)由神经元的突起与包在其外面的神经胶质细胞构成。根据神经纤维有无髓鞘，可将神经纤维分为有髓神经纤维和无髓神经纤维两大类。

(一)有髓神经纤维(myelinated nerve fiber)

周围神经系统内的有髓神经纤维轴突外面包有髓鞘，髓鞘外为神经膜。髓鞘由多层细胞膜同心卷绕形成，电镜下呈明暗相间的板层状；含大量髓磷脂和少量蛋白质。

一个施万细胞(Schwann cell)组成一段髓鞘和施万膜，包在轴突的外面，构成一个结间体又称结间段(internodal segment)，相邻两个结间段之间的狭窄处，无髓鞘包裹，称为郎飞结(Ranvier node)。施万细胞的核呈椭圆形，位于结间段的中部，核周有丰富的细胞质。

每一条有髓神经纤维都有许多郎飞结和许多节间段。节间段的长短与神经纤维的长度成正比，而髓鞘的厚度则与轴突的粗细成正比。髓鞘有绝缘作用，有髓神经纤维的神经冲动只发生在郎飞结处的轴膜上，其冲动的传导是从一个郎飞结跳跃到下一个郎飞结。因此髓鞘越厚，轴突越粗，结间段越长，其传导速度就越快；反之传导速度则慢。

中枢神经系统内有髓神经纤维，其髓鞘不是由施万细胞形成的，而是由少突神经胶质细胞形成。少突胶质细胞的多个突起末端形成扁平薄膜，可包卷多个轴突，其胞体位于神经纤维之间。

神经膜细胞除对神经纤维具有营养和保护的作用外，对神经纤维的再生也有重要的作用，

而髓鞘则具有绝缘和保护作用。

(二)无髓神经纤维(nonmyelinated nerve fiber)

周围神经中的无髓神经纤维只被神经膜细胞包裹,一个神经膜细胞包裹着许多条轴突,特点是轴突外无髓鞘和郎飞结,神经冲动传导速度较慢。

中枢神经系统内的无髓神经纤维无郎飞结,轴突外无任何鞘膜。其神经冲动沿轴突作连续传导,没有绝缘结构,传导速度比有髓神经纤维慢得多。

二、脊神经

脊神经(spinal nerve)是混合神经,以背侧根和腹侧根与脊髓相连,其中背侧根含感觉纤维,腹侧根含运动纤维,背侧根和腹侧根在椎间孔处合并形成脊神经,出椎间孔后分为背侧支和腹侧支。脊神经按部位分为颈神经、胸神经、腰神经、荐神经和尾神经。

脊神经的背侧支较短而细,颈、胸、腰神经的背侧支都分为内侧支和外侧支,分布于颈背侧、背部和腰部的肌肉和皮肤。荐神经的背侧支分布于荐臀部肌肉和皮肤,尾神经的背侧支分布于尾背侧肌肉和皮肤。

脊神经腹侧支较粗,分布于脊柱腹侧、胸壁、腹壁和四肢等。

以下介绍分布于躯干、前肢和后肢的脊神经腹侧支形成的神经。

(一)分布于躯干的神经

1. 颈神经的腹侧支　第2颈神经的腹侧支形成耳大神经和颈横神经。耳大神经分布于耳郭背面皮肤;颈横神经分布于腮腺部和下颌间隙处的皮肤。第5～7颈神经的腹侧支形成隔神经,经胸前口入胸腔,向后分布于膈。第6～8颈神经的腹侧支主要参与组成隔神经和臂神经丛。

2. 胸神经的腹侧支　第1～2胸神经的腹侧支主要参与形成臂神经丛,每一胸神经的腹侧支形成肋间神经。肋间神经位于肋间隙,伴随肋间背侧动脉、静脉沿肋骨后缘下行,分布于肋间肌、腹肌和皮肤。最后胸神经的腹侧支又称肋腹神经,在第1腰椎横突末端的下方分为深、浅两支,深支进入腹直肌,并分出分支到腹内斜肌和腹横肌;浅支分布于腹外斜肌、躯干皮肌及皮肤。

3. 腰神经的腹侧支　第1～3腰神经的腹侧支形成髂腹下神经、髂腹股沟神经、生殖股神经和股外侧皮神经。第4～6腰神经的腹侧支参与构成腰荐神经丛。

(1)髂腹下神经(iliohypogastric nerve)　来自第1腰神经的腹侧支,经腰方肌与腰大肌之间向后下方伸延,在第2腰椎横突末端的腹侧,分为浅、深两支:浅支分布于腹内斜肌、腹外斜肌和腹侧壁后部的皮肤;深支分布于腹内斜肌、腹横肌、腹直肌和腹底壁的皮肤。

(2)髂腹股沟神经(ilioinguinal nerve)　来自第2腰神经的腹侧支,经第4腰椎横突末端的外侧缘(牛)或第3腰椎横突末端(马)向后伸延,分为浅、深两支:浅支分布于膝褶外侧的皮肤;深支分布于腹内斜肌、腹直肌和腹底壁的皮肤。

(3)生殖股神经(genitofemoral nerve)　来自第2～4腰神经的腹侧支,横过旋髂深动脉的外侧向下伸延,分为前、后二支,均穿过腹股沟管,分布于阴囊和包皮(公畜)或乳房(母畜)。

(4)股外侧皮神经(lateral femoral cutaneous nerve)　来自第3、4腰神经的腹侧支,伴随旋髂深动脉的后支在髋关节的下方穿出腹壁,分布于股外侧和膝关节前面的皮肤。

4. 荐神经的腹侧支　第1、2荐神经的腹侧支参与构成腰荐神经丛。第3、4荐神经的腹侧支形成阴部神经和直肠后神经。第5荐神经的腹侧支分布于荐尾腹侧肌、肛门和尾根附近的皮肤。

(1)阴部神经(pudendal nerve) 来自第2～4荐神经的腹侧支,在荐结节阔韧带的内侧面向后下方伸延,其终支绕过坐骨弓,在公畜至阴茎背侧,称为阴茎背侧神经,分布于阴茎和包皮;母畜则称为阴蒂背神经,分布于阴唇和阴蒂。

(2)直肠后神经(caudal rectal nerve) 来自第4、5(牛)或第3、4(马)荐神经的腹侧支,常有2支,沿直肠侧面后行,分布于直肠和肛门,母畜还分布于阴蒂和阴唇。

5.尾神经的腹侧支 形成尾腹侧神经干,分布于尾腹侧的肌肉和皮肤。

(二)分布于前肢的神经

前肢神经来自臂神经丛。臂神经丛位于肩关节的内侧,由第6～8颈神经和第1、2胸神经的腹侧支结合而成,分支分布于前肢和胸外侧壁,其主要分支如下(图11-23,图11-24)。

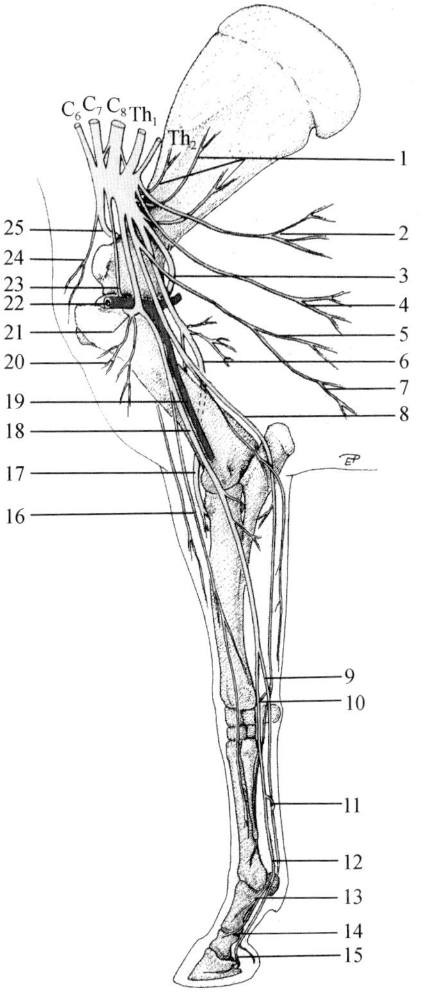

1.肩胛下神经 2.胸长神经 3.腋神经 4.胸背神经 5.胸外侧神经 6.桡神经 7.胸肌后神经 8.尺神经 9.掌外侧神经 10.掌内侧神经 11.交通支 12.指掌内侧神经 13.近指节骨背侧支 14.中指节骨背侧支 15.指掌内侧支 16.肌皮神经远支 17.桡神经 18.正中神经 19.臂神经 20.肌皮神经近支 21.腋袢 22.腋动脉 23.肌皮神经 24.胸肌前神经 25.肩胛上神经

图11-23 前肢臂神经丛

(引自:陈耀星等,2009)

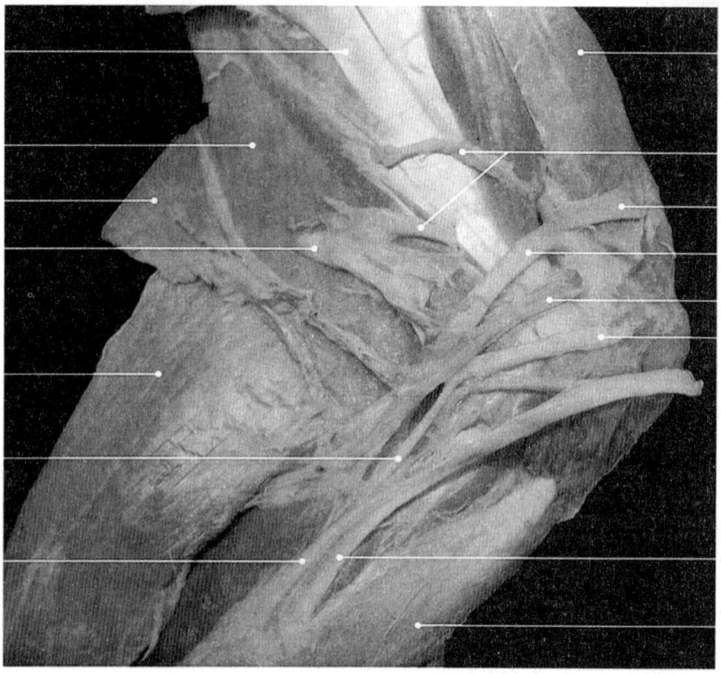

1.冈上肌 2.肩胛下神经 3.肩胛上神经 4.桡神经 5.腋静脉 6.腋动脉
7.正中神经 8.臂二头肌 9.尺神经 10.臂动脉 11.臂三头肌
12.腋神经 13.背阔肌 14.大圆肌 15.肩胛下肌

图 11-24 羊臂神经丛

(引自:陈耀星等,2013)

1.肩胛上神经(suprascapular nerve) 由臂神经丛的前部发出,经肩胛下肌和冈上肌之间伸向外下方,分布于冈上肌和冈下肌。

2.肩胛下神经(subscapular nerve) 有 2～4 支,分布于肩胛下肌。

3.胸肌神经(pectoral nerve) 分胸肌前神经和胸肌后神经。胸肌前神经有数支,分布于胸浅肌和胸深肌;胸肌后神经分布于背阔肌、胸腹侧锯肌、躯干皮肌和皮肤。

4.腋神经(axillary nerve) 由臂神经丛中部发出,经肩胛下肌与大圆肌之间,向外伸至三角肌深面,沿途分支分布于肩胛下肌、大圆肌、小圆肌、三角肌和臂头肌,并分出皮支分布于前臂背外侧的皮肤。

5.肌皮神经(musculocutaneous nerve) 在腋动脉下方与正中神经相连形成腋袢,分出肌支分布于喙臂肌和臂二头肌,主干下行至臂中部与正中神经分离,分支分布于臂二头肌和臂肌,终支延续为前臂内侧皮神经,分布于前臂、腕、掌内侧的皮肤。

6.桡神经(radial nerve) 自臂神经丛后部分出,沿尺神经后缘向下伸延,经臂三头肌长头和内侧头之间进入臂肌沟,分出肌支分布于臂三头肌和肘肌,主干在臂三头肌外侧头的深面分为深、浅两支。深支分布于腕、指关节的伸肌。浅支在牛较粗,向下伸延至掌部,分为内、外侧支,分布于第 3、4 指的背侧面。浅支在马称前臂外侧皮神经,分布于前臂背外侧的皮肤。

7.尺神经(ulnar nerve) 沿臂动脉后缘向下伸延,在前臂筋膜张肌的深面,伴随尺侧副动脉在腕外侧屈肌和腕尺侧屈肌之间沿前臂后缘向下伸延到腕部。在臂中部分出一皮支,分布于前臂掌侧的皮肤。在臂部远端分出肌支，分布于腕尺侧屈肌、指浅屈肌和指深屈肌。尺神经在腕关节上方，分为一背侧支和一掌侧支。

牛的尺神经背侧支沿掌部的背外侧向下伸延，分布于第 4 指背外侧面；掌侧支在副腕骨的内侧面向下伸延，在掌部近端分出一深支进入悬韧带后，沿指浅屈肌腱的外侧缘下行，分布于第 4 指掌外侧面。

马的尺神经背侧支分布于腕、掌部背外侧和掌侧的皮肤；掌侧支合并于正中神经的掌外侧神经。

8. 正中神经（median nerve）　为臂神经丛最长的分支，起始部与肌皮神经合成一总干，沿臂动脉前缘向下伸延，至臂中部与肌皮神经分离后，经肘关节的内侧进入前臂骨和腕桡侧屈肌之间的肌沟（正中沟）中，至掌部远端分为内侧支和外侧支（牛）或前臂远端分为掌内侧神经和掌外侧神经（马）。正中神经在前臂近端分出肌支分布于腕桡侧屈肌和指浅、深屈肌，在正中沟中分出前臂骨间神经进入前臂骨间隙，分布于前臂骨。

牛的正中神经内侧支分为两支，分布于第 3 指的掌侧和悬蹄；外侧支也分为两支，与尺神经共同分布于第 4 指的掌侧。

马的掌内侧神经沿指深屈肌腱的内侧缘向下伸延，在掌中部分出一交通支并入掌外侧神经。掌内侧神经主干下行至掌指关节处分为一背侧支和一掌侧支，分布于指内侧。掌外侧神经与尺神经的掌侧支会合后，沿指深屈肌腱的外侧缘向下伸延，在掌部下 1/3 接受来自掌内侧神经的交通支，其分支与掌内侧神经相同，分布于指外侧。

（三）分布于后肢的神经

后肢的神经来自腰荐神经丛。腰荐神经丛位于腰荐部腹侧，由第 4～6 腰神经和第 1、2 荐神经的腹侧支构成，有下列 5 个分支（图 11-25）。

1. 股神经（femoral nerve）　由腰荐神经丛的前部发出，经腰大肌与腰小肌之间穿出腹腔，继经缝匠肌的深面进入股直肌和股内侧肌之间，分支分布于股四头肌。沿途分出至髂腰肌的肌支和隐神经，隐神经分布于缝匠肌及股部和小腿内侧皮肤（图 11-26）。

2. 闭孔神经（obturator nerve）　沿髂骨内侧面向后下方伸延，经闭孔穿出骨盆腔，分支分布于闭孔外肌、耻骨肌、内收肌和股薄肌。

3. 臀前神经（cranial gluteal nerve）　较短，经坐骨大孔出骨盆腔，分为数支分布于臀肌群和阔筋膜张肌。

4. 臀后神经（caudal gluteal nerve）　经坐骨大孔出骨盆腔，沿荐结节阔韧带外侧面向后伸延，分支分布于臀股二头肌、臀中肌、在马还分布于臀浅肌、半腱肌和股后外侧的皮肤。

5. 坐骨神经（sciatic nerve）　为全身最粗的神经，经坐骨大孔出骨盆腔，沿荐结节阔韧带外侧面向后下方伸延，经股骨大转子与坐骨结节之间绕至髋关节后方，在臀股二头肌和半膜肌之间下行，至股中部分为腓总神经和胫神经（图 11-27）。坐骨神经沿途分支分布于臀股二头肌、半腱肌和半膜肌。在牛还分出股后皮神经，分布于股后部的皮肤。

（1）腓总神经（common fibular nerve）　在臀股二头肌和腓肠肌外侧头之间向前下方伸延，途中分出小腿外皮神经，分布于小腿外侧的皮肤。主干至腓骨近端外侧分为腓浅神经和腓深神经。

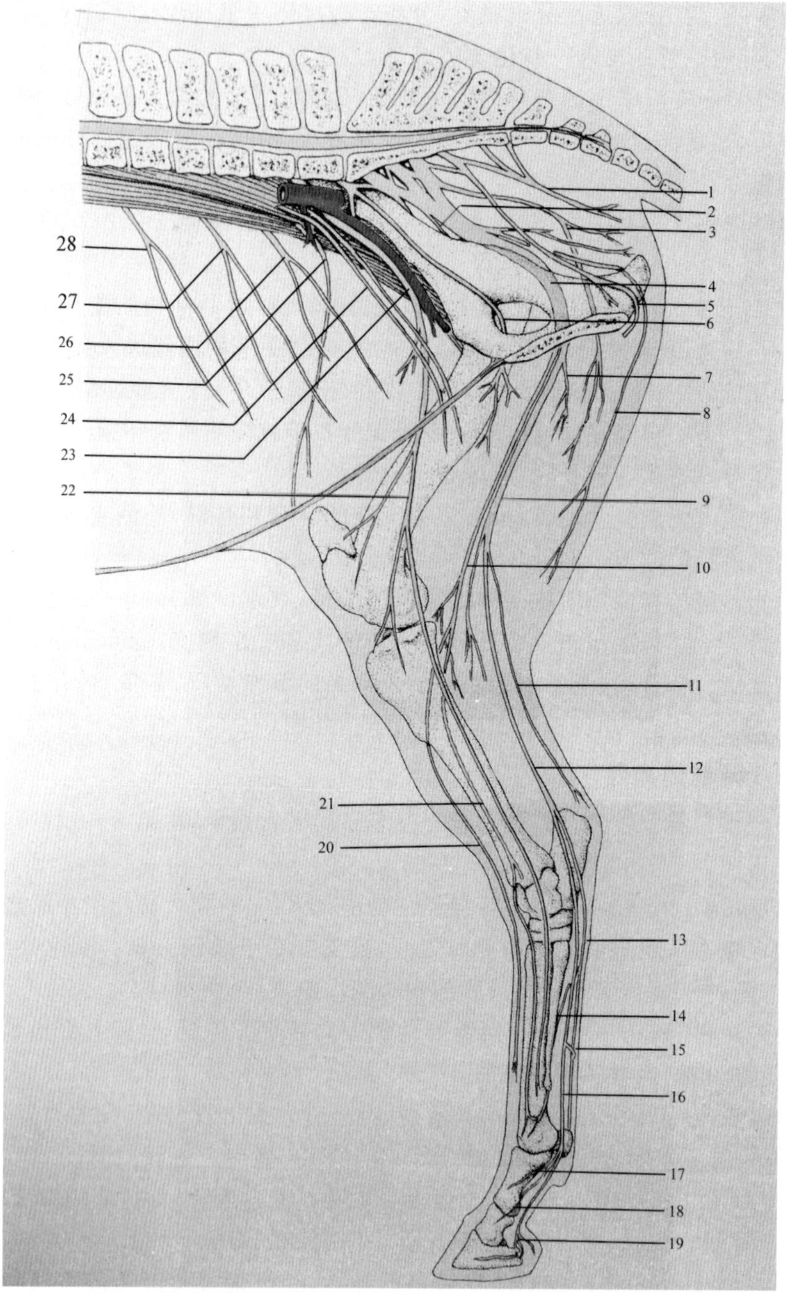

1. 直肠后神经　2. 臀前神经　3. 臀后神经　4. 坐骨神经　5. 阴部神经　6. 闭孔神经　7. 胫神经近侧肌支
8. 股后皮神经　9. 胫神经　10. 腓总神经　11. 小腿后皮神经　12. 胫神经　13. 趾跖侧第 3 总神经
14. 跖侧第 3 总神经的深支　15. 交通支　16. 趾跖侧第 2 总神经　17. 近趾骨背侧支　18. 中趾骨背侧支
19. 趾内侧神经跖支　20. 腓浅神经　21. 腓深神经　22. 隐神经　23. 股神经　24. 生殖股神经
25. 股外侧皮神经　26. 髂腹股沟神经　27. 髂腹下神经　28. 最后胸神经腹侧支

图 11-25　马右后肢腰荐神经丛

（引自：陈耀星等，2009）

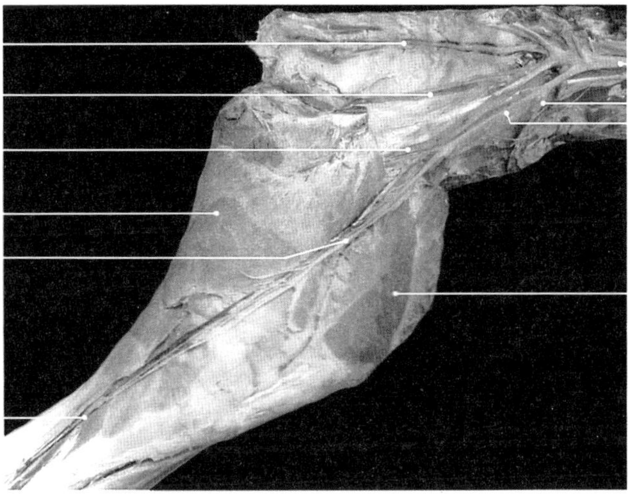

1.腹主动脉　2.旋髂深动脉　3.髂外动、静脉　4.股四头肌　5.隐动、静脉及神经　6.股动、静脉及神经　7.股薄肌　8.股深动、静脉　9.髂内动、静脉　10.荐中动、静脉

图 11-26　牛股神经

(引自:陈耀星等,2013)

牛的腓浅神经较粗,开始在趾外侧伸肌和腓骨长肌的沟中向下伸延,并分出分支至趾外侧伸肌,然后沿趾长伸肌腱的后缘下行,至跗关节的下方分为外、中、内 3 支,分布于第 3、4 趾背外侧的皮肤。腓深神经沿趾长伸肌的深面向下伸延,在跖部与跖背侧第 3 动脉伴行,肌支分布于小腿前部的肌肉,主干在跖趾关节上方与趾背侧第 3 总神经吻合,下行于两主趾间,分布于第 3、4 趾轴侧面。

马的腓浅神经沿趾长伸肌和趾外侧伸肌之间向下伸延,分布于趾外侧伸肌以及小腿、跗部和跖部外侧面的皮肤。腓深神经沿趾长伸肌深面向远端延伸,分布于小腿背外侧的肌肉和跗部、跖部、趾部的皮肤。

(2)胫神经(tibial nerve)　沿臀股二头肌深面进入腓肠肌两头之间,分出肌支分布于跗关节的伸肌和趾关节的屈肌。主干在小腿内侧沟下行至跗关节上方,分为足底内侧神经和足底外侧神经。胫神经在起始部还分出皮支,分布于小腿后面和跗、跖部外侧面的皮肤。

牛的足底内侧神经沿趾屈肌腱的内侧缘向下伸延,至跖趾关节上方分为内、外侧支:内

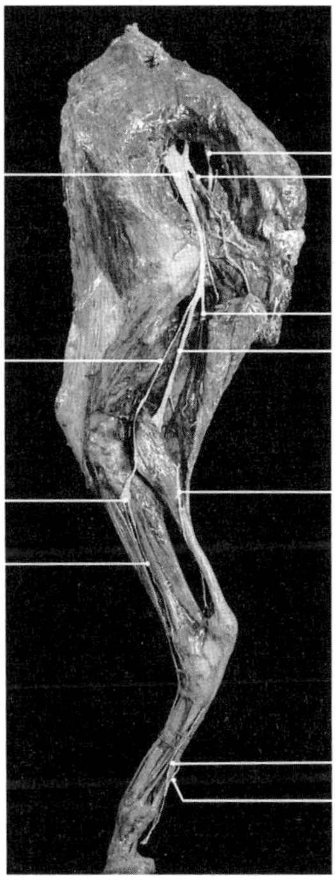

1.阴部神经　2.股后皮神经　3.坐骨神经肌支　4.胫神经　5.小腿跖侧皮神经　6.跖外侧神经　7.跖内侧神经　8.腓浅神经　9.腓深神经　10.腓总神经　11.坐骨神经

图 11-27　马左后肢坐骨神经

(引自:陈耀星等,2013)

侧支分布于第 3 趾的跖内侧面；外侧支在趾间隙处分支分布于第 3、4 趾。足底外侧神经沿趾屈肌腱的外侧缘向趾端伸延，分布于第 4、5 趾。

马的足底内侧神经沿趾屈肌腱的内侧缘下行，在跖中部分出一交通支加入足底外侧神经。足底内侧神经在跖趾关节上方分为一背侧支和一跖侧支，分布于趾内侧的皮肤和关节。足底外侧神经沿趾屈肌腱的外侧缘向下伸延，又分为一背侧支和一跖侧支，分布于趾外侧的皮肤和关节。

三、脑神经

脑神经共有 12 对（图 11-28，表 11-2），根据所含神经纤维的种类，分为感觉神经、运动神经以及含感觉纤维和运动纤维的混合神经。

（一）嗅神经

嗅神经（olfactory nerve）为感觉神经，传导嗅觉，由鼻腔嗅区黏膜的嗅细胞的轴突构成。轴突集合成嗅丝，穿过筛板的筛孔进入颅腔，止于嗅球。

（二）视神经

视神经（optic nerve）为感觉神经，传导视觉，由视网膜节细胞的轴突穿过巩膜集合而成，经视神经管入颅腔，连于视交叉，向后延续为视束，止于外侧膝状体。

（三）动眼神经

动眼神经（oculomotor nerve）为运动神经，由动眼神经核发出的躯体运动纤维和动眼神经副交感核发出的副交感节前纤维组成，出颅腔后，躯体运动纤维分布于眼球肌。副交感节前纤维至睫状神经节，节后纤维分布于瞳孔括约肌和睫状肌。

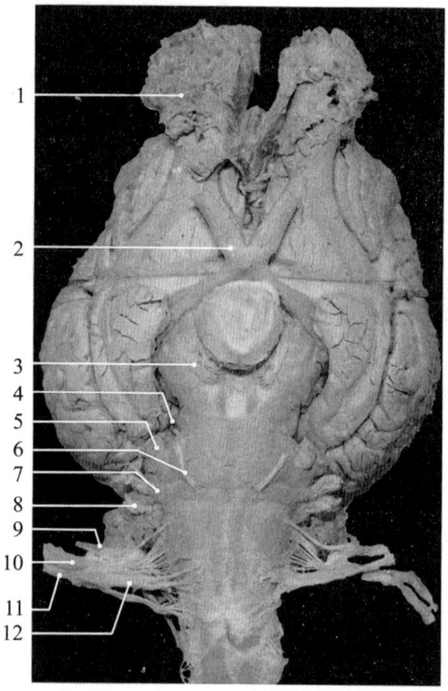

1. 嗅神经　2. 视神经　3. 动眼神经　4. 滑车神经　5. 三叉神经　6. 外展神经　7. 面神经　8. 前庭耳蜗神经　9. 舌咽神经　10. 迷走神经　11. 副神经　12. 舌下神经

图 11-28　马脑神经

（引自：陈耀星等，2013）

（四）滑车神经

滑车神经（trochlear nerve）为运动神经，起于中滑车神经核，由后丘后缘出脑，出颅腔后，分布于眼球上斜肌。

（五）三叉神经

三叉神经（trigeminal nerve）为混合神经，是最大的脑神经，由大的感觉根和小的运动根组成，连于脑桥侧部。感觉根上有大的三叉神经节，分出眼神经、上颌神经及下颌神经。运动根起于三叉神经运动核，加入下颌神经。

1. 眼神经（ophthalmic nerve）　为感觉神经，又分为泪腺神经（lacrimal nerve）、额神经（frontal nerve）和鼻睫神经（nasociliary nerve）。泪腺神经分布于泪腺和上眼睑，在牛还分出角神经，分布于角基部；额神经分布于上眼睑、颞区和额区的皮肤；鼻睫神经分布于鼻腔黏膜、第三眼睑、结膜和泪阜等。

表 11-2　脑神经简表

对别	名称	与脑联系部位	纤维成分	分布
Ⅰ	嗅神经	嗅球	感觉神经	嗅黏膜
Ⅱ	视神经	间脑外侧膝状体	感觉神经	视网膜
Ⅲ	动眼神经	中脑的大脑脚	运动神经	眼球肌
Ⅳ	滑车神经	中脑四叠体后丘	运动神经	眼球肌
Ⅴ	三叉神经	脑桥	混合神经	面部皮肤、口、鼻腔黏膜、咀嚼肌
Ⅵ	外展神经	延髓	运动神经	眼球肌
Ⅶ	面神经	延髓	混合神经	面、耳、睑肌和部分味蕾
Ⅷ	前庭耳蜗神经	延髓	感觉神经	前庭、耳蜗和半规管
Ⅸ	舌咽神经	延髓	混合神经	舌、咽和部分味蕾
Ⅹ	迷走神经	延髓	混合神经	咽、喉、食管、气管和胸、腹腔内脏
Ⅺ	副神经	延髓和颈部脊髓	运动神经	咽、喉、食管以及胸头肌和斜方肌
Ⅻ	舌下神经	延髓	运动神经	舌肌和舌骨肌

2. 上颌神经(maxillary nerve)　为感觉神经，分为颧神经(zygomatic nerve)、眶下神经(infraorbital)和翼腭神经(pterygopalatine nerve)。颧神经分布于下眼睑及附近的皮肤；眶下神经行经眶下管内，在管内分支分布于上颌牙齿、齿龈和上颌窦。出眶下孔分为三支，分布于鼻背侧的皮肤，上唇、鼻前部和颊前部的皮肤及黏膜；翼腭神经分布于鼻腔黏膜、硬腭和软腭。

3. 下颌神经(mandibular nerve)　为混合神经，分为咬肌神经、翼肌神经、耳颞神经、颊神经、舌神经和下齿槽神经。咬肌神经分布于咬肌和颞肌；翼肌神经分布于翼肌；耳颞神经分布于颞部、面部和下颌皮肤；颊神经分布于颞肌、腮腺、颊部和下唇黏膜；舌神经分布于舌黏膜、口腔底黏膜和齿龈；下齿槽神经分布于下颌齿、齿龈、下唇和颏部。

(六)外展神经

外展神经(abducent nerve)为运动神经，起于外展神经核，在斜方体后缘、锥体的两侧出脑，与动眼神经和眼神经一起出颅腔，分布于眼球外侧直肌和眼球退缩肌。

(七)面神经

面神经(facial nerve)为混合神经，经面神经管出颅腔，在颞下颌关节下方横过下颌骨支后缘到咬肌表面，向前下方伸延，分布于唇、颊和鼻侧的肌肉(图 11-29)。面神经在面神经管内分出岩大神经和鼓索神经。岩大神经主要为副交感节前纤维，至翼腭神经节，交换神经元后分布于泪腺；鼓索神经含有感觉纤维和副交感节前纤维，感觉纤维分布于舌前部 2/3 的味蕾，副交感节前纤维至下颌神经节，交换神经元后分布于下颌腺和舌下腺。面神经在腮腺深面还分出侧支，分布于二腹肌、耳肌、眼睑肌和颈皮肌等。

(八)前庭耳蜗神经

前庭耳蜗神经(vestibulocochlear nerve)为感觉神经，由前庭神经(vestibular nerve)和耳蜗神经(cochlear nerve)组成。前庭神经起于前庭神经节，分布于椭圆囊斑、球囊斑和壶腹嵴，传导平衡觉冲动；耳蜗神经起于螺旋神经节，分布于内耳的螺旋器，传导听觉冲动。

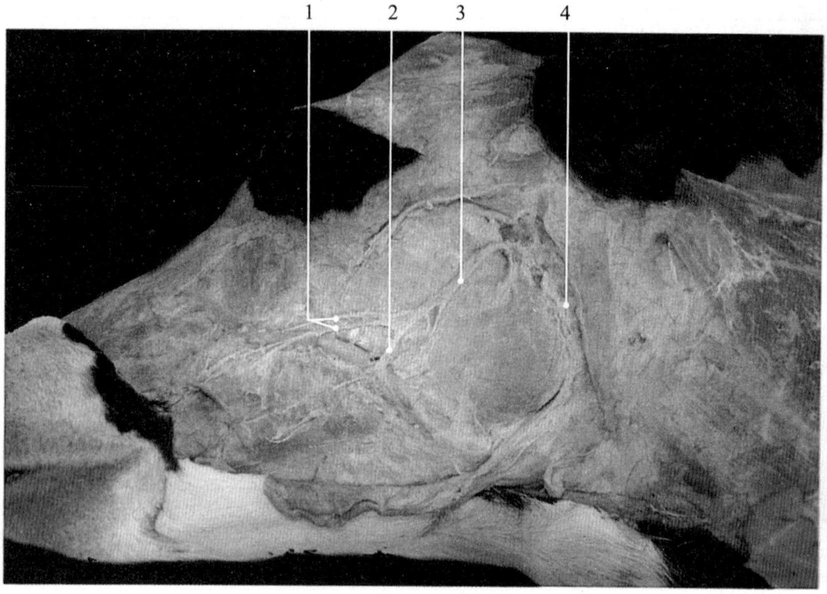

1. 上颊支 2. 面神经 3. 下颊支 4. 腮腺

图 11-29 牛面神经

（引自：陈耀星等，2013）

（九）舌咽神经

舌咽神经（glossopharyngeal nerve）为混合神经，神经根连于延髓的腹外侧缘，经颈静脉孔出颅腔，分为鼓室神经、颈动脉窦支、咽支和舌支。鼓室神经分布于腮腺；颈动脉窦支分布于颈动脉体和颈动脉窦；咽支分布于咽肌与咽部黏膜；舌支分布于软腭、咽峡及舌后部 1/3 黏膜和味蕾。

（十）迷走神经

迷走神经（vagus nerve）见植物性神经。

（十一）副神经

副神经（accessory nerve）为运动神经，由脑根和脊髓根组成。脑根起自延髓，脊髓根起自颈前段脊髓。由颈静脉孔出颅腔，分为内侧支和外侧支。内侧支由脑根形成，并入迷走神经。外侧支分为背侧支和腹侧支，背侧支分布于臂头肌和斜方肌，腹侧支入胸头肌。

（十二）舌下神经

舌下神经（hypoglossal nerve）为运动神经，起自舌下神经核，经舌下神经孔出颅腔，分布于舌肌和舌骨肌。

四、植物性神经

植物性神经又称自主神经，是指分布到平滑肌、心肌和腺体的传出神经。植物性神经与躯体运动神经相比较，在形态、结构、分布范围和机能上存在较大差异。

躯体运动神经支配骨骼肌；而植物性神经则支配平滑肌、心肌和腺体。

躯体运动神经自中枢到外周效应器只有 1 个神经元，其胞体位于脑干和脊髓；而植物性神经自中枢到外周效应器需要两个神经元才能完成传导过程。第 1 个神经元称节前神经元，胞体位于脑干和脊髓灰质外侧柱，其轴突称节前神经纤维。第 2 个神经元称节后神经元，胞体位于植物性神经节内，其轴突称节后神经纤维。植物性神经节根据所在位置不同，可分为椎旁神经节、椎下神经节和终末神经节。

躯体运动神经以神经干的形式分布；植物性神经节后纤维常攀附脏器或血管形成神经丛，由丛再分支至效应器。

躯体运动神经纤维通常是较粗的有髓纤维；而植物性神经的节前纤维是细的有髓纤维，节后纤维是细的无髓纤维。

躯体运动神经一般都受意识支配；而植物性神经在一定程度上不受意识的直接控制，有相对的自主性。

植物性神经根据其形态和机能的特点，分为交感神经和副交感神经。

(一)交感神经(sympathetic nerve)

交感神经的节前神经元胞体位于脊髓的胸 1 至腰 3 节段的灰质外侧柱，发出节前纤维经腹侧根至脊神经，出椎间孔后形成单独的神经支，即白交通支，进入相应节段的椎旁神经节，或经过椎旁神经节而至椎下神经节，与其中的节后神经元形成突触。另一些节前纤维向前或向后伸延，终止于前、后节段的椎旁神经节，在脊柱两侧形成交感神经干，自颅底向后伸延到尾根(图 11-30)。

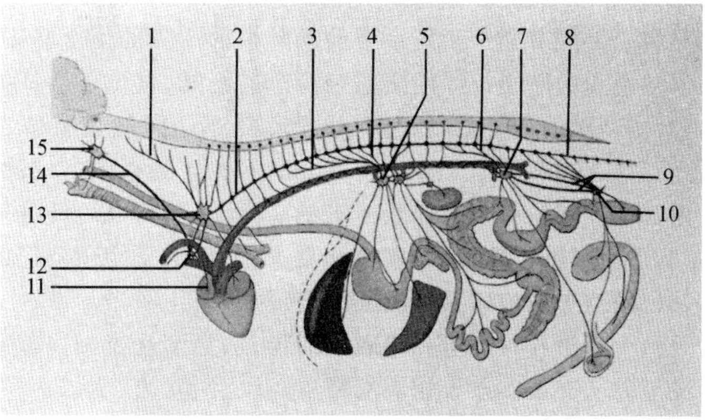

1. 椎神经 2. 交感干神经节节间支 3. 内脏大神经 4. 内脏小神经 5. 腹腔神经节和肠系膜前神经节 6. 腰内脏神经 7. 肠系膜后神经 8. 荐内脏神经 9. 腹下神经 10. 盆神经节 11. 颈心神经 12. 颈中神经节 13. 星状神经节 14. 颈部交感干 15. 颈前神经节

图 11-30 马交感神经示意图

(引自：陈耀星等，2009)

交感神经的节前纤维在椎旁神经节和椎下神经节内交换神经元后，节后纤维或经灰交通支返回脊神经，随脊神经分布于躯干和四肢的血管平滑肌、汗腺和竖毛肌，或在动脉周围形成神经丛，随动脉分布到相应的器官，或分出内脏支直接到所支配的器官。

交感神经干按部位可分颈部、胸部、腰部和荐尾部。

1. 颈部交感神经干 由前部胸段脊髓发出的节前纤维所组成，沿气管的背外侧和颈总动脉的背侧向前伸延至颅底，与迷走神经合并成迷走交感干。在颈部交感神经干上有颈前、颈中和颈后三个神经节。

(1)颈前神经节(cranial cervical ganglion)　位于颅底腹侧，呈梭形，发出的节后纤维围绕颈内动脉和颈外动脉形成神经丛，分布于唾液腺、泪腺、瞳孔开大肌以及头部的汗腺、竖毛肌。

(2)颈中神经节(middle cervical ganglion)　位于颈后部，有时缺如或与颈后神经节合并。发出节后纤维组成心支，参与组成心神经丛，分布于心脏、主动脉、气管和食管。

(3)颈后神经节(caudal cervical ganglion)　与第1、2胸神经节合并成颈胸神经节，又称星状神经节。位于第1肋骨椎骨端内侧，神经节呈星芒状，向前上方发出椎神经，在颈椎横突管内向前伸延，其分支连于第2～7颈神经；向背侧发出灰交通支与第8颈神经及第1、2胸神经相连；向后下方发出心支，形成心神经丛，分布于心脏、主动脉和肺。

2. *胸部交感神经干*　紧贴于胸椎椎体的腹外侧面，在每一椎间孔附近有一个胸神经节。由胸神经节发出的节后纤维，一部分组成灰交通支返回胸神经，分布于胸壁血管、汗腺和竖毛肌；另一部分参与组成心神经丛、肺神经丛和主动脉神经丛。胸部交感神经干的部分节前纤维组成内脏大神经(greater splanchnic nerve)和内脏小神经(lesser splanchnic nerve)，向后连于腹腔肠系膜前神经节。内脏小神经还参与构成肾神经丛。

3. *腰部交感神经干*　较细，位于腰椎椎体的侧面。腰神经节通常有6个，发出节后纤维经灰交通支返回腰神经，伴随腰神经分布于腹壁。腰部交感神经干的大部分节前纤维组成腰内脏神经，走向肠系膜后神经节，少部分节前纤维参与盆神经丛。

(1)腹腔肠系膜前神经节(coeliac ganglion and cranial mesenteric ganglion)　由位于腹腔动脉根部两侧的1对腹腔神经节和位于肠系膜前动脉根部后方的1个肠系膜前神经节组成。此神经节接受内脏大神经和内脏小神经的交感神经节前纤维，发出节后纤维形成腹腔神经丛和肠系膜前神经丛，沿主动脉的分支分布到胃、肝、脾、胰、肾、小肠、盲肠和结肠前段等器官。

(2)肠系膜后神经节(caudal mesenteric ganglion)　位于肠系膜后动脉根部两侧，接受腰部交感神经干的腰内脏神经和肠系膜前神经节来的节间支，发出节后纤维形成肠系膜后神经丛，随动脉分布到结肠后段、精索、睾丸、附睾或卵巢、输卵管和子宫角。还向后发出一对腹下神经，沿输尿管进入骨盆腔，参与构成盆神经丛。

4. *荐尾部交感神经干*　沿荐骨盆侧孔内侧向后伸延，且渐次变细。荐尾部交感神经干上的荐神经节和尾神经节以灰交通支连于相应的脊神经。

(二)副交感神经(parasympathetic nerve)

副交感神经节前神经元的胞体位于中脑、延髓和荐段脊髓，分为颅部和荐部副交感神经。节后神经元的胞体位于所支配的器官旁或器官壁内的终末神经节(图11-31)。

1. *颅部副交感神经*　节前纤维由中脑和延髓发出，随动眼神经、面神经、舌咽神经和迷走神经伸延，至各神经所支配器官的终末神经节内交换神经元，节后纤维分别分布于所支配的器官。

(1)动眼神经(oculomotor nerve)内的副交感神经的节前纤维，伴随动眼神经腹侧支至睫状神经节交换神经元，节后纤维分布于眼球睫状肌和瞳孔括约肌。

(2)面神经(facial nerve)内的副交感神经节前纤维，随面神经出延髓后分为两部分：一部分至上颌神经的翼腭神经节交换神经元，节后纤维随上颌神经分支分布于泪腺、腭腺、颊腺和鼻腺；另一部分通过鼓索神经加入舌神经，在下颌神经节交换神经元，节后纤维分布于舌下腺

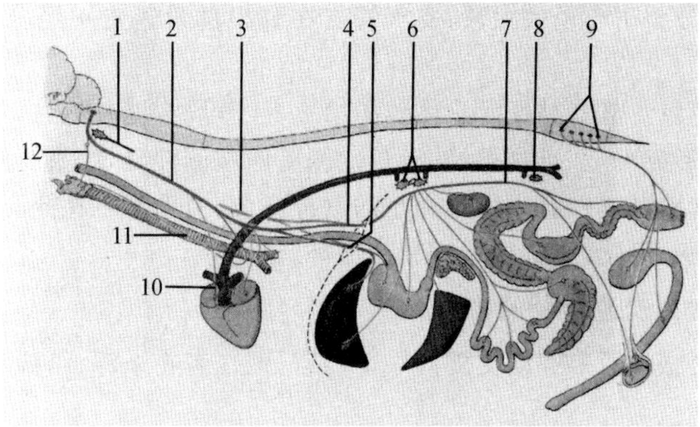

1.交感干　2.左侧迷走神经　3.右侧迷走神经　4.迷走神经背侧干　5.迷走神经腹侧干
6.腹腔神经节和肠系膜前神经节　7.腹部迷走神经　8.肠系膜后神经节　9.盆神经
10.减压神经　11.左侧返神经　12.喉前神经

图 11-31　副交感神经示意图

(引自:陈耀星等,2009)

和颌下腺。

(3)舌咽神经(glossopharyngeal nerve)内的副交感神经节前纤维,伴随舌咽神经出延髓,至耳神经节交换神经元,节后纤维分布于腮腺和颊腺。

(4)迷走神经(vagus nerve)为混合神经,是脑神经中行程最长,分布最广的神经,含有 4 种纤维成分:①内脏传出纤维,即副交感节前纤维,节后纤维分布于颈部和胸、腹腔脏器,支配心肌、平滑肌和腺体的活动;②内脏传入纤维,伴随内脏传出纤维,分布于颈部和胸、腹腔脏器;③躯体传出纤维,支配咽、喉和食管骨骼肌;④躯体传入纤维,分布于外耳皮肤。

迷走神经出颅腔后与副神经伴行,向下至颈总动脉的分支处与交感神经合并成迷走交感干,沿颈总动脉的背侧向后伸延,在胸前口附近与交感神经干分离,经锁骨下动脉腹侧进入胸腔,在纵隔中继续向后伸延,约于支气管背侧面分为背侧支和腹侧支。左、右迷走神经的背侧支在食管背侧合成食管背侧干,腹侧支在食管腹侧合成食管腹侧干,分别沿食管的背侧和腹侧向后伸延,穿过膈的食管裂孔入腹腔。

牛的迷走神经食管背侧干进入腹腔后,转向贲门的右侧,分出腹腔丛支、瘤胃右支和瘤胃前庭支,主干延续至瓣胃和皱胃。腹腔丛支伴随动脉分支分布于肝、脾、胰、肾、小肠、盲肠及结肠前段等器官;瘤胃右支分布于瘤胃的背囊和腹囊;瘤胃前庭支分布于瘤胃前庭。食管腹侧干在瘤胃的左侧发出交通支与背侧干相连,并分布于前庭的左侧面。主干分出网胃支和幽门支后,其延续支分布于瓣胃和皱胃。

马的迷走神经食管背侧干入腹腔后在胃的脏面分支形成胃后神经丛。本干伸向腹腔肠系膜前神经丛,分布于小肠、盲肠和大结肠。食管腹侧干在胃的膈面形成胃前神经丛,分布于胃、幽门、十二指肠、肝和胰。

迷走神经沿途分出的主要侧支有咽支、喉前神经、喉返神经、心支和支气管支等。咽支在颈前神经节附近自迷走神经分出,分布于咽和食管前端;喉前神经在咽支后方自迷走神经分出,分布于喉黏膜和环甲肌;喉返神经在胸腔内分出,绕过主动脉弓(左侧)或右锁骨下动脉(右侧),沿气管向前伸延,分布于气管、食管和喉肌;心支在胸腔内发出,与交感神经和喉返神经的心支形成心神经丛，分布于心及大血管；支气管支在肺根部自迷走神经分出，参与形成肺神经丛，沿支气管入肺。

2. 荐部副交感神经　节前神经元胞体位于第2～4荐段脊髓外侧柱，节前纤维随3、4荐神经的腹侧支出椎管，形成1～2条盆神经，沿骨盆侧壁向腹侧伸延，在直肠侧壁与膀胱侧壁间与腹下神经一起构成盆神经丛。丛内散布有小的盆神经节，节前纤维在此交换神经元，节后纤维分布于结肠后段、直肠、膀胱、阴茎或子宫和阴道等。

(三)交感神经和副交感神经的比较

交感神经和副交感神经常共同支配同一个器官，但二者在来源、结构和分布范围等方面又有不同。

(1)交感神经的节前神经元位于脊髓胸1至腰3节段的灰质外侧柱；副交感神经的节前神经元位于脑干和脊髓的荐2～4节段。

(2)交感神经节位于脊柱两旁和脊柱腹侧；副交感神经节位于所支配的器官附近或器官壁内。因此，交感神经的节前纤维短，节后纤维长。而副交感神经节前纤维长，节后纤维短。

(3)交感神经的节前纤维分支多，可与许多节后神经元形成突触，作用范围比较广泛；副交感神经的节前纤维分支较少，与节后神经元形成的突触也少，其作用范围较局限。

(4)交感神经的分布范围较广，除分布于头颈部、胸、腹腔脏器外，遍及全身血管、腺体和竖毛肌；副交感神经的分布不如交感神经广泛，如皮肤和肌肉的血管、一般的腺体和竖毛肌、肾和肾上腺髓质均无副交感神经支配。

(5)交感神经和副交感神经对同一器官的作用既相互对抗，又互相统一。例如，当机体活动增强时，交感神经兴奋性加强，副交感神经兴奋减弱，表现心跳加快、血压升高、支气管舒张和消化活动减弱等现象。而当机体处于安静或休息状态时，副交感神经兴奋加强，交感神经却受到抑制，则表现心跳减慢、血压下降、支气管收缩和消化活动增强等现象。

思考题

一、名词解释

灰质、白质、神经核、神经束、神经、网状结构、神经节

二、问答题

1. 简述神经系统的组成。
2. 简答脊髓的形态、位置和内部构造。
3. 简述12对脑神经的组成?

第十二章

内分泌系统

【学习目标】

1. 了解内分泌系统的组成及其作用。
2. 理解内分泌腺的共同结构特点。
3. 掌握主要内分泌腺的位置、形态、解剖和组织学结构及功能。
4. 理解 APUD 系统与 DNES 系统的概念。
5. 了解神经-内分泌-免疫网络与"内稳态"。

内分泌系统(endocrine system)是动物机体的重要调节系统,由独立的内分泌腺(如脑垂体、肾上腺、甲状腺、甲状旁腺、松果体等)、非独立的内分泌组织(如胰岛、黄体等)以及分散存在的各种内分泌细胞(如胃肠、中枢神经系统中的内分泌细胞)组成。内分泌腺主要结构特点是无输出导管,故又称无管腺,腺细胞的分泌物直接进入血液或淋巴,随血液循环传递全身;腺细胞多排列呈索状、团状或围成滤泡状,其周围有丰富的毛细血管和毛细淋巴管。

内分泌细胞所分泌的生物活性物质,称为激素(hormone)。激素根据其化学本质不同分为含氮激素和类固醇激素两类。含氮激素包括氨基酸衍生物、肽类激素和蛋白激素。氨基酸衍生物类如肾上腺素、甲状腺素;肽类和蛋白质类如胰岛素、甲状旁腺素、垂体前叶分泌的各种激素。分泌含氮激素的细胞起源内胚层或外胚层,细胞内具有较丰富的粗面内质网、发达的高尔基复合体及膜包被的分泌颗粒。类固醇激素包括肾上腺皮质激素和性激素等,分泌这类激素的细胞均起源于中胚层,腺细胞内有丰富的滑面内质网和呈管状嵴的线粒体,胞质内无分泌颗粒,而含有较多的脂滴。

大部分内分泌细胞分泌的激素通过血液循环到达并作用于远处的特定细胞而发挥作用,少部分内分泌细胞的激素可直接分泌入细胞间隙,作用于邻近的特定细胞,称旁分泌(paracrine)。每种激素只作用于特定的器官或细胞,这些器官或细胞称为该激素的靶器官(target organ)或靶细胞(target cell)。靶细胞具有与相应激素结合的受体(receptor),激素与特定受体结合后产生生物学效应。含氮激素到达靶细胞后,与细胞膜上特异性受体相结合而发生效应。类固醇激素作用于细胞核,此类激素可透过靶细胞与胞质内的蛋白质相结合,形成复合物通过核膜进入胞核内而发挥作用。内分泌系统通过其产生的激素,与神经系统相辅相成,共同维持机体内环境的稳定,对机体的生长发育、新陈代谢、生殖和免疫等功能起着重要的促进和调节作用。

第一节 脑 垂 体

脑垂体(hypophysis),又称垂体,位于间脑的底面,蝶骨构成的垂体窝内,借漏斗连于下丘脑,为一扁圆形小体,呈褐色或乳白色,其形状、大小在各种动物略有不同。马的垂体似蚕豆大,呈卵圆形,上下压扁,借短的漏斗与灰结节相连,远侧部位于浅层,包围着后叶,远侧部与中间部之间无垂体裂。牛的垂体窄而厚,漏斗长而斜向后下方,后叶位于垂体的背侧,远侧部位于腹侧,远侧部与中间部之间有垂体裂。猪的垂体小,远侧部与后叶的位置关系与牛相似,也有垂体裂(图 12-1)。脑垂体是动物体内最重要的内分泌腺,功能非常复杂,能分泌多种激素,并与其他内分泌腺有着密切的生理联系,它直接受控于中枢神经系统,调节其他内分泌腺的功能活动。

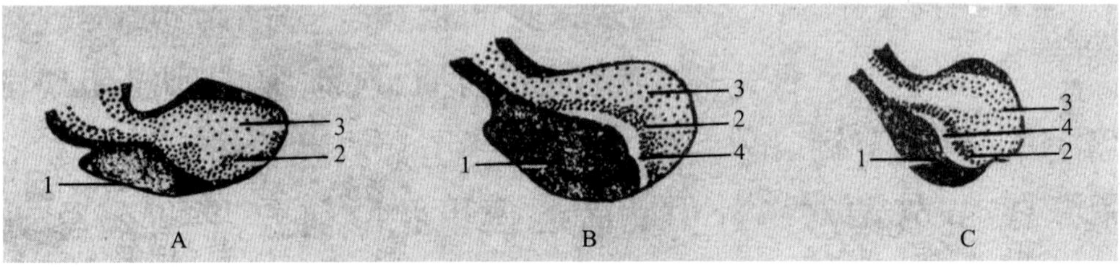

A. 马　B. 牛　C. 猪

1. 远侧部　2. 中间部　3. 神经部　4. 垂体裂

图 12-1　垂体构造模式图

(引自:肖传斌等,2009)

脑垂体可分为腺垂体(adenohypophysis)和神经垂体(neurohypophysis)两大部分,二者在发生上不同。腺垂体来源于胚胎期原始口腔外胚层上皮,神经垂体来自间脑腹侧的突起形成的神经垂体芽。腺垂体包括远侧部(pars distalis)、中间部(pars intermedia)和结节部(pars tuberalis),神经垂体包括神经部(pars nervosa)和漏斗部(pars infundibularis),漏斗部又分为正中隆起(median eminence)和漏斗柄(infundibular stalk)。腺垂体远侧部位置居前又称垂体前叶(anterior pituitary),中间部和神经部合称垂体后叶(posterior pituitary)(表 12-1,图 12-2)。

表 12-1　垂体分区

- 脑垂体
  - 腺垂体
    - 远侧部(前叶)
    - 结节部
    - 中间部 } 后叶
  - 神经垂体
    - 神经部 } 后叶
    - 漏斗部
      - 正中隆起
      - 漏斗柄

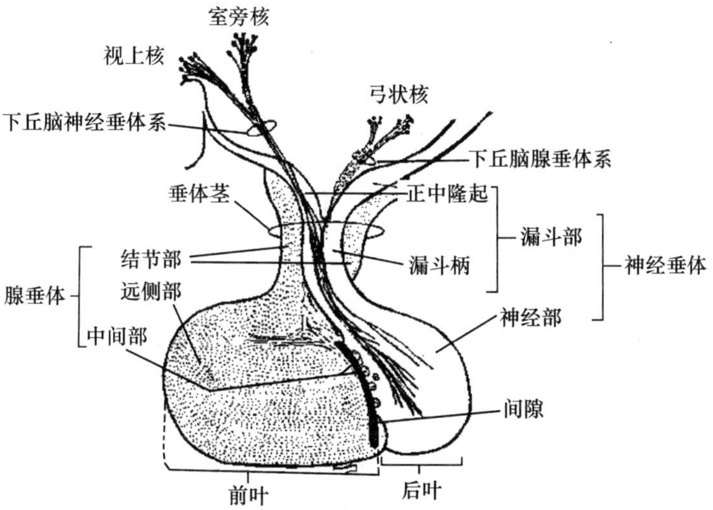

图 12-2 垂体分区示意图

一、腺垂体

腺垂体内有大量的腺细胞，呈团索状或小滤泡状，细胞间有丰富的窦状毛细血管和少量的结缔组织。

(一)远侧部

远侧部是腺垂体的主要组成部分，腺细胞大多排列呈团索状，少数围成滤泡。在 HE 染色标本中，根据腺细胞嗜色特点可分为嗜酸性细胞(acidophilic cell)、嗜碱性细胞(basophilic cell)和嫌色细胞(chromophobe cell)3 种，各类细胞所占比例随动物种属、性别、年龄和生理状况不同而有差异。

1. 嗜酸性细胞 嗜酸性细胞数量较多，约占远侧部腺细胞总数的 40%，细胞呈圆形、卵圆形或多角形，胞质内含有许多嗜酸性颗粒。嗜酸性细胞在免疫组化染色和电镜下又可分为生长激素细胞(somatotroph)和催乳激素细胞(lactotroph)。生长激素细胞分泌生长激素(somatotropic hormone，STH)，主要促进全身新陈代谢及生长，尤其是长骨骺端软骨细胞的生长。幼年动物缺乏生长激素，可导致侏儒症；分泌旺盛，幼年期则形成巨大畸形，成年期则形成肢端肥大症。催乳激素细胞分泌催乳激素(lactotropic hormone，LTH)，促进分娩后的乳腺发育、乳汁分泌。

2. 嗜碱性细胞 嗜碱性细胞数量少于嗜酸性细胞，约占远侧部腺细胞总数的 10%，体积比嗜酸性细胞略大，呈椭圆形或多边形，胞质内含有嗜酸性颗粒，且 PAS 反应阳性。远侧部有 3 种嗜碱性细胞，分别为促甲状腺素细胞(thyrotroph)、促性腺激素细胞(gonadotroph)和促肾上腺皮质激素细胞(corticotroph)。促甲状腺素细胞分泌促甲状腺激素(thyroid stimulating hormone，TSH)，能促进甲状腺的生长，并促进甲状腺激素的分泌。促性腺激素细胞分泌卵泡刺激素(follicle stimulating hormone，FSH)和黄体生成素(luteinizing hormone，LH)。FSH 促进雌性动物卵巢中卵泡的发育，促进雄性动物睾丸内曲精小管的发育和精子的形成，故又称精子生成素。LH 促进雌性动物排卵和黄体的生成，促进雄性动物睾丸间质细胞发育和分泌雄激素，故又称间质细胞刺激素（interstitial cell stimulating hormone，ICSH）。促肾上腺皮质激素细胞分泌促肾上腺皮质激素（adrenocorticotropic hormone，ACTH）和促脂素（lipotrophic hormone，LPH），ACTH 促进肾上腺皮质束、网状带细胞的分泌皮质激素，LPH 作用于脂肪细胞，促进脂肪酸的形成。

3. 嫌色细胞　嫌色细胞数量最多，约占远侧部腺细胞总数的 50%，细胞较小，胞质较少，且染色浅淡，轮廓不清，常成群分布。电镜下，细胞内一般无分泌颗粒，细胞器也不发达。可能是幼稚型或脱颗粒休止型嗜色细胞，也可能是起支持、营养作用的细胞（图 12-3）。

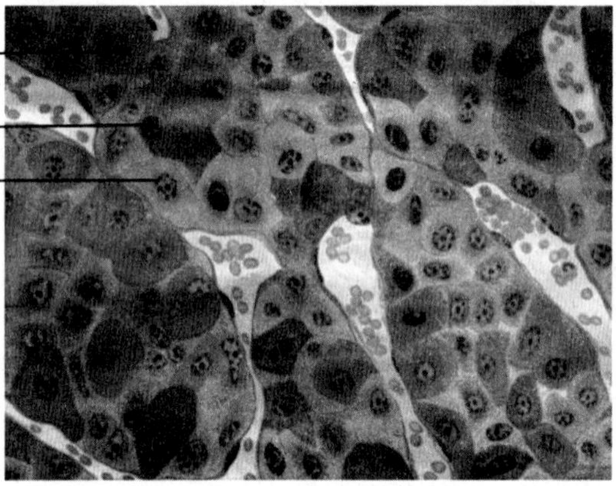

图 12-3　垂体远侧部腺细胞分布

（二）中间部

中间部位于远侧部与神经部之间，在许多动物（除马外）的远侧部与中间部之间有一缝隙，称为垂体裂。中间部的主要细胞类型为淡染的弱嗜碱性细胞，细胞常围成滤泡状。一般认为中间部细胞分泌黑色素细胞刺激素（melanocyte stimulating hormone，MSH），作用于皮肤的黑色素细胞，促进黑色素的生成和扩散，使皮肤颜色变深。

（三）结节部

结节部包围在神经垂体的漏斗柄周围，腺细胞以嫌色细胞为主，还有少量的嗜碱性细胞，可分泌少量的促甲状腺素和促性腺激素。由于垂体门微静脉从结节部通过，故此处毛细血管相当丰富。

二、神经垂体

神经垂体与下丘脑直接相连，主要由大量的无髓神经纤维和神经胶质细胞组成，并含有丰富的有孔毛细血管。无髓神经纤维由位于下丘脑中的视上核和室旁核处的神经内分泌细胞发出的轴突构成，由下丘脑经漏斗下行进入神经垂体的神经部，形成下丘脑神经垂体束。神经内分泌细胞内的分泌颗粒沿轴突运输下行，当分泌颗粒大量聚集时，在轴突上形成串珠状膨大的球状结构，称为赫令体（Herring body），HE 染色的标本中显示为嗜酸性。视上核中的神经元主要产生抗利尿素（antidiuretic hormone，ADH），主要作用是增加肾远曲小管和集合小管对水的重吸收，使尿量减少。当 ADH 分泌超过生理剂量时，可导致小动脉平滑肌收缩，血压升高，故又称加压素（vasopressin，VP）。视旁核中的神经元主要产生催产素（oxytocin，OT），主要引起子宫平滑肌收缩，加速分娩和促进胎衣排出，并可引起乳腺上皮细胞和乳腺导管平滑肌的收缩，促进乳腺分泌。

神经胶质细胞又称垂体细胞（pituicyte），是一种特殊分化的神经胶质细胞，其形态不规则，表面有许多长突起，胞质内含有许多脂肪小滴、脂褐素等，主要起支持、营养周围的无髓神经纤维的作用，还参与神经纤维活动和激素释放的调节（图 12-4）。

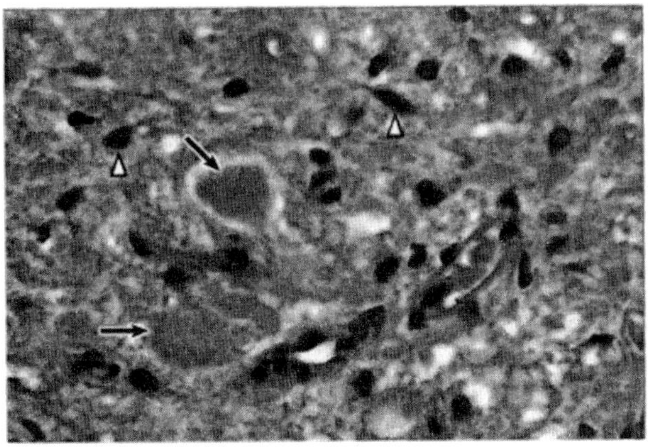

↑指示赫令体　△指示垂体细胞

图 12-4　神经垂体（HE，400×）

三、脑垂体的血管分布及与下丘脑的关系

脑垂体的血液供给主要来自垂体上动脉和垂体下动脉，其中垂体上动脉起源于大脑基底动脉，垂体下动脉起源于左右颈内动脉（图 12-5）。

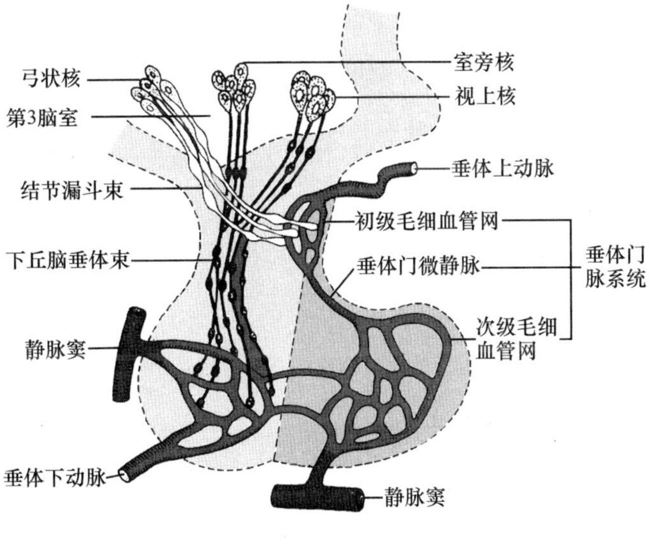

图 12-5　垂体血管分布模式图

腺垂体主要由垂体上动脉供应血液，垂体上动脉从结节部上端伸入神经垂体的漏斗，在该处分支并吻合形成袢状的窦状毛细血管网，被称为第一级（初级）毛细血管网。这些毛细血管

网汇集形成数条垂体门微静脉，下行进入远侧部，再度分支吻合形成窦状毛细血管网，被称为第二级（次级）毛细血管网。垂体门微静脉及其两端的毛细血管网共同构成垂体门脉系统。远侧部的毛细血管最终汇集成小静脉，注入垂体周围的静脉窦。此外，远侧部的血液可输入神经垂体的漏斗，然后经毛细血管回流入下丘脑；也可流入神经部，再逆向流入漏斗，然后再循环到远侧部或下丘脑，构成整个垂体血流在垂体内的循环流动。

神经垂体主要由垂体下动脉供应血液，血管进入神经部分支形成窦状毛细血管网，部分毛细血管经垂体下静脉汇入海绵窦，部分毛细血管上行进入漏斗，然后从漏斗再循环至远侧部或下丘脑。

神经垂体与下丘脑直接相连，下丘脑视上核和室旁核内神经内分泌细胞的轴突经漏斗直抵神经部，是神经部无髓神经纤维的来源，神经垂体所释放的各种激素实际上是在下丘脑内合成的。下丘脑的弓状核等神经核的神经元具有内分泌功能，其轴突伸至神经垂体漏斗，构成结节漏斗束，将弓状核处神经内分泌细胞产生的多种激素通过轴突运输并释放入漏斗处的初级毛细血管网，继而通过垂体门微静脉到达腺垂体远侧部的次级毛细血管网，分别调节远侧部各种腺细胞的分泌活动（图 12-6）。其中，对腺细胞分泌起促进作用的激素被称为释放激素

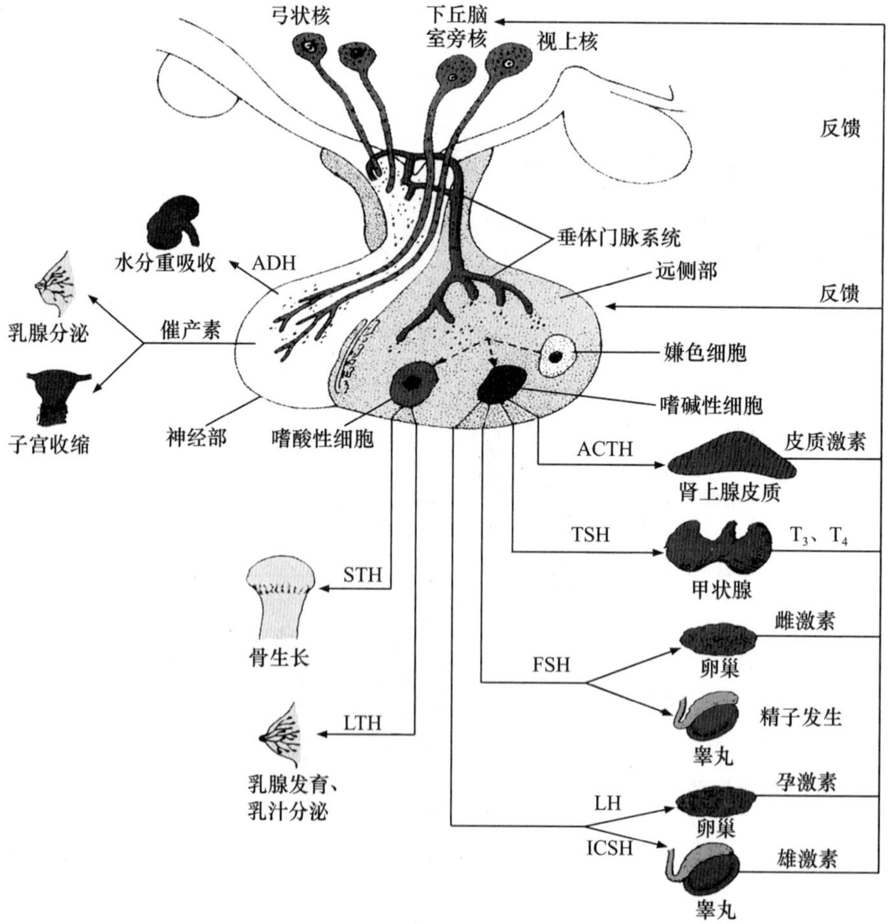

图 12-6　下丘脑、垂体激素作用及其反馈调节示意图

(releasing hormone,RH),对腺细胞分泌起抑制作用的激素则被称为释放抑制激素(release inhibiting hormone,RIH)。目前已知的释放激素有生长激素释放激素、催乳激素释放激素、黑素细胞刺激素释放激素、促甲状腺激素释放激素,促性腺激素释放激素和促肾上腺皮质激素释放激素等;释放抑制激素有生长激素释放抑制激素(生长抑素)、催乳激素释放抑制激素、黑素细胞激素释放抑制激素等。下丘脑通过所产生的释放激素和释放抑制激素,经垂体门脉系统调节腺垂体各种细胞的分泌活动,使下丘脑和腺垂体形成了一个功能整体,被称为下丘脑-垂体系统(hypothalamo-hypophysial system)。

第二节　肾　上　腺

肾上腺(adrenal gland)是一对重要的内分泌腺,分别位于左右肾前内侧缘附近,借助肾脂肪囊与肾相连。肾上腺外包结缔组织被膜,被膜结缔组织伸入腺实质,成为腺体的支架。腺实质分周围的皮质和中央的髓质两部分,前者来源中胚层,后者来源于外胚层的神经嵴。

牛的右肾上腺呈心形,位于右肾的前端内侧,其内侧缘与膈右脚相接触;左肾上腺呈肾形,位于左肾前方,后腔静脉内侧,左侧面与瘤胃上方接触,右侧面与后腔静脉相连。马的肾上腺呈扁椭圆形或近似三角形,长 4～9 cm,宽 2～4 cm,位于肾内侧缘的前方,一般右肾上腺较大。猪的肾上腺狭而长,表面有沟,位于肾内侧缘的前方,右肾上腺前窄后宽,外侧稍凹陷,内侧稍隆凸;左肾上腺前半部呈三棱形,后半部宽而薄。犬的右肾上腺略呈菱形,位于右肾内缘前部与后腔静脉之间;左肾上腺较大,为不正的梯形,前窄后宽,背腹扁平,位于左肾前端内侧与腹主动脉之间(图 12-7)。

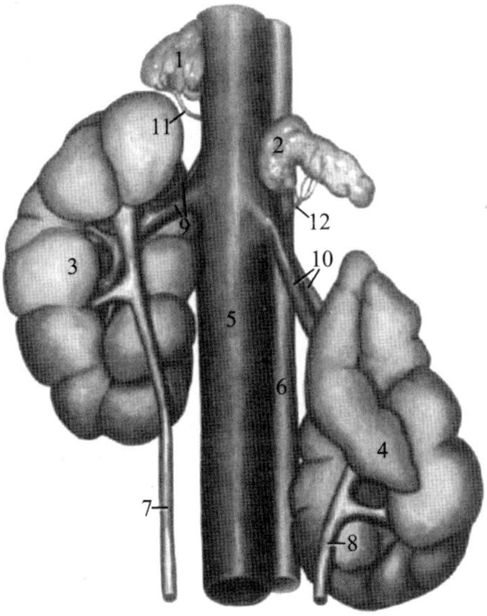

1.右肾上腺　2.左肾上腺　3.右肾　4.左肾　5.后腔静脉　6.主动脉　7.右输尿管　8.左输尿管
9.右肾动、静脉　10.左肾动、静脉　11.右肾动脉肾上腺后支　12.左肾动脉肾上腺后支

图 12-7　牛肾和肾上腺

(引自:Popesko,1985)

一、被膜

肾上腺被膜为薄层致密的结缔组织，偶见少量的平滑肌纤维，被膜处有类似的未分化的皮质细胞团块。被膜中少量的结缔组织随血管和神经伸入实质内形成小梁，但通常止于皮质（图12-8）。

二、实质

（一）皮质（cortex）

皮质是肾上腺的主要部分，占肾上腺体积的80%～90%，由皮质腺细胞、血窦和少量的结缔组织构成。根据细胞排列和形态的不同，从外向内皮质可分为多形带（zona multiformis）、束状带（zona fasciculata）和网状带（zona reticularis）。

1. *多形带*　多形带位于被膜下方，较薄，细胞排列形式因动物种类不同而异。牛、羊等反刍动物的细胞排列成不规则的团状或索状，又称球状带（zona glomerulosa）；马、驴和食肉兽排列成弓形，称为弓形带（zona arcuata）；猪排列不规则，界于前两者之间。细胞团、索之间为窦状毛细血管和结缔组织。马等弓形状带的细胞呈高柱状，其他家畜的较小。细胞质弱嗜碱性，核小，深染，胞质具有分泌类固醇激素特征。该带细胞分泌盐皮质激素，如醛固酮、去氧皮质酮等，这类激素能促使肾小管对钠的再吸收，增加肾对钾的排出，维持电解质和水的平衡。激素的分泌受肾素-血管紧张素系统的调节。

2. *束状带*　束状带是皮质中最厚的区域，细胞呈单行或双行排列，呈条索状或索状伸向髓质。细胞束并与被膜垂直，其间为窦状毛细血管。胞核大，着色浅。胞体也较大，颜色略浅，这是由于细胞中大量的脂滴在制片过程中被溶解抽提造成许多室泡的原因。有些动物（马、犬、猫）在多形带和束状带之间有一个中间带（zona intermedia）。束状带细胞分泌糖皮质激素，如可的松、氢化可的松和皮质酮等，它们参与调节蛋白质、脂肪和糖的代谢过程，另外，还有抗炎症反应和抗免疫应答等作用。糖皮质激素的分泌受垂体分泌的ACTH调节。

3. *网状带*　网状带位于皮质深层，细胞排列成条索状，细胞条索再相互交织成网状结构，索间有宽大的血窦。细胞呈多边形，其结构于束状区相似，胞体小，核小，染色略深。该带分泌皮质激素和性激素，不论是雌性还是雄性动物，此区分泌的性激素，雄激素较多，雌激素较少。激素的分泌受垂体分泌的ACTH调节。

（二）髓质（medulla）

髓质位于肾上腺中央，主要由髓质细胞组成（图12-8）。髓质细胞呈多边形、柱状或圆形，排列成不规则的索状、索间为血窦。髓质中央有大的中央静脉。髓质细胞，胞质嗜碱性，如用铬盐处理切片标本，胞质内显示黄褐色或暗棕色颗粒，故又称此处细胞为嗜铬细胞（chromaffin cell）。嗜铬细胞根据分泌激素名称的不同将其分为两类：肾上腺素细胞和去甲肾上腺素细胞，前者细胞质内的颗粒比后者的小且染色浅。髓质内有单个或2～3个成群存在的交感神经节细胞。嗜铬细胞由交感神经节前纤维支配。马、牛、绵羊髓质有内外二区之分，外区胞体，染色深，分泌肾上腺素，体内区细胞小，呈多边形，常排列成团，分泌去甲状腺素。猪的髓质分区不明显。肾上腺素主要是提高心肌的兴奋性，加快心率，对血压无大影响。去甲状腺素的作用是促使全身小血管收缩，血压升高。

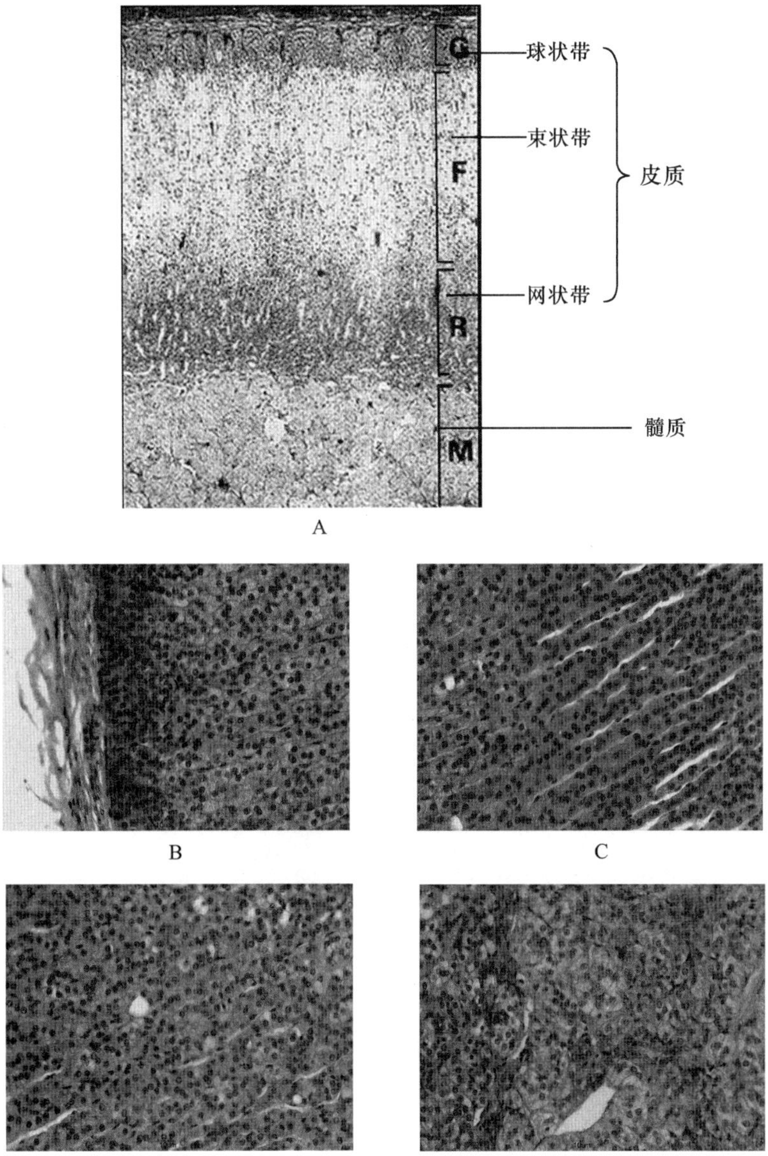

A. 肾上腺组织结构　B. 猪肾上腺多形带　C. 猪肾上腺束状带

D. 猪肾上腺网状带　E. 猪肾上腺髓质

图 12-8　肾上腺(B、C、D、E：HE，400×)

(闫峰宾　供图)

动物出现应激反应时(恐惧、打架、追赶、严寒等)，交感神经束稍释放乙酰胆碱，作用于髓质下，使其分泌肾上腺素和去甲状腺素，调节机体有关器官适应动物应激反应的需要。这种调节是在神经系统和激素共同协调下形成的，故称神经体液调节。

第三节 甲 状 腺

甲状腺(thyroid gland)是动物体内最大的内分泌腺,位于喉的后方,前 2～3 个气管软骨环的两侧和腹侧面。各种家畜甲状腺的形态虽然不同,但都有左右两个侧叶和连接两个侧叶的腺峡组成。

牛的甲状腺侧叶较发达,颜色较浅,侧叶呈不规则的三角形,长 6～7 cm,宽 5～6 cm,厚约 1.5 cm;腺小叶明显,腺峡较发达,由腺组织构成。马的甲状腺左右侧叶呈红褐色,卵圆形,长 3.4～4 cm,宽约 2.5 cm,厚约 1.5 cm;腺峡不发达,由结缔组织构成。猪的甲状腺呈深红色,左、右侧叶与腺峡结合为一整体,长 4～4.5 cm,宽 2～2.5 cm,厚 1～1.5 cm,位于胸前口处气管的腹侧面。

甲状腺表面包有一层薄的结缔组织被膜,被膜结缔组织伸入腺实质内,将腺组织分隔成许多小叶,小叶内有大小不一的滤泡(follicle),滤泡间含有许多有孔毛细血管。滤泡大小不一,直径 0.02～0.9 mm,多呈球形。滤泡壁为单层上皮,称滤泡上皮细胞。滤泡内充满胶质(colloid),它被伊红染成红色,是一种碘化的糖蛋白(甲状腺球蛋白)。滤泡上皮之间有少量滤泡旁细胞(图 12-9)。

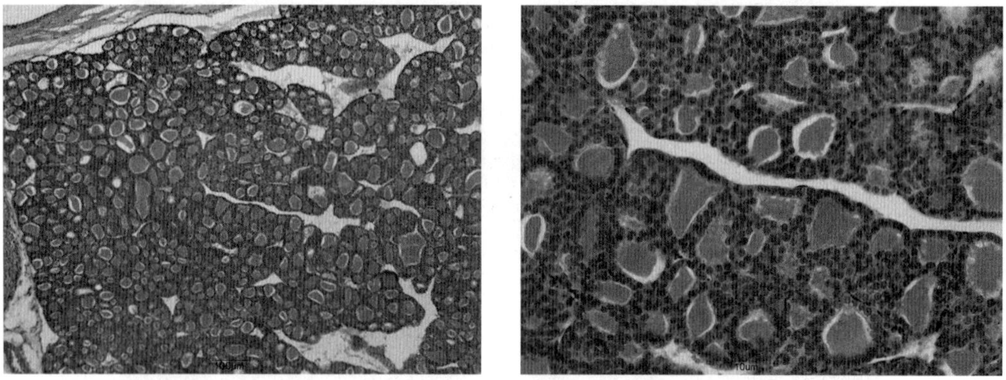

A　　　　B

A. HE, 100×　B. HE, 400×

图 12-9　猪甲状腺

(闫峰宾　供图)

一、滤泡上皮细胞(follicular epithelial cell)

滤泡上皮细胞一般为正方形,但随着机能状态不同,可发生相应变化。当机能活跃时,细胞增高成低柱状,胶质减少;反之当机能减弱,不活跃时,细胞变成扁平形或低立方形,胶质增多。滤液上皮细胞胶质呈嗜碱性。电镜下,滤泡上皮细胞游离面有少量微绒毛,胞质内线粒体较多,粗面内质网较发达,核上有高尔基复合体,溶酶体也较多,细胞顶部有中等密度的分泌颗粒(直径 150～200 nm),还有由胞吞作用形成的小泡,体积较大。甲状腺素(thyroxine)形成过程需要经过复杂的过程,包括合成、分泌、碘化贮存、重吸收、分解和释放等步骤。

滤泡上皮细胞从血液中摄取氨基酸(酪氨酸)等,在粗面内质网合成甲状腺球蛋白前体,运至高尔基复合体、加糖(与糖偶联),浓缩聚合成甲状腺球蛋白分泌颗粒,以胞吞方式分泌到滤泡腔贮存。滤泡上皮细胞有很强的聚碘能力,细胞基底面的细胞膜上有碘泵,可以从血液中摄取大量的碘离子,在过氧化物酶的催化下,使碘离子活化,再透过游离面细胞膜进入滤泡腔。在滤泡腔内甲状腺球蛋白的酪氨酸残基与碘结合,形成碘化的甲状腺球蛋白,它为甲状腺素的贮存形式。甲状腺球蛋白的重吸收,是在脑垂体的前叶细胞分泌的促甲状腺素作用下进行的,滤泡上皮细胞以胞吞方式将碘化的甲状腺球蛋白重吸收入胞质内,并相互融合成胶质小泡。小泡与溶酶体融合,溶酶体内的蛋白水解酶将甲状腺球蛋白水解,形成大量的甲状腺素,即四碘甲状腺原氨酸(T4)和少量活性更高的三碘甲状腺原氨酸(T3)。T4 和 T3 是谷氨酸衍生物,经细胞基底部释放入毛细血管。

甲状腺素的主要功能是增进机体的新陈代谢,提高神经兴奋性和促进生长发育。当幼年动物甲状腺机能低下时,导致个体矮小,脑功能发育障碍,形成呆小症;如机能亢进(甲亢),则代谢率高,耗氧量增加,体重减轻。

二、滤泡旁细胞(parafollicular cell)

滤泡旁细胞常单个地存在滤泡上皮细胞之间,或成群地散布于滤泡之间的结缔组织内。位于滤泡上皮细胞间的滤泡旁细胞位于上皮和基膜之间,细胞顶部通常达不到滤泡腔面,被周围上皮细胞掩盖。细胞基底面有许多颗粒(有嗜银性,又称嗜银颗粒)。颗粒以胞吞方式分泌释放出降钙素(calcitonin),降钙素能增强成骨细胞的活性,使骨盐沉淀,血钙降低;分泌颗粒内除有降钙素外,还有生长抑素(somatostatin),它可能与抑制甲状腺素与降钙素的分泌有关。

第四节 甲状旁腺

甲状旁腺(parathyroid gland),呈圆形或椭圆形,位于甲状腺附近或埋于甲状腺实质内,家畜一般具有两对甲状旁腺。牛的甲状旁腺有内、外两对;外甲状旁腺位甲状腺前方,靠近颈总动脉,大小 5～8 mm;内甲状旁腺较小,1～4 mm,常位于甲状腺的内侧面,靠近甲状腺的背缘或后缘。马的甲状旁腺有前、后两对;前甲状旁腺大多数位于食管和甲状腺前半部之间,少数位于甲状腺的背缘或在甲状腺的内面;后甲状旁腺位于颈部后 1/4 的气管上;两侧腺体不对称,大小 1～1.3 cm。猪的甲状旁腺仅有一对,大小不定,1～5 mm,位于颈总动脉分叉处附近。

甲状旁腺表面包有一层结缔组织被膜,被膜结缔组织伸入腺实质形成间质,腺细胞排列成团块或索状,其间有丰富的毛细血管。腺细胞有两种:一种为主细胞(chief cell),另一种为嗜酸性细胞。甲状旁腺分泌甲状旁腺激素,有调节钙、磷代谢,维持血钙正常水平的作用。

一、主细胞

主细胞是构成腺体实质主要细胞,数量多,呈圆形或多边形,胞体小,中央有一卵圆形核(图 12-10),HE 染色标本上,染色浅。主细胞分泌甲状旁腺素(parathyroid hormone),它可增强破骨细胞的溶骨作用,使钙入血,并能促进肠和肾小管吸收钙,使血钙升高。甲状旁腺素尚

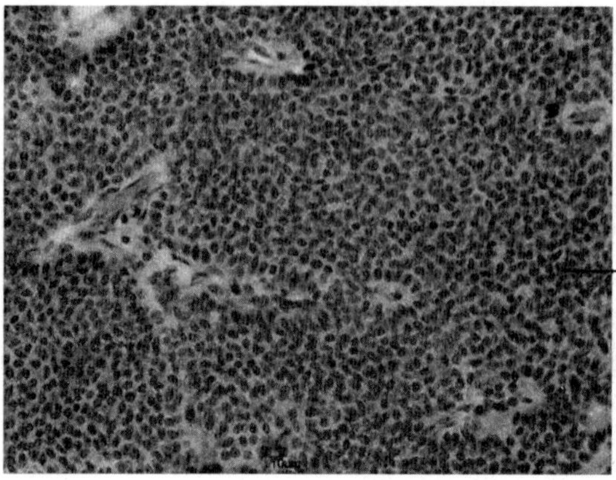

图 12-10 猪甲状旁腺(HE,400×)

(闫峰宾 供图)

能抑制肾小管对磷的重吸收,降低血磷以及作用于肠,促进钙的吸收。

二、嗜酸性细胞

嗜酸性细胞随年龄增长而增多,胞体大,呈多边形,核较小,着色深,且常固缩,胞质充满嗜酸性颗粒,电镜下这些颗粒即线粒体,其他细胞器稀少。其功能不详,该细胞常见于马和反刍类动物。

第五节 松 果 体

松果体(pineal body)又称脑上腺,为一红褐色豆状小体,位于四叠体与丘脑之间,以柄连于丘脑上部。

松果体被膜薄,小叶不明显,结缔组织进入实质,形成许多网孔,网孔中含有松果体细胞(pinealocyte)和神经胶质细胞,还常有钙质沉积物,称脑砂(brain sand)。松果体细胞是松果体最主要的细胞,故又称主细胞,有时组成腺泡。主细胞呈圆形或不规则形,在银染标本上可见细胞有细长而弯曲的突起终止于腺泡腔、结缔组织或其他松果体细胞之间,胞核大而圆,并有不规则凹陷,核仁明显,胞质含有丰富的细胞器。神经胶质细胞为具有无数突起的星形胶质细胞,它们围绕主细胞,将大部分主细胞与血管周间隙隔开。

松果体的神经控制来自植物性神经系统,而大部分动物只有交感神经纤维与主细胞构成突触联系,由光兴奋的神经冲动,经交感神经纤维传至松果体,以抑制主细胞的分泌活动。一般认为松果体能产生抑制性腺活动的物质,大概是肽类激素。松果体还分泌褪黑激素(melatonin),其合成和分泌呈 24 h 周期性变化,其高峰值在夜晚,这种激素也有抑制性腺的作用,它是通过抑制促性腺激素的释放而影响性腺活动的。对产蛋母鸡延长光照时间,可提高产蛋量。此外,褪黑激素尚能抑制甲状腺素和皮质酮的分泌和控制日周节律的作用。

第六节　弥散神经内分泌系统

除上述内分泌腺外，动物机体许多其他器官还存在大量散在的内分泌细胞，这些细胞分泌的多种激素或激素样物质在调节机体生理活动中起十分重要的作用。1966 年，英国学者 Pearse 根据这些内分泌细胞都能合成和分泌胺(amine)，如多巴胺、5-羟色胺等，而且细胞是通过摄取胺前体(氨基酸)经脱羧后产生胺的，故将这些细胞统称为摄取胺前体脱羧细胞(amine precursor uptake and decarboxylation cell，APUD 细胞)，总称为 APUD 系统。

随着 APUD 细胞研究的不断深入，发现许多 APUD 细胞不仅产生胺，而且还产生肽，有的细胞则只产生肽；并且随着 APUD 细胞类型和分布的不断扩展，发现神经系统内的许多神经元也合成和分泌与 APUD 细胞相同的胺和(或)肽类物质。因此，20 世纪 80 年代后期 Pearse 等提出，将这些具有分泌功能的神经元(称分泌性神经元，secretory neuron)和 APUD 细胞统称为弥散神经内分泌系统(diffuse neuroendocrine system，DNES)。由此可见，DNES 是在 APUD 基础上的进一步发展和扩充，它把神经系统和内分泌系统两大调节系统统一起来构成一个整体，共同完成调节和控制机体生理活动的动态平衡，使内分泌学扩展到更宽阔的领域。

DNES 的组成至今已知有 50 多种细胞，分中枢和周围两大部分。中枢部分包括下丘脑-垂体轴的细胞和松果体细胞，如前述的下丘脑结节区和前区的弓状核、视上核、室旁核等分泌性神经元，以及腺垂体远侧部和中间部的内分泌细胞等。周围部包括分布在胃、肠、胰、呼吸道、排尿管道和生殖管道内的内分泌细胞，以及甲状腺的滤泡旁细胞、甲状旁腺细胞、肾上腺髓质等的嗜铬细胞、交感神经节的小强荧光细胞、颈动脉体细胞、血管内皮细胞、胎盘内分泌细胞和部分心肌细胞与平滑肌细胞等。这些细胞产生的胺类物质如儿茶酚胺、多巴胺、5-羟色胺、去甲肾上腺素、肾上腺素、褪黑激素、组胺等；肽类物质种类更多，如下丘脑的释放抑制激素、加压素和催产素，腺垂体的前述各种激素，以及诸多内分泌的细胞分泌的胃泌素、P 物质、生长抑素、蛙皮素、促胰液素、胆囊收缩素、神经降压素、高血糖素、胰岛素、脑啡肽、血管活性肠肽、甲状旁腺激素、降钙素、肾素、血管紧张素、内皮素等。DNES 细胞数目庞大、种类繁多，其细胞总数远超于所有内分泌器官的细胞总数，它们在功能上既协调统一，又互相制约，精细地调节着机体的许多生理活动。

第七节　神经-内分泌-免疫网络

在研究神经系统与内分泌系统关系的同时，免疫学研究也有了长足的进步。神经系统、内分泌系统与免疫系统如同网络一般，广泛分布于动物机体各处，三大系统各司其职，又相互作用和调节，其中内分泌系统起着重要的枢纽作用，形成神经-内分泌-免疫网络(neuroendocrine immune network)。

大量研究已经证明，免疫细胞上有接受神经递质和激素作用的受体，几乎所有的免疫细胞上都有不同的神经递质及内分泌激素的受体。这些内分泌激素和神经递质都具有免疫调节功能，如肾上腺皮质激素，它是最早发现的具有调节免疫功能的激素，它几乎对所有免疫细胞都具有抑制作用，包括淋巴细胞、巨噬细胞、中性粒细胞和肥大细胞。肾上腺皮质激素还可通过反馈调节刺激下丘脑释放促肾上腺皮质激素释放因子(CRF)促进垂体释放 ACTH，通过血液循环 ACTH 可促进肾上腺皮质释放糖皮质激素，因而形成下丘脑-垂体-肾上腺轴。各种应激刺激可以使血中肾上腺皮质激素含量增高，所以由应激引起免疫抑制与这类激素的作用有密切关系。除此之外，还存在非垂体-肾上腺轴的免疫调节作用，这包括生长激素、催乳素和阿片肽等的作用。已证明生长激素和生乳素对多种免疫细胞有促分化和增强功能的作用，而阿片肽对免疫细胞影响增强和抑制的作用复杂，有待深入研究。

免疫系统可以通过多种途径影响神经内分泌功能。免疫细胞本身可以产生和释放内分泌激素，也可以通过它们所产生的细胞因子作用于神经内分泌及全身各器官系统，在神经细胞上有内分泌激素和细胞因子的受体。目前已发现免疫细胞合成的神经递质和激素达 10 余种。免疫细胞产生的淋巴因子和单核因子除对自身活动进行调节外，还可作用到神经内分泌系统，从而影响全身系统的功能活动，如 IL-1、IL-2 及干扰素等。IL-1 可刺激下丘脑使体温升高，故又称为内源性致热原。神经系统内星形胶质细胞和小胶质细胞也可产生 IL-1，在神经细胞发育和修复中发挥作用。IL-1 还可引起慢波睡眠，在外周，它可抑制食欲。机体在对抗原刺激发生反应高峰阶段，血液中糖皮质激素增加而出现抑制免疫的作用。这可能由于 IL-1 作用于垂体，通过 ACTH 促使肾上腺皮质激素水平升高引起的。

内环境稳态是指在正常生理情况下动物机体内环境的各种成分和理化性质只在很小的范围内发生变动，不是处于固定不变的静止状态，而是处于动态平衡状态。正常机体通过调节作用，使各个器官、系统协调活动，共同维持内环境的相对稳定状态。内环境的稳态是细胞维持正常生理功能的必要条件，也是机体维持正常生命活动的必要条件，内环境稳态失衡可导致疾病，从而影响动物机体的健康。神经系统、内分泌系统与免疫系统共同参与维持内环境稳态，并发挥重要的作用。有学者认为内环境稳态现象既是所有生物体的共同特征，也是人类社会及其各种组织的共同特征。国家安全和社会稳定是改革发展的前提，只有国家安全和社会稳定，改革发展才能不断推进。习近平总书记指出："实现中华民族伟大复兴的中国梦，保证人民安居乐业，国家安全是头等大事。"没有安全和稳定，一切都无从谈起。

思考题

问答题

1. 简述脑垂体远侧部的细胞的构成和功能。
2. 简述肾上腺皮质的分带及各带细胞的功能。
3. 简述肾上腺髓质的细胞组成及功能。
4. 结合甲状腺滤泡的结构说明甲状腺素的合成、贮存和释放过程。

第十三章

感觉器官

【学习目标】

1. 了解感受器的概念和分类。
2. 掌握眼球的结构和功能。
3. 了解眼的辅助器官的结构和功能。
4. 掌握耳的结构和功能。

感觉器官(sense organ)是感受器及其辅助装置的总称。

感受器是感觉神经末梢的特殊结构,广泛分布于身体的各个器官和组织内,其形态多种多样,构造繁简不一。感受器能接受机体内、外环境的各种刺激,并将刺激转换为神经冲动,经感觉神经和中枢神经系统的传导途径,把冲动传达到大脑皮质而产生相应的感觉,从而建立机体与内、外环境之间的联系。

感受器根据所在部位和所接受刺激的来源,可分为外感受器、内感受器和本体感受器三大类:外感受器(exteroceptor)分布于皮肤、黏膜、眼球和内耳等处,接受来自外界环境的各种刺激,如痛觉、温觉、触觉、压觉、嗅觉、味觉、视觉、听觉等刺激。内感受器(interoceptor)分布于内脏、心脏和血管壁等处,接受物理或化学刺激,如压力、温度、渗透压、离子及化合物浓度等刺激。本体感受器(proprioceptor)分布于肌、腱、关节和内耳等处,接受身体各部分在空间位置状态的刺激,如运动、位置和平衡等刺激。

本章仅叙述外感受器中的视觉器官——眼和位听器官——耳的构造。

第一节 视觉器官

视觉器官(visual organ)能感受光波的刺激,经视神经传至中枢而产生视觉。视觉器官由眼球和辅助器官组成。

一、眼球

眼球(bulbus oculi)位于眼眶内,呈前后略扁的球形,后端借视神经连于脑。眼球由眼球壁和眼球内容物两部分组成(图 13-1)。

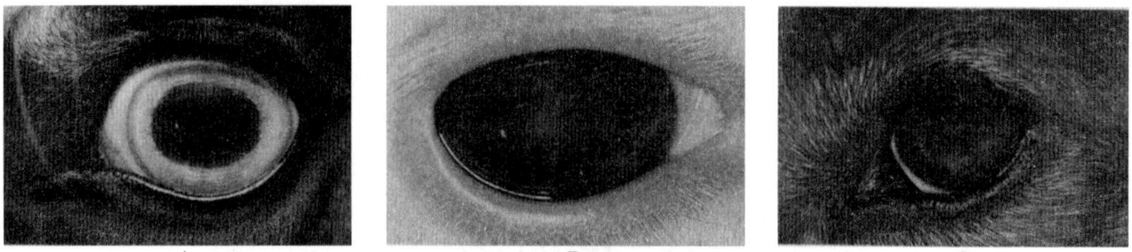

A. 马的左眼 B. 牛的右眼 C. 犬的左眼

图 13-1 不同动物的眼睛

(引自:陈耀星等,2009)

(一)眼球壁

眼球壁由三层构成,由外向内依次为纤维膜、血管膜和视网膜(图 13-2)。

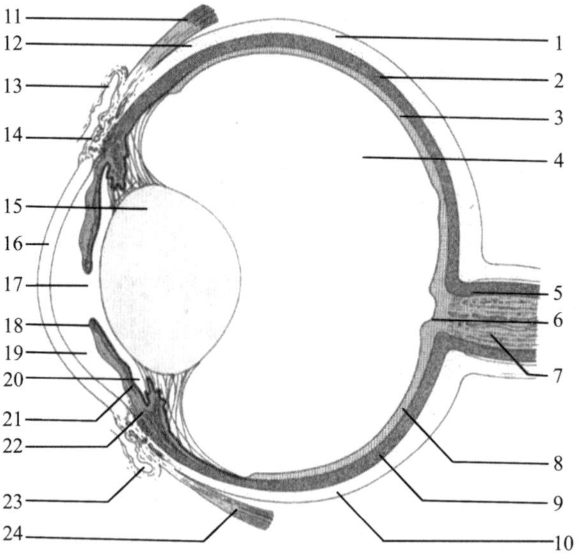

1.纤维膜 2.血管膜 3.视网膜 4.玻璃体 5.视神经鞘 6.视神经乳头 7.视神经 8.视网膜视部 9.脉络膜 10.巩膜 11.上直肌 12.巩膜 13.结膜上穹窿 14.巩膜环 15.晶状体 16.角膜 17.瞳孔 18.虹膜 19 眼前房 20.眼后房 21.视网膜盲部 22.睫状体 23.结膜上穹窿 24.下直肌

图 13-2 眼球纵切面模式图

(引自:陈耀星等,2009)

1.纤维膜(tunica fibrosa) 由致密结缔组织构成,厚而坚韧,形成眼球的外壳,有维持眼球形态和保护眼球内部结构的作用。可分为前部的角膜和后部的巩膜。

(1)角膜(cornea) 约占纤维膜的前 1/5,无色透明,具有折光作用。角膜前面隆凸后面凹陷,为眼前房的前壁。角膜内无血管,但有丰富的感觉神经末梢,感觉灵敏,轻触角膜可引起闭眼动作,称为角膜反射。角膜上皮再生能力很强,受伤后容易恢复,但如果损伤很深,则形成疤痕,或因炎症、溃疡变为混浊都会严重影响视力。

(2)巩膜(sclera) 约占纤维膜的后 4/5,呈乳白色,不透明,主要由互相交织的胶原纤维束所构成，含有少量弹性纤维。巩膜前缘接角膜，交界处深面有巩膜静脉窦，是眼房水流出的通道；后下部有巩膜筛板，为视神经纤维穿过巩膜的区域。

2. 血管膜（tunica vascularis）　位于纤维膜和视网膜之间，含有丰富的血管和色素细胞，有营养眼内组织、形成暗的环境和利于视网膜感应光和色的作用。血管膜由前向后分为虹膜、睫状体和脉络膜三部分。

（1）虹膜（iris）　是血管膜最前部的环形薄膜，位于晶状体的前方。可从眼球前面透过角膜看到。虹膜的中央有一孔，称为瞳孔（pupilla）。猪的瞳孔为圆形，其他家畜的瞳孔呈横椭圆形。在牛、马瞳孔的边缘上有一些小颗粒状突起，称为虹膜粒（granulairidisa），牛的较小。

虹膜中分布有色素细胞、血管、平滑肌和神经等，因色素细胞的多少和分布情况的不同使虹膜呈现不同色彩。虹膜内有两种不同方向排列的平滑肌，一种环绕瞳孔周围称瞳孔括约肌（sphincter pupillae muscle），受副交感神经支配；另一种呈放射状排列，称瞳孔开大肌（dilator pupillae muscle），受交感神经支配。在强弱不同的光照下，它们分别缩小和开大瞳孔，以调节进入眼球的光线。

（2）睫状体（corpus ciliare）　是血管膜中部的增厚部分，呈环状围绕于晶状体周围，分为内部的睫状突和外部的睫状肌。其内面前部有许多呈放射状排列的皱褶，称睫状突。后部较平坦，呈现若干放射状排列的小嵴，称睫状环。睫状突以晶状体悬韧带和晶状体相连。睫状体的外部为平滑肌构成的睫状肌，肌纤维起于角膜和巩膜连接处，向后止于睫状环。睫状肌受副交感神经支配，睫状肌收缩或舒张，可使晶状体悬韧带松弛或拉紧，从而改变晶状体的凸度，具有调节视力的作用。

（3）脉络膜（chorioidea）　呈棕褐色，约占血管膜的后 2/3，衬于巩膜的内面，与巩膜疏松相连（除猪以外），内面与视网膜的色素层紧密相贴。脉络膜后部在视神经穿过的背侧，除猪外，有一呈青绿色带金属光泽的三角形区，称为照膜（tapetum）。照膜能反射进入眼球的光线，有助于动物在暗环境下对光的感应。

3. 视网膜（retina）　位于眼球壁最内层，紧贴于血管膜的内面，分前后两部分，一部分衬于脉络膜内面，具有感光作用，为视网膜视部，另一部分贴于睫状体和虹膜内面，无感光作用，称视网膜盲部。二者交界处呈锯齿状，称为锯齿缘。

视网膜视部，贴附于脉络膜的内面，薄而柔软，有感光作用。在活体略呈淡红色，死后混浊变为灰白色，易从脉络膜上剥离。在视网膜后部有一圆形或卵圆形的白斑，称为视神经乳头（papilla optici），其表面略凹，是视神经穿出视网膜的地方。此处只有神经纤维，无感光能力，又称盲点。在视神经乳头处，视网膜中央动脉呈放射状分布于视网膜，分支情况因各种家畜而不同，视神经乳头和动脉在做眼底检查时可以看到。在视神经乳头的外上方，约在视网膜的正中央有一小圆形区称视网膜中心（centralis retina），是感光最敏锐的地方，相当于人的黄斑（macula lutea）。

视网膜视部可分内、外两层（图 13-3）。外层为色素上皮层，由单层色素上皮构成。内层为神经层，主要由三层神经细胞组成，由外向内为感光细胞，双极细胞和节细胞。感光细胞分视维细胞和视杆细胞两种。视维细胞有感受强光和分辫颜色的能力，在视网膜中央区最多，由此向四周逐渐减少。视杆细胞能感受弱光，在视网膜中央区很少或不存在，由此向四周逐渐增多。节细胞的轴突向视神经乳头汇集，穿出巩膜形成视神经。

视网膜盲部，包括视网膜虹膜部和睫状体部，分别衬于虹膜后面和睫状体的内面，无感光

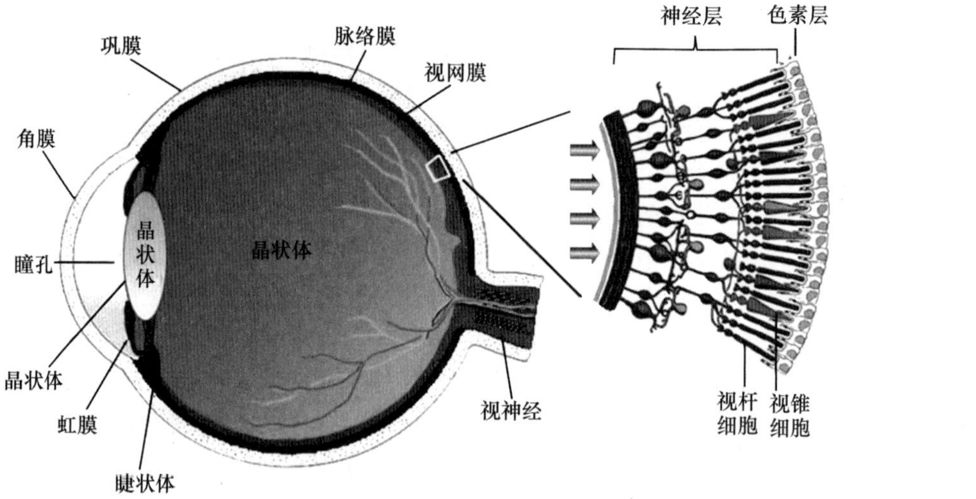

图 13-3 视网膜结构示意图

作用。

(二)眼球内容物

眼球内容物包括晶状体、眼房水和玻璃体,这些结构均透明,无血管,它们和角膜一起构成眼球的折光系统。

1. 晶状体(lens crystallina) 位于虹膜与玻璃体之间,呈双凸透镜状,后面的凸度比前面大,不含血管和神经,无色透明而富有弹性。晶状体的实质由许多平行排列的晶状体纤维组成。晶状体外包一层透明而具有弹性的晶状体囊(capsulalentis),周缘借晶状体悬韧带连于睫状突上。晶状体的凸度可随睫状肌舒缩而改变,以调节焦距。看近物时,睫状肌收缩,晶状体悬韧带松弛,晶状体凸度增大;相反,看远物时,睫状肌舒张,晶状体悬韧带拉紧,晶状体凸度变小。因外伤、中毒以及新陈代谢障碍等因素,造成晶状体变性混浊,导致光线不能通过,看不见物体,临床上称为白内障(cataract)。

2. 眼房水(humor aquosus) 为无色透明液体,充满于眼房(camera oculi)内。眼房位于晶状体与角膜之间,被虹膜分为前房和后房,借瞳孔相通。眼房水由睫状体产生,从眼后房经瞳孔到眼前房,再渗入巩膜静脉窦而至眼静脉。眼房水除有折光作用外,还具有营养角膜和晶状体及维持眼内压的作用。若眼房水循环障碍,房水增多,则引起眼内压增高,导致青光眼,严重者可致失明。马丝虫的幼虫常寄生于眼房水内,俗称混睛虫,可采取手术刺破角膜随房水放出。

3. 玻璃体(corpus vitreum) 为无色透明的胶状物质,充满于晶状体与视网膜之间,外包一层透明的玻璃体膜。玻璃体除有折光作用外,还有支持视网膜的作用。

二、眼球的辅助结构

眼球的辅助结构包括眼睑、泪器、眼球肌和眶骨膜等,对眼球起保护、运动和支持作用。

(一)眼睑(palpebrae)

眼睑是位于眼球前面的皮肤褶,俗称眼皮,分为上眼睑和下眼睑,睑缘上长有睫毛(cilia)。

上、下眼睑之间的裂隙称睑裂，其内、外两端分别称为内侧角和外侧角。眼睑的外面被覆皮肤，内面为黏膜，称为睑结膜(palpebral conjunctiva)。睑结膜折转覆盖于巩膜前部，为球结膜(bulbar conjunctiva)。睑结膜与球结膜之间的折转处形成结膜囊(conjunctiva sac)，牛的眼虫就寄生在此囊内。睑结膜与球结膜共同称为眼结膜，正常的眼结膜呈淡红色。在某些疾病时常发生变化，因此在临床上常作为诊断某些疾病的重要依据，如在发疳、黄疸或贫血时极易显示不同的颜色。

第三眼睑(palpebratertia)又称瞬膜，是位于眼内角的结膜褶，略呈半月形，内有一软骨板。软骨后部在眼球内侧，包于腺体和脂肪内。第三眼睑并无肌肉控制，仅在眼球被眼肌后拉时，压迫眶内组织而使其被动露出。动物在闭眼时或向一侧转动头部时，第三眼睑可覆盖至角膜中部(图13-4)。

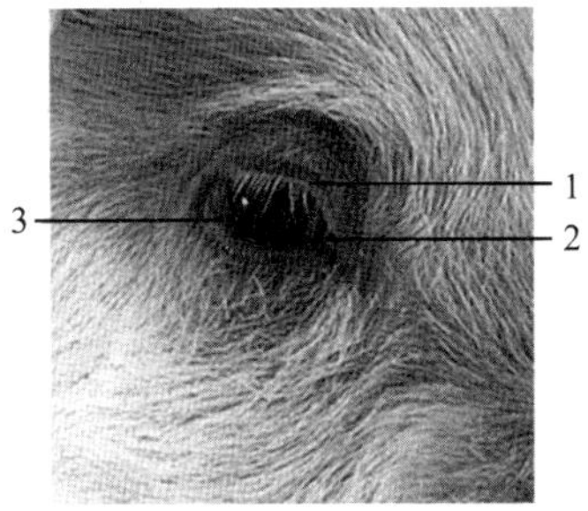

1. 上眼睑及睫毛　2. 第三眼睑
3. 下眼睑及睫毛

图 13-4　猪右侧眼睛

(二)泪器

泪器包括泪腺、泪道。

1. 泪腺(glandula lacrimalis)　位于眼球背外侧与眶上突之间，以数条导管开口于上眼睑结膜囊。泪腺分泌泪液，借眨眼活动涂布于眼球表面，起湿润和清洁作用。

2. 泪道　是泪液排出的通道，由泪小管、泪囊和鼻泪管组成。泪小管(lacrimal ductule)有两条，起始于眼内侧角处的两个小裂缝即泪点(lacrimal punctum)，汇注于泪囊。泪囊(csccus lacrimale)为漏斗状的膜性囊，位于泪骨的泪囊窝内，为鼻泪管上端的膨大部。鼻泪管(naso-lacrimal duct)位于骨性鼻泪管中，马的鼻泪管长，沿鼻腔侧壁开口于鼻前庭，泪液在此随呼吸的空气所蒸发。猪无泪囊，鼻泪管开口于下鼻道后部。泪道受阻时，泪液不能正常排泄，而从睑缘溢出，长期可刺激眼睑发生炎症(图 13-5)。

(三)眼球肌

眼球肌属横纹肌，为眼球的运动装置。位于眶骨膜内，起于视神经孔周围的眼眶壁，止于眼球巩膜。包括 4 块眼球直肌，2 块眼球斜肌和 1 块眼球退缩肌(图 13-6)。

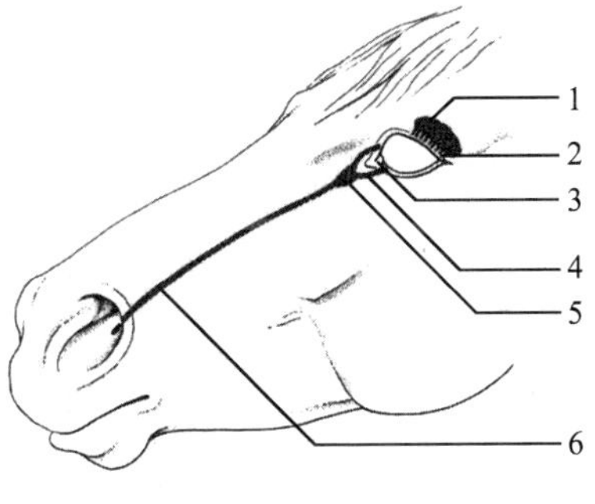

1. 泪腺　2. 排泄管　3. 泪阜与泪导管口
4. 泪管　5. 泪囊　6. 鼻泪管

图 13-5　马的泪器示意图

(引自：陈耀星等，2009)

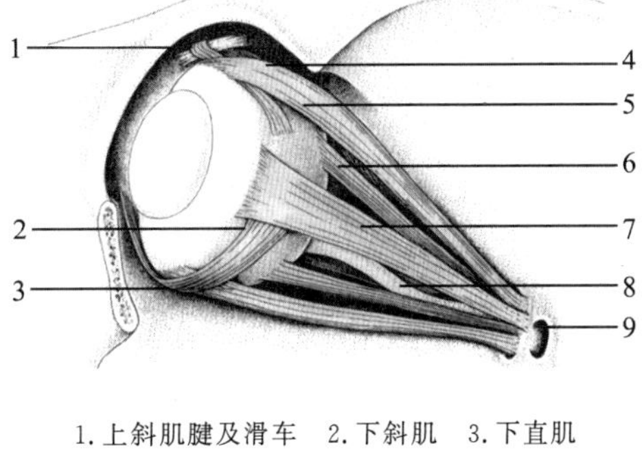

1. 上斜肌腱及滑车　2. 下斜肌　3. 下直肌
4. 上直肌　5. 上斜肌　6. 眼球缩肌
7. 外直肌　8. 视神经　9. 眶裂

图 13-6　犬眼眶和眼球外肌模式图

(引自：陈耀星等，2009)

1. 眼球退缩肌(eyeball retraction muscle) 包围于眼球后部和视神经周围。起于视神经孔周缘,止于巩膜,收缩时可退缩眼球。

2. 眼球直肌(eyeball rectus muscle) 按位置分眼球上直肌、下直肌、内直肌和外直肌,均呈带状,分别位于眼球退缩肌的背侧、腹侧、内侧和外侧。起于视神经孔周围,止于巩膜。收缩时可使眼球做向上、向下、向内和向外运动。

3. 眼球斜肌(eyeball oblique muscle) 即上斜肌和下斜肌。上斜肌细而长,起于筛孔附近,沿内直肌内侧向前,再向外折转,止于上直肌与外直肌之间的巩膜表面,收缩时可使眼球向外上方转动。下斜肌较宽而短,起于泪囊窝后方的眶内侧壁,向外侧伸延并绕过眼球腹侧,止于巩膜,收缩时可使眼球向外下方转动。

(四)眶骨膜

眶骨膜(periorbita)又称为眼鞘,为一致密坚韧的纤维膜,呈圆锥形,位于骨性眼眶内,包围着眼球、眼球肌、血管、神经和泪腺。在眶骨膜的内外填充有许多脂肪,与眶骨膜共同起着保护眼的作用。

第二节　位听器官

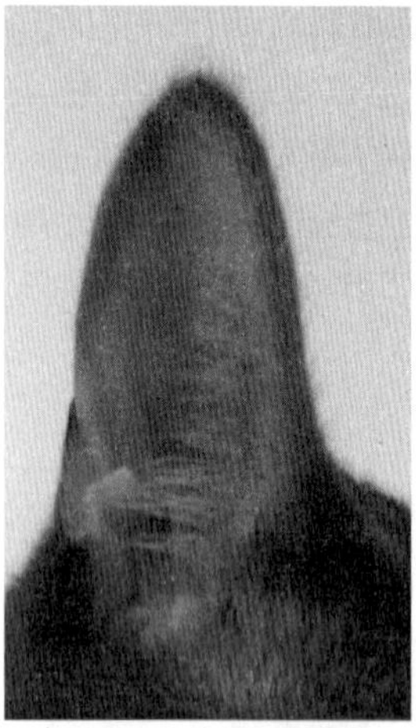

图 13-7　猫的右耳

耳包括听觉感受器和平衡觉感受器,分为外耳、中耳和内耳。外耳收集声波,中耳传导声波,内耳则是兼具感受声波和平衡刺激的器官(图 13-7)。

一、外耳

外耳(aurisexterna)包括耳郭、外耳道和鼓膜三部分。

(一)耳郭(auricula)

耳郭的耳郭软骨(cartilage auriculae)一般呈圆筒状,上端较大,开口向前,下端较小,连于外耳道。耳郭外面隆凸称耳背,里面的凹陷称舟状窝。内面的皮肤长有长毛,但在耳郭基部毛很少而含有很多皮脂腺,并形成一些纵褶。耳郭基部具有脂肪垫,并附着有许多耳肌,故耳郭转动灵活,便于收集声波。

家畜耳郭的大小和形态在不同的品种和种属之间有着很大的差异。耳郭的种特异性在犬特别突出。许多动物的外耳能够灵活摆动,这对个体之间的交流起到很重要的作用。

(二)外耳道(meatus acusticus externus)

外耳道是从耳郭基部到鼓膜的管道,由外部的软骨性外耳道和内部的骨性外耳道两部分组成。软骨性外耳道由环状软骨构成,外侧端与耳郭软骨相连,内侧端以致密结缔组织与岩颞骨外耳道相接。骨性外耳道即岩颞骨的外耳道,内侧端孔比外侧端孔小且呈斜面,有鼓膜环沟,鼓膜即嵌入其沟内。外耳道的内表面被覆皮肤,软骨性外耳道的皮肤具有短毛、皮脂腺和特殊的耵聍腺(ceruminous gland),后者为变态的汗腺,分泌耳蜡,又叫耵聍,有保护作用。

(三)鼓膜(membrana tympani)

位于外耳道底部,介于外耳和中耳之间,为一卵圆形半透明的薄膜,坚韧而有弹性。鼓膜略向内凹陷,是由于锤骨柄附着于鼓膜内侧面并向内牵拉所致,鼓膜可分三层:外层为表皮层,与外耳道皮肤相连续;中层为纤维层;内层为黏膜层,与鼓室黏膜相延续(图 13-8)。

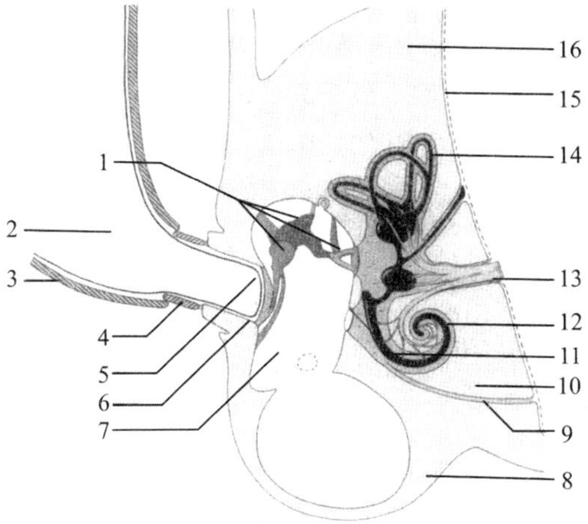

1.听小骨 2.外耳道 3.耳郭软骨 4.环状软骨 5.鼓膜 6.颞骨鼓膜环 7.中耳鼓室 8.鼓泡 9.外淋巴管 10.颞骨鼓室部 11.耳蜗孔 12.耳蜗 13.前庭耳蜗神经 14.前庭迷路与半规管 15.脑膜 16.颞骨岩部

图 13-8 犬的外耳道、中耳和内耳示意图

(引自:陈耀星等,2009)

二、中耳

中耳(auris media)由鼓室、听小骨和咽鼓管组成。

(一)鼓室(cavum tympani)

鼓室为岩颞骨内的一个含气小腔,内面衬有黏膜,外侧壁以鼓膜与外耳道隔开,内侧壁为骨质壁或迷路壁,与内耳为界。内侧壁上有一隆起,称为岬(promontory)。岬的前方有前庭窗(fenestra vestibuli),被蹬骨底及环状韧带封闭。岬的后方有蜗窗(foramen cochleae),被第2鼓膜封闭。鼓室的前下方通咽鼓管。

(二)听小骨(ossicula auditus)

很小,共有 3 块,由外向内依次为锤骨(malleus)、砧骨(incus)和蹬骨(stapes)。它们借关节连成一个骨链,一端以锤骨柄附着鼓膜,另一端以镫骨底的环状韧带附着于前庭窗。当声波振动鼓膜时,可借听小骨链的运动,使镫骨底来回摆动,将声波的振动传入内耳。

锤骨和镫骨分别有鼓膜张肌和镫骨肌附着,鼓膜张肌的作用为紧张鼓膜,镫骨肌可牵拉镫骨以减低对内耳的压力。两肌共同作用可减低声波振动强度,保护鼓膜和内耳。

(三)咽鼓管(tuba auditiva)

又称耳咽管,为一衬有黏膜的软骨管,连接咽腔与鼓室。咽鼓管一端开口于鼓室的前下壁,称咽鼓管鼓口;另一端开口于咽侧壁,称咽鼓管咽口。空气从咽腔经咽鼓管到鼓室,可以保持鼓膜内、外两侧大气压的平衡，防止鼓膜被冲破。

马属动物的咽鼓管黏膜在咽的后上方和颅底突出形成咽鼓管囊(divertic ulum tubae auditivae)。

三、内耳

内耳(auris interna)又称迷路，位于岩颞骨内，在鼓室内侧壁与内耳道底之间，由构造复杂的弯曲管道组成。内耳可分为骨迷路(labyrinth sosseus)和膜迷路(labyrinthus nembranaceus)。骨迷路由致密骨质构成，膜迷路为膜性结构，套在骨迷路腔内。膜迷路内含有内淋巴，膜迷路与骨迷路之间充满外淋巴(图 13-9)。

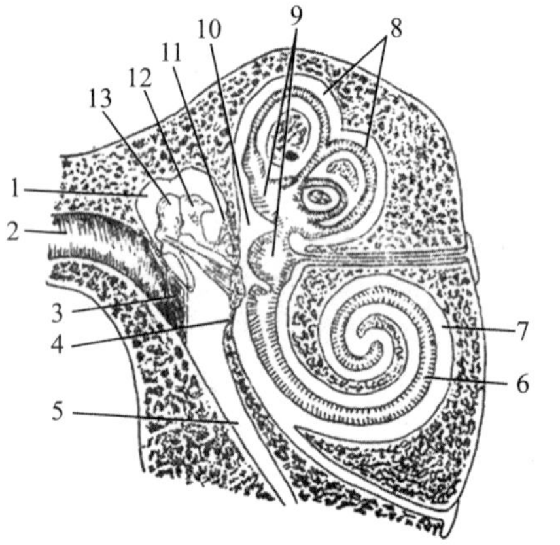

1. 鼓室 2. 外耳道 3. 鼓膜 4. 蜗窗 5. 咽鼓管 6. 膜质耳蜗 7. 骨质耳蜗 8. 骨半规管和膜半规管 9. 椭圆囊和球囊 10. 前庭 11. 镫骨 12. 砧骨 13. 锤骨

图 13-9 内耳的构造模式图

(一)骨迷路(labyrinthus osseus)

骨迷路包括前庭、骨半规管和耳蜗三部分。

1. 前庭(vestibulum) 为位于骨迷路中部较为膨大的腔隙，在骨半规管与耳蜗之间。

前庭向前与耳蜗相通，向后与骨半规管相通。前庭的外侧壁即鼓室的内侧壁，有前庭窗和蜗窗；内侧壁构成内耳道底的部分，壁上有一嵴称庭嵴，嵴的前方有一球囊隐窝，后方有一椭圆囊隐窝，后下方有一前庭水管内口。

2. 骨半规管(canales semicirculares ossei) 位于前庭的后上方，为三个互相垂直的半环形管，按其位置分别为上半规管、后半规管和外半规管。每个半规管的一端膨大称壶腹，另一端称为脚，上半规管与后半规管的脚合并为一总脚。

3. 耳蜗(cochlea) 位于前庭前下方，外形似蜗牛壳，蜗顶朝向前外方，蜗底朝向内耳道。耳蜗由蜗轴和环绕蜗轴的骨螺旋管构成。蜗轴(modilus)呈圆锥形，由骨松质构成。轴底即内耳道底的一部分，有许多小孔供耳神经通过。骨螺旋管为绕蜗轴三周半(牛、羊)、两周半(马)、四周(猪)的螺旋状中空骨管，一端起于前庭；另一端为盲端，位于蜗顶。自蜗轴向螺旋管内发出骨螺旋板，此板未达骨螺旋管的外侧壁，其缺损处由膜迷路(膜耳蜗管)填补封闭，而将骨螺旋管分为上、下两部，上部称前庭阶，下部称鼓阶。因而耳蜗内有三条管道，即上方的前庭阶，中间的膜耳蜗管，下方的鼓阶。前庭阶和鼓阶在蜗顶处经蜗孔相通，且均充满外淋巴(图 13-10)。

(二)膜迷路(labyrinthus membranaceus)

膜迷路是套在骨迷路内的膜性管和囊，包括椭圆囊、球囊、膜半规管和耳蜗管(图 13-11)。

1. 椭圆囊(utriculus)和球囊(sacculus) 位于前庭的椭圆囊隐窝和球囊隐窝内。椭圆囊向后与 3 个膜半规管相通，向前以椭圆囊管与球囊相通，椭圆球囊管再发出内淋巴管，穿经前庭至脑硬膜间的内淋巴囊。球囊在椭圆囊的前下方，其前下部以连合管通于耳蜗管，后部接椭

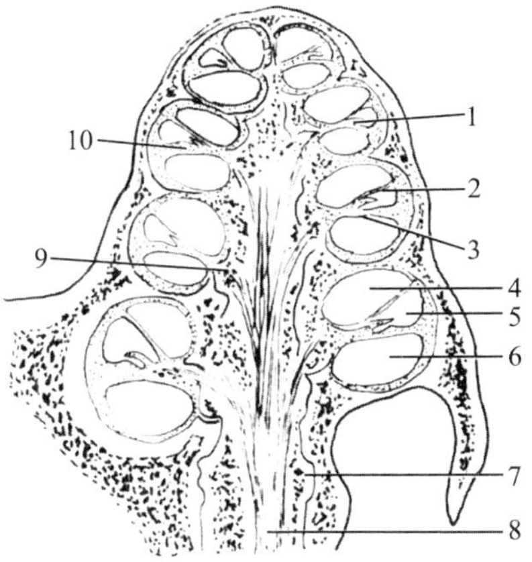

1.螺旋器　2.前庭膜　3.鼓螺旋板　4.前庭阶
5.蜗管　6.鼓室阶　7.蜗轴　8.耳蜗神经
9.螺旋神经节　10.螺旋韧带

图 13-10　豚鼠耳蜗纵切面

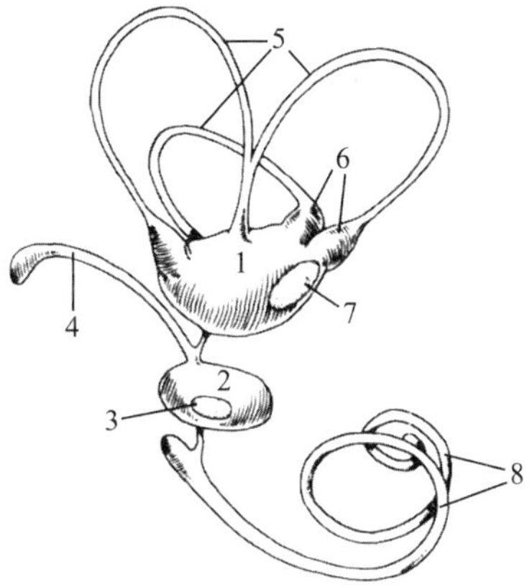

1.椭圆囊　2.球囊　3.球囊斑　4.内淋巴管
5.膜半规管　6.壶腹嵴　7.椭圆囊斑　8.耳蜗管

图 13-11　膜迷路

圆囊管及内淋巴管。椭圆囊和球囊壁的内面均有一个呈乳白色的局部增厚区，分别称为椭圆囊斑(macula utriculi)和球囊斑(macula sacculi)，为平衡觉感受器，可接受静止时的位置觉刺激和直线变速运动刺激。

2.膜半规管(ductus semicirculares)　套于骨半规管内，每管有一端膨大成膜壶腹，壁内面有呈乳白色的半月状隆起，称壶腹嵴(crista ampullaris)，也是平衡觉感受器，能感受旋转变速运动的刺激。

3.耳蜗管(cochlear duct)　在耳蜗内，一端与球囊相通，另一端终于蜗顶，为盲端。耳蜗管的横断面呈三角形，顶壁为前庭膜，把前庭阶和膜耳蜗管隔开；外侧壁为耳蜗壁，是骨膜的增厚部分，底壁为基底膜，紧张于骨螺旋板的游离缘和耳蜗外侧壁之间。基底膜上有螺旋器(organum spirale)又称科蒂氏器，是听觉器官。螺旋器呈带状，由耳蜗底延伸至耳蜗顶，由毛细胞(神经上皮细胞)和支持细胞组成，上方覆盖有一片胶质盖膜。毛细胞基底部与耳蜗神经末梢形成突触。

四、听觉和位置觉传导径

(一)听觉传导径

声波由耳郭收集经外耳道传到鼓膜，引起鼓膜振动，再经听小骨传递到前庭窗，引起前庭阶、鼓阶外淋巴振动，进而振动蜗管内淋巴传给螺旋器。螺旋器的毛细胞受到刺激产生神经冲动，经蜗神经传至脑的听觉中枢，而产生听觉及听觉反射。

(二)位置觉(平衡觉)传导径

当头部位置改变时，在重力影响下，刺激内耳位置觉感受器(壶腹嵴、椭圆囊斑和球囊斑)的毛细胞产生神经冲动，经前庭神经节(位于内耳道底部)的中枢突构成的前庭神经，至延髓的神经核。从而完成头、颈、躯干和四肢的姿势反射，以及完成平衡调节。

思考题

问答题

1. 简述眼球的结构及各部结构的作用。
2. 简述耳的结构。
3. 简述听觉是如何产生的。

第十四章

被皮系统

【学习目标】

1. 掌握皮肤的结构。
2. 掌握牛乳房的位置、形态和结构特征。
3. 掌握牛蹄的结构特点，了解马、猪、犬、猫蹄(爪)的结构特点。
4. 了解毛的结构与分类、家畜换毛的机制。
5. 了解角的形态和结构。

被皮系统(integumentum commune)由皮肤和由皮肤衍生而成的特殊器官构成。在身体的某些特殊部位，皮肤演变为特殊的器官，如家畜的毛、汗腺、皮脂腺、乳腺、蹄、枕、角以及家禽的羽毛、冠、喙和爪等，称为皮肤的衍生物。其中汗腺、皮脂腺和乳腺称为皮肤腺。

第一节 皮　　肤

皮肤(cutis)覆盖于家畜体表，直接与外界接触，在自然孔(口裂、鼻孔、肛门和尿生殖道外口等处)与黏膜相连，具有保护体内组织、防止异物侵害和机械性损伤的作用。皮肤中含有多种感受器、丰富的血管、毛和皮肤腺等结构，因此又具有感觉、调节体温、分泌、排泄废物和储存营养物质等功能。此外，皮肤还具有吸收功能。

皮肤的厚薄因畜种、年龄、性别以及身体的不同部位而异。牛的皮肤最厚，绵羊的皮肤最薄；老年家畜的皮肤比幼年家畜的厚；公畜的皮肤比母畜的厚；畜体枕部、背部和四肢外侧的皮肤比腹部和四肢内侧的厚。尽管皮肤的厚薄不同，但均由表皮、真皮和皮下组织三层构成(图14-1)。

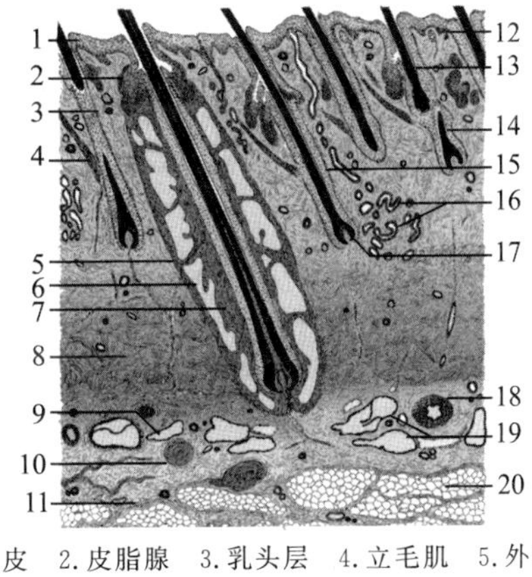

1. 表皮　2. 皮脂腺　3. 乳头层　4. 立毛肌　5. 外毛囊
6. 窦　7. 内毛囊　8. 网状层　9. 毛细淋巴管网
10. 法-帕环层小体　11. 皮下组织
12. 神经末梢小体　13. 脱落毛　14. 生长毛
15. 毛根鞘　16. 汗腺　17. 毛乳头　18. 动脉
19. 深部真皮静脉丛　20. 脂肪组织

图 14-1　皮肤的结构

一、表皮

表皮(epidermis)为皮肤的外层,由角化的复层扁平上皮构成。表皮内有丰富的神经末梢,但无血管和淋巴,表皮所需要的营养物质从真皮获取。表皮的厚薄也因部位而异,凡长期受摩擦和压力的部位,表皮较厚,角化程度也较显著。表皮由外向内分为角质层、颗粒层和生发层,在乳头、鼻镜等无毛的部位,角质层与颗粒层之间还有透明层(图 14-2 至图 14-4)。

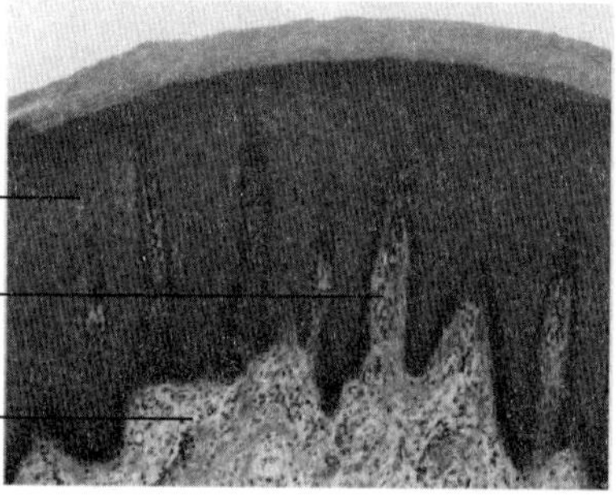

1.表皮 2.真皮乳头 3.真皮

图 14-2 有明显乳头体的猫足垫的组织切片

1. 角质层(stratum corneum) 为表皮的最表层,由大量角化的扁平细胞组成,细胞内充满角蛋白。浅层细胞死亡后脱落形成皮屑,可清除皮肤上的污物和寄生虫。

2. 颗粒层(stratum granulosum) 为表皮的中层,由 1～5 层梭形细胞组成,胞质内含有许多透明胶质颗粒,颗粒的数量向表层逐渐增加。

3. 生发层(stratum germinativum) 为表皮的深层,由数层细胞组成,深层细胞直接与真皮相连。该层细胞具有很强的增殖能力,能不断分裂产生新的细胞,以补充表层角化脱落的细胞。该层又分为基底层和棘细胞层。基底层是生发层最靠近真皮并附于基膜上的一层细胞,细胞呈低柱状或立方形,细胞核圆形或卵圆形。棘细胞层由基底层细胞分裂而来的数层细胞构成,细胞较大,呈多边形,细胞核大而圆,位于中央。

4. 透明层 为无毛皮肤特有的一层,由数层互相密接的无核扁平细胞组成,胞质内含有透明角质蛋白颗粒液化生成的角母素,故细胞界限不清,形成均质透明的一层。此层在鼻镜和乳头等无毛的皮肤最显著,而其他部位则薄或不存在。

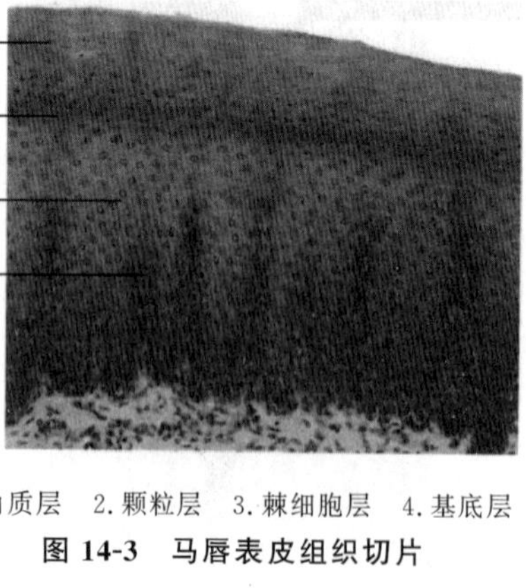

1.角质层 2.颗粒层 3.棘细胞层 4.基底层

图 14-3 马唇表皮组织切片

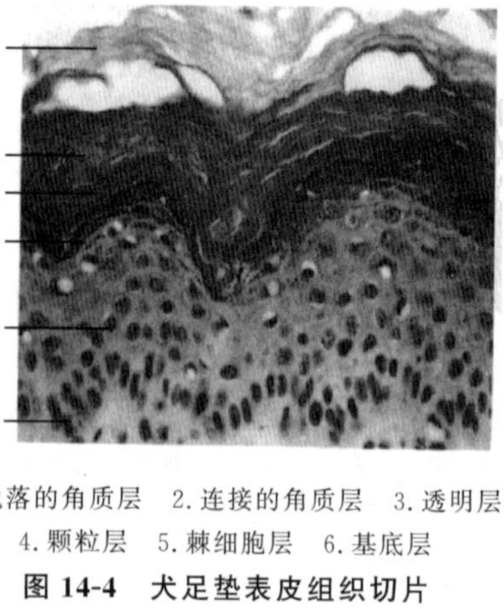

1.脱落的角质层 2.连接的角质层 3.透明层
4.颗粒层 5.棘细胞层 6.基底层

图 14-4 犬足垫表皮组织切片

二、真皮

真皮(corium)为皮肤的中层,是皮肤中最厚的一层,由致密结缔组织构成,含有大量的胶原纤维和弹性纤维,坚韧而富有弹性。日常生活中使用的皮革就是用真皮鞣制而成的。真皮内分布有毛囊、竖毛肌、皮肤腺、丰富的血管和神经等结构。真皮由乳头层和网状层组成,两层互相移行,无明显的分界。

1. 乳头层(stratum papillare)　为真皮的浅层,薄,由纤细的胶原纤维和弹性纤维交织而成,结缔组织向表皮伸入,形成很多乳头状突起,称真皮乳头。乳头层富有血管、淋巴管和感觉神经末梢,起营养表皮和感受外界刺激的作用。真皮乳头的高低与皮肤的厚薄和毛的多少有关,在无毛或少毛的皮肤中高而细,在多毛的皮肤中则不明显。

2. 网状层(stratum reticulare)　为真皮的深层,厚,由粗大的胶原纤维束和丰富的弹性纤维交织而成,坚韧而有弹性。该层含有较大的血管、淋巴管和神经,并有毛囊、竖毛肌、汗腺和皮脂腺等结构。临床上将药液注入真皮内称皮内注射。

三、皮下组织

皮下组织(tela subcutanea)为皮肤的深层,由疏松结缔组织构成,又称浅筋膜,皮肤借皮下组织与深部的肌肉或骨膜相连。在骨突起部位的皮肤,皮下组织有时出现腔隙,形成黏液囊,内含少量黏液,可减少骨与该部皮肤的摩擦。由于皮下组织结构疏松,使皮肤具有一定的活动性,并能形成皱褶,如颈部的皮肤。皮下组织中常含有脂肪组织,具有保温、储存能量和缓冲机械压力的作用。猪的皮下脂肪组织特别发达,形成一层很厚的脂膜。有些部位的皮下组织变成富有弹力纤维和脂肪的特殊组织,构成一定形状的弹力结构,如指(趾)等。在皮肤和深层组织紧密相连的地方,如唇、鼻等处,皮下组织则很少,甚至没有。皮下注射就是将药物注入此层。

第二节　皮肤的衍生物

一、毛

毛(pili)是表皮衍生物,是一种角化的表皮结构,坚韧而有弹性,覆盖于皮肤的表面,具有保温作用。家畜的毛具有重要的经济性状。

(一)毛的形态结构

毛呈细丝状,分为毛干和毛根两部分。露在皮肤外面的部分称毛干,埋在皮肤内的部分称毛根。毛根末端膨大呈球形,称毛球。毛球的细胞分裂能力很强,是毛的生长点。毛球底部凹陷,有真皮结缔组织伸入,称毛乳头,富含血管和神经。毛通过毛乳头获得营养。毛根周围包有毛囊,由表皮和真皮组成,分别形成上皮鞘和结缔组织鞘。在毛囊的一侧有一条平滑肌束,称竖毛肌,受交感神经支配,收缩时能使毛竖立(图 14-5)。

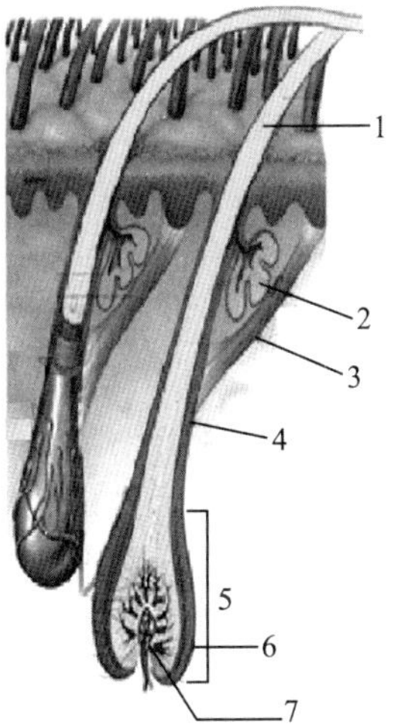

1. 毛干　2. 皮脂腺　3. 立毛肌　4. 毛根
5. 毛囊　6. 毛凸　7. 毛乳头

图 14-5　毛的形态结构模式图

(二)毛的类型和分布

家畜体表不同部位毛的类型、粗细和作用不尽相同。毛有被毛和特殊毛两类。着生在家畜体表的普通毛称为被毛,是温度的不良导体,有保温作用。被毛因粗细不同，分为粗毛和细毛。牛、猪、马的被毛多为短而直的粗毛，绵羊的被毛多为细毛。牛、马的被毛是单根均匀分布的；绵羊的是成簇分布的；猪的常 3 根集合在一起成组分布，较长的一根为主毛；犬的被毛一般以 4～8 根为一簇，其中有长而粗的主毛及细弱的副毛；兔的被毛可分为针毛（枪毛）、绒毛和触毛三种，优良毛皮品种的兔，绒毛密而细。短而粗的被毛多分布在家畜的头部和四肢。特殊毛是指着生在畜体特定部位的一些长粗毛，如马颅顶的鬣、颈部的鬃、尾部的尾毛和系关节后部的距毛，公羊颏部的髯，猪颈背部的鬃，马和牛唇部的触毛等。触毛根部具有丰富的神经末梢，能感受触觉。

毛在畜体表面按一定的方向排列，称为毛流（flumina pilorum）。在畜体的不同部位，毛流排列的形式也不相同。毛流的形式主要有点状集合性毛流、点状分散性毛流、旋毛、线状集合性毛流和线状分散性毛流。毛流的方向一般与外界的气流和雨水在体表流动的方向相适应，但在特定的部位可形成特殊方向的毛流。

（三）换毛

毛有一定的寿命，当毛生长到一定的时期，就会衰老脱落，为新毛所代替，这个过程称为换毛。换毛时，毛乳头的血管萎缩，血流停止，毛球的细胞停止增生，逐渐角化，最后与毛乳头分离，毛根脱离毛囊，向皮肤表面移动。同时毛乳头周围的细胞分裂增殖形成新毛，最后将旧毛推出而脱落。换毛的方式有季节性换毛和持续性换毛两种。大部分家畜属于混合性换毛，即季节性换毛和持续性换毛均有，但在春秋两季换毛最明显。

二、角

角（cornu）是由皮肤衍生而成的鞘状结构，覆盖在反刍动物额骨两侧的角突上，为动物的防卫武器。

（一）角的形态

角的形态一般与额骨角突的形态相一致，通常呈锥形，略带弯曲，且因畜种、品种、年龄和性别而异。此外，角的形态还与角的生长情况有关，如果角质生长不均衡，就会形成不同弯曲度乃至螺旋形角。角分为角基（角根）、角体和角尖。角基与额部皮肤相连续，角质薄而软。角体为角的中部，由角基生长延续而来，角质逐渐增厚。角尖由角体延续而来，角质最厚，甚至成为实体。在角的表面有环形隆起，称角轮，牛的角轮仅见于角根部，羊的角轮较明显，几乎遍及全角（图 14-6）。

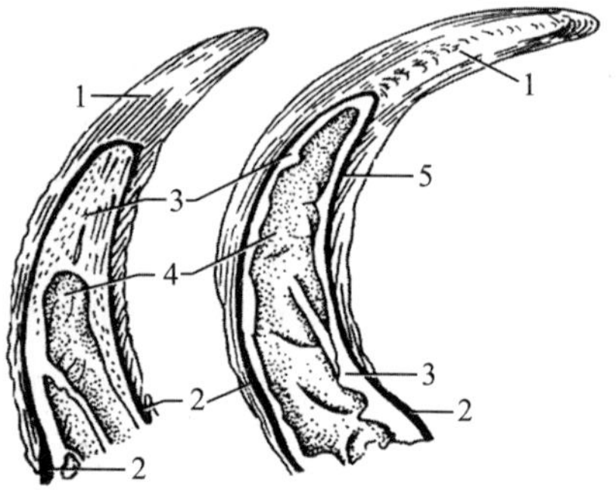

1. 角尖　2. 角根　3. 额骨的角突
4. 角腔　5. 角的真皮

图 14-6　牛角断面

（二）角的结构

由角表皮和角真皮构成。角表皮高度角质化，由角质小管和管间角质构成。牛的角质小管排列非常紧密，管间角质很少。羊角则相反。角真皮位于角表皮的深层，与额部皮肤真皮相延续，无皮下组织，直接与角突的骨膜紧密结合，表面有发达的乳头。真皮乳头伸入表皮的角质小管中。

角根据结构和起源不同，主要分为空角、实角和纤维角 3 种。

1. 空角　反刍动物具有的角，中间有骨质的角柱，外部是皮肤变异，由角蛋白构成的角鞘包围。羊角都是额骨的角突衍生出来形成对称骨枝，不分叉，外边包着一层坚硬的角质套，套在骨质的角心上，并且随着角心的生长而扩大。角质套可以脱下，角内为空心的，所以又称为“洞角”，长有“洞角”的羊类、牛类和羚羊类也被称之为“洞角”动物。“洞角”动物的角无神经和血管，洞角被去掉后，不能再生长。羊类的洞角长到一定程度便停止生长，而且不更换角质套。

2. 实角　由骨质角柱和外部包围的皮肤组成，皮肤上长有绒毛，皮肤脱落会露出角柱，如鹿角，会脱换新角。但长颈鹿的皮肤不会脱落。

3. 纤维角　如犀牛的角，是由角质纤维凝合而成，没有角柱，终生也不会脱换。

(三)角的神经和断角术

分布于角的神经为角神经，为眼神经颧颞支的分支。在现代集约化畜牧生产实践中，在成年动物，采取阻滞麻醉角神经(颞线腹侧)后锯掉角及角突；在小牛中通过外科手术除去角原基及其附近的皮肤，以阻止骨质角突和角的发育。

三、蹄

蹄(ungula)是马、牛、羊、猪等有蹄类动物指(趾)端着地的部分，由皮肤演变而成。

(一)牛、羊蹄的构造

牛、羊为偶蹄动物，每肢的指(趾)端有 4 个蹄，由内向外分别称第 2、3、4、5 指(趾)蹄，其中第 3、4 指(趾)端的蹄发达，直接与地面接触，称主蹄；第 2、5 指(趾)端的蹄很小，不着地，附着于系关节掌(跖)侧面，称悬蹄(图 14-7)。

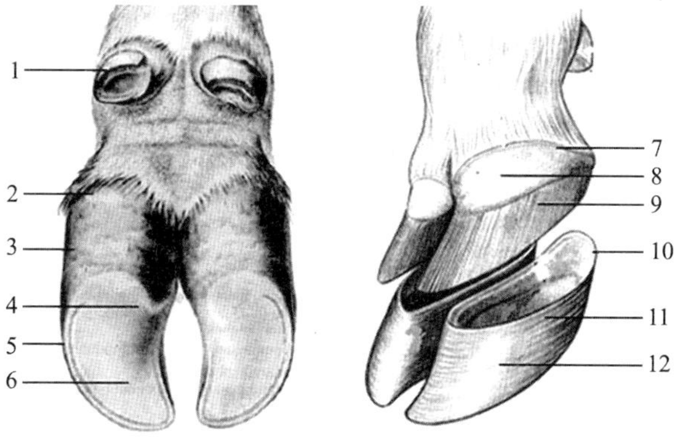

A. 后面观　B. 蹄的构造

1. 悬蹄　2. 蹄缘　3. 蹄壁　4. 蹄球　5. 蹄底缘　6. 蹄底　7. 缘真皮
8. 冠真皮　9. 壁真皮　10. 蹄缘角质　11. 蹄冠角质　12. 蹄壁角质

图 14-7　牛蹄的形态及结构

1. 主蹄　其形状与远指(趾)节骨相似，呈三面棱锥形，按部位分为蹄缘、蹄冠、蹄壁、蹄底和蹄枕五部分。蹄与皮肤相连的部分称蹄缘；蹄缘与蹄壁之间为蹄冠；位于蹄骨轴面和远轴面的部分称蹄壁；位于蹄骨底面前部的称蹄底；位于蹄骨底面后部的称蹄枕。蹄由蹄匣(表皮)、肉蹄(真皮)和皮下组织构成。

(1)蹄匣(capsula ungulae)　为蹄的表皮(角质层)，质地坚硬，表皮可分为角质壁、角质底和角质球 3 部分。

角质壁(paries corneus ungulae) 分轴侧面和远轴侧面。轴侧面凹,仅后半部与对侧主蹄相接;远轴侧面凸,前端弯向轴面并与轴面共同形成角质壁,表面有数条与冠状缘平行的角质轮,其内侧面有许多较窄的角质小叶;远轴侧面可分为前方的蹄尖壁、后方的蹄踵壁以及两者之间的蹄侧壁。角质壁近端有一条颜色稍浅的环状带为蹄冠。蹄冠与皮肤连接部分形成一条柔软的窄带,称为蹄缘。蹄缘柔软而有弹性,可减少蹄匣对皮肤的压力。蹄缘和蹄冠内表面有许多小孔。

角质壁由外、中、内 3 层结构组成。外层又称为釉层,由角化的扁平细胞构成,幼龄动物明显,成年时常脱落。中层又称为冠状层,是最厚的一层,主要由平行排列的角质小管构成。内层也称为小叶层,主要由许多平行排列的角小叶组成,小叶较柔软,与肉小叶相嵌合。

角质底(solea cornea) 位于蹄底面的前部,与地面接触。呈略凹的三角形,与蹄壁下缘间由蹄白线分开,白线为蹄壁角小叶层向蹄底伸延而成。角质底的内表面有许多小孔,容纳肉底上的乳头。

角质球(torus corneus) 位于蹄底角质的后方,相当于马蹄的一半,呈球形隆起,无蹄支和蹄叉,由较柔软的角质构成。

(2)肉蹄(corium ungulae) 由真皮衍生而成,富含血管和神经,颜色鲜红,可分肉壁、肉底和肉球 3 部分。

肉壁(corium parietis) 与蹄骨的骨膜紧密结合,分肉缘、肉冠和肉叶 3 部分。肉缘深层以致密结缔组织与骨膜相接,表面有细而短的乳头,插入角质缘的小孔中,以滋养蹄缘。肉冠是肉蹄较厚的部分,皮下组织发达,表面有较长的乳头插入蹄冠沟的小孔中,以滋养角质壁。肉叶表面有平行排列的肉小叶嵌入角质小叶中。肉叶无皮下组织,与骨膜直接紧密相连。

肉底(corium soleae) 与角质底相适应。乳头小,插入角质底的小孔中。肉底无皮下组织,与骨膜紧密相连。

肉球(corium tori) 皮下组织发达,含有丰富的弹性纤维,构成指(趾)端的弹力结构,不形成蹄软骨。

(3)皮下组织 蹄缘和蹄冠部的皮下组织薄;蹄壁和蹄底无皮下组织,肉壁和肉底直接与远指(趾)节骨骨膜紧密结合;蹄球的皮下组织发达,弹性纤维丰富,构成指(趾)端的弹性结构。

2. 悬蹄 呈短圆锥状,位于主蹄的后上方,不与地面接触,内有一个或两个指(趾)节骨。悬蹄结构与主蹄相似,也分蹄匣、肉蹄和皮下组织。蹄匣为锥状角质小囊,角质壁也有角质轮,角质较软,内表面有角质小管的开口和角小叶。肉蹄内含有发达的弹性纤维。

(二)马蹄的构造

马蹄由蹄匣和肉蹄两部分组成(图 14-8)。

1. 蹄匣 是蹄的角质层,包括蹄缘、蹄冠、蹄壁、蹄底和蹄叉(枕叉)组成。

(1)蹄缘 为蹄匣上缘与皮肤连续的部分,柔软而有弹性,可减少蹄壁对皮肤的压力。

(2)蹄冠 位于蹄壁的近侧缘,内侧面呈沟状,称为蹄冠沟。沟内有许多小孔,为冠状层角质小管的开口。

(3)蹄壁 构成蹄匣的背侧壁和两侧壁。蹄壁可分为 3 部分,前为蹄尖壁,两侧为蹄侧壁,后为蹄踵壁。蹄壁的后端向蹄底折转形成蹄支,并向蹄底伸延而消失。其折转部形成的角称为蹄踵角。

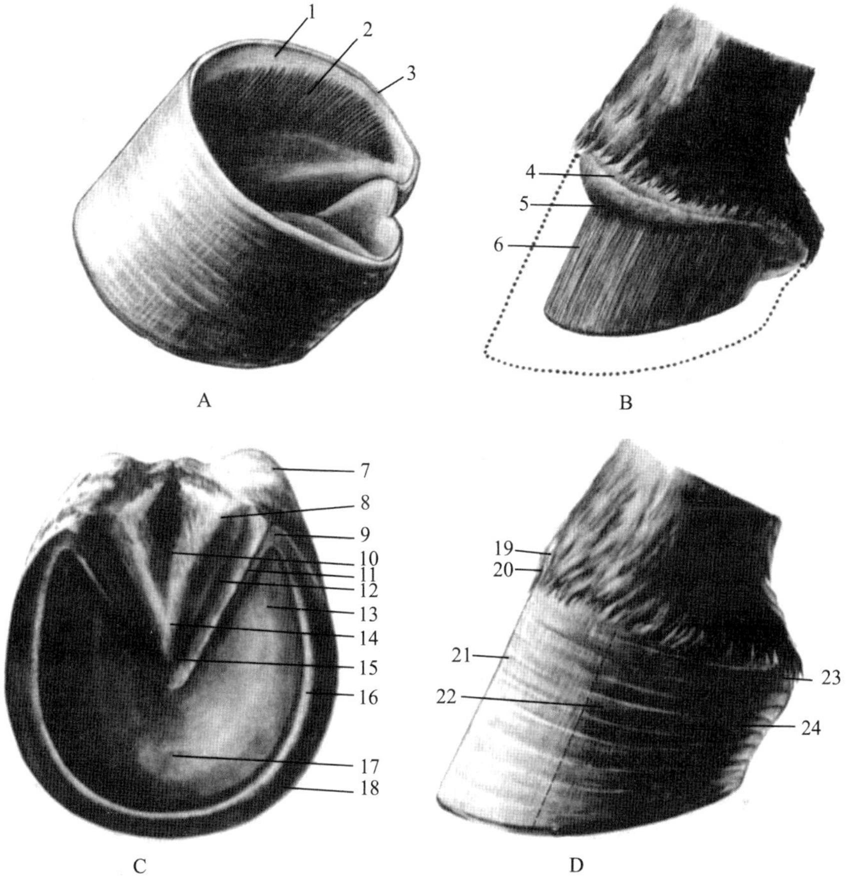

A. 蹄匣　B. 肉蹄　C. 蹄底　D. 蹄(侧视)

1. 蹄冠沟　2. 角质小叶　3. 蹄缘角　4. 肉缘　5. 肉冠　6. 肉壁　7. 蹄球　8. 蹄叉支　9. 蹄支角　10. 蹄叉中沟　11. 蹄支　12. 蹄叉侧沟　13. 蹄底支　14. 蹄叉体　15. 蹄叉尖　16. 白线　17. 蹄底体　18. 蹄壁负缘　19. 蹄缘　20. 蹄冠　21. 蹄尖壁　22. 蹄侧壁　23. 蹄球　24. 蹄踵壁

图 14-8　马蹄的形态及结构

蹄壁由釉层、冠状层(保护层)和小叶层构成。釉层位于蹄壁的最表面,由角化的扁平细胞构成。幼畜明显,随年龄增长而逐渐剥落而不完整。冠状层是角质壁中间最厚的一层,富有弹性和韧性,有保护蹄的内部组织结构和负重的作用。冠状层由很多纵行排列的角质小管和管间角质构成。角质中有色素,故蹄壁常呈暗深色,内层的角质缺乏色素,比较柔软,直接与小叶结合。小叶层是蹄壁的最内层,由许多纵行排列的角小叶构成,角小叶无色素,比较柔软,与肉蹄的肉小叶互相紧密嵌合,使蹄壁角质与肉蹄牢固结合。

(4)蹄底　是蹄向着地面略凹陷的部分,位于蹄底缘与蹄叉之间,是蹄的支持面,蹄底内面有许多小孔,以容纳肉底的乳头。

(5)蹄叉　由指(趾)枕的表皮形成。呈楔形,位于蹄底的后方,角质壁较厚,富有弹性。前端深入蹄底中央的部分称为蹄叉尖,蹄叉底面形成蹄叉中沟,两侧与蹄支之间形成蹄叉侧沟。

蹄白线位于蹄壁冠状层的内层,为角小叶及填充于角小叶间的叶间角质构成,呈环形,色较浅,角质较软,是确定蹄壁角质厚度的标准,也是装蹄时下钉的定位标志。

2. 肉蹄　肉蹄为蹄的真皮层,套于蹄匣内面,形状与蹄匣相似,分肉缘、肉冠、肉壁、肉底和肉叉 5 部分。

(1)肉缘　位于蹄缘角质的深部,表面有细而短的真皮乳头。

(2)肉冠　呈环带状隆起,套于蹄冠沟内,表面密生粗而长的乳头,顶端向下,深入蹄冠沟内的角质小管内。肉冠含有丰富的血管和神经,感觉敏锐,当蹄着地时有感觉地面凸凹和软硬程度的作用。

(3)肉壁　紧贴于蹄骨的背侧面和内、外侧面,其后方呈锐角折返向前形成蹄支真皮。真皮表面有许多纵行的真皮小叶(肉小叶),与蹄壁角质上的角小叶相嵌合。

(4)肉底　紧贴于蹄骨的底面,表面密生细而长的乳头,向下伸入蹄底角质的角质小管中。

(5)肉叉　形状与蹄叉角质相似,表面有发达的乳头。

3. 蹄的皮下组织　蹄壁和蹄底无皮下组织,其真皮层直接与骨膜紧密结合。蹄缘和蹄冠的皮下组织较薄。蹄叉的皮下组织特别发达,是三层中最厚的一层,具有丰富的胶原纤维、弹性纤维和脂肪组织,是蹄的弹力装置,可减轻地面对蹄部的反冲作用。

蹄软骨(cortilago ungularis)为不正形软骨,内、外侧各一块,位于蹄骨与肉枕两侧的后上方。蹄软骨弹性较强,与肉枕共同构成指(趾)端的弹力结构。起缓冲作用,可以防止或减轻骨和韧带的损伤。

(三)猪蹄的构造

猪也属于偶蹄动物,每肢端有两个主蹄和两个悬蹄。主蹄的构造与牛(羊)主蹄相似,指(趾)枕更发达,蹄底更小。悬蹄内有完整的指(趾)节骨(图 14-9)。

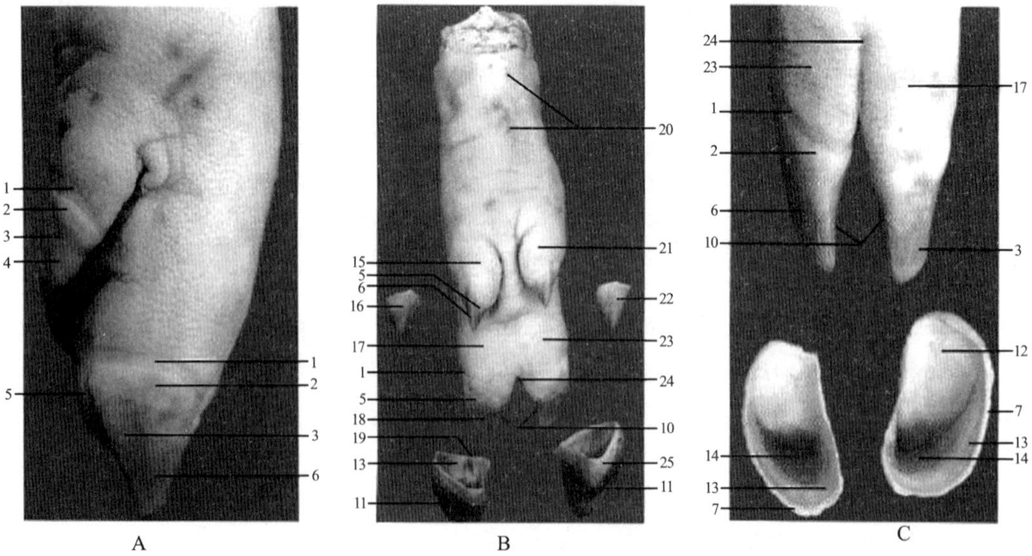

A. 侧面　B. 掌面　C. 背面

1. 肉缘　2. 肉冠　3. 肉小叶　4. 悬蹄　5. 肉枕　6. 肉壁　7. 角质缘　10. 轴面　11. 角质底　12. 角质枕　13. 冠状沟　14. 角质小叶　15. 第二指(悬蹄)　16. 第二指蹄匣　17. 第三指(主蹄)　18. 肉底　19. 第三指角质缘　20. 腕腺　21. 第五指(悬蹄)　22. 第五指蹄匣　23. 第四指(主蹄)　24. 指间隙　25. 第三指角质枕

图 14-9　猪蹄的形态及结构

(四)犬、猫脚的构造

犬有腕枕、掌枕和指(趾)枕。犬的爪锋利,可分为爪轴、爪冠、爪壁和爪底,均由表皮、真皮和皮下组织构成。猫每只脚下有一大的脚垫,每一脚指(趾)下各有一小的肉垫,因此行走踏地时声音很轻(图 14-10)。

(五)指(趾)枕

指(趾)枕是家畜肢端由皮肤衍生而成的一种减震装置。其结构与皮肤相同,分为枕表皮、枕真皮和枕皮下组织。枕表皮角质层发达,柔软而有弹性;枕真皮有发达的乳头和丰富的血管、神经末梢;枕皮下组织发达,含有大量胶原纤维、弹性纤维和脂肪组织。当家畜站立时,枕可起支持和缓冲的作用。同时,它也是一个重要的感觉器官。

枕可分为腕(跗)枕、掌(跖)枕和指(趾)枕,分别位于腕(跗)部、掌(跖)部和指(趾)部的内侧面、后面和底面。掌行动物的腕(跗)枕、掌(跖)枕和指(趾)枕均很发达,蹄行动物仅指(趾)枕发达,其他枕退化或消失。马的腕(跗)枕退化,为黑色椭圆形角化物,俗称附蝉;腕枕位于腕关节上方内侧面,跗枕位于跗关节下方跖骨内侧面;掌(跖)枕也退化成一堆角化物,俗称距,分别位于近指(趾)节骨的掌侧面,为距毛所遮盖;指(趾)枕呈楔形,后部宽而厚,称枕隆突,与蹄冠后端共同构成蹄球(蹄枕),前端尖,呈叉状,伸向蹄底的中央,称蹄叉。反刍兽和猪无腕(跗)枕、掌(跖)枕,只有指(趾)枕,位于蹄底面的后部,又称蹄枕(蹄球),无蹄叉。

四、皮肤腺

由表皮细胞陷入真皮内形成具有分泌功能的结构称为皮肤腺(glandulae cutis),包括汗腺、皮脂腺和乳腺等(图 14-11)。

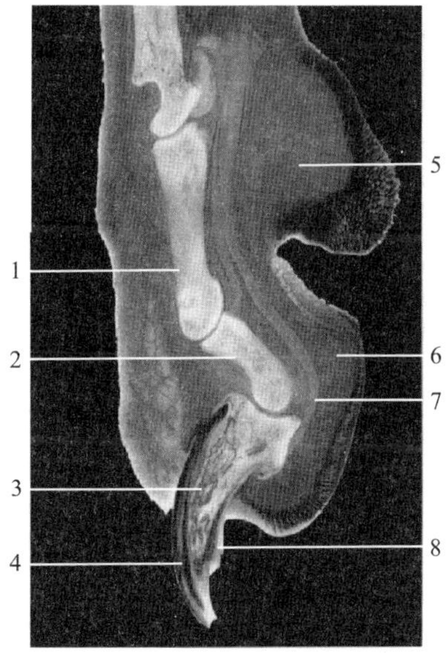

1.近指(趾)节骨 2.中指(趾)节骨 3.远指(趾)节骨
4.爪壁 5.掌垫 6.指(趾)垫
7.指(趾)深屈肌腱 8.角质底

图 14-10 犬指(矢状面)

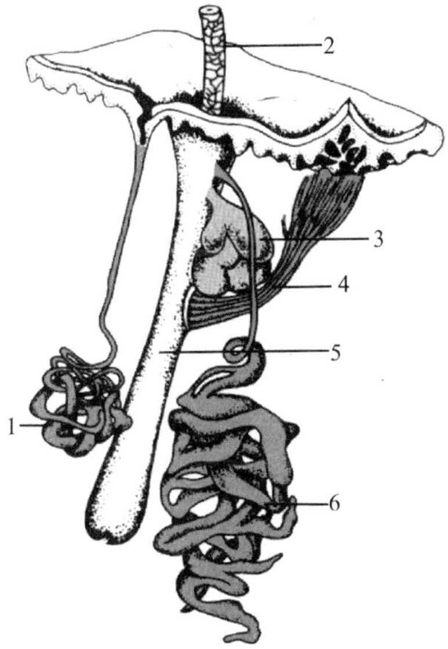

1.汗腺 2.毛干 3.皮脂腺 4.立毛肌
5.毛囊 6.大汗腺

图 14-11 腺体模式图

(一)汗腺(sweat gland)

位于皮肤的真皮和皮下组织内,为蟠曲的单管状腺,末端多数开口于毛囊,少数直接开口于皮肤表面的汗孔。汗腺分泌汗液,有排泄废物和调节体温的作用。汗腺的发达程度因家畜品种和身体部位不同而异。马和绵羊的汗腺最发达,几乎分布于全身皮肤;猪的汗腺蹄间分布最密;牛的汗腺以面部和颈部最为显著,其他部位则不发达;水牛的汗腺不如黄牛的发达;犬的汗腺不发达,只在舌、趾枕垫上有汗腺;家兔仅唇部和鼠蹊部有少许汗腺。

(二)皮脂腺(sebaceous gland)

位于真皮内,在毛囊与竖毛肌之间,为分支泡状腺,在有毛的皮肤,直接开口于毛囊,在无毛的皮肤,直接开口于皮肤表面。皮脂腺分泌皮脂,有滋润皮肤和被毛的作用,使皮肤和被毛保持柔韧和光亮,并能防止皮肤干燥和水分渗入皮肤。家畜的皮脂腺分布广泛,除角、蹄、爪、乳头及鼻唇镜等处皮肤无皮脂腺外,全身其他部位均有分布。皮脂腺的发达程度还因畜种和身体的不同部位而异,马和绵羊的皮脂腺发达,猪的不发达。绵羊的皮脂腺和汗腺混合成脂汗,可影响羊毛的弹性和坚韧性。

特殊的皮肤腺是汗腺和皮脂腺的变型腺体。由汗腺衍生的腺体,如外耳道皮肤的耵聍腺,分泌耵聍(耳蜡),牛的鼻唇镜腺、羊的鼻镜腺和猪的腕腺,可分泌浆液。由皮脂腺衍生的腺体,如肛门腺、包皮腺、阴唇腺和睑板腺等。绵羊眼内角的眶下窦、腹股沟部的腹股沟窦、二指(趾)间的指(趾)间窦的壁内部都分布有很多皮脂腺和汗腺。马和驴蹄叉腺也属于皮肤腺。颈腺也称为项腺,是公骆驼特有的皮肤腺,位于枕嵴后方中线两侧的皮内,发情季节可排出黑棕色而带有异味的分泌物。

(三)乳腺(mammary gland)

乳腺是哺乳动物特有的皮肤腺,为复管泡状腺,在功能和发生上属于汗腺的特殊变形。公母畜均有乳腺,公畜的雏形乳房只具有少数导管埋于脂肪中,母畜的乳腺能充分发育,具有分泌乳汁的能力,并形成发达的乳房(uber)(图 14-12)。

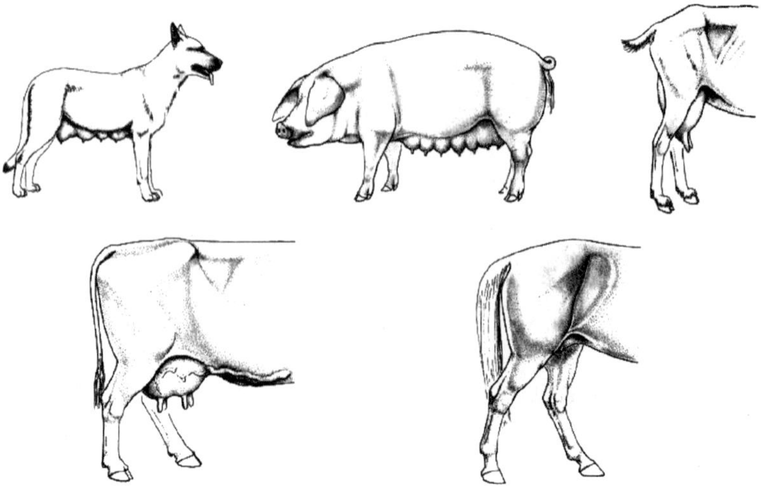

图 14-12 母犬、母猪、母山羊、奶牛和母马的乳房示意图

1. 牛的乳房

(1)牛乳房的位置和形态　牛的乳房位于耻骨部,并延伸至骨盆的腹侧、两股之间。牛的乳房通常呈半圆形,但也有其他形态的乳房,如扁平形乳房、山羊形乳房、发育不均衡形乳房等。乳房分为紧贴腹壁的基部、中间的体部和游离的乳头部。乳房被纵行的乳房间沟分为左、右两半,每半又被浅的横沟分为前后两部,共分为 4 个乳丘。每个乳丘上有一个乳头,乳头呈圆柱形或圆锥形,前列乳头较长。有时在乳房的后部有一对小的副乳头。每个乳头上有一个乳头管的开口(图 14-13)。

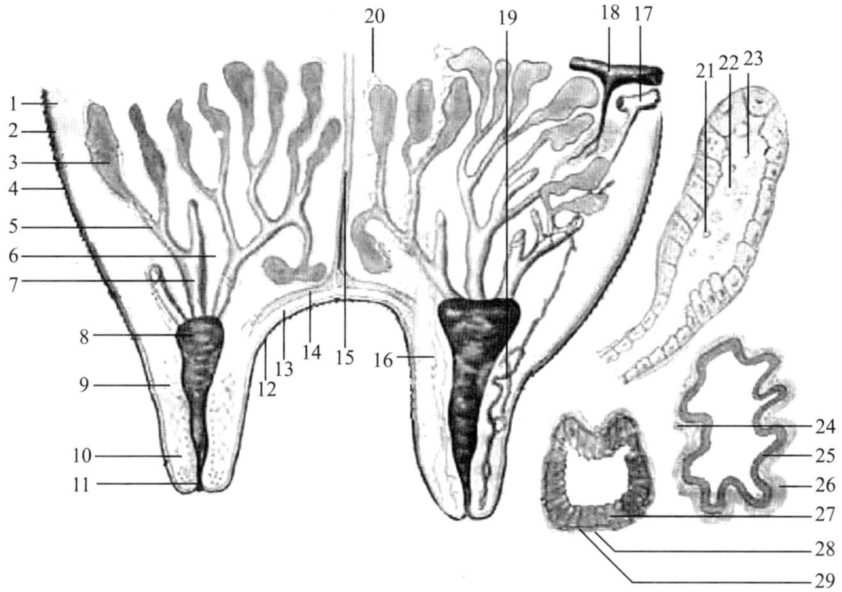

1. 乳房深肌膜　2. 乳房浅肌膜　3. 乳腺泡　4. 皮肤　5. 小输出管　6. 大输出管的平滑肌　7. 大输出管　8. 乳池　9. 乳头平滑肌　10. 乳头管周围平滑肌　11. 乳头管　12. 皮肤　13. 乳房浅肌膜　14. 乳房深肌膜　15. 乳房悬韧带　16. 乳头神经末梢的分支　17. 静脉　18. 动脉　19. 乳头静脉丛　20. 神经　21. 游离核　22. 原生质球　23. 乳球　24. 大输出管平滑肌束　25. 大输出管上皮　26. 肌上皮层　27. 小输出管上皮　28. 结缔组织　29. 肌上皮层

图 14-13　牛乳房构造图

(2)牛乳房的结构　乳房由皮肤、筋膜和实质 3 部分组成。

牛乳房的皮肤薄而柔软,除乳头外,均分布有一些稀疏的细毛,皮肤内有汗腺和皮脂腺。在乳房后部与阴门裂之间有明显呈线状毛流的皮肤褶,称乳镜。乳镜在鉴定产乳能力时,是很重要的参考指标。乳镜越大,乳房舒展性越大,能容纳的乳汁就越多(图 14-14)。

皮肤的深面为筋膜,分浅筋膜和深筋膜。浅筋膜为腹部浅筋膜的延续,由疏松结缔组织构成,使乳房皮肤具有一定的移动性,乳头皮下无浅筋膜。深筋膜由致密结缔组织构成,富含弹性纤维,在两侧乳房之间形成乳房的悬吊装置,支持乳房的重量,即乳房悬韧带。乳房悬韧带实质是腹黄膜沿白线两侧向下的延续。

深筋膜深入乳房实质内,将乳腺实质分隔成许多腺叶和腺小叶,每个腺小叶是一个分支管道系统,由分泌部和导管部组成。分泌部包括腺泡和分泌小管,腺泡与分泌小管相连,分泌小管汇入小叶间导管而成为导管部。分泌部周围有丰富的毛细血管网,腺泡和分泌小管所分泌乳汁内的营养物质均由血管来供给。导管部由许多小的输乳管逐渐汇合成较大的输乳管，较大的输乳管再汇合成乳道，通入乳房体下部的空腔腺乳池和乳头内的空腔乳头乳池，再经乳头管向外开口。正常乳房内的乳腺实质与乳腺间质比例适当，表现出较好的弹性。如果乳房内的乳腺间质成分(结缔组织)太多，乳腺实质过少，则为“肉质”乳房，影响泌乳动物的产奶量。

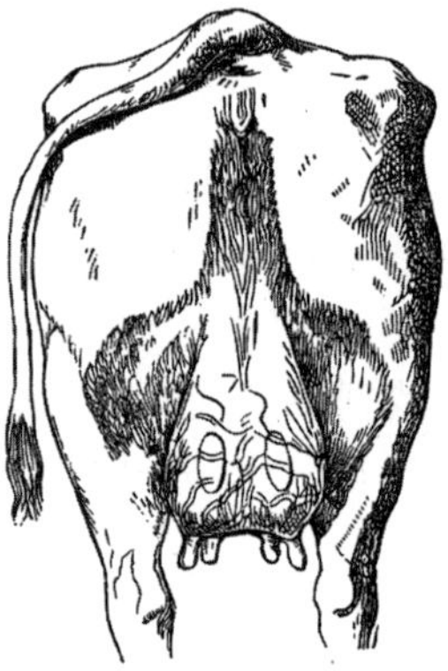

图 14-14 牛乳镜

(3)乳房的血管、神经和淋巴管。乳房的动脉来自阴部外动脉和阴部内动脉的阴唇背侧支和乳房支。阴部外动脉进入乳房后分为乳房前动脉和乳房后动脉，逐渐向下发出分支分布于整个乳房。乳房的静脉在乳房基底部形成粗而明显的乳房基底静脉环，与静脉环相连的静脉主要有腹壁皮下静脉(腹壁前浅静脉)、阴部外静脉及阴唇背侧和乳房静脉，但乳房的血液主要经腹壁皮下静脉(腹壁前浅静脉)和阴部外静脉回流。乳房的感觉神经来自髂腹下神经、髂腹股沟神经、生殖股神经和阴部神经的乳房支。运动神经则来自肠系膜后神经节的交感神经纤维，这些神经分布于肌上皮细胞、平滑肌纤维、乳房血管和腺组织等。乳房的淋巴管比较稠密，主要输入到乳房基底部后方的乳房上淋巴结(图 14-15)。

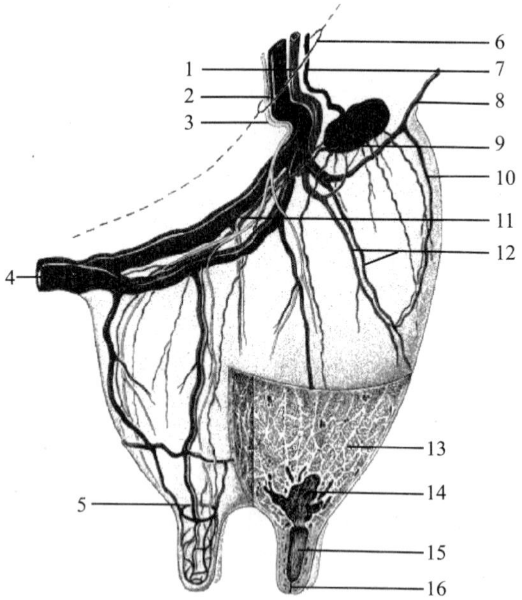

1.阴部外动脉 2.阴部外静脉 3.生殖股神经 4.腹壁后浅静脉 5.静脉环 6.腹股沟浅环 7.输出淋巴 8.阴部内静脉的阴唇背侧支 9.乳房淋巴结 10.阴唇腹侧静脉 11.乳房前静脉 12.乳房后动脉和静脉 13.腺组织 14.输乳窦，腺乳窦 15.输乳窦，乳头乳窦 16.乳头管

图 14-15 牛乳房的神经分布和血液供应示意图

2.马的乳房 呈扁圆形，位于两股之间，被纵沟分为左、右两半，每半各有 1 个乳头，每个

乳头有 2～3 个乳头管的开口。内部结构与牛的基本相似。

3. 猪的乳房　成对位于胸、腹部正中线的两侧，其对数因品种而异，一般 5～8 对，有的可达 10 对。每个乳房有 1 个乳头，每个乳头有 2～3 个乳头管的开口。

4. 羊的乳房　呈倒立圆锥形，位于腹股沟部，左、右各有 1 个圆锥形乳头，乳头基部有较大的乳池，每个乳头有 1 个乳头管的开口。

5. 犬、猫、兔的乳房　犬的乳房在哺乳期乳房非常发达，而在非哺乳期乳房并不明显。乳房一般形成 4～5 对乳丘，对称排列于胸、腹部正中线两侧，乳头短，每个乳头有 2～4 个乳头管口，而每个乳头管口有 6～12 个小的排泄孔。猫的乳房有 5 对乳头，前 2 对位于胸部，后 3 对位于腹部。兔的乳房位于胸部及腹部正中线两侧，乳头数一般是 3～6 对，每个乳头约有 5 条乳腺管开口。一般产仔多、泌乳好的母兔应有 4 对以上发育良好的乳头。

思考题

一、名词解释

皮肤腺、乳镜、蹄白线

二、问答题

1. 简述皮肤的结构和功能。
2. 简述动物毛的种类、分布、结构及换毛的机制。
3. 家畜的皮肤腺包括哪些？它们分布、形态结构各有哪些特征？
4. 简述牛、羊、马、猪乳房的形态、位置和结构特征。
5. 牛、羊、马和猪蹄各有哪些结构特征？
6. 皮肤与皮肤的衍生物如蹄、角相比较，它们在结构上有哪些异同点？

第十五章

家禽解剖与组织学特征

【学习目标】

1. 掌握家禽运动系统的组成和结构特点。
2. 掌握家禽消化系统的组成和结构特点。
3. 掌握家禽呼吸系统的组成和结构特点。
4. 掌握家禽泌尿系统的组成和结构特点。
5. 掌握母禽生殖系统的组成和结构特点。
6. 掌握家禽的免疫器官形态、位置和主要作用。
7. 熟悉家禽心血管系统、神经系统、内分泌系统、被皮系统的结构特点。

家禽解剖与组织学是研究家禽有机体各个器官系统的大体解剖和细微结构的科学。家禽包括鸡、鸭、鹅和鸽等，家禽属于脊椎动物的鸟纲。禽类因适应飞翔的本能，在漫长的进化过程中，许多器官结构形成了一系列自身结构的特征。有些家禽（鸡、鸭和鹅）在人类长期饲养和驯化下，虽已丧失了飞翔能力，但其身体结构并没有巨大的改变，因此禽类的解剖构造也和哺乳动物有许多相同之处。

第一节 运动系统

一、骨

禽骨（图 15-1）决定了家禽的外部形态，与家畜相似，骨骼具有支持和保护机体重要器官的作用，禽类骨骼的进化与飞翔和栖息等因素密切相关，在进化的过程中形成了自身的特点，骨骼具有强度大和重量较轻两种特性。强度大是由于骨密质非常致密，含无机质钙盐较多，而且有些骨已愈合成一个整体，如颅骨、腰荐骨和骨盆。重量轻是由于成年时大多数骨髓腔内充满着与气囊相通的含气腔，称为含气骨，但幼禽几乎全部骨都含有红骨髓。雌禽的某些骨内，在产蛋前形成类似松质骨的髓质骨，随着蛋壳形成的周期而增生或吸收，可贮存或释放钙盐，可以补充肠吸收钙之不足，如果饲养管理不当，可以导致多种骨骼和关节发生畸形，例如笼养鸡的龙骨弯曲。

家禽由于生活方式的不同，全身骨骼的形态、位置和结构与哺乳动物相应的骨骼有不同程度的差异，全身骨骼依其所在部位也可分为躯干骨、头骨、前肢骨和后肢骨。

（一）躯干骨

躯干骨包括椎骨、肋骨和胸骨，椎骨又包括颈椎、胸椎、腰荐椎和尾椎。禽的颈椎一般较长，颈椎的数目较多（鸡13～14个、鸭14～15个、鹅17～18个、鸽12个），呈"S"状或者"乙"状弯曲，这样便于颈部灵活运动、采食和用喙梳理羽毛，寰椎较小，呈狭环状，枢椎棘突比较明显，向后体积逐渐增大，第3颈椎至最后颈椎形态基本相似，椎体较长，呈前后延伸的侧扁棒状。胸椎数目较少（鸡和鸽7个、鸭和鹅9个），鸡和鸽子第1和第6胸椎游离，第2至第5胸椎愈合成一整体，第7胸椎与腰荐骨愈合，鸭和鹅仅后2～3个胸椎与腰荐骨愈合。第7胸椎和所有的腰椎、荐椎及一部分尾椎愈合成一整块腰荐骨，又称为综荐骨，共有1～14个椎骨构成，其中腰椎5个、荐椎4个、胸椎1个和尾椎1个，综荐骨两侧与髂骨紧密连接形成不动关节。游离的尾椎数目较少（鸡、鸽有5～6个，鸭、鹅有7个），最后一块是由几个尾椎愈合形成的综尾骨，呈两侧压扁的三角形，是尾羽和尾脂腺的支架，有多条尾肌附着在综尾骨上，在禽类飞翔中起重要的作用。

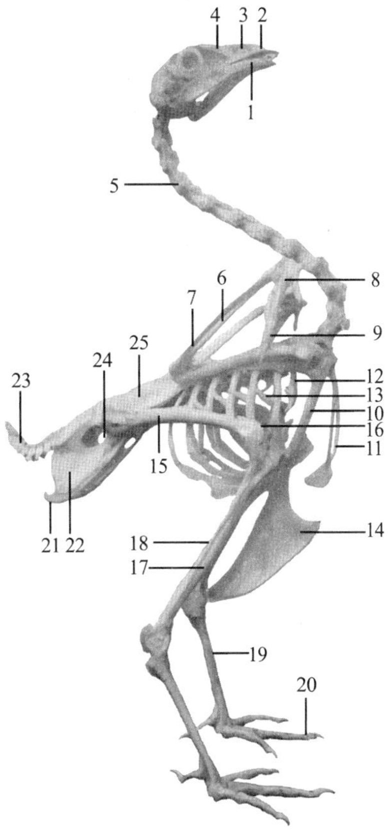

1.下颌骨　2.颌前骨　3.鼻孔　4.鼻骨　5.颈椎　6.桡骨　7.尺骨　8.掌骨　9.指骨　10.乌喙骨　11.锁骨　12.肋骨　13.钩突　14.胸骨　15.股骨　16.髌　17.胫骨　18.腓骨　19.大跖骨　20.趾骨　21.耻骨　22.坐骨　23.尾骨　24.坐骨孔　25.髂骨

图15-1　鸡的全身骨骼

肋骨呈侧扁的长骨，排列成对，其对数与胸椎一致。第1、2肋骨为浮肋，不与胸骨连接，其余每一肋分为椎肋骨和胸肋骨（相当于骨化的肋软骨）两段，互相连接，椎肋骨较长，位于背侧，与胸椎相连接，胸肋骨位于腹侧，与胸椎椎体两侧连接构成关节。此外，椎肋骨除第1和最后2～3个外，均具有钩突，向后附着于后一肋的外面，对胸廓侧壁有加固作用。

禽类的胸骨非常发达，为背侧面凹的骨板，是由胸骨体和几个突起所组成。腹侧面正中有一纵行的胸骨嵴，又叫龙骨，供胸肌附着，鸡和鸽子的龙骨特别发达。胸骨的前部形成一个正中突（胸骨棘）和一对前外侧突，后部形成一对后外侧突，鸡和鸽的还有一对胸突。此外，胸骨的背侧面有大小不等的气孔，与气囊相通。

（二）头骨

家禽头骨高度特化，愈合较早，以大而圆的眼眶为界分为颅部和面部。

家禽颅骨呈圆形，属含气骨，在发育过程中愈合成一整体，围成颅腔。筛骨前移至眶部，垂直板形成眶间隔，筛板则形成眼眶与鼻腔之间的水平间隔。眶缘不完整，由颞骨、额骨和泪骨围成。

家禽的面部比较复杂，与颅部比较体积较小，位于颅部前方，主要由筛骨、颌前骨、方骨、下颌骨、鼻骨、泪骨、梨骨、鼻甲骨、颧骨、翼骨、腭骨和舌骨等构成，颌前骨(即切齿骨)、鼻骨和上颌骨主要形成上喙，颌前骨和鼻骨围成鼻孔。禽面骨中有一方骨(方骨在哺乳动物则成为砧骨)是禽类所特有的，与颞骨间形成活动关节，禽的上、下喙在开闭时，通过方骨等的作用，同时引起上喙的上提或下降，从而使口开张大而自如。

舌骨由正中的舌骨体和 1 对细长而弯曲的舌骨支构成，舌骨体由舌内骨和前后基舌骨构成，不同家禽舌内骨的形态不同，鸡和鸽子的舌内骨呈矛形，鸭和鹅的舌内骨呈长板形，家禽的舌骨支较长，舌骨支向后延伸，绕过枕骨，不与任何骨骼连接。

(三)前肢骨

前肢骨由肩带部和游离部组成。肩带部由肩胛骨、乌喙骨和锁骨三部分构成。肩胛骨狭而长，紧贴椎肋骨，几乎与脊柱平行向后达到骨盆，前端与乌喙骨相连并一起形成关节盂，鸭、鹅的肩胛骨比鸡和鸽子的长。乌喙骨呈长柱状，斜位于胸前口两侧，下端与胸骨前缘形成关节。左、右两锁骨的下端已互相愈合，构成叉骨，鸡、鸽呈“V”字形，鸭、鹅呈“U”字形，位于胸前口前方，其上端与肩胛骨和乌喙骨共同形成三骨孔，供肌腱通过。

游离部为翼骨，分为 3 段，平时折叠成“Z”字形紧贴胸廓。第一段肱骨为含气骨，近端内侧粗隆，下方有大的气孔。第二段为前臂骨，包括桡骨和尺骨，尺骨较发达。第三段相当于前脚骨，由腕骨、掌骨和指骨构成。腕骨仅有尺腕骨和桡腕骨两块。掌骨只有第 2、3、4 掌骨，第 2 掌骨仅为一小突起，第 3、4 掌骨的两端已互相愈合。指部有 2、3、4 指，分别有 2、2、1 个指节骨，鸭、鹅的 2、3、4 指则有 2、3、2 个指节骨。

(四)后肢骨

后肢骨由盆带部和游离部组成。盆带部由髂骨、坐骨和耻骨组成，三骨在髋臼处愈合成髋骨。髂骨最大，呈不正长方形的板状，坐骨位于髋骨后部腹侧，呈三角形的骨板，耻骨细长，从髋臼沿坐骨腹侧缘向后延伸，末端突出于坐骨后方，耻骨和坐骨部分发生愈合，两骨间有狭窄的骨间隙，左右耻骨末端间的距离是母鸡产蛋率高低的一种判断标志。两侧的髋骨在腹侧并不互相连接，为了适应产蛋，禽类形成了开放性骨盆，便于产出大而带壳的卵。

游离部为腿骨，分为 4 段，由股骨、小腿骨、跖骨和趾骨组成。第一段是股骨，为管状长骨，比小腿骨短，特别是鸭、鹅的更短，近端有股骨头和大转子，远端有滑车和两个髁，股骨的滑车前方有髌骨，髌骨小，呈卵圆形，沿股骨滑车滑动。第二段为小腿骨，由胫骨和腓骨构成。胫骨发达，远端与近列跗骨愈合，也称胫跗骨，鸭和鹅的胫骨要比鸡的长。腓骨较细，呈细长形，位于胫骨外侧，向下逐渐变细、退化。第三段为跖骨，有 2 块。大跖骨由第 2、3、4 跖骨愈合而成；小跖骨相当于第 1 跖骨，位于大跖骨远端内侧。公鸡大跖骨具有发达的距突。跖骨近端与远列跗骨愈合，也称跗跖骨。第四段是趾骨，家禽一般有 4 趾，第 1 趾向后，有 2 个趾节骨；第 2、3、4 趾向前，分别有 3、4、5 个趾节骨。末节趾节骨为爪骨。

二、骨连结

禽类头部的骨连结除下颌关节外，其他部分属于不动关节。脊柱椎体不愈合的椎骨间的连接是微动关节。胸廓两侧的肋分别与胸椎和胸骨形成关节。

前肢和后肢的骨连结与哺乳动物基本相似，肩胛骨、乌喙骨和肱骨头构成肩关节，主要起内收和外展翼的作用，也有一定的转动和屈伸的作用，肘关节是复合关节，具有明显的内、外侧韧带，腕关节较复杂，主要起屈伸运动，髂腰荐关节是不动关节，髋关节主要进行屈伸运动，膝关节由股骨、髌骨、胫骨和腓骨组成，是复合关节，胫跖关节又称飞节。由胫跗骨远端和跗跖骨近端构成。

三、肌肉

家禽肌肉的肌纤维较细，肌肉没有脂肪沉积，全身肌肉的分布和发达程度因部位而有所不同，与部位活动的复杂性及运动量的大小有关，概括起来家禽的肌肉分皮肌、头部肌、躯干肌、前肢肌和后肢肌等(图 15-2)。

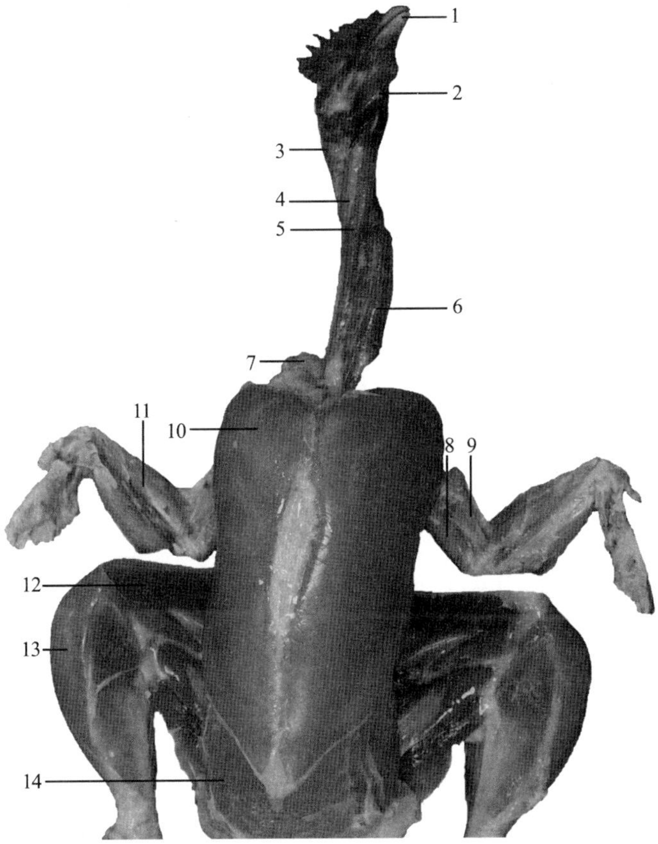

1. 喙　2. 喉　3. 颈升肌　4. 食管　5. 气管　6. 颈部肌肉　7. 嗉囊　8. 臂三头肌　9. 翼膜长肌
10. 胸大肌　11. 掌桡侧伸肌　12. 股部肌　13. 小腿肌　14. 腹部肌肉

图 15-2　鸡全身浅层肌

(一)皮肌

皮肌薄而分布广泛，直接分布于皮下，主要在颈部及躯干的背侧，分为颈皮肌、肩臂皮肌、胸腹皮肌和尾皮肌，皮肌与皮肤的羽区相联系，控制其紧张和活动。有的有支持嗉囊的作用，有的终止于翼的皮肤褶，飞翔时起着紧张翼膜的作用。

（二）头部肌

禽无唇、颊和耳郭，鼻孔也不活动，面肌大多退化，但开闭上、下颌的肌肉则比较发达，还有一些作用于方骨的肌肉。舌的固有肌有一系列舌骨肌组成，主要支配舌的采食和吞咽时可做灵敏迅速的运动。

（三）躯干肌

躯干肌包括脊柱肌、胸廓肌和腹肌。脊柱肌主要是颈部肌肉比较发达，大都是多节肌，便于禽类采食等多种活动，颈部肌起于前几个脊椎背侧，止于枕骨，保证颈部的灵活运动。背部和腰荐部肌因椎骨大多愈合而退化。尾部肌肉比较发达。胸廓肌有肋间内肌、肋间外肌、肋提肌和肋胸骨肌等，肋间外肌是吸气肌，肋间内肌是呼气肌，家禽没有膈肌，腹壁肌与家畜相同，也分 4 层，但较薄弱。

（四）前肢肌

前肢肌中最发达的是胸部肌，有 2 块：胸肌（又称胸浅肌、胸大肌）和乌喙上肌（又称胸深肌、胸小肌）。善于飞翔的禽类可占全身肌肉总重的一半以上。其作用是将翼向下扑动和将翼向上举，在飞行时对翼提供强大的动力。

翼肌主要分布于臂部和前臂部，主要作用于肘关节和腕关节，有展翼和收翼的作用。前臂外侧面的掌桡侧伸肌和指总伸肌是重要的展翼肌。

（五）后肢肌

后肢盆部的肌肉不发达，股部和小腿部的肌肉多而发达，占全身肌肉的比重仅次于胸肌。

腿肌主要分布于股部和小腿部。由于趾屈肌腱的经路，在禽下蹲栖息时，髋关节、膝关节屈曲，跗关节和趾关节也同时屈曲而牢固地攀住栖木。参与此作用的耻骨肌，位于股部前内侧，为一小的纺锤形肌，起于耻骨前端，止腱向下绕过膝关节外侧面而转到小腿后面，合并入趾浅屈肌内，此肌也称迂回肌或栖肌。是两栖类和鸟类特有的肌肉。鸡跖部的趾屈肌腱常随年龄增大而骨化。

四、禽骨骼和肌肉的组织构造

（一）禽骨骼组织结构

禽骨骼的组织学结构与家畜相似。骨质是骨骼的主要成分，也是由骨细胞、骨基质和骨胶纤维三部分组成。骨细胞核呈卵圆形，胞质中含有少量线粒体、高尔基器、碱性磷酸酶、酶原、脂滴和糖类等。禽骨基质也由有机物和无机物所组成。有机物很少，分布于密集的骨胶纤维之间，含硫酸软骨素和蛋白质。无机物主要是骨盐，呈钢针状结晶，其主要成分是钙盐，骨盐有序地沉积在骨胶纤维上，并且不断地代谢、更新。禽骨也是机体钙的贮存库，参与禽类钙的代谢，对维持血钙的一定浓度，维持正常产蛋都有重要的作用。禽骨根据其组织结构、骨盐分布的不同和钙化程度的不同，可分为皮质骨和髓质骨。皮质骨包括骨密质和骨松质，骨密质分布与家畜相似，主要分布于长骨骨干、骺的表面、扁骨的内外骨板和短骨等，骨内外表面覆有骨内膜和骨外膜，中间骨髓腔内充满骨髓，骨松质分布于骨端和骨干内部，呈片状或者针状的骨小梁，彼此吻合形成多孔的骨髓腔。髓质骨充满骨髓腔内，表面分布不同数量的成骨细胞和破骨细胞，骨胶纤维无定向排列，因此，髓质骨不能承受机械重力的作用，仅作为无机盐的储存库。当蛋壳形成时，髓质骨被吸收提供蛋壳形成需要的钙盐。

(二)禽骨骼肌组织构造

家禽与家畜相似，骨骼肌是运动系统的动力器官。家禽骨路肌分为白肌与红肌，主要有肌纤维(白肌纤维、红肌纤维和中间型肌纤维)构成。白肌主要是由白肌纤维组成，红肌是由红肌纤维组成，介于白肌纤维与红肌纤维之间还存在中间型肌纤维。但各块肌肉中各种肌纤维的比例不同。鸡的胸肌以白肌纤维为主，腿部肌肉则以红肌纤维为主，而泳禽和飞禽的胸肌则以红肌纤维为主。

第二节　消化系统

家禽与家畜相似，消化器官主要是用于采食、消化食物、吸收营养和排泄代谢产物。消化器官也分为消化管和消化腺两部分。禽类消化器官缺少唇、齿、软腭和结肠，消化系统主要是由口腔、咽、食管、胃、小肠、大肠、泄殖腔、肝和胰等器官构成(图 15-3)。

一、口咽

(一)喙

禽无唇和齿，颊不明显，上、下颌发育成上喙和下喙，是禽类特有的采食器官。鸡、鸽的喙短而尖，呈角锥形，被覆有坚强的角质；鸭、鹅的喙长而扁，喙的边缘形成一系列角质横褶，在水中采食时可将水滤出。禽类的上喙及硬腭黏膜分布有感受器。

(二)口咽腔

禽因无软腭，口腔与咽无明显分界，常合称为口咽。口腔顶壁正中有腭裂或称鼻后孔裂，口腔底壁则大部为舌所占据。舌的形态与下喙相一致，鸡、鸽的舌为尖锥形，鸭、鹅的舌较长而厚。舌体与舌根之间以舌乳头为界。鸭、鹅舌的侧缘具有丝状的角质乳头分布，与喙缘的横褶一同参与滤水作用。

舌肌不发达，表面被覆黏膜，黏膜上皮为复层扁平上皮，背腹侧高度角质化，浅层细胞扁平，黏膜上缺味觉乳头，仅分布有数量少、结构简单的味蕾。鸡的味蕾分布于舌基部和咽底壁横排舌乳头后方的上皮内，大部分与唾液腺导管相紧靠。咽腔底壁为喉的所在，以咽乳头与食管为界，咽部黏膜血管丰富，可使大量血液冷却，有参与散发体温的作用。

(三)唾液腺

禽类的唾液腺较发达，在口咽腔的黏膜内几乎连续成一片。口腔顶壁有上颌腺、腭腺和蝶翼腺；底壁有下颌腺、口角腺和舌腺。

家禽的唾液腺外观有的呈囊状，有的集成腺团，有的分散存在，囊状唾液腺由许多分支管状腺或者管泡状腺组成，腺泡上皮为单层柱状细胞，腺细胞均为黏液腺细胞，主要分泌黏液，滑润口腔黏膜，并使食团润滑，便于吞咽，腺体间的结缔组织内有散在的淋巴组织。

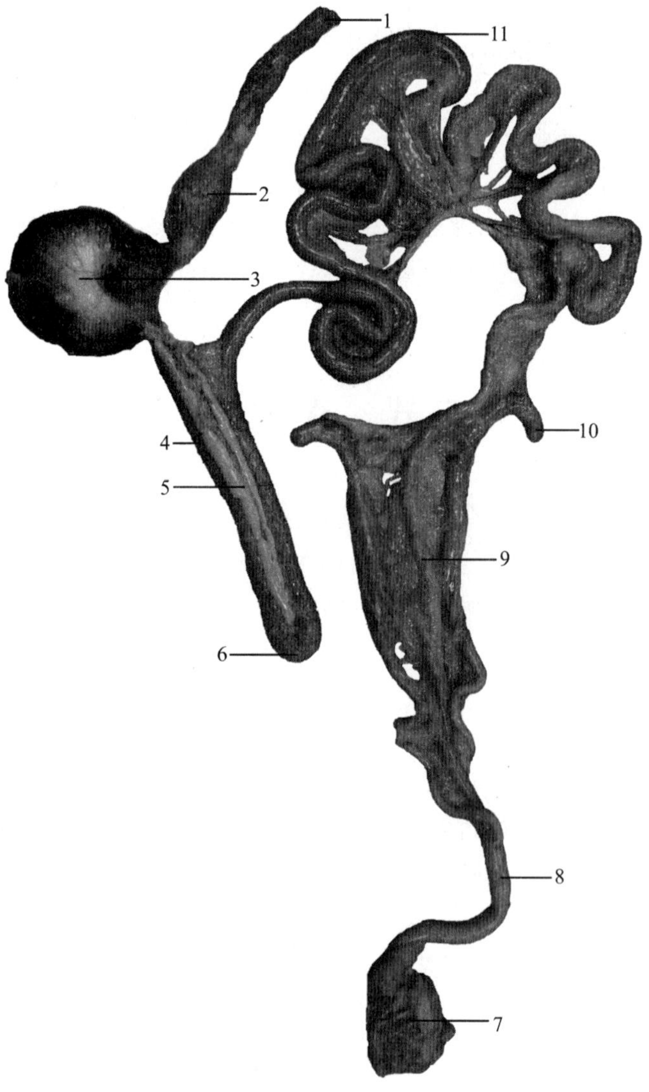

1.食管 2.腺胃 3.肌胃 4.十二指肠 5.胰 6.十二指肠弯曲 7.泄殖腔
8.直肠 9.回肠 10.盲肠 11.空肠

图 15-3 鸡消化系统

二、食管和嗉囊

(一)食管

食管分为颈、胸两段。颈段长,开始位于气管背侧,然后与气管一同偏至颈的右侧。食管和气管在颈椎腹侧与右锁骨之间进入胸腔,形成食管胸段,位于左、右两肺之间、气管和心脏基部背侧,到第 5 肋后方,则伸延于前胸气囊之间,到达肝左叶脏面,无明显界限地与腺胃相接。鸭颈长,食管也较长,其位置与鸡一样。食管属于管状器官,有典型的四层结构,食管黏膜较厚,形成许多纵行的皱襞,鸭的尤为发达,黏膜上皮属于角化的复层扁平上皮,黏膜的厚度和角化程度与家禽种类相关，鸡的黏膜上皮比鸭的厚，但没有鸭的上皮角化程度明显，固有层是疏松结缔组织，分布有丰富的血管、淋巴管和神经，除此之外，固有层内还分布有较大的食管腺，黏膜下层较薄，肌膜一般分为两层，食管后端的淋巴滤泡称为食管扁桃体，以鸭的较明显，外膜有结缔组织构成，有血管和神经分布。

（二）嗉囊

鸡和鸽的食管在锁骨和胸肌的前方形成纺锤形膨大称为嗉囊。鸭、鹅无真正的嗉囊，鸡的嗉囊略呈球形，直接在皮下，鸡的偏于右侧，鸽的分为对称的两叶。嗉囊前后两口较近，有时饲料可经此直接进入胃。

鸡的嗉囊的组织结构与食管相似，黏膜皱襞在大弯处特别高，其他部位较低。嗉囊大弯黏膜上皮厚，浅层角质化。固有层内富含淋巴组织，仅在其与食管衔接处分布有囊状黏液腺。肌层有明显的内环肌和外纵肌。嗉囊主要有贮存和软化食料的作用。鸽嗉囊的上皮细胞在育雏期增殖而发生脂肪变性，脱落后与分泌的黏膜形成嗉囊乳（鸽乳），用以哺乳幼鸽。

三、胃

禽的胃分为腺胃和肌胃（图 15-4）。

（一）腺胃

腺胃又称腺部或者前胃，呈短纺锤形，位于腹腔左侧，在肝左、右两叶之间的背侧。前以贲门与食管相通，后以峡部与肌胃相接。腺胃胃壁较厚，黏膜表面形成乳头，乳头上有深层腺导管的开口。黏膜上皮下陷于固有层形成浅层单管状腺，称腺胃浅腺，分泌黏液。腺胃深腺为复管状腺，形成小叶，分布于两层黏膜肌层之间。深腺分泌盐酸和胃蛋白酶原。

（二）肌胃

禽类主要以谷粒为食，肌胃特别发达，俗称肫或者鸡胗。为近圆形或椭圆形的双凸透镜，质地坚实，位于腹腔左侧，公鸡的肌胃，位于第 3 至第 14 腰荐椎之间，母鸡的肌胃，位于第 7 胸椎至第 12 腰荐椎之间，在肝后方的两叶之间。肌胃可分为背侧部和腹侧部很厚的体部及薄的前囊和后囊。肌胃的肌层很发达，是由环行的平滑肌纤维构成，组成体部的两块厚肌和前、后囊的两块薄肌。四肌在肌胃两侧以腱中心相连接，形成所谓腱面。肌胃的入口和出口（幽门）都在前囊。

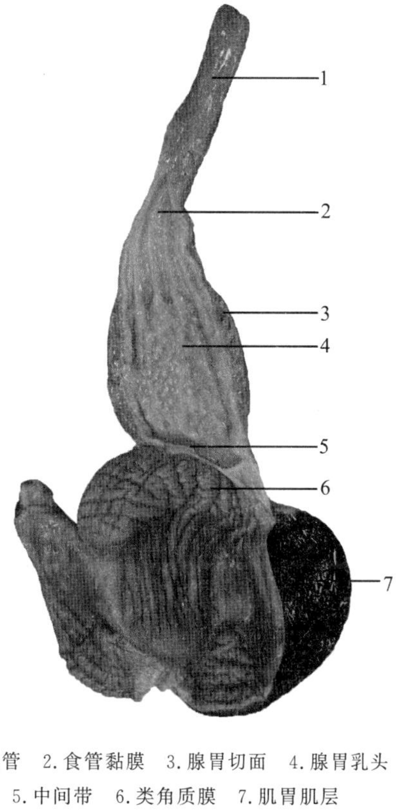

1. 食管　2. 食管黏膜　3. 腺胃切面　4. 腺胃乳头　5. 中间带　6. 类角质膜　7. 肌胃肌层

图 15-4　鸡腺胃和肌胃纵切面

肌胃有两个高度特性化的形态学特征，即坚硬的类角质膜衬里和强大而厚的平滑肌层。在黏膜固有层内，排列有单管状的肌胃腺，以单个或小群（10～30 个）开口于黏膜表面的隐窝。腺及黏膜上皮的分泌物与脱落的上皮细胞一起，在酸性环境中硬化形成了一层厚的类角质膜，称胃角质层，俗称盹皮，中药名“鸡内金”，类角质膜坚硬，对蛋白酶、稀酸、稀碱及有机溶剂均有抗性，并具有磨损脱落和不断修补更新的特点。肌胃内因经常含有吞食的沙砾，因此又叫砂囊。肌胃内的沙砾以及粗糙而坚韧的角质层，肌层很厚，全部由环行平滑肌组成，平滑肌纤维由结缔组织包绕成束或成片，背侧肌和腹倔肌的肌纤维排列比中间肌致密。肌纤维彼此广泛联系，共同附着于中央腱膜上，这就使神经冲动能迅速扩散至整块肌肉，整个肌胃发生迅速而一致的有力收缩，促进肌胃对食料进行机械研磨加工。

四、肠和泄殖腔

禽的肠分为小肠和大肠，但一般较短，长度为躯干长度（从最后颈椎至最后尾椎的一段距离）的 7～12 倍，不同禽类长度有所不同，例如，鸡的小肠长度是躯干长的 7～9 倍，鹅的小肠长度是躯干长的 10～12 倍。

（一）小肠

小肠分为十二指肠、空肠和回肠。十二指肠位于腹腔右侧，形成长的"U"字形肠襻，分为降支和升支，两支的折转处达盆腔。升支在幽门附近移行为空回肠，降升支间夹有胰。空肠形成许多肠袢，由肠系膜悬挂于腹腔的右侧。中部有一小突起，叫卵黄囊憩室，是胚胎期卵黄囊柄的遗迹。回肠短而直，以回盲韧带与盲肠相连。

小肠的组织构造基本与哺乳动物相似，小肠黏膜特点是有发达的肠腺和绒毛，但无十二指肠腺，绒毛内亦无中央乳糜管，脂肪直接吸收入血液，小肠腺较短，黏膜下组织很薄，小肠末端的环形肌增厚而形成括约肌。

（二）大肠

包括一对盲肠和一条直肠。盲肠比较发达，较长，以两条短的回盲系膜附着于回肠两侧，并沿回肠两侧向前延伸，在肝脏和肌胃的后方，盲肠可分为基、体和尖三部分。盲肠基较细，盲肠体较宽，盲肠尖为盲端。盲肠近端的组织结构与小肠相似，盲肠近端壁内含有丰富的淋巴组织，在盲肠基处形成盲肠扁桃体，鸡较明显。鸽的盲肠呈芽状。禽的直肠短，没有明显的结肠，因此也称结直肠。大肠黏膜除盲肠尖部外，具有短而宽的绒毛。

（三）泄殖腔

泄殖腔是肠管末端膨大而成的腔道，是消化、泌尿和生殖系统后端的共同通道，略呈球形。以黏膜褶分为粪道、泄殖道和肛道 3 部分（图 15-5）。粪道是大肠末端膨大而形成的，较宽大，前接直肠。泄殖道最短，向前以环形褶与粪道为界，向后以半月形褶与肛道为界。输尿管、输精管或输卵管开口于泄殖道。肛道向后以肛门开口于体外，背侧壁有腔上囊的开口，壁内具有肛道腺和发达的括约肌。肛门由背侧唇和腹侧唇围成。排粪时，泄殖腔部分外翻，使泄殖孔扩散成圆形。成年公鸡的泄殖孔腹唇，在人工外翻时，可见到外生殖器。鸭和鹅在肛门部还分布有淋巴结，

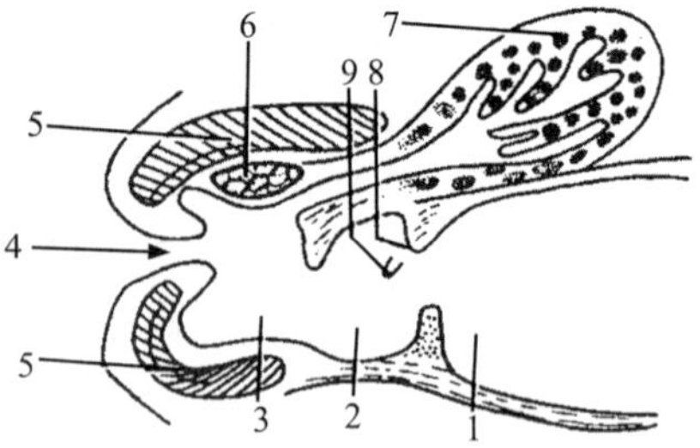

1. 粪道　2. 泄殖道泄殖孔括约肌（环肌）　3. 肛道
4. 肛门　5. 泄殖孔括约肌　6. 背侧肛腺
7. 腔上囊　8. 泄殖肛襞　9. 粪泄殖道襞

图 15-5　鸡的泄殖腔（性未成熟）正中矢状切面模式图

泄殖腔的组织结构与大肠相似，黏膜上皮为单层柱状上皮，在泄殖孔背侧和腹内侧转变为复层扁平上皮，黏膜肌层在泄殖孔附近消失肌层有内环形肌和外纵形肌构成，外膜是疏松结缔组

织，与周围器官相连接。

五、肝和胰

(一)肝

禽类的肝脏是腹腔内最大的一个器官，占据了腹腔的大部分，位于腹前部，胸骨的背侧，前方与心脏接触(图 15-6)，凸面向下和胸骨及腹底壁相接触，并以薄膜状和镰刀韧带状连接于胸骨的内侧，不平整的凹面向后与胃肠相接触。肝分左、右两叶，红褐色。右叶有一胆囊，但鸽无胆囊。肝脏的两叶各有一肝门，每叶的肝动脉、门静脉和肝管等由此进出。右叶肝管注入胆囊，由胆囊发出胆囊管。左叶的肝管不经胆囊，与胆囊管共同开口于十二指肠终部。鸽的右肝管开口于十二指肠升支；左肝管较粗，开口于降支，禽类肝脏的组织构造与家畜相似，但也有不同之处，肝小叶不明显，肝板比较厚，一般由两个肝细胞构成，鸡的小叶间结缔组织不发达，鸭的较发达。

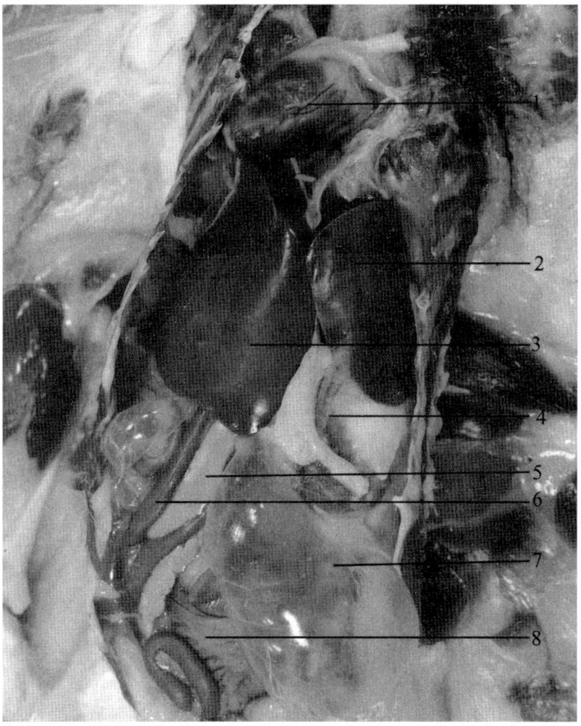

1. 心脏 2. 肝左叶 3. 肝右叶 4. 肌胃 5. 胰 6. 十二指肠 7. 气囊 8. 输卵管

图 15-6 鸡的肝和胰

(二)胰

胰位于十二指肠袢内，呈淡黄色或淡红色，长条形，可分为背叶、腹叶和很小的脾叶。胰管在鸡一般有 2～3 条，鸭、鹅有 2 条，与胆管一起开口于十二指肠终部(图 15-6)。

胰的外分泌部与家畜相似，表面覆以一层薄的疏松结缔组织被膜，被膜伸入腺体内形成结缔组织支架，也分为外分泌部和内分泌部，外分泌部占绝大部分，为复管泡状腺，分泌胰液属于消化腺。内分泌部由上皮细胞组成，称为胰岛，可分为两类：一类主要是由甲细胞构成称为甲胰岛，另一类是由乙细胞构成的，两类胰岛均含有少量的丁细胞。

禽类的胰岛由于甲、乙和丁三种细胞分布不均匀，又可分为亮胰岛（β胰岛）和暗胰岛（α胰岛）两种类型。亮胰岛分布较广，背、腹和中间三叶都有，暗胰岛主要分布于中间叶。

第三节 呼吸系统

禽呼吸系统由鼻腔、喉、气管、鸣管、肺和气囊构成。

一、鼻腔

禽类鼻腔较狭，呈裂隙状，通过一对鼻孔与外界相通，鼻孔呈圆形或卵圆形、位于喙的基部。鸡鼻孔上缘有软骨性鼻孔盖，鸭、鹅等水禽鼻孔四周为柔软的蜡膜。鼻中隔大部为软骨。每侧鼻腔有三个鼻甲：前鼻甲正对鼻孔，为C形薄板；中鼻甲较大，向内卷曲；后鼻甲位于后上方，呈小泡状，内腔开口于眶下窦。眶下窦又称上颌窦，位于眼球的前下方和上颌外侧，略呈三角形的小腔。窦的后上方有两个开口，分别通鼻腔和后鼻甲腔。禽类的眶鼻角附近，额骨凹陷处的皮下有鼻腺，被皮肤覆盖，输出管沿鼻骨内面向前，开口与鼻前庭。鸡的鼻腺长而细，不发达，鸭、鹅等水禽的鼻腺较发达，呈半月形。鼻腺有分泌盐分的作用，又称盐腺，对调节机体渗透压起重要作用，家禽的鼻腔的组织构造类似与家畜，也分为前庭部、呼吸部和嗅部，三部分黏膜均由上皮和固有膜组成。

二、喉和气管

（一）喉

禽喉也称为前喉，位于气管的起始部，咽底壁，在舌根后方，与鼻后孔相对，喉口呈缝状，以两黏膜褶围成。喉软骨有环状软骨和杓状软骨两种。环状软骨是喉的主要基础，分为4片，以腹侧的体较大。杓状软骨一对，形成喉口的支架。喉腔内无声带。喉软骨上分布有扩张和闭合喉口的肌肉，喉口在吞咽过程中，可因喉肌的作用而引起反射性地关闭。

（二）气管

气管较长而粗，伴随食管后行，到颈后半部偏至颈的右侧，入胸腔前转至颈腹侧，进入胸腔后在心基背侧分为两条支气管，分叉处形成鸣管。气管支架由"U"字形的气管环所构成，幼禽为软骨，随年龄增长而骨化。相邻气管互相套叠，可以伸缩，以适应颈的灵活性。沿气管两侧附着有狭长的气管肌，包括胸骨气管肌、锁骨气管肌和气管侧肌等，起于胸骨、锁骨和气管，均从鸣管向上一直延续到喉，可使气管和喉做前后颤动，在发声时有辅助作用。

（三）鸣管

禽类的鸣管也称后喉，是禽的发声器官（图15-7），位于气管末端与左右肺外支气管分叉处，胸腔入口的内侧和心基的背侧，其支架为几个气管环和支气管环以及一块楔形的鸣骨。鸣骨位于气管叉的顶部，在鸣骨与支气管之间，以及气管与支气管之间，有两对弹性薄膜，称为内、外侧鸣膜。鸣骨将鸣腔分为两部分，在同侧的内、外侧鸣膜之间形成狭缝。当禽呼气时，空气振动鸣膜而发声。公鸭鸣管在左侧形成一个膨大的骨质鸣管泡（图15-8），无鸣膜，故发声嘶哑。鸣禽的鸣管还有一些复杂的小肌肉,能发出悦耳多变的声音。

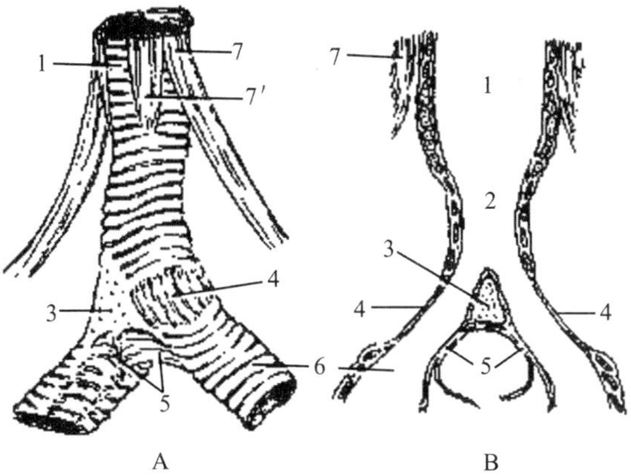

1.气管 2.鸣腔 3.鸣骨 4.外鸣膜 5.内鸣膜
6.支气管 7,7′.气管肌

图 15-7 鸡的鸣管(左图示外形,右图示纵切面)

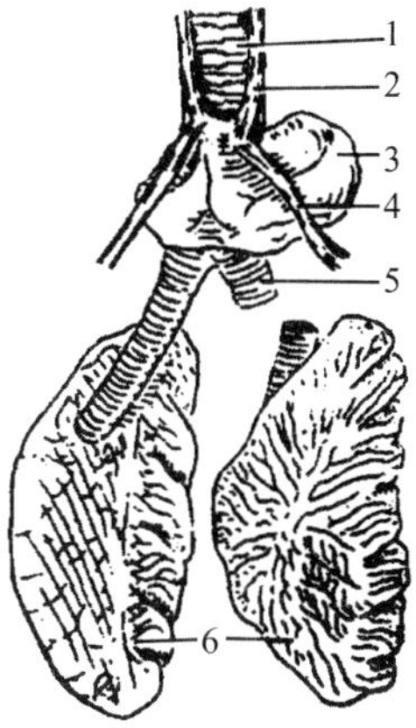

1.气管 2.气管肌 3.鸣管泡 4.胸骨喉肌
5.支气管 6.肺

图 15-8 公鸭的气管和肺(背面观、腹面观)

(四)支气管

经心基上方进人肺门。其支架为"C"字形的软骨环,内侧壁为结缔组织膜。

三、肺

(一)肺的形态和位置

禽肺不大,鲜红色,略呈扁平四边形,不分叶(图 15-8)。位于胸腔背侧部,从第 1 或第 2 肋骨向后延伸到最后肋骨。背侧面有椎肋骨嵌入,形成几条肋沟。肺除腹侧面前部有一肺门外,还有一些开口,与气囊相交通。

支气管入肺后纵贯全肺,称为初级支气管,后端出肺连接于腹气囊。从初级支气管上分出 4 群次级支气管(图 15-9);即腹内侧群、背内侧群、腹外侧群、背外侧群。从次级支气管上又分出许多三级支气管,又称旁支气管,呈襻状,连接于两群次级支气管之间。相邻旁支气管之间还有许多横的吻合支。每条三级支气管壁被许多辐射状排列的肺房所穿通。因此,禽肺内支气管分支不形成支气管树,而是互相连通形成管道。

(二)肺的组织构造

禽肺脏表面是富含较多弹性纤维的结缔组织的浆膜构成的被膜,被膜下是实质,被膜的结缔组织伸入实质形成小叶间结缔组织,和呼吸毛细血管间的结缔组织构成肺脏的支架。支气管入肺后形成初级支气管,向后逐渐变细,末端与腹气囊直接相通,初级支气管与气管结构相似。初级支气管发出大小不等的次级支气管,较大的次级支气管起始部的黏膜与初级支气管相似,具有皱襞,其余上皮变成单层柱状纤毛上皮,淋巴组织减少。从次级支气管发出分支形成三级支气管,分布较广,遍布全肺,三级支气管彼此吻合,头尾相连,构成环状的支气管回路,同时,从三级支气管上发出呈辐射状的许多肺房,肺房是不规则的球形腔,其底壁形成一些小漏斗,漏斗再分出许多直径 7～12 μm 的肺毛细管,相当于家畜的肺泡。一条三级支气管及其肺房、漏斗和肺毛细管构成一个肺小叶。禽肺虽然不大,但肺毛细血管所形成的气体交换面

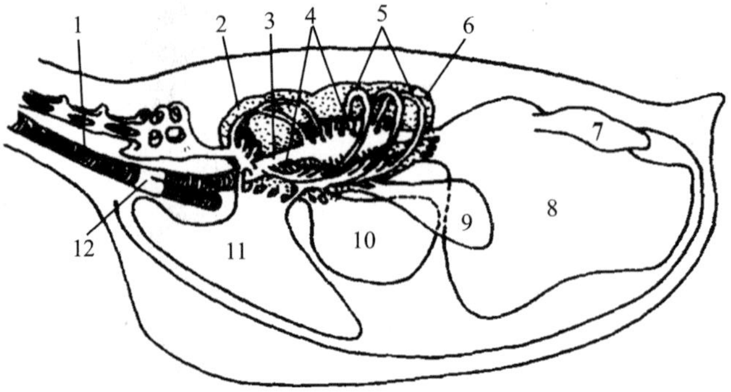

1.气管 2.肺 3.初级支气管 4.次级支气管 5.三级支气管 6.肺 7.肾憩室
8.腹气囊 9.胸后气囊 10.胸前气囊 11.锁骨间气囊 12.鸣管

图 15-9 禽气囊及支气管分支模式图

积,若以每千克体重计,要比哺乳动物大 10 倍,血液供应也很丰富,主要来自肺脏的肺动脉和支气管动脉的分支。

四、气囊

气囊是禽类特有的器官,属于肺的衍生物,可作为空气贮存器,由支气管的分支出肺后形成,大部分与许多含气骨的内腔相通。气囊在胚胎发生时共有 6 对,但在孵出前后一部分气囊合并,多数禽类只有 9 个(图 15-9),可分前后两群。前群有 5 个:1 对颈气囊,1 个锁骨气囊,1 对胸前气囊。后群有 4 个:1 对胸后气囊,1 对腹气囊。前群气囊均与内腹侧群的次级支气管相通,胸后气囊与外腹侧群次级支气管相通,腹气囊直接与初级支气管相通。此外,除颈气囊外,所有气囊还与若干三级支气管相通,常称为囊支气管。

气囊壁是一层薄的纤维弹性结缔组织膜,内衬单层纤毛立方或柱状上皮,外面则被覆浆膜。气囊有多种生理功能,可减轻体重,平衡体位,加强发音气流,发散体热以调节体温。而主要是作为空气的贮存器官参与肺的呼吸作用。当吸气时,新鲜空气一部分进入肺毛细管,大部分进入后气囊,而已通过气体交换的空气则由肺毛细管进入前气囊。当呼气时,前气囊的气体由气管排出,后气囊里的新鲜空气又送入肺毛细管。因此,不论吸气还是呼气时,肺内均可进行气体交换,以适应禽体强烈的新陈代谢需要。

第四节 泌 尿 系 统

禽泌尿系统没有膀胱和尿道,仅由肾和输尿管构成(图 15-10),这样可使体重减轻,更适于飞翔。

一、肾

(一)肾的形态和位置

与哺乳动物比较,禽类肾具有较低等脊椎动物肾的特征,如具有肾门静脉系统、不发达的髓质，以及肾单位有皮质型和髓质型之分等。

禽类肾比例较大，占体重1%以上，位于综荐骨两旁和髂骨的内面，从肺及第6肋骨后方的主动脉两侧后行，一直延伸到腰荐骨的后端。肾外无脂肪囊包裹，仅垫以腹气囊的肾憩室。禽肾的颜色在幼禽为淡红色，成年为暗褐色，质软而脆，易破碎，形狭长，可分前、中、后三部。没有肾门，肾的血管和输尿管直接从表面进出。肾表面有许多深浅不一的裂和沟，较深的裂将肾分为数十个肾叶，每个肾叶又被其表面的浅沟分成数个肾小叶。每个肾小叶也分为皮质和髓质，但由于肾小叶的分布有浅有深，因此整个肾不能区分出皮质和髓质。

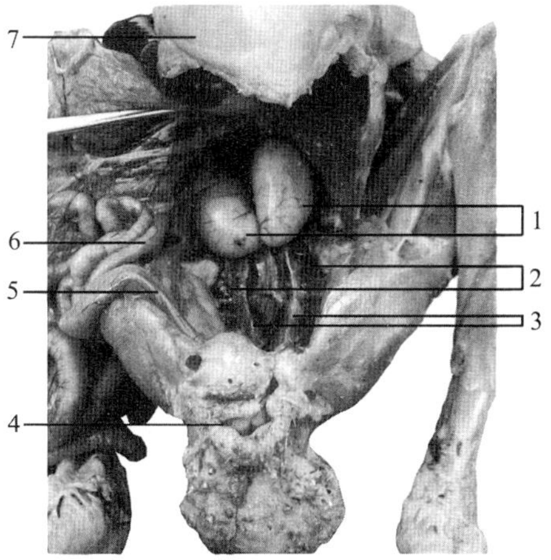

1.睾丸 2.肾中部 3.输精管 4.肛门
5.直肠 6.空肠 7.胸肌

图15-10 公鸡的泌尿生殖系统

（引自：熊本海等，2014）

(二)肾的组织构造

禽肾表面覆以极薄的结缔组织膜，部分区域包有浆膜，不发达的结缔组织也伸入肾实质内，形成小叶间结缔组织和肾小管间结缔组织。肾小叶是由许多肾单位构成的。禽肾单位的肾小体较小，数量较多，鸭每侧肾大约有100万个肾单位，肾小球只有2～3条毛细血管襻。每一肾小叶的所有集合管和髓襻，构成髓质区。几个相邻的肾小叶，其集合管相聚合并包以结缔组织，形成一个肾叶的髓质部。此髓质部加上所属小叶的皮质部，构成一个肾叶。禽肾的血液供应与哺乳动物不同，除肾动脉和肾静脉外，还有肾门静脉。输尿管在肾内不形成肾盂或肾盏，而是分支为初级分支（鸡约17条）和次级分支（鸡的每一初级分支上有5～6条）。

二、输尿管

禽类输尿管为一对细管，两侧对称，起于髓质集合管，从肾中部走出，沿肾的腹侧面向后延伸，开口于泄殖道顶壁两侧，可分为输尿管的肾部和输尿管的骨盆部。禽类没有膀胱，尿沿输尿管输送到泄殖腔与粪混合，形成浓稠灰白色的粪便一起排出体外。

第五节 生殖系统

一、公禽生殖器官

公禽生殖器官没有副性腺和精索等结构，主要是由睾丸、附睾（睾丸旁导管系统）、输精管和交配器组成（图15-10）。

(一)睾丸和附睾

禽类的睾丸为卵圆形，左、右各一，通常左侧睾丸略大右侧睾丸，位于腹腔内，以短系膜悬挂在肾前部腹侧，周围与胸、腹气囊相接触，邻近后腔静脉、髂总静脉等大血管，去势时应注意。

体表投影在最后两椎肋骨的上部。睾丸的大小、重量及颜色因年龄和性活动的时期而有很大的变化。性成熟前，睾丸通常很小，为淡红色或深黄色；性成熟时，睾丸即生长到成年时的大小；在配种季节，睾丸显著增大，颜色则由于大量精子的形成而变成白色。

家禽睾丸内缺少结缔组织性间隔，精细管直径较大以及精细管内有高液体成分，因此与哺乳动物的睾丸相比较，家禽睾丸的质地较软，睾丸表面被腹膜所覆盖，深面是由结缔组织构成的白膜；睾丸内的结缔组织间质不发达，不形成睾丸小隔和纵隔。实质主要为精小管。睾丸增大主要是由于精小管的加长和增粗，以及间质细胞增多。

附睾也称睾丸旁导管系统，呈长纺锤形，主要由睾丸输出小管和短的附睾管构成，紧贴在睾丸的背内侧缘。附睾管由附睾后端走出，延续为输精管。

（二）输精管

输精管是一对弯曲的细管（图 15-10），与同侧输尿管伴行，到肾后端形成一略为膨大的纺锤形体，末端形成输精管乳头，突出于输尿管口略下方。输精管是精子的主要贮存器官，在生殖季节增长并加粗，弯曲密度增大。雄禽没有副性腺。精液中的精清主要由精曲小管的支持细胞、睾丸输出小管、附睾管和输精管等的上皮细胞所分泌。输精管黏膜形成纵行皱襞，衬以柱状上皮，无腺体分布，肌层较发达，但外纵肌和内环肌没有明显的分界，末端处环肌特别发达，形成括约肌，强大的射精力量可能与此有关。

（三）交配器

公鸡虽无真正的阴茎，但却有一套完整的交配器，位于泄殖腔后端腹部。公鸡的交配器不发达（图 15-11），主要结构包括输精管乳头、脉管体、阴茎体和淋巴褶。输精管乳头，一对；脉管体，每侧一个，位于泄殖道和肛道腹外侧壁；阴茎体，包括一个正中阴茎体和一对外侧阴茎

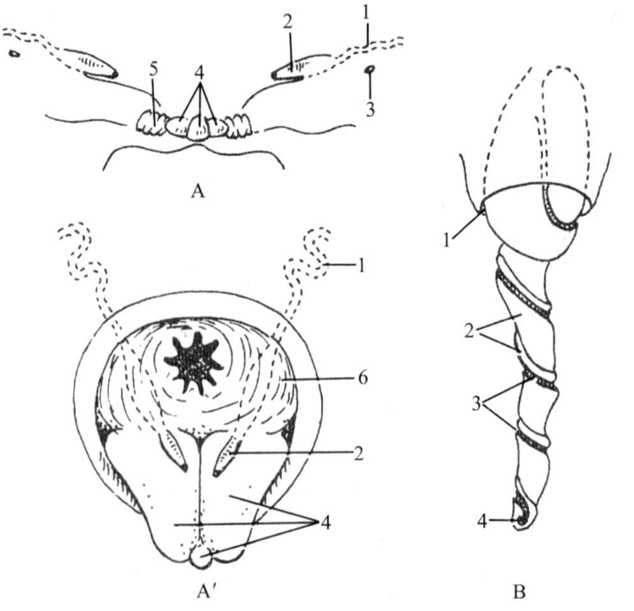

A. 成年公鸡（A′为勃起时） 1. 输精管 2. 输精管乳头 3. 输尿管口 4. 阴茎体
5. 淋巴褶 6. 粪道泄殖道裂
B. 成年公鸡勃起时的阴茎 1. 肛门 2. 纤维淋巴体 3. 阴茎沟 4. 阴茎腺部的开口

图 15-11 公禽的交配器官

体，位于肛门腹侧唇的内侧，刚孵出的雏鸡可用来鉴别雌雄；淋巴褶，每边一个，位于外侧阴茎体与输精管乳头之间。交配射精时，一对外侧阴茎体因充满淋巴而增大，中间形成阴茎沟，插入母鸡阴道内，精液由阴茎沟导入阴道。

公鸭和公鹅的阴茎较发达(图 15-11)，位于肛道腹侧偏左，长达 6～9 cm，它由两个纤维淋巴体和一个产生黏液的腺部构成。两个纤维淋巴体之间在阴茎表面形成一条螺旋形的阴茎沟。勃起时，淋巴体充满淋巴，阴茎变硬并加长因而伸出，阴茎沟闭合成管，将精液导入母禽阴道内。

二、母禽生殖器官

母禽生殖器官由卵巢和输卵管组成，仅左侧充分发育而具有功能，右侧在胚胎发生过程中即停滞而至退化(图 15-12)。

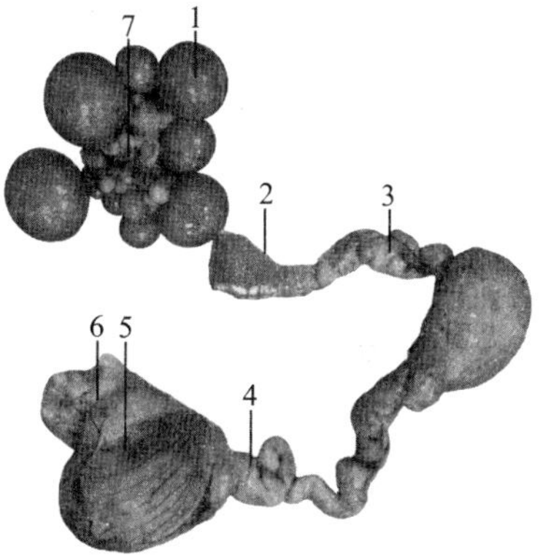

1. 成熟卵泡　2. 漏斗部　3. 蛋白分泌部　4. 峡部　5. 子宫部　6. 阴道部　7. 卵巢

图 15-12　母鸡生殖器官

(一)卵巢

卵巢以短的系膜附着在左肾前部及肾上腺的腹侧。卵巢与左肾上腺的关系特别紧密，部分左肾上腺延伸到卵巢的背侧，并有纤维性结缔组织囊把两者包围起来。卵巢背侧平滑，它与后腔静脉之间分布有结缔组织，供血管、淋巴管和平滑肌通过，称卵巢门。幼禽卵巢为扁平椭圆形，表面呈颗粒状，呈灰白色或白色，被覆生殖上皮，部分为立方上皮，部分为柱状上皮。卵巢又分为皮质区和髓质区，皮质内有卵泡和间质细胞，髓质为疏松结缔组织、平滑肌细胞、一些间质细胞群和血管。随着年龄的增长和性活动，卵泡逐渐发育为成熟卵泡，同时贮积大量卵黄，突出于卵巢表面，尤其在排卵前 7～9 d，仅以细的卵泡带与卵巢相连，因而卵巢呈葡萄状。较大的成熟卵泡在产卵期常有 4～5 个。停产时，卵巢萎缩，直到下次产卵期，卵泡又开始生长。禽卵泡没有卵泡腔和卵泡液，排卵后不形成黄体，卵泡膜于排卵两周后退化消失。

禽卵泡在发育过程中，也发生大量退化和闭锁现象。较大的卵泡在萎缩时，细胞膜和卵泡膜破裂，卵黄外溢而被吸收。当左侧卵巢机能衰退或丧失时，右侧未发育的生殖腺有时能重新继续发育。

(二)输卵管

1. 输卵管的形态和位置　禽类的输卵管仅左侧发育完整，为一条长而弯曲的管道，起自卵巢正后方，它与卵巢之间有周围器官所围成的腔隙，幼禽较细而直，成禽在停止产卵期间也萎缩。它以背侧韧带悬挂于腹腔背侧偏左，沿输卵管腹侧形成一个游离的腹侧韧带，向后固定于阴道。禽输卵管根据构造和功能，由前向后可顺次分为五部分：漏斗、膨大部、峡、子宫和阴道。漏斗部为输卵管的起始部，前端形成漏斗伞，朝向卵巢，中央有长裂缝状的输卵管腹腔口。漏斗伞迅速变细而形成漏斗管。漏斗以韧带固着在左侧倒数第 2 肋骨，漏斗可接纳排出的卵子，受精作用也在此部位进行。膨大部又称蛋白分泌部，是最长、弯曲最多的部分。以短而较细的峡与子宫相连接。峡部短而细，位于蛋白分泌部与子宫部之间。子宫部呈扩大的囊状，壁较厚。阴道部较短，呈“S”状弯曲，开口于泄殖道的左侧。

2. 输卵管的组织构造　输卵管壁主要由内向外可分为黏膜层、肌膜和外膜，黏膜层形成皱褶，富含血管，上皮由柱状纤毛细胞和腺细胞构成，固有层内含有管状腺，黏膜下组织薄，无黏膜肌层，管壁肌层由两层平滑肌构成。输卵管分为五段，组织结构有许多相同之处，也有不同之处，变化最大的是黏膜层。

漏斗部黏膜呈淡红色，形成低褶，上皮由扁平上皮逐渐转变为柱状上皮，部分具有纤毛，接近蛋自分泌部的漏斗部管壁厚度明显增加，出现了少量的管状腺，其分泌物参与卵系带的形成。

膨大部的壁较厚，管径大，肌层发达，但主要是黏膜。黏膜固有层内合有大量弯曲而紧密排列的管状腺，腺上皮呈高锥体形，开口于腺腔，黏膜层被覆单层柱状纤毛上皮或假复层柱状纤毛上皮，在性活动期呈乳白色或淡灰色，形成高而厚的纵褶，略呈螺旋状。固有层内有丰富的弯曲状分支管状腺，腺上皮细胞呈高锥体形，开口于腺腔，其分泌物能形成蛋白，因此膨大部又叫蛋白分泌部。

峡部管壁较薄，黏膜褶较低。峡腺较小，黏膜呈淡黄褐色，黏膜上皮也是由纤毛上皮和腺细胞组成，腺细胞分泌物是一种角蛋白，主要形成壳膜。峡与膨大部之间以一明显的狭带为界，黏膜无腺体，新鲜时较透明又叫透明部。

子宫部的黏膜呈淡红色至淡灰色，因功能状况而有不同。黏膜褶分割成叶片状的次级褶，腺体较小。黏膜上皮是假复层柱状纤毛上皮，由两种细胞组成，即顶细胞和基底细胞(分泌细胞)，这两种细胞分泌物为碳酸钙、碳酸镁，形成蛋壳及其色素。子宫腺又叫壳腺，因此子宫又称壳腺部。卵在子宫内停留的时间最长，可达 18～20 h，有水分和盐类透过壳膜加入蛋白而形成稀蛋白。子宫腺的分泌物则沉积于壳膜外形成蛋壳。

阴道部黏膜呈白色，形成细而低的纵褶，阴道部肌层发达，尤其是内环行肌，比输卵管其他区段的厚好几倍。阴道部在与子宫相连接的第一段含有管状的阴道腺，又叫精小窝，可贮存部分精子，并陆续释放出，供持续受精(鸭、鹅 8～12 d，鸡 10～21 d)。有人认为壳表面的角质也是阴道分泌的。

第六节　心血管系统

禽类心血管系统的器官与哺乳动物一样，也是由心脏、动脉、毛细血管和静脉组成的。

一、心脏

禽的心脏较大，外面覆以心包，位于胸腔的前下方。心基向前上方，与第 1 肋骨相对。心尖向后下方，夹于肝的两叶之间，与第 5 肋骨相对。禽类的心脏也分为两个心房和两个心室，右心房形成静脉窦，是左、右前腔静脉和后腔静脉注入处。右房室瓣是一片肌肉瓣，没有腱索。心包是薄的半透明的纤维囊，具有一定的韧性，分为脏层和壁层，脏层紧贴与心肌的外面，不易剥离，壁层有纤维层和浆膜层构成，脏层和壁层之间形成心包腔，内含心包液。

禽心脏传导系也由窦房结、房室结和房室束构成。窦房结位于右心房壁内，其位置因禽种不同而有差异，鸡的窦房结位于两前腔静脉口之间，在心房的心外膜下或右房室瓣基部的心肌内。房室结位于房中隔的后上方，在左前腔静脉口的稍前下方。房室结向后逐渐变窄移行为房室束，分为左、右两支。禽的房室束及其分支无结缔组织鞘包裹，和心肌纤维直接接触，兴奋易扩散到心肌。

二、血管

(一)动脉

禽血管主干模式图如图 15-13 所示。

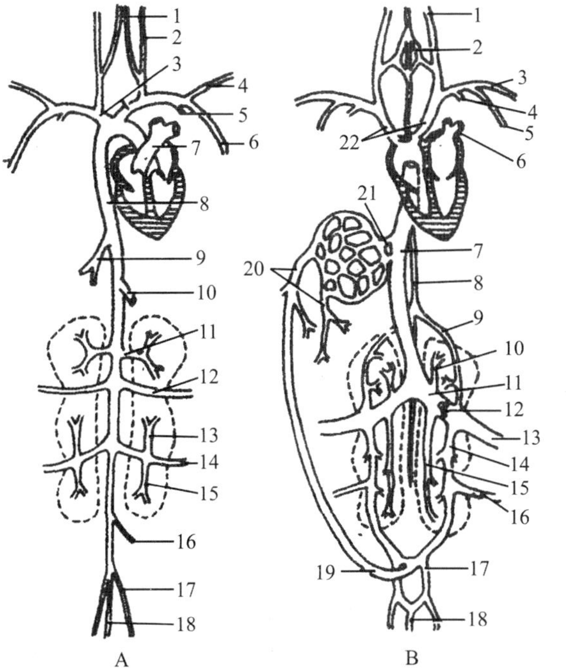

A.动脉主干 1.颈动脉 2.椎动脉 3.臂头动脉 4.臂动脉 5.胸内动脉 6.胸肌动脉 7.肺动脉 8.主动脉 9.腹腔动脉 10.肠系膜前动脉 11.肾前动脉 12.髂外动脉 13.肾中动脉 14.坐骨动脉 15.肾后动脉 16.肠系膜后动脉 17.髂内动脉 18.尾动脉

B.静脉主干 1.颈静脉 2.椎内静脉窦 3.臂静脉 4.胸内静脉 5.胸肌动脉 6.肺静脉 7.后腔静脉 8.椎内静脉窦 9.肾门前静脉 10.肾前静脉 11.髂总静脉 12.肾门静脉瓣 13.髂外静脉 14.肾门后静脉 15.肾后静脉 16.坐骨静脉 17.髂内静脉 18.尾静脉 19.肠系膜后静脉 20.肝门静脉 21.肝静脉 22.前腔静脉

图 15-13 禽血管主干模式图

肺动脉干由右心室发出，在接近臂头动脉的背侧分为左、右肺动脉入两肺(图 15-13A)。

主动脉由左心室发出，可分为升主动脉、主动脉弓和降主动脉。升主动脉自起始部向前右侧斜升，然后弯向背侧，到达胸椎下缘移行为主动脉弓。主动脉弓起始部分出左、右臂头动脉。每一臂头动脉又分为颈总动脉和锁骨下动脉。两侧颈总动脉出胸前口后互相靠拢，然后沿颈部腹侧中线，在颈椎和颈长肌所形成的沟内向前延伸，到颈前部由肌肉深处穿出，分向两侧到头部。锁骨下动脉是翼的动脉主干，它绕出第 1 肋骨移行为腋动脉，以后延续为臂动脉，到前臂部分为桡动脉和尺动脉。锁骨下动脉还分出胸动脉，分布于胸肌。

降主动脉沿体壁背侧中线向后伸延，分出成对的肋间动脉、腰动脉和荐动脉到体壁，还分出一些脏支到内脏,脏支有腹腔动脉、肠系膜前动脉、肠系膜后动脉和一对肾前动脉。睾丸和卵巢动脉由肾前动脉分出。降主动脉在相当于肾前部与中部之间,分出一对髂外动脉至后肢。在肾中部与后部之间,又分出一对较粗的坐骨动脉,穿过肾和髂坐孔至后肢,成为后肢动脉主干。此动脉在肾内分出肾中和肾后动脉。降主动脉最后分出一对细的髂内动脉后,主干延续为尾动脉至尾部。

(二)静脉

肺静脉有左、右两支,注入左心房(图 15-13B)。全身静脉汇集成两支前腔静脉和一支后腔静脉,分别开口于右心房的静脉窦。前腔静脉由同侧的颈静脉和锁骨下静脉汇合而成。两颈静脉在皮下沿颈部延伸,在颅底有颈静脉间吻合(常称桥静脉)。臂静脉位于臂部内侧,又称翼下静脉,是鸡静脉注射的部位。后腔静脉是由两髂总静脉汇合而成。髂内静脉穿行于肾后部和中部内成为肾门后静脉,与髂外静脉汇合而成髂总静脉。

肝门静脉有左、右两干,进入肝的两叶。左干较细,主要收集胃和脾的血液,右干较粗,主要收集肠的血液。肝静脉有两支,由肝的两叶走出,直接注入后腔静脉。

禽有两支肾门静脉,即肾门前静脉和肾门后静脉。肾门前静脉联系髂总静脉与椎内静脉窦之间,肾门后静脉是髂内静脉的延续,并有坐骨静脉注入。肾小叶内静脉出肾小叶后陆续汇集为前、后两支肾静脉,分别注入髂总静脉。在髂总静脉内,肾门静脉和肾静脉注入处之间,有漏斗状的肾门静脉瓣。在活体,通过肾门静脉瓣启闭,可调节血流量。

第七节 免疫系统

禽类的淋巴组织很丰富,除了淋巴管外,还包括外包结缔组织被膜构成淋巴器官,主要有胸腺、腔上囊(法氏囊)和脾,鸭和鹅等水禽有数量不多的淋巴结,鸡缺少淋巴结,弥散的淋巴组织在禽体内分布很广,几乎遍布所有内脏器官。

一、淋巴管

禽体内的淋巴管较少,呈内皮衬里的盲端毛细淋巴管,在组织内呈网状分布,毛细淋巴管汇集成较大的淋巴管,较大的淋巴管通常伴随血管而行,管内的瓣膜较少。胸导管有一对,是体内最大的淋巴管。左、右胸导管沿主动脉两侧前行,最后分别注入左、右前腔静脉。有的禽类(如鹅)在骨盆部的淋巴管上形成一对淋巴心,壁内有肌组织,其搏动可推动淋巴向胸导管流动(图 15-14)。

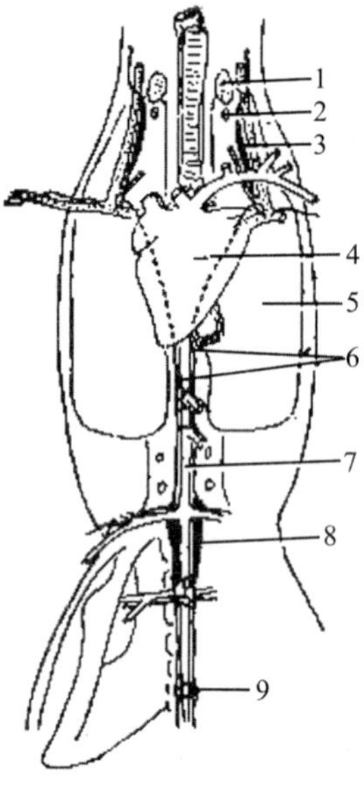

1. 甲状腺 2. 甲状旁腺 3. 颈胸淋巴结 4. 心脏 5. 肺 6. 胸导管 7. 主动脉 8. 腰淋巴结 9. 淋巴心

图 15-14 鹅淋巴管和淋巴结模式图

禽体腔内的淋巴管主要与动脉伴行,其他部位的淋巴管则与静脉伴行。头、颈部的淋巴管与颈静脉伴行,每侧常有两支,分别位于颈静脉的背侧和腹侧,最后开口于颈静脉;翼部的淋巴管与静脉相伴行,最后泄集成锁骨下淋巴管,开口于锁骨下静脉终末部;后肢的淋巴管伴随静脉汇集到坐骨淋巴管,再经主动脉淋巴管而至胸导管;躯干和内脏的淋巴管分别与每一部位的动脉血管伴行,汇集到主动脉淋巴管和胸导管。

二、淋巴组织

淋巴组织在禽除形成一些淋巴器官外,广泛分布于体内的其他器官内,如实质性器官、消化道管壁内等。多数为弥散性,有的呈小结状,在盲肠基和食管末端壁内的淋巴集结,又称为盲肠扁桃体和食管扁桃体,是抗体重要来源之一。

三、淋巴器官

(一)胸腺

禽类的胸腺呈黄色或者灰红色,位于颈部气管两侧皮下,从颈前部沿颈静脉直到胸腔入口的甲状腺处。每侧胸腺一般有 3～8 叶,鸡约有 7 叶,鸭、鹅和鸽约有 5 叶,呈淡黄或带红色。性成熟前发育至最大,性成熟后逐渐萎缩,但仍保留一些遗迹,胸腺的组织构造与哺乳动物类似,但是胸腺小体不典型。

(二)腔上囊

腔上囊又称法氏囊或泄殖腔囊,是禽特有的淋巴器官,位于泄殖腔背侧,开口于肛道。鸡的呈球形,鸭、鹅的呈椭圆形。幼龄家禽较发达,性成熟后开始退化,到 10 月龄(鸭 1 年,鹅稍迟),仅留小的遗迹,甚至完全消失。

囊壁由四层构成。黏膜形成多条含淋巴小结的纵行纵褶(鸡 9～12 个,鸭、鹅 2～3 个),被覆假复层柱状上皮,局部为单层柱状上皮。固有层里分布有大量排列紧密的淋巴小结,小结由周边的皮质和中央的髓质及介于两者之间的一层上皮细胞构成。无黏膜肌层。黏膜下层为疏松结缔组织,肌层由内纵、外环两层平滑肌构成,外膜为浆膜。腔上囊是产生 B 淋巴细胞的初级淋巴器官。

(三)脾

脾位于腺胃右侧,褐红色,鸡的呈球形,鸭、鹅为钝三角形,据相关报道,在家禽脾附近可能存在一个或者多个副皮。禽类脾组织构造与哺乳动物相似,但白髓和红髓区分不明显,脾的主要功能是造血、滤血和参与免疫反应,但无贮血和调节血量的作用。

(四)淋巴结

淋巴结仅见于鸭、鹅等水禽,有两对(图 15-14)。一对颈胸淋巴结,呈长纺锤形,位于颈基部,紧贴颈静脉。一对腰淋巴结,呈长条状,长达 2.5 cm;位于肾与腰荐骨之间的主动脉两侧。

第八节 神经系统

一、中枢神经系统

(一)脊髓

禽类的脊髓细长,从枕骨大孔与延髓连接处起,向后延伸,直到综尾骨的椎管内,因此,后端不形成马尾。颈胸部和腰荐部形成颈膨大和腰荐膨大，腰荐部膨大发达，其背侧向左右分开形成菱形窦，窦内有胶质细胞团，称胶质体，因其细胞内充满糖原，故又称糖原体。脊髓的内部结构与哺乳动物相似，在颈膨大和腰膨大部，灰质腹侧柱神经元有一部分移至外周的白质内，形成缘核，白质的有些上行传导束不发达，导致禽类对外周感觉较差。

(二)脑

禽脑较小，延髓发达，腹侧面隆凸。无明显的脑桥。中脑较发达，背侧顶盖形成一对发达的二叠体，又叫视叶，相当于哺乳动物四叠体的前丘。间脑较短，位于视交叉背后侧，无乳头体。小脑蚓部很发达，两旁为绒球。禽大脑皮质较薄，表面平滑，没有沟和回，仅背面有一略斜的纵沟。禽的纹状体发达，是重要的运动整合中枢。嗅脑不发达，嗅球较小。胼胝体很不发达，主要是以前连合和皮质连合联络两大脑半球(图 15-15)。

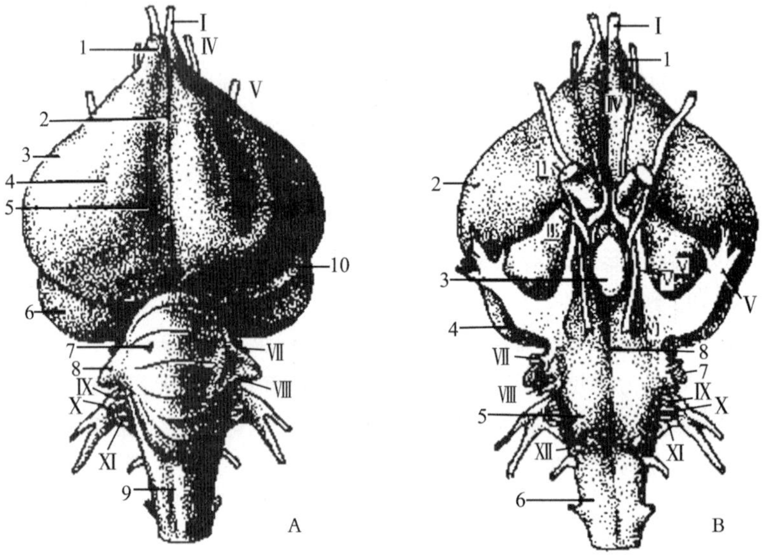

A:1.嗅球　2.大脑纵裂　3.大脑半球　4.沟　5.矢状隆起　6.视叶
7.小脑　8.绒球　9.脊髓　10.小脑横裂
B:1.嗅球　2.大脑半球　3.垂体　4.视叶　5.延髓　6.脊髓　7.绒球　8.腹正中裂

图 15-15　鸡脑背侧(A)、脑腹侧(B)

(罗马数字表示脑神经，略)

二、周围神经系统

(一)脊神经

脊神经(图 15-16)左右对称地分布在脊髓相应节段的两侧，左、右脊神经的行径和分布也是相同的。鸡的脊神经可分为颈神经、胸神经、腰荐神经和尾神经。其对数和各部的椎骨数目相同，颈神经 13～14 对，胸神经 7 对，腰荐神经 11～14 对，尾神经 5～6 对，共 36～41 对。

1.臂神经丛　由颈胸部 4～5 对(第 13～16 对)脊神经的腹侧支形成，集合为丛背侧干和腹侧干，分支经锁骨、第 1 肋和肩胛骨之间走出。背侧干发出腋神经和桡神经，主要供应翼的背侧面，即伸肌和皮肤；腹侧干主要发出胸肌神经和正中尺神经，主要供应腹侧面即屈肌和皮肤。

2. 腰荐神经丛　由腰荐部 8 对(第 23～30 对)脊神经的腹侧支形成，又可分腰神经丛和荐神经丛两部分。腰神经丛主要分支有股神经和闭孔神经等。荐神经丛主要形成粗大的坐骨神经，穿过髂坐孔而到腿部。

3. 阴部神经丛　是由 31～34 对脊神经的腹侧支形成，其壁支分布于泄殖腔和尾部、腹底壁皮肤；脏支即阴部神经，属副交感神经。

(二)脑神经

脑神经有 12 对，基本与哺乳动物基本相似。三叉神经较发达，分为眼神经、上颌神经和下颌神经，在头部分布较广。面神经不发达，缺少面肌的分支。舌咽神经分为三支：舌神经、喉咽神经和食管降神经，后者沿颈静脉而行，分布于食管、气管和嗉囊。副神经合并入迷走神经，出颅腔后分开，分出小支至颈皮肌，其余副神经纤维随迷走神经分布。舌下神经有前、后两个根，出颅腔后还有第 1、2 颈神经腹支的分支加入，并与迷走神经和舌咽神经间有交通支。舌下神经有两大分支：舌支，较细小，分布于舌骨肌；气管支，细长，分布于气管肌。

(三)植物性神经

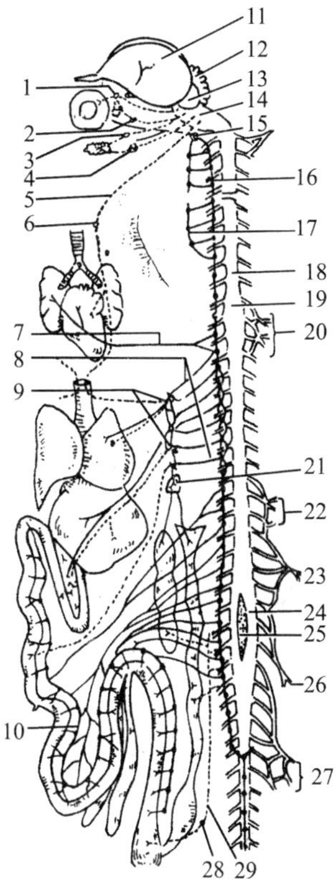

1. 睫状神经节　2. 蝶腭神经节　3. 下颌神经节　4. 耳神经节　5. 迷走神经　6. 结状神经节　7. 心神经　8. 内脏神经　9. 腹腔丛及肠系膜前丛　10. 肠神经　11. 大脑半球　12. 小脑　13. 视叶　14. 延髓　15. 颈前神经节　16. 交感神经干　17. 颈动脉神经　18. 脊髓　19. 颈膨大　20. 臂丛　21. 肾上腺丛　22. 腰丛　23. 荐丛　24. 腰荐膨大　25. 胶质体　26. 阴部丛　27. 尾丛　28. 泄殖腔神经节　29. 盆神经

图 15-16　鸡神经系统模式图

植物性神经(图 15-16)实质上是周围神经系统的一部分，两者发生同源，两者的神经原在中枢神经系统内相互混杂，彼物联系，分布于全身各部，与哺乳动物相似，但也有不同之处，禽类的植物性神经也包括交感神经、副交感神经和肠神经三部分。

1. 交感神经　交感神经干由一系列交感干及节间支相互串联而形成的，左右各一，从颅底沿脊柱两侧延伸到综尾骨，神经干上有一串神经节，数目与脊神经数目相近，在鸡有 37 个：颈 14 个、胸 7 个、腰荐 13 个、尾 3 个。颈部交感神经干有粗细两条，粗干行于颈椎横突管内，颈前节很大，其节后纤维主要分布于头部皮肤、血管的平滑肌和腺体；细干沿颈总动脉伸延，称颈动脉神经，在胸腔入口处与颈交感干一起至颈胸神经节。胸段交感干节间支分为两支，包绕肋头或椎骨横突。胸交感干发出心支和肺支，分布于心和肺。内脏大神经由第 2～5 胸髓发出的节前纤维组成，在腹腔动脉根与肠系膜前动脉根之间形成腹腔丛，然后再分支形成肝丛、胃丛、脾丛、胰十二指肠丛和腺胃丛，分布到相应的器官。内脏小神经由第 5～7 胸神经和第 1、2 腰髓发出的节前纤维所组成，在肠系膜前动脉根部后方形成肠系膜前丛，分布到空肠、回肠和盲肠等。荐部和尾前部交感干发出脏支，形成肠系膜后丛，发出卵巢支到卵巢、输卵管或睾丸支到睾丸，进入直肠系膜，沿肠系膜后动脉分支延伸。尾前部交感干在尾椎基部腹侧左、右合二为一。

2. 副交感神经　副交感神经也与哺乳动物相似，但副交感的颅部没有耳神经节，副交感神经的节前纤维随动眼神经、面神经、舌咽神经和迷走神经出脑。迷走神经主要含副交感神经纤维，发出交通支至近神经节，然后伴随颈静脉向后伸延，在胸腔入口处甲状腺附近形成远神经节，有分支到颈部内分泌腺。在神经节之后分出返神经，折向前与舌下神经的降支相汇合，分布于气管、食管和嗉囊。迷走神经在分出心支和肺丛后，沿食管后行，在腺胃处左、右两支合并为迷走神经总干，沿腺胃腹侧后行，在腺胃与肌胃交界处，又互相分开进入腹腔神经丛。分支到胃、肝、脾、胰。荐部副交感神经，其节前纤维行于腰荐部 4～5 对脊神经腹支形成的阴部丛内，节后纤维分布到输尿管、输精管（或输卵管）和泄殖腔等。

3. 肠神经　为禽类所特有，从直肠与泄殖腔的连接处起，在肠系膜内与肠管平行向前延伸，直到十二指肠后端，具有一串肠神经节。肠神经接受来自肠系膜前丛、主动脉丛、肠系膜后丛和盆丛的交感神经纤维。肠神经分出细支到肠和泄殖腔。

第九节　内分泌系统

禽类的内分泌系统主要由甲状腺、甲状旁腺、鳃后腺、肾上腺和垂体组成。

一、甲状腺

禽类的甲状腺 1 对，呈椭圆形，色暗红，位于胸腔前口附近气管的两侧，在颈总动脉与锁骨下动脉分叉处的前方（图 15-17），没有峡部，甲状腺的大小因禽的品种、年龄、季节和饲料中碘的含量而有较大变化，甲状腺的组织结构与哺乳动物相似，外有结缔组织被膜，但不形成明显的小叶间结缔组织，所以禽类的甲状腺不分叶。甲状腺的功能主要在于调节代谢作用，与家禽的生长、生殖和换羽等活动有密切关系，摘除甲状腺后，可以引起幼雏生长缓慢，母鸡产卵量降低，生殖腺萎缩，停止或延缓换羽，同时还影响到羽毛的生长，使其狭窄而稀疏，直到羽毛的色泽也会有所改变。

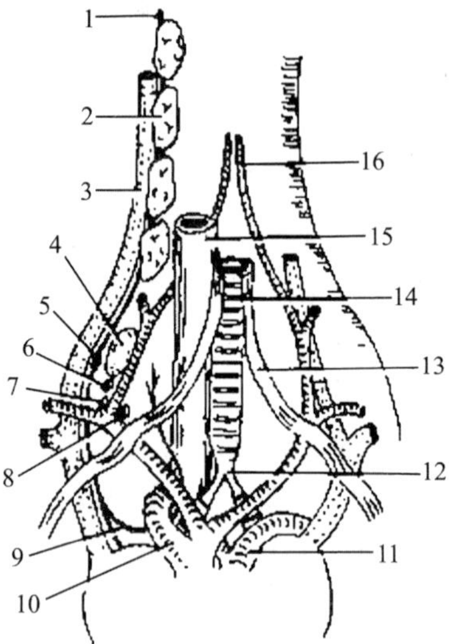

1. 迷走神经　2. 胸腺　3. 颈静脉　4. 甲状腺
5. 结状节　6. 甲状旁腺　7. 颈动脉体
8. 鳃后腺　9. 返神经　10. 主动脉
11. 肺动脉　12. 鸣管　13. 胸骨气管肌
14. 气管　15. 食管　16. 颈总动脉

图 15-17　鸡颈基部及胸腔入口处的主要结构

二、甲状旁腺

甲状旁腺有两对，左、右各一对，大小如芝麻粒大，颜色呈黄色或淡褐色，紧位于甲状腺之后，位置变化较大。腺实质为主细胞形成的细胞索，无嗜酸性细胞，索间为网状组织，主细胞的高尔基区较发达，分布着大量小的分泌颗粒，甲状旁腺分泌甲状旁腺素，可促进吸收钙质和提高血钙的水平，当产蛋时它调节血浆和钙离子水平。

这时有大量的钙从骨转送给蛋壳。

三、腮后腺

腮后腺又叫腮后体，是1对较小的腺体(鸡为2～3 mm)，位于甲状腺和甲状旁腺之后，右侧腮后腺位置变化较大。新鲜时为淡红色，形状不规则，没有被膜，周界常不明显。其实质为C细胞形成的细胞索。腮后腺分泌降钙素，参与体内钙的代谢。

四、肾上腺

禽类的肾上腺1对，位于两肾前端，肺脏的后方，左、右髂总静脉和后腔静脉汇集处的前方，为不正的卵圆形或三角形，多为乳白色、黄色或橙色。皮质形成细胞索，髓质则形成不规则的细胞团，分散于皮质的细胞索之间，呈镶嵌状结构(图15-10)。肾上腺是维持家禽生命必不可少的内分泌器官，所分泌的激素的作用主要与电解质的平衡，碳水化合物和蛋白质的代谢有关，还可引起血压升高，影响肾上腺、腔上囊和胸腺的活动等。

五、垂体

垂体位于脑的腹侧，以垂体柄与间脑相连，呈扁平长卵圆形，可分为腹侧部的腺垂体和背侧部的神经垂体，腺垂体又分为结节部和远侧部，无明显的中间部；结节部包围于漏斗和正中隆起的周围；远侧部又分为前区和后区。神经垂体由漏斗、正中隆起和神经叶三部分组成，前两者组成垂体柄，神经叶位于腺垂体远侧部后区的背侧。神经垂体有发达的垂体隐窝，与第3脑室相通。

第十节　感觉器官

一、视觉器官

禽类的视觉器官极为重要，尤其是鸟类，从高空临下，视觉敏感，明察秋毫，所以眼球占头部的体积较大，但禽类视觉器官的组成与哺乳动物相似，由眼球和眼的辅助器官两部分组成。

(一)眼球

禽类眼球较大，成年鸡两眼球重量与脑之比为1∶1。眼球较扁，角膜较凸，面积相对较小，角膜的组织构造由前向后包括角膜上皮、前基膜、角膜固有层、后基膜和角膜内皮(图15-18)。巩膜是由致密结缔组织构成的外层与由透明软骨构成的内层结合而成的，巩膜较坚硬，其后部含有软骨板。角膜与巩膜连接处有一环形小骨片形成的巩膜骨环。

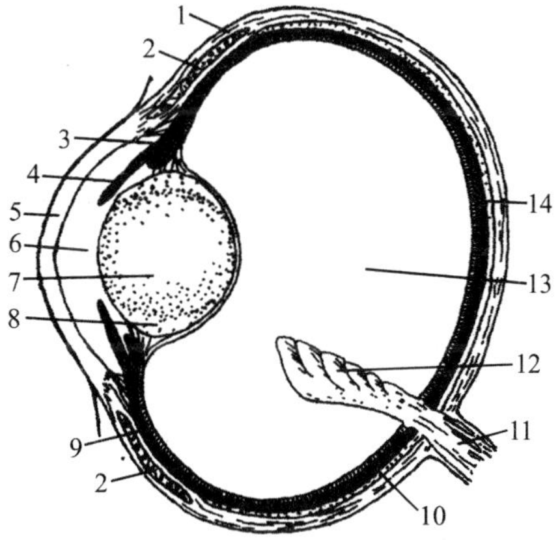

1.巩膜　2.巩膜骨环　3.睫状体　4.虹膜　5.角膜
6.瞳孔　7.晶状体　8.晶状体枕　9.脉络膜
10.视网膜　11.视神经　12.栉膜
13.玻璃体　14.巩膜软骨板

图15-18　鸡眼球纵剖面

虹膜呈黄色，瞳孔开大肌和括约肌及睫状肌均为横纹肌。睫状肌除调节晶状体外，还能调节角膜的曲度。视网膜较厚，但无血管分布，在视神经入口出，视网膜呈板状伸向玻璃体内，并含有丰富的血管，形成一特殊的栉膜。晶状体较柔软，其外周在靠近睫状突部位有晶状体环枕，与睫状体牢固相连接。

(二)眼的辅助器官

下眼睑大而薄，较灵活，眼睑无腺体。第 3 眼睑(瞬膜) 发达，为半透明薄膜，瞬膜活动时，能将眼球前面完全盖住。泪腺较小，位于眶的颞角附近。瞬膜腺较发达，鸡的呈淡红色至褐红色，位于眶的前部和眼球内侧。禽眼球的运动由 6 块小而薄的眼肌控制，包括两块斜肌、4 块直肌，无退缩肌，眼球的活动范围也不大。

二、位听器官

禽类位听器官也包括外耳、中耳和内耳，但其内部结构与哺乳动物的位听器官不尽相同。

(一)外耳

禽无耳郭，外耳孔呈卵圆形，周缘有褶，被小的耳羽遮盖。外耳道较短，壁上分布有耵聍腺，鼓膜向外隆凸。

(二)中耳

中耳由充满空气的鼓室、耳咽管和听小骨组成，鼓室除以咽鼓管与咽腔相通外，还有一些小孔通颅骨内的气腔。两个耳咽管有一共同开口与咽部通连。听小骨只有一块，称耳柱骨，其一端以多条软骨性突起连于鼓膜，另一端膨大呈盘状嵌于内耳的前庭窗。

(三)内耳

半规管很发达，耳蜗不形成螺旋状，是一个稍弯的短管。

第十一节　被皮系统

禽类的体表覆盖着皮肤及其衍生物，如羽毛、冠、肉髯、喙、爪、鳞、距等。主要对禽起保护内脏器官、调节体温、排除废物和对外界刺激的感觉等作用。

一、皮肤

禽皮肤较薄，皮下组织疏松，与深部结构联系不紧密。在羽区和水禽躯干腹侧形成一层皮下脂肪(图 15-19)。

禽类皮肤没有汗腺，在外耳道和肛门的皮肤含有少量皮脂腺。尾部有尾脂腺，位于综尾骨背侧，鸡的为圆形，水禽的为卵圆形，分为两叶，每叶有一小腺腔，分泌物含有脂质、卵磷脂和高级醇。禽可用喙压迫尾脂腺，将分泌物涂布于羽毛，起着润泽羽毛，使之不被水浸湿的作用。

皮肤真皮和皮下层里的血管形成血管网，真皮由不规则致密结缔组织构成，不形成真皮乳头。母鸡和火鸡在孵卵期，胸部皮肤形成特殊的孵区，即所谓孵斑，羽毛较少，血管增生，有利于体温传播。皮肤从躯干到臂部和前臂部形成一固定的皮肤褶，叫翼膜。翼膜由两层皮肤构成，有较大的面积，以利于飞翔。水禽的趾间有皮褶，叫蹼，用来作为划水的工具。

二、羽毛

羽毛是禽皮肤特有的衍生物(图 15-19)，覆盖全身，羽毛着生在皮肤的一定区域，称为羽区。无羽毛着生的部位则称为裸区，是禽类的体温调节的散热途径之一，蒸发散热主要依靠呼吸道来完成。

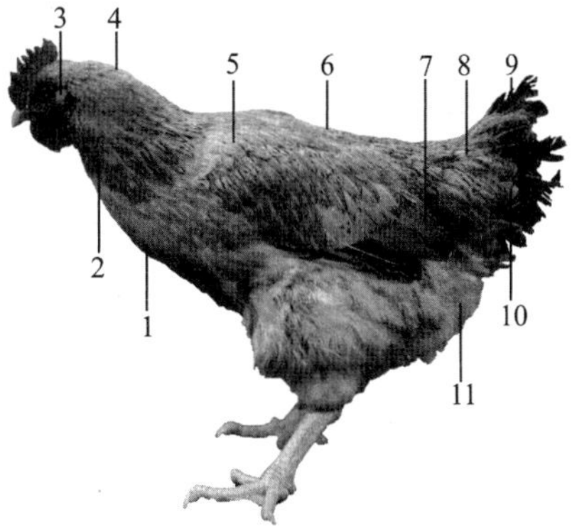

1. 胸羽　2. 颈腹侧羽　3. 耳羽　4. 颈背羽　5. 肩羽　6. 背羽　7. 翼羽　8. 蓑羽　9. 尾羽　10. 覆羽　11. 腹羽

图 15-19　母鸡羽毛

羽毛根据形态不同分为 3 类：正羽、绒羽和纤羽。正羽又叫廓羽，覆盖体表的绝大部分，构造较典型。有一根羽轴，下段为羽根(基翮)，着生在皮肤的羽囊里；上部为羽茎，其两侧为羽片。羽片是由许多平行的羽枝构成的，从其上又分出两行小羽枝，远侧小羽枝具有小钩，与相邻的近侧小羽枝钩搭，从而构成一片完整的弹性结构；绒羽密生于皮肤表面，被正羽所覆盖。羽茎短而细，羽枝长而软，小羽枝不形成小钩。主要起保温作用。初孵出的雏禽羽毛似绒羽，不具羽小枝。纤羽分布于全身长短不一，细长如毛发状，仅在羽茎顶部有少数羽枝。

羽毛的颜色主要取决于羽毛细胞内所含色素的颜色，以及各种色素的比例和分布。羽毛和图案由遗传决定。有些雌雄异形的羽色及图案还与性激素有关。

三、其他皮肤衍生物

在头部有冠、肉髯和耳叶，均为皮肤褶演变形成。公鸡冠较发达，呈直立状，母鸡冠常倒向一侧。冠柔润光滑，表皮很薄，真皮较厚，浅层含有毛细血管窦，使冠呈红色。中间层为厚的纤维黏液组织，能维持冠的直立。但去势公鸡和停蛋母鸡中间层的黏液性物质消失，故冠也倾倒。冠中央为致密结缔组织，含有较大血管，其结构和形态可作为辨别鸡的品种、成熟程度和健康情况的标志。肉髯位于喙的下方，两侧对称。其构造与冠相似，但中央层为疏松结缔组织。耳叶位于耳孔开口的下方，呈椭圆形，真皮浅层中毛细血管丰富者为红色，缺者呈白色。

喙、爪和距都是由表皮角质层加厚和角蛋白钙化而形成，鳞片也是由表皮角质层加厚形成，喙、爪和距由于角蛋白高度钙化而变得特别坚硬。

思考题

问答题

1. 简述禽运动系统的组成。禽骨骼有何结构特点？
2. 简述禽消化系统的结构特征，并论述鸡食管、腺胃、肌胃和肠的形态和结构。
3. 简述禽呼吸系统的组成，并论述鸡肺的形态、位置和结构。
4. 禽的气囊主要有哪些？

5. 简述禽泌尿系统的结构特征。
6. 禽的泄殖腔包括哪几部分？
7. 简述禽生殖系统的结构特征。
8. 母鸡的输卵管由哪几部分构成？在鸡蛋的形成过程中分别起什么作用？
9. 简述禽内分泌器官的形态和位置。

第十六章

畜禽早期胚胎发育

【学习目标】

1. 掌握生殖细胞的发生和发育过程。
2. 掌握畜禽早期胚胎发育。
3. 理解畜禽胚层分化的主要器官系统的发生过程。
4. 了解畜禽胎膜的发生。

畜禽胚胎学(embryology)是研究畜禽个体发育过程中形态结构及其生理功能变化的一门科学,包括生殖细胞的起源、发生、成熟、受精、卵裂、胚层分化、器官发生,直至发育为新个体。

第一节 家畜的早期胚胎发育

一、配子的发生

配子(gamete)是指生物进行有性生殖时由生殖系统所产生的成熟性细胞,简称生殖细胞。配子分为雄配子和雌配子,动物的雌配子通常称为卵细胞,而雄配子称为精子。配子是动物有机体内特殊分化的一种细胞,是个体发生的基础,其来源于原始生殖细胞(primordial germ cell, PGC)。原始生殖细胞来源于胚胎原始生殖嵴,是一种具有多向分化潜能的干细胞,在胚胎发育过程中,原始生殖细胞经过迁移,进入发育中的生殖腺原基,分化为生殖细胞,在雌性动物体内发育成卵原细胞,而在雄性动物体内发育成精原细胞。

二、精子发生及形态结构

(一)精子发生

精子发生(spermatogenesis)包括精原干细胞的增殖和更新形成初级精母细胞,再经过两次减数分裂形成次级精母细胞和精子细胞,后者经过分化和变态最终形成单倍体的精子(spermatozoon)。

精原细胞位于生精上皮的基底部,分为A、B两种类型。A型精原细胞进一步分为Ad型和 Ap 型精原细胞。在正常情况下，Ad 型精原细胞不发生任何有丝分裂，被视为精子发生的精原干细胞；Ap 型精原细胞则通常分化增殖为两个 B 型精原细胞。B 型精原细胞再分裂一次，并生长变大形成初级精母细胞，后者进入减数分裂。每一初级精母细胞经历第一次减数分裂产生一对次级精母细胞，后者完成第二次分裂产生单倍体的精子细胞。在 Ad 型精原细胞分裂形成精子细胞期间，这些细胞逐渐远离精曲小管的基膜，而接近其管腔，精子细胞位于管腔的边缘。单倍体的精子细胞是圆形、无尾的细胞。精子细胞不再分裂，经过一系列变化后，由圆形逐渐分化转变为蝌蚪形的精子，这一过程称为精子形成(spermiogenesis)。首先细胞核中染色质极度浓缩，核变长并移向细胞的一侧，构成精子的头部。由高尔基复合体形成的顶体泡以后逐渐增大，并凹陷成为双层帽状覆盖在精子核的头端，形成顶体(acrosome)。当这一帽形结构形成时，精子核发生旋转，自核旁的中心粒开始形成精子尾巴，尾巴将伸入精曲小管腔中。在精子发生的后期，剩余的细胞质被丢弃，而线粒体则聚集于近段轴丝的周围，盘绕成螺旋形构成线粒体鞘。由此形成的精子以后便进入精曲小管腔中(图 16-1)。

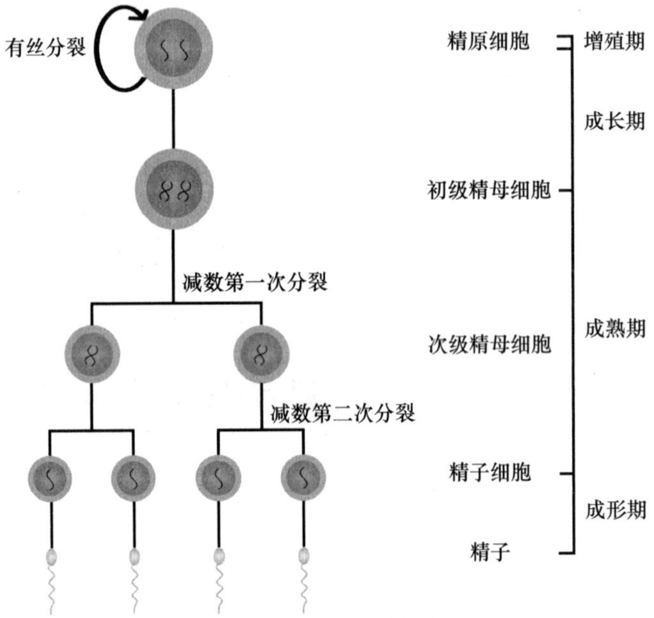

图 16-1 精子发生模式图

(张自强，常陈昊绘制)

(二)精子的结构

不同动物精子的形态、大小及内部结构有所不同，但大体上相似。精子形状似蝌蚪，主要由头部、颈部和尾部组成，尾部从前到后又可分为中段、主段和末段(图 16-2)。

1. 头部　头部主要由细胞核和顶体组成，其形状因动物种类而异。猪、牛、羊精子头部为扁卵圆形，马为正卵圆形，禽类为细长的锥形。这些形状都是由细胞核和顶体的形状决定的。细胞核占据头部的大部分，成熟精子的细胞核含有高度致密化的染色质，精子的染色体数目(即 DNA 含量)只有同种动物体细胞的一半，即为单倍体。在细胞核的前部有一双层膜组成的帽状结构，称顶体(acrosome)，覆盖在细胞核的前 2/3 部分。靠近精子质膜的一层称为顶体外膜，靠近细胞核的一层称为顶体内膜。顶体帽的下缘变薄，靠近细胞核的中部，为顶体的赤道板。顶体内富含与受精有关的水解酶，与精子通过卵外各种卵膜有关。

2. 颈部　连接精子的头和尾。短而窄小，为圆柱状，又称为连接段。颈部前端是基板，它嵌入到核底部的浅窝中，靠近基板的是中心小体演变而来的近端中心粒，由 9 根微管排列而成，长轴与尾部垂直，近端中心粒之后是远端中心粒，它的纵轴与精子长轴平行，演变成尾部轴丝，固定在近端中心粒上。因此，近端中心粒是精子鞭毛运动的起始点。颈部的外周由 9 条纵行的与尾部相通的粗纤维构成。颈部最易受损破坏，使头尾分离。

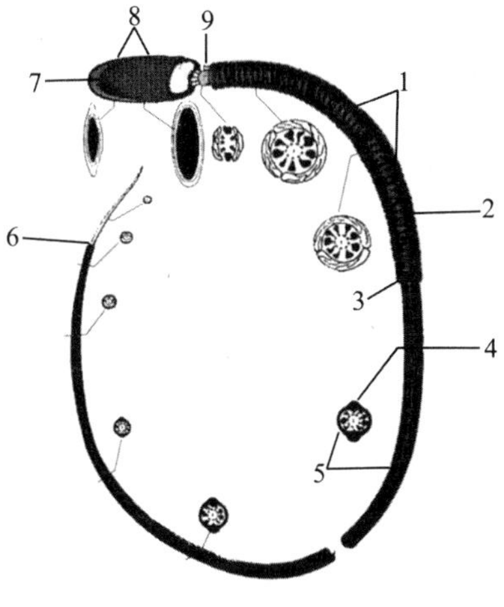

1. 线粒体鞘　2. 尾部　3. 终环　4. 主段　5. 主段的纤维鞘　6. 末段　7. 顶体帽　8. 头部　9. 颈部

图 16-2　哺乳动物精子超微结构模式图

（精子质膜已去，图中间示不同截断的横断面）

3. 尾部　精子的尾部也称鞭毛，是精子的运动器官。精子尾部由前向后因其结构有所不同，可分为中段、主段和末段 3 段。整个精子尾部的中心都贯穿着由微管构成的轴丝，轴丝是由中央的一对中央微管和位于周围的 9 对二联微管组成的“9＋2”结构。中央微管起传导作用，二联微管起收缩作用。

（1）中段　尾部最粗的一段，轴丝外有由 9 条粗纤维纵行排列组成的纤维束，线粒体鞘包在轴丝和粗纤维束的外面，线粒体首尾相连，它是精子的能量代谢中心，也是精子运动的发动机。在中段和主段的接合部，细胞质膜内褶形成小的密环，称终环（annulus），防止精子运动时线粒体鞘向尾部移动。

（2）主段　尾部最长的部分，线粒体鞘消失，轴丝的外围由纤维束包围，纤维束内的纤维由 9 条变为 7 条，呈左 3 右 4 排列，使精子只能做左右方向摆动前进。随着主段向后延伸，粗纤维逐渐变细而消失。

（3）末段　纤维鞘以后的部分，精子最后的一段，短而细，仅由中央的轴丝和外围的质膜构成。

整个精子的外表面都由质膜包裹着。精子是一种高度分化的细胞，动物的精子在雌性动物生殖道内，生存能力差。一般只能存活 1～2 d，马精子生存时间较长，可达 5～6 d，一直保持受精能力。现代的精液冷冻技术，可使精子在－196～－78 ℃条件下长期保存。

三、卵细胞的发生及形态结构

（一）卵细胞发生

卵细胞发生是在雌性动物卵巢内进行的，包括增殖期、生长期和成熟期 3 个阶段（图 16-3）。

1. 增殖期　哺乳动物在胎儿时期，卵巢内就有相当数量的卵原细胞（oogonium），它们来源于原始生殖细胞，经多次有丝分裂，数目显著增多。卵原细胞增殖到一定时期，开始进入第一次成熟分裂的细线期，成为初级卵母细胞。大多数动物卵原细胞的增殖期都是在胎儿出生前完成，出生后不再形成新的初级卵母细胞，只是继续发育进入生长期。

2. 生长期　初级卵母细胞进入生长期，发生减数分裂前期的一系列变化，体积不断增大，胞质不断增加，并开始积存卵黄物质。核内 DNA 含量增加 1 倍。初级卵母细胞从细线期经合线期、粗线期而到达双线期。到达双线期后细胞分裂周期被打断，此时卵母细胞的核较大，为生发泡(germinal vesicle)，并处于静止状态，直到性成熟后排卵前才恢复减数分裂。

3. 成熟期　卵母细胞开始成熟的标志是减数分裂的恢复。成熟期是指初级卵母细胞经过两次成熟分裂，使染色体数目减少到体细胞的一半而变为成熟卵细胞的过程。初级卵母细胞第一次成熟分裂后，产生大小不等的两个细胞，大的称为次级卵母细胞，小的称为第一极体。第二次成熟分裂后，形成一个大的卵细胞和一个小的第二极体。第一次成熟分裂是在排卵前进行的，而第二次成熟分裂是在输卵管内，精子穿入的短时间内完成的。

大多数动物，伴随细胞核的分裂成熟，卵母细胞微绒毛和颗粒细胞突起自透明带中撤出，细胞质内的细胞器发生重新分布，呈受精前状态。

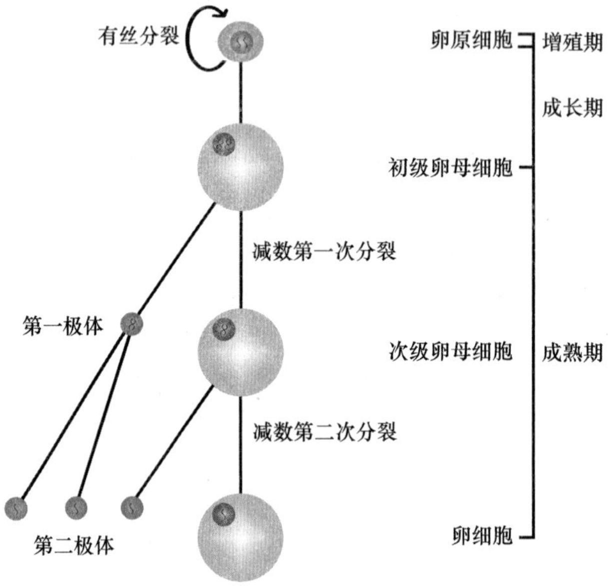

图 16-3　卵子发生模式图

(张自强，常陈昊绘制)

(二)卵细胞的结构

动物的卵细胞呈圆球形，其大小因物种不同而异，直径在 100～150 μm。卵细胞较一般细胞含有多量的细胞质。

成熟卵细胞的外面都包有一层透明带(zonapellucida)，其主要成分是糖蛋白。在卵细胞与透明带之间的空隙称为卵周隙(perivitelline space，PVS)(图 16-4)。

卵细胞的基本结构也是由细胞膜(也称卵质膜)、细胞质和细胞核 3 部分构成。多数动物排出的卵为处于第二次减数分裂中期的次级卵母细胞。卵周隙内可见第一极体，但马、犬和狐狸排出的卵是处在第一次减数分裂的卵母细胞，卵周隙内没有第一极体。成熟卵质膜下皮质颗粒排列成行，受精时释放，引起卵质膜反应和透明带反应。

卵质膜向外伸出许多微绒毛。哺乳动物在卵细胞成熟之前，微绒毛伸入到透明带内，并与放射冠颗粒细胞发出的突起形成指间镶嵌。卵细胞成熟之后，微绒毛自透明带中撤回，倒伏在卵细胞表面。在卵母细胞第二次成熟分裂中期，纺锤体上方的卵细胞表面无微绒毛，称为秃区。微绒毛在受精时精卵融合过程中起着重要作用。

卵细胞细胞质丰富。细胞器主要有线粒体、内质网和皮质颗粒。成熟卵母细胞的线粒体分散在整个胞质中，粗面内质网很少，滑面内质网较多，多以小泡形式存在。滑面内质网往往与线粒体关系密切，二者共同处理好利用卵细胞内的营养物质。皮质颗粒(cortical granule)由高尔基体或滑面内质网产生，成熟卵的皮质颗粒在质膜下排成一行，其结构类似于溶酶体，是由单位膜包裹的小泡。其内容物中含有蛋白水解酶类，受精时，它的释放称为皮质反应，并引发卵质膜反应和透明带反应。卵母细胞的内容物主要包括脂滴、糖原和卵黄物质。脂滴和糖原在整个胞质中，而卵黄物质则主要分布在卵植物极胞质中。

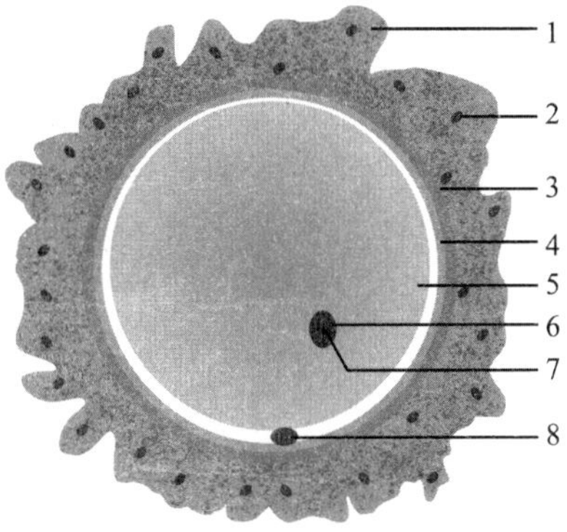

1. 放射冠　2. 卵丘细胞　3. 透明带　4. 细胞膜
5. 细胞质　6. 细胞核　7. 核仁　8. 第一极体

图 16-4　卵细胞的结构模式图

(张自强，常陈昊绘制)

四、哺乳动物早期胚胎发育

动物的早期胚胎发育过程，包括受精、卵裂、囊胚、原肠形成、胚泡植入、三胚层形成及分化等过程。家畜属胎生动物，胚胎在母体子宫内发育。在胚胎发育过程中，通过胎膜和胎盘吸收母体营养，排出代谢废物。

(一)受精

受精(fertilization)的概念　受精是精子和卵子两性生殖细胞相互融合，形成一个新的细胞——合子(zygote)的过程。它是胚胎发育的开始，是一个具有双亲遗传特征的新生命的起点。

所有家畜的卵母细胞，在尚未完全成熟以前，由卵巢排出进入输卵管，但成熟程度并不一样。牛、绵羊、山羊和猪卵，在第二次成熟分裂中期排出，此时第一极体已经排出；犬和狐狸的卵细胞，在第一次成熟分裂尚未完成时排出卵巢受精。卵巢排出的卵，进入输卵管内。当精子入卵以后，卵子才可以说最后成熟。此时卵子完成第二次成熟分裂，排出第二极体。如果未能受精，卵子一直处于排卵时的成熟阶段，直至死亡解体。

1. 受精的地点　动物的卵细胞受精在输卵管上 1/3 处发生。精子进入雌性生殖道，到达受精部位需几十分钟到数小时，少数十几分钟就可到达。进入雌性生殖道的精子，并非同时全部到达受精部位。牛、羊狭窄的子宫颈管及猪的子宫和输卵管连接的峡部，有淘汰死、弱精子和储存精子的功能。

2. 受精的过程　精子与卵细胞接触而进入卵细胞内要经过几个阶段。

(1)精子获能(capacitation)　受精前，精子和卵细胞都必须发育到一定成熟阶段。精子在睾丸内产生，在附睾中发育成熟，刚从睾丸内排出的精子没有受精能力。精子只有在雌性动物生殖道内或类似于生殖道的环境(如培养液)中停留一段时间，才具有受精能力，此过程称精子获能。精子获能是在受精前必须经历的一个重要阶段。

(2)顶体反应(acrosome reaction)　当获能的精子和卵子接触后，精子首先与卵周围的放射冠相遇，这时精子顶体的外膜首先与精子的质膜相融合，顶体多处破裂后所含的顶体粒蛋白、透明质酸酶及酸性水解酶等逐渐释放出来，精子顶体的这种变化称为顶体反应(图 16-5)。

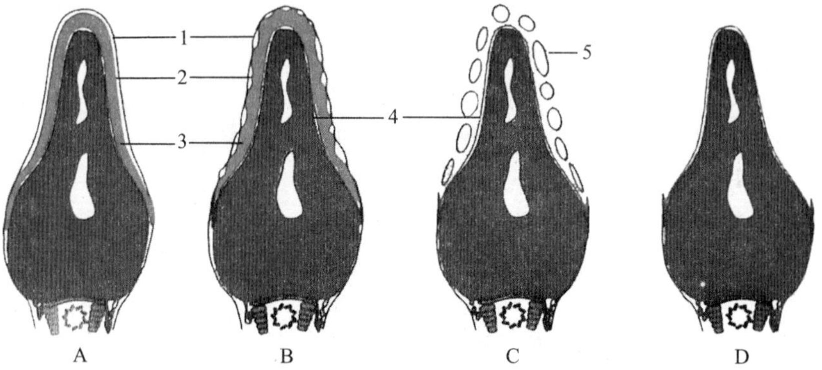

A. 顶体反应前期　B. 顶体反应早期　C. 顶体反应中期　D. 顶体反应后期
1. 质膜　2. 顶体外膜　3. 顶体　4. 顶体内膜　5. 杂合膜泡

图 16-5　精子顶体反应模式图

(引自:陈耀星,崔燕,2019)

(3)精子附着和穿过透明带　精子经过顶体反应、释放出透明质酸酶，溶解放射冠，通过透明带接近卵黄膜。受精时精子的头尾都进入卵内。进入后，卵母细胞浅层细胞质内的皮质颗粒(corticalgranules)立即释放出溶酶体酶样物质，使透明带结构发生变化，称为透明带反应(zona reaction)，从而阻止其他精子穿越透明带。

(4)卵细胞的活化和皮质反应　精子一旦穿过透明带，与卵细胞接触、附着后，卵子就开始发生一系列的变化，使卵得以激活。首先精卵接触处的卵母细胞表层的皮质颗粒与质膜发生融合，然后整个卵子表层的皮质颗粒都发生胞吐作用，将整个过程称为皮质反应(cortical reaction)。

(5)雌雄原核形成与融合　精子入卵后，头尾分离，核内染色体解聚，头部迅速膨大，胞核出现核仁，形成明显的核膜。这种圆形核称雄原核。与此同时，卵排出第二极体，完全成熟并形成雌原核。当两个原核相互接触时，核膜消失，染色体彼此混合，发生融合，形成二倍体的受精卵，又称为合子。染色体混合后，排列到赤道板上，开始第一次卵裂(cleavage)。雌雄原核染色体的混合标志着受精的结束，胚胎发育的开始(图 16-6)。

(二)卵裂

1. 卵裂的概念　由一个单细胞的受精卵发育成为多细胞的完整个体，受精卵必须进行多次细胞分裂，受精卵的早期分裂称卵裂(cleavage)。卵裂产生的子细胞称卵裂球(blastomere)。每一个卵裂球都有发育成为一个新个体的全能性(图 16-7)。

2. 卵裂的方式　动物的卵裂方式，具有种属特异性，这主要取决于受精卵中卵黄的含量和分布。卵黄的存在物理性地阻碍了核物质的重排和纺锤体的形成，因而影响卵裂过程。卵黄在卵内分布具有动、植物极梯度的特点，植物极最多，动物极最少。由于卵黄对卵裂有阻碍作用，据此可以将脊椎动物的卵裂分为两种类型：即完全卵裂和不完全卵裂。

(1)完全卵裂　即全裂。每一次卵裂的卵裂面都是完整的，将受精卵或卵裂球完全分开，多数哺乳动物的卵裂为完全卵裂。全裂又分等分全裂和不等分全裂两种。一般少黄卵(均黄

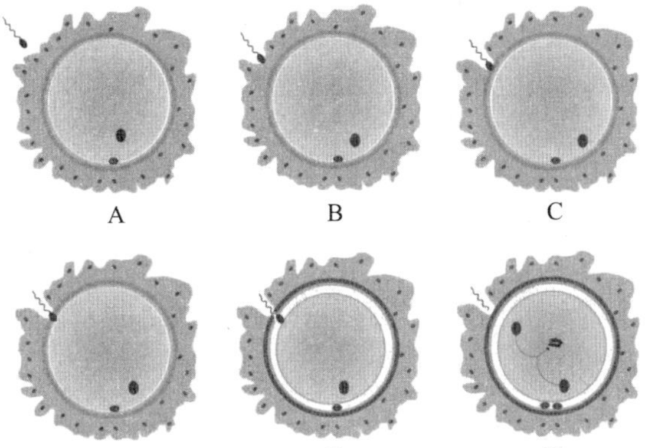

A. 获能精子接近卵丘　B. 精子接触放射冠发生顶体反应　C. 精子与透明带结合发生顶体反应
D. 精子进入卵周隙与卵细胞融合　E. 卵母细胞发生皮质反应　F. 雌雄原核形成与融合

图 16-6　受精过程模式图

（张自强，常陈昊绘制）

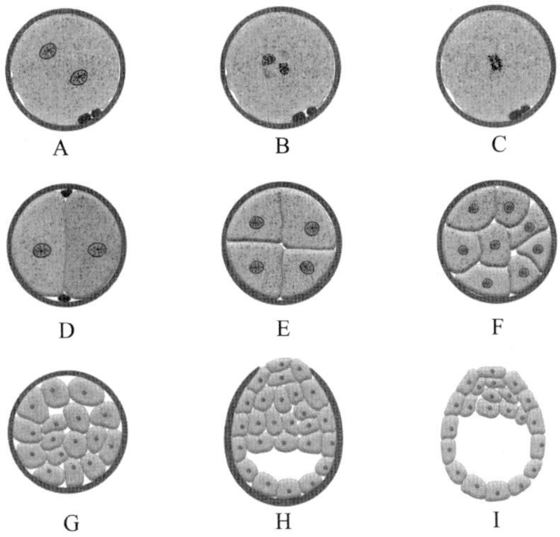

A. 雌原核与雄原核形成　B. 雌原核与雄原核靠近　C. 雌雄原核融合并开始卵裂　D. 二细胞期
E. 四细胞期　F. 八细胞期　G. 桑葚胚　H. 早期胚泡　I. 胚泡

图 16-7　卵裂及胚泡形成模式图

（张自强，常陈昊绘制）

卵）都为等分全裂；卵裂球大小相差不多，卵黄含量中等的卵，则为不等分全裂，结果动物极卵裂球较小，植物极卵裂球较大。

（2）不完全卵裂　不完全卵裂又称盘状卵裂，卵黄多且集中在植物极的卵进行这种卵裂。由于卵细胞含大量卵黄，卵裂面不能通过整个卵，卵裂仅在卵的细胞质部分进行。禽类的卵属于典型的极端端黄卵，为不完全卵裂。

3. 卵裂的特点和过程　各种动物卵裂速度相差很大，哺乳类 24 h 尚未完成第一次卵裂，随后的每次卵裂也需 10～12 h，在脊椎动物中是最慢的。同一种动物，无论是在胚胎与胚胎之间，还是在一个胚胎内的细胞与细胞之间，卵裂的速度变化也是常见的。卵裂面不规则，第一次为经裂，卵裂沿动物极(极体所在的一端)向植物极方向，将单细胞合子一分为二成为两个卵裂球。但第二次卵裂时，一个卵裂球为经裂，另一个卵裂球为纬裂。卵裂速度慢，卵裂球分裂不同步，由此可以见到3、5、7等奇数分裂球的存在。卵裂球因外面包有透明带，卵裂多次后，细胞数目不断增加，细胞却越来越小。大多数哺乳动物进行几次卵裂后(16～64细胞期)形成多细胞实心的胚胎，形似桑葚，故称桑葚胚(morula)。形成桑葚胚不久，卵裂球之间排列更加紧密，开始出现细胞连接，将此过程称为致密化或紧缩(compaction)。卵裂开始是在输卵管内进行，输卵管内上皮细胞的纤毛摆动和管壁平滑肌的收缩，造成了管内的液体流，使胚胎通过输卵管峡部，进入子宫腔内。

(三)囊胚与着床

桑葚胚形成之后，卵裂球之间出现小的腔隙，而且腔隙中的液体越来越多，腔也越来越大，将内部细胞挤向一侧，形成一个有腔的胚泡(blastocyst)，也称囊胚(blastula)。中央的腔为胚泡腔，位于胚泡一侧的一群细胞称为内细胞团(inner cell mass)，将来发育成胚体和胚外部分。在胚泡外围的一层细胞称滋养层(trophoblast)，为将来形成胎膜的外胚层细胞。胚泡逐渐长大，会导致透明带逐渐变薄，最后破裂。胚胎从透明带中释放出来，这个过程称胚胎孵化(hatching)。进入子宫的胚泡，最初与子宫壁并无联系，漂浮在子宫腔内，从子宫内膜分泌的子宫乳中吸收营养而迅速发育，胚泡在子宫内的运动受到限制。在神经内分泌系统的调解下，胚胎与子宫内膜相接触并附着或侵入子宫内膜，此过程称胚胎着床(nidation)，也称胚胎附植(implantation)。不同动物的胚胎附植类型不同，家畜的胚胎附植是非侵入性的，牛、羊、马、犬、兔等均为表面着床，即仅滋养层和子宫上皮细胞相贴和黏着在一起；而灵长类则为侵入着床。着床的重要意义在于使胚胎停留在子宫内，建立母子间结构上的联系以实现物质交换的过程(图16-8)。着床后的胚胎摄取母体血液营养继续发育。

(四)原肠胚及三胚层形成

胚胎发育到囊胚晚期，继续发育、分化，开始形成原肠，这在胚胎发生过程中是一个重要的阶段。在原肠形成过程中，胚胎细胞经过一系列的运动和变化，迁移到囊胚内部，形成内胚层(endoderm)或中内胚层(mesoendoderm)；留在外面的叫外胚层(ectoderm)具有内、外两个胚层结构的胚胎，叫原肠胚(gastrula)。原肠胚细胞迁移过程，称为原肠胚形成(gastrulation)或原肠作用，内胚层包围的腔称为原肠(archenteron)。

五、胚体的形成、三胚层分化和组织器官系统发生

(一)胚体的形成

随着胚胎发育的进行，由于胚盘各部位的生长速度不同，扁平形的胚盘周区向腹侧陷入并向中央集中，逐渐使胚体变为圆柱形。这时胚盘中部的生长速度快于边缘部，外胚层的生长速度快于内胚层，使外胚层包在胚体的外部，而内胚层包在内部，形成头尾方向的原始消化管。由于胚盘头部的生长速度快于尾部，前后方向的速度又快于左右方向，胚盘卷折形成头大尾小的筒状结构，且胚盘的边缘也向胚体的腹部汇合，最终在胚体腹侧形成条状的原始脐带。胚体通过边缘形成头褶、尾褶和左右褶，使胚体凸入羊膜腔的羊水中。

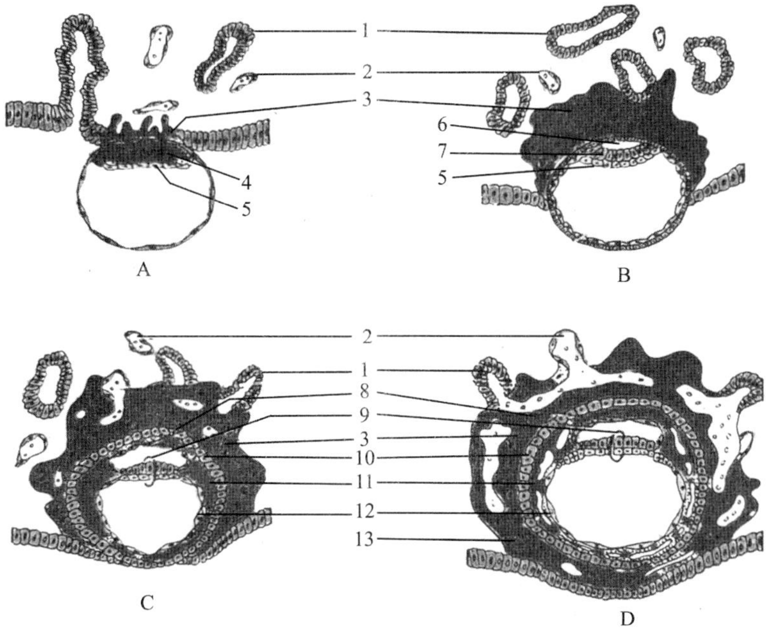

A. 胚胎与子宫内膜接触 B. 胚胎开始侵入子宫 C. 子宫内膜修复 D. 胚胎完全植入
1. 子宫腺 2. 内膜毛细血管 3. 合体滋养层 4. 内细胞群 5. 下胚层 6. 羊膜腔 7. 上胚层 8. 羊膜 9. 胚盘 10. 细胞滋养层 11. 胚外中胚层 12. 卵黄囊 13. 滋养层陷窝(母血)

图 16-8 胚胎附植过程模式图

(引自:陈耀星,崔燕,2019)

(二)三胚层分化和组织器官系统发生

三胚层的建立,为胚胎进一步由简单的胚层结构而发育、分化成为复杂的组织器官奠定了物质和结构基础。各胚层沿着胚体中轴进一步分化,首先分化形成胚性组织,继之分化为器官原基(primordium),即形成未来器官的细胞群,由器官原基进一步分化为各种器官。

1. 外胚层的分化与器官系统形成 由外胚层发育而来的主要有神经系统、感觉器官、皮肤的表皮、毛和皮肤腺等。所以,外胚层可区分为神经外胚层和体表外胚层。

(1)神经系统的发生 神经系统起源于神经外胚层,由神经管和神经嵴分化而来。神经管的前端膨大,逐渐发育成脑的原基,随后,脑原基上出现两处缩细,使神经管头段形成 3 个初级脑泡:前脑泡、中脑泡和菱脑泡。随后前脑泡进一步分化为端脑和间脑,中脑泡分化为中脑,菱脑泡分化为后脑和延脑(末脑)。随着胚胎发育的进行,端脑分化为大脑的两个半球和嗅脑;间脑发育为丘脑、垂体后叶和松果体,其两侧壁突出形成视泡,将来发育成视网膜和视神经;中脑分化为四叠体和大脑脚;后脑发育为小脑和脑桥。随着脑泡的形成和演变,神经管的管腔演变为各部分的脑室。

神经管的下段较细,分化为脊髓,其管腔演化为脊髓中央管。衬着神经管腔的上皮分化为室管膜细胞,神经管壁上的外胚层细胞分化为神经细胞和神经胶质细胞,二者形成脊髓的灰质,成神经细胞发出突起构成脊髓的白质。神经管闭合时,一部分细胞自两侧分出,在神经管的背外侧形成两条纵行的细胞索,称神经嵴。神经嵴分化为周围神经系统及肾上腺髓质等(图 16-9)。

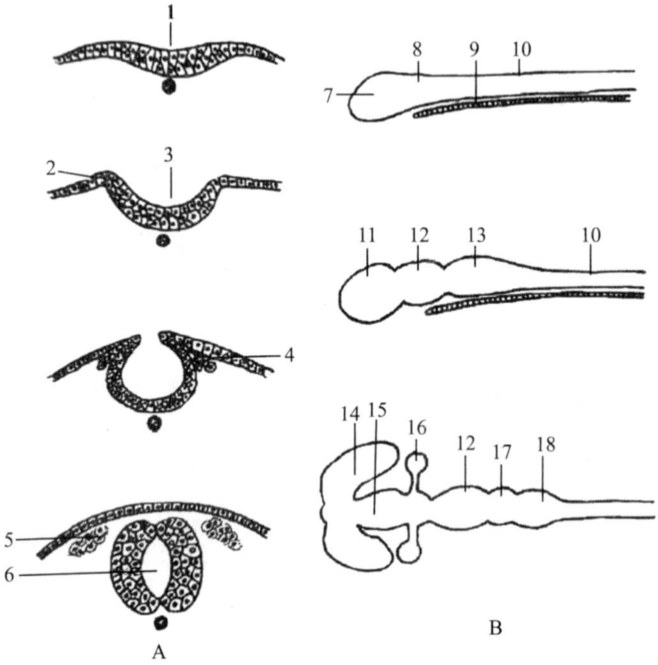

1. 神经板　2. 神经褶　3. 神经沟　4. 神经嵴　5. 神经节　6. 神经管　7. 索前脑　8. 索上脑　9. 脊索　10. 脊髓　11. 前脑泡　12. 中脑泡　13. 后脑泡　14. 端脑　15. 间脑　16. 视泡　17. 小脑　18. 末脑

图 16-9　A. 神经管形成模式图　B. 脑泡的分化模式图

（引自：陈耀星，崔燕，2019）

（2）皮肤及其衍生物的发生　皮肤的表皮及其衍生物来自体表外胚层，真皮及皮下组织由中胚层发育而成。毛和皮肤腺的发生较其他器官晚。体表外胚层细胞向下面的真皮间充质内生长称为毛芽，末端形成毛球，毛球底部凹陷，真皮组织填入，形成毛乳头。毛球顶部的细胞向上生长并发生角化而形成毛干。动物毛纤维长出以前，先在皮内形成毛囊。毛囊发生时，由表皮向真皮形成毛囊原基及其侧旁的汗腺原基、皮脂腺原基。绵羊毛囊原基在胚胎发育 50～110 d 发生。毛囊原基初呈芽状，随后变长变大，外包结缔组织形成毛囊结构。毛纤维在毛囊内角化后长出体表。

根据毛囊发生的时间和形态结构，毛囊可分为初级毛囊（primary follicle）和次级毛囊（secondary follicle）。初级毛囊发生早，羊胚在 50～90 d 时发生，伴随发生的有汗腺、皮脂腺等附属结构；次级毛囊伴随发育的皮脂腺小，缺乏汗腺，次级毛囊发生晚，羊胚在 90 d 以后出现。羔羊出生后，毛囊一般不再发生。皮脂腺由上皮性毛根鞘的外突分支而形成；乳腺由表皮特化的汗腺，是由表皮下陷并分支而形成的复管泡状腺。

2. 内胚层分化与器官系统的形成　由于体褶的出现和不断加深，内胚层在胚体下部内折，胚内和胚外两部分的界限更加明显。胚内为原肠，胚外为卵黄囊。原肠在脊索下方，纵贯前后，又分为前肠、中肠和后肠。中肠与卵黄囊连通。原肠分化形成消化系统和呼吸系统的器官上皮（口咽和肛门的上皮除外）以及一些内分泌腺和淋巴器官（图 16-10）。

（1）咽的发生　前肠前部膨大呈扁平囊状，形成咽区，中央主咽室发育成咽，两侧壁的内胚层多处突起形成 5 对咽囊，与咽囊相对应的外胚层向内凹陷形成鳃沟。在哺乳动物和禽类，鳃

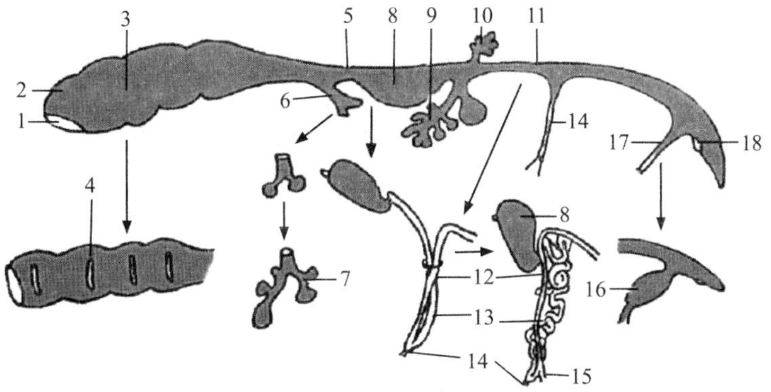

1.口 2.咽囊 3.咽部 4.腮裂 5.食管 6.肺芽 7.支气管树 8.胃 9.肝和胆囊 10.胰 11.小肠 12.结肠 13.肠袢 14.卵黄柄 15.盲肠 16.膀胱 17.尿囊柄 18.肛门

图 16-10 内胚层分化、消化呼吸器官形成模式图

(引自:陈耀星、崔燕,2019)

无任何功能。只是重演其祖先的发育过程而已。第一对咽囊外侧膨大形成中耳鼓室和咽鼓管,第一鳃沟形成外耳道;第二对咽囊之间底部外突的囊形成甲状腺,第二对咽囊本身形成咽扁桃体;第三对和第四对咽囊分出细胞形成甲状旁腺和胸腺;第五对咽囊退化。

(2)消化系统的发生

消化管的发生 前肠形成食管和胃,中肠形成小肠,后肠形成大肠。咽后部的前肠明显变细,被气管食管隔分为两个管,背侧的是食管,腹侧的是气管。原肠在食管末端膨大呈梭形,背侧壁发育快并突出形成胃大弯,腹侧壁发育慢并凹陷,形成胃小弯。肠管最初是直的,后来形成了肠袢,袢的顶端与卵黄囊相连,呈发夹状,据此分为降、升两支,在升支上突起形成盲肠原基,盲肠原基前面分化为小肠,后面分化为结肠和直肠,小肠又演变为十二指肠、空肠和回肠。前肠前段头部下面与内陷的外胚层相贴近,形成口咽膜,口咽膜破裂形成口(图 16-11)。后肠后段尾部腹侧与内陷的外胚层相贴近形成肛膜,后破裂形成肛门。

消化腺的发生 在胃后的中肠起始部,有肝、胰的原基向外突出。内胚层向腹侧突出形成肝憩室,肝憩室分为前后两支,前支形成肝实质和导管,后支发育成胆囊和胆管。胰原基分背胰原基和腹胰原基,背胰原基由十二指肠内胚层发生,腹胰原基从肝憩室内胚层发生,二者相互靠近、融合。胰岛由从腺组织上分离出来的内胚层细胞分化而来。

(3)呼吸系统的发生 在咽的后部,原肠腹侧形成一个盲管。盲管很快生长并分支,其未分支的部分发育成为气管,第一级分支为主支气管,最后的分支为肺泡,盲管开口于咽的部分缩细而形成喉。

3. 中胚层的分化与器官系统的形成 动物全身的肌组织、结缔组织、循环系统和泌尿生殖系统的器官主要由中胚层形成。它们对动物的物质代谢、运动、保卫和繁殖起重要作用。随着三胚层的形成,中胚层进一步分化。在脊索两侧形成上段中胚层、中段中胚层和下段中胚层。下段中胚层延续至胚外称胚外中胚层。随后胚外中胚层出现腔隙并扩展到胚内下段中胚层内形成体腔。体腔延续胚体内外,分别称胚内体腔和胚外体腔。

(1)肌肉和结缔组织发生 上段中胚层初呈长带状,随后由前向后分裂成节段称体节(somite)。体节进一步发育分化为生肌节、生皮节和生骨节。生肌节位于背内侧,发育形成骨骼

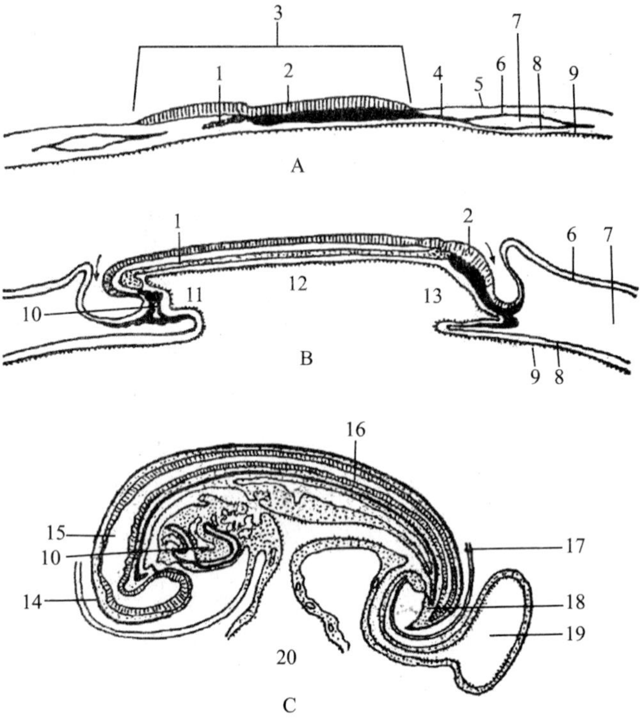

A.原条期 B.体节开始形成期 C.二十五对体节期

1.脊索 2.原条 3.胚盘 4.中胚层 5.滋养层 6.体壁中胚层 7.胚外体腔 8.脏壁中胚层 9.内胚层 10.心脏 11.前肠 12.中肠 13.后肠 14.头部 15.脑 16.脊髓 17.羊膜断端 18.尾部 19.尿囊 20.卵黄囊

图 16-11 猪胚体分化与卵黄素、尿囊形成模式图

(引自:陈耀星,崔燕,2019)

肌,分节的骨骼肌相互合并成大块长肌,或移位形成板状肌肉。生皮节位于腹外侧,移向外胚层下形成皮肤真皮。生骨节位于腹内侧,围绕脊索形成脊柱。下段中胚层的脏壁中胚层形成消化、呼吸器官壁的平滑肌、结缔组织和浆膜。体壁中胚层形成体壁肌肉及结缔组织。

(2)泌尿系统的发生 中段中胚层又叫生肾节,形成泌尿生殖器官。肾的发生重演系统发生过程,先后形成前肾、中肾和后肾。其发生时间、位置和结构都不相同。前肾存在时间短,不起泌尿作用就消失;中肾及中肾管是胚胎早期的排泄器官;中肾消失,被终身存在的后肾代替。后肾发生时,中肾管离胚胎泄殖腔不远处的背侧形成突起,向前生长形成输尿管并伸入肾内形成肾盂、肾盏和肾乳头管等。膀胱由泄殖腔底壁发育而成。胚胎泄殖腔在发育过程中由隔膜将其分为上下两部分,上半部都演变为直肠,下半部发育成膀胱和尿道等结构。

(3)循环系统发生 心血管和淋巴系统都是由中胚层的间充质演变而来。血管的发生,始于间充质细胞聚集形成血岛(blood island)。血岛周围的细胞分化为扁平的血管内皮细胞,形成原始血管。血岛中央的细胞形成原始的血细胞。许多血岛相互衔接形成血管网。血岛最早出现在卵黄囊上,以后与体内较晚出现的血管网相连。心脏由咽下部的一对心管原基发生。开始由脏壁中胚层分化形成1对心内膜管,后来随着胚体的发育,两条心内膜管互相接近并在中部融合,形成一条前后端都有2个叉的心管。心管周围的脏壁中胚层发育形成心外肌膜,包围心管并分化形成心肌层与心外膜。由于心脏形成并开始收缩产生血流频率,使某些血管网形成动静脉主干，从而形成原始的血管系统。

心管在心包内进一步发育成“U”字形，由于心管各部分发育不均衡，以致使外形扭曲，内部生出隔膜，将心脏分为心房和心室。

(4)生殖系统发生 家畜的生殖腺及主要生殖管道都由中胚层发生。当中肾还是胚胎主要排泄器官的时候，生殖腺在中肾腹内侧发育，该处脏壁中胚层细胞形成上皮团，突入中肾组织内形生殖嵴。随后生殖嵴与中肾分开。生殖嵴表层为间皮和由卵黄囊内胚层迁移而来的原始生殖细胞构成的生殖上皮，内部为索状细胞团和间充质。索状细胞团是由表层细胞向内增殖而成。这个时期的生殖腺在形态结构上没有性别差异，属未分化时期或中性时期。这时，尚未分化的生殖管道也无性别差异，即在两条中肾管的外侧都有两条由脏壁中胚层内凹形成的缪勒氏管(Muller's duct)存在。在性别分化时，生殖腺、中肾管和缪勒氏管都发生相应的变化。当胚胎向雄性发展、生殖腺变为睾丸时，索状细胞团变成精小管索。精小管索间的间充质细胞构成间质组织。随后精小管变成曲细精管。这时，中肾小管与睾丸相连，形成睾丸输出小管；中肾管变成附睾管和输精管；缪勒氏管退化成为某些家畜残留的雄性子宫。当胚胎向雌性发展、生殖腺变为卵巢时，细胞索分散成许多细胞团，再分化形成原始卵泡。有些原始卵泡在胚胎期发育，出生后逐渐退化，有些原始的卵泡直至性成熟后才逐渐分别发育成熟。缪勒氏管前段发育成输卵管，中段形成子宫角，后段融合形成子宫体和阴道前部。中肾管退化。雌雄间性在家畜中偶尔遇到，即在同一个体身上具有雌雄两性的生殖器官或是其中的一部分。这种现象是由胚胎发育时期性分化异常引起的。

六、胎膜与胎盘的发生

囊胚形成时，卵裂球即分成两种：其一为内细胞团，以后形成三个胚层再分化为胚体的各器官与系统；其二为滋养细胞，形成胚胎发育的辅助性构造：胚外膜和胎盘。这些对胚胎起保护、营养、呼吸和排泄等作用的附属结构，有的还有一定的内分泌功能。创造胚胎发育的条件，保证胎儿正常发育。除了少数胚外膜参与组成胚体，如卵黄囊、尿囊的一部分外，其余不构成胚体。胎儿娩出时大都一并排出。

(一)胎膜(fetal membrane)

家畜的胎膜也称胚外膜，包括 4 种：绒毛膜、羊膜、卵黄囊和尿囊(图 16-12)。

(1)羊膜与绒毛膜 胚胎体褶形成时，胚盘四周的胚外外胚层与胚外体壁中胚层共同向胚体上方褶起，最后在胚体背侧会合形成双层膜，将胚胎完全包在膜内。内层膜紧包胎儿，称羊膜(amnion)；外层膜为绒毛膜(chorion)，与子宫内膜相贴。羊膜和绒毛膜都是由胚外外胚层和胚外体壁中胚层构成，但两者的排列方向相反。羊膜壁的胚外外胚层在内，胚外体壁中胚层在外；绒毛膜壁的胚外体壁中胚层在内，胚外外胚层在外。

羊膜内有羊水。胎儿在羊水的液体环境中生长发育，既保证了相对恒定的温度、化学成分、渗透压和浮力环境，又能缓冲来自各方面的压力，保证胎儿正常的形态发生。分娩时，胎膜破裂，羊水连同尿囊液外流，能扩张子宫颈，润滑产道，利于胎儿分娩。

绒毛膜包在胚胎及其他附属结构的最外面，绒毛膜与尿囊壁紧密相贴发育成尿囊绒毛膜(chorioallantoic membrane)。尿囊绒毛膜的表面着生绒毛并与子宫黏膜紧密联系，通过渗透进行物质交换，这就构成了胎盘形成的基础。

(2)尿囊 尿囊(allantois)是后肠末端向腹侧方向突出的囊，逐渐扩展至胚外体腔并包围羊膜。其囊壁的结构与卵黄囊壁相同，内表面是胚外内胚层，外表面是胚外脏壁中胚层。以后尿囊外壁与绒毛膜紧贴形成尿囊绒毛膜，与子宫内膜紧密联系，便构成胎盘的基础，尿囊腔内储存尿囊液，内含胎儿排泄的废物。尿囊通过尿囊柄与胚体后肠部分相连通。胎儿出生后，残留在胚体内的尿囊柄封闭形成膀胱韧带。

尿囊的形状和在胚外体腔内扩展的程度因动物种类而异。马的尿囊呈盲囊状，充满整个胚外体腔，完全包围羊膜，形成尿囊绒毛膜和尿囊羊膜；牛、羊和猪的尿囊分成左、右两支，且尿囊未完全包围羊膜，除有尿囊绒毛膜和尿囊羊膜外，还有羊膜绒毛膜存在；猪和犬的尿囊特别发达。猪胚 13 d 时尿囊发生，突向胚外体腔。16 d 左右与绒毛膜接触，随后逐渐发育形成尿囊绒毛膜。通过分布于尿囊上的脐血管到达胎盘，与母体进行物质交换。

(3)卵黄囊　家畜卵的卵黄含量少，但在胚胎发育过程中仍有卵黄囊(yolk sac)形成。早在原肠胚形成时期，由于体褶发生，胚体上升，原肠缢缩成胚内的原肠和胚外的卵黄囊两个部分。

卵黄囊早期较大，很快逐渐缩小退化。猪在胚胎 13 d 左右形成，17 d 开始退化，1 个月左右完全消失。牛、羊和猪的卵黄囊对胚胎营养作用不大。马的卵黄囊与绒毛膜接触，形成卵黄囊胎盘，并有丰富的血管吸收子宫乳，作为胚胎早期的营养。

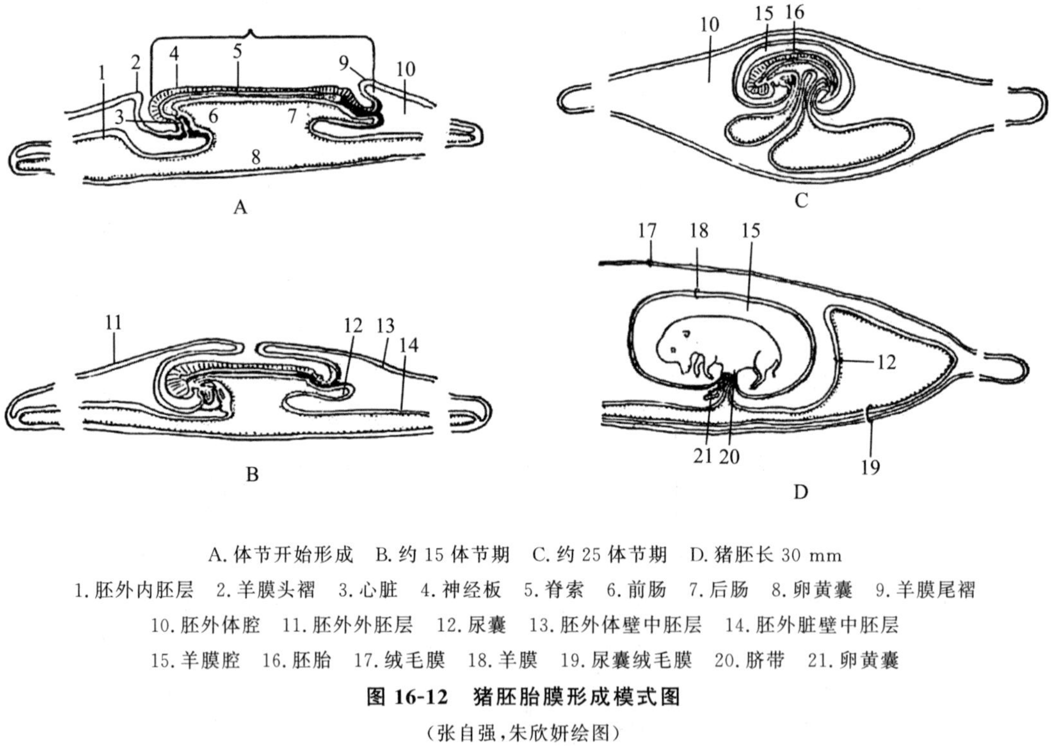

A. 体节开始形成　B. 约 15 体节期　C. 约 25 体节期　D. 猪胚长 30 mm

1. 胚外内胚层　2. 羊膜头褶　3. 心脏　4. 神经板　5. 脊索　6. 前肠　7. 后肠　8. 卵黄囊　9. 羊膜尾褶　10. 胚外体腔　11. 胚外外胚层　12. 尿囊　13. 胚外体壁中胚层　14. 胚外脏壁中胚层　15. 羊膜腔　16. 胚胎　17. 绒毛膜　18. 羊膜　19. 尿囊绒毛膜　20. 脐带　21. 卵黄囊

图 16-12　猪胚胎膜形成模式图

(张自强，朱欣妍绘图)

(二)脐带(umbilical cord)

脐带是胎儿与母体进行物质交换的主要通道。起源于胚胎早期的体褶，随着胚胎发育逐渐向胎儿腹部脐区集中缩细。由于羊膜腔的扩大，使尿囊柄和退化的卵黄囊柄靠拢缩细，并被羊膜包围形成长索状称脐带。

脐带外被覆着一层光滑的羊膜，内部主要为中胚层发生的黏性结缔组织。脐带的黏性结缔组织中有尿囊柄、脐动脉和脐静脉通过。胎儿体内的尿液可通过脐带中的尿囊柄贮于尿囊腔内。脐动脉将胎儿体内血液输至胎盘，而脐静脉将胎盘处的血液输送至胎儿体内。脐带中的脐动脉、脐静脉及其在胎膜上的分支，构成胎儿血液循环的体外部分。脐带是胚胎与母体进行物质交换的重要通道和桥梁。脐带血将丰富的氧气和养料输送到胎儿体内，将代谢废物和二氧化碳送到胎盘，渗入母血排出体外。

(三)胎盘(placenta)

胎盘是哺乳动物胎儿与母体进行物质交换的结构，由胎盘的母体部分和胎儿部分所组成。胎儿在母体子宫内发育，依靠胎盘从母体获得营养并进行物质和气体交换。随着胚胎的生长发育，胎儿和母体间通过胎盘的物质交换不断增加，胎盘的形态结构（如胎盘体积增大，皱襞形成，绒毛和微绒毛的发生）也发生相应的变化，以此增加通透面积，适应功能变化的要求。

(1)依据胎盘的形态和尿囊绒毛膜上绒毛的分布方式，高等哺乳动物的胎盘分为 4 种类型（图 16-13）。

①弥散性胎盘(diffuse placenta)　除尿囊绒毛膜的两端外，大部分绒毛膜表面均匀地分布着绒毛（马）或皱褶（猪）。绒毛或皱褶与子宫内膜相应的凹陷部分相嵌合。此种胎盘构造比较简单，易剥离。猪和马的胎盘属于此种类型。

②子叶胎盘(cotyledonary placenta)　胎儿绒毛膜上的绒毛，在绒毛膜表面集合成群，构成绒毛叶或称子叶(cotyledon)，如牛、羊、山羊。子叶与子宫内膜上的子宫肉阜(caruncle)紧密嵌合。羊的子宫肉阜上有一大的凹窝，绒毛叶伸入凹窝内构成胎盘块；牛的子宫肉阜上无凹窝，由绒毛叶包裹子宫肉阜而构成胎盘块(placentome)。

③带状胎盘(zonary placenta)　绒毛集中分布在胎儿绒毛膜的中段，呈一宽环带状，与子宫内膜形成紧密接触。如猫和犬等肉食动物。

④盘状胎盘(discoidal placenta)　绒毛集中在胎儿绒毛膜的一盘状区域内，与子宫内膜基质相结合形成盘状胎盘。灵长类（如人）和啮齿类（如兔）动物的胎盘属于这种类型。

(2)根据胎盘的组织结构和对母体子宫内膜的破坏程度，可将高等哺乳动物的胎盘分为以下 4 类（图 16-14）。

①上皮绒毛膜胎盘(epitheliochorial placenta)　这种胎盘屏障的组织层次结构比较完整，物质由母体血液渗透到胎儿血液中或反向渗透时，都要经过 6 道屏障：a. 母体血管内皮；b. 子宫内膜结缔组织；c. 子宫内膜上皮；d. 胎儿绒毛膜上皮；e. 绒毛膜间充质；f. 绒毛膜血管内皮。家畜中的猪、马、牛、羊属这种胎盘。

②结缔绒毛膜胎盘(connective chorionic placenta)　这种胎盘的子宫内膜上皮脱落，绒毛膜上皮直接接触子宫内膜的结缔组织。这种胎盘的联系较弥散性胎盘紧密，物质交换经过 5 道屏障：a. 子宫血管内皮；b. 子宫内膜结缔组织；c. 绒毛膜上皮；d. 绒毛膜间充质；e. 绒毛膜血管内皮。

上皮绒毛膜胎盘和结缔绒毛膜胎盘两种胎盘，胎儿绒毛膜与子宫内膜接触时，子宫内膜没有破坏或破坏轻微。分娩时胎儿胎盘和母体胎盘各自分离，没有出血现象，也没有子宫内膜的脱落，又称非蜕膜胎盘。

③内皮绒毛膜胎盘(endotheliochorial placenta)　这种胎盘的绒毛深达子宫内膜的血管内皮。物质交换经过 4 道屏障：a. 子宫血管内皮；b. 绒毛膜上皮；c. 绒毛膜间充质；d. 绒毛膜血

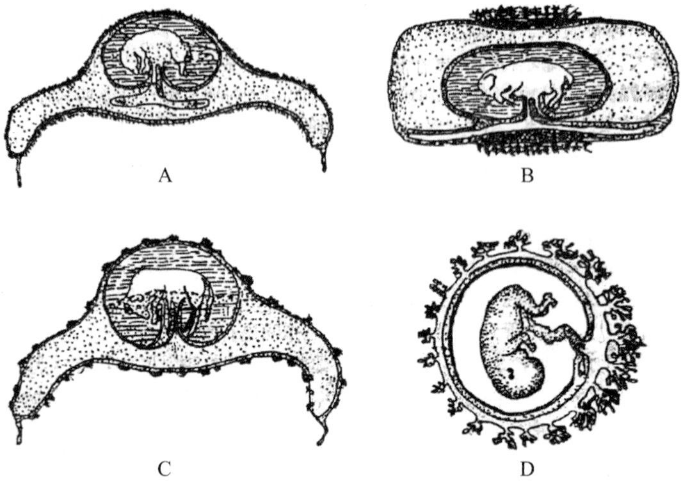

A. 弥散性胎盘 B. 子叶胎盘 C. 带状胎盘 D. 盘状胎盘

图 16-13 哺乳动物胎盘模式图

（张自强，朱欣妍绘图）

管内皮。猫、犬等肉食动物胎盘属这种类型。

④血绒毛膜胎盘（hemochorial placenta） 这种胎盘的绒毛浸在子宫内膜绒毛间腔的血液中，物质渗透经过 3 道屏障：a. 绒毛膜上皮；b. 绒毛膜间充质；c. 绒毛膜血管内皮。兔和人的胎盘属这种类型。

内皮绒毛膜胎盘和血绒毛膜胎盘两种胎盘，胎儿胎盘伸入子宫内膜，子宫内膜被破坏的组织较多。分娩时不仅母体子宫有出血现象，而且有子宫内膜的大部分或全部脱落，所以又称蜕膜胎盘。

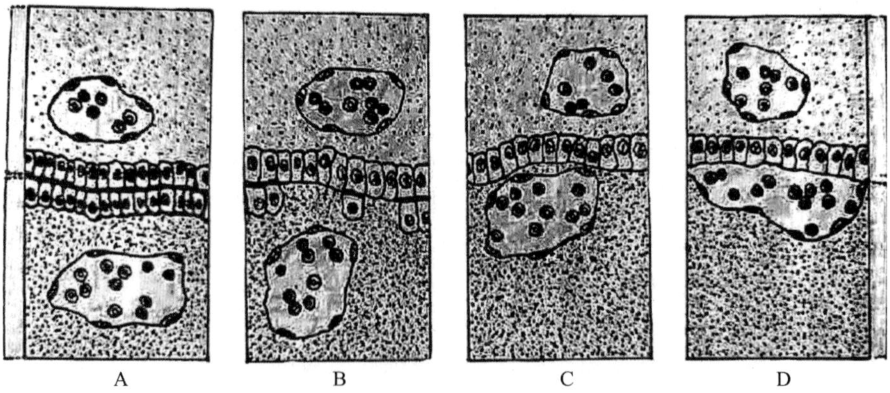

A. 上皮绒毛膜胎盘 B. 结缔绒毛膜胎盘 C. 内皮绒毛膜胎盘 D. 血绒毛膜胎盘

图 16-14 胎盘屏障类型模式图

（张自强，朱欣妍绘图）

胎盘是胎儿与母体进行物质交换的器官。胎儿所需营养物质和氧，通过胎盘从母体吸取。胎儿的代谢产物，通过胎盘排入母体血液内；胎盘还把母体与胎儿分隔开来，确保胎儿发育的独立性；胎盘能合成多种激素和酶类，如促激素和类固醇激素等，这些激素释放到胎儿与母体的血液中。胎儿对于母体免疫系统来说具有抗原性，然而胎盘直到分娩前都不受排斥，可能由于母体和胎儿之间存在的物理性屏障以及胎儿产生的免疫抑制性的激素，阻止了免疫排斥。因此，胎盘对于胎儿的作用，如出生后动物的胃肠道、肺、肾、肝和内分泌腺一样，完成吸收、排泄、合成等重要机能，保证胎儿正常发育。

第二节　家禽的早期胚胎发育

一、生殖细胞的形态和结构

（一）精子

与哺乳动物相比，家禽的精子整体外形要稍长，更纤细，但其体积却比哺乳动物的小。家禽精子也分为头、颈、尾三部分，头部呈镰刀形，立体形状为长柱状，颈部短，尾部长。鸡精子全长 100～107 μm，头部长 12.5 μm，头前端有一帽状的顶体，长约 2.5 μm，核长约 10 μm，直径 0.5 μm，尾部较细，长 90～100 μm。

鸡精液为乳白色，弱碱性，几乎不含果糖、柠檬酸、磷酰胆碱和甘油磷酸胆碱，氯化物的含量也很低，但钾和谷氨酸含量高。光照、环境温度、营养水平、龄期以及交配次数对精液的形成均有影响；不同颜色的光对精液的形成也有影响，精液量依红、橙、黄、绿、蓝的次序而降低。鸡每次射精约 1 mL，总数可达 10 亿个左右，精子在 20～43 ℃条件下均具有活力。鸡卵的受精部位在输卵管的漏斗部，交配后精子在母鸡输卵管漏斗部的黏膜皱襞内储存，达 350 万个/mm^2，可存活 15～20 d。鸡在交配或授精后的 2～3 d 内受精率最高，在最后一次交配后的 5～6 d 内仍有良好的受精率，因此生产上常常每隔 3 d 人工授精一次。鸭和鹅的精子存活时间比鸡稍短。

（二）卵和蛋的形成

家禽的卵为圆形，是典型的端黄卵，卵内含有大量的卵黄。卵内细胞质少，主要集中于动物极卵黄顶部呈白色圆形区域，称为胚盘或胚珠（germinal vesicle）（图 16-15），细胞核就在该处的细胞质内。鸡卵细胞在卵巢内生长发育时，卵黄物质在卵内逐渐积累增多。卵黄物质的积累，以排卵前 7～9 d 最为迅速。这个时期卵细胞的重量由 0.5 g 增至 19 g 左右，直径由 6 mm 增至 30～40 mm。卵黄物质以同心圆的层次，形成深色卵黄（黄卵黄）和浅色卵黄（白卵黄）相间排列的卵黄结构，这也说明卵黄是逐日形成的。白卵黄含有较多的蛋白质，黄卵黄富含类脂物质。随着卵细胞内卵黄物质增多，体积变大，卵泡突向卵巢表面。此时卵泡仅由卵泡柄与卵巢相连。排卵前，卵细胞完成第一次减数分裂，排出第一极体，成为次级卵母细胞。随即进入第二次减数分裂中期。

排卵时，卵泡膜破裂，卵细胞进入输卵管内。此时输卵管漏斗部蠕动强烈，有助于接纳新排出的卵子。卵子进入输卵管后，借助输卵管肌肉的波状收缩，推卵前进。鸡蛋除蛋黄以外，还包括蛋白、蛋壳膜和蛋壳等，都是卵子在输卵管内向泄殖腔方向移动时，由输卵管分泌后附在卵黄外面形成的。

在接近漏斗部的输卵管膨大部能分泌一种黏胶状的蛋白，当卵经过漏斗部沿膨大部螺旋

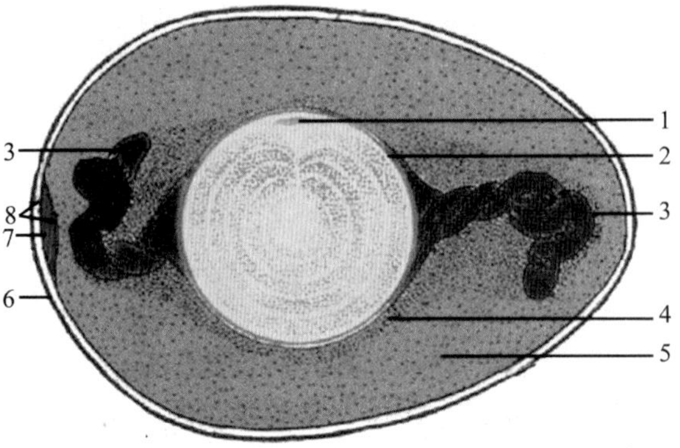

1.胚盘 2.卵黄膜 3.卵系带 4.浓蛋白 5.稀蛋白 6.蛋壳 7.气室 8.壳膜

图 16-15 鸡蛋的结构模式图

(引自:陈耀星,崔燕,2019)

下行时,首先在卵的两端各形成一团白色黏胶蛋白,紧紧地粘在卵黄膜上,这就是卵系带,它使悬浮于卵白中心的卵黄能保持一定的位置,胚盘始终位于卵黄上方。在输卵管膨大部分还能分泌浓蛋白,在卵通过该部位时包在卵的外面。卵在输卵管膨大部运行 3 h 左右以后,进入输卵管峡部。输卵管峡部的腺体分泌一种黏性纤维,交织形成内、外壳膜。内壳膜很薄,约为 0.015 mm,直接与卵白接触,也称为蛋白膜。外壳膜厚约 0.05 mm,紧贴卵壳的内壁。在气室内,由空气将内外壳膜分开,其他部分两层紧贴一起。壳膜有极强的韧性,上有大量气孔。卵在峡部停留约 1 h 然后进入子宫部。卵在子宫停留时间最长,由子宫分泌的水和无机盐透过壳膜上的气孔,渗入浓蛋白将其稀释,形成稀蛋白。多孔的蛋壳以及蛋壳上的色素斑点都在子宫内形成。鸡蛋完全形成后,很快产出体外。从排卵到蛋的产出需 24 h 左右,因此鸡产卵的时间每天都要比前一天推迟一些。如果蛋在下午到达泄殖腔,那么要到第二天才产出。鸡蛋在泄殖腔内过夜的现象,就是造成产出后的蛋,其胚胎处于不同发育阶段的原因(图 16-16)。

鸡蛋产出后,温度下降,空气进入蛋内,在钝端的内、外壳膜之间逐渐形成腔隙,称为气室。由于卵系带的存在和卵子的动物极较植物极轻,因而卵可在蛋内转动,使胚珠或胚盘始终向上。

应该指出,卵子进入输卵管后,无论受精与否,在输卵管向阴道的迁移过程中,都同样形成蛋白、壳膜和蛋壳等结构。而且,当卵形成了硬壳蛋时进行交配或授精,受精率一般较低,若形成软壳蛋时交配或授精,则受精率高,因此一般认为,鸡在下午进行交配或授精较合适,有利于提高受精率。

二、鸡胚的早期发育

(一)受精

禽类卵的受精在输卵管的漏斗部进行。由卵巢排出的卵子进入输卵管漏斗部时,与沿输卵管向上迁移并储存在输卵管漏斗部的精子相遇,发生受精。精子入卵以前,卵子第一次减数分裂已经完成,处于第二次减数分裂中期。鸡为多精入卵,一般有 3～5 个精子穿入卵内,但只

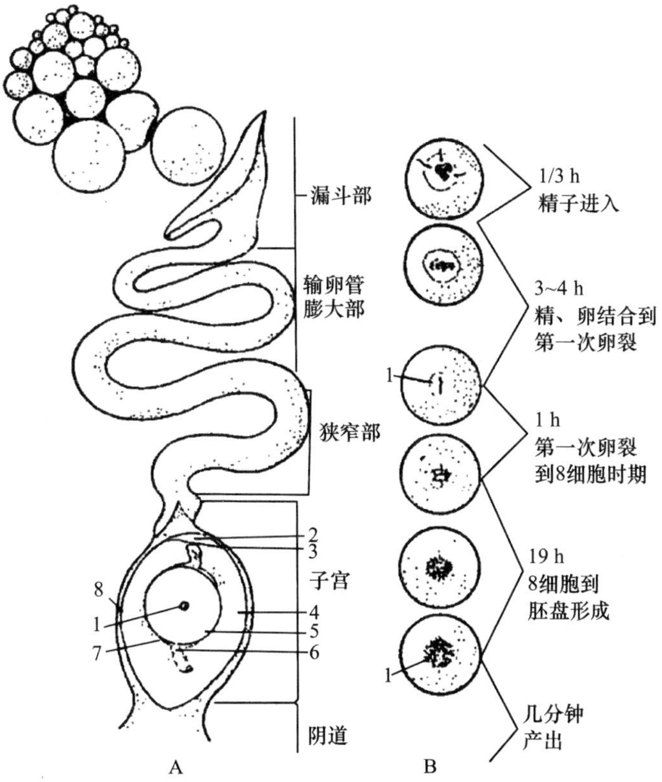

A. 输卵管各部　B. 鸡卵从受精到原肠早期(时间是表示卵在输卵管各部停留的时间)

1. 胚盘　2. 气室　3. 内壳膜　4. 稀蛋白　5. 卵黄　6. 卵系带　7. 浓蛋白　8. 卵壳

图 16-16　鸡卵经输卵管的过程

(引自:杨银凤,2011)

有一个形成雄原核,多余的精子退化。精子入卵以后,卵子排出第二极体,形成雌原核。此时,精子的头部膨胀,形成雄原核。雌雄原核结合后,合子进行第一次卵裂。

与哺乳动物不同的是,鸡的精子离开睾丸之前就具有使卵受精的能力,所以,受精之前精子不需要获能。精子在通过输卵管过程中,后者分泌 4 种蛋白质结合于精子表面,对精子在输卵管中的储存起保护作用。

(二)卵裂和囊胚形成

受精卵在输卵管内向外移动的同时,进行细胞分裂称为卵裂。鸡卵为端黄卵,植物极的卵黄不能分裂,卵裂集中在胚盘处进行,故称为盘状卵裂。第一、第二次分裂为经裂,相互垂直成为 4 个不完全的分裂球,即其细胞底部细胞质仍相连。以后的分裂逐渐不规则,分裂面也不同时进行,结果形成 8 个中央细胞和 8 个以上的边缘细胞。中央的细胞分裂完全,而周围的细胞分裂不完全。由于卵裂集中在动物极胚盘处,因而随着卵裂进行,胚盘逐渐扩大,与卵黄之间形成一个腔隙。由于此腔的腹面为卵黄,无卵裂球包围,特称为胚盘下腔,以区别于其他动物的囊胚腔。随着卵裂继续进行,胚盘有 5～6 层细胞,这时面向胚盘下腔的一层细胞与胚盘分离,下落到胚盘下腔的卵黄表面,这些下陷的一层细胞称为下胚层。其余的胚盘细胞称上胚层,上胚层和下胚层之间的腔相当于囊胚腔,此期称为囊胚(blastula)(图 16-17)。胚盘中央,由于囊胚腔的存在，颜色清亮称为明区，胚盘四周的细胞和卵黄直接接触，色暗称为暗区。囊胚期的上胚层和下胚层不同于外胚层和内胚层。将来的三个胚层都由上胚层形成，而下胚层只形成卵黄囊等胚外结构。

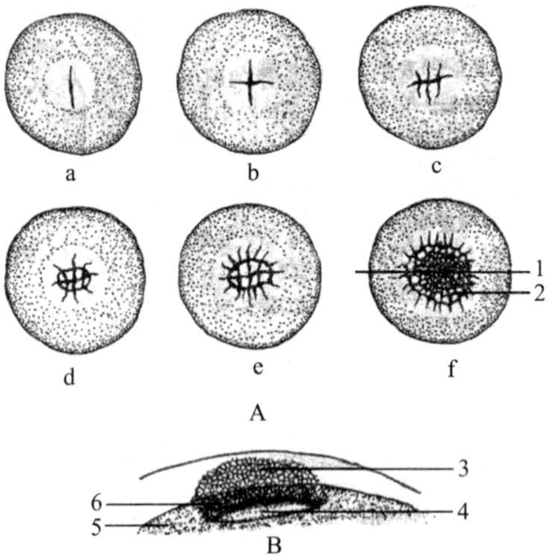

A. 胚泡表面观　B. 切线和囊胚断面观

a. 第一次卵裂　b. 第二次卵裂　c. 第三次卵裂　d. 第四次卵裂　e. 第五次卵裂　f. 早期囊胚

1. 切线及囊胚断面　2,3. 胚盘　4. 囊胚腔　5. 卵黄　6. 连接带

图 16-17　禽类的卵裂及胚泡形成模式图

（引自：陈耀星，崔燕，2019）

(三)原肠胚形成

因卵在输卵管内停留的时间长短不同，鸡蛋产出时胚胎发育的程度存在差异，一般在囊胚晚期或原肠胚早期，鸡蛋产出体外，此时胚盘直径为 3～5 mm。

受精蛋产出体外后，温度降低导致鸡胚暂停发育，经过一定时间后胚胎死亡。在鸡胚死亡之前，创造一定的条件进行孵化，可使暂停发育的胚胎继续发育。如将鸡蛋孵化时，囊胚进一步发育，胚盘扩大，并在胚盘明区出现明显变化。首先胚盘表面细胞向明区后部中央集中，致使该处形成一加厚区，此即原条。原条的出现确定了胚体的方向，胚体将以原条为中轴进行发育。原来形成半月形加厚区的一端，为将来胚胎的尾端。在原条形成的同时，半月形加厚区的一些细胞沉陷入深层，与由胚盘深层以分层方式分离出来的零散细胞共同形成内胚层。内胚层开始不完整，以后逐步形成完整的一层细胞。内胚层下面的腔，此时称为原肠腔。内胚层上面的细胞层称为外胚层，这时的胚体具有内外两个胚层，即称为原肠胚(图 16-18)。

中胚层的发生开始于原条的形成，随发育原条增长并在条中产生一浅沟，即原沟，沟的两侧较厚称为原脊，在原沟前端有一窝，称为原窝。原窝周围有一增厚突起称为原结(亨氏结)，上胚层的细胞由原窝向内卷入后，向前伸到内、外胚层之间形成头突(head process)，进而发育形成脊索。原条两侧的细胞向原条集中，并沿原沟卷入内外胚层之间，向两侧扩展形成侧中胚层。

鸡胚孵化的第一天末，内、中、外 3 个胚层均已初步形成。在以后的发育过程中，随着脊索伸长，原条逐渐退缩直到原条消失，胚胎进入器官分化阶段。

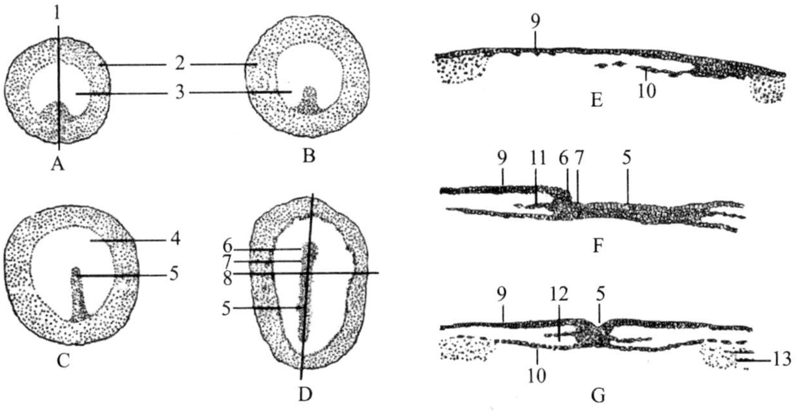

A. 孵化 3～4 h　B 孵化 7～8 h　C. 孵化 10～12 h　D. 孵化 16 h　E. 孵化 3～4 h 纵切
F. 孵化 16 h 纵切　G. 孵化 16 h 横切
1. 纵切　2. 暗区　3. 明区　4. 胚盘　5. 原条　6. 原结　7. 原窝　8. 横切
9. 外胚层　10. 内胚层　11. 脊索　12. 中胚层　13. 卵裂

图 16-18　鸡胚原条形成和原肠形成模式图

（引自：陈耀星，崔燕，2019）

随着胚胎在胚盘上的隆起，胚体和胚外两部分的界限越来越清楚。隆起在上的部分称为胚内部分，胚盘的其余部分称胚外部分。胚内和胚外两部分的 3 个胚层相互延续，而以体褶处为界。胚内三胚层进一步分化，形成胚体各种组织和器官，胚外三胚层将发育成为胎膜，保证胚胎的正常发育。

（四）鸡胚发育分期

生产上人们总结的常见发育特征：1 日龄血岛形成，入孵 24 h 照蛋可见到绿豆大的血岛；2 日龄出现血管，照蛋可见心脏开始跳动，有“樱桃”形的血管；3 日龄眼睛开始出现黑色素，照蛋可见胚胎向前弯曲近 90°，出现四肢如“蚊子”形的胚胎和血管；4 日龄可明显见到尿囊和脑泡（头突），照蛋可见身体向前弯曲小于 90°，形成“蜘蛛”形的胚胎和血管。转动蛋，卵黄不易随着转动；5 日龄除血管外，照蛋可见明显黑色的眼点，俗称“单珠”；6 日龄可看到 2 个圆团，俗称“双珠”；7 日龄出现口腔，照蛋可见具有鸟类特征，翅、喙明显，半个蛋面布满血管，胚胎不易看清；8 日龄易看到胚胎。照蛋从背面看，蛋转动时两边卵黄不易晃动；9 日龄背部出现绒毛，照蛋可见食道、胃、肝、肾形成。从背面看，蛋转动时两边卵黄容易晃动；10 日龄尿囊在蛋的背面合拢，照蛋可见整个蛋除气室外都布满了血管；11 日龄，从背面看可见血管加粗；12 日龄，从背面照蛋看，血管粗、颜色深，两边卵黄在蛋的大头连接；13 日龄头部被绒毛覆盖，从背面照蛋看，蛋的大头暗而小头亮，蛋内黑影部分随着胚龄的增长而逐天加大，小头发亮的部分随着胚龄的增长而逐天缩小；14 日龄照蛋可见全身被绒毛覆盖，胫部鳞片明显；15 日龄照蛋可见眼睑闭合；16 日龄从背面照蛋看，蛋的大头暗而小头亮，蛋内黑影部分随着胚龄的增长而逐天加大，小头发亮的部分随着胚龄的增长而逐天缩小；17 日龄蛋白基本被胚胎吞食完毕，照蛋以蛋的小头对准光源，看不到发亮的部分；18 日龄，照蛋可见气室向 1 个方向倾斜；19 日龄卵黄全部纳入腹腔，眼睛开始睁开，颈部压迫气室，照蛋可见气室边红色区域已很少，黑色区域突出进入气室，并可见黑影闪动；19.5 日龄头部进入气室，开始啄壳；20 日龄脐部愈合，开始出壳；21

日龄出壳完毕。

三、胎膜的形成及生理作用

家禽的胚胎发育主要在体外孵化过程中进行。禽蛋含有丰富的卵黄和蛋白营养物质,供胚胎发育利用。胚胎对营养物质的吸收、氧和二氧化碳的气体交换、代谢废物的排泄和储藏等都需要有专门的胎膜结构辅助完成。

鸡的胎膜有4种:卵黄囊、羊膜、浆膜和尿囊。4种胎膜先后发生,逐渐完善。胎膜不仅是胚胎发育的营养、呼吸、排泄和保护的重要结构,也是禽蛋孵化期间,用以鉴定胚胎发育状况的重要依据。

(一)卵黄囊

卵黄囊的形成与消化道的建立是密切相连的。随着胚体从胚盘上隆起而独立出来,胚内和胚外两部分逐渐分开。由于体褶的缢缩,原肠也分成胚内和胚外两部分。胚内部分仍为原肠,胚外部分即称为卵黄囊。卵黄囊壁与原肠壁胚层结构相同,由内胚层和脏壁中胚层紧密结合构成,因此可把卵黄囊看作消化道的延伸部分。卵黄囊开始并非完整的囊,恰似一个倒置而生长迅速的漏斗,将卵黄逐渐包入其内,直到胚胎发育后期,最后将卵黄完全包围。

鸡胚孵化发育24 h以后,卵黄囊脏壁中胚层细胞开始形成血岛(blood island),继而形成原始血管网。卵黄囊血管网逐渐和体内心血管相连,构成卵黄囊血液循环。卵黄囊血液循环的建立,为扩大利用卵黄营养和进行气体交换创造了条件。在孵化初期,卵黄囊内的卵黄,因吸收蛋白内的水分逐渐稀释,体积变大。孵化第7~8天时,卵黄达到最大重量。此时的卵黄重量比鲜蛋卵黄重增加70%左右。随着卵黄囊血管区的扩大和皱襞的发展,胚胎对卵黄的吸收利用加快。由于卵黄物质被吸收和卵黄内的水分减少,卵黄重量又逐渐减少,直到孵出以前,卵黄囊连同剩余的卵黄,经脐部收入腹腔。进入腹腔的卵黄,作为胚胎营养的延续,为雏鸡利用。出雏时尚有卵黄5~6 g,直到孵出7日龄后,雏鸡卵黄囊内的卵黄才被完全用尽。此后,卵黄囊残留在小肠壁上成为一个小突起,称为卵黄囊憩室或卵黄囊柄。

卵黄的吸收主要是通过卵黄囊壁细胞的活动实现的。卵黄囊壁内胚层细胞产生消化酶,将卵黄变成液体状态,通过囊壁吸收,进入卵黄囊血液循环,运至胚胎体内。在卵黄囊进入腹腔时,部分卵黄可被挤入肠内,为肠管直接消化利用。

(二)羊膜和浆膜

羊膜和浆膜(serosa)是同时发生的两种胎膜。鸡在孵化第2天,胚外的外胚层和体壁中胚层向胚体上方褶起,形成羊膜褶。羊膜头褶首先出现,羊膜侧褶和尾褶相继发生。到孵化第3天,羊膜褶在胚体背部会合,形成囊状的羊膜,包围胚胎。羊膜褶会合处的外缘发育为浆膜。浆膜迅速生长发展,最初在蛋白内面,随着蛋白浓缩和减少,浆膜直接与壳膜接触,并将其余胎膜都包围在内。浆膜和羊膜的会合连接处称为浆羊膜缝(图16-19)。浆膜与羊膜之间的腔隙称为浆羊膜腔,属于胚外体腔的一部分。

羊膜壁由胚外外胚层(在内)和体壁中胚层(在外)构成。羊膜的外胚层上皮为多边形扁平细胞,可分泌羊水。羊膜壁上有平滑肌纤维,肌纤维的节律性收缩,使胚胎在羊水中浮动,这种浮动现象,在鸡胚孵化7~8 d时最为明显。羊水充满羊膜腔,鸡胚在羊水中发育。此发育环境能防止组织脱水,防止温度突然变化和机械冲击,有利于胚胎正常发育。无羊膜鸡胚,孵化期间必然死亡。

浆膜的胚层结构与羊膜相同，但位置相反。浆膜的外胚层在外，体壁中胚层在内，两者紧密结合。浆膜外胚层上皮分化成类似肺泡状的呼吸上皮，在尿囊和浆膜接触以后，共同执行重要的呼吸功能。

（三）尿囊

鸡胚孵化第 3 天末，由后肠壁的腹侧向外伸出一囊，这是尿囊形成的开始。尿囊向胚外体腔迅速发展，第 5 天接触浆膜，形成尿囊浆膜。尿囊进一步扩展，占据整个胚外体腔，包住羊膜和卵黄囊，在羊膜外构成包围胚胎的第二个含有液体的囊腔。

蛋白在孵化初期包在蛋黄之外。由于水分渗入蛋黄，蛋白逐渐浓缩，体积变小，位于鸡蛋的一侧。随着胚胎和尿囊浆膜的发育，逐渐浓缩的蛋白移向蛋的锐端。在鸡胚孵化第 11 天左右，位于锐端的蛋白被尿囊浆膜完全包围，形成蛋白囊（albumen sac）。在鸡胚孵化第 12～13 天时，浆羊膜缝处出现裂隙，形成浆羊膜道。这一管道连通蛋白囊和羊膜腔。此后，蛋白囊内的浓稠蛋白经浆羊膜道流入羊膜腔内，混成蛋白羊水，为鸡胚吞食。鸡胚吞食蛋白羊水，被胃肠直接消化吸收，开始了鸡胚孵出前的胃肠营养时期。经过 4～5 d，蛋白囊内的蛋白全部流入羊膜腔内，很快为鸡胚吞食完毕。

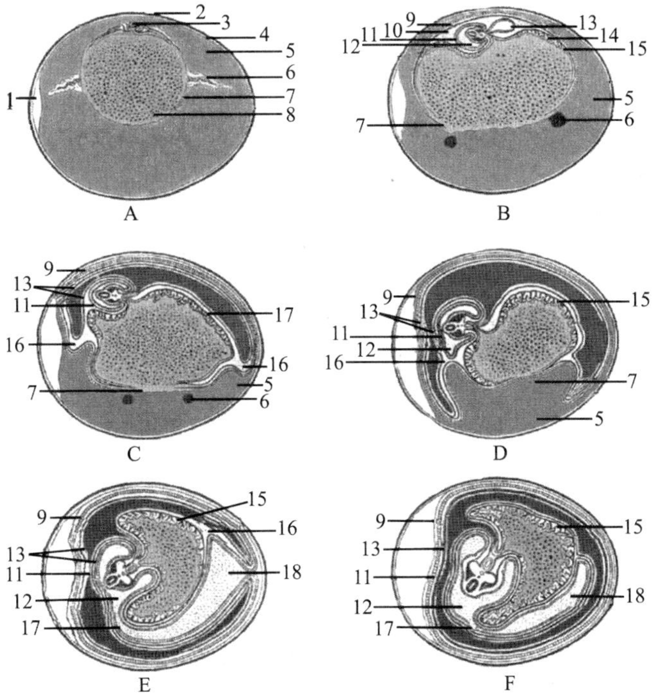

A. 胎膜未形成　B. 尿囊、羊膜发育早期　C. 尿囊迅速扩展，卵黄囊包围部分卵黄

D. 卵黄囊完全包围卵黄　E. 尿囊扩展到整个浆羊膜腔　F. 胎膜完全形成

1. 气室　2. 蛋壳　3. 胚盘　4. 壳膜　5. 蛋白　6. 系带　7. 卵黄膜　8. 卵黄　9. 浆膜　10. 浆羊膜腔　11. 羊膜

12. 羊膜腔　13. 尿囊　14. 卵黄囊血管　15. 卵黄囊　16. 浆羊膜腔　17. 浆羊膜道　18. 蛋白囊

图 16-19　鸡胚胎膜形成模式图（鸡胚横切）

（引自：陈耀星，崔燕，2019）

从发生来看，尿囊的胚层结构和位置关系与卵黄囊相同，脏壁中胚层在外，内胚层在内，在尿囊和浆膜接触并融合成尿囊浆膜后，中胚层发生形成大量血管。尿囊浆膜血管网经尿囊动静脉和胚体血管连通，构成尿囊循环。在多孔的蛋壳和蛋膜之内的尿囊浆膜血管网通过血管壁吸收氧、排出二氧化碳，具有强盛的气体交换功能。尿囊浆膜的呼吸功能，从形成开始直到雏鸡孵出以前(肺呼吸发生之前)一直发挥作用。因而尿囊浆膜是胚胎发育期间的重要呼吸结构。

尿囊腔内储有尿囊液。因而尿囊又是重要的排泄储存器官。早期胚胎排出的蛋白质代谢产物以尿素为主。在中、晚期胚胎，尿酸排出增多，难以溶解的尿酸存积在尿囊腔内。当雏鸡孵出时，细的尿囊柄断开，尿囊浆膜及其囊内排泄物全部遗弃于壳内。

囊内浆膜在与蛋白接触时，特别是蛋白囊形成时，也有吸收蛋白的作用。胚胎对蛋白的利用，早在孵化第 5 天就能在胚胎血液和羊水中显现出来。

思考题

一、名词解释

受精、附植、卵裂、囊胚、原肠胚、组织发生、器官发生、羊膜绒毛膜、卵黄囊、尿囊、精子获能

二、问答题

1. 简述精子获能与顶体反应的结构及生理变化。
2. 简述授精过程中皮质反应、透明带反应和卵质膜反应的关系。
3. 简述三胚层的形成与分化。
4. 简述胎膜的分类及作用。
5. 试述胎盘的分类及作用。
6. 简述家禽早期胚胎发育的主要过程及特点。
7. 简述鸡卵在输卵管内形成蛋的过程。
8. 简述家禽胚外膜的形成过程及构成。

参考文献

1. 巴查. 兽医组织学彩色图谱. 陈耀星译. 北京:中国农业大学出版社,2009.

2. 包玉清,韩行敏. 宠物解剖及组织胚胎. 北京:中国农业科学技术出版社,2008.

3. 陈耀星,家畜兽医解剖学教程与彩色图谱. 北京:中国农业大学出版社,2009.

4. 陈耀星. 畜禽解剖学. 北京:中国农业出版社,2009

5. 陈耀星. 畜禽解剖学. 3 版. 北京:中国农业大学出版社,2010.

6. 陈耀星. 动物解剖学彩色图谱. 北京:中国农业出版社,2013.

7. 陈耀星,崔燕. 动物解剖学与组织胚胎学(全彩版). 北京:中国农业出版社,2019.

8. 陈耀星,王子旭. 猪解剖学与组织学彩色图谱. 北京:北京科学技术出版社,2018.

9. 陈耀星. 动物解剖学与组织胚胎学. 北京:中国农业出版社,2020.

10. 陈誉华,杨恬,李丰. 医学细胞生物学. 4 版. 北京:人民卫生出版社,2008.

11. 程辉龙,涂腊根. 人体解剖学与组织胚胎学. 北京:科学出版社,2010.

12. 程会昌. 动物解剖与组织胚胎. 郑州:河南科学技术出版社,2012.

13. 丁明孝,王喜忠,张传茂,等. 细胞生物学. 5 版. 北京:高等教育出版社,2020.

14. 董常生. 家畜解剖学. 3 版. 北京:中国农业出版社,2001.

15. 董玉兰. 动物解剖及组织胚胎学彩色实验教程. 北京:中国农业大学出版社,2018.

16. 范光丽. 家禽解剖学. 西安:陕西科学技术出版社,1995.

17. 高英茂. 组织学与胚胎学. 北京:高等教育出版社,2010.

18. 柯尼希,等. 家畜兽医解剖学教程与彩色图谱. 陈耀星,刘为民,等译. 北京:中国农业大学出版社,2009.

19. 雷治海. 动物解剖学. 北京:科学出版社,2016.

20. 李健. 鸡解剖组织彩色图谱. 北京:化学工业出版社,2014.

21. 罗克. 家禽解剖学与组织学. 福州:福建科学技术出版社,1983.

22. 马仲华. 家畜解剖学与组织胚胎学. 4 版. 北京:中国农业出版社,2016.

23. 彭克美. 畜禽解剖学. 北京:高等教育出版社,2016.

24. 彭克美. 动物组织学与胚胎学彩色图谱. 北京:中国农业出版社,2021.

25. 沈和湘. 畜禽系统解剖学. 合肥:安徽科学技术出版社,1997.

26. 沈霞芬,卿素珠. 家畜组织学与胚胎学. 5 版. 北京:中国农业出版社,2019.

27. 滕可导. 家畜解剖学与组织胚胎学. 北京:高等教育出版社,2006.

28. 王会香. 动物解剖原色图谱. 合肥:安徽科学技术出版社,2008.

29. 肖传斌,等. 动物解剖学与组织胚胎学. 郑州: 郑州大学出版社,2009.

30. 熊本海,等. 家禽实体解剖学图谱. 北京:中国农业出版社,2014.

31. 杨银凤. 家畜解剖学及组织胚胎学. 4 版. 北京:中国农业出版社, 2011.

32. 中国人民解放军兽医大学. 马体解剖图谱. 长春:吉林人民出版社,1979.